河冰研究

［美］Hung Tao Shen（沈洪道）　编著

霍世青　李世明　饶素秋　温丽叶
陈冬伶　于松林　杨特群　等译

黄河水利出版社
·郑州·

内容提要

本书收集了沈洪道教授有关河冰研究的学术论文29篇，共分四部分，包括河冰研究历史、河冰水力学研究、河冰过程的模拟、河冰模拟和预报模型的应用。文章对河冰过程、河冰输移理论、河冰模拟和预报的模型及其应用进行了详细介绍，是一本在河流冰凌研究方面有较高价值的参考书。

本书可供从事水利、防汛、水文预报工作的工程技术人员以及有关大专院校师生及科研工作者阅读参考。

图书在版编目(CIP)数据

河冰研究/(美)沈洪道(Shen, H. T.)编著；霍世青等译.—郑州：黄河水利出版社，2010.7

ISBN 978-7-80734-744-6

Ⅰ.河… Ⅱ.①沈…②霍… Ⅲ.①冰情-文集 Ⅳ.①P343.6-53

中国版本图书馆CIP数据核字(2009)第202401号

组稿编辑：王琦 电话：0371-66028027 E-mail：wq3563@163.com

出 版 社：黄河水利出版社

地址：河南省郑州市顺河路黄委会综合楼14层 邮政编码：450003

发行单位：黄河水利出版社

发行部电话：0371-66026940、66020550、66028024、66022620(传真)

E-mail：hhslcbs@126.com

承印单位：河南省瑞光印务股份有限公司

开本：787 mm×1 092 mm 1/16

印张：22 插页：7

字数：520千字 印数：1—1 000

版次：2010年7月第1版 印次：2010年7月第1次印刷

定价：49.00元

作者简介

沈洪道教授现任美国克拉克森大学(Clarkson University)土木环境工程系主任,曾任国际水力研究协会(IAHR – International Association of Hydraulic Engineering and Research)冰工程研究委员会(IAHR Ice Research and Engineering Committee)主席,寒带工程(Journal of Cold Regions Engineering)杂志主编。

沈洪道教授长期从事水力学和冰凌的研究与教学工作,尤其在河冰研究领域作出了卓越的贡献。沈洪道教授在1984年首先开发了基于非恒定流计算的河流冰凌模型,该模型通过纵断面热能和水内冰的输送形式考虑了水温和冰密度的沿程分布。1990年提出了冰凌、冰坝的动力理论,1995年依据与国内合作的在黄河河曲段实地观测资料提出了冰盖下冰粒输移与冰塞的理论。他和研究小组开发的模拟河道水力、热力与冰凌的一维和二维数学模型,可以对冰凌发生、增长和消融的全过程进行模拟分析计算。模型在尼亚加拉河、圣劳伦斯河等大型河流中广泛应用。

沈洪道教授曾获颁美国土木工程学会Harold Peyton寒带工程奖(2000),美国土木工程学会CAN – AM Civil Engineering Amity奖(2000),加拿大地球物理学会水文部Larry Gerard奖(2001),美国土木工程学会Hunter Rouse水利工程奖(2007),以及国际水利研究协会(IAHR)冰研究与工程奖(2008),以表彰他在河冰研究领域的卓越贡献。

前　言

河冰是寒区水利工程的一个重要研究课题。1970 年以前,人们对河冰的理解主要是定性的,工程师们往往依靠经验法来管理河冰问题。Dochenko 的书中总结了苏联工程师和研究人员早期所作的重要贡献。中国黄河水利委员会也积累了大量管理黄河河冰问题的重要经验。20 世纪 70 年代,冰凌冰塞问题引起了美国和加拿大研究人员的关注。早期苏联科学家在封冻、开河过程的研究成果以及 Pariset 和 Huasser 的经典冰凌理论为过去 30 多年河冰问题的发展起到了重要的推进作用。

过去的 30 多年中,随着 1970 年国际水利研究协会(IAHR)冰工程研究委员会的建立和第一届国际冰讨论会的举办,河冰研究已经引起了广泛的国际关注并取得了重要进展。然而,仍然有许多问题需要进行深入的研究。由于资源的限制,研究人员应当加强良好的协同合作及专长互补。为了更好地管理寒区的水资源和环境,河冰问题需要更进一步的研究。我们希望本书可以为河冰工程师和研究人员提供有价值的信息。

沈洪道

2009 年于美国

前言

[illegible]

目　录

前　言
第一部分　河冰研究历史 …………………………………………………………（1）
　河冰过程的研究现状 …………………………………………………………（1）
　河冰输移理论的过去、现在和未来 ……………………………………………（9）
　河冰过程研究的进展和存在问题 ………………………………………………（16）
第二部分　河冰水力学研究 ………………………………………………………（23）
　河道中冰晶的演变 ……………………………………………………………（23）
　水内冰在逆向旋转水槽中的演变 ………………………………………………（36）
　水面紊动对冰盘形成的影响 ……………………………………………………（57）
　冰盖下粒状冰的输移和堆积 ……………………………………………………（67）
　卵石河床上锚冰及其水力阻力的演变 …………………………………………（82）
　河流冰盖与浅水波的非线性相互作用 …………………………………………（96）
　河冰的动力输移 ………………………………………………………………（103）
　冰坝释放洪水波动力学 ………………………………………………………（114）
第三部分　河冰过程的模拟 ………………………………………………………（121）
　河流冰盖厚度模拟的统一度－日法 ……………………………………………（121）
　河流冰盖的增长与消退模拟 …………………………………………………（134）
　冰封河流中的非恒定流模拟 …………………………………………………（146）
　河冰过程的数学模拟 …………………………………………………………（158）
　河冰输移的离散单元模拟 ……………………………………………………（172）
　河冰过程的数值模拟 …………………………………………………………（180）
　河冰动力学的平滑质点法（SPH）模拟 ………………………………………（190）
　河冰动力学的数值模拟 ………………………………………………………（206）
　河流冰坝演变的数值模拟 ……………………………………………………（214）
第四部分　河冰模拟和预报模型的应用 …………………………………………（224）
　圣劳伦斯（St. Lawrence）河封冻预报 ………………………………………（224）
　上尼亚加拉河冰坝过程的模拟和分析 …………………………………………（236）
　黄河下游冰情的模拟分析 ……………………………………………………（249）
　尼亚加拉河水电站入口附近冰输移的数值分析研究 …………………………（257）

伊利湖(Erie) - 尼亚加拉(Niagara) 河拦冰栅冰输移的数值模拟 …………… (270)
尼亚加拉河上游冰坝的动力数值模拟 …………………………………………… (286)
黄河下游冬季冲淤变化过程模拟 ………………………………………………… (302)
Shokotsu 河冰坝的形成…………………………………………………………… (311)
航闸冰输移模型 …………………………………………………………………… (323)
附录:河冰常用术语解释 ………………………………………………………… (339)

第一部分　河冰研究历史

河冰过程的研究现状*

沈洪道

（克拉克森大学土木环境工程系，美国，纽约，Potsdam，13699－5710）

摘要：河冰现象包括各种形式冰体的形成、演变、输移、堆积、离散以及变性。文章对与河冰有关的物理过程进行了讨论。

1　介绍

河流中冰的出现是在寒冷区域水资源开发中要考虑的重要现象。河冰的形成可能影响到水利工程设施的设计、运行和维护。与河冰有关的主要工程问题有冰凌洪水、水电站运行、内陆航运、调水及对环境、生态以及河床演变的影响等。相对来说，河冰研究的水平及力度明显低于明渠水流的研究。虽然最近20年已经取得了重大进步，但是仍有很多工作需要做。

河冰过程包括了复杂的相互作用，包括水力学、力学以及热力学，同时也受天气和水文条件的影响。图1概括说明了冬季河冰增长和消融的过程。关于河冰过程的论述以及研究已有若干成果（Ashton，1987；Gerard，1990；Prowse，1995；Beltaos，1996）。本文将给出一个河流结冰过程的简要回顾，概述我们目前的认识，着重于最近的发展。

2　水温下降与冰的形成

在冬季开始时，由于气温降低，从水体表面散失的热量将会超过其所获得的热量，这主要是由入射的短波辐射引起的。水温度可以降到冰点。河水与其边界之间的热交换率可以用热量平衡法计算（Ashton，1986）。根据水面的热量交换，水温度分布的变化就可以根据沿河热能的输移（Shen 和 Chiang，1984）来确定。这类分析可以用于封河预报（Foltyn 和 Shen，1986）。

当水温度下降到冰点时，进一步变冷会导致河水过度冷却并形成冰晶。在冰点，各种类型冰的形成取决于水流紊动强度、流速和水的失热率。在缓流区域，水流紊动强度不

* 第13届国际冰工程会议邀请讲稿，中国，北京，1996年8月。

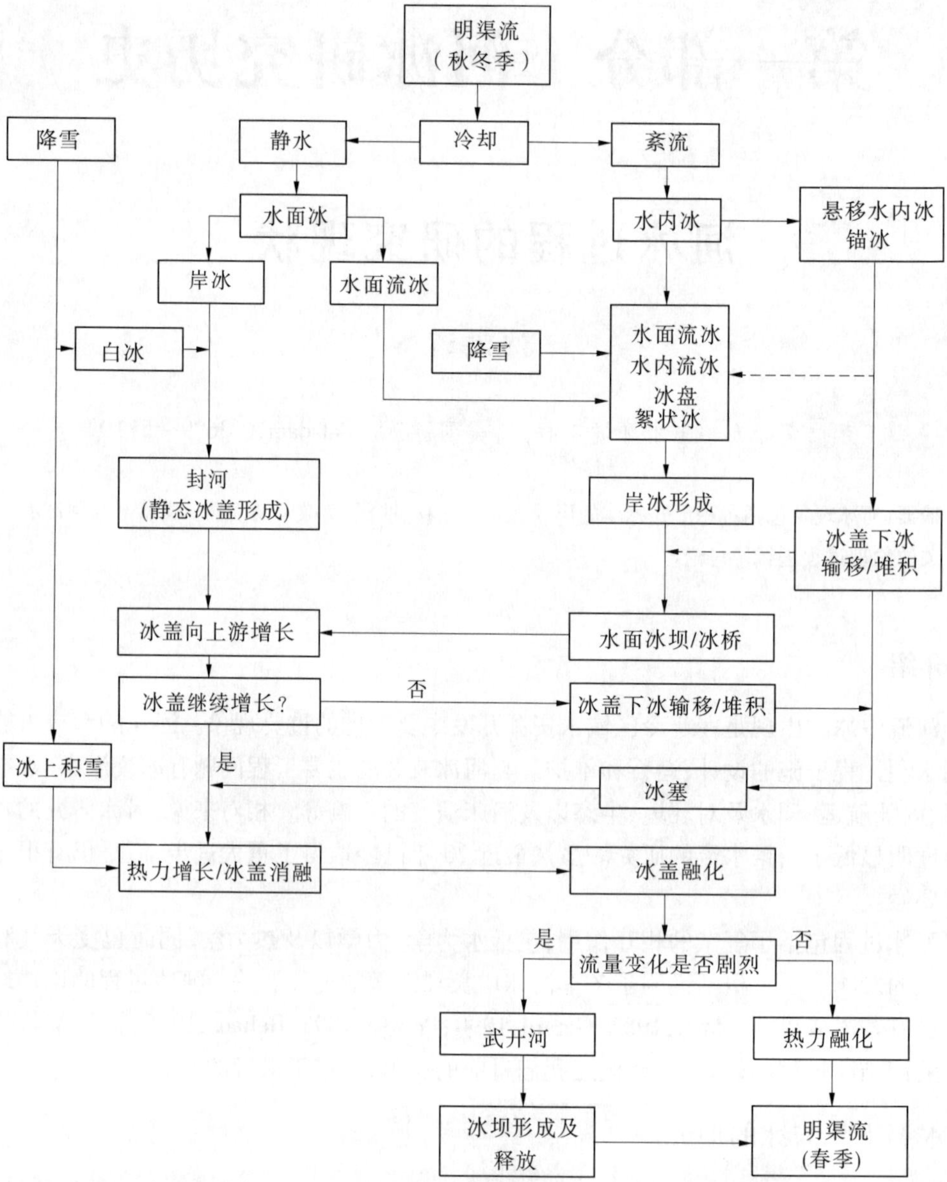

图1　河流结冰过程

大,不足以使水体或冰晶在深度上混合,所以在断面平均水温下降到结冰点以前,薄冰就可能在河里形成。Svensson 等(1989)开发了一个二维模型来计算静态岸冰的形成。Matousek (1984)提出了一个有用的半经验的方法来确定各种各样类型冰的形成。在低流速区域,会形成完整的薄冰层,但是,在较高的速度区会形成移动的薄冰、水内冰层流、冰盘或充分混合的水内粒状冰流。该方法仍需要根据两相流中紊流混合的理论来进一步分析。

3　水内冰和锚冰的演变

在封冻过程中，冰晶是所有其他形式河冰的起源。在一条河流里，水内冰的形成主要是由于过冷的冰晶因质量交换而由空气中降到了水面（Osterkemp，1978）。当在过冷紊流中混合时，冰晶体积增大，数量增多，并且聚结成为絮状冰（Daly，1984）。Hammar 和 Shen（1995）采用二维紊流模型，通过考虑热力增长、二次结晶和聚集过程，来检验河道中水内冰的演化，但未包括水内冰聚集体积的解体过程。其模拟的水温变化已由 Carstens（1966）水槽实验的数据所验证。在水内冰测量技术有所突破之前，无法做更进一步的验证。

在过冷条件下，河道底部的水内冰晶，可能会黏结在河床和水下物体上而形成锚冰。锚冰的出现可引起水流阻力、水位和流量的变化，这是水力发电所关心的。锚冰的形成也具有重要的生态学含义，特别是在卵石之间水流中对于结冰敏感或供氧敏感的生物群落更是如此（Prowse 和 Gridley 等，1993），对于河道中锚冰发展的认识相当有限。在这个题目上，一些分析和试验性的调查研究正在进行（Tsang 和 Lau，1995；Hammar 等，1996；Yamazaki 等，1996）。

4　水面冰的输送和冰盖的形成

当水内冰晶和絮状冰体积增大时，浮力的增加将克服垂直掺混作用而在河流水面形成较高的流凌密度。在表层中的冰体，由于来自水内粒状冰的冻结、上浮以及热力增厚，其体积和强度会进一步增大而形成冰盘。冰盘在沿河流动期间或加入到浮冰中，或当遇到快速移动的冰块时，裂成碎片。部分水面被浮冰覆盖，由于浮冰隔绝了部分空气与水面的热交换，而导致净冰产量减少（Lal 和 Shen，1991；Andres，1995）。除了质量描述外，冰盘的形成和浮冰的发展尚待研究。

除了静态的热力增长模式外，由于沿河岸或已有冰缘的水面冰堆积，可形成岸冰。这种侧向的冰盖增长，受制于水面流冰与现有岸冰边缘接触的稳定性。岸冰宽度的增长速率也受到表面流凌密度的影响。Michel 等（1980）开发的经验关系，可以用来描述岸冰的增长现象。当垂向平均流速超过约 0.4 m/s 的临界值时，岸冰的增长将会停止（Matousek，1989；Shen 和 Van DeValk，1984）。

水面冰向下游输送时，会因水面流冰堵塞而停止。由于拥挤作用而产生的水面流冰堵塞，冰盖开始形成。一旦冰盖开始出现，上游来冰的累积将使冰盖向上游延伸。Pariset 和 Hausser（1961）提出了水面冰堆积的理论。根据漂浮冰块的外、内力之间的静态平衡来确定水面冰堆积最终厚度的公式。他们的工作被其他的研究人员进一步地精炼和扩展（例如，Uzuner 和 Kennedy，1976；Tatinclaux，1977；Beltaos，1983；Flato 和 Gerard，1986；Beltaos 和 Wong，1991）。这些理论对于了解冰盖和冰坝的发展有显著的贡献。

冰盖前缘的增长率取决于水面冰供应的速率和新冰盖的厚度，亦受到前缘处水流条件的制约。当流速相对较低时，到来的冰盘将通过并置而形成单层较光滑的平封冰盖。当水面冰主要由松散的冰花和冰盘组成时，由于挤压作用冰盖形成的并置模式不一定出现。在较高的流速时，水面冰会在前缘处向下翻转或潜没而形成一个更厚的冰盖。冰盖的这种增长模式称为窄河冰坝或水力增厚。当冰盖前缘的流速超过临界条件时，冰盖的延伸就会停止。达到前缘的水面冰将会潜入冰盖下而向下游输移。临界条件可以用前缘处的临界弗汝德数来代替，定义为 $v/(gh)^{0.5}$。其中，v 是平均流速，g 是重力加速度，h 是水深。Shen 和 Ho (1986) 建议，临界条件应当采用断面弗汝德数的最大值，而不是使用断面平均值。野外观察显示，临界弗汝德数大约为 0.09 (Shen 和 Ho，1986；Sun 和 Shen，1988)。

在任何水力条件下形成的冰盖，必须有足够的厚度才能承受作用于它的推挤力。这些力包括水流拖曳力、风拖曳力、冰盖的重量以及河岸的应力。当施加在冰盖上的力超过冰盖强度以及河岸应力所提供的抵抗力时，冰盖就会受到推挤增厚，直到冰盖能够承受外力。由于冻结作用，在新冰盖顶部会有一层薄冰形成，这能显著地增加冰盖的强度 (Michel，1986)。

由于 Pariset 和 Haussen(1961) 静态的冰坝理论忽略了冰体运动的动力条件，它不能用来描述冰盖或冰坝的形成和增厚过程，亦无法确定什么地点并且什么时间流冰的堵塞会开始。这是河冰研究中一个主要的问题。Shen 等(1990) 提出了一种用于流凌动力输送的解析理论，并且指出冰凌堵塞会在流凌密度高及局部集中的地方发生。模拟冰凌动力输移、冰坝及其增厚过程的一个二维数值模型已经提出，并且得到了野外和实验室数据的证实(Shen 等，1993、1994)。

5 冰盖下冰的输移和冰塞

当一个冰盖的生长在较高流速的断面上停止时，冰盖上游在冬季期间不封冻。这个未封河段仍将继续产生水内冰并被输移进入冰盖封冻的河段。由于此未封河段具有相对较高的流速，进入冰盖河段的冰体将以冰晶团粒的形式分布在水流中。这些粒状冰团能在冰盖的下面形成冰塞。冰塞的堆积将会导致水位和冰盖的上升，亦易促成开河冰坝的形成。冰塞的地点和厚度以往以临界流速(或临界弗汝德数)决定(Kivislid，1959；Tesaker，1975；Michel 和 Drouin，1974)。Shen 和 Wang(1995) 根据野外和实验室数据，提出了冰输送能力的概念和冰输送能力与流速相关的计算公式。根据冰输送能力的概念，河冰排量通过冲刷和沉积来调整。这与床沙的输移过程类似。White 和 Acone (1995) 在野外研究中验证了冰输送能力的概念。

6 冰盖的生长、消退和变性

随着固体冰盖表面热量交换，在冰盖空隙中的水，将会从水表面向下结冰，这种热力生长将会超过冰盖的起始厚度而继续向下发展。在春季开始或在冬季期间的温暖时段，由于河水与冰盖之间的紊动热量转移，春季温暖的河水能显著地加速热力侵蚀过程，冰盖消退就会发生。目前，对热力生长和消退过程的理解比较清楚，并且能通过简单的热传导和热量传导公式进行分析(Ashton，1986；Shen 和 Chiang，1984)。冰盖下侧冰花堆积和雪盖的存在，可影响冰盖的生长和消退(Calkins，1979)。在天气寒冷时段，发生连续降雪时，会形成由雪冰、雪泥和透明冰组成的冰盖(Shen 和 Lal，1986)。

在冰盖融化阶段，由于冰盖下侧波纹的形成，河流水体与冰盖之间的紊动热量交换率增大(Ashton 和 Kennedy,1972)。如果春季流量保持相对稳定,冰盖也将保持稳定直到最终完全融化形成文开河。在热力融化完成前如果流量突然增加,冰盖的破裂就会发生,从而形成武开河。

即使在空气温度上升到冰点以前,由于太阳辐射,冰盖的融化和消退过程已经开始。透入冰盖的太阳辐射能引起冰盖内部融化和冰结构完整性的破坏。冰盖强度的降低,对武开河的开始也是一个重要因素。源于冰盖内部融化和冰盖强度减小方面的理论研究(Ashton,1985;Prowse 等,1990)已经有野外数据验证。

7 开河的成因

由于河道流量和水位变化,在水力和机械力作用下,冰盖开始破碎的过程称为机械性开河(通常称为早熟开河或武开河)。武开河经常会导致严重的流凌和冰坝,对水工结构和河岸建筑物进行破坏。另外,武开河也是水电站运行中重要的考虑因素,因此电站水流调节受到冰盖稳定性的限制。尽管武开河很重要,但是我们目前对其的理解仍很有限。

开河始于流量的增大,冰盖从河岸分离,然后形成较大间距的横向裂缝(Billfak,1982;Beltaos,1984)。Beltaos (1990)将开河时间定义为当某一地点发生持续冰体运动时,并且形成基于大冰块运动受河流平面边界条件限制为基础的经验方法来预估其出现时间。Prowse 和 Demuth (1989)则将开河期分为前期和后期。前期是指冰盖开始融化到开河出现的过程,后期是指流凌和洪水波出现的后期开河过程。

8 开河壅水和流凌

如果河道流量出现快速增加,无论是由于径流增加,冰坝溃坝引起的水量释放,还是由水电站变化流量而产生的洪水波,在传播过程中将会在冰盖下面产生压力扰动。这种扰动会进一步将冰盖和冰块裂成碎冰,形成流冰和冰坝。Parkinson (1982)在 Liar-Mackenzie 河上观察到,紧密相连的横向裂缝形成和涌浪波经过期间,冰盖碎片进入裂缝及冰盖破碎的过程。Daly (1995)用一个线性化的扰动分析将冰盖方程与水动力联系起来,以此来说明在重力范围内由波浪所引起的横向紧密裂缝形成的可能性。Xia 和 Shen 于 2002 年指出此线性分析的不适用性。

如果水位进一步上升,在冰盖破碎以后就会发生流凌。沿河流动的冰碎块,插入静止冰盖而与其他的冰块合并。在流凌向下游前进的过程中,碎冰断续地停止和运动,伴随着冰坝的形成和释放。除了冰坝形成和释放的动力学研究外(例如 Shen 等,1994;Shen 和 Lu,1996),开河流凌以及河道清理的动力学还有待于研究。主要的未知条件是引起冰坝以及大冰块中碎冰前沿发展的物理机制问题。这两个都是与作用于碎冰和大冰块上的机械与流体力学作用力相联系的。另外,冰坝的热力侵蚀 (Prowse,1990)以及冰表面的消融也是重要的因素,因为热力侵蚀能显著地降低冰坝的强度和冰量大小。

由于涉及的因素多,并且理解有限,目前的开河预报技术大部分是经验性的(例如 Galbraith,1981;Forsius 和 Granholm,1987;Beltaos 和 Burrell,1992)。除了改进我们对于开河物理机制的理解外,在开河预报中将春季径流预报作为一部分,也是十分必要的。

9 其他有关的过程

河流结冰与水流条件密切相关，河冰的存在也会影响到水流状况。可用于有冰河流中的水力分析公式已经开发（例如 Lal 和 Shen，1990；Shen 等，1993；Daly，1995）。结冰水流分析中的主要困难是冰体水力阻力的确定。已经有了一些针对冰盖的经验指南（例如 Nezhikovskiy，1964），但是为了更好地了解河中流动或静止的冰体对水流阻力的影响，还需要更多的研究。这些研究应该包括我们对冰体水力阻力的估计、水面冰和悬浮冰的输送与混合以及泥沙和污染物的分析。

对于冲积的河流来说，冰盖的存在能减少泥沙输送率，并导致严重的河床和河岸侵蚀，改变河床演变的过程。对于有冰盖河道中泥沙的输送已有一些研究成果（例如 Smith 和 Ettema，1995），但还需作进一步的研究。

各种类型冰的形成，对河流环境和生态具有重要影响，但目前对这方面的研究较少（Prowse 和 Gridley，1993），还需要环境和水利工程师们的共同努力。

10 结论

河冰现象及过程，受周围气象、水文条件及其与河道水流间复杂的相互作用的影响。本文对河冰过程及其研究现状作了简单回顾。关于河冰过程仍需作进一步的研究，充分利用包括野外、实验室、数学和解析的方法。这些研究应当着手解决单一过程的理论基础，同时针对工程上的应用，更应鼓励研究人员之间的相互协作和组织之间的合作。

参考文献

Andres D. 1995. Floe Development during Frazil Generation in Large Rivers, 8th Workshop on the hydraulics of Ice Covered Rivers, Kamloops.

Ashton G D. 1986. River and Lake Ice Engineering, Water Resources publications, Littleton, Co.

Ashton G D. 1985. Deterioration of Floating Ice Covers. Jour. of Energy Resources Tech. ,107:177-182.

Ashton G D. 1987. River Ice Problems, Where are We? - A Review. IAHS Workshop on Rive Ice, Vancouver, 13p.

Ashton G D, Kennedy J F. 1972. Ripples on Underside of River Ice Covers. Jour. of Hydr. Engrg. , ASCE, 98: 1603-1624.

Beltaos S. 1983. River Ice Jams: Theory, case studies and applications. Jour. of hydro. Engrg. , ASCE, 109 (10): 1338-1359.

Beltaos S. 1984. A Conceptual Model of river ice Breakup, Canadian Jour. of Civil Engrg. 17(2):173-183.

Beltaos S. 1990. Fracture and Breakup of River Ice Cover. Canadian Jour. of Civil Engrg. , 17(2):173-183.

Beltaos S. 1996. Hydraulics of Ice-covered Rivers. Issues and direction in hydraulics, T. Nakato and R. Ettema, eds. , Balkema, Rotterdam. 159-166.

Beltaos S, Burrell B C. 1992. Ice Breakup and Jamming in the Restigouche River. New Brunswick, Proc. IAHR Ice Syrup. , Banff, 437- 449.

Beltaos S. 1993. Numerical Computation of River Ice Jams. Canadian J. of Civil Engrg,. 20(1):88-99.

Beltaos S, Wong J. 1986. Downstream Transition of River ice jams、Jour. of hydr. Engrg. , ASCE, 112(2):

91-110.
Billfalk L. 1982. Breakup of Solid ice covers due to rapid water level variations. CRREL, Report 82-3, Hanover.
Calkins D J. 1979. Accelerated ice growth in rivers, CRREL Report 79-14, Hanover, 4p.
Carstens T. 1966. Experiments with supercolling and ice formation in flowing water. Geofysiske Publikasjoner, 26(9): 3-18.
Daly S F. 1984. Frazil Ice Dynamics, CRREL Mouograph 84-1, U. S Army CRREL, Hanover.
Daly S F. 1995. Fracture of River Ice Cover by River Waves, Jour. of Cold Regions Engineering, ASCE, 9 (1): 41-52.
Flato G M, Gerard R. 1986. Calculation of Ice Jam Profiles, Proc. 4th Workshop on River Ice, Montreal, Paper C-3.
Flato E P, Shen H T. 1986. St. Lawrence river freeze-up forecast. Jour. of Waterway, Port, Coastal and Ocean Engrg., ASCE, 112(4): 467-481.
Forsius J, Granholm G. 1987. Statistical Model for Prediction of ice breakup in river Tornealven. Nordic Expert Meeting on River Ice, Espoo, 195-204.
Galbraith P W. 1981. On Estimating the Likelihood of Ice Jams on the St. John river Using Meteorological Paramters, Proc. 5th Canadian Hydrotech. Conf., Fredericton 219-237.
Gerard R. 1990. hydrology of floating ice, chapter 5, Northern Hydrology- Canadian Perspectives, T. D. prowse and C. S. L. Ommanney, eds., Nat'l Hydrology Res. Inst., Saskatoon 103-134.
Kivisild H R. 1959. Hydrodynamic Analysis of Ice Floods. Proc. 8th IAHR Cong., Monteeal, paper 23F.
Hammar L, Shen H T. 1995. Frazil Evolution in Channels, Jour. Hydraulic Res., 33(3): 291-306.
Hammar L, Kerr D J, Shen H T, et al. 1996. Anchor ice growth in gravel-bedded channels. IAHR Symp. on ice, Beijing.
Kivisild H R. 1959. Hydrodynamical Analyses of Ice Floods, Proc. 8th IAHR Cong. Montreal, Paper 23F.
Lal A M W, Shen H T. 1991. A Mathematical for River Ice Processes. Jour. Hydraulic Engrg., ASCE, 117 (7): 851-856. Also CRREL Report 93-4.
Matousek V. 1984. Types of Ice Run and Conditions for their Formation. IAHR Ice Symp., 315-327.
Matousek V. 1990. Thermal Processes and Ice Formation in River. Papers and Studies No. 180, Water Res. Inst., Prague, 146p.
Michel B. 1986. Course on River Ice Engrg. Lecture Notes, Workshop on River Ice Engrg., Montreal.
Michel B, Drouin M. 1975. Equilibrium of an Hanging Dam at the LaGrande River. Report GCS-75-OS-OI, Univ. dLaval, Quebec.
Michel B, Marcotte N, Fonseca F, et al. 1980. Formation of Border Ice in the St. Anne River, Proc. Workshop on Hydro. of Ice Covered Rivers, Edmonton, 38-61.
Nezhikovskiy R A. 1964. Coefficients of Roughness of Bottom Surface of Slush Ice cover. Soviet Hydrology: Selected Papers, 2: 127-148.
Osterkemp T E. 1978. Frazil Ice Formation: A Review. Jour. Hydr. Div., ASCE, 104(HY9): 1239-1255.
Pariset R, Hausser H. 1961. Formation and Evolution of Ice covers on Rivers, Trans. Engrg. Inst. Canada, 5 (1): 41-49.
Parkinson F E. 1982. Water Temperature Observations during Break-up on Mackenzie River System, Proc., Workshop on Hydraulics of Ice-Covered Rivers, 261-290.
Prowse T D. 1990. Heat and Mass Balance of an Ablating Ice Jam. Canadian J. of civil Engrg. 17(4): 629-635.
Prowse T D. 1995. River ice Processes, Chapter 2, River Ice Jams, S. Beltaos, ed., Water Resources Pub.,

Littleton, Co. , 29-70.

Prowse T D, Demuth M N. 1989. Failure Modes Observed during River Ice Breakup. Proc. 46th Eastern Snow Conf. , Quebec City, 237-241.

Prowse T D, Gridley N C, et al. 1993. Environmental Aspects of River of river ice. NHRI Science Report No. 5, National Hydrology Research Institute, Saskatoon, 155p.

Prowse T D, Demuth M N, Chew H A M. 1990. The Deterioration of freshwaterIce under Radiation Decay. Jour. of Hydr. Res. , 28(6): 685-697.

Shen H T, Chiang L A. 1984. Simulation of Growth and decay of river ice cover. Jour. Hydr. Div. , ASCE, 110 (7):958-971.

Shen H T, Ho C F. 1986. Two-dimensional simulation of ice cover formation in a Large River. Proc. IAHR Ice Syrup. , Iowa City, 547-558.

Shen H T, Lal A M W. 1986. Growth and Decay of river ice covers. proc. , cold Regions Hydrology Syrup. , A WRA, Fairbanks, 583-591.

Shen H T, Lu S. 1996. Dynamics of River Ice jam release. proc. , 8th Int'l Conf. Cold Regions Engrg. , ASCE, Fairbanks, 594-605.

Shen H T, Van De Valk W A. 1984. Field Investigation of St. Lawrence river hanging Ice Dams. Porc. IAHR Ice Symp. , Hamburg, 241-249.

Shen H T, Wang D S. 1995. Under Cover Transport and accumulation of frazil Granules. Jour. of Hydraulic Engrg. , ASCE, 120(2): 184-194.

Shen H T, Shen H H, Tsai S M. 1990. Dynamic Transport of river ice, jour. of Hydr. Res. , 28(6):659-671.

Shen H T, Chen Y C, Wake A, et al. 1993. Lagrangian Discrete Parcel Simulation of River Ice Dynamics. Int'l J. of Offshore and Polar Engrg. , 3(4): 328-332.

Shen H T, Su J, Lu S, et al. 1994. A Two-Dimensional Model for Dynamic Ice Transport and Jamming in the Upper Niagara River. Proc. 12th Int'l Ice Symp. , IAHR, Trondheim, 724-733.

Smith B T, Ettema R. 1995. Ice Covered Influences on Flow and Bedload Transport in Duned-bed Channels. Proc. 8th Workshop on the Hydro. of Ice Covered Rivers, Kandoops.

Sun Z C, Shen H T. 1988. A Field Investigation of Frazil jam in Yellow River. Proc. 5th Workshop on Hydr. of River Ice/Ice Jams, Winnepeg, 157-175.

Svensson U, Billfalk L, Hammar L. 1989. Cold Regions Sci. and tech. , 16: 179-189 .

Tatinclaux J C. 1977. Equilibrium Thickness of Ice Jams. Jour. Hydr. Div. ASCE, 103(HY9): 959-974.

Tesaker E. 1975. Accumulation of Frazil Ice in an Intake Reservoir, Proc. IAHR symp. , on Ice Probs. , Hanover.

Tsang G, Lau Y. 1995. Frazil and Anchor Ice Laboratory Investigation. 8th Workshop on Hydr. of Ice Covered Rivers, Kamloops.

Kennedy J F. 1976. Theoretical model of river ice jams[J]. journal of the Hydraulics Division, ASCE, 102 (HY9): 1365-1383.

White K D, Acone S E. 1995. Assessing the Effects of dam operation on upstream Ice Conditions: Aroostook River at Fort Fairfield. Maine. 8th Workshop on the Hydr. of ice covered rivers, Kamloops.

Yamazaki M, Hirayama K, Sakai S, et al. 1996. Formation of frazil Anchor Ice. IAHR Int'l Symp. on Ice, Beijing, 488-496.

河冰输移理论的过去、现在和未来*

沈洪道

（克拉克森大学土木环境工程系，美国，纽约，Potsdam，13699－5710）

摘要：了解河冰的输移现象是河冰研究最重要的课题之一。河冰的输移过程，如热能的输移、水内冰的形成与演变、水内冰在冰盖下的输移及冰塞，以及水面冰输移和冰坝的形成等，都会影响整个冬季的冰情。文章对河冰输移理论的发展进行了回顾，同时对需要进一步研究的问题进行了讨论。

1 介绍

河冰现象指冬季从流凌、封冻到开河的河冰演变的不同阶段（如图1所示（Shen，1996））。许多河冰现象都要受到河冰输移过程的制约。河冰输移过程在与工程、环境和生态问题等有关的河流冰情变化中起重要的作用。河冰的输移包含动力和热力过程及相变，比其他的河流输移现象（如泥沙或污染物质的输移）更为复杂。近20年来，随着河流冰凌过程数学模型解析理论的发展，河冰的输移理论已经取得了重大进展（Shen，1996）。本文将着重探讨主要的河冰输移过程理论，包括热能和水内冰的输移及演变，河床底部锚冰的形成，冰盖下底部水内冰的堆积和输移，冰塞（悬冰坝）的形成，以及水面冰的输移和水面冰冰坝的形成等。Lal和Shen（1989，1991）提出了模拟河冰过程的双层解析框架。由Shen等（1995）精练后的公式将在这里使用以便于讨论。本文所述的一维模拟包括了所有的冰体输移过程，并且可以扩展为二维或三维的形式。

在双层解析框架中，河流中冰排量包括了水面冰和悬移冰两部分：

$$Q_d^i = AUC_v \tag{1}$$

$$Q_s^i = B_o U_s C_a [h_i + (1 - e_f) h_f] \tag{2}$$

式中：Q_d^i、Q_s^i 分别为悬移冰（水内冰）流量和水面冰流量；A 为过水断面面积；B_o 为岸冰之间的水面宽；C_v 为悬移层中的冰密度；C_a 为水面冰密度；h_i 为水面冰固体部分的厚度；h_f 为水面冰下部的水内冰累积厚度；e_f 为水面冰块水内冰部分的空隙度；U 为断面平均水流速度；U_s 为水面冰的断面平均速度。在方程（1）、（2）中，冰厚、流速、水面和水内冰的密度等变化的热力和冰输移过程，都是密切相关的。这些过程以及与其相关的数学公式和理论，都将在此讨论。

2 水温变化和水内冰的输移

水温变化、水内冰、锚冰和水面冰的演变与输移会同时发生。这些现象错综复杂，相

* 第15届国际冰工程会议邀请报告，Gdansk，Poland，2000年8月。

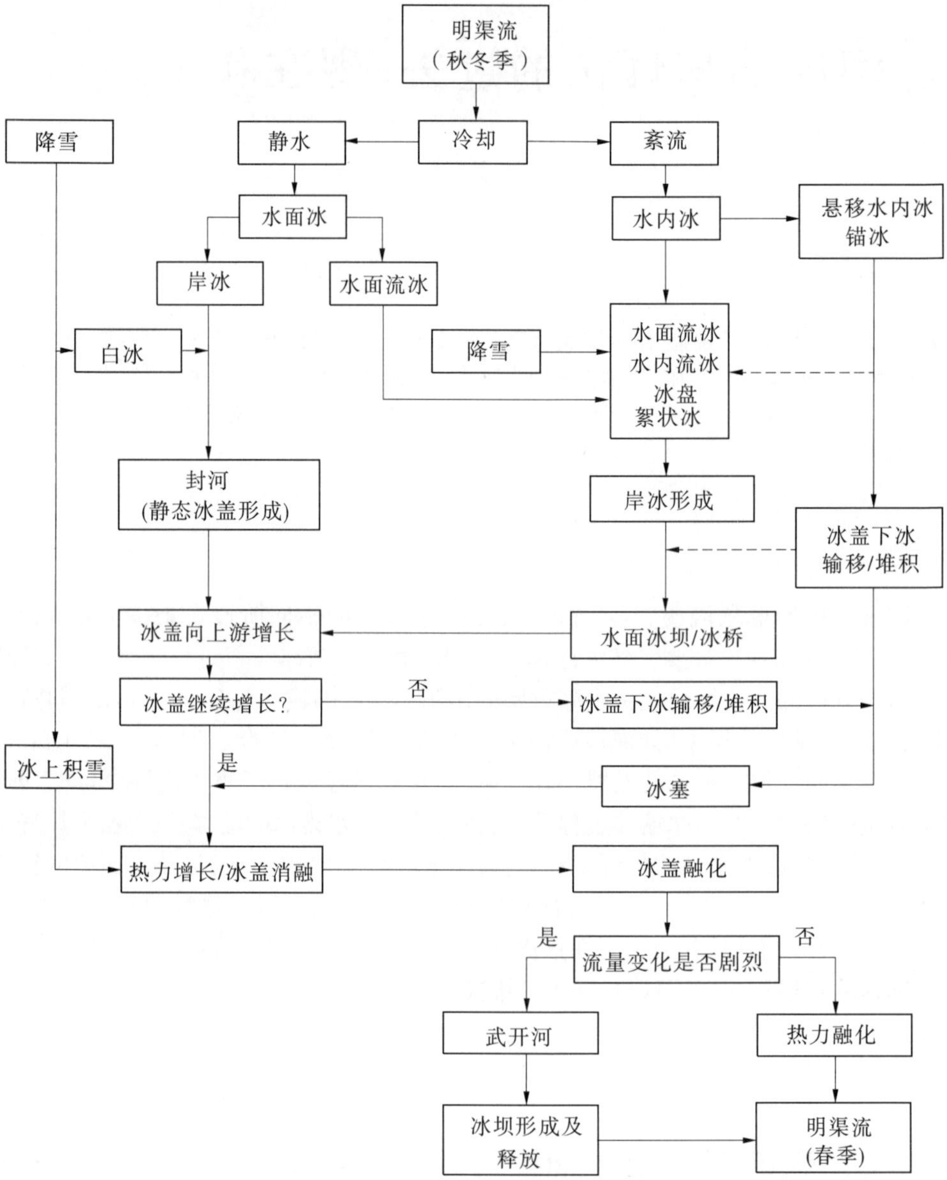

图1　河流结冰过程

互关联。当水温过冷时，在紊动河流中的整个水深都会产生水内冰。在明流河段，随着连续的水面热交换，冰粒在大小和个数上增长或消退。部分水内冰上升到表面增加水面冰流量，另外的部分可以堆积到河道底部而形成锚冰。水面流冰会导致冰盖的形成、冰盖下面的冰输移和堆积。在水面冰块所覆盖的部分，由于冰的隔热作用，会减少冰的净产量。同时，由于水内冰生长而释放的潜热与水面的热量损失平衡，会降低水的过冷程度。由于水面冰的隔绝影响和水内冰及锚冰热力生长而释放的潜热，水温的恢复因此得到加强。

水温分布和水内冰密度，可以用冰－水混合的热能守恒方程来描述：

$$\frac{De_T}{Dt} = \frac{1}{A}(\varphi_{ss} + \varphi_{sk}) + \rho_i L_i E \tag{3}$$

式中：随体导数$\frac{D}{Dt} = \frac{\partial}{\partial t} + \vec{U} \cdot \nabla$；$e_T = C_p\rho(1 - C_v)T_w - \rho_i C_v L_i$；$\varphi_{ss}$、$\varphi_{sk}$分别为通过河面和底部边界的热量收入和支出；$E$ 为水内冰上升到水面和形成锚冰的净体积损失率，$E = \frac{1}{d_w}(\alpha V_b C_v - \beta h C_a + \gamma C_v)$；$\rho$、$\rho_i$ 分别为水和冰的质量密度；C_p 和 L_i 分别为水的比热以及融解热；d_w 为水流深度；V_b 为悬移冰体的平均上升速度；α、β、γ 分别为悬移层与表面层和锚冰之间的质量交换系数（如图 2 所示）。在图 2 中，φ_{ia}、φ_{wa}、φ_R 分别为冰－大气热交换、水－大气热交换和太阳辐射量。交换系数 α、β、γ 均受制于紊动强度和冰粒的特征。由于目前尚无表面层与悬移层交换的完整理论，所以这些系数需要经验选取。

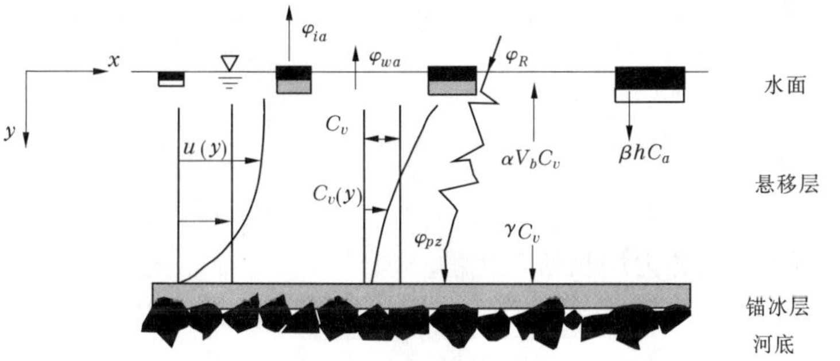

(a)分层示意图

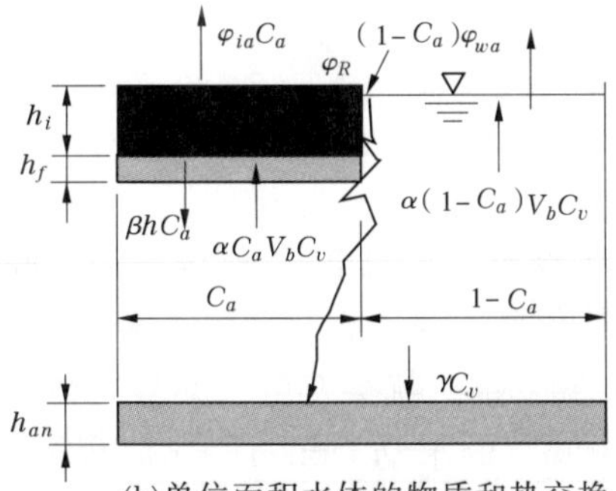

(b)单位面积水体的物质和热交换

图 2　明流河段双层冰输移示意图

悬移冰的密度随着冰粒的热力生长和消退而改变，并且随其与水面冰与锚冰的质量交换而变化，因此有下列公式：

$$\frac{DC_v}{Dt} = \frac{DC_v^g}{Dt} - E \tag{4}$$

式中：$\frac{DC_v}{Dt}$为因热力生长而产生的水内冰密度的交换率。水内冰的形成与演变，已有相当的研究（Daly，1994）。Hammar 和 Shen（1995）开发了模拟水内冰的形成和演变以及在紊动河道水流中的相应水温度的变化的模型。模型与在实验室水槽中水温的观测值

(Carstens,1966)吻合。在这个模型中,水内冰的形成是从水面冰晶的质量交换开始的。水流中水内冰体积和密度的分布变化,是由于粒冰颗粒与水的紊动热量传输、二次结晶以及脉动所引起的。絮状冰的有限体积受冰粒的解体控制,目前对于它的了解不深需要进一步研究。在非常简化的模式中,假定为充分混合、均匀颗粒大小的水内冰粒条件下,一维模型中水内冰密度变化率的计算公式为(Shen 等,1995):

$$\frac{DC_v^g}{Dt} = \frac{1}{\rho_i L_i} q a_o N_f \tag{5}$$

式中:q 为单位面积上水内冰和水体之间的热量转换;a_o 为水内冰的表面面积;N_f 为单位体积中水内冰粒的个数。

水内冰和锚冰的生长包括过冷现象。过冷现象可以用水体热量守恒中的水、冰热量交换来模拟,水温方程如下:

$$\frac{D(C_p\rho(1 - C_v)T_w)}{Dt} = \frac{1}{A}(\varphi_{ss} - \varphi_{sk}) + \rho_i L_i \frac{DC_v}{Dt} \tag{6}$$

3　锚冰的演变

通常认为锚冰的产生是由于出现在河道底部的水内冰的黏结,以及由于与过冷河水中的热量交换所引起的热力增长所产生的。但目前对于锚冰演变的理论理解是很有限的。对于锚冰的生长和消退,已经进行了一些分析和实验研究(Hammar 等,1996 ;Terada 等,1998;Kerr 等,1998 和 Doering 等, 1999)。这些研究提供了一些初步的信息,还需要作更多的研究。在 Shen 等(1995)的一维公式中,锚冰厚度 h_{an}的变化,以通过考虑水内冰的沉积以及与河水的热交换来计算:

$$\frac{\mathrm{d}h_{an}}{\mathrm{d}t} = \frac{1}{1 - e_a}\left(\gamma C_v + \frac{\varphi_{wi}}{\rho_i L_i}\right) \tag{7}$$

式中: e_a 为锚冰的空隙度。

由于锚冰不能完全充满河床颗粒之间的空隙,所以在锚冰底侧和河床表面颗粒之间孔隙中可以形成底层流。锚冰底侧的生长或融化取决于水的温度。当锚冰下侧的热力侵蚀减少了锚冰和床粒之间的黏结时,锚冰就会发生松动。当锚冰的浮力超过了冰粒的重量和床粒的阻力,或者当作用于锚冰的水动力超过一定临界条件时,锚冰也会与河床分开。

前面关于水温和悬浮冰密度的讨论,是基于一定条件的,即河水的紊动强度足够大,足以使水内冰在水面下形成。众所周知,在封冻期间各种类型的冰都能在河中形成。在缓流区域,在断面平均水温降到结冰点以前,水面薄冰就会形成。Svensson 等(1989)开发了静态岸冰形成的二维模型。Matousek (1984)提出了一个半经验的方法来确定不同类型冰的出现。Andreasson 等(1998)试图建立针对不同类型封冻流凌条件的理论。为了对该问题有明确的认识,还需要作更深入的研究。

4　水面冰的输移和冰坝的形成

水面冰密度可用下列冰的质量守恒方程来计算:

$$\frac{DC_a}{Dt} = \frac{1 - C_a}{h}\left(\alpha V_b C_v - \beta h C_a + \frac{R_{an}}{B_o}\right) - \frac{C_a}{B_o}\frac{DB_o}{Dt} - C_a\frac{\partial U_s}{\partial x} \tag{8}$$

式中：实质导数$\frac{D}{Dt} = \frac{\partial}{\partial t} + \vec{U}_s \cdot \nabla$；$h = h_i + h_f(1 - e_f)$为水面浮冰的等效厚度；$B_o = (1 - f_B)$为明流水面宽度；$R_{an}$为锚冰释放的贡献。水面浮冰的硬冰和水内冰的厚度部分的变化率为：

$$\frac{Dh_i}{Dt} = \frac{\varphi_{ia}}{e_f \rho_i L_i} \tag{9}$$

$$\frac{Dh_f}{Dt} = \frac{(\alpha V_b C_v - \beta h C_a)}{(1 - e_f)} - \frac{Dh_i}{Dt} - \frac{h_{wi}(T_w - T_m)}{(1 - e_f)\rho_i L_i} \tag{10}$$

冰的输移形式包括明流水面浮冰的输移和冰盖下侧的水内冰输移两种类型，这两种类型在河冰工程中均具有重要的意义。

4.1 水面冰的动力输移

岸冰的侧向生长、水面冰堵塞或冰盖的形成等现象，都受到水面冰体输移动力的制约。由于水面冰的侧向堆积而引起的岸冰生长，是岸冰边缘浮冰上的拖曳力、重力、边界摩擦力等平衡的结果。初始冰盖或冰坝的形成是由于水面流冰拥塞而产生的，它是浮冰之间相互作用所产生的冰内阻力与包括重力、水流和风拖曳力以及河岸阻力等外力之间动力平衡的结果（Shen 等，1990）。Matousek（1990）、Shen 和 Fan DeValk（1984）提出，根据有限的野外观测资料，当局部垂线平均流速超过0.4 m/s 的临界值时，岸冰生长将会停止。Ackermann 和 Shen（1983）、Matousek（1988）已经提出了冰盖形成或流冰拥塞的一维经验临界标准。然而，水面冰的输移，特别是岸冰生长和水面冰坝现象都是二维过程，因此，用一维公式不能准确地描述水面冰输移。在最近10年，二维水面冰动力学输移理论已经建立（Shen 等，1993，1994）。开发的数学模型成功地用于流冰和冰坝的研究，并用于不同河流中河冰的控制设施（Liu 和 Shen，2000；Liu 等，1998；Lu 等，1999；Shen 等，1997、2000）。包括热力冰增长过程在内的模型的进一步扩展，将利于工程的设计运行。

4.2 冰盖下的冰花输移

在冰盖上游的明流河段中，冬季会产生冰花。冰花一旦进入冰封河段将沿着冰盖下侧输移和堆积（Grez，1989）。冰盖下大量的冰花堆积或产生冰塞，将导致较大的水头损失，同时由于冰阻塞而抬高水位。局部性的冰塞，水利工程师通常称其为悬冰坝。几十年来，临界剪切应力或临界流速的概念（Kivislid，1959；Tesaker，1975；Michel 和 Drouin，1974）被用来确定冰塞的位置和厚度。然而，这些概念并不能解释野外数据，并且没有方法确定临界剪切应力或临界流速。Shen 和 Wang（1995）对冰盖下的冰输移提出了冰输移能力的概念，同时开发了将冰输移能力与野外和实验室数据为基础的水流强度和冰粒特征相关的计算公式。根据输移能力的概念，河流中的冰流量，将通过冲刷和沉积，向冰输移能力的方向调整。当到来的冰流量超过输移能力时，将会发生沉积；当到来的冰流量小于输移能力时，将会发生侵蚀。

5 结论

输移过程是河冰的主要物理过程。对于河冰输移的理解，是了解冬季河冰现象的基础。根据河冰输移理论开发的模型可以模拟河冰和水力条件，进行冰凌控制计划的分析，以及评价河冰的环境和生态影响。本文简短地回顾了河冰输移理论过去的认识、现在的理解，以及河冰输移理论今后进一步的研究需求。

参考文献

Ackermann N L, Shen H T. 1983. Mechanics of ice jam formation in rivers. CRREL Report, 83-31, US Army CRREL, Hanover, NH.

Andreasson P, Hammar L, Shen H T. 1998. The influence of surface turbulence on the formation of ice pans. Vol. 1, Ice in Surface Waters, H. T. Shen ed., A. A. Batkema, pp. 69-76.

Carstens T. 1966. Experiments with super – cooling and ice formation in flowing water. Geofysiske Publikasjoner, 26(9): 3-18.

Daly S F. 1994. Report on frazil ice, (Report of IAHR Working Group Regimes). CRREL Special Report 94-32, US Army CRREL, Hanover, NH, 43p.

Doering J C, Morris M P, Girling W C, et al. 1999. Laboratory studies of anchor ice growth using a digital image processing system. Proceedings, 10th Workshop on River Ice, Winnipeg, pp. 377-387.

Grez M. 1989. Inner structures and surface morphology Seminar. Polish Academy of Sciences, Warsaw, pp. 66-75.

Hammar L, Shen H T. 1995. Frazil evolution in channels. Journal of Hydraulic, Research, 33(3): 291-306.

Hammar L, Kerr D J, Shen H T, et al. 1996. Anchor ice formation in gravel, bedded channels. 13th IAHR Symposium on Ice, Vol. 3, Beijing, pp. 843-850.

Kerr D J, Shen H T, Daly S F. 1998. Evolution and hydraulic resistance of anchor ice on gravel beds. Vol. 2, Ice in Surface Waters, H. T. Shen ed., A. A. Balkema, pp. 703-710.

Kivislid H R. 1959. Hanging ice dams. Proceedings, 8th IAHR Congress, Montreal, 23F, pp. 1-30.

Lal AM W, Shen H T. 1991. A mathematical model for river ice processes. Journal of Hydraulic Engineering, ASCE, 117(7):851-867 (Also, CRREL Report 93-4).

Liu L, Shen H T. 2000. Numerical simulation of river ice control with booms. CRREL Report TR-00-10, US Army, Hanover, NH, 28p.

Liu L, Shen H T, Tuthill, A M. 1998. A numerical model for river ice jam evolution, Vol. 2, Ice in Surface Waters, H. T. Shen ed., A. A. Balkema, pp. 739-746.

Lu S, Shen H T, Crissman R D. 1999. Numerical study of ice jam dynamics in upper Niagara River. Journal of Cold Regions Engineering, ASCE, 13(2): 78-102.

Matousek V. 1984. Types of ice run and conditions for their formation. IAHR ice Symposium, Hamburg, pp. 315-327.

Matousek V. 1988. Hypothesis of dynamic ice bridge formation. IAHR Symposium, V. 2, Sapporo, pp. 249-260.

Matousek V. 1990. Thermal processes and ice formation in rivers. Papers and Studies, No. 180, Water Resources Institute, Prague, 146p.

Michel B, Drouin M. 1975. Equilibrium of an underhanging dam at the La Grande River. Report GCS – 75 – 03 – 01, Laval University, Quebec.

Shen H T. 1996. Rive ice processes – state of research. 13th IAHR Ice Symposium vol. 3, Beijing, pp. 825-833.

Shen H T, VanDelvalk W A. 1984. Field investigation of Lawrence River hanging ice dams, IAHR Ice Symposium, Hamburg, pp. 214-249.

Shen H T, Wang D S. 1995. Under cover transport and accumulanon of frazil granules[J]. Journal of Hydraulic Engineering, ASCE, 121 (2): 184-195.

Shen H T, Shen H H, Tsai S M. 1990. Dynamic transport of river ice[J]. Journal of Hydraulic Research, 28 (6): 659-671.

Shen H T, Chen Y C, Wake A, et al. 1993. Lagrangian discrete parcel simulation of river ice dynamics. International Journal of Offshore and Polar Engineering, 3(4): 328-332.

Shen H T, Su J, Lu S, et al. 1994. A two – dimensional model for dynamic ice transport and jamming in the upper Niagara River. 12th IAHR Ice Symposium, Trondheim, pp. 724-733.

Shen H T, Lu, S, Crissman R D. 1997. Numerical simulation of ice over the Lake Erie – Niagara River ice boom. Cold Regions Science and Technology, transport over V. 26:17-33.

Shen H T, Liu L, Hoshi K, et al. 2000. ice jam formation in the Shokotsu River, 15th IAHR Ice Symposium, Gdansk, pp. 81-88.

Shen H T, Wang D S, Wasantha Lal A M. 1995. Numerical simulation of river ice processes[J]. Journal of Cold Regions Engineering, ASCE, 9(3): 107-118.

Svensson U, Billfalk L, Hammar L. 1989. A mathematical model for border ice formation in rivers[J]. Cold Regions Science and Technology, V. 16: 179-189.

Terada K, Hirayama K, Sasamoto M. 1998. Field measurement of anchor and frazil ice. Vol. 2, Ice in Surface Waters, H. T. Shen ed., A. A. Balkema, 697-702.

Tesaker E. 1975. Accumulation of frazil ice in an intake reservoir. IAHR 3rd International Symposium on Ice Problems, Hanover, NH, pp. 25-35.

河冰过程研究的进展和存在问题

沈洪道

（克拉克森大学土木环境工程系，美国，纽约，Potsdam，13699－5710）

1 前言

30多年前，随着人们对河冰工程兴趣的不断增长，以及北美一些围绕河冰工程的研究，一篇关于河冰研究必要性的文章发表了（ASCE，1974）。自此，通过全世界学者的共同努力，人类在河冰研究方面取得了显著的进展。很多文章论述了河冰演变过程及其研究的必要性，如Ashton（1987）、Beltaos（1987、1996）、Gerard（1990）及Shen（1996）等。本文回顾了河冰研究的现状，并提出了一些急需完善的方面。

工程及环境问题极大地推动了人们对河冰问题的研究，包括河冰对冰凌洪水、水力发电、航运、生态以及环境等的影响。这些问题的研究对我们理解河冰物理过程起到了重要作用。然而，很明显我们已经接近但并没有完全全面地了解冬季河冰的生消过程，为了达到这一目标，我们还要对一些重要环节进行研究。我相信现在是河冰管理部门团结起来集中力量探索知识漏洞的时候了，同时进一步完善对已认知部分的理解。图1概述了河冰演变过程，主要包括三个阶段，即结冰期、封冻期、解冻期。我将按照这个顺序分阶段阐述目前的研究现状，论述最需要提高的方面及可以采用的方法。

2 结冰期

对于结冰期，应用能量平衡和水温计算等方法可以知道表面冰的密度分布。过冷却机制和水内冰的形成机制相对也得到了很好的理解（Osterkemp，1978；Daly，1984）。由于表面冰量对成冰率的影响很大（Lal和Shen，1991；Andres，1995），决定冰盖的形成和发展，因而有必要充分了解结冰期冰体的输移演变过程。Matousek（1984）提出了结冰初期河冰形成机制的经验公式，即表面冰的形成、表面冰的输移和水内冰输移。Gosink和Osterkemp（1983）应用浮力与扩散时间尺度的比率作为水内冰由分层输移向完全混合输移转换准则。Ashton（1988）对Matousek的工作进行了补充完善，在结冰机制中加入了上述转换过程。Matousek的公式正确反映了粒状冰浮力、垂向混合作用、表面热量损失率等的重要性。然而，对结冰期冰花输移的物理过程仍缺少较为清晰的描述，对于不同结冰机制之间的转换也没有作出很好的阐述（Hammar等，2002）。

从概念上来讲，表面冰与水内冰的形成机制是不同的。表面冰的形成取决于静止或流速很小的水体表面的过冷却状态，水内冰的形成则取决于冰粒在过冷却紊动河流中的输移和混合情况。这里提出了一些定量估算由水内冰产生的悬浮表面冰流量的初步想法。水内冰的输移伴随着悬浮在水中的细小冰晶的出现而开始，随着输移时间的增加，连

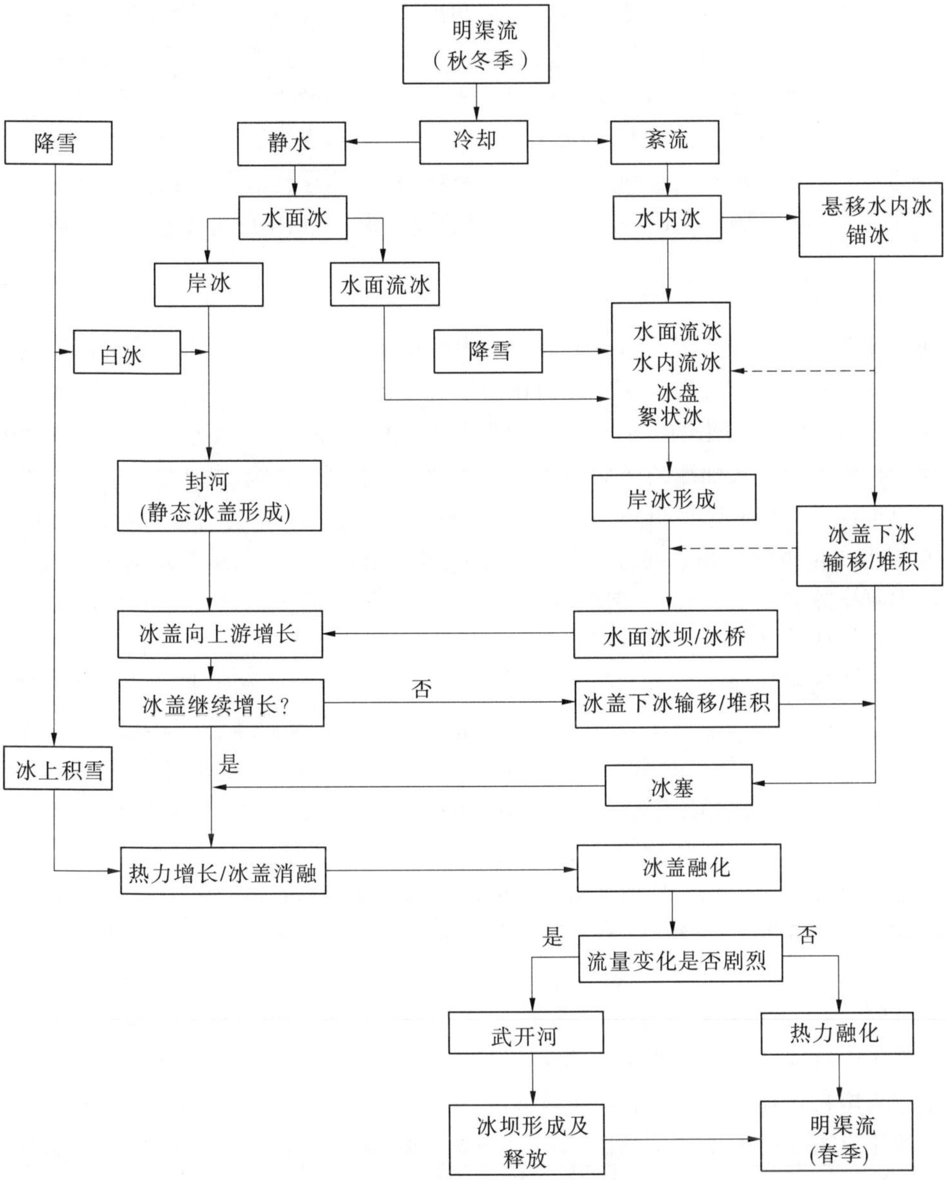

图1　河冰演变过程

续的热量损失导致了冰晶不断聚集,冰粒不断增大,同时伴随冰团的发展和破碎。无论是冰粒克服垂向混合阻力到达水体表面,还是流冰量超过了河流输冰能力,都会导致表面冰层的形成。悬浮在水中的冰粒或冰块的大小受限于水流的紊动强度,其形状也会随水流条件而变化。如果冰粒所受浮力不足以克服垂向混合阻力,水内冰将保持随水流的混合输移状态,直到流冰量大于河流输冰能力。总之,我们需要了解冰粒或冰块的演变过程、影响冰粒增长的限制因素和河流的最大悬移冰输送能力,才能够定量确定表面冰及悬移冰的流冰量。由于在结冰机制研究方面只有有限的野外观测资料和实验室数据,因而大家共同努力收集野外实测数据,将使研究受益匪浅。

在粒状冰中表面冰层的形成将导致冰盘和冰团的发展。这些表面冰的各种要素，尤其是冰厚，影响冰盖的增长形式。对这方面的了解也是有限的，通常用经验方法确定冰盖的增长形式。锚冰的形成也引起了大家的兴趣，针对锚冰开展了一些试验研究和现场观测（如 Yamazaki 等，1996；Kerr 等，2002）。然而，并没有形成锚冰演变及锚冰坝的形成的解析表达式。锚冰现象与河床附近粒状冰的聚集，粒状冰在河底的堆积以及可能在原地的增长有关。在河床特征暴露、水位变化不定的浅水中，反光作用可能也是非常重要的。

3 封冻期

典型冰盖的形成开始于岸冰的形成。热力作用生成的岸冰可以看做是表面冰盖的一种。Svensson 等（1989）开发了一个热力作用生成岸冰的二维模型，其得出的岸冰形成准则与 Matousek（1984）得出的类似。除热力作用生成模式以外，岸冰还可以通过表面冰块的横向堆积而形成。表面冰的横向堆积可以认为是表面冰沿河岸或已存在的岸冰边缘向下游漂流过程中受到的摩擦阻力与向下游的净推动力达到平衡的结果。对此，Michel 等（1980）提出了合理的经验公式，但还需要实测数据的进一步证明，最终形成解析式。

伴随着岸冰的增长，表面冰向下游输移有可能受沿河的表面冰盖影响而停滞。表面冰输移受阻形成冰塞源于表面冰在冰盖下的堆积。一旦冰盖形成，冰盖前沿由于上游流下来的表面冰的堆积而继续向上游发展。冰盖的形成和发展从本质上来讲也是一种冰塞现象。Pariset 和 Hausser（1961）提出了冰盖形成一维模型，包括静态冰坝理论，即基于作用于漂浮冰块上的内、外力静态平衡关系确定表面冰堆积形成的最大冰层厚度。这项工作可谓是 1970 年以前对河冰工程作出的最大的贡献。有关冰盖并置和增长方式的限制条件还存在一些不确定因素，大家共同努力收集野外观测数据有利于弄清楚这些不确定因素。静态冰坝理论得到了其他一些学者（如 Uzuner 和 Kennedy，1976；Tatinclaux，1977；Beltaos，1983、1993；Beltaos 和 Wong，1986）的完善和补充。最近，这一理论已被发展成动态表达式，可以模拟表面冰输移受阻形成冰拥塞及冰坝的演变过程（Shen 等，1990、2000）。新生成的冰盖可能会破碎并导致二次核晶。在冰盖增长过程中，新生冰盖可能会由于作用于冰盖的流向力的迅速增大而消失（Lal 和 Shan，1990）。Andres（1999）提出了一个冰盖增长过程中二次核晶的经验标准，需要现场观测数据的校准。

当流速过大冰盖停止发展时，上游流入的冰花将潜入冰盖下。这种情况下，冰花有可能上浮至冰盖继续向下输移或在冰盖下积聚形成冰塞。冰盖下的冰花局部堆积形成冰塞通常叫做悬坝。Shen 和 Wang（1995）利用冰盖下输冰能力的概念对传统的临界流速概念（例如 Kivislid，1959；Michel 和 Drouin，1975）进行了修改，形成了冰盖下冰输移和堆积过程公式。

冰盖形成以后，水体通过冰盖传导继续进行能量交换。热力增长和消融过程相对来说已经被很好地掌握了，可以通过热传导和热交换公式来分析计算（Calkins，1979；Shen 和 Chiang，1984）。经典的度 - 日方法的合理性也通过了检验（Shen 和 Yapa，1985；Ashton，1988）。由于太阳辐射造成的内部融化而引起的冰盖消融或强度衰减是造成开河的一个重要因素。有关这一过程的理论方法已经形成（Ashton，1985；Prowse 等，1990）。

4 解冻期

如果流量相对比较平稳，冰盖也会保持稳定直到最终就地融化。如果冰盖在热力融化之前流量出现增大，就会造成武开河。武开河是由水位和流量变化等水动力和机械力作用造成的冰盖破碎引起的。武开河是个动力过程，通常会导致严重的冰输移和冰坝现象。针对武开河开展过很多研究（如 Beltaos，1990；Billfalk，1982；Gerard 和 Flato，1988；Ferrick 和 Mulharin，1989；Prowse 和 Demuth，1989）。由于涉及复杂的河流动力过程，因而还没有形成完整的解析表达式。

Prowse 和 Demuth（1989）将冰盖破裂模式分为超前沿模式和前沿模式两种。超前沿模式是指在开河初期冰盖即破裂成大的冰盘，前沿模式指开河后期河流中出现巨大水波传播和冰块输移，从而造成冰盖破裂。武开河的前提是水位上升并超过封河水位（Beltaos，1984）。水位和流量同时上升，对冰盖产生向上的压力作用，迫使冰盖出现沿河的纵向裂缝，并脱离河岸，发生漂移。Beltaos（1990）证实流量只要发生很小的变化冰盖就会产生纵向裂缝，说明春季径流开始不久，即开河初期纵向裂缝就形成了。在弯曲的河道中，纵向裂缝形成后，通常间隔较大的横向裂缝也随之形成。Beltaos（1984）指出，在弯曲的河流中，由作用于冰盖的水平水压力产生的弯矩，造成的横向裂缝之间的距离，可以达到冰厚的约 1 000 倍。上述过程即认为是超前沿模式。前沿模式是由春季径流、冰坝溃决、水量调度等引起的流量的迅速增大引发的。水波的传播作用将从下部对冰盖产生压力扰动，从而形成间隔密集的横向裂缝，使冰盖破裂，导致流冰，水位抬高。Parkinson（1982）描述了在 Liard Makenzie 河观测到的这一过程。Xia 和 Shen（2002）提出了关于冲击波作用下形成间隔密集的横向裂缝的非线性理论。伴随流冰的出现，碎冰可能在下游河道发生堵塞，也可能滞留在下游冰盖的前缘。在后一种情况下，碎冰可能在冰盖前缘堆积形成冰坝，也可能冲破冰盖，携带更多的冰块向下游输移，从而增加在下游河道形成冰坝的危险。最近已经开发了模拟这些过程的数值模型（Shen 和 Lu，1996；Shen 等，2000）。Jasek（2003）通过现场观测详细论述了该过程涉及的物理过程。Prowse（1990）论述了冰坝的热力消融机制，可能是冰坝溃决的一个重要因素。在相对坡陡顺直的河流中，超前沿模式向前沿模式的转换很难区分。冰盖的破碎和流冰的出现与冰盖脱离河岸失去支撑几乎是同时发生的。Ferrick 和 Mulherin（1989）描述了在 Connecticut 河上发生的类似情形。

对开河过程我们已经充分了解，但我们还需要开发一个简明的预报开河的方法。尤其需要确定多大的流量增长率和增加量会造成受控河流或无控河流的溃堤漫溢。Beltaos（2003）提出当水位上升超过封河水位，超出高度与冬季末冰厚成一定的比例时，就会发生冰盖破裂和流冰。而这一特定阈值的临界标准完全是个经验值。冰工程管理部门的共同努力将有益于进一步完善和总结这一指标。例如，对水力发电产生洪峰期间的开河条件和其他天然河流的开河条件进行协同监测，将有利于为达到此目标而建立一个有用的数据库。

5 结论

了解河冰演变过程对寒冷地区水资源工程实践是非常重要的。过去几十年的研究，取得了很多重要的进展。本文论述了目前对河冰演变过程的研究现状和严重缺失环节。将来的研究要特别关注这些薄弱环节,从而实现对河冰演变过程的更好、更全面了解。应该充分利用一切可用的研究工具,包括野外实验、解析和数值方法等进行研究。倡导研究学者以及各相关部门良好协调,紧密合作,共同努力。

致谢

本文的完成基于2003年6月19日在加拿大阿尔伯塔省埃德蒙顿市召开的结冰河流水力学研讨会第十二届会议的大会报告。

参考文献

Andres D. 1995. Floe development during frazil generation in large rivers. Proc., 8th Workshop on the Hydraulics of Ice Covered Rivers, Canadian Geophysical Union, 57-75.

Andres D. 1999. The effects of freezing on the stability of a juxtaposed ice cover. Proc., 10th River Ice Workshop, Canadian Geophysical Union, 209-222.

ASCE Task Committee on Hydromechanics of Ice. 1974. River ice problems: A state – of – the art survey and assessment of research needs. J. Hydraul. Div., Am. Soc. Civ. Eng., 100(1): 1-15.

Ashton G D. 1985. Deterioration of floating ice covers. J. Energy Resour. Technol., 107: 177-182.

Ashton G D. 1987. River ice problems, where are we? —A review. Proc., IAHS Workshop on River Ice, Delft, The Netherlands.

Ashton G D. 1988. Chapter 2: Intake design for ice conditions. Developments in hydraulic engineering—5, P. Novak, ed., Elsevier, London, 107-138.

Beltaos S. 1983. River ice jams: Theory, case studies and applications. J. Hydraul. Eng., 109(10):1338-1359.

Beltaos S. 1984. A conceptual model of river ice breakup. Can. J. Civ. Eng., 17(2):173-183.

Beltaos S. 1987. Current North American trends in river ice research. Proc., Nordic Expert Meeting on River Ice, 3-29.

Beltaos S. 1990. Fracture and breakup of river ice cover. Can. J. Civ. Eng., 17(2): 173-183.

Beltaos S. 1993. Numerical computation of river ice jams. Can. J. Civ. Eng., 20(1): 88-99.

Beltaos S. 1996. Hydraulics of ice – covered rivers. Issues and directions in hydraulics, T. Nakato and R. Ettema, eds., Balkema, Rotterdam, The Netherlands, 159-166.

Beltaos S. 2003. Threshold between mechanical and thermal breakup of river ice cover. Cold Regions Sci. Technol., 37(1): 1-13.

Beltaos S, Wong J. 1986. Downstream transition of river ice jams. J. Hydraul. Eng., 112(2): 91-110.

Billfalk L. 1982. Breakup of solid ice covers due to rapid water level variations. CRREL Report 82 – 3, U. S. Army CRREL, Hanover, N. H.

Calkins D J. 1979. Accelerated ice growth in rivers. CRREL Report 79 – 14, U. S. Army CRREL, Hanover, N. H.

Daly S F. 1984. Frazil ice dynamics. CRREL Monograph 84 – 1, U. S. Army CRREL, Hanover. N. H.

Ferrick M G, Mulherin N. 1989. Framework for control of dynamic ice breakup by river regulations. CRREL Report 89 – 12, U. S. Army CRREL, Hanover, N. H.

Gerard R. 1990. Chapter 5: Hydrology of floating ice. Northern hydrology—Canadian perspectives, T. D.

Prowse and C. S. L. Ommanney, eds. , National Hydrology Research Inst. , Saskatoon, Canada, 103-134.
Gerard R, Flato G. 1988. Some thoughts on break – up and ice jams. Proc. , 5th River Ice Workshop, Canadian Geophysical Union, 225-239.
Gosink J P, Osterkemp T E. 1983. Measurements and analysis of velocity profiles and frazil ice – crystal rise velocities during periods of frazil – ice formation in rivers. Ann. GLaciol. , 4, 79-84.
Hammar L, Shen H T, Evers K U, et al. 2002. A laboratory study on freeze up ice runs in river channels. Ice in the Environment: Proc. , 16th IAHR Int. Symp. on Ice, 3, Delft, The Nethedanns, 36-39.
Jasek M. 2003. Ice jam release surges, ice runs and breaking fronts—field measurements, physical descriptions and research needs. Can. J. Civ. Eng. , 30: 1-16.
Kerr D J, Shen H T, Daly S F. 2002. Evolution and hydraulic resistance of anchor ice on gravel bed. Cold Regions Sci. Technol. , 35(2): 101-114.
Kivisild H R. 1959. Hydrodynamic analysis of ice floods. Proc. , 8th IAHR Congress, Delft, The Netherlands, Paper 23F.
Lal A M W, Shen H T. 1991. A mathematical model for river ice processes. J. Hydraul. Eng. , 117(7): 851-867.
Matousek V. 1984. Types of ice runs and conditions for their formation. Proc. , IAHR Ice Symp. , Delft, The Netherlands, 315-327.
Michel B, Drouin M. 1975. Equilibrium of a hanging dam at the La Grande River. Rep. GCS – 75 – 03 – 01, Univ. d' Laval, Quebec.
Michel B, Marcotte N, Fonseca, F, et al. 1980. Formation of border ice in the St. Anne River. Proc. , Workshop on Hydrolgy of Ice – Covered Rivers, 38-61.
Osterkemp T E. 1978. Frazil ice formation: A review. J. Hydraul. Div. , Am. Soc. Civ. Eng. , 104(9):1239-1255.
Pariset R, Hausser H. 1961. Formation and evolution of ice covers on rivers. Trans. Engrg. inst. Canada, 5 (1): 41-49.
Parkinson F E. 1982. Water temperature observations during break – up on the Liard – Mackenzie River system. Proc. , Workshop on Hydraulics of Ice – Covered Rivers, 261- 290.
Prowse T D. 1990. Heat and mass balance of an ablating ice jam. Can. J. Civ. Eng. , 17(4): 629-635.
Prowse T D, Demuth M N. 1989. Failure modes observed during river ice breakup. Proc. , 46th Eastern Snow Conf. , 237-241.
Prowse T D, Demuth M N, Chew H A M. 1990. The deterioration of fresh – water ice under radiation decay. J. Hydrail. Res. , 28(6): 685-691.
Shen H T. 1996. River ice processes – state of research. proc. , 13th IAHR Symp. on Ice, 3, Delft, The Netherlands, 825-833.
Shen H T, Chiang L A. 1984. Simulation of growth and decay of river ice cover. J. Hydraul. Div. , Am. Soc. Civ. Eng. , 110(7): 958-971.
Shen H T, Lu S. 1996. Dynamics of river ice jam release. Proc. , 8th Int. Conf. Cold Regions Engineering, ASCE, New York, 594-605.
Shen H T, Shen H, Tsai S M. 1990. Dynamic transport of river ice. J. Hydraul. Res. , 28(6): 659-671.
Shen H T, Su J, Liu L. 2000. SPH simulation of river ice dynamics. J. Comput. Phys. , 165(2): 752-771.
Shen H T, Wang D S. 1995. Under cover transport and accumulation of frazil granules. J. Hydraul. Eng. , 120 (2): 184-194.

Shen H T, Yapa P D. 1985. A unified degree – day method for river ice cover thickness simulation. Can. J. Civ. Eng., 18(1): 54-62.

Svensson U, Billfalk L, Hammar L. 1989. A mathematical model of border – ice formation in rivers. Cold Regions Sci. Technol., 16: 179-189.

Tatinclaux J C. 1977. Equilibrium thickness of ice jams. J. Hydraul. Div., Am. Soc. Cil. Eng., 103(9): 959-974.

Uzuner M S, Kennedy J F. 1976. Theoretical model of river ice jams. J. Hydraul. Div., Am. Soc. Cil. Eng., 102(9): 1365-1383.

Xia X, Shen H T. 2002. Nonlinear interation of ice river with shallow water wave in channels. J. Fluid Mech., 467: 259-267.

Yamazaki M, Hirayama K, Sakai S, et al. 1996. Formation of frazil and anchor ice. Proc., IAHR Int. Symp. on Ice, Delft, The Netherlands, 488-496.

第二部分　河冰水力学研究

河道中冰晶的演变*

LARS HAMMAR[1]　沈洪道[2]

(1. 律勒欧科技大学(Lulea University of Technology)，瑞典，斯德哥尔摩，Elforsk AB，S-11187；2. 克拉克森大学土木环境工程系，美国，纽约，Potsdam，13699-5710)

摘要：开发了针对明渠中冰晶的形成和演变的模拟模型。在该模型中，假定起始冰晶核的形成是由于自由水表面上产生冰晶体的质量交换所引起的。冰晶生长模型是以晶体和周围紊动水流之间的热传送率为基础的。根据冰晶的二次碰撞来模拟二次成核和絮凝。

模型用已有的试验数据进行了验证。它能够模拟冰粒形成期间的水温变化和水流中冰粒大小和粒度级配的演变。同时还对表面热交换的影响、产生速率以及水流状况进行了检验。

1　前言

在封冻时期，冰晶是河冰的最重要形式。它几乎是所有其他形式河冰的起源。冰晶的形成会导致水面流凌，并最终发展成为冰盖。那些进入到冰盖下侧的冰粒，可以堆积形成冰塞。悬浮在紊动的过冷水中的冰晶，能够附着到河床上，并且对锚冰的生长作出贡献。所有这些过程，都会对河流的物理条件和生物条件产生重要影响。尽管冰晶的演变过程还没有被完全认识，但通常认为冰晶是在过冷紊动河水中形成的。要有效地保持从较深的河水中向大气的热量输送，紊动是必要条件。为了阻止静态表面冰盖的形成，紊动对于水面冰晶向下混合也是十分必要的。静态冰盖的形成将会阻止表面热量损失以及粒状冰的产生。除了小幅度的过冷和紊动外，还需要有冰晶种子的存在。这些冰晶种子或晶核可以有很多种来源，包括过冷的雪或冰粒、降落到水面的冷尘以及来自岸冰的冰粒(Osterkemp，1978；Daly，1984)。一旦播种，冰晶将生长和聚集，冰晶增长所释放的潜热与大气和河床的热量交换之间处于一种动态平衡。冰晶的增加是由二次成核作用所引起的。当冰晶与其他的冰粒或固体边界碰撞时，来自大粒冰晶体的小冰碎片脱落会产生第二次成核作用。生长和聚集过程通常会引起水温升高到0 ℃附近，以平衡冰晶体所释放

* 本文发表在《Journal of Hydraulic Reserch/水力研究》期刊，1995 年第 3 期，总第 33 期。

的潜热。

数学模型可以用来模拟水面上的冰晶和初冰的形成。Omstedt 和 Svensson (1984),以及 Omstedt (1985a,b),开发了一系列的数值模型来模拟海洋表面层中冰晶和初冰的形成。对冰体密度和温度的垂直分布也作了模拟。在这些模型中,冰晶体的大小和水与冰晶体之间的热交换率被看做常数。假定二次成核作用直接与冰晶体的热力生长有关。模拟了冰晶体的聚集而忽略了差异上升作用。Nyberg (1984)根据 Omstedt 的模型(1985b)开发了一个二维河道模型。Mercier (1984)扩展了 Daly (1984)的工作,提出了一个粒状冰生长的动力学模型。Mercier 模拟河道中冰粒的形成,使用了蒙特卡罗(Monte Carlo)技术。Hammar 和 Shen (1991)改善了 Omstedt 模式,提出了河道粒状冰形成的一个二维模型。模型对水温的分布、冰密度以及冰晶体的大小都进行了检验。在本文中,Hammar 和 Shen 的模型 (1991)已经被改进和扩充,包括了第二次成核作用和聚集的动力作用。现在的模型模拟了水温的变化以及粒状冰的大小和集中度的演变。粒状冰的形成是从在水上播种微小晶核开始的。根据粒状冰的碰撞,可以模拟第二次成核和聚集作用。模型用现有的水槽数据进行了验证。表面热交换的影响、播种速率、第二次成核速率以及水流状况都进行了检验。

2 数学模型

现有的数学模型,采用关于紊动参数的指定值,或采用一个标准 $k-\varepsilon$ 模型来模拟水流状况。针对热量和质量输送问题的一种通用的紊动水流数模 PHOENICS (Spalding, 1981)可以用来求解水流和输送方程。根据 Daly 和 Colbeck (1986)所获得的水槽数据,冰晶可以假定为薄的圆盘,其厚度和直径的比率为常数 1/10。冰粒的大小分布(级配),可以用对数按大小分段来分组描述。播种的冰晶,以及那些由第二次成核作用所产生的冰晶,都假定分在最小的组中。

2.1 平均流方程

平均流速、冰密度和水温的制约方程为:

$$\frac{\partial U_i}{\partial t} + U_j \frac{\partial U_i}{\partial x_j} = \frac{1}{\rho} \frac{\partial P}{\partial x_i} + \frac{\partial}{\partial x_j}(\upsilon_t \frac{\partial U_i}{\partial x_j}) + g_i \tag{1}$$

$$\frac{\partial T}{\partial t} + U_i \frac{\partial T}{\partial x_i} = \frac{\partial}{\partial x_i}(\frac{\upsilon_t}{\sigma_t} \frac{\partial T}{\partial x_i}) - S_b + S_f \tag{2}$$

$$\frac{\partial C_k}{\partial t} + U_i \frac{\partial C_k}{\partial x_i} = \frac{\partial}{\partial x_i}(\frac{\upsilon_t}{\sigma_c} \frac{\partial C_k}{\partial x_i}) - \omega_k \frac{\partial C_k}{\partial x_i} + S_{C_k} + S_{floc.k} \tag{3}$$

式中:ρ 是混合密度 $\rho_w + (\rho_i - \rho_w)\sum_k C_k$;$\rho_i$ 和 ρ_w 分别为冰和水的密度;U_i 是平均流速的第 i 个分量;P 是平均压力,υ_t 是运动涡流黏滞度系数;g_i 是第 i 个重力分量;σ_t 和 σ_c 分别为 Prandtl 或 Schmidt 数;T 是水温;C_k 是在第 k 个大小分组中粒状冰的体积密度;ω_k 是第 k 个大小分组的粒状冰上浮速度;S_b 和 S_f 是热源项,分别表示由河道边界面的热量损失引起的热源和由于粒状冰的热力生长所释放的潜热项;$S_{floc,k}$ 是热源或沉淀项,表示由于第二次成核和聚集作用所引起的热源。

2.2 冰粒的演化

冰粒的级配,按其大小的对数值划分为 8 级。这些分组的大小范围从 4 μm 到 1.435

mm。种子晶体和二次冰核假定为处于最低级中。在下文中,将对冰粒的演进公式进行讨论,包括热力生长、第二次成核、聚集以及热源/沉淀项的处理。紊动剪应力会引起絮凝冰晶的分裂。然而,由于冰晶颗粒只有在较大的、弱絮凝的冰粒在较大剪应力下才会发生分裂(Mercier,1984),所以冰晶颗粒的分裂可以不考虑。

2.2.1 冰粒的热力生长

冰晶体的生长速率取决于从晶体到周围紊动水流的潜热输送率。每单位面积冰表面的热量传输率 q,可以用热量传输系数 h 来表示:

$$q = h(T_i - T_w) \tag{4}$$

式中:T_i 是冰体表面温度,假定为 0 ℃;T_w 是周围的水温;热传输系数 h 可以用一个 Nusselt 数所定义的无量纲形式来表示:

$$N_w = \frac{hl}{k_w} \tag{5}$$

式中:l 是冰晶体的特征长度;k_w 是水的热传导度。在本次研究中,根据冰晶体的表面积 A_s 计算的面半径,即$(A_s/4\pi)^{1/2}$作为特征长度。将方程(4)、(5)结合,可以得出热量输送率的如下方程:

$$q = \frac{N_w k_w}{l}(T_i - T_w) \tag{6}$$

Nusselt 数取决于颗粒大小和水流状况。在本次研究中,正如 Daly (1984)所总结的那样,应用了由 Batchelor (1980)和 Wadia (1974)所开发的公式:

$$N_w = \left[\left(\frac{1}{m^*}\right) + 0.17P_r^{1/2}\right]m^*;\text{当 } m^* < \frac{1}{P_r^{1/2}} \tag{7a}$$

$$N_w = \left[\left(\frac{1}{m^*}\right) + 0.55\left(\frac{P_r}{m^*}\right)^{1/3}\right]m^*;\text{ 当}\frac{1}{P_r^{1/2}} < m^* < 10 \tag{7b}$$

式中:$m^* = r/\eta$ 是冰晶体面半径与 Kolmogorov 长度比尺之间的比率。

对于较大颗粒,即 $m^* > 1$:

$$N_w = 1.1\left[\left(\frac{1}{m^*}\right) + 0.80\alpha_T^{0.035}\left(\frac{P_r}{m^*}\right)^{1/3}\right]m^*;\text{当 } \alpha_T m^{*4/3} < 1\,000 \tag{8a}$$

$$N_w = 1.1\left[\left(\frac{1}{m^*}\right) + 0.80\alpha_T^{0.024}(P_r)^{1/3}\right]m^*;\text{当 } \alpha_T m^{*4/3} \geqslant 1\,000 \tag{8b}$$

式中:$\alpha_T = \sqrt{\frac{2k}{U}}$是紊动强度;$U$ 是平均流速。在过渡区域,即 $1 < m^* < 10$,N_w并未很好确定。在本次研究中,当 $m^* > 1$ 时,使用了方程(8)。应当注意,当 m^* 增加时,N_w 数就会减小。因此,冰粒的热力生长率随颗粒大小的增加而快速减少。

2.2.2 二次成核

采用了由 Evans 等 (1974)以及 Wercier (1984)所开发的二次成核动力模型。这个公式认为碰撞生成是二次成核作用的根本机制。由粒径在分级 v_i 和 v_j 之间的颗粒碰撞所产生的粒核个数为:

$$I(v_i,v_j) = \int_{v_i-\frac{1}{2}}^{v_i+\frac{1}{2}} \int_{v_j-\frac{1}{2}}^{v_j+\frac{1}{2}} ZC_E(v_i,v_j)\,\mathrm{d}v_i\mathrm{d}v_j \tag{9}$$

式中：$I(v_i,v_j)$是单位时间所产生的冰核个数；v_i 和 v_j 是碰撞颗粒的体积大小；Z 是单位碰撞能量所产生的冰核个数；$C_E(v_i,v_j)$是每单位体积流体中冰晶的碰撞能量输送率。当杂质含量低时，在河水过冷度较小的情况下，参数 Z 可以认为是一个物质常数。函数 $C_E(v_i,v_j)$可以用碰撞频率和碰撞效率来表示。在明渠水流中对此的主要贡献者是紊动剪切和差异上升。碰撞频率函数是一种概率，即两个互不相干粒径组 v_i 和 v_j 在单位时间内发生碰撞的概率。对于紊动应力来说（Mercier，1984）应为：

$$\beta_{sh}(v_i,v_j) = 0.39\frac{\langle\varepsilon\rangle^{1/2}}{\upsilon^{1/2}}(v_i^{1/3}+v_j^{1/3})^3 \tag{10}$$

式中：$\langle\varepsilon\rangle$ 是平均能量耗散率；∂ 为水体的运动黏滞度。由差异上升所引起的碰撞频率函数（Findheisen，1939）为：

$$\beta_{dr}(v_i,v_j) = 0.1\frac{g}{\upsilon}\frac{|\rho_i-\rho_w|}{\rho_w}|v_j^{2/3}+v_i^{2/3}|(v_i^{1/3}+v_j^{1/3})^2 \tag{11}$$

合并这些方程，并假设碰撞是无弹性的，得到：

$$C_E(v_i,v_j) = \frac{1}{2}\rho_i\frac{v_iv_j}{v_i+v_j}$$

$$\left[b(v_i^{1/3}+v_j^{1/3})^5(\frac{\langle\varepsilon\rangle}{\nu})^{3/2}E_{sh}+0.000\,76(\frac{g}{\nu}\frac{(\rho_w-\rho_i)}{\rho_w}|v_j^{2/3}-v_i^{2/3}|)^3(v_i^{1/3}+v_j^{1/3})^2E_{dr}\right]\cdot$$

$$g(v_i)g(v_j) \tag{12}$$

式中：$b=0.006\,6/K_u^{3/4}$；K_u 为速度偏差的（kurtoisis）峰值（Mercier，1984）；$g(v_i)$是数值密度函数。对于差异上升和紊动应力 E_{dr}和 E_{sh}来说，需要引入碰撞效率函数来计算颗粒的干扰作用。根据皮尔森（Pearson）等（1984）所总结的程序可对这些函数进行求值。当粒径大小差异增加时，E_{dr}的值就会减小。

2.2.3 絮凝

单位体积、单位时间内第 i 组与第 j 组所有颗粒之间碰撞的即时期望值为：

$$F_n = \beta(v_i,v_j)E(v_i,v_j)\varphi_i\varphi_j \tag{13}$$

式中：φ_i 和 φ_j 分别为第 i 组和第 j 组的个数密度。单位体积的每一次碰撞，都会将第 i 组和第 j 组的本组个数密度减少 1。碰撞颗粒将会并入到一个体积为 $v_{merge}=v_i+v_j-nv_1$ 的新颗粒中。其中 nv_1 是对二次成核有贡献的体积。v_{merge}的大小不会严格对应于所描述的颗粒分组，但会落在 v_k 和 v_{k+1}之间。在模拟方案中，合并的颗粒将被分配到两个相邻的分组 k 和 $k+1$ 中。根据 Lawler 等（1980）的体积守恒方法，函数 F_n 的一部分：

$$f = \frac{v_{k+1}-v_{merge}}{v_{k+1}-v_k} \tag{14}$$

被分到第 k 个分组，而另一部分（$1-f$）被分配到第（$k+1$）个粒径组。当合并的颗粒大小大于最后组 m 组的粒径时，则 F_n 的部分

$$f = \frac{v_{merge}}{v_m} \tag{15}$$

要分配到第 m 个颗粒分组中。

2.2.4 热源项

方程(2)中由于粒状冰生长的热源项 S_f 和方程(3)中相应的热源项 S_{Ck}，可以利用冰晶体和周围紊动水流之间的热传送来推求。S_f 项可以写为：

$$S_f = \sum_k 4C_k q_k (d_{fk}\rho_w C_p)^{-1} \tag{16}$$

其中，d_{fk}是第 k 个颗粒分组中的平均表面直径。相应地，第 k 组中由于冰体质量的热力增长所引起的单位体积产冰率为：

$$S_k = 4C_k q_k (d_{fk}\rho_w L_p)^{-1} \tag{17}$$

其中，L 是冰体潜热。第 k 组中由于热力增长和聚集作用所产生的冰体密度净增加量可以变为：

$$S_{C_k} = \left(\frac{S_{k-1}}{\Delta v_{k-1}} - \frac{S_k}{\Delta v_k}\right) v_k \tag{18}$$

其中，$\Delta v_k = v_{k+1} - v_k$。方程(18)中的右边项代表 C_k 中的增加量，是第$(k-1)$组中的增长所作的贡献，以及由于第 k 组中的增长所引起的 C_k 值的减小。

2.3 **紊动模拟**

在充分混合的水流中，平均水深的紊动参数可以通过实测水流资料进行估算。在假定为光滑边界时，摩擦阻力因子 f 可以通过下式确定：

$$\frac{1}{\sqrt{f}} = 2\lg(R_e f^{1/2}) - 0.8 \tag{19}$$

式中：$R_e = 4UR/\nu$；R 为水力半径；应力速度 $u_* = U(f/8)^{1/2}$。假定能量耗散率的垂直分布为：

$$\varepsilon(y) = \frac{u_*^3}{ky}\left(1 - \frac{y}{h}\right) \tag{20}$$

$\varepsilon(y)$的深度平均值可以由方程(20)通过假定黏滞子层的厚度等于 ν/u_* 而求得。紊动运动能量可以近似为：

$$k(y) = \frac{u_*^2}{0.3}\left(1 - \frac{y}{h}\right) \tag{21}$$

$k(y)$的深度平均值也可与 $\varepsilon(y)$一样用类似的方法确定。

在明渠水流中，参数 u、k 和 e 与水深有关。采用标准的 $k-\varepsilon$ 模型来模拟整个水深紊动参数的变化。

3 模型验证

使用 Carstens (1966)的试验数据，证实现有的模型是有效的。Carstens 试验是在一个冷冻实验室中的循环槽中进行的。水流由一个推进器驱动，其断面面积为 0.2 m×0.2 m。测试时室温约为 -10 ℃。水温测点位置在水面下 0.05~0.1 m 处。由于推进器的混合作用，垂直温度梯度可以被忽略。正因为如此，这种充分混合条件将被用于数值模型中，用这些试验数据进行率定。紊动参数是由实测水流状况计算的。

由 Carstens 所提供的两个实例得到了率定。第一个实例相应于 Carstens 论文的图 6

中的实例 A,第二个实例相应于 Carstens 论文中图 7 的情况。表 1 中总结了这些试验中的水流参数和热量损失率。

表 1　率定模拟参数

实例	U(m/s)	$\bar{k}$(m^2/s^2)	$\bar{\varepsilon}$(m^2/s^3)	Q (J/(m^3 · s))
1	0.5	0.000 96	0.001 2	1 400
2	0.33	0.000 48	0.000 38	600

在表 1 中,热量损失率 Q 可以利用水温曲线的起始斜率来估计。参数 Z 和起始播种率 I_0,率定结果为 3×10^{15} 核子/J 和 10^4 核子/(m^3 · s)。

图 1 比较了这两个实例的模拟水温和实测值,这些比较证实了模拟模型的有效性。

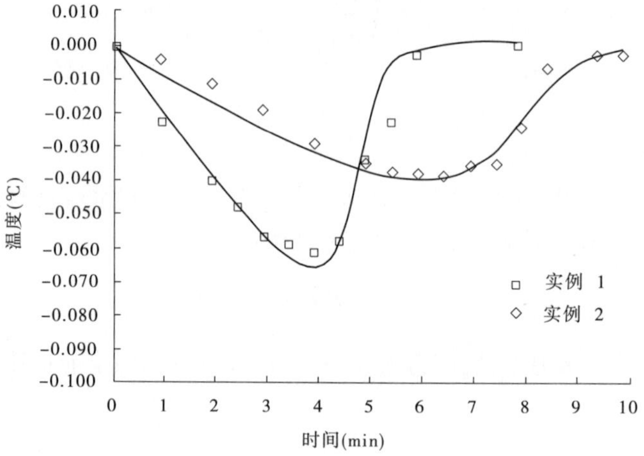

图 1　实测和模拟水温的比较

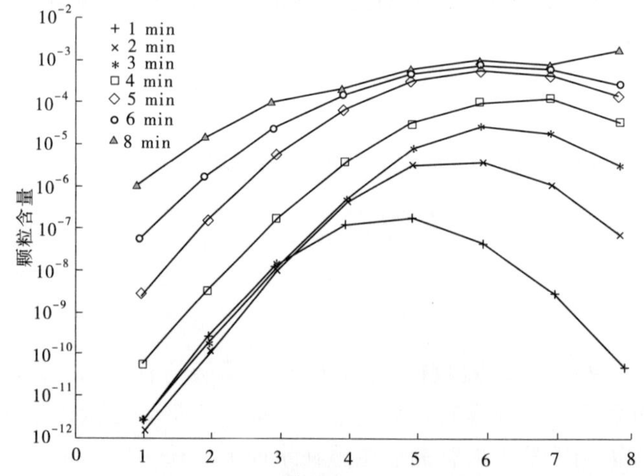

图 2　不同分组中颗粒含量的变化

图 2 中颗粒级配的演变采用实例 1 中的模拟结果。由图中的比较可以看出,起初,当水体温度稳定地下降时,大颗粒的相对含量会持续增加。大颗粒的增加,部分是由于小颗粒的快速热力生长所引起的,部分是由絮凝作用所引起的。随着颗粒集中度的增加,特别是对较大的颗粒来说,由颗粒碰撞所激发的第二级核的发生巨量增加。这会导致水体温度的恢复和微小颗粒的快速增加。此后,小颗粒含量的持续增加,主要是由于二次成核作用引起的,而通过较小颗粒的聚集和热力生长,较大颗粒的含量也会继续增加。通过水面的热力输送和由于冰粒生长所释放的潜热之间平衡的结果,使得水体温度基本保持不变。

4 敏感度分析

要检验过程对于各种模型参数的敏感程度,对实例 1 又进行了检验。图 3 表明了不同参数的作用。正如所期望的那样,更大的热量损失率会导致较高程度的过冷以及较快的温度恢复。分散率反映了紊动强度的水平,它也直接影响到碰撞的频率,这从方程(10)也可以看到。更高的分散率会导致较高的二次成核率,并会导致水体温度的恢复更快。更大的 Z 值对应于更高的碰撞再生速率,以及水体温度的更快恢复。

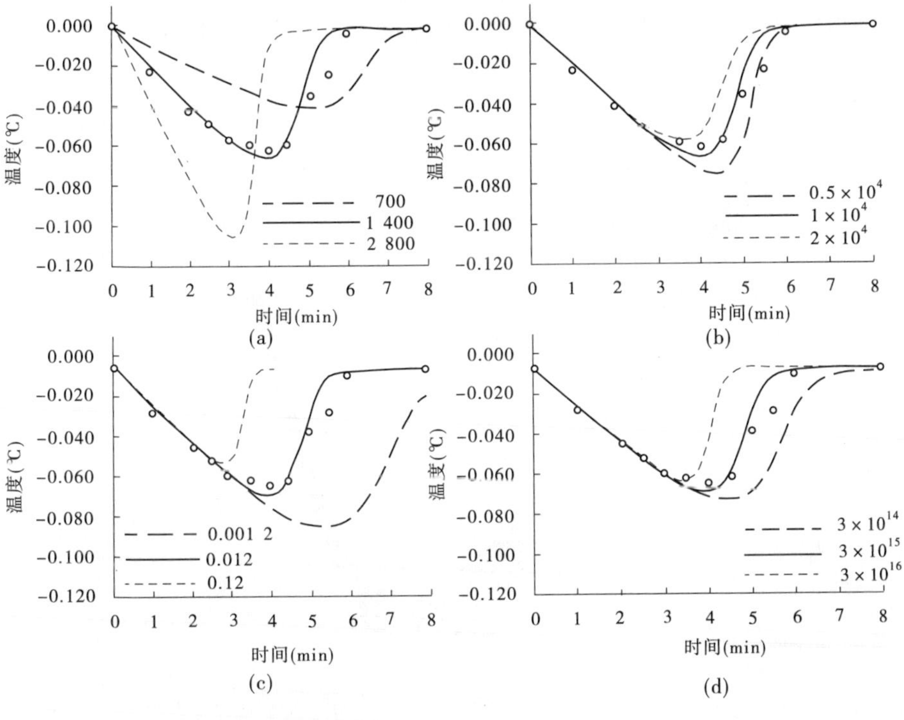

图 3 热量损失率(a)、播种速率(b)、耗散率(c)、参数 Z(d)对水体温度的影响

5 模拟实例

为了在整个水深上检验水体温度和粒状冰含量的变化,开发了二维模拟模型。在模拟中,水流和紊动条件用 $k-\varepsilon$ 模型模拟。2 个实例模拟的结果在这节中给出。例 1 对应于在模型验证中所用的充分混合的实例 1 的情况。图 4 表明了水流和紊动条件。

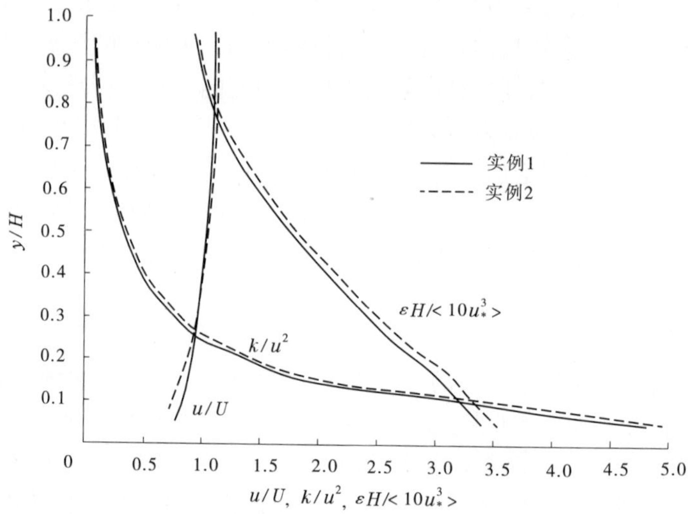

图4　河道水流紊动参数的垂直分布

图 5 给出了平均水温以及从水面下 1 cm 到槽底 1 cm 处 10 个同等步长的深度点上平均的水温分布情况。

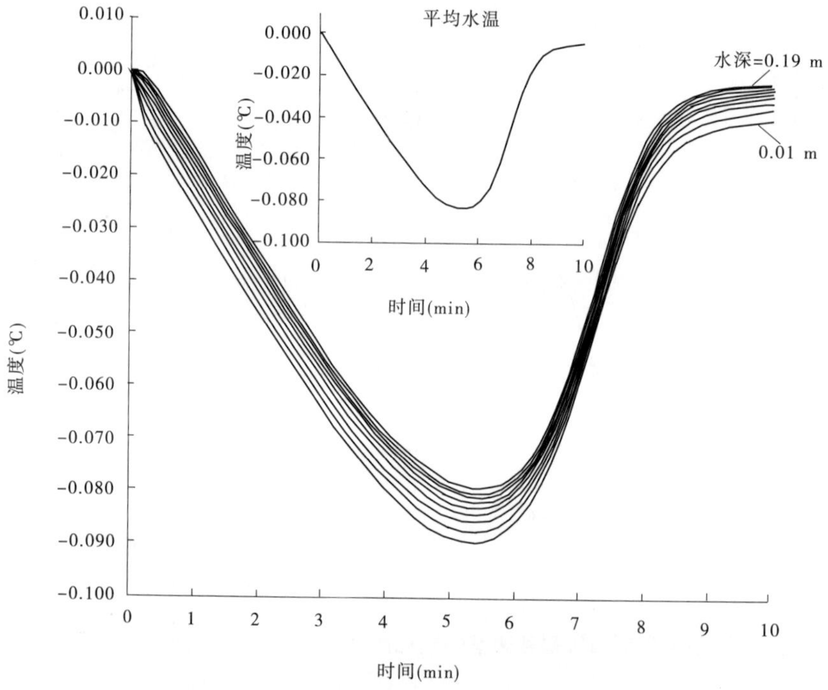

图5　水温随传播时间和水深的变化(例 1)

在一维充分混合的情况下,温度略微下降一点,则最大过冷发生大约 1 min 以后。这个期望的结果,可以用事实来解释,即当 k 和 ε 接近于水槽的底部(那里的冰粒含量是最小值)时 $k-\varepsilon$ 模型所预测的最大值。碰撞再生要小于充分混合的情况。图 5 和图 6 显示，二维的 $k-\varepsilon$ 模拟会得到一个随深度变化的温度廓线，并在水深上有0.01 ℃的变化。

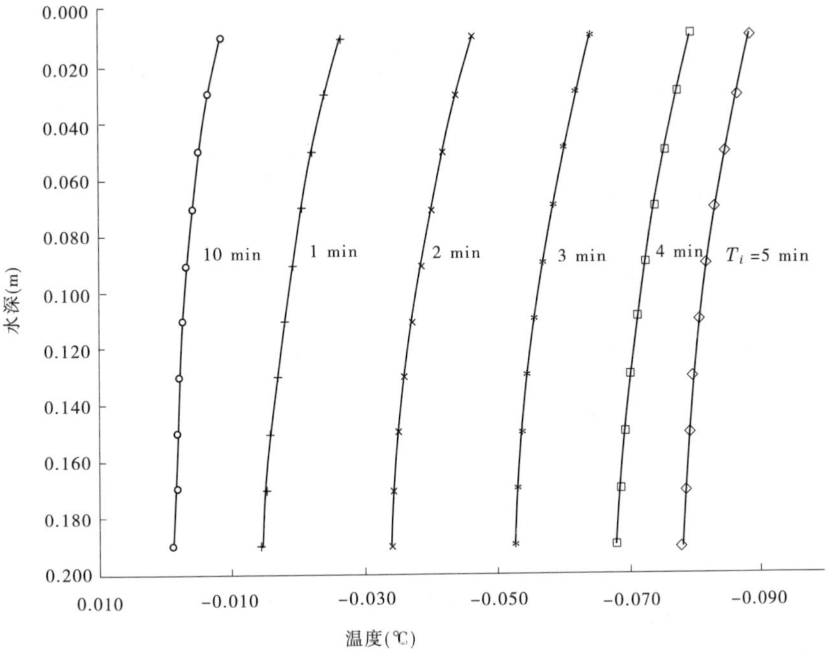

图6　沿河随不同传播时间垂线温度剖面的变化（例1）

图7给出了不同颗粒级配对应的相对垂线密度。C_i 的相对垂线密度定义为 $C_i/\overline{C_i}$，其中，$\overline{C_i}=\int C_i u\mathrm{d}y/\int u\mathrm{d}y$ 为 C_i 的深度平均值，也给出了不同颗粒分组的冰体质量通量。

由计算结果可以看到，在整个水深上都存在含量梯度，甚至在浅水槽中也是如此。在靠近水槽底部，细颗粒部分 C_1 和 C_2 的相对含量中，相对含量的显著增加，可以通过靠近底部 k 和 ε 的值较大来解释，这对于二次成核作用非常有利。由于在水面上小颗粒冰晶的播种以及对较大颗粒的较大浮力作用，细颗粒和大颗粒部分，通常位于靠近水面的最大含量中。中间的颗粒大小是较均匀分布的。

在例2中，对水深为5 m的均匀宽矩形河道进行了模拟。底部糙率相当于粗糙高度为0.1 m。平均流速保持在0.5 m/s，其他参数与例1中的数值相同。模拟结果见图10。正如所期望的那样，水体温度变化更加缓慢，并且过冷程度也更小。水体温度剖面更加显著。粒状冰的分布，对于所有的颗粒分组，与靠近水面的显著含量最大值一致。

6　结论

在这篇文章中，开发了针对紊动河道水流中冰晶形成和演化的数学模型。模型对冰粒的含量和温度分布都进行了模拟。冰粒的形成，是从水体表面的晶体的质量交换开始的。在冰水混合物中，对由于二次成核作用而引起的粒状冰晶体个数的增加进行了模拟。对由于聚集和热力增长导致的颗粒体积增加也进行了模拟。二次成核和聚集作用，通过考虑冰粒之间的相互碰撞而进行模拟。模型模拟了紊动河道水流中冰粒大小的颗粒级

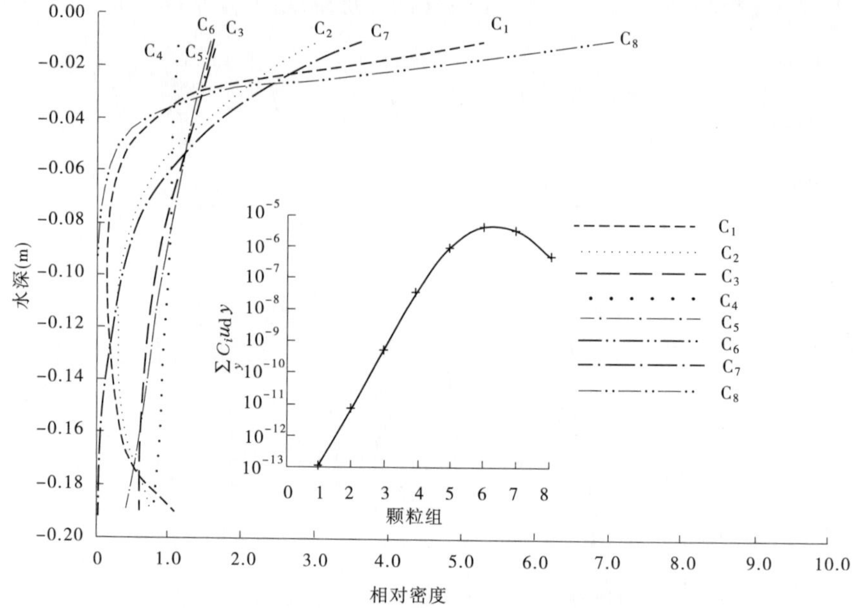

图 7　T_i 为 4 min 时的相对垂线密度剖面图(例 1)

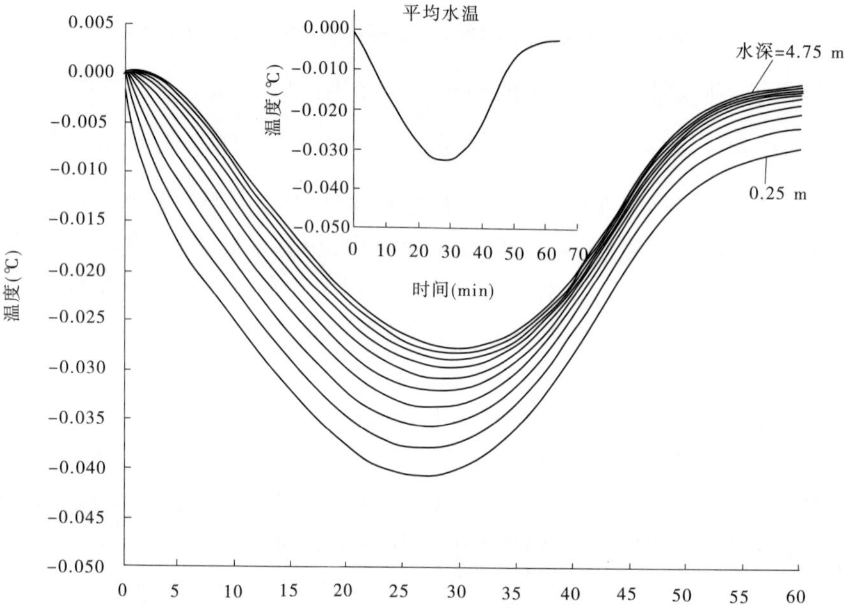

图 8　水温随时间和水深的变化(例 2)

配。颗粒级配是由于冰晶的形成、热力生长以及聚集作用的结果。模拟结果与现有实验室数据吻合,模型可以用来研究与冰粒演化有关的复杂热力 - 机械过程。对表面热量损失率、冰晶的形成速率、水流状况以及二次成核作用的参数等的影响进行了检验。这表

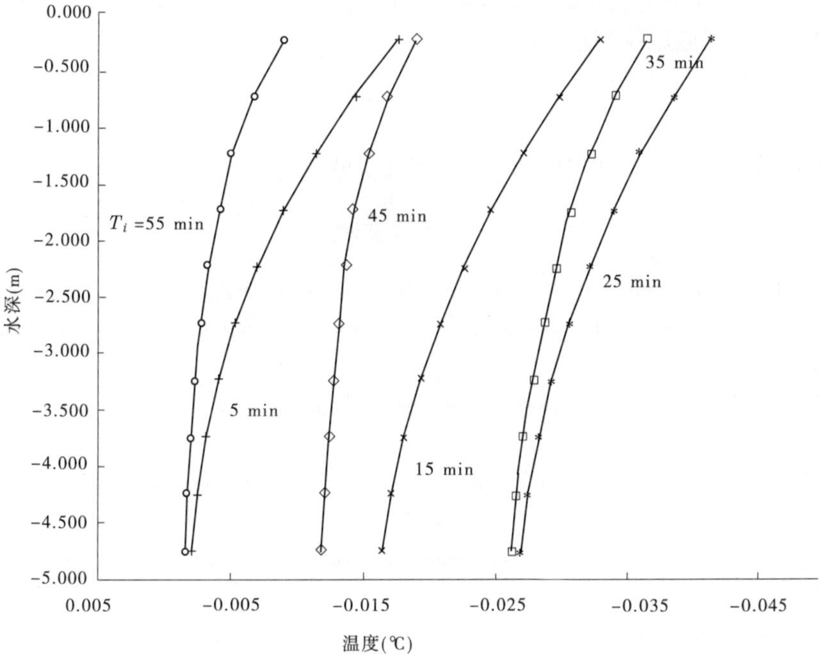

图 9　沿河不同时间 T_t 垂向温度剖面的变化(例 2)

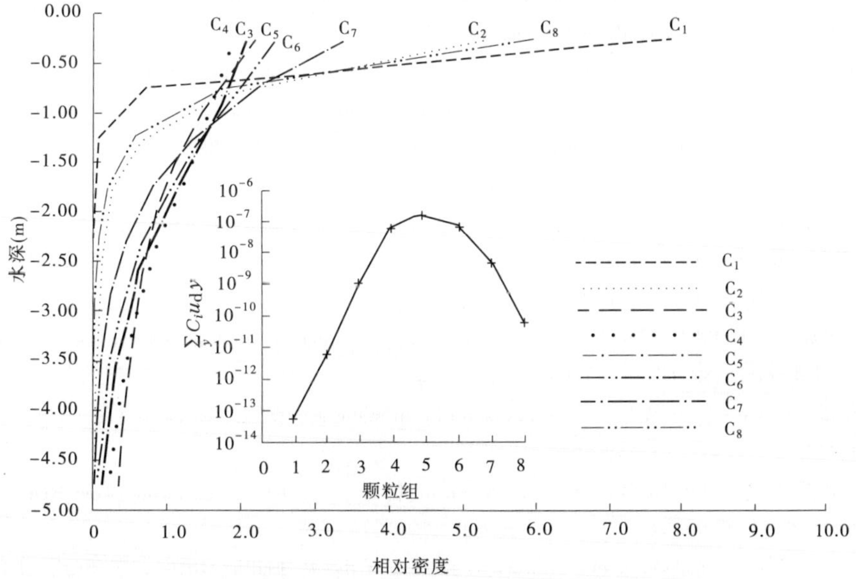

图 10　在 T_t =5 min 时的相对垂向含量剖面(例 2)

明,定量确定冰晶的形成速率,以及二次成核率与碰撞能量之间的和关系非常重要。这些方面其他的试验研究以及在冰粒含量和颗粒级配方面的措施都是需要的。模拟结果说明了在紊动河道水流中冰粒演化所包含的过程。碰撞再生是冰粒增加和复制重要因素。更大颗粒的存在,对于二次成核作用是一个最重要的因素,因为碰撞能量极大地依赖于颗粒的大小。对于冰粒的演变过程来说，紊动特征值也是很重要的因子，因为它制约着温度和颗粒级配，并强烈地影响到碰撞的频率。

致谢

感谢瑞典 Lulea 的 COLDTECH 基金所提供的支持。

参考文献

Ashton G D. 1986. River and lake ice engineering, Water Resources Publications, Littleton, Co.

Batchelor G K. 1980. Mass transfer from small particles suspended in turbulent fluid, Journal of Fluid Mechanics, 98(3): 609-623.

Carstens T. 1966. Experiments with super – cooling and ice formation in flowing water. Geofysiske Publikasjoner, 26(9): 3-18.

Daly S F. 1984. Frazil dynamics, CRREL Monograph 84-1, USA Cold Regions Research and Engineering Laboratory, Hanover, NH.

Daly S F, S Colbeck. 1986. Frazil ice measurements in CRREL's flume facility, Proc. Symposium on Ice, Iowa City, IA

Evans T W, Margolis G, Sarofim A F, 1974. Models of secondary nucleation attributable to crystal – crystalizer and crystal – crystal collisions. A. I. Ch. E. Journal, 20(5): 959-966.

Findheisen W. 1939. Zur frage der regentrolp – fenbildung in reinem wasserwolken. Meteor. Z., 56: 365-368.

Hammar L, Shen H T, 1991. A mathematical model for frazil evolution and transport in channels. Proc. 6th Workshop on the Hydraulics of River Ice, Ottawa, 201-216.

Lawler D F, O'melia C R, Tobiason J E. 1980. Integral water treatment plant design: From particle size to plant performance. In: Particulates in Water, M. C. Kavanaugh and J. O. Leckie (Editors), Advances in Chemistry Series, No. 189, American Chemical Society, Washington, D. C., 353-388.

Mercier S. 1984. The reactive transport of suspended particles: Mechanics and Modelling. Ph. D. Dissertation, Joint Program in Ocean Engineering, Massachusetts Institute of Technology, Cambridge, MA.

Nyberg L. 1984. Ice formation in rivers. In: Numerical Simulation of Fluid Flow and Heat/Mass Transfer Processes, C. A. Brebbia and S. A. Orsag (Editors). Springer Verlag.

Omstedt A, Svensson U. 1984. Modelling supercooling and ice formation in turbulent Ekman layer. Journal of Geophysical Research, 89(C1): 735-744.

Omstedt A. 1985a. On supercooling and ice formation in turbulent sea water. Journal of Glaciology. 31(109): 263-271.

Omstedt A. 1985b. Modelling frazil ice and grease ice in the upper layers of the ocean. Cold Regions Science and Technology, 11: 87-98.

Osterkemp T E. 1978. Frazil formation: A Review. Journal of the Hydraulics Division, ASCE. 104(HY9): 1239-1255.

Pearson H J, Valioulis I A, List E J. 1984. Monte Carlo simulation of coagulating discrete particle size distributions. Part I. Brownian motion and fluid shearing. Journal of Fluid Mechanics, 143: 367-385.

Spalding D B. 1981. A general purpose computer program for multi-dimensional one- and two-phase flow. In: Mathematics and Computers in Simulation, XXIII, North-Holland Publishing Co., 267-276.

Wadia P H. 1974. Mass transfer from spheres and discs in turbulent agitated vessels, Ph. D. Dissertation, Department of Chemical Engineering, Massachusetts Institute of Technology, Cambridge, MA.

附录:注解

C_E 单位体积流体中碰撞能量输送率(N /(m^3 · s))

C_k 在第 k 个颗粒分组中粒状冰的体积含量

C_p 水体的比热(J/(kg · K))

d_{fk} 第 k 个颗粒分组中粒状冰粒的平均面直径(m)

f 摩阻因子

F_n 单位体积、单位时间内,第 i 个与第 j 个颗粒分组中的所有颗粒之间的碰撞次数,(–/m^3 · s)

g_i x_i 方向的重力常数(m/s^2)

h 热量输送系数(W/(m^2 · K))

$I(v_i, v_j)$ 单位时间内由于碰撞所产生的冰核数(–/s)

k 紊动动能(m^2/s^2)

k_w 水体的热传导度(W/(m · K))

l 冰晶的特征长度(m)

L 冰的潜热(J/kg)

m^* 冰体的面半径与 Kolmogorov 长度比尺之间的比率

N_u Nusselt 数

P 平均压力(N/m^2)

P_r Prandtl 数

q 单位面积的热量输送率(W/m^2)

Re Reynolds 数,$4UR/\nu$

S_b、S_f 边界上的热量损失,以及由于粒状冰潜热释放所产生的热量收入(K/s)

S_{Ck} 由于粒状冰的热力生长所产生的来源项(– /s)

$S_{floc,k}$ 由于二次成核和聚集作用所产生的来源项(– /s)

T_i 冰的温度(℃)

T_w 水的温度(℃)

u_* 摩擦速度(m/s)

U_i 在 x_i 方向的平均速度分量(m/s)

Z 单位碰撞能量所产生的冰核数(–/N)

α_τ 紊动强度

β_{sh}、β_{dr} 紊动应力和差异抬升的碰撞频率(–/s)

ε 紊动能量的耗散率(m^2/s^3)

κ von Karman 常数

ρ_i、ρ_w 冰体和水体的密度(kg/m^3)

σ_t、σ_c 温度和颗粒的 Prandtl/Schmidt 数

ν 分子的运动黏滞度(m^2/s)

ν_t 涡流黏滞度(m^2/s)

ω_k 冰粒上浮速度(m/s)

水内冰在逆向旋转水槽中的演变

叶世强[1]　Jay Doering[1]　沈洪道[2]

(1. 曼宁托巴大学土木系,加拿大,曼宁托巴,Winnipeg,R3T 5V6;
2. 克拉克森大学土木环境工程系,美国,纽约,Potsdam, 13699 - 5710)

摘要:在计算机控制的冷库中采用逆向旋转水槽进行了一系列实验研究。应用数字图像处理系统(DIPS)观测了水内冰演变过程,特别是考察了气温和流速对过冷却与粒状冰过程的影响。实验结果表明,过冷却过程与气温和水深紧密相关,而与流速的关系不大。流速主要影响水内冰的演变、冰粒径的大小及冰粒数量。实测资料绘制的水内冰体积按粒径分布曲线符合对数正态分布。在过冷却过程中水内冰粒径和数量保持不断增长,直到过冷却关键期结束达到稳定状态。过冷却过程中涉及的所有特征参数和水内冰粒径分布都与雷诺数,即水流紊动强度指数相关。上述研究成果为建立水内冰动力模型提供了参考信息。

关键词:过冷却　水内冰　分布　水流流速　气温　紊动

1　概述

对于天然流动的水体,当水温下降到冰点时,进一步的冷却将会导致过冷却水,进而形成水内冰(见图1)。随着水内冰的出现,水内冰结晶过程中不断释放潜热,当单位体积水体释放的潜热等于其与空气的热量交换损失率时,水体将不再有热量净损失,此时水温达到最低点 T_{min}。此后,释放潜热的增加使水温升高,当水温达到残余水温 T_r 时,热量损失率再一次等于释放的潜热,标志着水体残余过冷却阶段的开始。从水体开始进入过冷却状态到水温回升至残余水温这段时期称为过冷却关键期。通常在这段时期内,水内冰粒径大小分布不稳定。

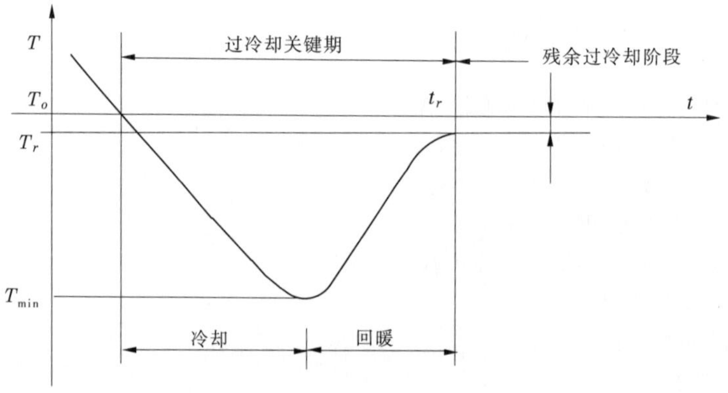

图1　过冷却过程示意图

最早对过冷却过程及水内冰的形成进行实验研究的是 Michel(1963),实验在室外放置的水槽中进行。此后,针对水内冰形成的实验研究越来越多,分别采用不同的实验装置,包括水槽(Carstens,1966;Daly 和 Colbeck,1986),水箱(Hanley 和 Michel,1977),紊流罐(Andres,1982;Ettema 等,1984)及逆向循环槽(Tsang 和 Cui,1994)等。

Carstens(1966)采用放置在冷库中的椭圆形循环水槽对水内冰演变过程进行了研究。利用变速旋转的螺旋桨使水流循环流动,同时利用一台安装在水槽顺直部分的鼓风机来改变水体冷却率。Carstens 不断变换水体表面的热交换率和水流的紊动强度。当改变水流紊动强度时,Carstens 发现温度－时间过程线发生了质的变化。实验结果表明,水流紊动强度越强,产生的最大过冷却强度越弱,这种情况下,水温迅速回升到冰点,残余过冷却过程持续时间很短,近乎不存在。相反,水流紊动强度越弱,产生的最大过冷却程度越强,过冷却过程持续时间越长。

Hanley 和 Michel (1975, 1977)利用放置在冷库中的圆柱形钢罐对水内冰的形成进行了研究。利用变速发动机带动旋桨旋转驱动钢罐轴线部分的水流流动。采用不同的气温和水循环速度,Hanley 和 Michel 进行了多组实验。结果发现,无论气温如何改变,当流速小于 24 cm/s 时,都没有水内冰形成,而当流速达到或超过 24 cm/s 时,一定会有水内冰形成。而且流速越大,温度越低,生成的水内冰越多。进一步分析研究数据表明,过冷却关键期持续时间的长短及水体过冷却率与气温密切相关,而与水流流速关系不大。

Andres(1982)利用八面体水箱,对不同气温和水流紊动强度条件下过冷却阶段水内冰的成核和结晶过程进行了实验研究。结果发现,不同过冷却条件下最终形成的水内冰数量差异很大,水内冰形成数量主要与气温有关,过冷却过程持续时间主要取决于水流紊动强度。一般情况下,过冷却关键期水内冰的平均生成率小于残余过冷却过程中水内冰的生成率。

Ettema 等(1984)利用紊流罐对初始水温对水内冰属性及成冰率的影响进行了实验研究,实验采用高纯水。实验得出的结论是初始过冷却温度是影响水内冰演变的最重要的因子;用一个体积约为0.002 5 cm^3 的小冰屑作为过冷却水中冰粒形成的因子(或种子)。Ettema 还在此过程中观测到粒径不变。同时发现,水内冰成冰率随着水流紊动强度的增加而增加,但对于给定初始过冷却温度,最终形成的水内冰密度与水流的紊动强度无关。

Hanley 和 Tsang(1984)在实验中将冰屑放入不同盐度的水中,制造成核的过冷却条件。结果发现,冰屑放入水中以后水体过冷却速率不断减慢直到水温达到最低点 T_{min},此后水温开始回升,达到残余水温后逐渐保持稳定。通过一系列实验,Hanley 和 Tsang(1985)建立了 T_{min}、过冷却过程持续时间及最终形成的水内冰密度与成核温度的经验关系式。

Osterkamp(1978)、Martin(1981)、Tsang (1982)和 Ashton(1986)等先后发表了多篇有关水体过冷却过程和水内冰演变过程的文章。Daly(1984,1994)撰写了两本水内冰的专著。

在过去的几十年中,人们通过各种实验装置对水体过冷却过程和水内冰演变过程进行了大量的实验研究,经过努力取得了显著的研究成果。然而,仍然有很多问题需要进一步解决(Shen,2003)。White 和 Daly(1994)指出:"目前的问题在于,无论是在实验室还是在野外,我们都缺乏实际有效的方法测量水内冰密度,更谈不上测量水内冰粒径分布。水内冰颗粒小,形状不规则以及自身的光学属性是实现上述目标难以克服的障碍。"

数字图像处理系统(Doering 和 Morris,2003)的研究开发,有效解决了水内冰颗粒的识别问题。应用该系统观测水内冰演变过程,在加拿大 Manitoba 大学水力学研究实验室(HRTF)计算机控制冷库内,采用逆向循环水槽,对水体过冷却过程和水内冰演变过程进行了一系列实验。实验的主要目的是研究水流紊动强度对过冷却过程和水内冰演变的影响。本文将对实验成果进行详细的介绍。

2 实验装置及实验过程

2.1 逆向旋转水槽

在加拿大 Manitoba 大学水力学研究实验室进行的实验采用的是逆向旋转水槽,实验在计算机控制的冷库中进行。由于逆向旋转水槽"无限长"的特点,使得水内冰晶的形成、冰块的积聚冻结及增长不会受到水泵产生的剪切力和扰动作用影响,因而非常适合用于水内冰演变过程研究。实验采用拉格朗日坐标系。

逆向旋转水槽由两个固定在环流架上的同心轴圆筒构成,分别作为水槽的内壁和外壁。水槽的底部由另外一个支撑架支撑,可以沿着与水槽壁相反的方向独立旋转(Tsang 和 Cui,1994)。通过设定水槽壁和水槽底的旋转速率来平衡水体剪切力,确保水体在绝对参考系下保持静止,水槽底和水槽壁附近的边界水层除外。然而,在以旋转水槽底部为参照的坐标系下,水流呈现一个在静态底面边界上自由水面流典型的流速剖面,即底部边界流速为0,表面流速最大。由于底部摩擦力(k_s)的存在,逆向环流的相对速率必须绝对为0。实验采用的水槽底部由一层砂石覆盖(中值直径 d_{50} = 3.5 mm),砂石被固定在底盘上。水槽宽0.20 m,深0.35 m,中心轴线直径1.2 m。

水流相对平均流速(以下简称流速)通过将水槽底和水槽壁的旋转速率转换成角速度计算得出,水槽底和水槽壁的旋转速率即每分钟旋转的转数(r/min)。转换方程如下:

$$U = (\pi D_f)(S_w + \alpha_1 S_b)/2 \tag{1}$$

式中:U 为水流平均流速,m/min;S_w 和 S_b 分别为水槽壁旋转速度和水槽底旋转速度,r/min;α_1 为水槽壁和水槽底的旋转速度比(对于10 cm、15 cm 和20 cm 水深,其比率分别为0.979 8、0.845 1 和0.718 5);D_f 为水槽中心轴线直径(1.2 m)。将 D_f 值代入方程(1)中,水流平均流速(cm/s)计算公式转换为:

$$U = \pi(S_w + \alpha_1 S_b) \tag{2}$$

逆向旋转水槽放置在计算机控制的冷库内,冷库大小为4.3 m×4.3 m,冷库内气温维持在±0.1 ℃范围内。冷库的最低温度可达到-30 ℃。

2.2 数据采集系统

水温测量采用 Guildline 9540 温度计,它使用铂电阻温度感应器,解析度为0.001 ℃,精度大约为0.004 ℃。探头穿过外侧水槽壁插入水流中,而不是置于水面,避免受到水气界面热交换的影响。

利用 Keithley Metrabyte DAS-1600 数据采集板记录水温及水槽外腔、内腔和底腔温度,以及水槽底和水槽壁的旋转速率等数据。应用 Labtech Note-book 进行数据采集,其频率为1 Hz。

水内冰探测采用正交偏振发光技术(Doering 和 Morris,2003)。图像采集硬件装置由摄像头、帧捕获板和计算机三部分组成。利用 Sentech STC－1100a 黑白照相机收集水内冰模拟图像，相机感应器采用渐进式扫描电荷耦合器（CCD），镜片厚 12 mm。摄像头安装在逆向循环水槽的外腔内。摄像头对面为光源和偏光片。照相机的分辨率为 0.33 英寸（1 英寸＝25.4 mm）的范围内 640×480 像素。实际分辨率取决于物体与相机的距离及镜头的焦距。对于水深 15 cm 的实验，照相机安装视场为 16.5 cm（水平）×12 cm（垂直），得到的图像分辨率为 165 mm/640 pixels 或 0.25 mm/pixels。对于水深 20 cm 的实验，照相机安装视场为 17 cm×14 cm，得到的图像分辨率为 0.30 mm/pixels。

照相机拍摄的模拟信号通过一系列精密导电滑环转换成数字图像，并传输给 DIPIX FPG－44 Power 帧捕获板。

为了减少重复信息，实验过程中使用如下图像采集协议：图像采集速率按 3 帧/s，以 60 s 为一个周期，每个周期收集 50 帧图像。每组实验持续时间为 1 h，共收集图像 3 000 帧（50 帧/周期× 60 周期）。

采集的数字图像为灰度图像，以图像文件格式存储（TIFF），分辨率为 640 × 480 像素。每张图像实际大小为 640 × 480 像素，灰度值变化范围为 0～255，其中 0 代表黑色，255 代表白色，期间每个值代表一个灰度等阶（等阶越高亮度越高）。利用 MATLAB 图像信号处理工具对图像进行分析处理。

2.3 实验研究

通过调整控制水槽底和水槽壁的旋转速度、气温及水深，可以为实验提供多种不同的水力条件和环境条件。选择不同的流速、水深和气温共进行 42 组实验。表 1 为水温等实验基本要素统计表，表 2 给出了 4 种不同条件下 8 组实验结果，用于分析检验水内冰图像特征。

利用计算机控制装置严格控制实验条件，如水槽底腔、内腔及外腔温度等（分别为 1.7、3.0、3.5 ℃）。通过比较水温和探测到的水内冰颗粒数，实验可以大量重复进行。

表 1　过冷却过程特征

实验编号	T_a（℃）	U（m/s）	H（m）	Re	T_{of}（℃）	dT/dt（℃/min）	T_{min}（℃）	t_{sp}（min）	M_{sp}（%）
56	－10	0.434	0.15	58 125	0.001 0	－0.003 8	－0.037	24.0	0.125
57	－10	0.435	0.15	58 259	－0.017 2	－0.004 2	－0.037	23.0	0.132
58	－10	0.517	0.15	69 241	－0.014 5	－0.004 4	－0.039	19.5	0.117
59	－10	0.604	0.15	80 893	0.011 6	－0.003 2	－0.042	25.0	0.109
60	－10	0.424	0.15	56 805	0.006 7	－0.004 0	－0.045	22.5	0.123
61	－10	0.421	0.15	56 384	－0.017 1	－0.004 1	－0.040	22.0	0.123
62	－10	0.584	0.15	78 214	－0.007 2	－0.003 8	－0.038	21.0	0.109
63	－10	0.612	0.15	81 963	－0.011 4	－0.003 8	－0.042	20.0	0.104
64	－10	0.382	0.15	51 161	－0.022 5	－0.003 6	－0.030	28.0	0.138

续表 1

实验编号	T_a(℃)	U(m/s)	H(m)	Re	T_{of}(℃)	dT/dt (℃/min)	T_{min}(℃)	t_{sp}(min)	M_{sp}(%)
65	-10	0.391	0.15	52 366	-0.016 7	-0.003 8	-0.047	25.0	0.130
66	-10	0.630	0.15	84 375	-0.011 3	-0.003 9	-0.043	20.5	0.109
67	-10	0.393	0.15	52 634	-0.015 5	-0.003 5	-0.033	27.5	0.132
68	-10	0.404	0.15	54 107	-0.022 7	-0.003 7	-0.031	26.0	0.132
69	-10	0.642	0.15	86 039	-0.000 7	-0.003 8	-0.041	19.0	0.099
70	-10	0.521	0.15	69 777	-0.017 8	-0.003 8	-0.031	23.0	0.120
71	-10	0.430	0.15	57 589	-0.013 6	-0.003 7	-0.044	26.0	0.132
72	-10	0.423	0.15	56 652	-0.024 1	-0.003 8	-0.041	24.5	0.127
102	-10	0.428	0.15	57 321	-0.005 4	-0.003 5	-0.048	26.5	0.127
73	-10	0.491	0.10	54 799	0.005 9	-0.004 5	-0.044	22.0	0.135
74	-10	0.350	0.10	39 063	0.000 5	-0.004 3	-0.044	25.5	0.150
75	-10	0.496	0.10	55 357	-0.000 7	-0.004 2	-0.044	23.0	0.132
76	-10	0.695	0.10	77 567	0.011 2	-0.004 5	-0.043	19.0	0.117
77	-10	0.476	0.10	53 125	0.004 4	-0.004 7	-0.044	21.0	0.135
101	-10	0.492	0.10	54 911	-0.003 2	-0.004 2	-0.039	24.0	0.138
78	-10	0.484	0.20	72 024	-0.001 4	-0.002 9	-0.037	29.0	0.115
79	-10	0.486	0.20	72 321	0.001 9	-0.002 7	-0.043	28.0	0.107
80	-10	0.356	0.20	52 976	-0.008 3	-0.003 2	-0.028	29.0	0.127
81	-10	0.367	0.20	54 613	-0.010 8	-0.003 7	-0.039	25.0	0.127
82	-10	0.357	0.20	53 125	-0.007 4	-0.003 4	-0.028	29.0	0.135
83	-10	0.376	0.20	55 952	-0.013 7	-0.003 4	-0.038	28.5	0.133
84	-10	0.486	0.20	72 321	-0.010 1	-0.003 7	-0.040	22.5	0.114
85	-10	0.510	0.20	75 893	-0.005 9	-0.003 0	-0.036	30.0	0.123
86	-10	0.483	0.20	71 875	-0.011 3	-0.002 9	-0.040	28.0	0.111
87	-10	0.485	0.20	72 234	-0.005 2	-0.002 9	-0.038	28.0	0.111
90	-15	0.430	0.15	57 589	0.024 3	-0.007 1	-0.042	17.5	0.170
91	-15	0.515	0.15	68 973	-0.001 4	-0.006 0	-0.032	18.0	0.148
92	-15	0.500	0.15	66 964	0.005 2	-0.006 0	-0.041	18.5	0.152
93	-15	0.632	0.15	84 344	0.007 7	-0.006 5	-0.052	15.5	0.138
97	-15	0.495	0.15	55 246	0.002 6	-0.008 3	-0.052	15.0	0.170
94	-6.5	0.428	0.15	57 321	0.009 2	-0.002 1	-0.030	38.0	0.109
95	-6.5	0.428	0.15	57 321	0.008 7	-0.002 0	-0.035	39.0	0.107

注:H 为水深;T_{of}为实验误差。

表 2　水内冰粒径特征

实验编号	U(m/s)	H(m)	Re	M_{sp}(%)	D_{50sp}(m)	α	a	b	R^2	N
69	0.642	0.15	86 039	0.099	0.009 2	65	0.001 5	0.013 7	0.931 3	91
63	0.613	0.15	81 963	0.104	0.008 4	70	0.001 6	0.011 4	0.941 5	83
58	0.517	0.15	69 241	0.117	0.006 2	75	0.001 1	0.008 1	0.912 9	62
70	0.521	0.15	69 777	0.120	0.006 5	75	0.000 8	0.007 9	0.807 7	69
60	0.424	0.15	56 805	0.123	0.005 3	90	0.000 4	0.006 1	0.874 3	52
61	0.421	0.15	56 384	0.123	0.005 2	90	0.000 5	0.006 4	0.909 5	47
86	0.483	0.20	71 875	0.111	0.007 2	80	0.001 2	0.010 6	0.847 9	191
87	0.485	0.20	72 234	0.111	0.007 3	80	0.000 8	0.009 4	0.819 4	173

注：N 为水内冰颗粒数。

3　实验结果

3.1　水温数据后处理及结果

由于 RTD 温度感应器采样频率较高，采集的水温数据存在一定的紊流脉动。首先对采集频率为 1 Hz 的水温数据进行预处理，去除波动较大的数据，保证数据质量。利用 1 min 数据流的平均值确定异常值，异常值用 1 min 数据流的平均值代替。然后再对上述 30 个点的值进行平均，将数据频率减小到 0.033 Hz(30 s)。后面的分析都采用处理后得到的水温数据。图 2 为处理后得到的典型水温变化曲线。用最后 5 min 数据的平均值来计算残余水温和实验误差。利用处理后得到的过冷却过程线（如图 2 中的断点线所示）分析过冷却过程的特点。图中 T_{min} 为最低过冷却水温。用直线来拟合过冷却开始前 5 min 的所有数据点，用以计算水的冷却速率 dT/dt，T 代表水温，t 代表时间。从水体达到冰点温度 T_0 时刻开始到温度回升到残余水温，这段时期称过冷却关键期，用 t_{sp} 表示。过冷却关键期是水内冰产生的初期阶段。

表 1 中列出的误差表现出不一致性，有些甚至为正值，原因分析如下：

(1)温度计上结冰。通过实际观测结果可以证明这一现象。在一次实验过程中发现温度计上有结冰，该实验的残余水温和实验误差分别为 0.002 6 ℃和 0.005 3 ℃。人工将冰去除后，残余水温和实验误差又分别变为 -0.008 5 ℃和 -0.008 1 ℃。

(2)气温变化。实验所用温度计的校准气温为 23 ℃（厂家）和 1 ℃。由于实验过程中温度计周围的气温低于温度计适用范围，很可能会出现测量误差。

(3)实验所用自来水水质问题。残余水温或平衡水温是一种物理现象。如同水的冰点一样，平衡水温也随着气温和水质的变化而变化（Ashton，1986；Osterkamp，1978）。通过实际观测和计算分析，河流的平衡水温为 -0.005 ℃（Osterkamp，1978；Tsang，1982）。

过冷却环境下水内冰的密度可以通过水体热力条件计算（Osterkamp，1978）。对于一个充分混合的绝热且不带盖的盛水器皿，单位体积（即 1 m^3）水体热量平衡方程可概化

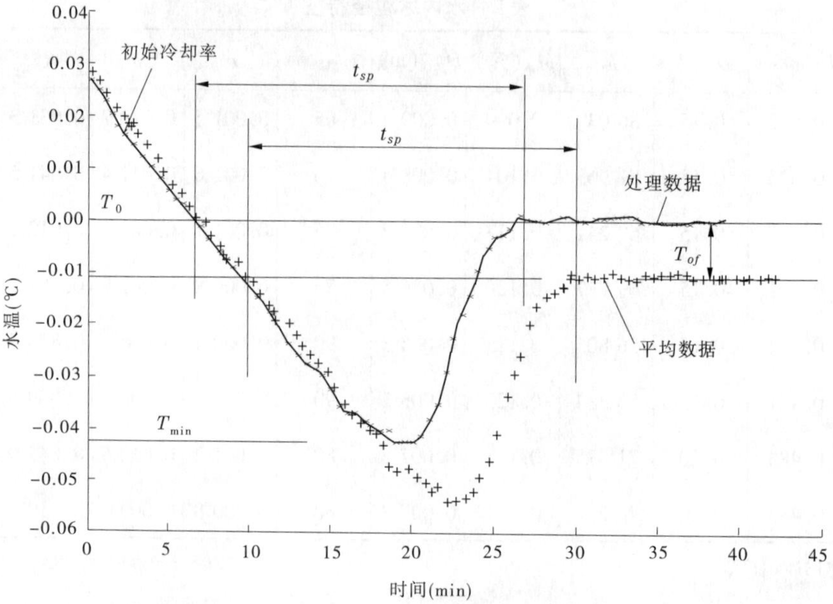

图 2　处理后得到的典型水温变化曲线

为:

$$Q_{tw} = Q_i \pm Q_w \tag{3}$$

式中:Q_{tw}为水体与周围环境的总热量交换(如与空气、水槽底和水槽壁等);Q_i 为冰块释放的总的潜热;Q_w 为水的热容量,表示水的冷却(Q_w 为正)和升温(Q_w 为负)。上述三项的单位均为 W/m^3。

$$Q_{tw} = \rho C_p \Delta t \frac{dT}{dt} \tag{4}$$

$$Q_w = C_p \rho (1 - M_i) T \tag{5}$$

$$M_i = (Q_{tw} - Q_w)/L_i \rho_i \tag{6}$$

式中:M_i 为 Δt 时间内生成的水内冰体积密度,m^3/m^3;T 为水温;dT/dt 为初始冷却率,在水温达到 0 ℃时测量;ρ 和 ρ_i 分别为水的密度和冰的密度;C_p 为水的比热;L_i 为水内冰释放潜热。在条件已知的情况下,即 dT/dt 和 T 可以通过分析水温变化曲线确定,通过对方程(3)~方程(6) 互代求解可以得到任意时刻水内冰体积密度。过冷却关键期结束时刻,即 t_{sp}时刻,水内冰密度 M_{sp}(m^3/m^3)可以通过下面的公式估算:

$$M_{sp} = Q_{tw} t_{sp} / L_i \rho_i \tag{7}$$

3.2　过冷却过程的特点

总结所有实验结果,水体过冷却过程的温度特点可以由以下 4 个参数来表示:初始冷却率(dT/dt),过冷却关键期持续时间(t_{sp}),过冷却程度(最低过冷却水温,T_{min}),过冷却关键期内产生的水内冰密度(M_{sp})。表 1 给出了所有 42 组实验的 4 个特征参数值及其相应的水热条件。

与之前的研究成果一致(Carstens,1966;Hanley 和 Michel,1977),气温是影响过冷却过程的主要因素,如图3(a)所示。与预期的一样,气温越低过冷却关键期持续时间越短,过冷却程度越强,产生的水内冰越多。相反,气温越高过冷却关键期持续时间越长,过冷却程度越弱,产生的水内冰越少。图3(b)给出了水深对过冷却过程的影响。可以看出,水流越深过冷却关键期持续时间越长,初始冷却率越低,过冷却程度越强。这也与预期结果相一致,因为水流越深(即体积大),水体需要的冷却时间越长。

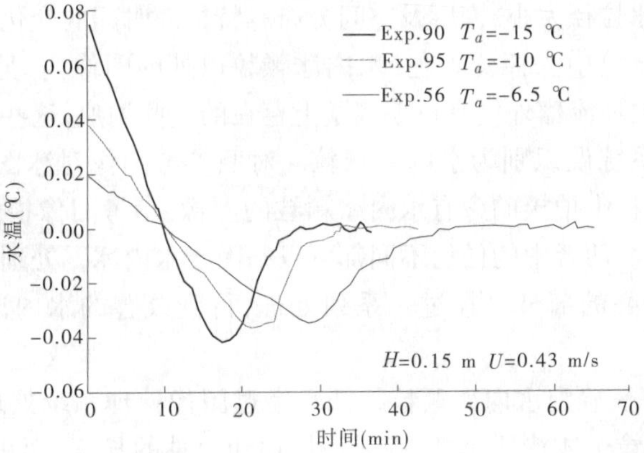

(a)

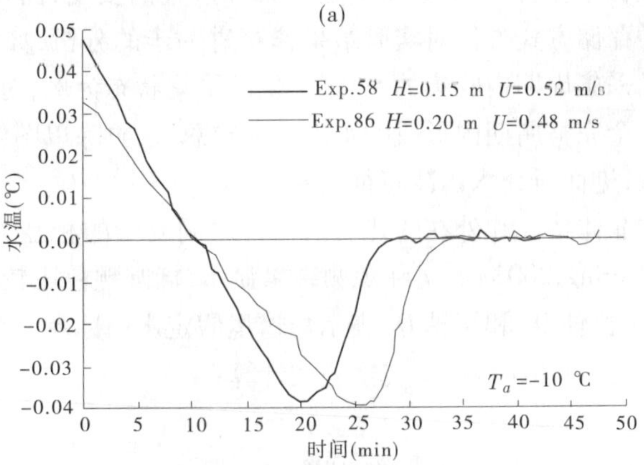

(b)

图3　气温(a)及水深(b)对过冷却过程的影响示意图

在气温保持恒定不变的情况下,可以测定水流紊动强度(流速)对过冷却过程的影响。水流紊动强度通常用雷诺数 Re 表示,表达式为 $4UR/\nu$,其中 U 为断面平均流速,R 为水力半径,ν 为运动黏度(水温0 ℃时取值为 $1.79 \times 10^{-6}\ m^2/s$)。图4(a)显示了每次试验中的水体最大过冷却程度。由图可以看出,过冷却程度与水深、水流紊动强度之间不存在相关关系。图4(b)为水体初始冷却率与雷诺数相关关系图。由图可以看出,水深对水体初始冷却率影响显著,水流紊动强度对水体初始冷却率影响较小。图4(c)显示了水流的紊动对过冷却持续时间的影响。由图可以看出,雷诺数越小或者说流速越小,过冷却持续时间越长。过冷却持续时间和水体初始冷却率的综合结果可以由 t_{sp} 时刻水内冰密度 M_{sp} 表示。图4(d)为水内冰密度与雷诺数的相关关系图。由图可以看出,水体过冷却过程与水流紊动强度之间存在明显的相关性。由图4(d)的两条线性相关曲线,在给定流速、水深及气温（-10 ℃和-15 ℃）的情况下，可以预测水内冰密度 M_{sp}，公式如下：

$$M_{sp} = -9 \times 10^{-7} Re + 0.181 \quad 当 T_a = -10 ℃ 时 \tag{8}$$

$$M_{sp} = -1 \times 10^{-6} Re + 0.234 \quad 当 T_a = -15 ℃ 时 \tag{9}$$

3.3 图像资料后处理及结论

利用数字图像处理系统（Doering 和 Morris，2003）对每组实验收集的几千张图像进行处理，进而分析水内冰粒径大小、密度及空间分布等特征随时间的变化规律。首先从采集的原始图像（见图 5（a））中去掉背景色（水内冰颗粒以外的图像）。另外，由于每张图像的亮度不同，以及逆向环流槽外侧有机玻璃壁上存在的一些划痕，这些特征也要从图像中滤掉，因为这些会被系统误识别为水内冰颗粒。对照参考图像对冰图像进行过滤处理。冰图像指的是实验过程中拍摄的含有水内冰颗粒的图像，参考图像指的是冰晶形成前拍摄的图像的平均状态。两者中的任何不同都可以归因于水内冰。处理过程还包括从图像中去除与参考图像重叠的部分。经过一系列处理，得到改善的水内冰图像，如图 5（b）所示。

应用 MATLAB 算法确定水内冰颗粒特征。经过图像处理系统处理后得到的结果文件包括所有水内冰颗粒个体特征信息，特别是长轴和短轴的长度、面积、第一个颗粒在图像中的位置等。这种存储方式方便对实验结果作更进一步的分析，如水内冰的时空演变等。下面以一个图像采集周期内收集的 50 张图像的平均状态为例，对水内冰颗粒特征进行描述。首先计算一个完整周期内形成的水内冰颗粒总数，再除以图像数（50 张）得到每张图像的平均颗粒数，进而研究水内冰特征信息。

由于冰粒本身的晶体特性和外在的热交换条件之间复杂的相互关系，导致冰粒形状多种多样（Clark 和 Doering，2002）。实际观测结果显示，椭圆颗粒比较普遍。在统计分析中，水内冰颗粒大小用长轴 D_a 和短轴 D_b 表示。这里假定水内冰颗粒为圆片状，其平均直径 D_i 根据观测的长轴和短轴通过以下转换公式计算：

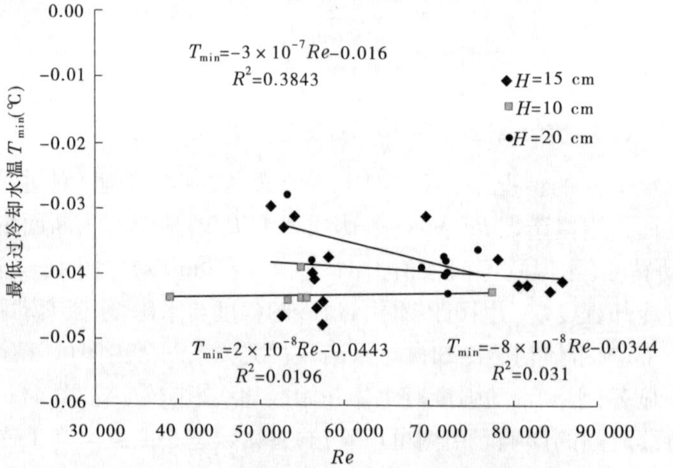

(a)水体过冷却程度与水流紊动强度的相关关系图

图 4

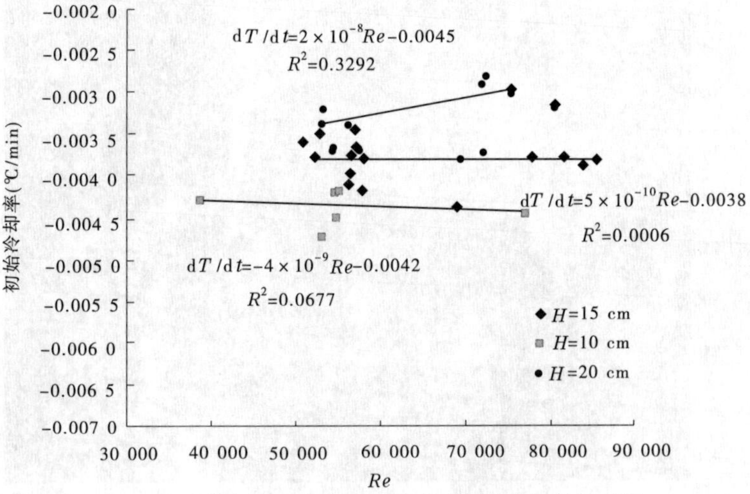

(b)水体初始冷却率与水流紊动强度的相关关系图

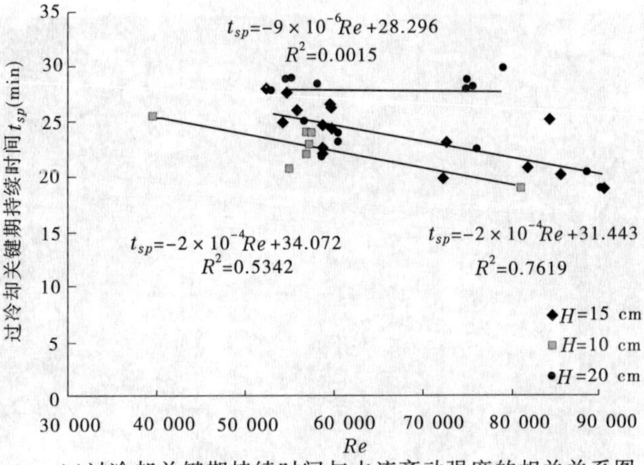

(c)过冷却关键期持续时间与水流紊动强度的相关关系图

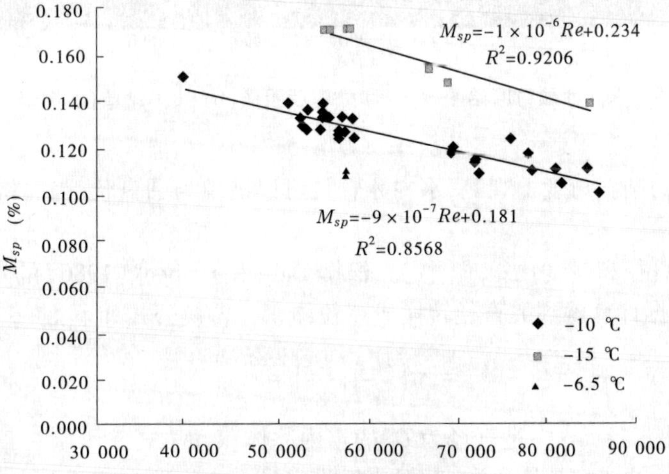

(d)水内冰密度与水流紊动强度的相关关系图

续图4

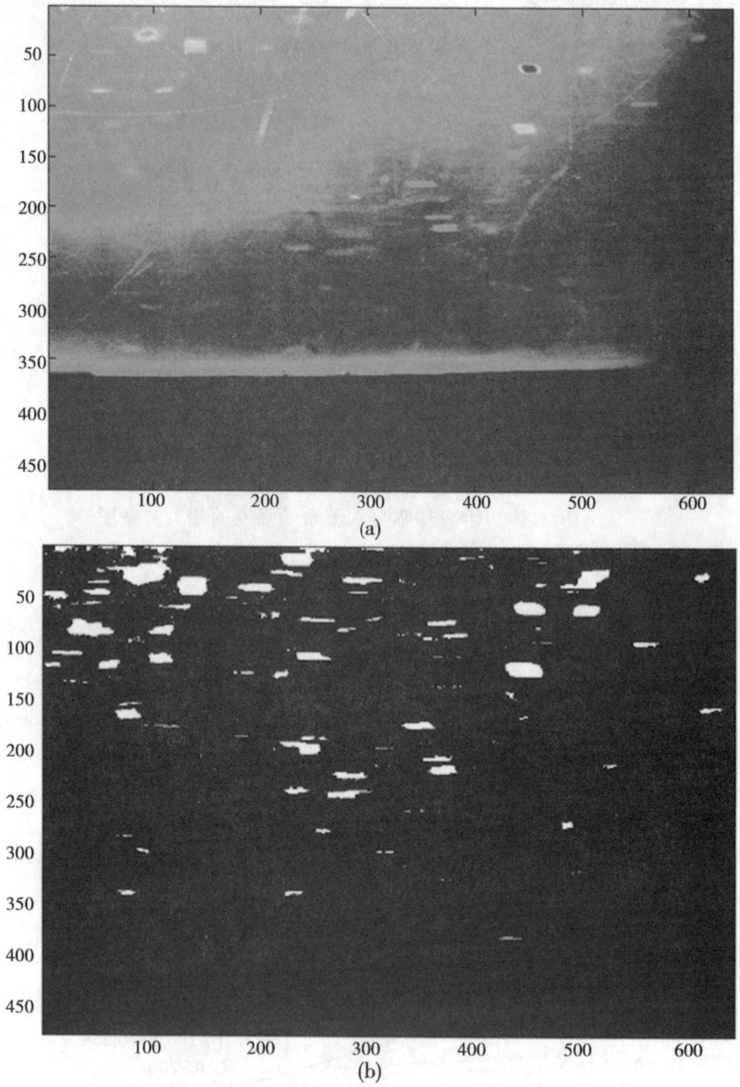

图5　水内冰颗粒原始图像(a)和处理后图像(b)(x、y轴单位:像素)

$$D_i = (D_a D_b)^{1/2} \tag{10}$$

在某个随机的倾斜角度下观测,水内冰颗粒可以被视为圆盘状,因而将椭圆形颗粒简单处理成圆盘状。

水内冰冰盘直径和厚度比很难测定。根据 Daly 和 Colbeck(1986)的观测结果,假定其比率为8:1,根据计算得到的直径转换成冰粒体积。转换公式如下:

$$V_i = \pi\left(\frac{D_i^2}{4}\right)\left(\frac{D_i}{8}\right) = \frac{\pi D_i^3}{32} \tag{11}$$

式中:D_i 为水内冰直径,m;V_i 是直径为 D_i 的水内冰体积,m^3。

虽然1个像素的冰粒就能探测到,但这里设定最小水内冰颗粒为5个像素;低于5个像素的水内冰颗粒被认为是干扰因素。水内冰颗粒大小不同,根据其平均粒径分组,间距5个像素为一组,并计算每组的颗粒数。

应用 MATLAB 算法对实验获取的所有图像进行上述图像处理。应用处理后获得的信息检验水内冰颗粒总数、颗粒总体积以及粒径分布演变规律。图 6 给出了其中一组实验平均每张图像水内冰颗粒数和总体积变化情况。由图可以看出,两条曲线的形状和峰值位置相似。

由图 6 还可以发现水内冰颗粒数会在某一时段呈爆炸式增长的有趣特征。实验过程中,过冷却关键期结束的同时水内冰颗粒数开始迅速增长。随着水温的降低,水温降到 0 ℃后继续冷却,并进入过冷却状态。水体进入过冷却状态几分钟后,冷却率开始下降。伴随冷却率的下降,水内开始出现冰晶(Morris,2003)。水体冷却率继续下降直到降为 0 ℃,此时水温达到最低过冷却温度。此后,水温开始回升,水内冰颗粒数急剧增加。随着水温接近 0 ℃(t_{sp}),增长率逐渐降低,水温达到 0 ℃后增长率也降到 0。有趣的是,对于所有实验,t_{sp}时刻水内冰颗粒数和总体积均达到了峰值。

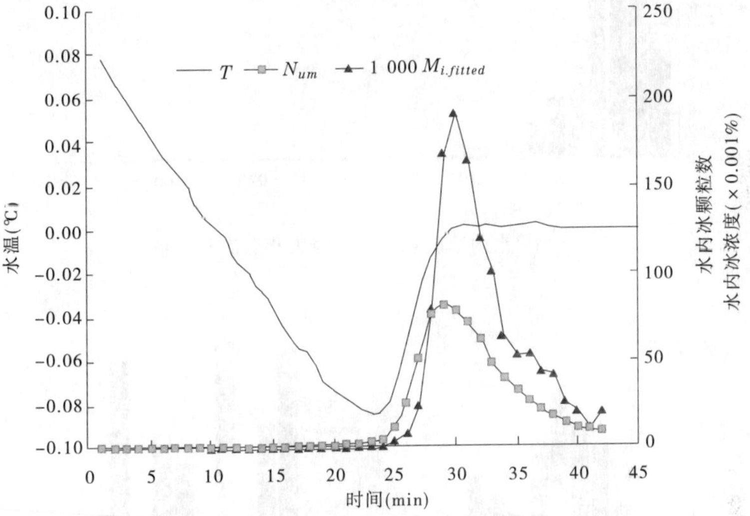

图 6　No. 63 组实验水内冰颗粒数(N_{um})及总体积($M_{i.fitted}$)变化曲线

图 6 显示,水内冰颗粒数和总体积迅速增长后又出现迅速减少。如果实验继续,水内冰总量将不会再下降,相反会逐渐增加,直到形成水面冰层。一旦水面冰层形成,将减弱水体与大气之间的热量交换。水内冰颗粒总的投影面积将减少,正如图像中所看到的。有两个原因可以解释上述现象:颗粒重叠和颗粒聚合。

实验中采集的是水体二维图像。逆向环流槽宽 20 cm,意味着相机要穿透 20 cm 水体拍照。图像捕捉到的水内冰颗粒个体实际上是水内冰颗粒的投影面。对于悬浮在水中的两个水内冰颗粒,通过相机拍摄,图像有可能会彼此重叠。这种情况下,颗粒识别处理过程中两个颗粒将被处理为一个颗粒。水内冰颗粒重叠的几率与水体内水内冰颗粒总数、颗粒大小及颗粒分布有关。随着水内冰密度的增加,颗粒重叠的几率也将增加。

水内冰颗粒初成以后,冰粒开始聚合形成冰块。随着实验的进行,冰块本身也开始黏合聚集形成较大的冰块。两颗小冰粒聚合形成的大冰粒的投影面积并不等于聚合之前相互独立的两颗冰粒的投影面积之和。例如,如果两颗小冰粒聚合形成较大冰粒,较大冰粒体积等于两颗小冰粒的体积之和,但其投影面积将小于两颗小冰粒的投影面积之和。从图像中可以看出,受冰粒或较大冰块重组影响,直径大于1.5 cm的冰粒通常形态欠规则。

在水内冰动力学研究领域中,水内冰粒径大小分布规律的演变是非常有趣的。图7(a)显示的是一个图像采集周期内水内冰颗粒数按粒径大小分布的情况。将一个图像采集周期内识别出的所有水内冰颗粒按粒径大小分组,根据每组的颗粒数绘制如图所

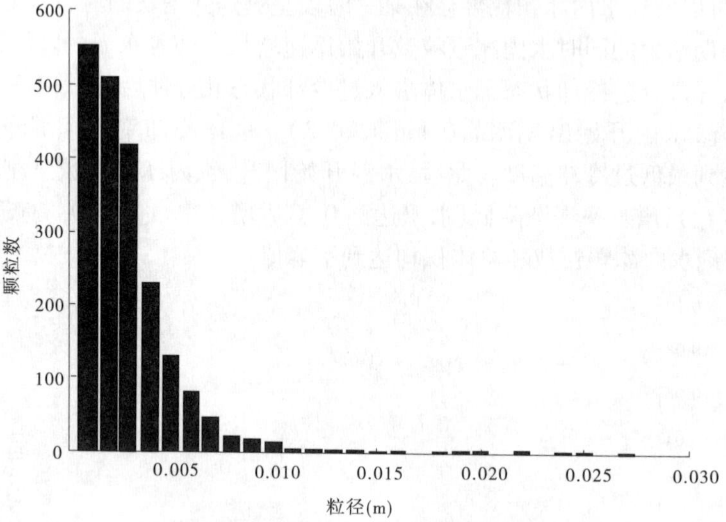

(a)水内冰颗粒数按粒径大小分布柱状图

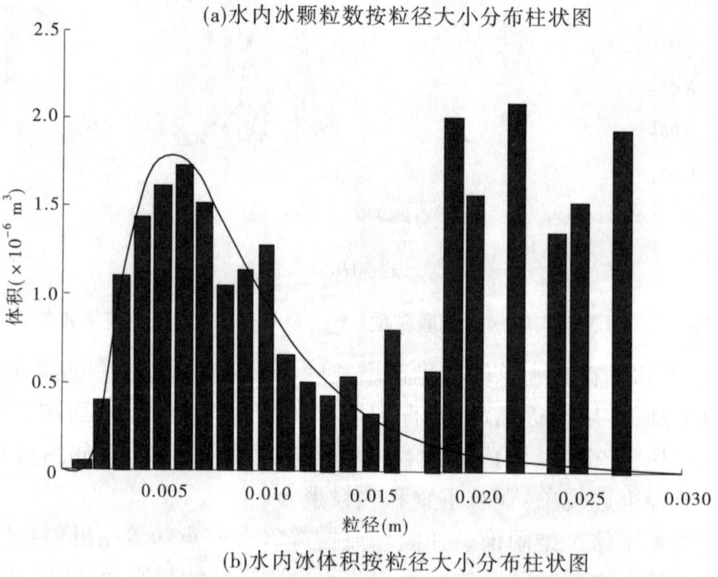

(b)水内冰体积按粒径大小分布柱状图

图7

示的柱状分布图。图7(b)为相应的水内冰体积按粒径大小分布柱状图,由图可以看出,在直径0.006 m附近有一个明显的峰值。正如Daly和Colbeck(1986)的研究所发现的,水内冰实测体积按粒径分布近似符合对数正态分布:

$$P(D_i) = \frac{1}{\sigma D_i (2\pi)^{1/2}} \exp\left[-\frac{(\ln D_i - \mu)^2}{2\sigma^2} \right] \tag{12}$$

其中，$\mu = \ln(D_{i50})$，$\sigma = \alpha D_{50sp}$，α 为系数，D_{50sp} 为 D_{i50} 的稳定状态，与水流紊动强度有关，通过试错法确定。通过调整 D_{i50} 和 α，可以用对数正态分布曲线拟合水内冰粒径分布规律，如图 7(b)所示。由于大冰块的影响，直径大于 1.5 cm 的颗粒分布不连续，在拟合过程中可以忽略。

对每组实验每个图像采集周期的水内冰体积按粒径分布曲线进行拟合，可以分析 D_{i50} 的增长形式及其与热力条件的关系。热力条件可以用水内冰密度表示。图 8 为通过图像拟合得到的水内冰体积和基于热力学方程(2)～方程(5)计算的水内冰颗粒体积对照图。由图可以看出，当水温达到 t_{sp} 时，两个计算值出现了明显差异，其原因是二维图像转换的局限性及实验过程中表面冰的影响。受水内冰颗粒重叠程度不断增加的影响，水温达到 t_{sp} 后，两者差异越来越大。因此，在所有的分析中，选择以热力学方程计算的水内冰密度作为指标代表热力条件。

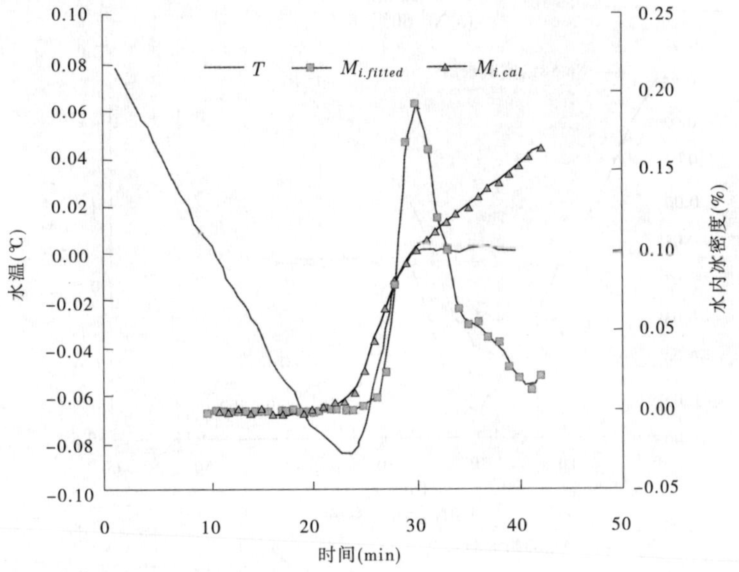

图 8　实测与计算水内冰密度对比图

3.4　水内冰演变特征

图 9 给出了几组具有代表性实验过程中 D_{i50}、水温及水内冰密度 M_i 随时间变化情况。图 10 为 No. 63 组实验得到的水内冰密度 M_i 和过冷却期间 D_{i50} 的变化。由图可以看出，在 t_{sp} 时刻附近，D_{i50} 达到一个稳定值，用 D_{50sp} 表示。在过冷却关键期，M_i 和 D_{i50} 之间的关系可以用下式表示：

$$D_{i50} = a\ln(M_i) + b \tag{13}$$

表 2 给出了每组实验相应的 D_{50sp}、M_{sp} 及 a、b 值。

由表 2 可以看出，流速越大，t_{sp} 时刻形成的较大水内冰颗粒数越多，即流速越大形成的水内冰粒径越大。图 11 给出了三组实验 t_{sp} 时刻水内冰体积按粒径大小分布曲线及拟合参数。由图可以看出，流速越大 D_{50sp} 越大。图 12(a)表明，这一观测结果对于所有实验过程都成立，D_{50sp} 与雷诺数的关系可以用下式表示：

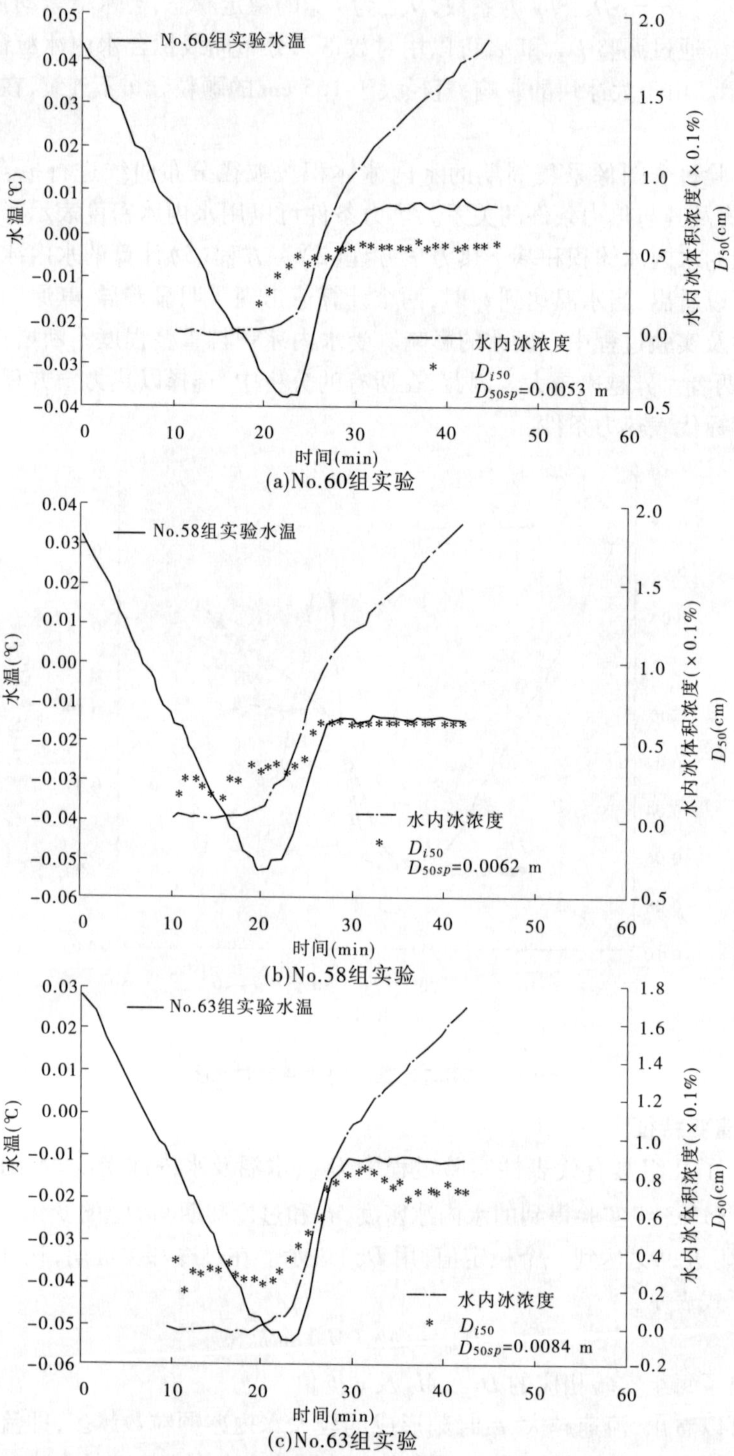

(a)No.60组实验

(b)No.58组实验

(c)No.63组实验

图9 过冷却过程中水内冰演变规律

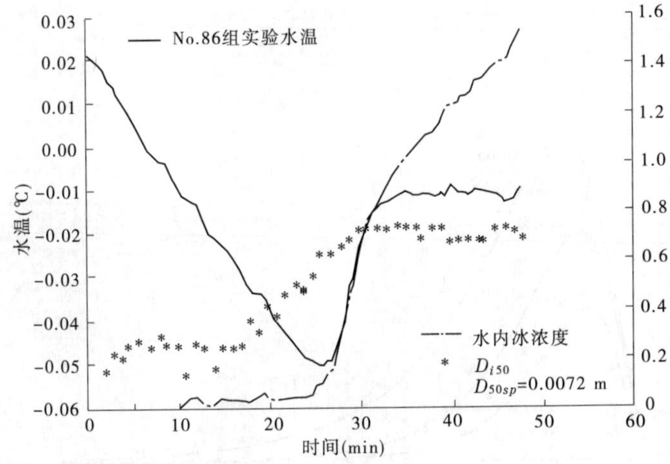

(d)No.86组实验

续图 9

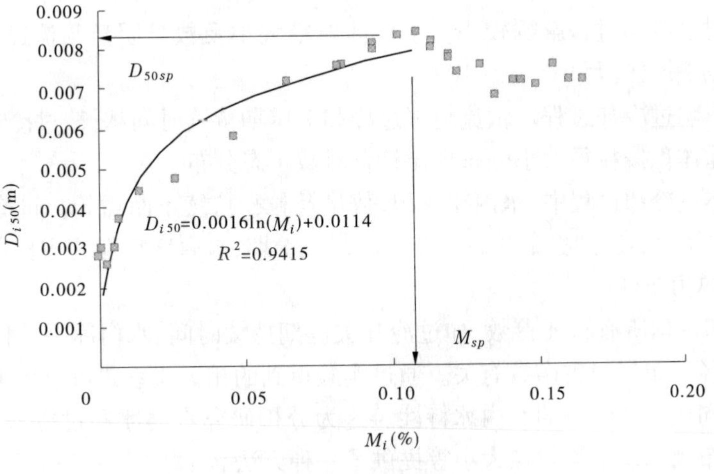

图 10　水内冰平均粒径大小与水内冰密度的相关关系图

$$D_{50sp} = 3 \times 10^{-9} Re^{1.3186} \tag{14}$$

图 12(b)表明,α 也与雷诺数相关,关系式如下:

$$\alpha = -8 \times 10^{-4} Re + 134.57 \tag{15}$$

如图 12(c)所示,方程(11)中的 a 和 b 值可以通过下式计算:

$$a = 4 \times 10^{-8} Re - 0.0018 \tag{16}$$

$$b = 2 \times 10^{-7} Re - 0.0076 \tag{17}$$

4　结论

以上研究表明:

(1)过冷却过程与气温关系紧密。气温越低过冷却过程持续时间越短,过冷却程度越强,产生的水内冰越多。

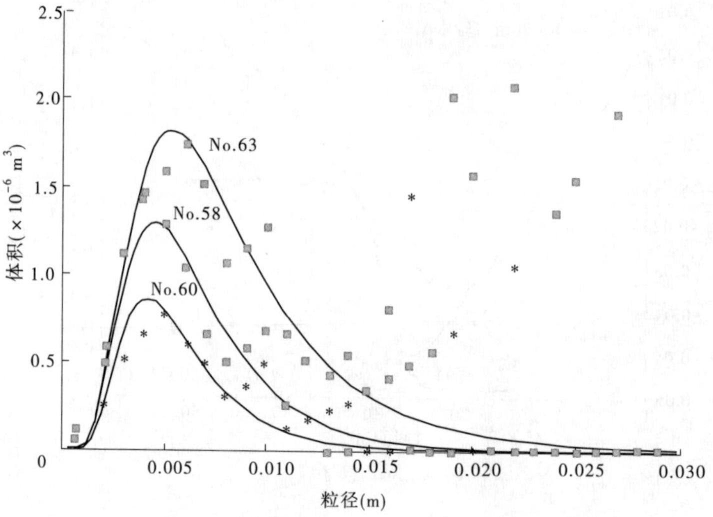

图 11　No. 58、No. 60 和 No. 63 组实验 t_{sp} 时刻水内冰体积按粒径分布对比图

(2)流速对过冷却过程影响较小。水内冰粒径大小及数量明显与流速有关,流速越大形成的水内冰颗粒越大。

(3)水深影响过冷却过程。水流越深过冷却关键期持续时间越长,过冷却程度越弱。

(4)水内冰体积按粒径大小分布规律符合对数正态分布。

(5)在水体过冷却过程中,水内冰体积、数量及粒径持续不断增长。过冷却关键期结束后,水内冰粒径大小达到稳定状态。在过冷却关键期,水内冰粒径的增长主要取决于水流紊动强度及热力条件。

(6)过冷却过程所有特征参数,如过冷却关键期持续时间、水内冰平均稳定粒径和密度及水内冰粒径分布都与雷诺数有关。通过实验得到的相关关系式可以用来预测与实验环境类似的不同热力条件下的水内冰特性。这为分析研究水内冰和过冷却关键期特性,特别是粒径分布规律及平均粒径大小等提供了一种方法。

本文研究内容是影响河冰演变过程的水热力条件综合实验项目的一部分。数字图像处理系统仍在进一步发展完善。目前正在探索用立体成像技术来处理三维水流,可以解决二维图像出现的颗粒重叠问题。同时,有助于确定水内冰冰盘的直径厚度比,掌握其在水内冰演变过程中的发展变化。改进的温度计可以克服现用温度计的缺点,精确测量水流的残余温度。希望仪器的改进能够帮助我们更好地了解水内冰演变规律及过冷却过程。

致谢

感谢加拿大自然科学与工程研究理事会(NSERC)和 Manitoba 大学对该项研究给予的资助。感谢来自 Manitoba 大学、Manitoba 水利研究与发展委员会和 NSERC 的专家队伍以及来自 Edward Toporeck 的工程专家在项目研究过程中的支持和帮助。感谢 R. Hartle 和 T. Mazak 在水力实验研究设施方面给予的技术支持。同时感谢 M. Morris、R. Murillo Munoz、S. Clark、S. Wang 和 Y. Qu。

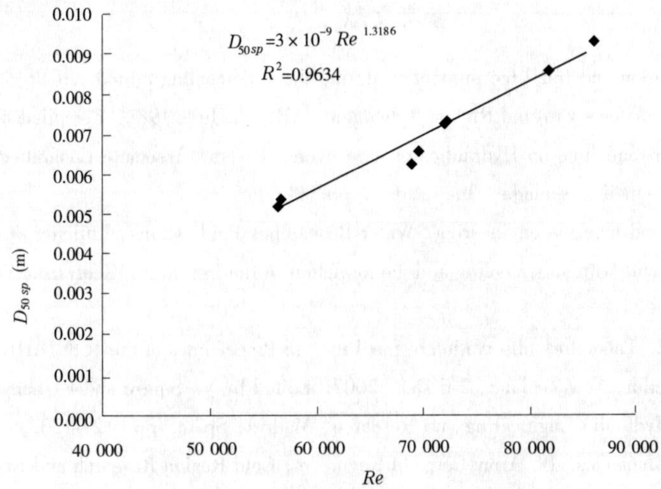

(a) t_{sp} 时刻水内冰粒径大小与雷诺数相关关系图

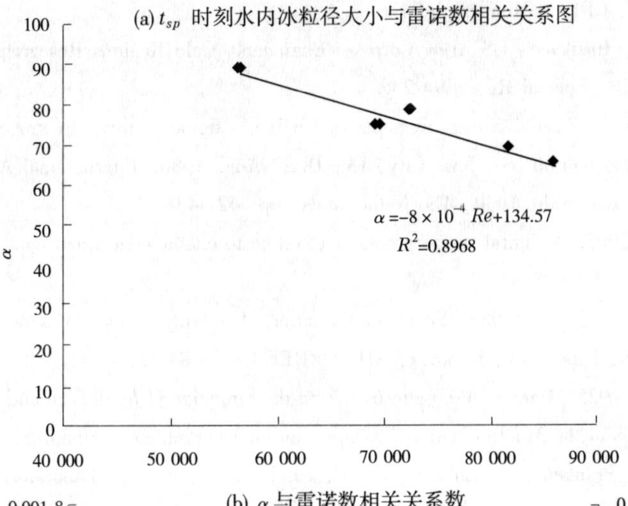

(b) α 与雷诺数相关关系数

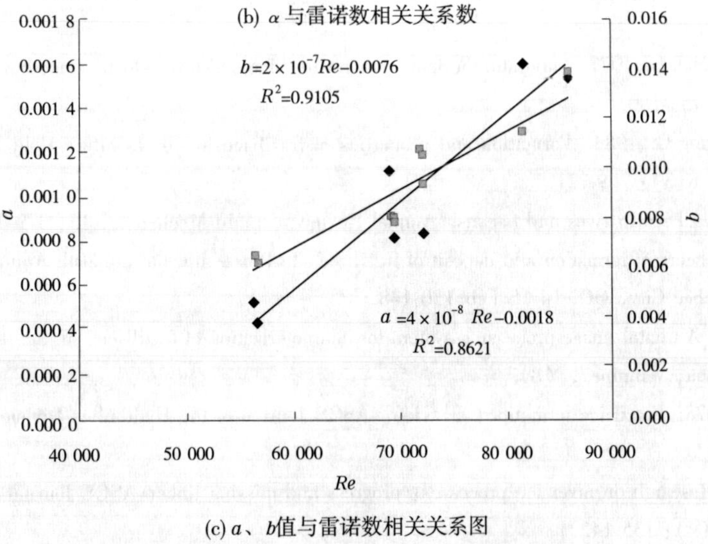

(c) a、b值与雷诺数相关关系图

图 12

参考文献

Andres D D. 1982. Nucleation and frazil ice production during the supercooling period. In Proceedings of the Workshop on Hydraulics of Ice – Covered Rivers. Edmonton, AB, 1-2 June 1982. Compiled by D. D. Andres and R. Gerard. Subcommittee on Hydraulics of Ice-Covered Rivers, Associate Committee on Hydrology, National Research Council of Canada, Ottawa, ON. pp. 148-175.

Ashton G D. 1986. River and lake ice engineering. Water Researches Publications, Littleton, CO.

Carstens T. 1966. Experiments with supercooling and ice formation in flowing water. Geofysiske Publikasjoner, 26(9): 1-18.

Clark S, Doering J C. 2002. Laboratory observation of frazil ice. In Proceedings of the 16th IAHR International Symposium on ice. Dunedin, New Zealand, 2-6 Dec. 2002. Edited by V. Squire and P. Langhorne. International Association of Hydraulic Engineering and Research, Madrid, Spain. pp. 127-133.

Daly S F. 1984. Frazil ice dynamics. US Army Corps of Engineers, Cold Region Research and Engineering Laboratory, Hanover, NH, CRREL Monograph 84-1.

Daly S F. 1994. Report on frazil ice. US Army Corps of Engineers, Cold Regions Research and Engineering Laboratory, Hanover, NH, Special Report 94-23.

Daly S F, Colbeck S C. 1986. Frazil ice measurements in CRREL's flume facility. In Proceedings of the 8th IAHR International Symposium on Ice, Iowa City, IA, 18-22 Aug. 1986. International Association of Hydraulic Engineering and Research, Delft, The Netherlands. pp. 427-438.

Doering J C, Morris M P. 2003. A digital image processing system to characterize frazil ice. Canadian Journal of Civil Engineering, 30: 1-10.

Ettema R, Karim M F, Kennedy J F. 1984. Frazil ice formation. US Army Corps of Engineers, Cold Regions Research and Engineering Laboratory, Hanover, NH, CRREL Report 84-18.

Hanley T. O' D, Michel B. 1975. Temperature patterns during the formation of border ice and frazil in a laboratory tank. In Proceedings of the 3rd International Symposium on Ice Problems, Hanover, NH, 18-21 Aug. 1975. Edited by G. . E. Frankenstein. Cold Regions Research and Engineering Laboratory, Hanover, NH. pp. 211-220.

Hanley T. O' D, Michel B. 1977. Laboratory formation of boarder ice and frazil slush. Canadian Journal of Civil Engineering, 4: 153-160.

Hanley T. O' D, Tsang G. 1984. Formation and properties of frazil ice in saline water. Cold Regions Science and Technology, 8(3): 209-221.

Martin S. 1981. Frazil ice in rives and oceans. Annual Review of Fluid Mechanics, 13: 379-397.

Michel B. 1963. Theory of formation and deposit of frazil ice. In Proceedings of the 20th Annual Eastern Snow Conference. Quebec City, QC, 14-15 Feb. 130-148.

Morris M P. 2003. A digital image processing system for characterization of frazil ice, M. Sc. thesis, The University of Manitoba, Winnipeg, MB.

Osterkamp T E. 1978. Frazil ice formation: a review. ASCE Journal of the Hydraulics Division, 104(HY9): 1239-1255.

Shen H T. 2003. Research on niver ice processes: progress and missing links. ASCE Journal of Cold Regions Engineering, 17(4): 135-142.

Tsang G. 1982. Frazil and anchor ice: a monograph. Subcommittee on Hydraulics of Ice-covered Rives, Na-

tional Research Council of Canada, Ottawa, ON.
Tsang G, Cui W. 1994. Laboratory study of frazil distribution in a flow. Canadian Journal of Civil Engineering, 21: 696-709.
Tsang G, Hanley T. O′ D. 1985. Frazil formation in water of different salinities and supercoolings. Journal of Glaciology, 31(108): 74-85.
White K D, Daly S F. 1994. Experimental investigation of frazil ice. In Report on frazil ice. Edited by S. Daly. US Army Corps of Engineers, Cold Regions Research and Engineering Laboratory, Hanover, NH, Special Report 94-23, pp. 5-10.

符号意义对照表

a、b　水内冰平均粒径与水内冰密度关系系数

C_p　水的比热

d_{50}　颗粒中值粒径

D_a、D_b　处理图像中椭圆的长轴和短轴

D_f　环流槽中心轴线直径

D_i　水内冰直径

D_{i50}　水内冰平均直径

D_{50sp}　过冷却关键期结束时刻，即 t_{sp} 时刻水内冰平均直径

H　水深

k_s　环流槽底部糙率

L_i　水内冰释放潜热

M_i　由热量平衡计算得到的水内冰密度

$M_{i.fitted}$　图像处理拟合曲线所得水内冰密度

$M_{i.cal}$　热力方程计算所得水内冰密度

M_{sp}　过冷却关键期结束时刻，即 t_{sp} 时刻水内冰密度

N　水内冰颗粒数

$P(D_i)$　直径为 D_i 的水内冰形成概率

Q_{aw}　水表面和空气之间的热量交换

Q_i　水内冰生成所释放的热量

Q_{tw}　水体和周围环境总的热量交换

Q_w　水温变化引起的吸收-释放热量

R　水力半径

R^2　相关系数

Re　雷诺数

S_w、S_b　环流槽壁和槽底旋转速度

t　时间

t_r　达到残余水温的时间

t_{sp}　过冷却关键期持续时间

T　水温

T_a　气温

T_{min}　最低过冷却水温

T_n 成核水温

T_0 冰点水温(0 ℃)

T_{of} 实验误差

T_r 残余水温

dT/dt 水体初始冷却率,在水温达到 0 ℃时测量

U 断面平均流速

V_i 直径为 D_i 的单个水内冰颗粒体积

α 大小拟合过程中的经验因子

α_1 环流槽速度转换经验系数

μ 变量,与水内冰平均粒径大小相关

ρ 水的密度

ρ_i 冰的密度

σ 标准差

ν 水体运动黏度

水面紊动对冰盘形成的影响

Patrik Andreasson[1]　Lars Hammar[2]　沈洪道[3]

（1. Lulea University of Technology, SE－971 87 Lulea, Sweden;
2. Elforsk AB, SE－111 87, Stockholm, Sweden;
3. 克拉克森大学土木环境工程系，美国，纽约，Potsdam, 13699－5710）

摘要：水面紊动是河流中影响冰盘形成的重要因素。紊动可以使在自由水面上小的冰颗粒重新悬浮。同时，冰盘的形状和大小与自由水面的紊动有关。然而，目前尚没有进行系统的观察或研究冰盘形成与表面紊动关系的理论途径。本文初次尝试将水面浮冰（如冰盘）与河流自由水面的紊动场联系起来，借助紊动涡强度的假定谱分布，推导出了与浮冰大小（即对于絮凝物、冰盘、浮冰块等）相关的分析表达式。在本次分析中，指出了冰盘形成过程中的若干不同阶段。

1　简介

当热力和水力条件适合时，在河流的水面上可能出现浮冰。如果水流（和风）速度低，那么，薄冰可能会形成。在流速较大的情况下，在水面上直接的冰体生长将受到阻碍。在水过冷的条件下，冰晶将会在紊动水流中形成。由于聚集作用，冰晶体将会合并成簇，并最后形成更大的絮状冰。这些絮状冰继续增长，而且由于它们浮力的增加，在水面附近积累和大量出现，最后体积变得足够大而停留在水面。絮状冰通常称为冰花。上浮粒状冰的冻结以及进一步聚积，将会使相邻的絮状冰体之间的空隙固化，产生冰盘并最后产生浮冰块。圆形浮冰最后会形成"成熟"冰盘，由于相互磨撞，冰盘边缘稍微有点上翻。随着水面冰密度的增加，冰盘以及较小浮冰会合并成较大的浮冰块。然而，如果紊动太大，就根本不会有漂浮冰粒的形成。

关于浮冰不同情况的描述，可以在 Ashton (1986)、Prowse (1995) 以及 Shen (1996) 等的文章中看到。总的观点是，水面紊动在浮冰过程中起关键的作用。本次研究主要集中在产生紊动的水流对于水面附近流冰类型的影响上，目的是搞清冰粒和紊动之间的相互作用，并且发现一些主要依椐，以便可以利用这些依据对上面讨论的一些冰情现象加以区分。当然，风、河道形态以及障碍物等对冰的影响也很重要。很显然，热力条件对所有的冰凌过程来说都是十分重要的，而且对水面流冰也有一定的影响。本次研究没有考虑热力因素和非紊动特征的影响。可以相信，河流表面浮冰的初始形成和生长，主要是由紊动过程所决定的。然而，更多的水面"成熟"浮冰体（如薄冰、冰盘等）的形成，并不能利用这个有限的认识范围进行评价。

Matousek (1984) 认识了水面紊动的重要性，并且推导出一个判别标准，来进行初始薄冰和流冰花的区别。他认为,一旦形成于水面冰晶的最终上浮速度超过了紊动强度的垂直分量,冰粒将会以薄冰的形式保持在水面上。由于这个限制标准伴随小的冰晶体或冰簇。然而,在所有河流的紊动,通常冰体的体积都是比较大的。要考虑紊动对更大浮冰体(如冰盘、浮冰块以及薄冰)的影响,就必须考虑紊动的谱分布。在河冰工程中,这不是新的方法。对于过冷水流中粒状冰的生长,已经采用谱分析法来模拟冰晶的碰撞,参看 Mercier (1984)、Hammar 与 Shen (1995)以及 Svensson 与 Omstedt (1994)等的例子。这里所引用的研究是针对最小尺度的冰颗粒大小来考虑的。然而,如果所有尺度的冰粒都要考虑(从冰晶到浮冰)的话,那么,就需要一个完整的谱解。

2 基本原理

紊动对于冰粒动力学到底有什么可能的作用呢?正如 Matousek 指出(1984)的那样,在表面附近的混合,将会阻止上浮速度不够的小颗粒停留在表面附近。让我们引进直径 d_{rise},它组成了临界体积,小于该体积的所有颗粒将保持悬浮状态,并且不会在表面附近堆积。事实上,颗粒体积有一定的范围,对于这个范围来说,垂直含量在颗粒非常不均匀(分层状)到几乎均匀之间变化。为简化起见,我们假定 d_{rise} 作为颗粒堆积在表面附近的临界尺寸。

然而,d_{rise} 并不一定是可以发现的漂浮在自由水面的最小尺寸。为了认识到这一点,就必须了解冰粒的上升速度是由浮力和流体拖曳力之间的平衡所决定的。对于已经漂浮在自由水面的颗粒来说,液体拖曳力并不是主要影响因素。相反,它们能够停留在水面是由于紊动作用对比的浮力所决定的。冰粒足够大(即比 d_{rise} 大)到可以被“截留”在水面附近,而不需要保持漂浮所要求的浮力。考虑这一点,我们引入第二个临界直径 d_{float}。当冰粒直径小于该临界直径时,冰颗粒将不能永久地留在水面。显然,如果 $d_{float} > d_{rise}$,则或多或少会有明显的表面层,在那里,冰晶体、冰簇以及絮凝冰(大小从 d_{rise} 到 d_{float})将会来回翻滚,而不会永久地漂浮在自由水面。直径大于 d_{float} 的絮凝冰体,将会以流冰花的形式出现在水面。然而,如果 $d_{float} < d_{rise}$,那么可以抵抗住紊动混合的所有颗粒都将会漂浮在水面,即没有表面附近层存在。在这种条件下,由于冰晶薄冰可以生成,所以初始薄冰的生长就可能发生。由此我们可以看出,从初始薄冰到流冰花之间过渡的判断依据是 $d_{float} = d_{rise}$。这种等效性在后文中将转换成更有用的水力学条件。

到目前为止,仅仅考虑了较小的颗粒,这是由于它们的三维环境和紊动行为会或多或少地发展成球形(除了粒状冰体的单个晶体或冰簇外)。一旦絮凝冰体的生长超过了 d_{float},那么它们在形状上变成更多的二维形状,即形成冰盘、浮冰块或薄冰。如果紊动能量足够大,那么,这些冰盘、浮冰块或薄冰的水平扩展将是有限的。现在引进一种新的直径 d_{max},来代表冰盘、浮冰块表面紊动的最大尺度。紊动强度增加会明显减少最大直径 d_{max}。在某些水力条件下,紊动强烈致直径 d_{max} 接近临界“漂浮”颗粒体 d_{float}。因此,$d_{max} = d_{float}$ 为表面出现漂冰的临界条件。如果紊动变得更加强烈,那么,粒状絮凝冰就不能生长到水面沉积所要求的体积。关于 d_{rise}、d_{float} 和 d_{max} 的进一步的考虑,将作理论上的概括。

3 水面紊动

文献调查显示,靠近自由水面的紊动,已经可以用热膜风力计、LDA 技术以及微气泡示踪技术进行测量。水面附近的紊动，也可以利用 DNS 技术进行研究，其中对完全没有过滤的 Navier – Stokes 方程进行了数值求解。这些研究方面的参考文献已经在 Andreasson 等(1998)的文中给出。尽管与严格的大小尺度略有些不吻合，但是，表面紊动动能(k)及其耗散率(ε)，可以用如下表达式：

$$k = 0.8u_\tau^2 \quad \varepsilon = 4u_\tau^3/h \tag{1}$$

式中：u_τ是摩阻流速；h 是水深。

紊动能谱 $E(\kappa)$描述了紊动动能 k 在不同波数上的分布情况。波数 κ 的波长为 $2\pi/\kappa$，它意味着特征值“旋转半径”是 $1/\kappa$。在方程 1 中，总体参数 k 和 ε 通过积分表达式与 $E(\kappa)$相联系 (Hinze，1975)：

$$k = \int_0^\infty E(\kappa)\,\mathrm{d}\kappa,\ \varepsilon = 2\upsilon\int_0^\infty \kappa^2 E(\kappa)\,\mathrm{d}\kappa \tag{2}$$

式中：υ 是运动黏滞度。对于很大的旋涡(κ 接近于零)来说，能量谱 $E(\kappa)$最终几乎为零。紊动产生在与旋转体积相应的深度，这使得 $E(\kappa)$随着波数的增加而增大，直至达到峰值，在这个 κ 值时的能量涡旋最大。随着 κ 的增加，旋涡随阶级过程呈指数衰减，甚至小于能谱 $E(\kappa)$，此时，动能连续地被转换成了更小的旋涡。一旦 κ 值到达了紊动的最小消耗尺度，那么，$E(\kappa)$将进入最后衰减阶段。关于该原理已经有 $E(\kappa)$的若干特征方程，并且可以在有关紊动教科书中找到。本次研究中，将 Pao 的指数公式和 von Karman 公式合并到一个方程，公式的适用范围包括了所有的相关波数(详细参见 Hinze，1975)。有关该方程是如何推导、率定以及证明的完整的描述，可以参见 Andreasson 等(1998)的论著。然而，需要说明的是，在自由水面的紊动情况与联合方程所推导的条件有些不同。对于部分波数范围，自由水面紊动被认为是“准二维的”(Pan 和 Banerjee，1995；Salvetti 等，1997)。二维紊动显示出了能量从小到大旋涡的转移特征，与一般的三维紊动相反。然而，$E(\kappa)$所使用的表达式满足方程(2)的积分表达。对 $E(\kappa)$与自由水面紊动测量值以及和 DNS 结果进行比较发现，结果一致。因此，利用 $E(\kappa)$表达式来表示河流自由水面上紊动旋涡的分布是可靠的。

4 临界直径

4.1 直径 d_{rise}

直径 d_{rise}是在 Matousek (1984)所介绍的概念基础上作了一些修改而引入的。假定当垂直的紊动速度(v')超过冰粒的上升速度(V_{rise})时，冰粒就不能停留或靠近自由水面。因此，当上升速度在垂直紊动速度的级别时，临界直径 d_{rise}就可以找到：

$$V_{rise} \approx v'(\kappa_{rise}) \approx C_{rise}\sqrt{k(\kappa_{rise})} \tag{3}$$

式中：v'和 k 被表示为波数 κ_{rise}的函数。尽管 d_{rise}通常要比大部分的涡旋尺寸小得多，但是，有些状况下并非如此。如果比 d_{rise}小的旋涡对 v'和 k 有贡献，那么流速波动就必须减少同样的量。显然，比 d_{rise}小的旋涡，对体积为 d_{rise}的冰粒混合的影响可以忽略。在方程(3)中，κ_{rise}是“截断”波数，其近似值为 $\kappa_{rise}\approx 2/d_{rise}$。相应的流速波动 $k(\kappa_{rise})$，可以作为 k 的一部分进行估计，k 的波数小于 κ_{rise}：

$$k(\kappa_{rise}) = \int_0^{\kappa_{rise}} E(\kappa)\,\mathrm{d}\kappa \tag{4}$$

需要注意的是,在大多数情况中,波数的影响是可以忽略的(即 $k(\kappa_{rise}) \approx k$)。在方程(3)中,$C_{rise}$是 v'有关的系数。在水面附近区域,k 的坡度差接近于零,即水面$\sqrt{k}$可以用来表示河道水流最上部紊动流速。在各向同性的紊动中 $C_{rise} \approx \sqrt{2/3}$,其小于河流上部的值,原因是当接近自由水面时 v'值将趋近零。

在方程(3)中,需要有最终上升速度。大小为 d_{rise}的颗粒形状,对于单个的粒状冰晶体来说,差不多是圆盘形的。然而,对于冰絮凝体和更大的冰簇来说,球状是最有代表性的。对于一个直径为 d_{rise}、空隙度为 ψ 的球状冰粒来说,上升速度可以估计为:

$$V_{rise} = 0.2[g(1-\rho_p/\rho)]^{0.72} \frac{d_{rise}^{1.18}}{v^{0.45}} \tag{5}$$

式中:ρ 是水的密度;ρ_p 是冰颗粒密度(对于水温为 0 ℃的冰体有 $\rho_p/\rho = 0.92 + 0.08\psi$)。根据 Govier 与 Aziz (1972)的研究,方程(5)适用于雷诺数在 1 ~ 1 000 的冰颗粒,它几乎包含了这里所考虑的所有情况。非球形体、不规则体、通过颗粒间的渗漏、非稳定情况等对上升的速度改变的影响都可以合并到系数 C_{rise}中,这里不再进一步考虑。

C_{rise}的值必须通过测量确定,这已经超出了本研究的范围。然而,假设 C_{rise}略小于 1 是可信的。作为一种近似,对于各向同性紊流我们采用 $C_{rise} \approx \sqrt{2/3}$。利用该值和方程(3)、方程(4),就可以估计临界直径 d_{rise}。

4.2 直径 d_{float}

Borue 等(1995)发现,比率 $gh'/k \approx 1$, 这里 h'表示深度 h 波动的均方根。在静水表面压力波动的均方根 p'可以表示为 $p' \approx \rho gh' \approx \rho k_0$。压力波动将"冲刷"漂浮在水面的冰颗粒。这种扰动作用可以通过冰颗粒浮力的稳定力量来抵消。力的平衡可以概化为:

$$C_{float} p'(\kappa_{float}) \frac{d_{float}^2 \pi}{4} = g(\rho - \rho_p) \frac{d_{float}^3 \pi}{6} \tag{6}$$

式中:C_{float}是系数;$p'(\kappa_{float})$是 p'的有效部分,即与波数小于 $\kappa_{float} \approx 2/d_{float}$的紊动旋涡有关的压力波动。小的旋涡($\kappa > \kappa_{float}$)对体积为 d_{float}或更大的冰体颗粒稳定性的影响很小或没有影响。由于 $p' \approx \rho k$,因此假定 $p'(\kappa_{float}) \approx \rho k(\kappa_{float})$ 是合理的, $k(\kappa_{float})$可以从方程(4)通过用 κ_{float}代替 κ_{rise}的方法获得。

如前所述,指标 $d_{float} = d_{rise}$ 可以作为流薄冰到流冰花过渡的判断依据。Matousek (1984)指出,应该有一种表面热量损失率的相关度。然而,野外和实验室研究表明(Matousek,1984、1992),当 $u_\tau = 0.05$ m/s 左右时,薄冰不再出现在水面(见表 1)。对于 Labe 河中游来说,可以看到这与临界摩阻流速有一些偏差,其观察值为水堰回水的一端(Matousek,1992)。必须指出的是,本次研究仅限于考虑均匀的水力条件,其中 u_τ 和 h 始终保持不变。在河流中,水深和流速通常会沿程变化,观察到的冰粒可能已在不同的水力条件下"老化"。

在 $d_{float} = d_{rise}$, $u_\tau = 0.05$ m/s, $k(\kappa_{rise}) = k$, $p'(\kappa_{float}) = p'$ 的条件下,当 $C_{rise} \approx \sqrt{2/3}$,孔隙度 $\psi = 0.9$ 时,利用方程(3)、(5)、(6),可以得出 $C_{float} \approx 0.2$。由于给定的系数 C_{rise}是不

确定的,因此 C_{float} 的值仅是试验性的,而且仅作为量级大小的估计值。由 Matousek 提出(1984)的临界公式可以看出,初始薄冰和冰花在水面的表现是不同的。它与本文提出的 $d_{float}=d_{rise}$ 的判断标准在形式上有些不同。因为该等式代表在水面不再出现薄冰时的水力条件。当 $u_\tau<0.05$ m/s 时,冰花和薄冰可以同时在自由水面上出现。在这种情况下,自由水面的热力条件可能会影响到薄冰(覆盖率、生长率、薄冰片大小等)的形成。已经知道,在平静的水面(u_τ 远远小于 0.05 m/s),过冷可能仅限于薄的水面层,大部分水深的水温要高于 0 ℃。在这种情况下,表面薄冰的生长主要依赖于表面散热量。因此,由 Matousek (1984)所发现的热力关系与本文所提出的理论并没有矛盾。

表 1　薄冰流(S,下划线为 u_τ 的值)和流冰花(F)的观测值

河渠	u_τ(m/s)	h (m)	类型	Matousek
Ohre	0.07 ~ 0.09	0.50 ~ 0.60	F	(1984,1992)
	<u>0.02</u> ~ 0.08	1	从 S 到 F	(1984)
	0.05 ~ 0.10	1	F	(1984)
	0.06 ~ 0.07	1.2	F	(1992)
	~ <u>0.05</u>	1.2	S	(1992)
Labe, Chezy's $C=40$	0.04 ~ 0.12	—	F	(1984)
	<u>0.03 ~ 0.06</u>	—	S 和 F	(1984)
	<u>0.02 ~ 0.06</u>	—	S	(1984)
	~ <u>0.07</u>	~2.5	S	(1992)
	~0.11	—	F	(1992)
Flume at CRREL	<u>0.03 ~ 0.04</u>	0.1	F 和 20% S	(1992)
	<u>0.01 ~ 0.03</u>	0.1	F 和 50% S	(1992)
	<u>0.01 ~ 0.02</u>	0.1	F 和 80% S	(1992)

注:摘自 Matousek,1984、1992。

4.3　直径 d_{max}

冰盘是从具有一定体积的冰花所形成的,这种体积与自由水面的紊动性质有关。然而,我们对冰盘形成的完整过程并不十分了解。为了找到冰盘的临界体积(d_{max}),需要一个详细的、概念性的过程描述。下列是基于野外观测资料,并考虑了所涉及的可能物理过程的一种尝试性的合理描述。

达到直径 d_{float} 的冰颗粒,由于紊动作用而不能漂浮在水面上。由于粒径范围在 d_{rise} 至 d_{float} 之间的颗粒,将会明显地聚集在表层中,所以靠近水面的冰含量很高。这将促进水面附近絮凝冰的生长,使其体积达到或超过 d_{float}。这种冰体一旦在表面上出现,冰体的生长将由球状变为圆盘状。如前所述,尽管有时会集成较大的松散聚积群或絮凝冰晶群,但是冰花(这里认为由体积在 d_{float} 附近的粒状冰的絮凝物所组成)通常会大量出现。表面絮凝冰之间的相互接触,会产生一种松散的二维颗粒骨架,聚结成块状或网状。“冰花网”可以描述这种冰体的外貌特征。

在冰花网内,粒状冰絮凝物由于受紊动作用而会连续不断地重新组合。然而,如果紊动不是太强烈,那么,粒状冰絮凝物的二维聚积物或聚结团、块就会发展,其可以抵抗住紊动的破坏作用。由于粒状冰的冻结和附加的沉积作用, 在聚积物里(至少部分地来自紊动),冰的强度随时间而增加。在此环境中,可以观察到薄冰在增长。这些二维聚积体组成了初始的原始冰盘。在冰花网中,这些冰花"聚积块"能够承受紊动剪切力。

随着时间的增加,原始盘将会合并成更大的冰盘,直到由于表面旋涡紊动的剪切力太大限制了进一步的增长。如果表面旋涡紊动的剪切力较小, 那么冰盘生长将会继续,直到形成大的浮冰块或冰花层。如果不受紊动条件的限制,那么冰盘也会有一个最大的临界体积 $d_{\max}$,超过该尺度,冰盘就不会增长。给定冰花网的松散结构, 就可以合理计算临界剪切力 τ_c, 临界剪切力是冰花网的最大剪切强度。$d_{\max}$ 可以用下列公式计算:

$$\tau_c = \tau_t(\kappa_{\max}) = \rho[\upsilon + \nu_t(\kappa_{\max})]S(\kappa_{\max}) \tag{7}$$

式中:$\tau_t(\kappa_{\max})$ 是紊动剪切力;$\nu_t(\kappa_{\max})$ 和 $S(\kappa_{\max})$ 分别为相应于 $d_{\max}$ 的旋涡体积的旋涡黏滞度和剪切率。在 Andreasson 等(1998)的论文中介绍了谱旋涡黏度和剪切率的公式。临界剪切力 τ_c 是确定冰花网碎裂条件参数的最简单方法。更为精确的方法,包括了除剪切力以外的其他碎裂模式,或引进一些与冰粒大小、热力条件、含量等有关的条件。目前对碎裂过程的了解很少,这个简单方法是最好的选择。τ_c 与高含量悬浮细颗粒泥沙的屈服应力有许多相似之处。屈服应力来源于泥沙颗粒之间的黏结力。非牛顿体性质的悬浮物,阻碍了一定体积下旋涡的紊动应力。本次研究中, 没有考虑非牛顿体的表面紊动修正。

什么是临界剪切力 τ_c,低于它冰花将不再被剪切? τ_c 的具体指标,可以通过类似的冰问题来得到,即在最大水深平均流速(U_c)的条件下,表面冰粒能够黏附于岸冰上。在圣劳伦斯河上游,Lal 与 Shen (1993)估计的 $U_c = 0.4$ m/s。代表性水力条件为:水深 h = 10 m 、曼宁糙率 $n = 0.02$,得出 $u_\tau = 0.017$ m/s。使用标准的粗糙墙对数流速分剖与 Cole (1956)所提出的一种尾流函数,那么,相应的自由水面流速 $U_s = 0.45$ m/s。利用方程(1)就可以估算紊动参数 k 和 ε, 相应的旋涡黏度为 $\nu_t = 0.09k^2/\varepsilon$(详细见 Rodi, 1980)。假设岸冰体附近的水流可以利用一维水力光滑边界层来描述,那么,τ_c的近似值就可以用下式估计:

$$U_x = \frac{\sqrt{\tau_c/\rho}}{0.41}\ln\left(9\frac{x\sqrt{\tau_c/\rho}}{\nu}\right) \tag{8}$$

式中:U_x 为距离岸冰垂直距离为 x 处的水面速度。在方程(8)中旋涡的内在黏性为 $\nu_x = 0.41x\sqrt{\tau/\rho}$ 。如果在距离 x 处的 $U_x = U_s = 0.45$ m/s 已经确定, τ_c 就可以导出。这里假定,在距离边界这段距离,边界层的旋涡黏性(ν_x)等于自由水流的旋涡黏性(ν_t),这样方程就可以完整。对于所考虑的情况,$\nu_x = \nu_t$ 出现在 $x = 0.38$ m 处,给出的估计值 $\tau_c \approx 0.25$ N/m^2,该值已经在这里应用。考虑到所作的假设(特别是一维近似),估计的 τ_c 值可能偏小。

5 结果和讨论

已经推导出了 3 种临界直径 d_{rise}、d_{float} 和 $d_{\max}$。现在首先需要考虑的是在水面上这些大小冰颗粒的存在。很明显,如果 $d_{float} < d_{rise}$ 时,体积为 d_{float} 的冰粒就不会在自由水面存在,原因是 d_{rise} 是成块流动所不能携带的最小粒径。三种临界粒径可以给出冰粒在水面存在的范围如下:如果 $d_{rise} \leqslant d_{\max}$,则在水面或靠近水面会有粒径为 d_{rise} 的冰粒存在;如果 $d_{rise} \leqslant d_{float} \leqslant d_{\max}$,则大小为 d_{float} 的颗粒将会出现在水面;如果 $d_{\max} \geqslant d_{float}$,则大小为 $d_{\max}$ 的冰粒会存在于水面;如果 $d_{float} \geqslant d_{\max} \geqslant d_{rise}$,则只能淹没在近表面层中。如果 $d_{\max} < d_{rise}$,则不会出现在水面或靠近自由水面的颗粒堆积中。对于水深 $h = 5$ m 在图 1 中画出了水深 $h = 5$ m 深 d_{rise}、d_{float}、$d_{\max}$ 的范围。

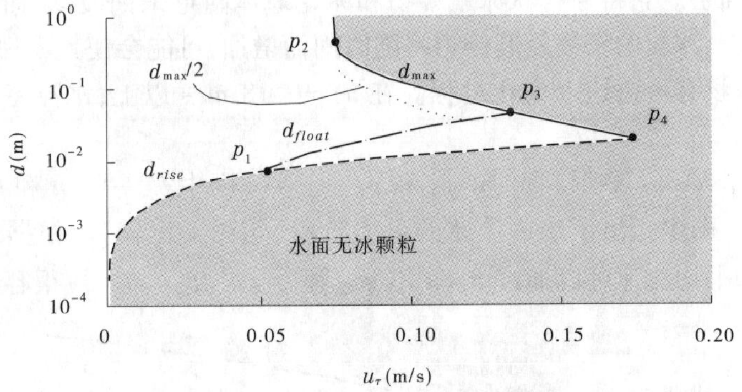

图 1　水深为 5 m 时冰粒体积(直径)与摩阻流速的关系

正如所讨论的那样,如果剪切流速小于 $u_\tau \approx 0.05$ m/s(点 p_1,此处 $d_{rise} = d_{float}$),水面薄冰就会形成。点 p_2 显示出紊动成为冰盘形成的限制因素处摩阻流速的大小。对于在 p_1 和 p_2 点之间的 u_τ(在 p_2 点 $u_\tau \approx 0.08$ m/s)来说,紊动太弱以至于不能限制冰的大小。对于水深 $h = 5$ m 和 $u_\tau = 0.07$ m/s 时,下列过程是合理的(参考图 1):当过冷时,冰晶体就会在水流中形成。随着时间的延长,增长和聚集作用将会连续不断地增加它们固有的上升速度,直到冰粒(絮凝冰)直径约为 8 mm 并永久停留在水面附近为止。在冰粒含量较高的近水面层中,絮凝冰将很快成长。当絮凝冰的体积达到大约 15 mm 时,表面的沉积就将发生。在自由表面上沉积的单个絮凝冰的大量出现会形成冰花网。絮凝冰随后会在冰花网内合并成小的不规则的原始冰盘。这些原始冰盘会合并成大的冰盘,这样可以反复地连续合并。由于没有因紊动而产生的限制条件,最后将会在冰花网中形成浮冰块。在平均水流剪切力强度(这里并没有被考虑)较小的情况下,冰花网可以冻结成薄冰。

有限大小的圆形冰盘,可以在 p_2 和 p_3 之间的 u_τ 的范围内找到(在 $u_\tau \approx 0.13$ m/s 处 $d_{\max} = d_{float}$)。预计在 p_2 点冰盘的最大尺寸约为 0.4 m,而在 p_3 点附近,则大小只有大约 0.05 m(直径)。这对于体积最小(球形)的表面漂浮的絮凝冰也是一样。因此,从传统的认识上说,它确实不是盘状。冰盘的一般概念,是一个扁平、圆形的漂浮冰体颗粒。为了达到这些特征,冰盘必须向辐射状方向生长(由于小颗粒的合并)。例如,冰盘会在流速较低的情况下出现,如 $u_\tau = 0.09$ m/s(对于 $h = 5$ m,$n = 0.02$ 时,相当于平均流速为 1.9 m/s)。这里 $d_{float} \approx 0.02$ m、$d_{\max} \approx 0.2$ m。这表明,直径大约为 0.02 m 的絮凝冰,会以冰花网的形式在水面上大量出现。随着时间的变化,不规则冰盘将会形成(如 $u_\tau = 0.07$ m/s)。然而,一旦冰盘达到 $d_{\max}/2$,合并将受到限制。由于 $d_{\max}$ 是最大尺寸,因此合并直

径大于 d_{max} 时，冰盘的合并停止。当冰盘的增长大于 $d_{max}/2$ 后，随着逐渐接近最大尺寸 d_{max}，将局限于增加较小颗粒的合并。在最后的阶段，只允许小颗粒合并，使得冰盘形状变得规则（更圆）。冰盘之间相互摩擦对冰盘变圆的贡献最大，但是在这里并没有详细考虑。冰盘尺寸接近 d_{max} 的过程是很快的，因此观察人员发现水面冰盘尺寸大部分为 $d_{max}/2$ 到 d_{max} 的冰盘（在这里所考虑的例子中，一般为 0.1 ~ 0.2 m）。如果假定一个更大的 τ_c 值，冰盘的尺寸会更大。

在 p_3 到 p_4 的范围（当 $u_\tau \approx 0.18$ m/s 时 $d_{max} = d_{rise}$）特征是大小为 10 ~ 50 mm 的冰絮凝物存在于近水面层。它将在粒状冰絮凝物和冰花球体附近来回波动，而不会永远漂浮在水面上。事实上，冰粒的密度及其浮力将随时间而增加，可能会使絮凝物最后在表面沉积。然而，在这里没有考虑这个变化过程。在 $u_\tau \approx 0.18$ m/s 以上，水流差不多会充分掺混。

图 2 中给出了 $h - u_\tau$ 平面上 p_1、p_2、p_3 和 p_4 的迹线（图中实线）。h 和 u_τ 的范围涵盖了最实际的范围。图中指出了水面流冰的可能阶段（与图 1 比较）。根据 p_1、p_2、p_3 和 p_4 曲线，能量坡度和平均流速可以通过 $S = u_\tau^2/(gh)$ 和 $U = h^{1/6}u_\tau/(ng^{1/2})$ 很容易地得到。

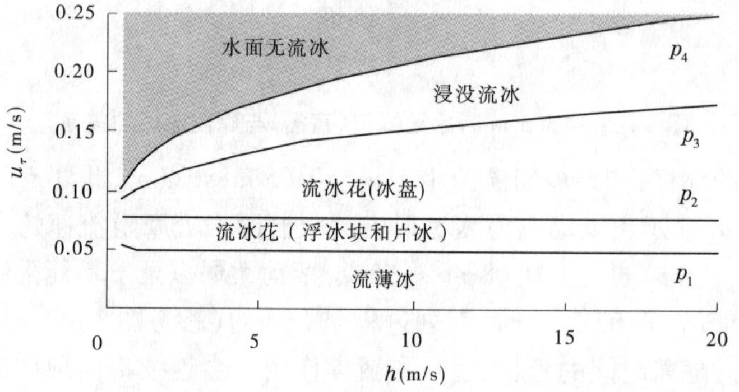

图 2　流冰类型随 u_τ 和 h 的变化

在图 2 中，除了“没有水面流冰”的范围外，对于所有的曼宁糙率的现实值来说，水流都是亚临界状态的（弗汝德数小于 1）。这意味着，可以预估在急流（超临界流）中不会形成流冰是合理的。图 2 中并没有表明直径 d_{rise}、d_{float} 或 d_{max}。对于各种水深，都可以绘制出与图 1 一样的唯一的一套直径图。

对于冰盘（从 p_2 到 p_3）和沉于近表面的冰花流冰（从 p_3 到 p_4），u_τ 的范围随水深而增加，而薄冰和浮冰块（片）似乎与 h 无关。如果在大多数情况下，冰盘的相应直径远小于主要旋涡的大小，那么 $u_\tau(p_1)$ 几乎独立于 h 就是可以理解的。那么 d_{rise} 和 d_{float} 与波数相关性（方程(3)和方程(6)）可以不考虑，方程(4)中的 $k(\kappa_{rise})$ 也可以近似为 k。显然 u_τ 的固定值，对于薄冰出现的上限来说，是一个简单而有效的标准。这个发现（$u_\tau(p_1)$ 几乎是常数）并不依赖于所作出的与上升速度、形状或孔隙度有关的假设。

要解释 $u_\tau(p_2)$ 的常数值，首先必须知道 p_2 与紊动剪切力 $\tau_t(k_{max})$ 达到最大值的旋涡大小有关。最大能量旋涡的尺寸大小与水深 h 成比例。在 p_2 点的所有 d_{max} 的预测值，也确实符合 $d \sim h$ 关系。因此，最大单个冰盘的出现也与水深成比例。尽管比例常数（这里大约为0.08)并不是通用的,但是,这个结果对于所作的假设也相当不敏感。通常,在 p_1、p_2、p_3、p_4 点的 d_{rise}、d_{float}、d_{max} 似乎近似地服从 $d \sim h^{e1}(u_\tau)^{e2}$。从方程(3)可以得出结论,对于 d_{rise} 来说 $e1=0$。尽管利用方程(5)可以得出 $e2=0.59$,但是,指数 $e2$ 仍可以从1/4 到1之间变化,这取决于冰粒的雷诺数(分别为 Stokes'的层流定律和牛顿的充分紊动定律)。对于 d_{float} 来说,指数变为 $e1=0$ 和 $e2=2$,它可以显示出它们的真实数值。最大直径 d_{max} 在大多数情况下与 h 直接成比例,即 $e1=1$ 是很好的近似。由于在 p_2 点的 d_{max} 值与 u_τ 无关,所以 $e2=0$。在 p_3 和 p_4 点就不是这种情况,这里 d_{max} 随 u_τ 快速减少,$e2 \approx -3$ 的常数值对大多数情况是有效的。

这些结果切合实际吗?从概念图像来看是合理的。因此,上面所讨论的系数 $e1$ 和 $e2$ 可以用来建立一种比这里所使用的谱方法更简单的途径。然而,实际的尺寸(冰盘直径、临界摩阻流速等)是不太可靠的。尽管来源于 Matousek 的观察值(1984,1992),但是,$u_\tau=0.05$ m/s 作为薄冰形成的临界似乎有点高。对这个的一种解释是,观察值所反映的,可能是在低于 u_τ 值的条件下,已经热力增厚的薄冰情况。最大冰盘直径似乎也有点小于所期望的数值。这里可以预言,至多是在深度的8%。上述 τ_c 值可能会有些被低估。另外的一种解释是,较大冰盘有可能在河流局部生成,那里的水力条件是处于图2中的 p_1 和 p_2 之间。在此范围内冰盘的大小,要受到另外过程(如风所产生的紊动、平均水流剪切力等)的影响比水流紊动大。需要强调的是,这里的理论仅仅适用于冰体形成的产生阶段,它与经常所观察的"成熟"阶段是不同的。对最大能量旋涡,假定的紊动谱分布太狭窄,这导致在 p_2 点 d_{max} 的低估。

对于该理论还需要更多的实验或野外数据来证明。本文对水面流冰的一些主要特点进行了概括,这为今后进一步的研究提供了基础。例如,各种不同类型水面流冰的系统分类(根据 u_τ 和 h),从实验室或野外研究中可以得到有效的重要信息。水槽研究,能够使水力状况保持均匀,也是特别珍贵的。对基本特征的研究(例如对絮凝冰的 V_{rise}、系数 C_{rise} 和 C_{float},或 τ_c 的),将会进一步地改进对于水面流冰的认识和预估。

6 结论

本次研究表明,3 种不同的紊动过程可以解释自由水面流冰的许多不同特征。第一是表面附近的垂向混合;第二是在自由水面上的紊动压力波动;第三是在自由水面紊动剪切应力。这些过程对估计出现在表面层中的最小冰体的大小、水面上漂浮的最小冰体的大小,以及靠近水面的最大冰体大小提供了基础。

根据这些临界直径可以推求出 5 种不同类型的水面流冰:①初始(薄状)流冰;②可以发展成为絮凝冰和薄冰片的流冰花;③可以发展成为有限大小的冰盘流冰的流冰;④沉没于近水面的流冰花;⑤水冰充分混合(没有水面流冰)。这些阶段与野外观察相吻合。河流中出现什么类型的流冰,取决于两个基本的水力参数:水深和摩阻流速。后者很容易转换成能量梯度的坡度或平均流速(给定底部糙率)。通过与 Matousek(1984,1992)的观察值和岸冰生长的临界流速的比较(Lal 与 Shen,1993),这些水力条件和上面所提及的冰体大小,都可以粗略地给出。

可以证明,小冰粒的大小与摩阻流速成比例。因而从水流内部上升并且最后停留在水面的颗粒大小仅依赖于 u_τ 大小。对于受紊动条件限制的颗粒来说，水深也是很重要的因素。事实上，对于给定的水深可以发生的最大单个冰盘，直接而且唯一地与 h 成比例。

这次研究清楚地表明，对水面流冰需要进行进一步的研究。这里所提出的理论框架和研究结果，有助于指出一些在实验室或在野外需要检验的特征，以便能够获得对冰盘形成和与浮冰有关的更好认识。提出了一种寻求特征直径的简化途径，这些直径与水深和摩阻流速呈指数关系。

参考文献

Andreasson P, Hammar L, Shen H T. 1998. The role of turbulence on surface ice runs in rivers. Report. Lulea University of Technology. 1998:09.

Ashton G D. 1986. River and lake ice engineering. Littleton: Water Resources Pub.

Borue V, Orszag S A, Staroselsky I. 1995. Interaction of surface waves with turbulence: direct numerical simulations of turbulent open – channel flow. J. Fluid Mech. 286:1-23.

Coles D. 1956. The law of the wake in the turbulent boundary layer. J. Fluid Mech. 1:191-226.

Govier G W, Aziz K. 1972. The flow of complex mixtures in pipes. New York: Van Nostrand Reinhold Co.

Hammar L, Shen H T. 1995. Frazil evolution in channels. J. Hydraulic Res. 33(3):291-306.

Hinze J O. 1975. Turbulence. New York: Mc Graw Hill.

Lal A M W, Shen H T. 1993. A mathematical model for river ice processes. CRREL Report 93-4

Matousek V. 1984. Types of ice run and conditions for their formation. Proc 7th IAHR Ice Symp. Hamburg.

Matousek V. 1992. Frazil and skim ice formation in rivers. Proc. 11th IAHR Ice Symp. Banff, Canada.

Mercier S. 1984. The reactive transport of suspended particles: Mechanics and modelling. Ph D dissertation. MIT, Cambridge.

Pan Y, Banerjee S. 1995. A numerical study of free – surface turbulence in channel flow. Phys. Fluids. 7: 1649-1664.

Prowse T D. 1995. River ice processes. Ch. 2 in River ice jams (Ed: S. Beltaos): Littleton: Water Resources Pub.

Rodi W. 1980. Turbulence models and their application in hydraulics. IAHR – Monograph. Delft.

Salvetti M V, Zang Y, Street R L, et al. 1997. Large – eddy simulation of free – surface decaying turbulence with dynamic subgrid – scale models, Phys. Fluids. 9:2405-2419.

Shen H T. 1996. River ice processes – State of research. Proc. 13th IAHR Ice Symp. Beijing.

Svensson U, Omstedt A. 1994. Simulation of super – cooling and size distribution in frazil ice dynamics, Cold Regions Science and Technology, 22:221-233.

冰盖下粒状冰的输移和堆积*

沈洪道　汪德胜

（克拉克森大学土木环境工程系，美国，纽约，Potsdam，13699－5710）

摘要：在封冻河流中，粒状冰塞的演变过程目前尚不清楚。本文对河流冰盖下粒状冰的输送和粒状冰塞演变过程进行了研究。通过对河床泥沙输送的类比，提出了冰输送能力的概念，并且与来自黄河河曲河段的野外资料相吻合。野外数据的分析显示，冰体输送能力可以利用轻质沙的推移质输送公式来描述。鉴于在不同的河段中会形成不同形状的粒状冰，因此对颗粒形状对冰输送能力的影响进行了研究。在实验室中利用轻质碎片进行了实验，以便在更大范围的水流条件下确定输移率，而这些条件对于粒状冰输送来说是可行的。基于实验室数据，获得了一个能考虑颗粒形状的概化冰输送公式。

1　介绍

冰塞是在河道中产生的一种局部性冰堆积，它能够产生很强的阻水作用。冰坝或冰塞能引起许多问题，包括淹没田野和家园、危害工程、干扰航运以及减少水电站的运行能力等。根据形成机制，冰塞与冰坝可定义为：①冰坝。在封河或开河期间，在水表面上由冰块的大量堆积所形成。②冰塞。在封冻期，粒状水内冰在冰盖下大量堆积所形成。对于在封冻期所形成的冰坝来说，堆积冰块由表面浮冰和碎冰所组成，例如冰盘和浮冰块，它们都在水面上输送。在开河时期所形成的冰坝，是破碎冰块的堆积物，而破碎冰块又来源于现有冰盖的垮塌。在宽浅的河流中，可能会形成接触河床的冰坝（Beltaos 和 Wong，1986）。冰坝通常伴随有水位的快速上升。冰塞的情况下，水位随着冰塞厚度和长度的增加而上升。在封冻期间，观察到的河流冰体的大量局部性堆积，通常被称为悬冰坝。尽管悬冰坝可能通过表面冰体或粒状冰体的堆积，或两者联合而形成，但是，术语"悬冰坝"，有时可以作为冰塞的一个同义词使用。冰坝的形成已有大量的研究，例如，Pariset 和 Hausser（1961）、Uzuner 和 Kennedy（1976）、Tatinclaux（1977），以及 Beltaos 和 Wong（1986）等的研究。在本文中，冰盖下粒状冰的输送及冰塞的演化，都进行了研究。

Tsang 和 Szucs（1972）认为，"粒状冰能够在冰盖下面长距离地输移。然而，一旦冰粒沉积下来，它似乎不能像泥沙那样以沙丘的形式移动，但可以被冰盖下的水流所侵蚀。"Chacho 等（1986）使用水下摄像，在 Tanana 河中对冰盖下面的粒状冰颗粒输送进行了观察。Grezs（1989）在 Vistula 河上观察到，"在许多情况下，冰花冰悬挂冰坝下表面有几厘米到 1.5 m 厚的移动粒状冰层"。Kivislid（1959）使用临界剪切应力作为一种判断条件，来确定在悬冰坝下面水流的临界深度。Pariset 和 Hausser（1961）推测，在冰盖下面，

* 本文发表在《Journal of Hydraulic Engineering/水力工程》期刊，1995 年第 2 期，总第 121 期。

粒状冰输送与冲积河流中的泥沙输送类似。Yang（1985）利用了针对冲积河流中稳定河道大断面的 Altonin 冰情公式，获得一种经验方法来估算黄河上游刘家峡河段中粒状冰塞下面的均衡流速。

根据与 Kivislid(1959)相类似的一个概念，临界流速或临界弗汝德数通常作为一种限制粒状冰塞厚度的指标（例如，Tesaker，1974；Michel 和 Drouin，1974；Shen 和 Van DevValk，1984；《河流与湖泊》，1986）。根据临界流速的概念，来自上游的粒状冰会沉积在河道断面上，直至断面平均流速达到临界流速为止。如果断面流速超过了临界流速，那么，沉积的冰体就会被侵蚀。根据 La Grande 河一个河段的野外观测资料，Michel 和 Dourin（1975）观察到，在粒状冰沉积物下面的流速在 0.5～0.9 m/s 变化。Yang（1985）观察，在黄河上游刘家峡河段中给定的大断面上，临界流速在 0.5～1.2 m/s 变化。其他的野外研究也指出，临界流速不仅在河流与河流之间有变化，而且也随时间而变化。关于临界流速，《河流与湖泊》（1986）一书中指出："对于每一种冰体和水动力学条件，都存在一个沉积的临界流速。"目前尚未建立临界流速与水流和冰情的关系。野外观察显示，即使冰塞下表面上的粒状冰粒在移动时，粒状冰塞厚度也能增长。这意味着，即使水流速度超过临界流速，沉积现象仍可能发生。因此，临界流速的概念不能解释冰塞演变的过程。

在冰盖前缘下面通过的冰粒，主要是凝结在一起的絮凝粒状冰所形成的粗冰粒。石子大小的冰粒可以经常观察到（例如 Chacho 等，1986）。在进入封冻河段以后，粒状冰的进一步产生会停止。处于悬浮状态的水内冰粒，在很短的距离以内可以上升到冰盖的下侧。因为冰粒的大小，以及稳定冰盖形成所要求的水力条件，冰盖下面的冰输送通常是推移输送的形式，这与河床推移质的输送类似。粒状冰粒和床沙输移之间的差别是，在冰输移中，固体物质的可获取性不是无限的，而且在冰盖下面的粒状冰层是可以充分移动的。图 1 给出了在冰盖下输移的可能的流速和冰含量分布的图解描述。本次研究中，提出了输冰率或输冰能力的概念，它能够解释冰塞的演变。这个概念已经通过了来自黄河野外观测资料的验证。使用低密度碎片进行了实验室试验，提出了冰盖下冰的推移输送公式，其中考虑了颗粒形状的影响。

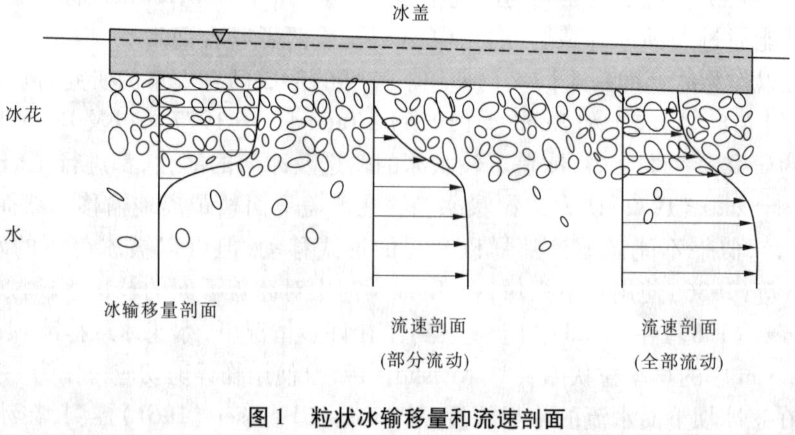

图 1　粒状冰输移量和流速剖面

输冰率，可以定义为给定水流条件和冰粒特征时，冰排放量的均衡速率。冰塞剖面，受到水流输冰率的制约。在一个河段里，当河道中有足够的冰供应时，冰流量自身朝着输冰率调整。当冰供应量超过了水流的输送能力时，沉积就会发生。当冰流量达不到输冰率时，没有被冻结在冰盖上的沉积冰就会被冲蚀。当到来的冰流量等于输冰率时，冰输送处于一个动态平衡状态，在这种情况下沉积和侵蚀率是平衡的。当作用于冰粒上的水流剪切应力，低于与 Shields 标准所相应的临界值时，输送能力为零，到来的冰就会沉积。

上面所提到的冰输送的过程，解释了粒状水内冰塞的演变，以及在冰塞下面流速的较大变化。而现有的临界流速概念，是在对粒状冰输送过程不完全了解的基础上，曲解了河床推移质输送中所用的临界流速的概念。

2 野外研究

对于冰塞的野外研究，既耗时又昂贵。尽管已有许多的野外研究（Kivislid，1959；Tesaker，1974；Tsang 和 Szucs，1973；Michel 和 Drouin，1981；Shen 和 VanDeValk，1984；以及 Chacho 等，1986），但是全面综合的、能够为系统分析提供足够的资料的研究没有。在1981 年，开始了一个长期的野外观测研究计划。在黄河河曲附近 70 km 河段中，对粒状冰塞的演变（Sun 等，1986）进行监测，并对每年冬天的冰塞剖面进行测量。到 1986 的冬季，大断面数扩充到了 22 个（见图 2）。本次研究中，采用了 1986～1987 年和 1987～1988 年冬季从河曲河段所获得的全部野外资料。

河曲河段位于北纬约 40°的天桥发电站至龙口峡之间。在河曲河段 1955～1986 年期间，气温的正常累积冻结度－日是 752 度－日。该河段河道宽度在 1 000 m 左右。河道比降，从下游端的 7.9/100 000 变化到上游端的 1/1 000。每年冬季，封冻冰盖从电站大坝开始向上游发展。由于在断面 10 附近的石窑堡形成冰桥，所以冰盖的前缘在到达断面 10 之前，另一个冰盖就会在冰桥以上开始形成并向上游发展。这个冰盖仅能够上延到龙口附近。龙口上游，河道缩窄到大约 300 m 宽，坡度超过 1.2/1 000。由于流速大，每年冬天在龙口上游都有众多急流存在的长达 100～200 km 的明流河段。这个长的明流河段产生了数量庞大的粒状水内冰，这样就会导致在河曲河段形成一个大的冰塞。天桥电站的回水可以到达断面 17 处。回水区域的冰盖，通常薄而不稳定，在这个区域偶尔有测量值。断面 1～18 的冰盖厚度和冰塞剖面每 5 天测验一次。所有这些断面的水位和测站（断面 9）的水温和流量每天都进行测量。

在研究河段中，粒状冰的沉积物组成包括平均直径约 1 cm 的粒状冰粒（见图 3）。即使在每年冬天封冻以后流量显著增加，而且在整个封冻期不减小，冰塞的厚度和长度仍连续地增加。冰塞的头部在冬季随着上游连续不断的粒状冰供应，在缓慢地向下游迁移，到冬季结束时通常会达到断面 10 附近（Sun 等，1986）。冰塞下面的流速在 0.4～1.3 m/s 之间变化。在冰体堆积期中偶尔的温度测量值显示，冰塞中的温度略微高于结冰点。粒状冰塞中的冰体颗粒，相互之间并没有冻结。

要确定冰体的输送率，可以利用下列冰粒的质量守恒方程：

$$\frac{\partial Q_i}{\partial x} + (1 - p)\frac{\partial A_i}{\partial t} = 0 \qquad (1)$$

式中：x 和 t 为空间和时间变量；Q_i 为冰体流量；A_i 为冰塞的断面面积；p 为冰塞的空隙度，

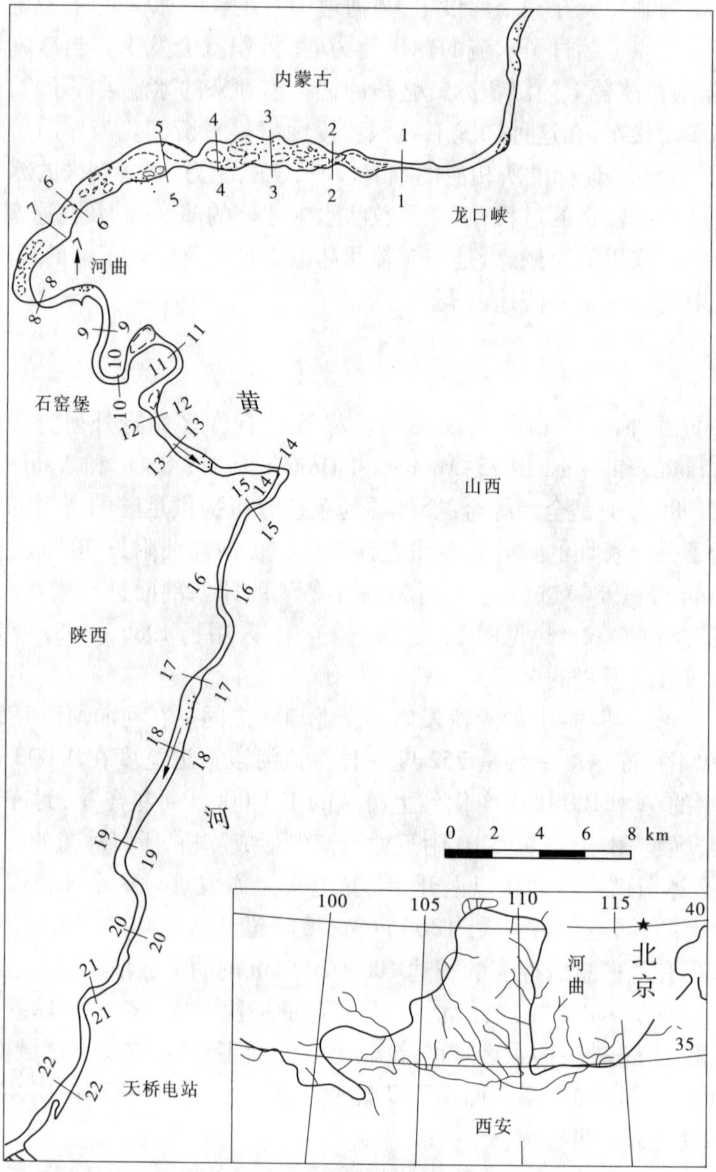

图2 黄河河曲河段示意图

根据野外观测其值约等于0.4。将方程(1)离散化,可以得出下面有限差分方程来计算冰体的输送率:

$$\overline{Q}^{m}_{i,k} = \overline{Q}^{m}_{i,k+1} + \frac{(1-p)\Delta x_k}{\Delta t_m}(\overline{A}^{m}_{i,k} - \overline{A}^{m-1}_{i,k}) \tag{2}$$

式中:$\overline{Q}^{m}_{i,k}$和$\overline{A}^{m}_{i,k}$分别为第m个时段在第k个断面上的时间平均冰体输送率和冰体堆积的断面面积;Δx_k为第k个断面和第$(k+1)$个断面之间的距离;Δt_m为第m个时间间隔。因为在研究河段中粒状冰体质量的热力消退的影响不能够定量,所以也不能包括在方程(2)中。方程(2)可以用来计算从下游到上游的冰体流量过程。野外观测资料表明,断面

图3 黄河河曲河段冰塞的冰体样品

10 下游粒状冰的堆积体积，与断面 10 上游河段中的值相比，小到可以忽略（Wang，1992），因此从断面 10 下泄的冰体流量是可以忽略的。断面 18 作为冰流量计算中的下边界，其冰体流量可以假定为 0。为了避免包括完全低于输送能力的冰体流量资料，只应用断面 1 到断面 17 的资料。

3 资料分析

河底推移质和冰盖推移质，两者都是淹没的固体颗粒在一个静止固体或颗粒边界的运动。固体颗粒的运动是由于作用于颗粒上的剪切应力所引起的。如图 4 所示，在河床推移质输送情况下，河床顶面下深度 y_i 处的剪切应力 τ，是流体分量 τ_f 和颗粒分量 τ_s 的总和。分量 τ_s 与颗粒之间的正应力 σ_s 有关（$\tau_s = \sigma_s \tan\phi_s$）（Bagnold，1966）。角度 ϕ_s 是运动内摩擦角，对于泥沙颗粒它近似等于 33°。根据 Bagnolds（1966，1973）水流能力的概念，河床推移质输送，可以通过能量的输入和对于固体输送所做的功之间的平衡来进行确定，并且可以得到下面的关系：

$$W_b' \overline{u_b}(\cos\theta_b \tan\phi - \sin\theta_b) = \tau_b U e_b \tag{3}$$

式中：W_b'为在单位面积上所移动河床物质的淹没重量（对于河床推移质输送来说）；θ_b 为河床坡度角；$\tau_b = \rho g h \sin\theta_b$ 为对河床的剪切应力（其中 ρ 为水体密度，g 为重力）；$\bar{u}$ 为移动床沙的平均颗粒流速；U 为平均流速；e_b 为河床推移质输送的效率系数。在方程（3）中，左边是输送河床物质的做功率，右边是在单位河床面积上水柱所提供的能量。用类似的方式，冰盖推移质输送的水流能量方程可以改为：

$$B_b' \bar{u}_c(\cos\theta_c \tan\phi_i + \sin\theta_c) = \tau_c U e_c \tag{4}$$

式中：B_b'为单位面积上移动冰粒的净浮力；θ_c 为冰盖的坡度角；ϕ_i 为冰粒子运动的内摩擦

角;τ_c 为作用于粒状冰塞下侧的剪切应力;$\bar{u}_c$ 为平均冰粒流速;e_c 为冰盖推移质的输送效率系数。由于 θ_b 或 θ_c 在天然河流中与 ϕ_s 和 ϕ_i 比较是可以忽略的。方程(3)和方程(4)显示出,河床推移质和冰盖推移质的输送过程是类似的。由于在野外研究中,河床和冰体的糙率系数都不能直接测量,所以在冰塞下侧的剪切应力,可以通过实测能量坡降 S 和平均水力半径 $R(\tau_c = \rho gRS)$ 计算得到。

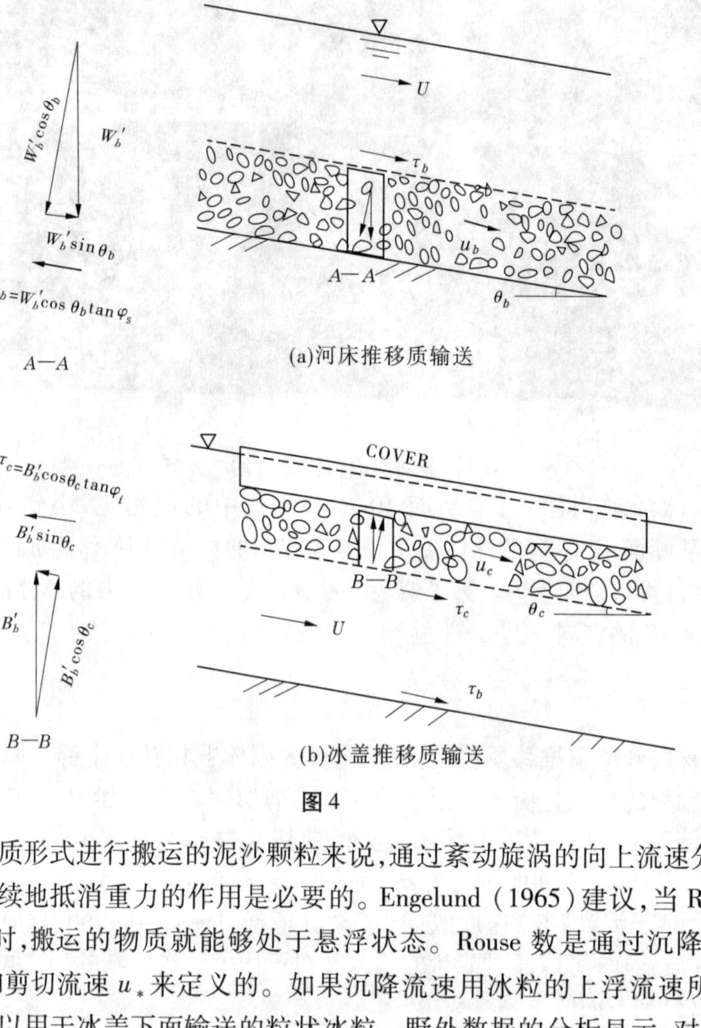

图 4

对于以悬移质形式进行搬运的泥沙颗粒来说,通过紊动旋涡的向上流速分量,泥沙向上分散力能够持续地抵消重力的作用是必要的。Engelund(1965)建议,当 Rouse 数 $Z = \omega/ku_*$ 小于 2.0 时,搬运的物质就能够处于悬浮状态。Rouse 数是通过沉降流速 ω、von Karman 常数 k 和剪切流速 u_* 来定义的。如果沉降流速用冰粒的上浮流速所代替,那么同样的标准也可以用于冰盖下面输送的粒状冰粒。野外数据的分析显示,对于研究河段中的输送冰体来说,Rouse 数可以在 2 和 8 之间变化(Wang,1992)。这显示,在研究河段的冰体输送,可以看做冰盖推移质输送。上浮流速用 Rubey 公式(1933)计算:

$$\omega = -4\frac{k_2}{k_1}\frac{\nu}{d} + \sqrt{\left(4\frac{k_2}{k_1}\frac{\nu}{d}\right)^2 + \frac{4}{3k_1}\frac{|\rho_s - \rho|}{\rho}gd} \tag{5}$$

式中:ν 为水体的运动黏性;ρ_s 为颗粒固体的密度;k_1、k_2 分别为 1.22 和 4.27。这些数值是在《河流动力学》(1961)中有关数值基础上的修改值。

对于河床推移质公式的发展,已经有很多的研究(如:Meyerpeter 和 Muller,1948 ;爱因斯坦,1950;Bagnold,1966、1973;Engelund 和 Hansen,1967;Yalin,1972;Ackers 和 White,1973)。Chien (1956,1980)的研究表明,所有的这些公式,都能转换无因次河床推移质 $\Phi_s = q_s/[\Delta g d^3]^{1/2}$,与无因次水流强度 $\Theta_s = \tau_b/(\Delta\rho g d)$ 之间的关系;其中,q_s 为单位宽度上固体输送物的体积率;$\Delta\rho = \rho_s - \rho$;$d$ 为颗粒直径;$\Delta = \Delta\rho/\rho$。Chien (1980)也指出,这些公式,对于低的和高的水流强度条件,即当 $\Theta_s > 0.5$ 或 $\Theta_s < 0.067$,可以给出显著不同的结果。现有河床推移质公式的比较见图 5。

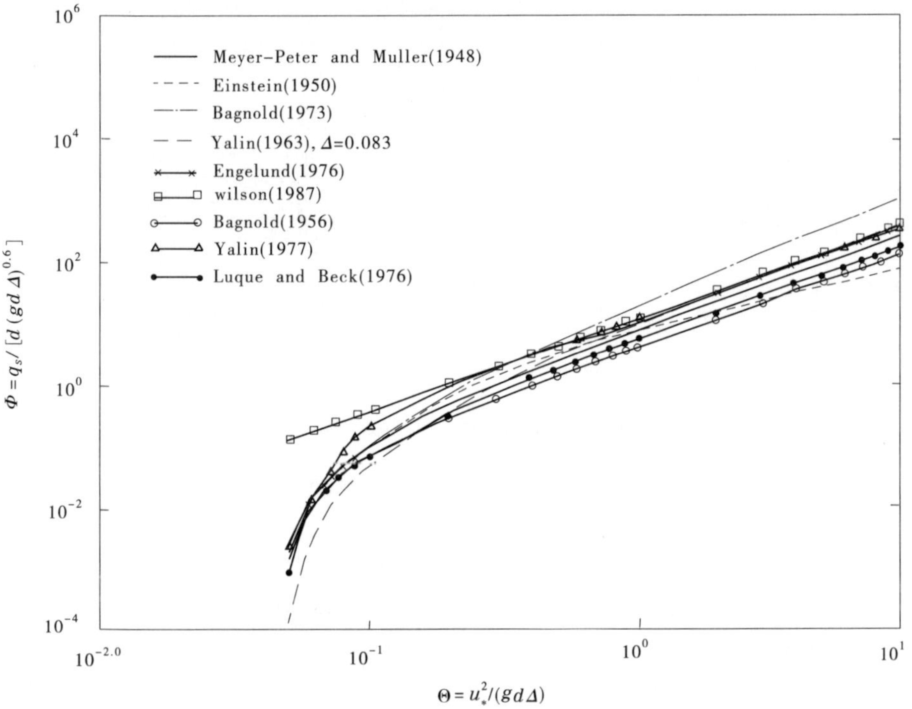

图 5　现有河床推移质公式的比较

考虑到河床推移质和冰盖推移质之间的类比,可以用下列函数关系形式计算冰体输送能力:

$$\Phi_i = f(\Theta_i) \tag{6}$$

式中:$\Phi_i = q_i/[\Delta g d^3]^{1/2}$ 为无因次冰体输送能力;$\Theta_i = \tau_i/(\Delta\rho g d)$ 为无因次水流强度;q_i 为单位宽度上冰的传输能力;$\Delta\rho = \rho - \rho_i$;$\Delta = \Delta\rho/\rho$;$\rho_i$ 为冰粒的密度;τ_i 为粒状冰塞下表面的剪切应力。如果 $\Delta\rho$ 定义为固体颗粒和水体之间密度差的绝对值,那么,无因次变量 Φ_s、Θ_s 和 Φ_i、Θ_i 都是一样的。这些变量的下标 s 和 i 就可以去掉。

根据前面的讨论,冰流量和水流数据以 Φ 和 Θ 来表示,见图 6。原来的野外数据由 Wang(1992)已经详细地给出。但封、开河时期的冰流量数据没包括在内。在冰盖发展期间由于考虑到测量的安全性,资料也不完整,因此这些数据也没有包括。在靠近季节结束时,结冰气温以上的时段的冰体流量数据也要排除。这不仅因为方程(2)中没有考虑热力侵蚀的影响,而且还因为在河道中存储的冰体可能太低以至于不能使冰体流量在整个时期达到输送能力。在 1986 ~ 1987 年和 1987 ~ 1988 年冬季期间,仅仅有少量的颗粒大小测量值。对于这 2 个冬季平均颗粒直径分别是 7 mm 和 11 mm。在 1991 ~ 1992 年冬季期间还做了冰体的附加筛分析并显示出,冰粒的主要部分都是这样大小。

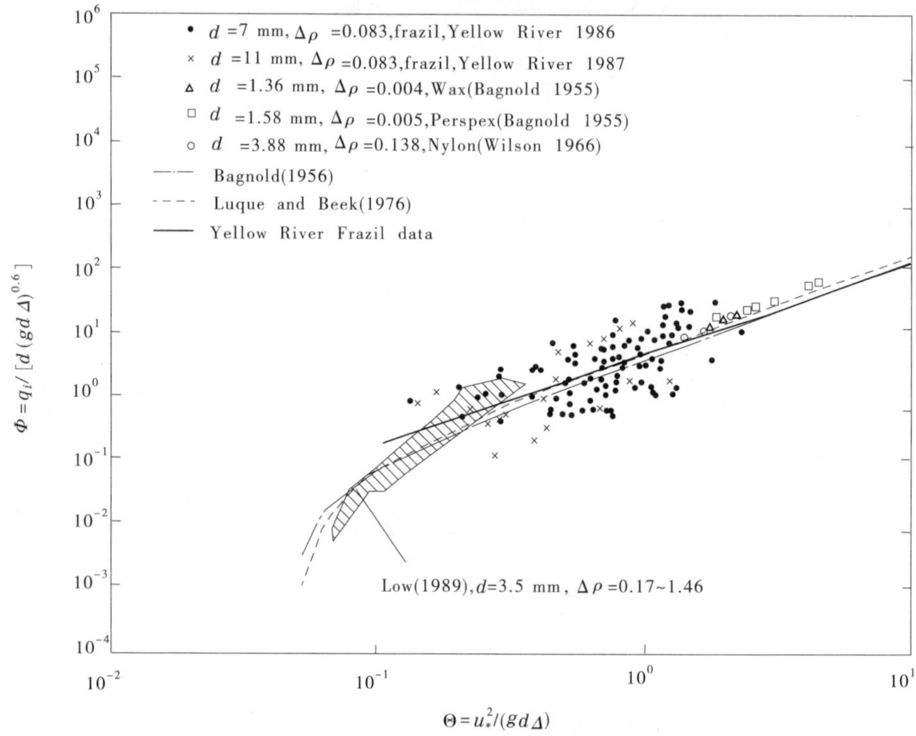

图 6　低密度河床推移质与冰流量数据的比较

在图 5 中给出了河床推移质公式与冰流量的数据比较,可以看出,除了 Bagnold 的河床推移质公式(1956)以及 Luque 和 Beek 的公式(1976)外,大部分的河床推移质公式,对冰流量的估计偏大。Chien (1980)、Luque 和 Beek (1976)给出了现有河床推移质公式之间的差别的广泛讨论。Wang 和 Zhang (1987)指出了在输送率和水流强度之间的关系方面泥沙密度的重要性(特别是对于高输送率情况)。Bagnold 公式(1956),是根据低密度泥沙输送数据而获得的。Luque 和 Beek 的研究(1976),修改了 Meyer - Peter和 Muller 公式,是从不同的泥沙密度和河道梯度的条件下获得的。图 6 给出了冰流量数据和低密度泥沙数据(Bagnold,1955;Wilson,1966;Low,1989; Bagnold,1956;Luque 和 Beek,1976)的比较。可以看出,点子比较散乱,可能是由于河道不规则、颗粒级配以及测量错误所引起的。野外数据的简单线性回归显示,与现有的低密度泥沙输移数据和公式吻合良好。回归线与数据点之间的偏差,服从高斯正态分布,这说明数据点散乱是随机的。

4　实验室研究

由于受到粒状冰所通过河段上的紊动强度的制约,各条河流之间冰盖下侧搬运的粒状冰粒的形状变化很大。流经长距离,通过具有急流的和流速较大的明流河段的颗粒,比通过慢流速河段的颗粒在形状上要更圆。图 7 给出了来自圣劳伦斯河上游(比黄河河曲河段的坡度更缓)的片状冰样品。Mantz(1980)研究了在低剪切应力条件下的圆形碎片的输送,发现对于同样的密度和直径的颗粒来说,在同样剪切应力条件下,圆盘冰的移动要比圆形或有尖颗粒慢得多。考虑到野外数据比较散乱和形状影响的重要性,实验室研究采用低密度的塑料碎片,以便得到输冰率公式。试验应当涵盖输送率的较大范围,要包括低的和高的 Θ 条件,对于此可以应用的数据很少。

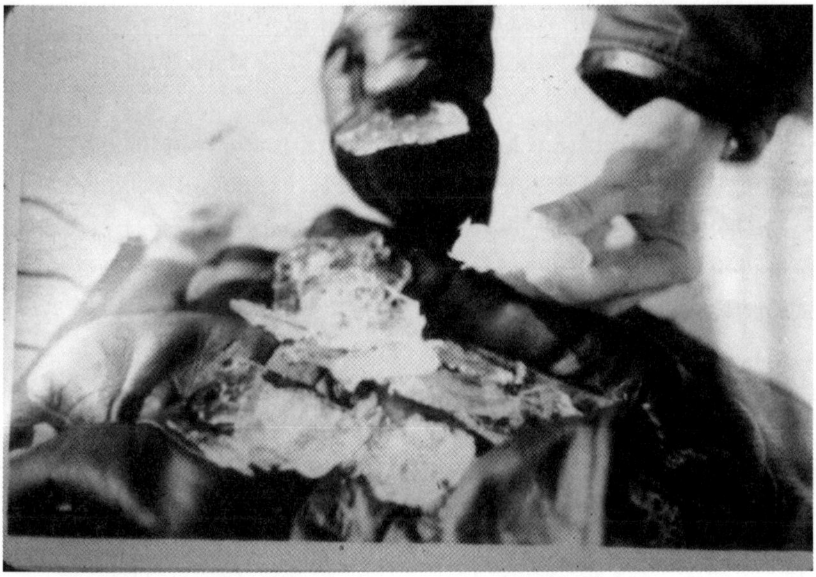

图 7　St. Lawrence 河上游的冰颗粒样本

颗粒形状对河床推移质输送的影响,主要是由于颗粒形状对作用于颗粒上的流体动力学力的影响所造成的。正如在附录 1 中显示的那样,无因次参数 Φ 和 Θ 可以修改成为下列形式,来考虑形状的影响:

$$\Phi_n = \frac{q_s}{\omega d_n} = \frac{q_s}{F\sqrt{\Delta g d_n^3}} \tag{7}$$

$$\Theta_n = \frac{u_*^3}{\omega^2} = \frac{u_*^2}{F^2 \Delta g d_n} \tag{8}$$

式中:u_* 为剪切流速;d_n 为名义直径;ω 为沉降流速;$F = \omega/\sqrt{\Delta g d_n}$ 为沉降流速系数(Rubey,1933)。对于自然的沙粒或粒状冰粒(如黄河河曲河段的冰粒),系数 F 可以通过公式(5)来确定。对于颗粒直径在 5 mm 到 1 cm 之间的冰颗粒的 F 值约为 1.0。Swamee 和 Ojha (1991)已经提出经验关系,将 F 看做形状因子 $\alpha_p = c/\sqrt{ab}$ 的函数,对于天然沙粒和碎颗粒,a、b、c 可以代表颗粒垂直轴的最长、中间和最短长度。对于薄的碎片来说,这些关系可能无效。

对明流和有冰盖大小为 7.5 m × 0.3 m × 0.32 m 的倾斜玻璃水槽中进行了试验。采用的塑料碎片的平均直径为 2.41 mm,比重为 1.055。实验是在大范围的水流条件下进行的。在每次实验之前,河道比降和固体流量都通过所选水体流量的河床推移质公式进行估算。在开始实验时,首先在水槽中建立塑料的稳定层,水槽的坡度要调整到所估算的坡度，这样就可以建立所选流量下的水流条件。固体流量在上游端放入，同时在水体中要加入少量的分散剂，以便克服塑料颗粒之间的表面张力的影响。调整固体的投放速率以及河道比降，直到达到均匀流和平衡输送条件为止。然后，测量固体和水流的流量资料。当沿程水流深度保持不变时，就可以认为建立了均匀流条件。平衡条件是通过以合适的正常速率放入固体物质来保持的，这样，在河床上的塑料堆积物将保持不变。固体流量是由一段时间内，在水槽出口处所收集的碎片的重量来决定的。对于不同大小和形状的塑料碎片进行了沉降流速系数的测量。根据测量数据以及 Mantz (1980) 所获得的圆盘数据，可以获得回归方程如下：

$$1/F = 3.18 - 18.22\alpha_P + 80.46\alpha_P^2 - 171.46\alpha_P^3 + 140.95\alpha_P^4 \tag{9}$$

在水体和沉积塑料片界面上的剪切应力，可以通过 $\tau_i = \rho g R_i S$ 进行确定。受碎片 R_i 水流阻力制约的水力半径，可以通过 Vanoni 和 Brooks (1957) 针对冰盖条件所修改的边壁改正程序进行确定。Wang(1992) 给出了这个过程和水槽试验结果的详细解释。

水槽试验结果，包括边壁改正的数据，点绘于图 8 中。回归分析表明，最好的适线为：

$$\Phi_n = 5.487(\Theta_n - \Theta_c)^{1.5} \tag{10}$$

其中，$\Theta_c = 0.041$。公式(10)的相关系数为 0.97。该公式与 Luque - Beek 公式和Bagnold 公式是相当一致的，并与野外数据符合良好。在图 8 中对本次实验数据和方程(10)的计算值与 Bagnold(1954)、威尔森(1966)以及 Low(1989)等所获得的低密度颗粒输送的试验数据进行了比较。

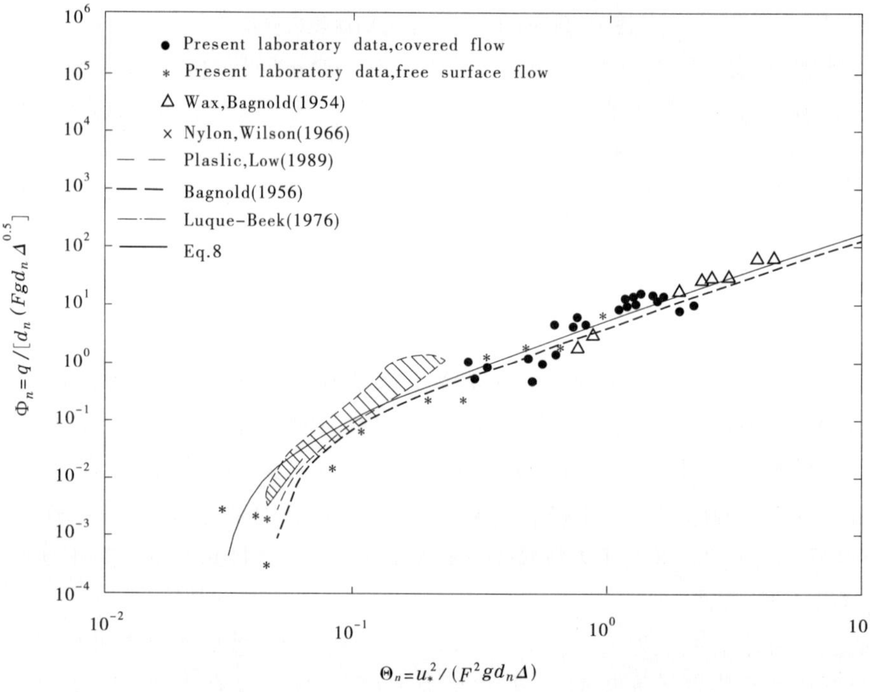

图 8　水槽研究结果

5　总结和结论

本文中关于冰塞演变有关的输冰率的概念，是根据河床推移质输送与粒状冰体的冰盖推移质输送之间的类比分析为基础的。这个概念可以解释现在流行的临界流速概念的缺陷。对黄河河曲河段 1986 ~ 1988 年冬季期间所收集的冰塞的野外数据进行了分析。现有的河床推移质公式与野外数据的比较显示，固体的密度的影响是重要的。在实验室玻璃壁倾斜水槽中利用低密度碎片对自由水面和有冰盖条件下颗粒形状的影响进行了试验。理论分析表明，颗粒形状对于输送率来说可能具有重要的影响。这种影响可以通过在输送能力公式的无因次变量中，引入沉降流速系数来考虑。根据实验室数据开发了一种改进的输送能力公式，它涵盖了水流条件的很大范围。当有足够的粒状冰供给，冰盖下侧有稳定的冰粒层存在时，这个公式与冰体输送的野外数据吻合较好，并且可以用来估计冰盖的推移质输送。对于低水温影响、粒状冰堆积中冻结的影响、有限冰粒供应情况下的输送率，以及在冲积河流中悬移质存在的条件，都需要作进一步研究。河床推移质与冰盖推移质之间的相互影响也应当进行研究。

致谢

作者非常感谢孙肇初与山西省水利厅所提供的资料，没有这些资料本次研究将是不可能的。在野外研究的过程中，我们也要感谢山西省水利厅的支持。实验室研究是在 Lulea 大学进行的。非常感谢瑞典自然科学研究会的支持。

附录 1　颗粒形状的影响

要考虑形状的影响，就需要修正在函数关系 6 中所用的无因次变量。这可以通过分析颗粒形状对河床和冰盖颗粒运动的影响而达到。为了叙述方便，我们利用河床颗粒的运动来进行讨论。然而，同样的分析可以应用于冰体颗粒的运动。

在颗粒运动的临界值状态作用于河床颗粒上的力，包括水流拖曳力 F_D、上举力 F_L、淹没重力 W' 以及摩擦力 F_f。这些力可以表达为：

$$F_D = \frac{1}{2}C_D\rho A_D u_0^2 \tag{11}$$

$$F_L = \frac{1}{2}C_L\rho A_L u_0^2 \tag{12}$$

$$W' = \forall \Delta\rho g \tag{13a}$$

$$\Delta\rho = \rho_s - \rho \tag{13b}$$

$$F_f = (W' - F_L)\tan\alpha \tag{14}$$

式中：C_D 和 C_L 为拖曳和上举系数；A_D 和 A_L 为颗粒拖曳和上举力的有效投影面积；u_0 为有效水流流速；$\forall$ 为颗粒的体积；ρ 和 ρ_s 为水体和颗粒的密度；α 为固体颗粒的摩擦角。对于初始运动来说，力的平衡为：

$$F_D = F_f \tag{15}$$

可以导出：

$$u_0 = \left[\frac{\forall \Delta\rho g\tan\alpha}{\frac{\rho}{2}(C_D A_D + C_L A_L\tan\alpha)}\right]^{1/2} \tag{16a}$$

$$u_0 = \left[\frac{\pi\tan\alpha}{3(C_D A_D + C_L A_L\tan\alpha)}\right]^{1/2} d_n \sqrt{g d_n \Delta} \tag{16b}$$

流速 u_0 可以通过对数流速分布(Einstein,1950)进行计算:

$$\frac{u}{u_*} = 5.75\lg 30.2\frac{xy}{k_s} \tag{17}$$

其中,$x = u_* d_n/\nu$ 为剪切流速与颗粒 Reynolds 数的函数。让 $y_o = \alpha_2 d_n$,$k_s = \alpha_1 d_n$,那么,在河床以上有效高度 y_o 处的流速可以得到:

$$u_0 = 5.75 u_* \lg 30.2\frac{\alpha_2 x}{\alpha_1} \tag{18a}$$

$$u_0 = u_* f_2\left(\frac{u_* d_n}{\nu}\right) \tag{18b}$$

其中,让:

$$A_D = \alpha_3 \frac{\pi}{4} d_n^2 \tag{19a}$$

$$A_L = \alpha_4 \frac{\pi}{4} d_n^2 \tag{19b}$$

其中,α_3、α_4 为与颗粒形状和方向有关的系数。方程(16)可以变为:

$$\frac{u_*^2}{\frac{4}{3(C_D\alpha_3 + C_L\alpha_4\tan\alpha)} g d_n \Delta} = \frac{\tan\alpha}{\left[f_2\left(\frac{u_* d_n}{\nu}\right)\right]^2} \tag{20}$$

这个方程与泥沙颗粒初始运动的 Shields 标准具有同样的形式,它将无因次水流强度与颗粒 Reynolds 数联系在一起。通过系数 $\sqrt{4/3(C_D\alpha_3 + C_L\alpha_4\tan\alpha)}$,需要对无因次水流强度进行修改,以便包括颗粒形状的影响。由于当颗粒升离河床时上举力消失很快,所以当颗粒处于运动之中时上举力项可以忽略。这个系数变为 $\sqrt{4/3C_D}$,这就是沉降流速系数 F(Rubey,1933)。根据这个分析,建议在输送能力函数中的无因次水流强度修改为:

$$\Theta_n = \frac{u_*^2}{F^2 g d_n \Delta} \tag{21}$$

式中:Θ_n 为标称水流强度;F 为沉降流速系数。

在方程(6)中的无因次输送率 Φ,可以解释成为 $q_s/d\omega$。因此,Φ 的定义可以精练为:

$$\Phi_n = \frac{q_s}{d_n\omega} = \frac{q_s}{d_n F\sqrt{g d_n \Delta}} \tag{22}$$

其中,q_s 为单位宽度上颗粒输送率的体积比。Low (1989)考虑了无因次输送率中形状的影响,但是在水流强度中却将其忽略了。

附录2 注解

在本文中使用了下列符号:

A_i　粒状冰塞的断面面积

B_b'　在移动颗粒上单位面积的净浮力

e_b、e_c　河床推移质和冰盖推移质的有效系数

d　颗粒直径

d_n　固体颗粒的标称直径

F　沉降流速系数

g　重力

p　粒状冰塞的孔隙度

Q_i　河流冰体流量

q_i　单位宽度的输冰率

q_s　单位宽度的输沙率

t　时间变量

U　平均流速

u_b、u_c　河床以及冰体颗粒的平均流速

u_*　剪切流速

W_b'　单位面积上移动河床质的淹没重量

x　沿河道距离

$Z = \omega/ku_*$　Rouse 数

$\Delta = \Delta\rho/\rho$

$\Delta\rho = \rho_s - \rho$ 或 $\rho - \rho_i$

$\Theta = \Theta_s$ 或 Θ_i

$\Theta_c = \Theta$ 的临界值,0.041

θ_b、θ_c　河床和冰盖的坡度角

Θ_s、Θ_i　$u_*^2/(F^2\Delta g d_n)$ 和 $u_*^2/(F^2\Delta g d_n)$

k　von Karman 常数

ν　水的运动黏性

ρ　水的密度;

ρ_i、ρ_s　泥沙和冰密度

σ_s、τ_s　颗粒间应力的正压力和剪切分量

τ_b、τ_c　河床和冰坝内侧的剪切压力

$\Phi = \Phi_s$ 或 Φ_i

Φ_s、Φ_i　$q_s/[\Delta g d^3]$、$q_i/[\Delta g d^3]$

ϕ_s、ϕ_i　河床泥沙和粒冰颗粒的动力内摩擦角

ω　沉降流速

参考文献

Ackecrs P, White W R. 1973. Sediment transport: new approach and analysis' J. Hydr. Div., ASCE. 99 (11):2041-2060.

Bagnold R A. 1955. Some flume experiments on large grains but little denser than the transporting fluid and their implication. Proc., Part Ⅲ. Institute of Civil Engineers, London, England, 4(1):174-205.

Bagnold R A. 1956. Thc flow of cohcsionlcss grains in fluids . Phil. Trans., Royal Society, London, England, Series A. Vol. 249:235-297.

Bagnold R A. 1966. An approach to the sediment transport problem from general physics. Geological Survey Prof. Paper 422 – 1, U. S. Geological Survey, Washington. D. C.

Bagnold R A. 1973. The nature of saltation and of ' bed – load' transport in water, Phil. Trans., Royal Society, London, England, Series A. Vol. 332:473-504.

Beltaos S, Wong J. 1986. Downstream transition of river ice jams. J. Hydr. Engrg., ASCE, 112(2): 91-110.

Chacho E F, Lawson D E, Brockett B E. 1986. Frazil ice pebbles: frazil ice aggregates in the Tanana River near Fairbanks, Alaska. Proc., IAHR Symp. on Ice. Iowa City, Iowa, Vol. 1: 465-474.

Chien N. 1956. The present status of research on sediment transport. Trans., ASCE, Vol. 121:833-868.

Chien N. 1980. A comparison of the bed load formulas. J. Hydr. Engrg., No. 4, 1 – 11. Beijing, China.

Einstein H A. 1950. The bed – load function for sediment transport in open channels. Tech Bull. No. 1026, U. S., Department of Agriculture. Washington, D. C.

Engelund F. 1965. A criterion for the occurrence of suspended load. La Houille Blanche. Grenoble, France. 19(6):607.

Engelund F, Hansen E. 1967. A monograph on sediment transport in alluvial streams Teknisk Vorag, Copenhagen, Denmark.

Grez M. 1989. Inner structures and surface morpholog of ice jams. Proc., Ice Seminar. Polish Academy of Sciences, Warsaw, Poland. 66-75.

Kivislid H R. 1959. Hanging ice dams. Proc., 8th IAHR Congress, Montreal, Canada. 23F, 1-30.

Low H S. 1989. Effect of sediment density on bed – load transport. J. Hydr. Engrg. ASCE, 115(1):124-138.

Luque R F, Beek R V. 1976. Erosion and transport of bed – load sediment. J. Hydr. Res., 14(2): 127-144.

Mantz P A. 1981. Low sediment transport rates over flat beds. J. Hydr. Div., ASCE. 106(7):1173-1190.

Meyer – Peter E H, Muller R. 1948. Formula for bed load transport. Proc., 2nd Congr., IAHR, Stockholm, Sweden, 39-64.

Michel B, Drouin M. 1975. Equilibrium of an underhanging dam at the La Grande River. Rep. GCS – 75 – 03 – 01, Dept. of Civ. Engrg., Laval University. Quebec City, Canada.

Pariset E, Hausser R. 1961. Formation and evolution of the ice covers on rivers. Trans., Engineering Institute of Canada, Ottawa, Canada, 5(1): 41-49.

River and lake ice engineering. 1986. Ashton. G. D., ed., Water Resources Publications. Littleton, Colo.

River dynamics. 1961. WIHH (Wuhan Institute of Hydraulic and Hydroelectric Power) Hdraulic and Hydroelectric Power Press, Beijing, China.

Rubey W W. 1933. Settling velocities of gravel, sand, and silt particles. Amer. J. Sci., 25(148): 325-338.

Shen H T, Van DeValk W A. 1984. Field investigation of St. Lawrence River hanging dams. Proc., IAHR

Ice Symp. , Hamburg, Germany, 241-249.

Sun Z, Yang S, Yao K. 1986. Prototype observation and study of ice jam at Hequ section of the Yellow River. Proc. , IAHR Symp. , Iowa City, Iowa, Vol. Ⅱ, 39-48.

Swamee P K, Ojha C S P. 1991. Drag coefficient and fall velocity of nonspherical particles. J. Hydr. Engrg. , 117(5): 660-667.

Tatinclaux J C. 1977. Equilibrium thickness of ice jams. J. Hydr. Engrg. , ASCE, 103(9):959-974.

Tesaker E. 1975. Accumulation of frazil ice in an intake reservoir. Proc. , Third Int. Symp. on Ice Problems, IAHR. Hanover, N. H. , 25-35.

Tsang G, Szucs L. 1972. Field experiments of winter flow in natural rivers. Proc. , Banff Symp. , the Role of Snow and Ice in Hydro. , Vol. 1: 772-796.

Uzuner M S, Kennedy J F. 1976. Theoretical model of river ice jams. J. Hydr. Div. , ASCE,102(9):1365-1383.

Wang D S. 1992. Frazil jam evolution and transport of low density granules. Licentiate thesis, Lulea University, Lulea, Sweden.

Wang S, Zhang R. 1987. A new equation of bed load transport. Proc. , IAHR Congr. , Lausanne, Switzerland.

Wilson K C. 1987. Analysis of bed-load motion at high shear stress. J. Hydr. Engrg. , ASCE. 113(1):97-130.

Yalin M S. 1977. Mechanics of sediment transport. Pergamon Press, Oxford, England.

Yang L F. 1985. A preliminary study on the ice jam at the Liujiaxia reach of the Yellow River . J. Sediment Res. . No. 2, Beijing, China (also. Proc. , 1986 IAHR Symp. on Ice, Iowa city. Iowa. Vol. II. , 27 - 38.

卵石河床上锚冰及其水力阻力的演变

David J. Kerr[1] Hung Tao Shen[1] Steven F. Daly[2]

(1. 克拉克森大学土木环境工程系,美国,纽约,Potsdam,13699 - 5710;
2. US Army CRREL, Hanover, NH 03755 - 1290, USA)

摘要:本文介绍了卵石河床上锚冰的演变及其水力影响的实验室研究。研究表明,在卵石河床上,锚冰是由屑冰在卵石顶部下方约半个卵石直径的地方开始积累而形成的,没有观察到屑冰内部冰的增长或向河床的向下增长。在生长的初期,锚冰生长的冰尾、鳞片状或冰球形式取决于流速和弗汝德数。在增长的最后阶段,当卵石河床被冰覆盖时,生长的速率随热散率和弗汝德数增加,与水深成反比。河床卵石较小时,锚冰的水力阻力较小,同时随流速和水深的增加而减小。总的曼宁阻力系数增加的速率随雷诺数的增加而减小。初期,河床/冰表面的粗糙度随着锚冰的生长而增加,当锚冰生长到卵石层以外时减到最小值。

关键词:锚冰　水流阻力　河道流量　卵石河床　河冰

1　介绍

在河流中,尤其是在浅而紊动的溪流里观察到了锚冰的出现(Tesaker,1994、1996)。锚冰的形成和生长抬升了河床高度,改变河床底部的粗糙度而影响河道的水流条件。在尼亚加拉河上游观测到,夜间由于锚冰的生长,河道流量突然减少了 20% ~30% (Arden 和 Wigle,1972)。在蒙特利尔附近的圣劳伦斯河,锚冰的存在被认为是附近电站电力生产损失的主要原因(Marcotte, 1984)。锚冰的形成对生物也有影响,水面和底部水域之间的水流交换被阻断,影响底部水域的氧气供应和温度。锚冰还对渔业不利,在小河底部由于锚冰的形成,鱼卵被冻结(Prowse 和 Gridley, 1993)。

关于锚冰的形成和生长已有少量野外和实验室研究,但是没有锚冰发展的系统的观察。Barnes (1928)、Alterberg(1936)、Devik(1949)和 Schaefer (1950) 提供了小溪中锚冰的早期野外观察的描述;Arden 和 Wigle (1972)报告了尼亚加拉河上游较为详细的野外研究,他们通过在水体里淹没的铁丝网的野外试验的基础上指出,锚冰的生长主要由于屑冰的黏附,而堆积的屑冰晶体的持续增长是可能的。Parkinson(1984)观察到,在蒙特利尔圣路易斯湖,由于锚冰的形成和消亡每天水位波动高达 0.9 m,他还指出,锚冰样本的平均孔隙度是 75.9 %。这与 devik 和 kanavin (1965)报告的单位质量锚冰消散产生的漂浮碎冰为 0.3 ~0.4 kg/L 是一致的。最近, Hirayama (1997) 等报道了在日本 Niuppu 河的锚冰形成的野外研究,他们发现锚冰的形成依赖于弗汝德数和空气温度,他们观察到锚冰形成地区的弗汝德数在 0.2 到 1.5 之间,锚冰形成的弗汝德数的下限随气温下降。Doering (2001) 等在实验室里用一个旋转水槽进行研究,发现锚冰的生长流速是弗汝德数的函数。Hammar、Shen (1995) 和 Hammar (1996) 等指出,理论上锚冰的生长受屑冰的密度、垂直混合、屑冰大小分布和几何形状以及河床粗糙度等影响。本文介绍了锚冰发展的实验室研究及其对卵石河床实验水槽中水流阻力的影响。

2 野外观测

首先由野外调查研究获得了第一手了解锚冰的资料，同时对实验室的研究计划提供了帮助。本研究采用覆盖着大小一致的卵石的有机玻璃制成的模板，较好地复制了河床条件，而不是用谢弗(Schaefer, 1950)、阿尔丁(Arden)和韦格勒(Wigle, 1972)曾经用过的铁丝网。该模版午后放置在河床上第二天早上取回，收集的样本显示锚冰由卵石表面上屑冰的积累组成，在锚冰积累的过程中没有发现有屑冰颗粒的原位热增长或枝状生长，锚冰没有从卵石顶部穿透至大约一半的卵石直径的深度，积累的锚冰和卵石之间的连接相对较弱，而冰颗粒之间的连接比较强（Hammar 等, 1996）。

3 实验室试验

实验室试验是在美国陆军寒区研究和工程实验室(U. S. Army Cold Regions Research and Engineering Laboratory)的冷却水槽里进行的，水槽长 36. 6 m，深 0. 61 m，宽 1. 22 m。水槽最大流量为 0. 4 m^3/s，其倾斜度可从常规的 2°倾斜到反向的 1°倾斜，为了防止水槽底部的热交换，水槽试验断面的底部是用 0. 95 cm 聚苯乙烯泡沫板绝缘的，绝缘层上面放了一层密集填充的大小一致的圆卵石，如图 1 所示，所用卵石的大小为 4. 45 cm 和 10. 16 cm，4. 45 cm 卵石河床试验部分的长度为 20. 7 m，10. 16 cm 卵石河床试验部分的长度为 14. 24 m，水槽的整体热交换系数确定为 14. 02 W/(m^2 · ℃)。

图 1　冷却水槽中的卵石河床

3.1 试验步骤

每次试验开始，要建立一个稳定的统一的流量条件，室内温度要降到一个特定值，在整个试验过程中，流速和房间的温度尽可能维持固定不变，一旦水变得超冷，冰情的测量就开始，在试验过程中，记录下了流速、室内温度、试验段上游和下游末端的水温以及尾水箱的水温，另外，还记录了下面的信息：

（1）沿试验断面的水面和锚冰表面的剖面每小时观测一次。

（2）一小时一次，用 Marsh McBirney 流速表，在试验中间断面沿宽度的三条垂线的流速垂直剖面，图 2 是测量的一组流速剖面。

（3）与流速测量同一断面上的锚冰表面剖面。流速和锚冰表面剖面每一小时交替进行一次测量。

（4）河床锚冰的覆盖每小时记录一次，由悬挂在水流上方的 15.24 cm × 15.24 cm 正方形网格组成的试验段上两个位置的静止照片记录。

（5）对整个试验期间锚冰的变化现象进行录像。

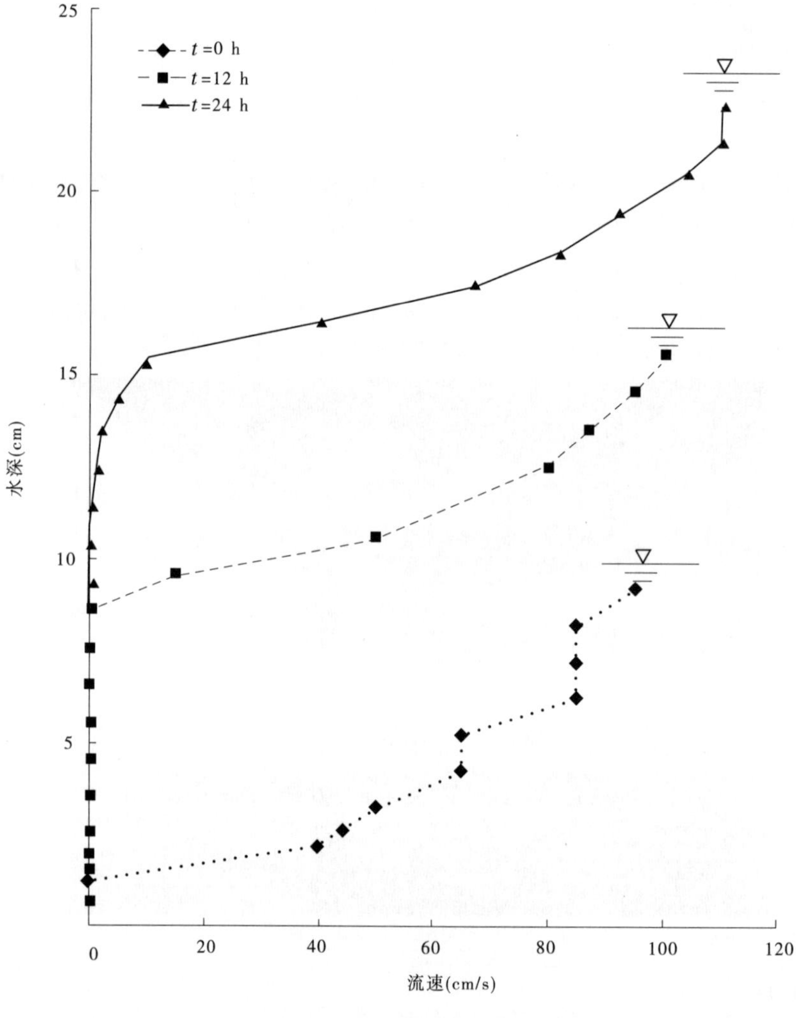

图 2　第 9 次试验的流速剖面图

3.2 锚冰的形成和生长

对不同水流条件和两种直径的卵石河床进行了 12 次试验，表 1 列出了这些试验的水流和河床卵石条件，其中，d_s 为卵石直径，Q 为流量，H 为从聚苯乙烯泡沫绝缘顶测量的水深，H^* 为有效水深，平均流速 $V = Q/A$ ，$A = BH^*$，B 为水槽宽度，S 为水槽坡度。在流速剖面（见 4.1 部分）分析的基础上，假设理论河床位于卵石河床顶部下面 0.75 d_s 处。

表 1 不同试验轮次的水流条件

序号	d_s(cm)	Q(m^3/s)	V(m/s)	H(cm)	H^*(cm)	S($\times 10^2$)
1	4.45	0.047	0.44	9.83	8.64	1.70
2	4.45	0.047	0.25	16.66	15.50	0.11
3	4.45	0.047	0.20	20.62	19.56	0.06
4	4.45	0.047	0.25	16.46	15.24	0.11
5	4.45	0.063	0.55	10.51	9.40	1.34
6	4.45	0.063	0.35	15.85	14.73	0.20
7	4.45	0.063	0.24	22.73	21.59	0.02
8	4.45	0.063	0.32	17.15	16.00	0.20
9	4.45	0.063	0.54	10.69	9.65	1.34
10	10.16	0.063	0.37	16.54	13.97	1.68
11	10.16	0.063	0.31	19.13	16.51	0.72
12	10.16	0.063	0.21	26.67	24.13	0.19

3.2.1 锚冰的形成

在所有轮次的试验中，锚冰开始于屑冰的附着，在卵石河床上锚冰将生成于三个不同的位置，在卵石颗粒上游表面的上半部分的任何地方都能出现，我们称之为正面形成；在被称为背面的卵石颗粒的下游面上，开始形成于半个直径到大约四分之三个直径的地方；在卵石颗粒之间，开始形成于两个卵石颗粒之间的连接点上。锚冰形成的三种类型在所有轮次的试验中都观察到了，但是，主要开始形成的位置是随水流条件变化的，在试验中，自卵石顶部(0.4 ~0.5)d_s 以下处没有观察到锚冰的形成。

3.2.2 锚冰的类型

锚冰形成以后，由于屑冰的积累，观察到锚冰的进一步生长，屑冰开始附着之后观察到三种类型锚冰的生长，锚冰以冰尾状、鳞片状或冰球的形式生长（见图 3），生长形式的变化受水流条件影响。表 2 列出了锚冰形成的不同类型的相应水流条件；弗汝德数、雷诺数和卵石雷诺数分别定义为 $Fr = v/(gH^*)^{1/2}$、$Re = Q/(B\nu)$ 和 $R^*_{ds} = \mu_* d_s/\nu$；其中，ν 表示水的运动黏度，μ_* 表示自由条件下冰的剪切流速。

由表 2 可以看出，当弗汝德数小于 0.2，流速小于 0.25 m/s 时，锚冰以冰尾的形式出现。当流速在该范围的下限时，开始主要出现在吸附屑冰颗粒的横向连接点上。冰尾增长阶段由于流速增加，在连接点处形成的频率降低了，而在其他位置形成的机会增加了。

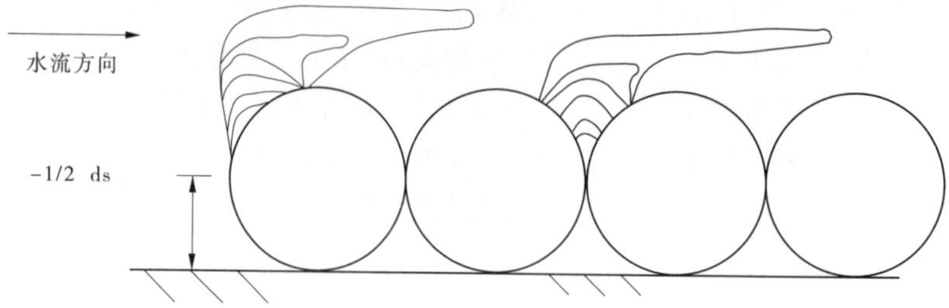

(a)尾状锚冰

(b)鳞片状锚冰

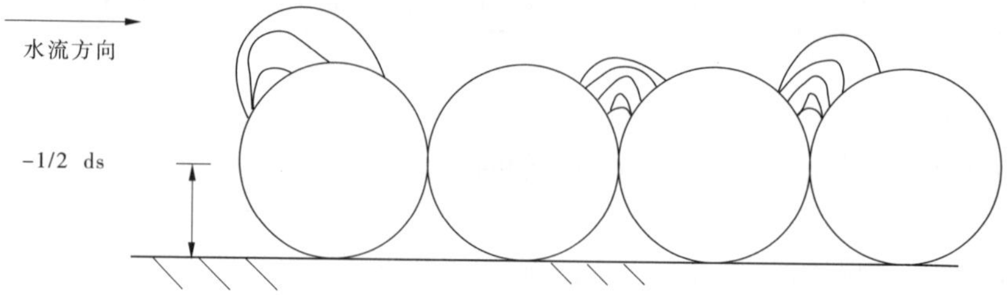

(c)球状锚冰

图 3　锚冰形成时不同类型的发展过程

屑冰累积开始以后，锚冰首先向上游和自由表面生长，由于锚冰突出到卵石顶上，在水流的影响下生长开始向下游转移，这种向下游的生长导致了冰尾的形成，图 4 展示了卵石河床上的锚冰尾。通常一个冰尾开始形成之后，另外的冰尾将在第一个冰尾的左和(或)右面开始向下游生长，这种形式将向下游方向继续直到整个河床被覆盖。当冰尾的长度增长时，它的厚度和宽度也在生长，虽然生长的速度较慢。由于冰尾的长度和宽度持续生长，单个的锚冰尾最终连接在一起形成锚冰网，锚冰网将在卵石河床上最终发展成锚冰覆盖，图 5 展示了锚冰尾到锚冰覆盖的形成过程。

表 2　锚冰形成和水流条件之间的关系

轮次	d_s(cm)	Q(m^3/s)	V(m/s)	Fr	Re	R^*_{ds}	类型	状态
12	10.16	0.063	0.21	0.139	29 020	3 436	尾	a
3	4.45	0.047	0.20	0.144	21 765	797	尾	松散
7	4.45	0.063	0.24	0.164	29 020	690	尾	稳固
2	4.45	0.047	0.25	0.202	21 765	942	短尾	b
4	4.45	0.047	0.25	0.206	21 765	932	短尾	松散
11	10.16	0.063	0.31	0.245	29 020	4 000	薄片	混合
8	4.45	0.063	0.32	0.257	29 020	1 299	薄片	稳固
6	4.45	0.063	0.35	0.292	29 020	1 237	薄片	a
10	10.16	0.063	0.37	0.315	29 020	7 269	薄片	稳固
1	4.45	0.047	0.45	0.481	21 765	2 614	薄片	松散
9	4.45	0.063	0.54	0.557	29 020	2 523	冰球	稳固
5	4.45	0.063	0.55	0.573	29 020	2 464	冰球	稳固

注: a 由于水槽水位突然下降造成水流失去过冷却。b 由于意外干扰水流释放导致水流提前结束。

当弗汝德数在 0.2 ~ 0.5 之间,流速在 0.25 ~ 0.45 m/s 范围内时,锚冰呈薄片形状;薄冰片的形成(见图 6)可以认为是部分发展的冰尾,是冰尾形式和冰球形式之间的过渡,薄冰片形成之后,观察到了短冰尾的形成和由于流体动力拉力而产生的断裂,这阻止了冰尾的形成,由于流速在该范围的下限,开始阶段可以出现在卵石颗粒的正面和连接点处,由于通过这个范围时弗汝德数增加,主要从正面开始,薄冰片继续变宽、变厚直到锚冰覆盖层形成。

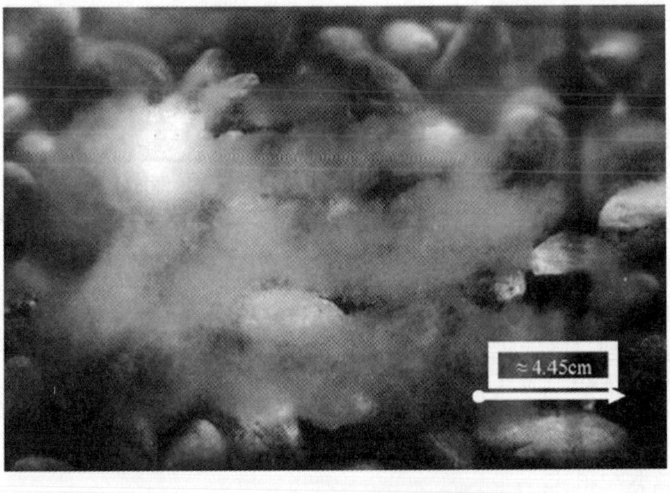

图 4　4.45 cm 的卵石河床上的尾状锚冰

图5 锚冰覆盖层的形成

当弗汝德数接近或大于0.5,流速接近或大于0.45 m/s时,由于在卵石圆面上屑冰的积累球形锚冰形成(见图7)。锚冰主要开始形成于卵石颗粒的正面,在背面和连接点开始的较少。

图6 锚冰薄片

在锚冰生长的三种类型中,当每个锚冰彼此连接起来时锚冰覆盖层就出现了,锚冰覆盖层形成后,由于屑冰的堆积锚冰覆盖层继续长厚。由表2可以看出,锚冰出现的形式依赖于水流的流速和弗汝德数,它与水槽的雷诺数和卵石雷诺数无关,这可以用冰薄片或冰尾是冰球的副产物这个事实来解释。在冰薄片或冰尾的生长过程中,会受到流体动力拉力和提升力影响,两种力随流速增加,并受水面波动影响。由于水面波随弗汝德数的增加而增加,锚冰生长将不能承受水流动力的影响而断裂。由于锚冰长度的增加受堆积的屑冰粒之间连接的影响,流速或弗汝德数的过渡值可能从水槽试验到野外条件而发生变化。

3.2.3 锚冰的生长和消退

水槽试验揭示了锚冰生长的三个阶段,这三个阶段是开始形成期、过渡期和最终生长期,过渡期指锚冰自卵石上形成到长大进入水流期间,并且作用于锚冰上面的流体动力拉

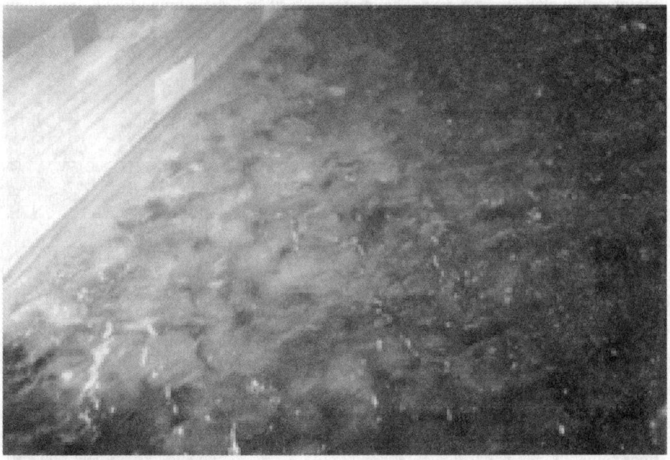

图7 锚冰球

力增加,这种拉力的增加既可使锚冰变平又可使锚冰消散。变平的锚冰看起来像锚冰被推走或被水流冲掉,在锚冰变平之前,锚冰看起来非常不平坦,图8、图9和图10展示了锚冰不同类型扁平的形成。在变平阶段,锚冰厚度的变化受水流抹平使厚度减小和屑冰沉积使冰体生长的综合影响,在变平阶段末期,卵石河床几乎完全被锚冰毯覆盖,河床上在这一点上进一步的沉积几乎是一致的,而且锚冰的形式没有区别,图11给出了锚冰厚度随气温冻结度小时的变化。变平时期相对较短,这是通过试验期间的观察确定的。对于给定大小的卵石,当开始的水深较浅时过渡期很快就出现了。

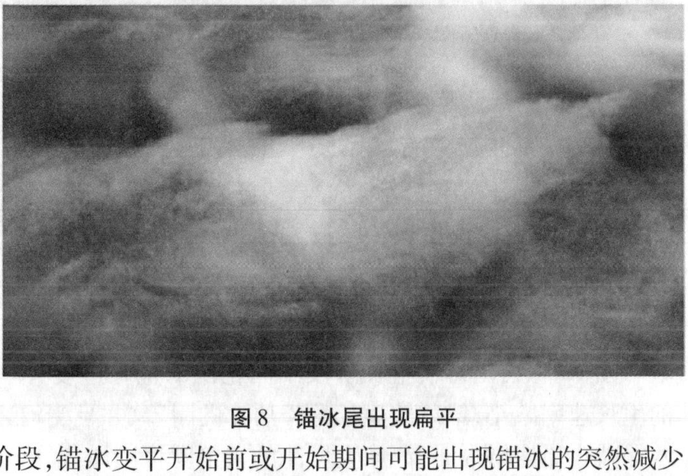

图8 锚冰尾出现扁平

在过渡期阶段,锚冰变平开始前或开始期间可能出现锚冰的突然减少,锚冰片从河床上挣脱出来冲击河床,使更多锚冰消失。这样开始了一个反作用链,出现锚冰释放下游的整个锚冰河床被冲毁。有锚冰消失的所有试验轮次的一个显著特点是锚冰消亡开始于厚冰积累的位置(Kerr, 1998)。水倒退至厚锚冰的后面,在锚冰上产生较大的水动力,导致锚冰释放。回顾试验的条件表明,锚冰消退与锚冰形成的类型或弗汝德数无关。

然而,如表2所示,当雷诺数 *Re* 小于22 000时,锚冰出现消退,由于在试验中只有两个不同的雷诺数,需要另外的研究来证实这个观测。如果锚冰没有消失,锚冰将在变平之后继续生长,变平的锚冰床通常有90% ~95%被覆盖,每个轮次中最终持续生长阶段的

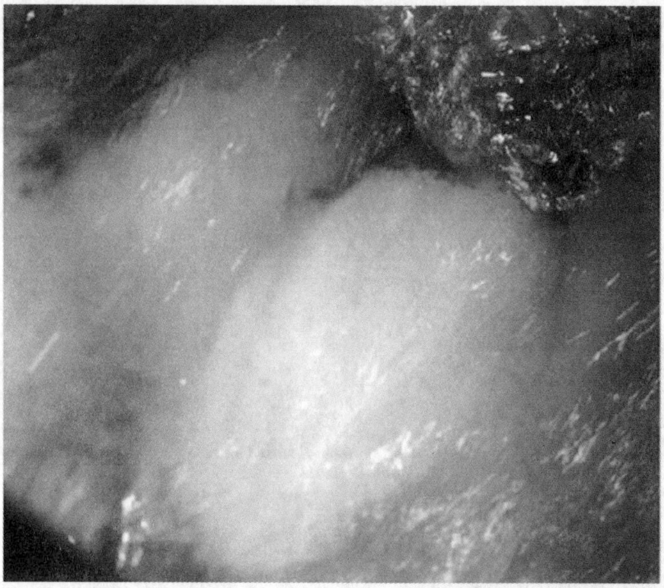

图 9　片状锚冰出现变平

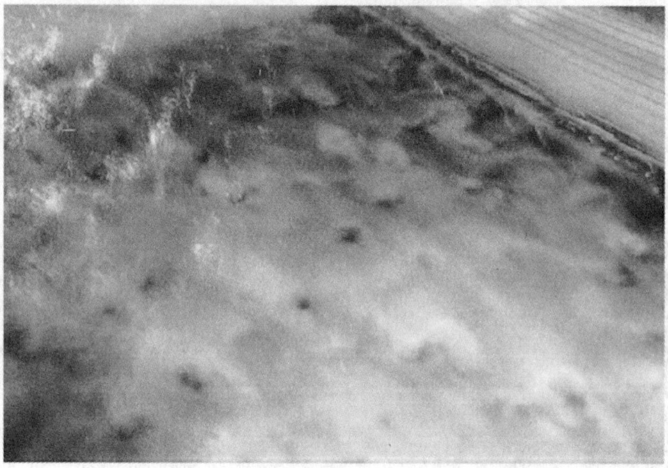

图 10　球状锚冰出现变平

生长速率接近常数。图 12 总结出持续生长阶段不同轮次的生长速度,图 12 证明当水流深度增加时锚冰的生长速率减小,锚冰的生长源于屑冰的附着,并且受河床上屑冰的集中程度支配。由于水深减小流速增加时,河床上屑冰的密集度将增加,锚冰生长速度与弗汝德数或流速有关。

4　锚冰的水力影响

由于锚冰对河道运输可以产生重要影响,测试锚冰对水流阻力的影响是重要的,水流阻力的变化用曼宁系数来分析。首先计算无冰河床的曼宁系数,在此基础上求得有锚冰时的总曼宁系数来反映锚冰的全部水力阻力,通过把锚冰的顶面看做是有效河道的底部来分析锚冰形成和生长期间卵石/冰床的表面粗糙度。

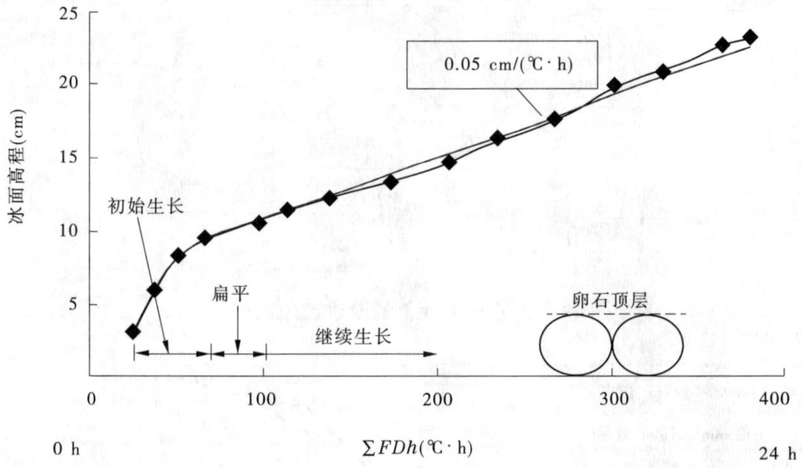

图 11　第 9 次试验平均冰厚与 $\sum FDh$(冻结度小时)

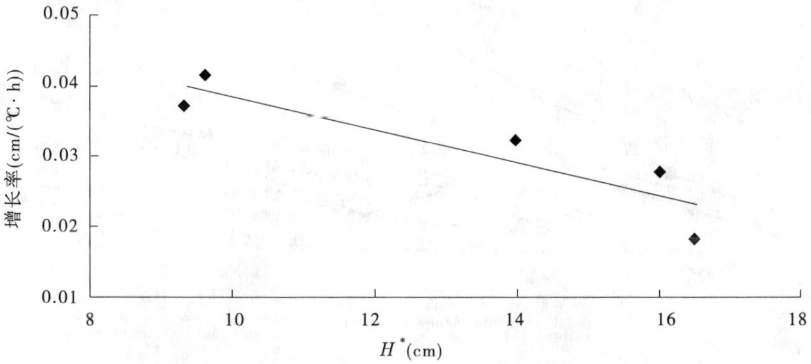

图 12　最终生长速率与水流深度

4.1　参考河床平面

为了进行水流阻力分析,必须定义一个理论河床平面,这样有效水深就可以计算出来,由于河床的粗糙度大,例如卵石河床,对数流速剖面可表示为(Tu 和 Graf, 1992):

$$\frac{u}{u_*} = \frac{1}{k}\ln\left(\frac{y_T + y_o}{k_s}\right) + \beta \tag{1}$$

式中:u 为 y 处的局部流速;u_* 为剪切流速;$k=0.4$,卡曼常数;k_s 为粗糙度高度,选择为卵石直径 d_s;y_T 为卵石顶上面的水深;y_o 为理论河床到卵石顶的距离;β 为综合常数。为了通过测量流速断面来确定 y_o,用方程(1)来计算渐进流速剖面(如图 13 所示)。所有轮次试验的测量流速剖面的分析表明 y_o 值接近 0.75,这个值比 Dong 等(1994)获得的值大得多,是因为在该研究中所用卵石的直径很大。

4.2　锚冰生长产生的水流阻力

在参考河床平面的基础上,由于锚冰生长导致的粗糙度改变和水流区域减小的综合影响而产生的全部水流阻力用总曼宁系数表示,可以用回水分析方法通过测量水表面剖

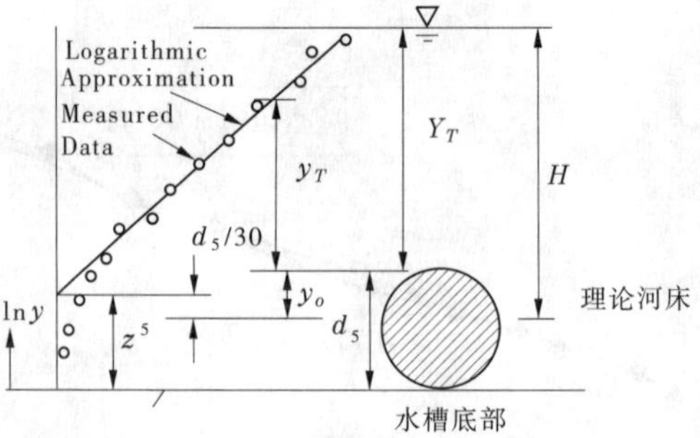

图 13 由方程 1 计算的渐进流速剖面

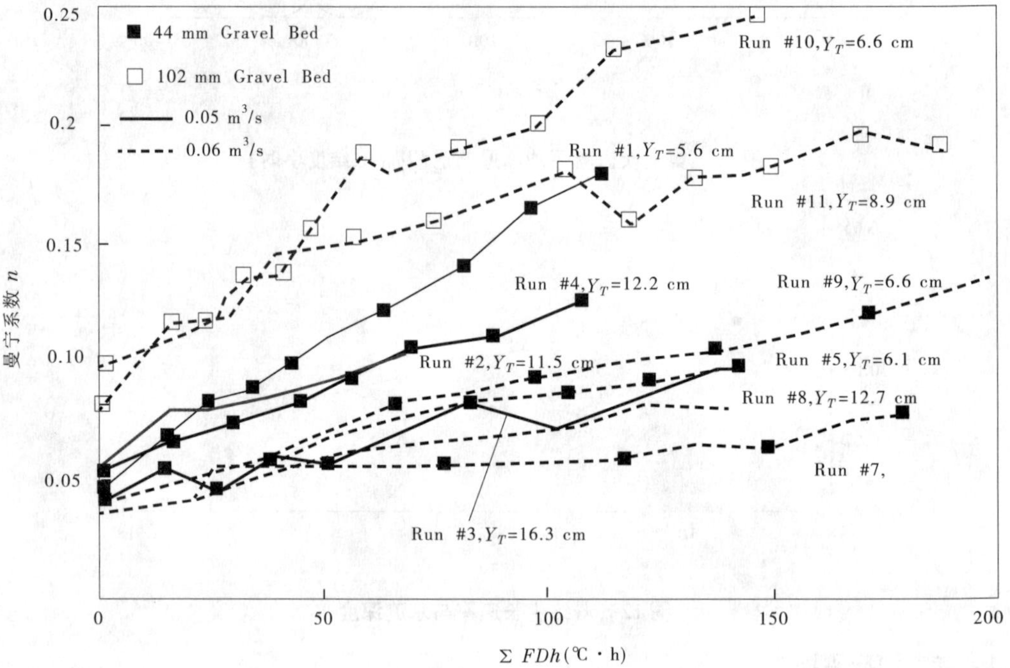

图 14 总曼宁系数的变化

面来确定。假设参考河床平面和自由水面之间的区域为水流过水断面,计算单个轮次总曼宁系数的变化。

图 14 总结出所有轮次总曼宁系数 n 的变化,该图显示对于低流速,由于卵石河床上锚冰的形成总曼宁系数 n 增加的速率很大,但当水深开始增加时,曼宁系数减少。对于一个给定的流速,总曼宁系数 n 增加的速度随卵石体积增加。图 15 展示了总曼宁系数 n 增加的速率 S_n 与雷诺数 VY_T/ν 之间的关系。该图指出可以通过增加水流深度,减小卵石体积,增加流量来减小由锚冰产生的水流阻力,这个结果可用于控制由于锚冰的形成产生的水流阻力。

4.3 由于锚冰形成产生的表面糙率

除总水流阻力之外,分析了卵石/冰床表面上的阻力。开始锚冰任意分布于河床的卵石上,这些最初的锚冰生长增加了河床表面粗糙度,随着试验的进展,卵石颗粒之间的空

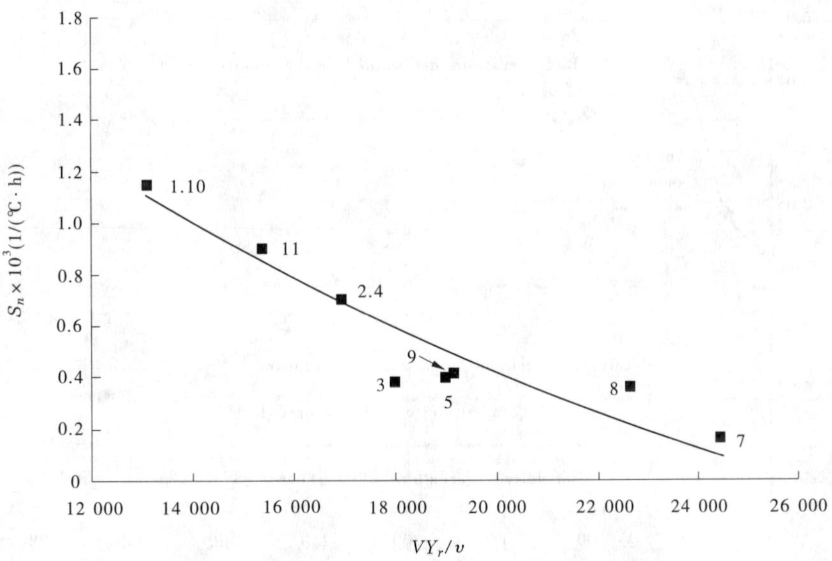

图 15　总曼宁系数 n 增加的速率 S_n 与雷诺数之间的关系

间逐渐被锚冰填满,有效底部抬升并且光滑,导致卵石或锚冰表面上部水流深度减少,随着试验的继续,锚冰河床完全被填充,河床表面粗糙度逐渐减小。

为了定量分析锚冰形成和生长期间河床表面粗糙度的变化,在锚冰河床实际表面抬升的基础上计算曼宁系数 n 的值,在锚冰的生长达到最终的稳定生长阶段之前,确定锚冰表面的抬升很难,这期间,用 4.1 节描述的步骤通过测量流速剖面来确定河床的抬升。

在锚冰生长的后期,穿过河道的锚冰表面不一致,用实测的锚冰表面剖面来确定过水断面和湿周,从而确定河床冰面的曼宁系数 n。还没有很好的定义确定曼宁系数的两种方法之间的过渡时间,由于这个原因,用两种方法计算河床表面粗糙度的曼宁系数 n。通过综合图 16 所示的两种方法的结果来获得粗糙度系数的变化,图 16 显示在锚冰生长的初始阶段河床表面粗糙度是增加的,当锚冰的光滑形式出现以后粗糙度逐渐减小 。

5　结论

我们进行了锚冰演变和锚冰对卵石河床河道水力影响的水槽试验研究,水槽试验显示锚冰由过冷紊流中屑冰在河床上的附着形成,卵石河床上屑冰最初的积累既可以出现在卵石颗粒的上游表面又可出现在下游表面或在两个卵石横向连接点上方的空间,通常开始的位置随河道水流的弗汝德数变化。

锚冰的生长阶段由初始生长阶段,过渡阶段和继续生长阶段组成。在初始生长阶段,锚冰形成的三种形式依赖于水流弗汝德数的变化;在生长的过渡阶段,锚冰的形式既可以是扁平的又可以是松散的,锚冰出现消散依赖于水流的雷诺数;在继续生长的最终阶段,锚冰以一个与表面热流失有关的稳定的速率生长,当气温是常数时,对于给定的水流条件,锚冰生长的速度接近常数,它随弗汝德数增加而与水深成反比。

由锚冰生长产生的水力阻力随流速、水深以及河床卵石的大小变化,水流阻力增加的

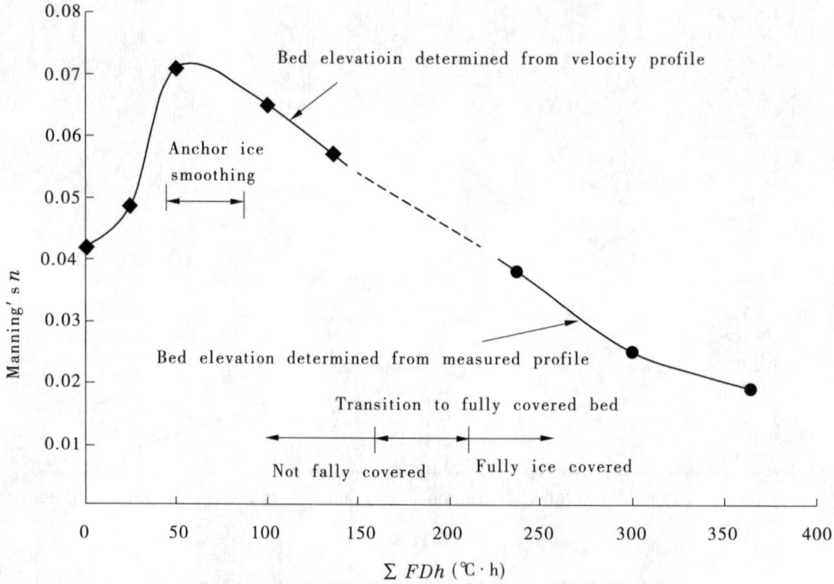

图 16　第 9 轮次由于锚冰生长导致的河床表面曼宁系数的变化

速度随流速和水流深度的增加而减小，河床卵石的体积越大锚冰产生的水流阻力的增长速率越大，总的水流阻力的增加速率随卵石河床顶面以上的水流深度定义的雷诺数 VY_T/ν 的增加而减小。在生长的初始阶段，卵石/冰河床表面糙率增加，当锚冰光滑之后直到生长的最终阶段逐渐减小到最小值。

致谢

本研究得到 ELFORSK - Swedish Electric Utility R&D Company, Project 1128 部分支持，作者对 Lars Hammar 在研究开始阶段有价值的建议和 John Gagnon and Brian Stone 在水槽试验阶段的协助表示诚挚的谢意。

参考文献

Alterberg W J. 1936. Twenty years of work in the domain of underwater ice formation, 1915 - 35. Int1. Assoc. Sci. Hydrol. Bull. 23, I. U. G. G., Edinburgh.

Arden R S, Wigle T E. 1972. Dynamics of ice formation in the Upper Niagara River. Proc. The Role of Snow and Ice in Hydrology, IAHS - UNESCO - WMO, Banff, 1296-1313.

Bames H T. 1928. Ice Engineering. Renouf Publishing, Montreal.

Devik O. 1949. Freezing water and supercooling - - anchor ice and frazil ice. J. Glaciol. 1,307-309.

Devik O, Kanavin E V. 1965. Final report on analysis and consideration of the ice conditions in the Hvita and Thjorsa River systems, Southern Iceland. State Electric Authority, Reykjavik.

Doering J C, Berkeris L E, Morris M P, et al. 2001. Laboratory study of anchor ice growth. J. Cold Reg. Eng., ASCE 15 (1):60-66.

Dong Z, Chen C Z, Li X Y. 1994. State of the art of research of open - channel turbulence. J. Hydrodynam., Ser. A 9 (1): 8-22.

Hammar L, Shen H T. 1995. Anchor ice growth in channels. Proc. 8th Workshop on the Hydraulics of Ice Covered Rivers, Kamloops, 77-92.

Hammar L, Kerr D J, Shen H T, et al. 1996. Anchor ice formation in gravel – bedded channels. Proc. 13th IAHR International Symp. on ice, Beijing, 843-850.

Hirayama K, Terada K, Sato M, et al. 1997. Field measurements of anchor and frazil ice. Proc. 9th Workshop on River Ice, Fredericton, 141- 151.

Kerr D. 1998. Anchor ice evolution and flow resistance in gravel – bed channels, MS Thesis, Department of Civil and Environ. Eng. , Clarkson University, Potsdam, NY.

Marcotte N. 1984. Anchor ice in Lachine Rapids – – results of observations and analysis. Proc. IAHR Ice Symp. , 151-161.

Parkinson F E. 1984. Anchor ice effects on water Levels. Proc. Workshop on the Hydraulics of River Ice, Fredricton, 345-370.

Prowse T D, Gridley N C. 1993. Environmental aspects of river ice. NHRI Science Report No. 5, Environment Canada, Saskatoon.

Schaefer V J. 1950. The formation of frazil and anchor ice in cold water. Trans. Am. Geophys. Union 13 (6):885-893.

Tesaker E. 1994. Ice formation in steep rivers. Proceedings International Ice Symposium, IAHR, Trondheim, 630-638.

Tesaker E. 1996. Interaction between ice and water flow in rapids. Proceedings International Ice Symposium, IAHR, Beijing, 480-487.

Tu H, Graf W H. 1992. Velocity distribution in unsteady open – channel flow. J. Hydrosci. Hydraul. Eng. , JSCE 10 (1): 11-25.

河流冰盖与浅水波的非线性相互作用*

夏　勋[1]　沈洪道[2]

(1. Specialty Materials Division, Corning Inc., HP - CB - 08, Corning, NY 14831, USA;
2. 克拉克森大学土木环境工程系,美国,纽约,Potsdam, 13699 - 5710)

摘要:河道中由于壅水波所产生的横向断裂,是在开河流冰形成过程中的一个关键机制。现有的线性理论表明,很小振幅的波浪就可以形成10 m间距的横向裂缝,但这种现象并没有在野外观察到。文章对河流冰盖和水波之间的非线性作用进行了分析,并推导出了均匀河道中封冻冰盖的一维非线性 *KdV* 方程。分析表明,非线性波的形状、波长和波速取决于波的振幅。波速略小于明渠水流的波速,波长随振幅增加而减小。据此分析了冰盖的破裂,当波的振幅在0.2~0.8 m变化时对应的横向裂缝间距从 50 m 到几百米不等,这取决于冰盖的厚度和强度。分析结果与野外观察值相吻合。

1　介绍

河流解冻开河通常分为热力开河(文开河)和机械力开河(武开河)。热力开河冰盖就地消退融化,没有显著的冰块运动。机械力开河,是在水力和机械力的作用下,漂浮冰盖的破碎所引起的,而这些力与河道流量和水位变化有关。机械力开河经常会导致严重流冰和冰坝。最近 10 年里,在流冰和冰坝动力学方面的研究已经取得了重大的进展(Shen 等, 1993;Liu 等, 1998 ; Lu 等, 1999)。然而,由于对河冰开河机制的了解并不十分清楚,因此仍然很难估计开河冰裂和冰坝的出现日期。缺乏对河冰开河力学的理解,主要是由于缺乏在壅水波浪作用下冰盖破裂的理解,这是初始开河流冰的关键。Daly (1995)使用了一种线性分析来研究河流波和冰盖之间的相互作用,并且提出了在具有很小波幅的重力波范围内,由波所引起的 10 m 或以下间隔的横向裂缝形成的可能性。这种现象并没有在野外观察到。Parkinson (1982)观察了 Liard - Mackenzie 河洪水波经过期间50~200 m 间距的冰盖裂缝的形成。Gerard 等(1984)和 Prowse (1986)进行了类似的观察。本文简短概述了河流冰盖与水波之间的相互作用以及横向裂缝形成的非线性分析。

2　控制方程

线性分析显示摩擦和河床坡度仅仅对动力波有所贡献,并且在横向裂缝破裂分析中

---

* 第 15 届国际冰工程会议论文,2002 年 8 月 28 日至 9 月 1 日,Poland,及流体力学期刊(JFM),V. 467,pp:259 - 268.

可以被忽略。对于宽浅矩形河道中有均匀冰盖的一维非恒定流,可以用下列水流质量和动量守恒方程来分析冰盖与浅水波之间的相互作用:

$$\frac{\partial d}{\partial t} + \frac{\partial (ud)}{\partial x} = 0 \tag{1}$$

$$\frac{\partial u}{\partial t} + u\frac{\partial u}{\partial x} + g\frac{\partial d}{\partial x} + \frac{1}{\rho}\frac{\partial p'}{\partial x} = 0 \tag{2}$$

式中:x、t 为空间和时间坐标;u 为流速;d 为冰盖下的水流深度;g 为重力项;ρ 为水体密度;ρ'为来自于静水压力的压力变差。由于当冰盖产生纵向裂缝从河岸脱离以后,水流的可压缩性并不重要,因此水流的可压缩性在方程中没有考虑,漂浮冰盖可以假定为均匀的薄弹性板。冰盖的运动方程为:

$$\frac{EI}{1-\nu^2}\frac{\partial^4 d}{\partial x^4} + \rho_i\eta\frac{\partial^2 d}{\partial t^2} + N\frac{\partial^2 d}{\partial x^2} - p' = 0 \tag{3}$$

式中:E 为冰的弹性模量;I 为冰盖断面的惯性矩;ν 为泊松比;N 为沿冰盖的轴向力;ρ_i 为冰体密度;η 为冰盖的厚度。令 $u = u_0 + u'$,$d = d_0 + d'$,u_0 和 d_0 为对应于均匀流条件下的流速和水深(常数),则方程(1)~方程(3)可以改写为:

$$\frac{\partial d'}{\partial t} + u_0\frac{\partial d'}{\partial x} + d_0\frac{\partial u'}{\partial x} + \frac{\partial (u'd')}{\partial x} = 0 \tag{4}$$

$$\frac{\partial u'}{\partial t} + u_0\frac{\partial u'}{\partial x} + u'\frac{\partial u'}{\partial x} + g\frac{\partial d'}{\partial x} + \frac{1}{\rho}\frac{\partial P'}{\partial x} = 0 \tag{5}$$

$$\frac{EI}{1-\nu^2} + \frac{\partial^4 d'}{\partial x^4} + \rho_i\eta\frac{\partial^2 d'}{\partial t^2} + N\frac{\partial^2 d'}{\partial x^2} - P' = 0 \tag{6}$$

将方程(6)代入方程(5),并进行坐标转换 $x' = x - u_0 t$ 和 $t' = t$,则方程(4)~方程(6)可以简化为如下无因次形式:

$$\frac{\partial d^*}{\partial t^*} + \frac{\partial u^*}{\partial x^*} + \varepsilon\frac{\partial (u^* d^*)}{\partial x^*} = 0 \tag{7}$$

$$\frac{\partial u^*}{\partial t^*} + \frac{\partial d^*}{\partial x^*} + \varepsilon u^*\frac{\partial u^*}{\partial x^*} + \delta\frac{\partial^5 d^*}{\partial x^{*5}} + N_0\frac{\partial^3 d^*}{\partial x^{*3}} + \gamma\left(\frac{\partial^3 d^*}{\partial t^{*2}\partial x^*} - 2Fr\frac{\partial^3 d^*}{\partial t^*\partial x^{*2}} + Fr^2\frac{\partial^3 d^*}{\partial^{*3}}\right) = 0 \tag{8}$$

其中,无因次变量和参数,是通过水平长度比尺 L_0、垂直比尺 d_0 以及波幅 a 来确定的:

$$Fr = \frac{u_0}{\sqrt{gd_0}};\varepsilon = \frac{a}{d_0};\delta = \frac{EI}{(1-\nu^2)\rho g L_0^4} = \frac{l^4}{L_0^4};\gamma = \frac{\rho_i}{\rho}\frac{d_0\eta}{L_0^2};N_0 = \frac{N}{\rho g L_0^2} \tag{9a}$$

$$x^* = \frac{x}{L_0};d^* = \frac{d}{a};t^* = \frac{ct}{L_0};u^* = \frac{d_0 u}{ac} \tag{9b}$$

式中:冰盖的特征长度 $l = \left(\frac{EI}{\rho g(1-\nu^2)}\right)^{1/4} = \left(\frac{\eta^3 E}{12\rho g(1-\nu^2)}\right)^{1/4}$;$c = \sqrt{gd_0}$。方程(7)和方程(8)类似于著名的 Boussinesq 方程(Debnath, 1994 ; Mei, 1983)。Daly (1995)的线性分析显示,波幅为 $O(0.1\ \mathrm{m})$、波长为 $2\pi d$ 的波,就可以引起横向裂缝的形成。在这种情况下,冰体的硬度参数 $\delta = \left(\frac{1}{2\pi}\right)^4$ 的量级是 0.001,小振幅参数 ε 的量级是 0.01 或更大。方程(7)和方程(8)中的非线性项与冰体硬度项比较不能被忽略。因此,线性分析是不成

立的。

3 非线性分析

对于 ε 和 δ 的第一级正确解来说,方程(7)和方程(8)可以简化为一种修正的 Korteweg - de Vries (KdV)方程(Xia 和 Shen,1999)。方程为:

$$\frac{1}{c}d_t + d_x + \frac{3}{2d_0}dd_x + \frac{l^4}{2}d_{xxxxx} + \frac{\rho_i}{2\rho}d_0\eta(1 + Fr)^2 d_{xxx} + \frac{N}{2\rho g}d_{xxx} = 0 \tag{10}$$

前 2 项描述了在浅水波速时波浪的演变。第 3 项代表非线性波浪的变陡。其余项是由于冰盖的弯曲、冰盖的惯性以及轴向力所引起的耗散项。因此,方程(10)是时间演变、非线性和耗散之间的平衡方程。

现在,我们寻求稳定前进的波向下游演进的方程(10)的解。在静止的参考框架 ζ 中,$d = d(\zeta)$,$\zeta = x - Ut$,则方程(9)变为:

$$A + \left(1 - \frac{U}{c}\right)d + \frac{3}{4d_0}d^2 + \frac{l}{2}d'''' + \beta d'' = 0 \tag{11}$$

其中,$d' = \frac{d(d)}{d\zeta}$,$\zeta = \frac{x - Ut}{l}$,$\beta = \frac{\rho_i}{2\rho}\frac{d_0\eta}{l^2}(1 + Fr)^2 + \frac{N}{2\rho g l^2}$,$A$ 为综合常数。

在方程(10)中忽略惯性项和沿轴向的力可以得到如下解:

$$d(x,t) = a\left(\frac{1}{3} - cn^4\left(\left(\frac{a}{140d_0}\right)^{\frac{1}{4}}\frac{(x - Ut)}{l}, \sqrt{\frac{1}{2}}\right)\right) \tag{12}$$

其中,波速 U 和波长 L_w 为:

$$U = \left(1 - \frac{1}{10}\frac{a}{d_0}\right)c \tag{13}$$

$$L_w = 2l\left(\frac{140d_0}{a}\right)^{\frac{1}{4}}K\left(\sqrt{\frac{1}{2}}\right) \tag{14}$$

式中:c 是雅可比椭圆函数;K 是第一种类型的完全椭圆积分。方程(13)表明,波浪速度稍微比明渠中的浅水波速小,这与野外观察(Parkinson , 1982)的情况一样。图 1 给出了冰盖下典型波的剖面图。图 2、图 3 给出了波长与波幅的变化关系,图 4 是由方程(12)给出的波浪剖面变化。

4 冰盖的破裂

冰盖的最大弯曲应力为 $S_{X\max} = \frac{E}{1 - \nu^2}\frac{\eta}{2}\frac{\partial^2 d}{\partial x^2}$。由于波传播产生的最大弯曲应力为:

$$S_{X\max} = \frac{E}{1 - \nu^2}\frac{\eta}{l^2}\frac{a^{\frac{3}{2}}}{\sqrt{35d_0}} \tag{15}$$

对于具有最大弯曲强度 S_b 的冰盖来说,可以引起冰盖破裂的最小波幅为:

$$a_{\min} = \left(\frac{S_{Xb}(1 - \nu^2)}{E\eta}l^2\sqrt{35d_0}\right)^{\frac{3}{2}} \tag{16}$$

方程(13)、(14)和方程(16)可以用来确定相应于 U 和 L_w 的 $a_{\min}$ 的值,这是相应于最小波

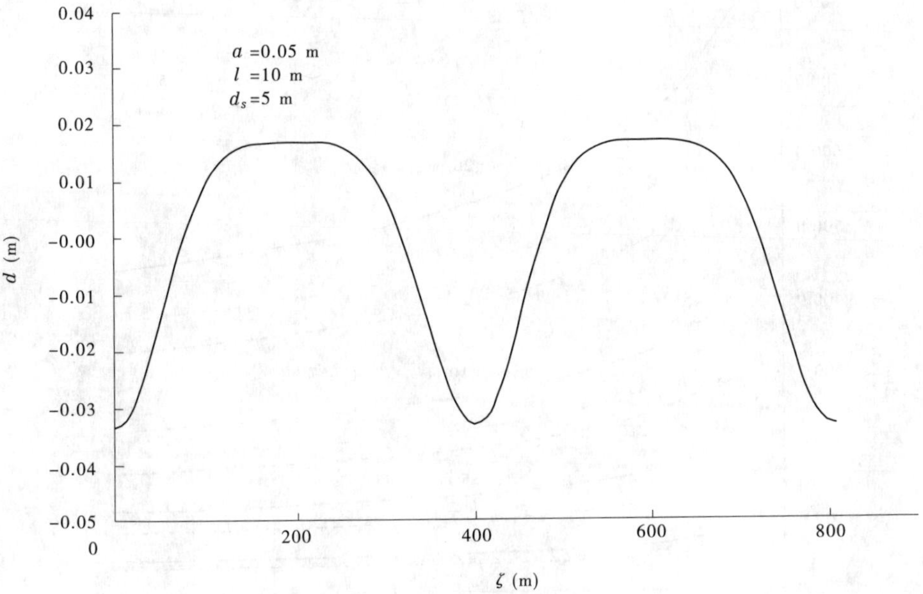

图 1　冰盖下的典型波浪剖面

幅的最大波长。表 1 给出了 $S_b = 0.6$ MPa 情况下各种不同冰盖条件下的样本值。图 5 给出了冰盖的特征长度。

表 1　a_{min} 及相应波的特征值

d_o(m)	E(GPa)	η(m)	l(m)	a_{min}(m)	U(m/s)	$L_{wmin(m)}$
5	1	0.2	2.87	0.475	6.934	65.98
5	1	0.5	5.71	0.645	6.910	121.54
5	1	1.0	9.60	0.812	6.886	192.93
5	10	0.2	5.11	0.220	6.969	142.15
5	10	0.5	10.15	0.229	6.958	261.85
5	10	1.0	17.08	0.377	6.947	415.65
3	1	0.2	2.87	0.401	5.350	60.60
3	1	0.5	5.71	0.544	5.324	111.62
3	1	1.0	9.60	0.685	5.298	177.19
3	10	0.2	5.11	0.186	5.388	130.55
3	10	0.5	10.15	0.252	5.376	240.48
3	10	1.0	17.08	0.318	5.365	381.73

5　总结

这里提出了在均匀河道中漂浮冰盖与浅水波之间相互作用的非线性分析。得到的非

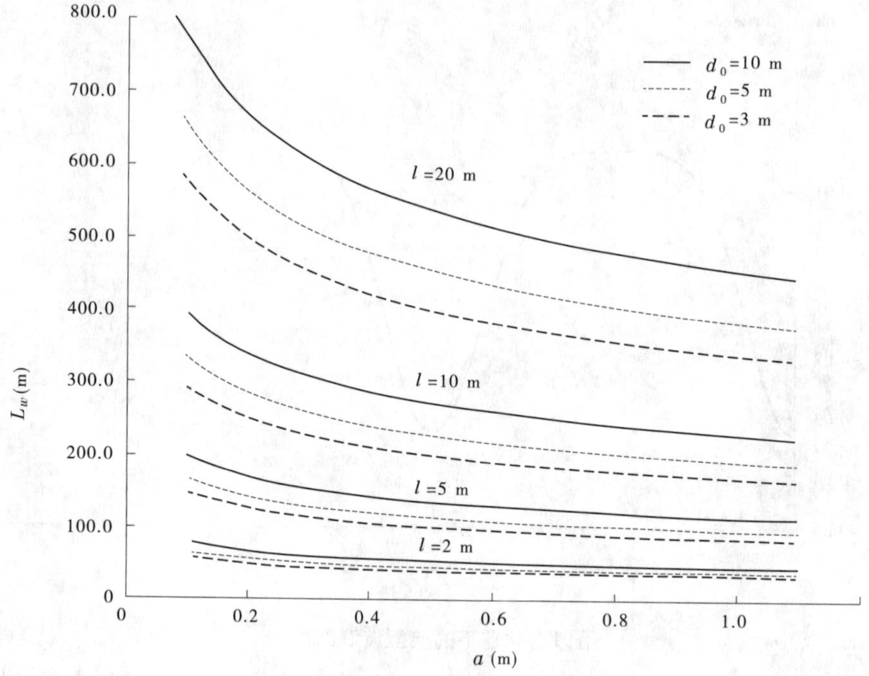

图 2　波长和波幅的关系

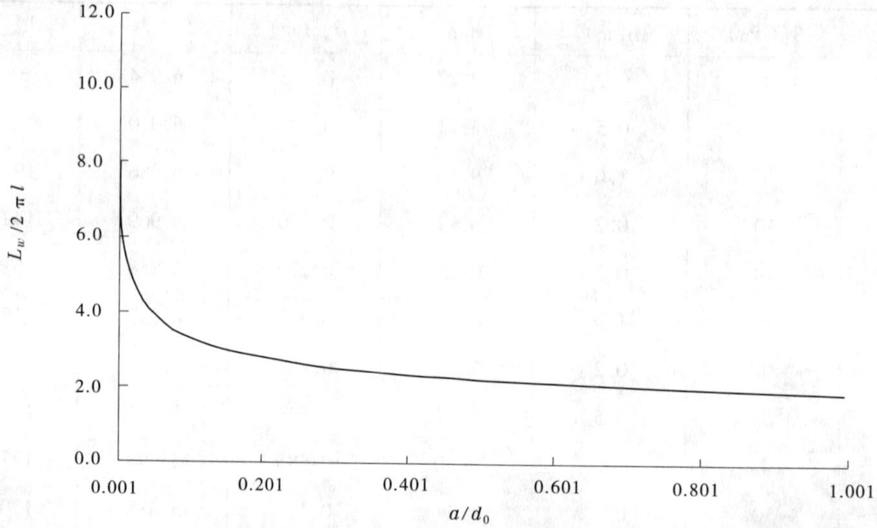

图 3　无因次形式中波长与波幅的关系

线性方程的解析解是 KdV 方程的一般形式。这个解可以用来确定河流冰盖中横向裂缝的形成条件。结果表明,浅水波的波速,因受到漂浮冰盖的影响而稍微减少。折断冰盖的最小波浪高度在 0.2 ~ 0.8 m 的范围内,这取决于冰盖的厚度和强度。由传播波所形成的横向裂缝的距离所对应的波长在 50 ~ 400 m 变化。对于春天开河期间的典型冰盖来说,波长范围在 50 ~ 150 m。这些结果与现有的野外观察十分吻合。

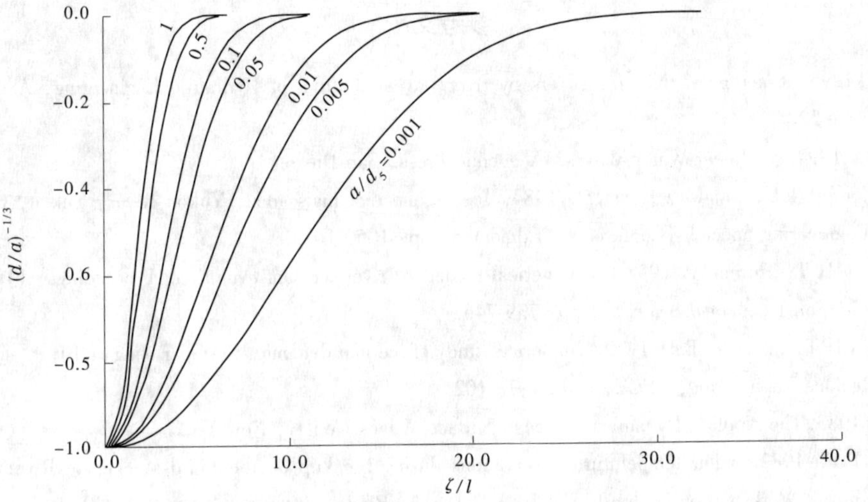

图 4　冰盖下的无因次波浪剖面

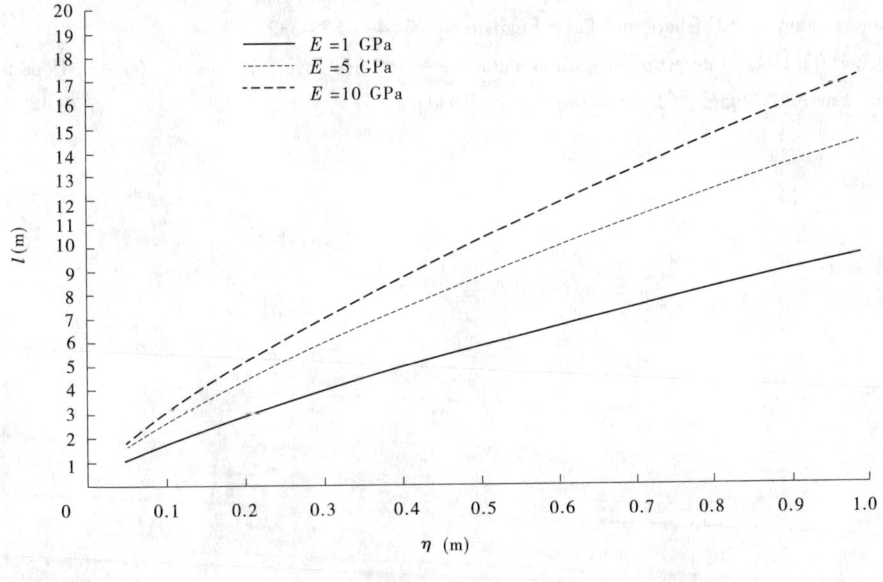

图 5　冰盖的特征长度

致谢

本次研究部分得到美国陆军研究办公室(合同编号：DAAG55 − 98 − 1 − 0520)和美国陆军寒区域研究和工程实验室的支持(合同编号：DACA89 − 94 − K − 0017)。

参考文献

Daly S F. 1995. Fracture of river ice covers by river waves. Journal of Hydraulic Engineering, ASCE, 119 (8): 41 – 52.

Debnath L. 1994. Nonlinear Water Waves. Academic Press, San Diego.

Gerard R, Kent T D, Janowicz R, et al. 1984. Ice regime reconnaissance, Yukon River, Yukon, Cold Regions Engineering Specialty Conference, Edmonton, pp. 1059-1073.

Liu L, Shen H T, Tuthicl A. 1998. A numerical model for river ice jam evolution. Proceedings, 14th IAHR Symposium on Ice, Potsdam, NY., pp. 739-746.

Lu S, Shen H T, Crissman R D. 1999. Numerical study of ice jam dynamics in upper Niagara River. Journal of Cold Regions Engineering, ASCE, 1 3(2):78-102.

Mei C C. 1983. The Applied Dynamics of Ocean Surface Waves. Wiley, New York.

Parkinson F E. 1982. Water temperature observations during breakup on the Liard-Mackenzie River system. Proceedings, Workshop on Hydraulics of Ice – Covered – Rivers, Edmonton, pp. 261-290.

Prowse T D. 1986. Ice jam characteristics, Liard – Mackenzie River confluence. Canadian Journal of Civil Engineering, 13(6):653-665.

Shen H T, Chen Y C, Crissman R D, et al. 1993. Lagrangian discrete parcel simulation of river ice dynamics. International Journal of Offshore and Polar Engineering, 3(4): 328-332.

Xia X, Shen H T. 1999. Interaction of shallow water waves with ice cover. Report No. 99 – 3, Department of Civil and Environ. Engrg., Clarkson University, Potsdam, NY.

河冰的动力输移

沈洪道[1]　HAYLE SHEN[1]　SHIMING TSAI[2]

(1. 克拉克森大学土木环境工程系,美国,纽约,Potsdam;
2. 中原大学土木环境工程系, 中国,台湾)

摘要:现有的冰坝理论,考虑了河流中浮冰的静态平衡,可以预测冰坝剖面。然而, 这些理论不能用来描述河冰的输移以及冰坝形成的过程。本文提出了河冰动力输移的理论模型,模型可以用来描述冰坝的形成与演变,在此基础上开发了一维数学模型。并通过一系列的实例计算来说明模型的运用情况以及冰坝形成的影响因素。分析结果表明,冰坝通常由冰块的集中集聚而形成。

1　简介

近几十年间,对于河流冰坝的机制已经有了许多的理论和实验室研究。其分析方法都是为估算表面冰坝的厚度而开发的,只考虑了浮冰的静态平衡,不能描述水面流冰的动力学,以及冰坝形成的时间和地点。

在天然河流中,表面冰坝的现象并不很清楚。Ackermann 和 Shen 提出,河流断面上冰桥的形成,与河流冰体的输移能力和上游的冰流量大小有关。河道的最大冰输送能力,可以看做是流速、河道宽度、比降以及表层流冰中粒状冰晶的大小、密度和流态特征等的函数。最近, Matousek 根据静态力平衡标准,推导出了易北河(Elbe)流冰期间冰桥形成的经验关系。

本文研究的目的是提出一个描述河冰动态输运的分析架构,在此基础上可以对冰坝的演变过程,包括表层冰块的输移、冰坝的形成和发展以及崩溃等进行一系列的定量描述。

2　分析公式

水面流冰包括了大小和形状都在变化的冰颗粒。通过考虑单个冰粒的运动和冰粒之间的相互作用,水面冰的输送就可以公式化。然而,在天然河道中,由于涉及大量的冰粒,所以采用分散颗粒计算方法,进行冰体输送是不切实际的。所有静态冰坝理论计算河冰现象,一直采用连续介质方法,这是因为冰粒的大小通常比河流宽度小得多。冰体输送的连续性假设的有效性讨论见 Tsai 等(1988)。

2.1　冰体输送方程

将河流中水面冰块的颗粒看做一种连续物质,就可以得到冰体输送的控制方程。对于一维分析来说,控制方程为:

$$M_i \frac{Du}{Dt} = \frac{1}{B} \frac{\partial}{\partial x}(\sigma_x N t_i B) - \frac{2}{B}\tau_B N t_i + \tau_a N + \tau_W N - M_i g \frac{\partial H}{\partial x} - u E_m B \tag{1}$$

$$\frac{D(M_i B)}{Dt} + M_i B \frac{\partial u}{\partial x} = E_m B \tag{2}$$

$$\frac{D(NB)}{Dt} + NB \frac{\partial U}{\partial X} = (E_a - R_a) B \tag{3}$$

其中，

$$\frac{D}{Dt} \equiv \frac{\partial}{\partial t} + u \frac{\partial}{\partial x}$$

式中：M_i 为单位面积冰块的质量，$M_i = \rho_i N t_i$；B 为河宽；N 为冰的面积密度；ρ_i 为冰块的质量密度；t_i 为表面冰体的总厚度；u 为冰的流速；g 为重力；E_m 为由于外部来源而引起的单位水体面积上冰的增加率（包括由于粒状冰的热动力过程和粒状冰悬浮的供应所引起的变化）；E_a 为由于外部来源而引起的冰体面积减少率；R_a 为由于机械再分配所引起的冰体面积减少率；σ_x 为正对着河道断面上单位面积的冰体应力；τ_B 为河岸阻力；H 为水位；$\tau_W = \rho C_W |V_W - u|(V_W - u)$；$\rho$ 为水体密度；C 为冰－水界面的拖曳力系数；V_W 为水流速度；$\tau_a = \rho_a C_a V_a |V_a| \cos\alpha$；$\rho_a$ 为空气密度；C_a 为空气－冰界面的拖曳力系数；V_a 为风速；α 为风和水流之间的方向角。在方程（1）、（2）、（3）中的所有变量，代表了它们在河宽上的平均值。如果建立 σ_x 和 τ_B 与水流条件的连续关系，就可以利用这些方程来求解 u、N、t_i。

2.2 基本规律

河流中表面冰体单元之间的相互作用，在整个河宽范围内是变化的，这取决于密度、运动变量和冰体性质。在流冰密度很低时，冰粒之间的相互作用可以忽略，冰粒与水流一起漂流。当流冰密度增加时，由于河岸阻力和冰粒相互作用而引起的冰体流动延迟将会增加。通常，冰粒之间的相互作用包括两种类型，这取决于相互作用颗粒间的接触持续时间。当流冰密度较低时，冰粒之间的相互作用主要是由双向碰撞所引起的动量交换而生成的。当流冰密度较大时，内部阻力通常由接触颗粒组之间以多重接触的内部应力引起。由于第一种类型通常出现在冰流速较第二类型快的条件下，所以我们把第一类型称做急流型，第二类型叫做缓流型。

在一维分析中，为了获得流速较快情况下冰的内部应力和河岸剪切力，就需要有表面冰体的横向流速分布。假定为稳定均匀流，流冰密度也均匀分布，那么，由运动方程可以导出近似的冰体流速分布公式为：

$$u(y) = \frac{5}{3} u \left[1 - \left(\frac{2y}{B} \right)^{3/2} \right] \tag{4}$$

式中：$u(y)$ 为河宽上的流速分布；y 为距河道中心线的横向距离。根据流速分布和 Shen 等提出的组成关系，可以获得在流速较大情况下 σ_x 的表达式：

$$\sigma_x = - c_\sigma(\varepsilon, \mu_d) \rho_i \lambda u^2 \left(\frac{d}{B} \right)^2 \tag{5}$$

其中，

$$c_\sigma = \frac{25}{\sqrt{2}\pi^2}(1 + \varepsilon) c^{*2}$$

$$c^* = \frac{1}{4c}\left\{\frac{8c}{3\pi}(1+\varepsilon)(1-\mu_d) - \frac{c}{2}\left[1-\varepsilon^2-\mu_d^2(1+\varepsilon)^2\right]\right\}^{1/2}$$

$$c = \frac{1-\varepsilon^2}{4} + \frac{\mu_d(1+\varepsilon)}{\pi} - \frac{\mu_d^2(1+\varepsilon)^2}{4}$$

$$\lambda = \frac{1}{\left[\left(\frac{N_{\max}}{N}\right)^{1/2} - 1\right]}$$

式中：ε 为阻力系数；μ_d 为单个颗粒的摩擦系数；d 为颗粒直径；$N_{\max}$ 为最大冰块的 N 值。

同样，河岸剪切力 τ_B 可以表示为：

$$\tau_B = -c_\tau(\varepsilon, u_d)\rho_i \lambda u|u|\left(\frac{d}{B}\right)^2 \tag{6}$$

其中，

$$c_\tau = \frac{25}{12\pi}(1+\varepsilon)(1-\mu_d)c^*$$

在流速较小的情况下，通过修改由 Pariset 和 Hausser 所提出的静态冰坝组成关系，就可以获得下列表达式：

$$\sigma_x = -\tan^2\left(\frac{\pi}{4} \pm \frac{\varphi}{2}\right)\left(1-\frac{\rho_i}{\rho}\right)\frac{\rho_i g t_i}{2}\left(\frac{N}{N_{\max}}\right)^j \tag{7}$$

和

$$\tau_B = \left[\tau_c + \eta\rho_i\left(1-\frac{\rho_i}{\rho}\right)\frac{g t_i}{2}\right]\left(\frac{N}{N_{\max}}\right)^j \tag{8}$$

式中：$\eta = K_1\tan\varphi\tan^2(\pi/4 \pm \varphi/2)$；$\varphi$ 为表面冰粒的内部摩擦角；τ_c 为河岸应力的黏滞贡献；j 为经验常数；K_1 为水流压力与作用于河岸的正压力之间的比率；在上述方程中的"+"和"－"号，分别表示收敛的（被动状态）以及发散的（主动状态）水流。对于静态冰坝，Pariset 和 Hausser 建议 η 值约为 1.28。已有的试验研究表明，φ 值可以随剪切流速而变化。根据 Hellann 的试验结果，可以得到 φ 的下列表达式：

$$\frac{\tan\varphi}{\tan\varphi_o} = \frac{d_2 + (d_3/(u+d_1))}{d_2 + (d_3/d_1)} \tag{9}$$

式中：φ_o 为静态冰坝的摩擦角。当 u 单位为 m/s 时，系数 d、d_2 和 d_3 分别为 0.102×10^{-2}，0.682×10^{-2} 和 0.186×10^{-2}。

严格地说，上述压力－张力关系，对于急流型单层冰输送是有效的，而缓流型公式只适用于多层冰输送。从急流到缓流的转变期间，会出现多层急流和单层缓流条件，然而，由于这些条件的组成规律尚不清楚，所以，方程(5)到方程(8)将作为可以接受的近似。

对于由方程(5)到方程(9)计算的不同平均冰体流速来说，图 1 和图 2 给出了内部阻力与河岸应力、冰体面积之间的关系。由图 1 可以看出，在急流和缓流曲线之间存在着 1 个或 2 个交点。当只有一个交叉点时，沿流冰密度较低的急流曲线，在交点上可以过渡到缓流曲线。当有 2 个交点时，就必须选取一个适当的过渡点。当冰体流速较大时，在流冰密度较高时出现从缓流到急流的过渡；对于冰体流速较小时，会在流冰密度较低时出现。因此，在图 1 中，第一个交点应该作为过渡点。对于图 2 中所示的河岸应力来说，可以得出类似的结论。在计算过程中,取急流的 τ_B 和 σ_x 与缓流相等,就可以由方程(5)到方程(8)确定出过渡区域的流冰密度。

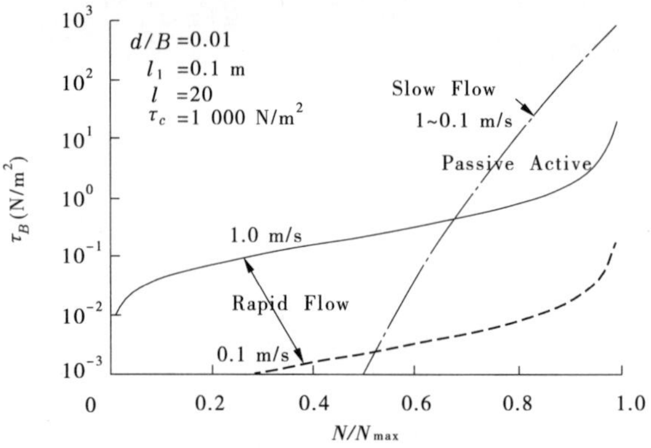

图 1 冰体内部应力变化曲线

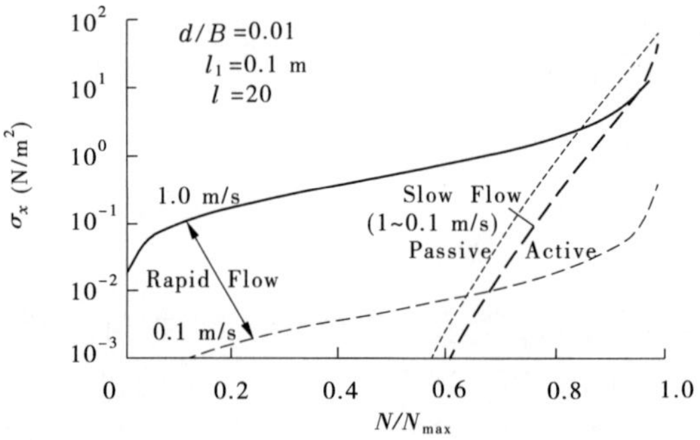

图 2 河岸应力的变化曲线

2.3 平衡冰坝厚度的计算

对于静态冰坝来说, $u=0$,并且假定冰坝处于被动情况下,运动方程可以变为:

$$t_i\frac{\partial t_i}{\partial x}=\frac{1}{\tan^2\left(\frac{\pi}{4}+\frac{\varphi}{2}\right)\left(1-\frac{\rho_i}{\rho}\right)\rho_i g}\left\{-\frac{2}{B}\tau_c t_i-\frac{1}{B}\eta\left(1-\frac{\rho_i}{\rho}\right)\rho_i g t_i^2+\tau_a+\tau_w+\tau_g\right\}\tag{10}$$

其中,

$$\tau_g=-\rho_i t_i g\frac{\partial H}{\partial x}$$

方程(10)也可以写成下面简单的形式:

$$t_i\frac{\partial t_i}{\partial x}=e_1+e_2t_i+e_3t_i^2\tag{11}$$

式中: e_1 、e_2 和 e_3 为已知系数。对于恒定流来说,给定合适边界条件,可由方程(11)确定冰厚的分布。对于平衡冰坝, $\partial t_i/\partial x=0$,冰厚 t 可以用 t_{eq} 来表示。方程(11)可以简化为:

$$\frac{1}{2}(1-\frac{\rho_i}{\rho})\rho_i g t_{eq}^2 = \frac{B}{2\eta}(\tau_a+\tau_w+\tau_g)-\frac{1}{\eta}\tau_c t_{eq} \tag{12}$$

方程(12)与 Pariset 等所推导的方程是一致的。

3 均匀流中冰凌的输送

采用拉格朗日－欧拉(Lagrangian－Eulerian)数值方法,可以求解冰体输送方程。该方法中,每次计算时间步长开始时,沿河冰体单元固定在 Eulerian 网格点上的轨迹都在 $x-t$ 平面上。在时间步长中,冰流速、流冰密度以及每个移动冰体单元的厚度变化,都可以通过拉格朗日(Lagrangian)方法求解方程(1)～方程(3)得到。

下面给出了在无风情况下,流速恒定、水平水面时均匀河道中理想化的河冰输送的数值示例,以便说明冰坝的初始现象。为了表明内部冰体内部阻力和河岸应力对冰体输送的影响,同时忽略了水面比降对水流的影响以及冰体对水流的影响。图3给出了河道、水流以及冰情特性:$B=100$ m,$d=0.5$ m,$\varepsilon=0.8$,$\mu_d=0.2$,$\tau_c=1\ 000$ N/m^2,$j=20$,$\varphi_o=47°$,$N_{max}=0.6$,$V_w=0.3$,$\eta_o=1.28$ 以及 $C_w=2.0\times10^{-3}$。除了当 N 到达 N_{max} 时冰体产生率设为0外,沿河道冰的产生率 E_m 为0.005 5 kg/(m^2·s)。初始流冰密度和冰体厚度假定为常数,分别等于0.2 m和0.1 m。假定为稳定均匀流,即 $\tau_w=2/B\tau_B t_i$,起始冰流速就可以用方程(1)确定。上游端的边界条件是一个不变的冰体通量,即 $N=0.2$ 和 $u=0.3$ m/s。下游边界条件,假定为均匀冰体通量,即 $\partial u/\partial x=\partial N/\partial x=0$。

如方程(1)所表达,河道中冰的流速受内部冰阻力、河岸应力、水流拖曳力以及产冰率的影响。内部阻力和河岸剪切应力,随着冰密度的增加而增加,并且在急流情形中还随着冰的运动速度增加而增加。水流阻力将随着冰的面积浓度以及水流流速和冰块运动速度差值的增加而增加。由于冰的生成,沿河冰的浓度将随时间增加。在没有内力及外力作用时,在恒定条件下,沿河道冰的浓度将达到线性分布。然而,该线性分布在动态模型中并不存在。如图3所示,在模拟的初始阶段,冰浓度的增加导致下游段冰的运动速度下降。冰的运动速度的非均匀性,导致在 $x=1\ 200$ m 附近河段冰聚集且冰浓度迅速增加,从而进一步加速当地冰块运动速度减小。这种相互作用过程最终导致在 $x\approx1\ 200$ m 处形成冰桥($u=0$)。冰桥形成之后,如预期那样,冰盖向上游延伸。由于水流的拖动作用,一些冰块从冰桥下游流出。随着冰的生成,冰块浓度增加,这种流出现象将停止。由方程(12)计算得到的平衡冰坝的厚度 $t_{eq}=0.013\ 5$ m。由于这一平衡厚度小于单个冰块厚度,因此冰坝是单层冰坝,即以并置方式形成且厚度等于0.1 m。如果初始冰的厚度小于 t_{eq} 则会形成多层冰坝。

4 冰体输移和河道水流的耦合

如果相变对水体质量守恒的影响可以忽略,那么,有冰河道中的水位和流量变化,可以通过下列连续方程和动量方程来描述:

$$\frac{\partial Q}{\partial x}+\frac{\partial A}{\partial t}=0 \tag{13}$$

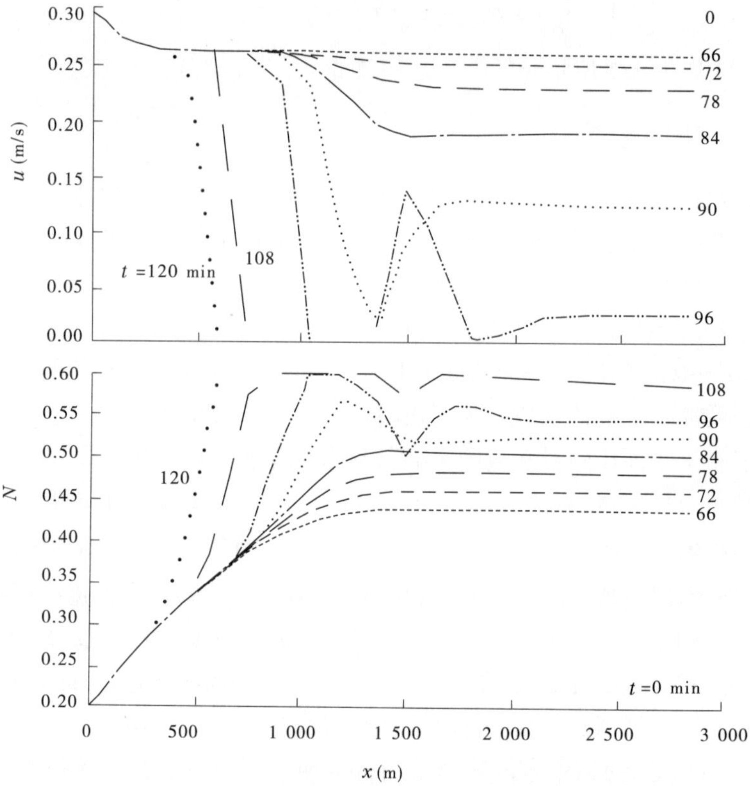

图 3　在均匀流河道中冰体的流速和含量分布

和

$$\rho \frac{\partial Q}{\partial t} + \rho\left[\frac{2Q}{A}\frac{\partial Q}{\partial x} - \frac{Q^2}{A^2}\frac{\partial A}{\partial x}\right] + \rho g A \frac{\partial H}{\partial x} + \tau_w NB + \tau_a'(1 - N)B + p_b\tau_b = 0 \qquad (14)$$

式中：A 为过流面积；Q 为流量；p_b 为河床形成的湿周；τ_a' 为直接作用于水面的风剪切力；τ_b 为河床的剪切应力；τ_w 为冰－水界面的剪切应力。

上述方程与冰体输送方程结合，就可以描述河道中的冰体输送。在目前的模型中，根据前一时段的已知冰体条件，就可以首先解得现有时间的水流条件。然后，这种水力条件就可以用来确定现在的冰情。水流条件可以利用四点隐式有限差分方法与 Newton－Raphson 格式求解。在本文最后一节将讨论采用 Lagrangian－Eulerian 格式模拟冰的输移过程。

冰和水流的恒定条件作为数值模拟的初始条件。确定初始条件的过程和均匀流情形相似，进行适当的修改使其包括与河道水流的相互作用。这种初始化技术也可以用在不能获得初始条件的野外现场研究。尽管恒定状态的解只是现场研究中对初始条件的一种近似，但是对于所研究的河段，由此产生的误差，将在近似等于冰在研究河段的传播时间的初始时段之后消失。

4.1 水流剪切应力的分布

为了求解冰体和水流方程，有必要确定在河床和冰－水界面的剪切应力。在下列讨论中，将不考虑水面风力的影响。

如果 $V_w > u$，那么，流向下游的水流不仅受到河道底部摩擦力 τ_b 的作用，还受到冰－水界面上的剪切力 τ_w 的作用，如图4所示。河床阻力为：

$$\tau_b = \rho g n_b^2 \frac{Q^2}{A^2} \frac{p_b^{1/3}}{A_b^{1/3}}$$

式中：A_b 为受到河床剪切力影响的过流面积；n_b 为河床的曼宁系数。考虑到 $p_b \tau_b = \rho g A_b S$，而且 $NB\tau_w = \rho g A_i S$，那么，A_b 和冰体阻力影响的过流面积 A_i 之间的比值为：

$$a_i \equiv \frac{A_i}{A_b} = \left[\frac{n_i^2}{n_b^2}\frac{N(V_w - u)^2}{V_w^2}\right]^{3/4}\frac{B}{p_b} \tag{15}$$

式中：V_w 为水流速度；S 为能量坡度；$n_i = \left[\frac{C_w R_i^{1/3}}{g}\right]^{1/2}$，为冰体的曼宁系数；$R_i = A_i/B$。

方程(15)给出：

$$A_b = A/\left\{1 + \left[\frac{n_i^2}{n_b^2}N\left(1 - \frac{Au}{Q}\right)^2\right]^{3/4}\frac{B}{p_b}\right\} \tag{16}$$

因此，方程(14)变为：

$$\rho\frac{\partial Q}{\partial t} + \rho\left[\frac{2Q}{A}\frac{\partial Q}{\partial x} - \frac{Q^2}{A^2}\frac{\partial A}{\partial x}\right] + \rho g A\frac{\partial H}{\partial x} + BN_\rho C_w\left(\frac{Q}{A} - u\right)^2 + \rho g n_b^2\left(\frac{Q}{A}\right)^2\frac{p_b^{4/3}}{A_b^{1/3}} = 0 \tag{17}$$

如果 $V_w < u$，表面冰体的运动要快于水深平均流速，那么，在冰－水界面的剪切应力 τ_w，就类似于风的剪切应力。在方程(14)中的阻力项就可以写成：

$$B\tau_w N + p_b\tau_b = -BN_\rho C_w\left(u - \frac{Q}{A}\right)^2 + \rho g n_b^2\left(\frac{Q}{A}\right)^2\frac{p_b^{4/3}}{A^{1/3}} \tag{18}$$

对于有岸冰的河道，方程(17)就不能应用。在这种情况下，方程(14)变为：

$$\rho\frac{\partial Q}{\partial t} + \rho\left[\frac{2Q}{A}\frac{\partial Q}{\partial x} - \frac{Q^2}{A^2}\frac{\partial A}{\partial x}\right] + \rho g A\frac{\partial H}{\partial x} + (b\tau_w N + p_i\tau_i + p_b\tau_b) = 0 \tag{19}$$

式中：b 为岸冰之间的河道宽度；p_i 为由岸冰所组成的湿周部分；τ_i 为沿 p_i 方向的剪切应力。假定为宽河道，那么，在方程(19)中的边界剪切项，就可以用断面几何形态和 Q 来表达。

4.2 算例

图5给出了4个算例，来说明河道宽度、岸冰以及河底剖面的影响。所用的边界条件为：

(1)在上游边界处的水体和冰流量是常数；

(2)在下游端的冰体速度和密度是均匀的；

(3)在下游端的水位是流量的函数。

上面最后一个条件是一条推流曲线，可以通过设 $\rho g A S_b + B\tau_w N + p_b\tau_b = 0$ 由方程(14)获得。冰体特性 d、ε、μ_d、τ_c、k、φ、N_{max}、E_m 以及 t_i 和 N 的初始值，都与第3节中的例子相同。在上游边界处，所有算例中的水流流量保持为 $Q = 120\ m^3/s$。

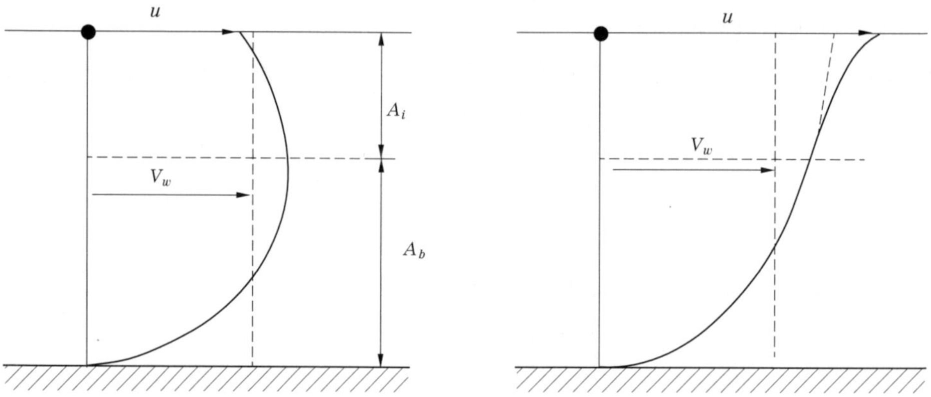

(a) $V_w > u$　　(b) $V_w < u$

图4　水面流冰河道中的流速分布

例子 A 为宽度 $B = 100$ m 且渠道底坡 $S_b = 10^{-5}$的等宽棱柱形渠道中冰的输移情况。渠道上游端底部高程为 2.032 m。图 5 给出的结果显示，沿程冰的浓度随着时间的推移增加，随水流流量减小及水位增加而变大。水流流量和水位的这一变化伴随着水流速度的减小，从而导致与均匀流情形相比冰坝更快形成。

例子 B 与例子 A 情况相同，但渠道宽度从上游端的 100 m 变化到下游端的 80 m。随着渠道宽度减小导致水流速度增加，因而冰水界面上的剪切力 τ_w 随之增加。这一增加与由于冰的浓度增加而产生的冰内部应力以及岸边剪切应力增加相抵消。如图 6 所示，冰坝初始产生的地点和时间基本上与例子 A 相同。

例子 C 反映的是岸冰的影响。这个例子和例子 A 相同，但渠道两边有岸冰存在，且其宽度从上游的 0 线性增加到下游 10 m。由于水流流速基本上与例子 A 中保持相同，且由于向下游方向水面宽度减小使得冰的浓度迅速增加。形成阻塞条件早于例子 A，如图 6 所示。

例子 D 为考虑在 $x = 4\ 000$ m 到 $x = 8\ 000$ m 之间有沟渠存在的影响结果。在本实例计算中，E_m 值设为零。沟渠水流进入渠道时，导致水流流速突然减小，导致冰的浓度迅速增加。在沟渠上游端形成冰桥，如图 6 所示。在沟渠下游端附近，冰的浓度随时间而减小。这是由于沟渠出口断面处水流以及冰的运动速度增加所造成的。

本节给出的计算实例说明冰坝初始产生的地点和时间主要受到渠道的几何形状及水流条件的影响。它们都影响冰的输移。冰坝通常在冰块集中处，即 $\frac{\partial u}{\partial x} < 0$ 处形成。这是由于冰块质量的集中导致冰浓度的迅速增加，造成冰的阻力以及岸边剪切力增加，使得冰块的运动速度减小，如方程(1)所描述。

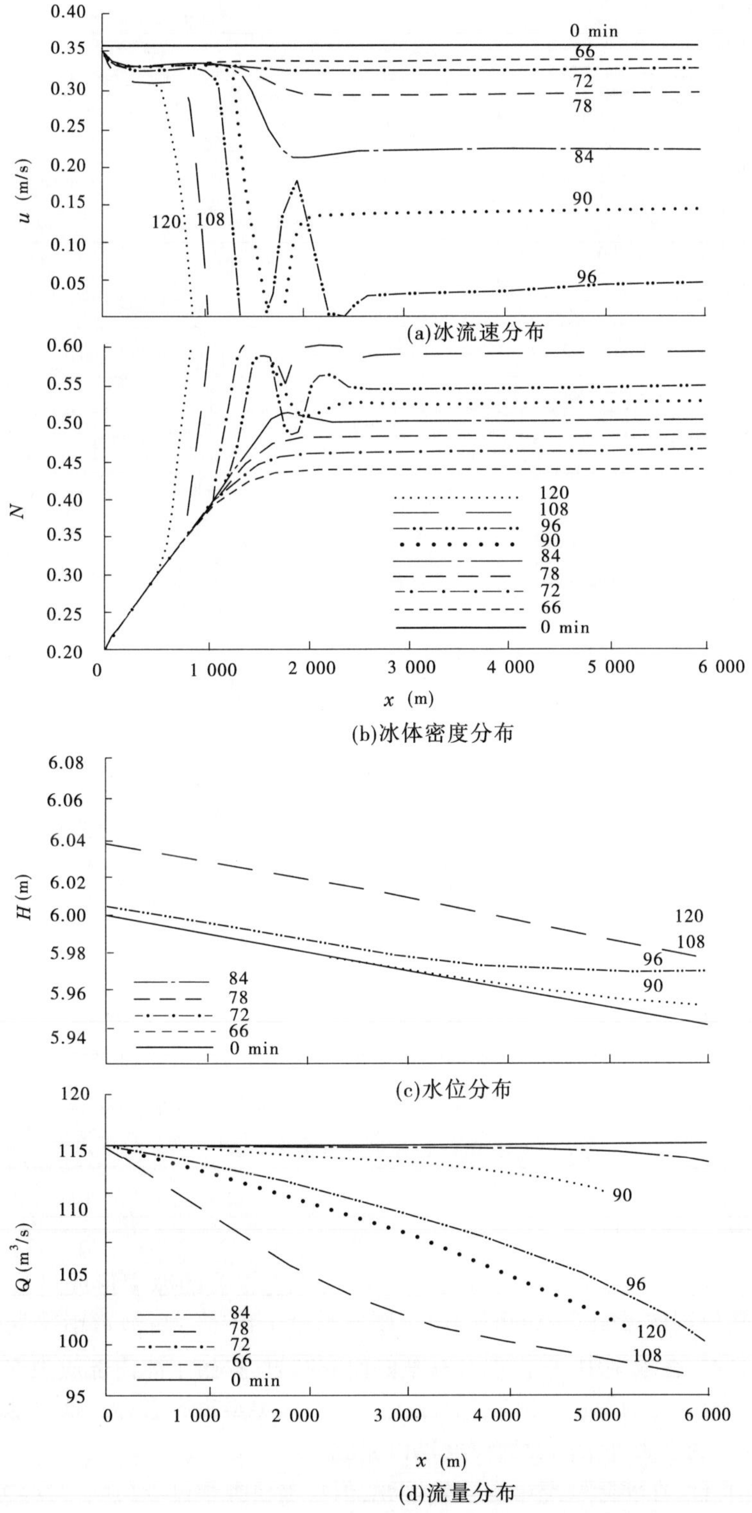

(a)冰流速分布

(b)冰体密度分布

(c)水位分布

(d)流量分布

图5　例子 A 中流速、流量、水位和冰密度分布

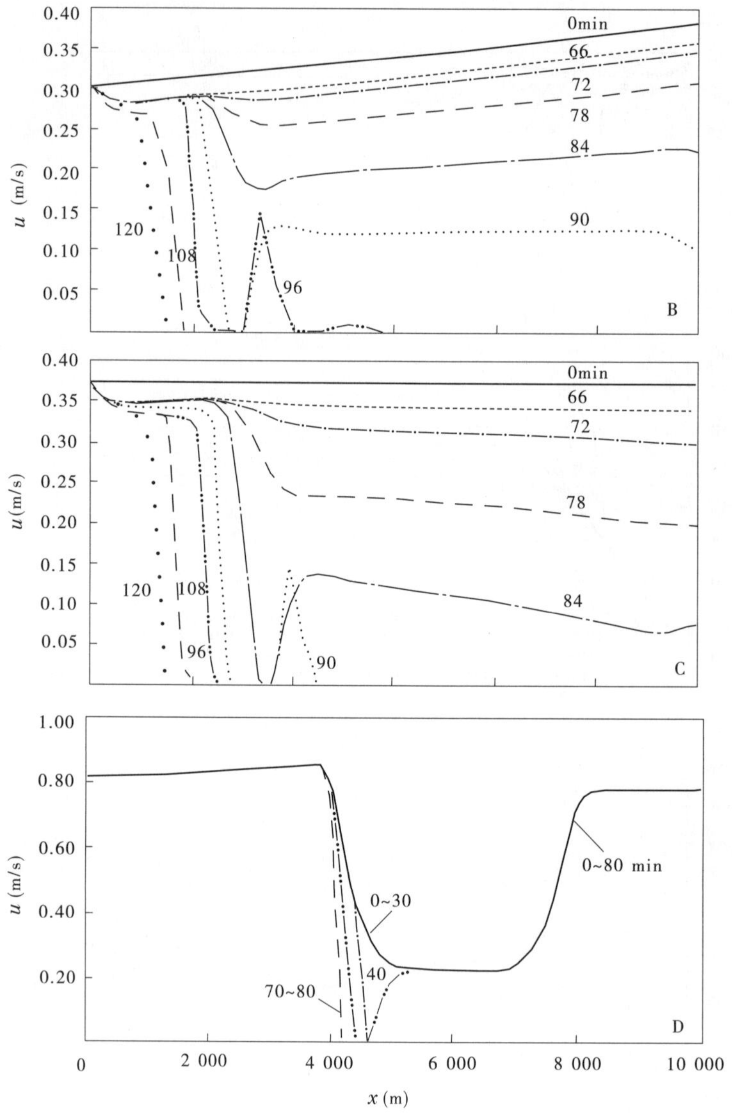

图 6　例子 B、C、D 中的冰体流速分布

5　总结和结论

本文提出了一个描述河流中冰的动力输移以及与之相关的冰坝形成过程的分析模型,并采用一维数值算例说明其模型的应用。模型提供了用于分析河道中冰的输移和冰坝演变的统一架构。在模型中,根据现有有限的研究结果,提出了冰内部应力以及岸边剪切力可信的本构关系。进行进一步的研究改进这些本构关系很有必要。这可能通过理论分析和试验研究并加上野外量测数据校准得以完成。

有几种机理特性,在实际情况中会比较重要,但在本研究中没有包括。这些机理包括浮冰块在前沿的水力稳定性,在表层冰的累积过程中固结冰盖的形成,以及冰盖下的水流对冰的冲蚀。所有这些因素可以合并入本文的模型中。另外,也有必要将本文的数值模型扩展为二维模型。这对应用现场数据资料进行模型参数的率定很有用。二维模型还可用来模拟岸冰的动态形成。

致谢

本次研究得到了 Hanover N. H. 美国陆军寒区研究和工程实验室的赞助(合同号为:NO. DACA 98 - 87 - K0001)。

参考文献

Ackermann N L, H T. 1983. Mechanics of Ice Jam Formation in Rivers, CRREL Report, 83 - 31. U. S. Army Cold Regions Research and Engineering Lab., Hanover NH.

Bfltaos S. 1983. River Ice Jams: Theory, case studies, and applications. Journal of Hydraulic Engineering. ASCE. Vol 109(10):1338-1359

Cheng S T, Tanticalaux J C. 1977. Compressive and Shear Strengths of Fragmented Ice Covers, IIHR Report No. 206, University of Iowa, Iowa City.

Gerard R. 1984. Ice Jam Research Needs, Proceedings, Workshop on the Hydraulics of Fragmented Ice Fredericton. New Brunswick, pp, 181-193.

Matousek V. 1988. Hypothesis of Dynamic Ice Bridge Formation. IAHR, Ice Symposium, Vol. 2, Sapporo. pp249-260.

Hellman J H. 1984. Basic Inverstigations on Mush Ice. Proceedings, IAHR Ice Symposium, Vol. III. Hamburg pp. 37-55.

Pariset, E, Hausser R. 1961. Formation Evolution of Ice Covers on Rivers, Engineering Institute of Canada, Transactions, Vol. 5. 1:41-49.

Pariset E, Hausser R, Gagnon A. 1966. Formation of Ice Covers and Ice Jams in Rivers, Journal of the Hydraulics Division, ASCE, Vol. 92 HY6, Nov. pp, 1-24.

Shen H H, Hibler W D. III, Lepparanta M. 1987. The Role of Floe Collisions in Sea Ice Rheology, Journal of Geophysical Research, Vol. 92, No. C7, PP7085-7096.

Tai S M, Shen H T, Shen H H. 1988. Dynamic Transport of River Ice Jam Initiation, Report No. 88 - 2, Department of Civil and Environmental Engineering, Clarkson University, Potsdam, NY.

Uzuner M S, Kennedy J F. 1976. Theoretical Model of River Ice Jams, Journal of the Hydraulics Division, ASCE, Vol. 102, HY9 pp. 1365-1383.

Yapa P D, Shen H T. 1986. Unsteady Flow Simulation for an Ice Covered River, Journal of the Hydraulics Division, ASCE, Vol. 112, N0. 11, pp. 1036-1049.

冰坝释放洪水波动力学

刘连武　沈洪道

（克拉克森大学土木环境工程系，美国，纽约，Potsdam，13699－5710）

摘要：本文研究了冰坝释放造成洪水波的动力学原理。采用二维冰动力学模型对冰坝消融对洪峰传播和冰坝释放过程进行了数学模拟分析。模拟结果与不考虑冰阻力影响的简单模拟结果相比较，结果发现在冰坝释放的瞬间，冰水混合的洪峰流量与不考虑冰阻力情况下的洪峰流量接近。但是，冰阻力对水位流量关系和演进过程有显著的影响。冰阻力可以显著降低下游河道的洪峰。

1　介绍

河道内冰坝的释放或破坏，伴随着河道槽蓄水量，将产生流速大、水位迅速抬高的洪峰。由于冰坝释放和由此产生的洪峰对水利工程的运行管理和洪水预报都有很大影响，所以用模型模拟冰坝释放和由此产生的洪峰非常重要。亨德森和杰勒德用经典的垮坝分析方法研究了冰坝突然释放所产生洪水的特性，期间忽略释放后冰的影响。Beltaos 和 Krishnappan（1982）对由于冰坝释放产生洪水机理进行了一维分析。通过假设流冰时密度保持不变，不考虑河岸对冰运动以及冰块内部的阻力，同时，假设冰的物质特性与水的相同，问题变成一维非恒定水流问题。Beltaos 和 Krishnappan（1982）发现实测洪峰过程的水位曲线很难与简化后的公式相吻合。Blackburn 和 Hicks（2003）通过比较模型结果与圣约翰河大瀑布上游的实测数据，再次验证这一方法的可行性。他们得出结论，精确的渠道几何尺寸是进行冰坝释放产生洪水模拟的重要参数，冰坝体可以当做水来对待。但是，他们还是不能通过模拟发现与实测水位和流量关系曲线相一致的过程。Jasek（2003）根据自己的实地观测对冰坝的释放过程给出了非常好的解释，同时对冰的影响给出了不同的意见。

在本文中，通过运用二维耦合的水流及冰动力学模型 DynaRICE（Shen 等，2000）来研究河道中冰坝释放产生的洪水中的冰阻力影响，包括内部冰阻力及岸边摩擦阻力。模型中的水力学项，运用可以对高速和过渡水流进行模拟的迎风流线有限元方法（Liu 和 Shen，2003；Brooks 和 Hughes，1982；Hicks 和 Steffler，1992；Berger 和 Stockstill，1995）进行了率定。为避免不准确的野外测量数据对真实冰情的干扰，研究运用了理想化的渠道进行研究，渠道的坡度和长度都与圣约翰河进行同比例缩放。考虑冰动力影响的模拟结果与不考虑冰阻力影响的简单模拟结果进行比较，从而获得冰对洪峰产生的影响。这一对比解释了 Blackburn 和 Hicks 在 2003 年试验中数学模拟结果和实测数据之间存在的差异。另外对径流电站上游的冰坝释放过程进行了模拟。

2 长河道内冰坝的释放

在这次试验中,主要对 100 km 长、600 m 宽的矩形渠道中的冰坝释放情况进行了研究。前 30 km 的渠底斜率为 0.000 4,其余 70 km 斜率是 0.000 1。河床底部的曼宁系数取常数 0.03。把恒定流量 2 000 m^3/s 作为上游边界条件。在下边界,用正常水深来代表无约束下边界。水面高程随着下游流量的变化而自动变化。初始的稳定状态、宽度均等的冰坝及水面的纵向剖面如图 1 所示。

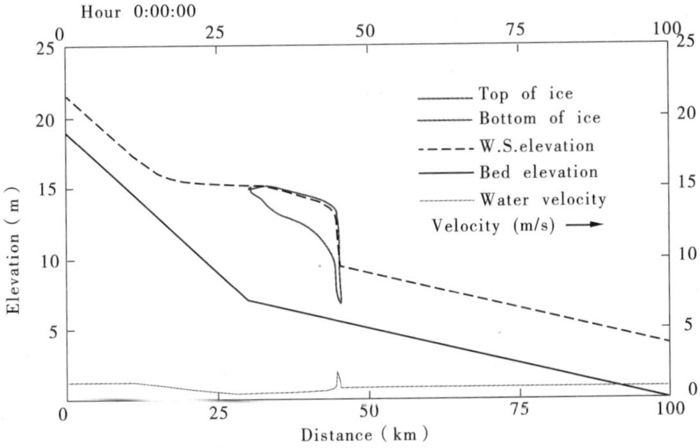

图 1 冰坝模拟剖面和冰塞释放初始状态

冰坝开始释放以后,冰坝释放模拟持续 24 h。冰坝释放以后的 4、10、20、60 min 的水面和冰坝剖面如图 2 所示。水流沿河的传播速度也一并反映。在最初的 15 min 最大流速是 3 m/s,而冰坝释放前的冰坝底部流速为 2 m/s。在此之后,表面开始消弱,流速也变小。并且发现,冰坝底部的流速要大于运动的冰坝前部明渠水面的水流速度。

水位过程线和在维持 2 000 m^3/s 流量的稳定冰坝下游无冰明渠在不同位置水位增长剖面图见图 3。图 4 显示了在下游所选择位置水和冰水混合物的流量。图 5 显示了模拟的在冰坝下游 30 km 处的水流量、冰流量和水位。正如预期的,冰的移动速度较洪水前峰快大约 5 h。

2.1 不考虑冰阻力情况下的模拟结果

在忽略冰阻力影响把冰当做水一样来看待的情况下,按照相同的起始条件和边界条件,对以上的实例进行了模拟。模拟的水位流量关系曲线见图 6。

2.2 冰阻力的影响

以上的模拟试验结果显示,在一次冰坝的释放过程中冰的阻力对水位流量过程线的影响是非常显著的。图 7 比较了在 50 km 处的不同水位过程线和冰水混合的流量过程线,包括考虑冰阻力和不考虑冰阻力。图形显示,对于两种情况,洪峰的数值几乎是一致的,但水位过程线则出现了显著的不同。在考虑冰阻力的情况下,洪峰消退远低于不考虑冰阻力的情况。流量过程线显示冰阻力可以明显降低洪峰流量。这一结果也解释了 Blackburn 和 Hicks(2003)出现的模拟结果和实测结果不一致的问题,她们忽略了冰阻力

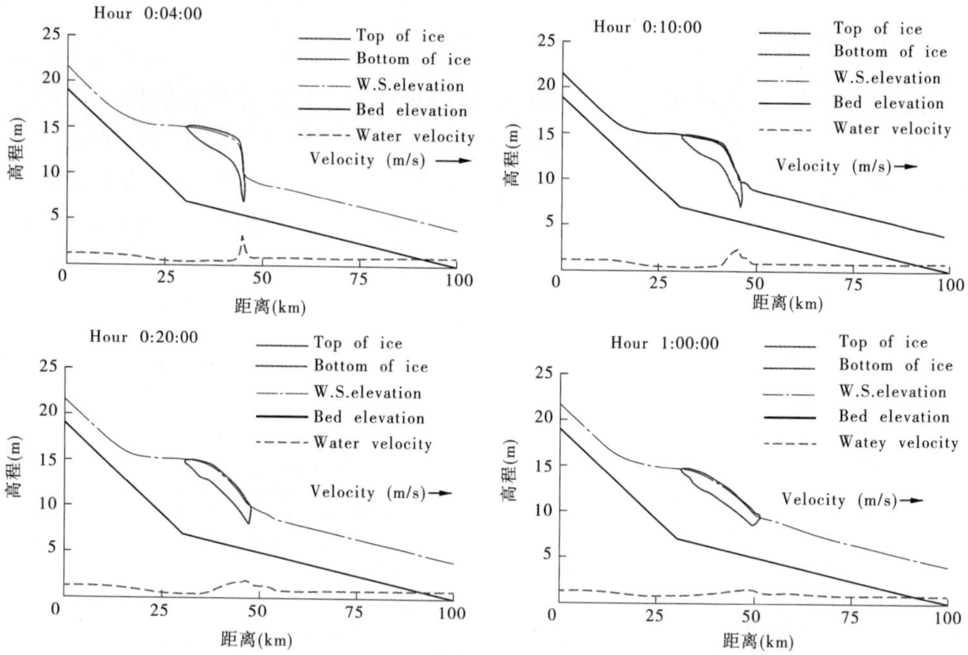

图 2　冰坝释放后的纵剖面图

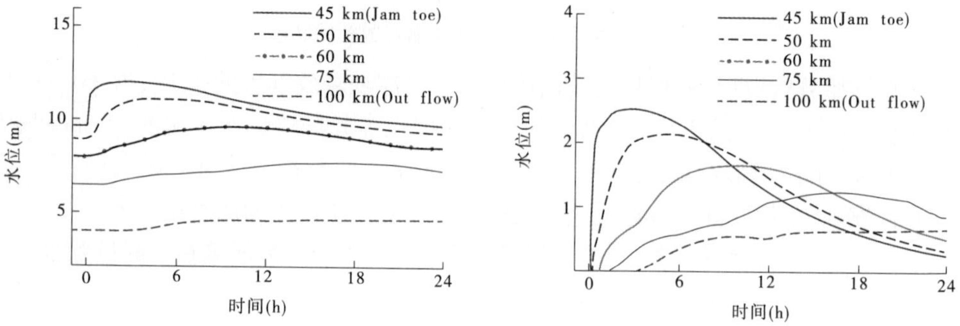

(a)沿渠道不同位置的水位过程线　　(b)在无冰状态下的水位升高过程

图 3

的影响。

3　短渠道冰坝释放

这节主要研究冰坝在一个 28 km 长,600 m 宽的矩形渠道释放的情况。渠道的底坡斜率是0. 000 12。渠道底部采用恒定的曼宁系数 0. 018。冰坝底部的最大曼宁系数是 0. 05。3 600 m^3/s 的恒定水流作为上下边界的边界条件。这次模拟主要是来演示在径流电站两岸之间的冰坝释放现象。冰塞和水面的初始状态纵向剖面见图 8。

冰坝释放的模拟时间持续 10 h。图 9 显示了冰坝释放后,水面和冰坝在 10 min、35 min、3 h 和 10 h 的剖面图。水流沿河的流动速度也一并显示。在 35 min,水波在下游边

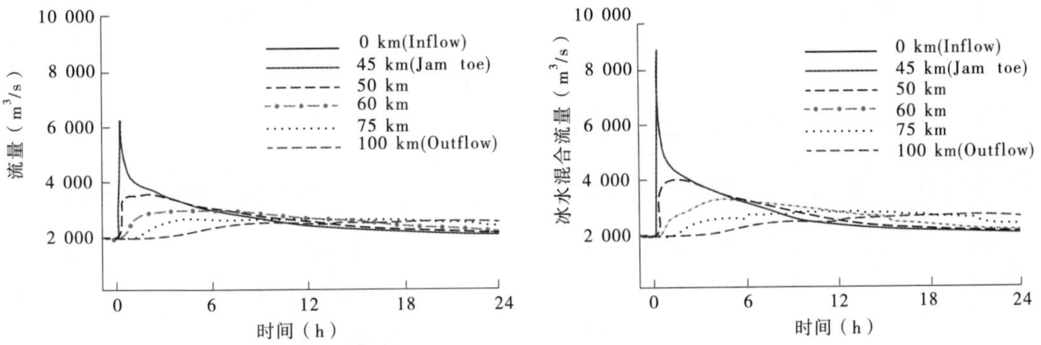

(a)流量过程

(b)冰塞下游不同位置的冰水混合物的流量过程

图4

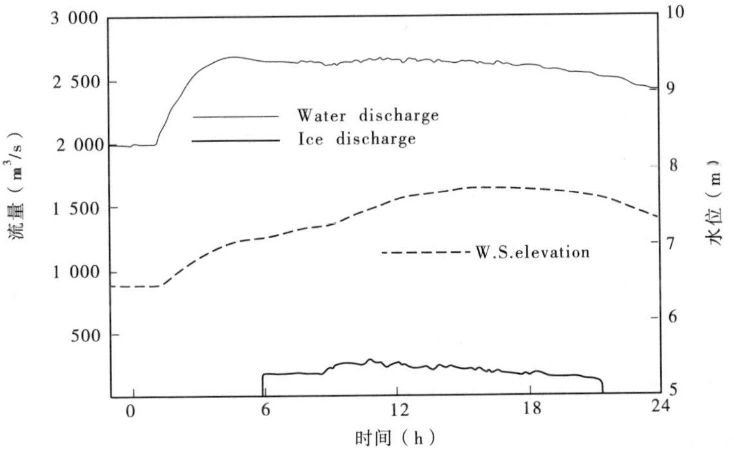

图5 模拟的75 km处水位、流量过程

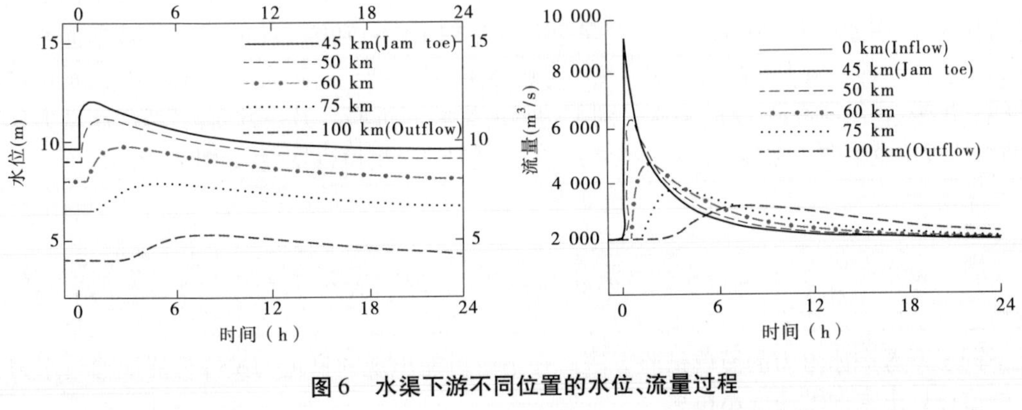

图6 水渠下游不同位置的水位、流量过程

界后退向上游移动也显示在图中。由于水波的影响，水位在下游部位抬升1 m左右。后

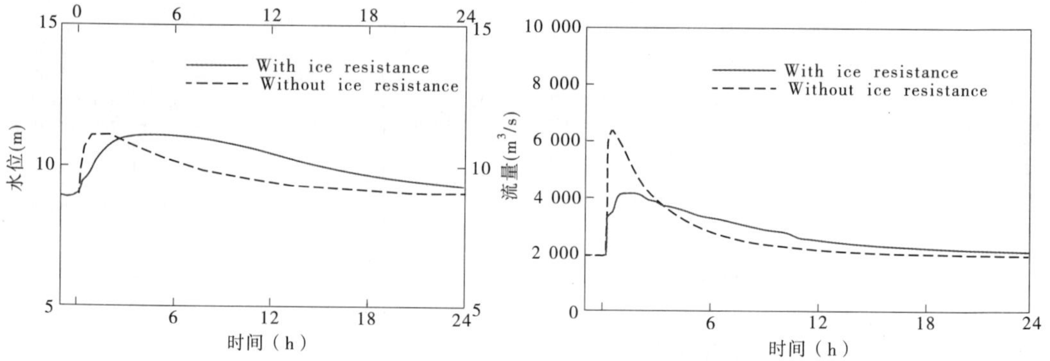

图7　50 km 处冰阻力对水位、流量过程的影响

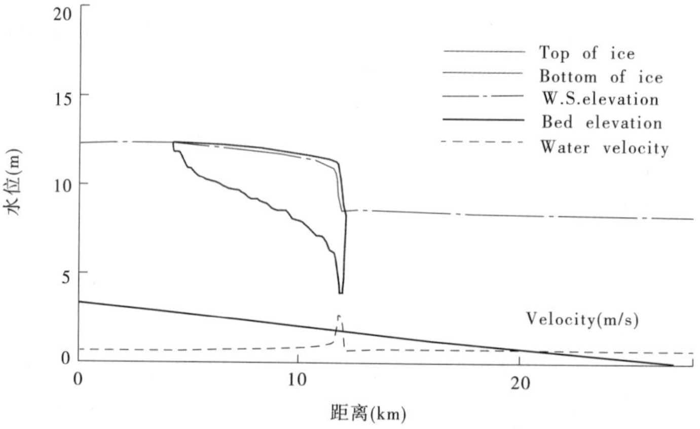

图8　冰坝剖面及冰坝释放的初始状态模拟

退的洪水波在碰到碎冰时被削弱。

4　不考虑冰阻力的模拟结果

按照相同的初始条件及边界条件，再次进行了上述模拟试验，但忽略冰的阻力。模拟试验得出的水位和流量过程线，见图 10(a)和图 11(a)。为了与存在完全冰动力学影响的情况进行比较，考虑冰动力学影响的水位流量过程线见图 10(b)和图 11(b)。这些数据证明了释放水波受到的冰阻力和削弱影响。在不考虑冰阻力的情况下，我们可以从图 10 的水位过程线看出来，在洪峰消散之前，多次受到下边界的影响而折回。另一方面，当考虑冰动力作用时，冰很快就消散了洪峰。同样的影响在流量过程线上也可以发现，如图 11 所示。

5　结论

在理想化的渠道内，通过水流及冰动力学相结合的数学模型，对由于冰塞释放引起的洪峰进行了模拟。结果显示冰塞的阻力削弱了释放的过程。在渠道下游的水位流量过程线不同于不考虑冰阻力的简单试验方法。在下游可能出现的真正的洪峰可能比通过水力学模型计算出来的洪峰要小很多。

在这项研究以前，大多数观察者都用简单的水力学方法来研究冰塞的释放。本研究

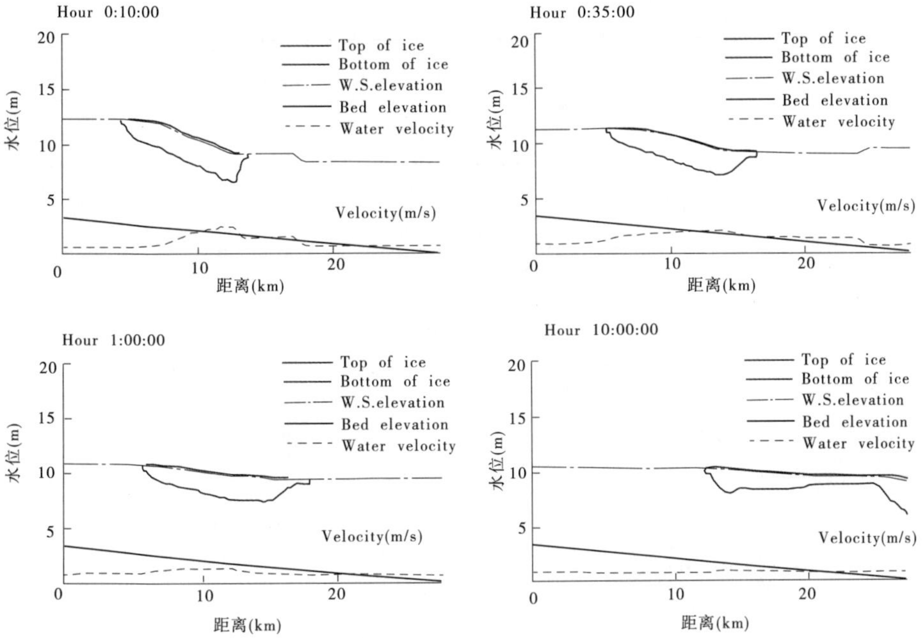

图 9　冰坝释放后的纵向剖面

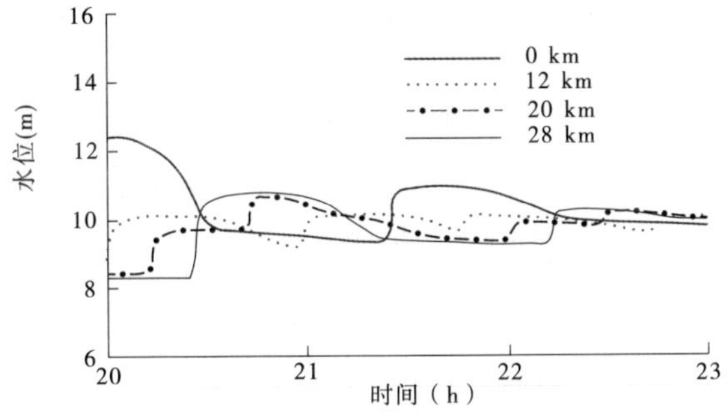

（a）无冰阻力影响

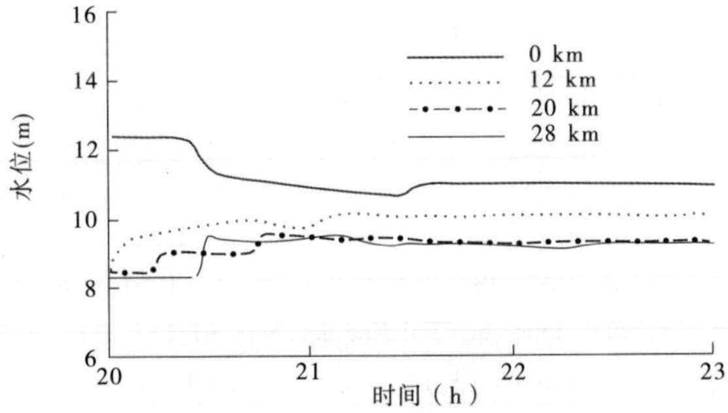

（b）考虑冰动力影响

图 10　在渠道不同位置的水位过程线

表明，在研究冰塞释放和相关洪峰传播时，不可以忽视冰动力的影响。

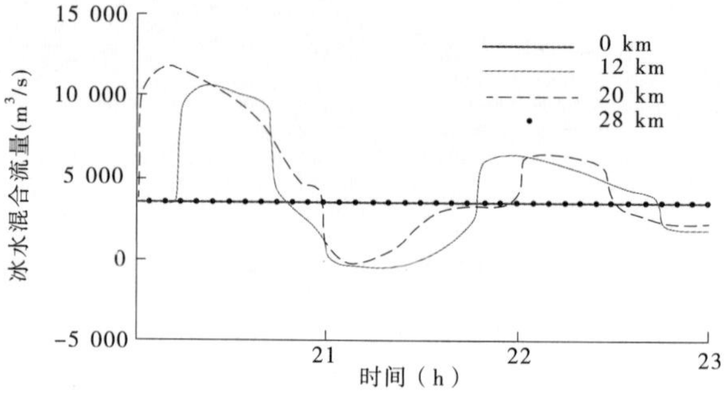

(a)无冰阻力影响

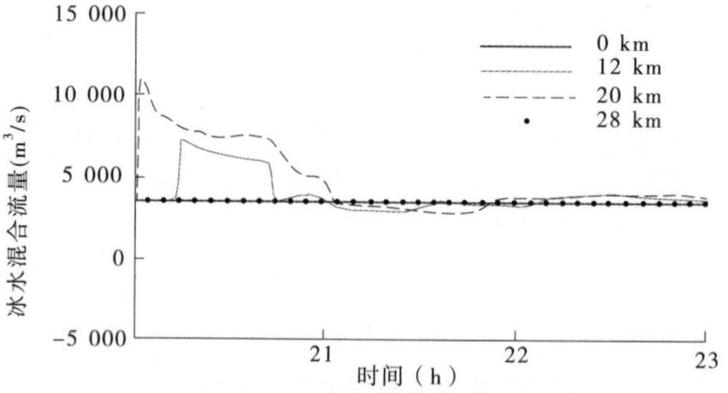

(b)考虑冰动力影响

图 11　渠道不同位置的流量过程线

参考文献

Beltaos S, K B. G. 1982. Surges from ice jam release: A case study. Canadian Jour. Civil Eng. , 9:. 276-284.

Berger R C, Stockstill R L. 1995. Finite – element model for high – velocity channels. Journal of Hydraulic Engineering, 121(10), ASCE, 710-716.

Blackburn J, Hicks F. 2003. Suitability of dynamic modeling for flood forecasting during ice jam release surge events[J]. Journal of Cold Regions Engineering, Vol. 17, No. 1.

Brooks A N, Hughes T J R. 1982. Streamline upwind Petrov Galerkin Formulations for Convection Dominated Flows with Particular Emphasis on the Incompressible Navier – Stokes Equations. Computer Methods in Applied Mechanics and Engineering, 32:199-259.

Henderson F M, Gerard R. 1981. Flood waves caused by ice jam formation and failure, Proceedings, IAHR Symposium on Ice, Quebec.

Hicks F E, Steffler P M. 1992. Characteristic dissipative Galerkin scheme for open channel flow, Journal of Hydraulic Engrg, ASCE, 118(2):337 – 352.

Jasek M. 2003. Ice jam release surges, ice runs, and breaking fronts: field measurements, physical descriptions, and research needs. Canadian Jour. of Civil Engineering, 30:113-127.

Liu L, Shen H T. 2003. A Two – dimensional Characteristic Upwind Finite Element Method for Transitional Open Channel Flow. Report 03 – 04, Department of Civil and Environmental Engineering, Clarkson University, Potsdam, NY.

Shen H T, Su J, Liu L. 2000. SPH Simulation of River Ice Dynamics, Journal of Computational Physics, 165(2): 752-770.

第三部分　河冰过程的模拟

河流冰盖厚度模拟的统一度-日法*

沈洪道　POOJITHA D. YAPA

（克拉克森大学土木环境工程系，美国，纽约，Potsdam，13699-5710）

摘要：本文开发了一种模拟河流冰盖的热力生消以及河冰冰盖开河的统一度-日法，并在安大略湖和Cornwall之间的上圣劳伦斯河中进行了应用。在这个模型中，冰盖厚度的变化与气温有关，用下式计算：

$$h = (h_0^2 + \alpha S)^{1/2} - \beta t^{\theta}$$

式中：h为冰盖厚度；h_0为初始冰盖厚度；S为自从冰盖形成以来的冻结度-日值；t为自从初始冰盖形成以来的天数；α、β和θ为经验系数。

关键词：开河　度-日法　冰盖厚度　模拟　圣劳伦斯河

1　引言

冰盖厚度的生长和消退分析以及开河日期的预估在诸如内陆航运和水力发电等的冬季运用计划中都是重要要素。冰盖厚度也是许多其他工程问题的一个重要参数。例如，冰盖的强度直接与它的温度和厚度有关。冰体厚度也是估计于结构物上冰作用力的大小的一个重要变量。从水力方面来看，由冰盖所引起的过流断面面积的减少能影响到河道的水流条件，特别是在小河里。冰体厚度和开河日期的估计也为春天开河期间流量和水位变化的预估提供了有用的信息。

通过考虑详细的能量交换，已经开发了冰厚模拟的数值模型（Greene，1981；Shen和Chiang，1984）。由于需要水温记录和详细的天气资料作为输入，使用这些模型有时是不实用的。另外，由于短波辐射、蒸发以及空气-冰（或雪）界面的对流影响，一些估算能量通量所需要的参数还不能够精确地确定。

度-日法（Stefan，1889）一直在实际中应用来模拟河流和湖泊冰盖的热力生长（米歇尔，1971；Pivovarov，1973）。在这个方法中，冰体厚度h与从初始冰盖形成以来封冻的气温累积度-日数S有关。可以用下式来描述：

$$h = A_0 S^{1/2} \tag{1}$$

* 本文发表在加拿大《Journal of Civil Engineering/土木工程》，1985年12期，54-62。

其中,A_0 为经验常数。不同条件下冰盖所用的典型 A_0 值列于表 1 中(Michel,1971)。方程(1)不能够模拟冰盖融化过程。在最近的报告中,Bilello (1980)建议用累积融解度 - 日来描述冰盖从最大冰厚到消退和开河,由公式(2)给出。

表1 系数 A_0 的典型值

冰盖条件	A_0(in. ℉$^{-1/2}$. d$^{-1/2}$)	A_0(cm. ℃$^{-1/2}$. d$^{-1/2}$)
无雪多风湖泊	0.8	2.7
有雪平均湖泊	0.5~0.7	1.7~2.4
有雪平均河流	0.4~0.5	1.3~1.7
屏蔽急流小河	0.2~0.4	0.7~1.4

$$h = h_{\max} - AS_T \tag{2}$$

式中:$h_{\max}$ 为消退开始的最大冰厚度;S_T 为累积的融解度 - 日;A 为一个随地点变化的经验常数。在同一份报告中,Bilello 指出,入射的太阳辐射可能是影响冰盖消融的一个重要因素。由于公式(1)或公式(2)都不能描述整个冬季冰盖厚度的变化,所以就需要一个统一的度 - 日模型。本文将检验度 - 日法的理论基础,并提出一个模拟整个冬季冰盖厚度变化的统一度 - 日模型,并且在圣劳伦斯河上游从安大略 Kingston 到 Cornwall 之间 160 km 长的河段进行了应用。

2 理论分析

河流冰盖的热力生长和消退,受到气象条件、雪和冰盖厚度、河道水流的温度和流速、冰盖下侧可能的冰粒堆积以及冰盖热力性质的影响。在这节中,将利用一个简化的分析来检验现有度 - 日法的有效性以及影响数值常数值 A_0 和 A 的因子。然后,基于这些分析提出一个新的度 - 日模型。

2.1 问题的形成

假定冰盖中温度呈准稳定线性分布,并忽略雪盖的影响,则冰盖厚度的变化可以用式(3)来描述:

$$q_i(t) = k_i(T_m - T_s)/h \tag{3}$$

式中:q_i为通过冰盖的热通量;k_i 为冰的热传导度(2.24 W/(m·℃));T_m 为冰 - 水界面的温度,等于融点(0 ℃);T_s 为冰盖顶面的温度;h 为时间 t 时的冰盖厚度。冰 - 水界面的边界条件是:

$$q_i - q_{wi} = \rho_i L_i \frac{\mathrm{d}h}{\mathrm{d}t} \tag{4}$$

式中:q_{wi} 为从水体到冰盖的热通量;ρ_i 为冰体的密度(916 kg/m^3);L_i 为水体溶化潜热(3.34×10^5 J/kg)。

由于忽略冰盖表面的融化和增厚,以及短波辐射(Shen 和 Chiang,1984),则气 - 冰界面的边界条件可以近似为:

$$q_i = q_{ia} \tag{5}$$

其中，q_{ia}为从冰盖到空气的热通量。根据热交换系数所表示的气－冰界面和冰－水界面热通量，即 $q_{wi}=h_{wi}(T_w-T_m)$ 和 $q_{ia}=h_{ia}(T_s-T_a)$，则公式(3)、(4)、(5)可以简化为(Ashton,1980)：

$$\rho_i L_i \frac{\mathrm{d}h}{\mathrm{d}t} = \left[\frac{(T_m - T_a)}{\left(\frac{h}{k_i}+\frac{1}{h_{ia}}\right)}\right] - h_{wi}(T_w - T_m) \tag{6}$$

式中：T_a 为空气温度；T_w 为水温度。这里应该强调的一点是，由于在方程(5)中引入的近似，方程(6)在春季融冰期天气变暖时严格地说是无效的。也应该注意到，由于冬季冰盖条件的变化和各种能量交换成分的变化，特别是在春天融冰期太阳辐射的增加，系数 h_{ia} 也会有改变。

2.2　度－日法

如果我们假设 k_i 和 h_{ia} 都与时间无关，为了分析方便，也假定 $T_w=T_m$(0 ℃)，即忽略从水流向冰体的紊流热量传送，则对式(6)进行积分得到：

$$h = -\frac{k_i}{h_{ia}} + \left[\left(\frac{k_i}{h_{ia}}+h_0\right)^2 + \frac{2k_i}{\rho_i L_i}S\right]^{1/2} \tag{7}$$

式中：h_0 为起始冰盖厚度。忽略 k_i/h_{ia} 和 h_0，方程(7)可简化为方程(1)。则 A_0 的值等于 $(2k_i/\rho_i L_i)^{1/2}$，或 3.4 cm. ℃$^{-1/2}$. d$^{-1/2}$(I.04 in. ℉$^{-1/2}$ d$^{-1/2}$)，这远远大于表 1 中所给出的经验值。使用典型值 $h_{ia}=20\mathrm{W}/(\mathrm{m}^2\cdot ℃)$，即 $k_i/h_{ia}=11.2$ cm (4.4 in)，则冰厚曲线就可以从公式(1)和公式(7)得出，见图 1。

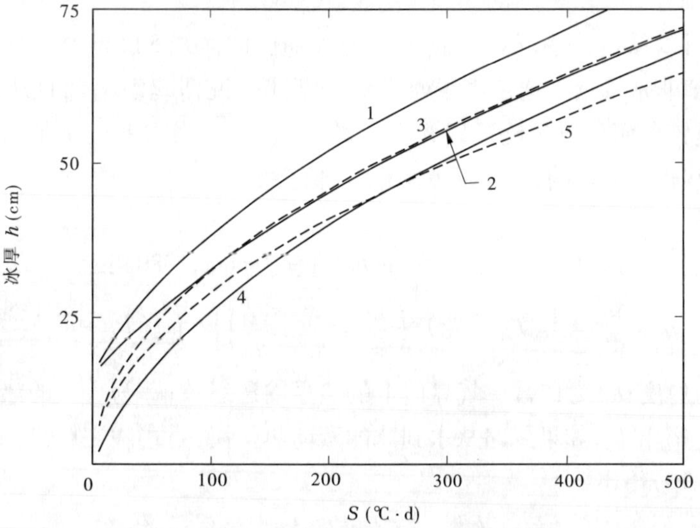

图 1　冰厚与累计冻结度－日之间的关系

图中曲线 1：公式(7)当 $k_i/h_{ia}=0$ cm，$h_0=15.2$ cm 时；曲线 2：公式(7)当 $k_i/h_{ia}=11.2$ cm，$h_0=15.2$ cm 时；曲线 3：公式(1)当 $A_0=3.26$ cm. ℃$^{-1/2}$. d$^{-1/2}$时；曲线 4：公式(7)当 $k_i/h_{ia}=11.2$ cm，$h_0=0$ cm 时；曲线 5：公式(1)当 $A_0=2.92$ cm. ℃$^{-1/2}$. d$^{-1/2}$时。

曲线 1 和曲线 2 比较表明，参数 k_i/h_{ia}的贡献是不可以忽略的。然而，曲线 2 和曲线 4

与曲线3和曲线5的比较表明方程(7)可以通过适当地选择 A_0 值而逼近方程(1),但是在冰盖初期当值 S 很小时除外。由于系数 A_0 可以从野外观测数据经验得到,所以公式(1)对于起始冰厚 h_0 较小的冰盖增长能给出可接受的结果。但一般情况下,公式(8)要比公式(1)更适当。

$$h^2 = h_0^2 + \alpha S \tag{8}$$

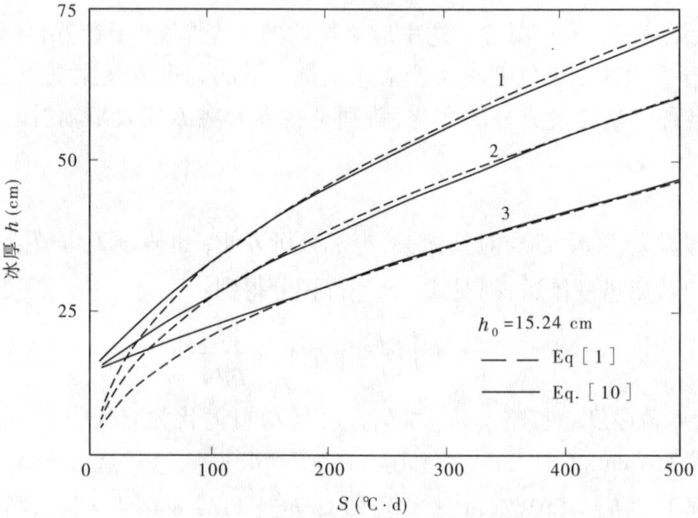

图2 雪盖对冰厚的影响

(1: $h_s = 0$ cm, $A_0 = 3.26$; 2: $h_s = 2.54$ cm, $A_0 = 2.72$; 3: $h_s = 7.62$ cm, $A_0 = 2.07$)

由此我们可以看到,采用 $h_0 = 0$ 情况下的 A_0 值(即曲线5),与表1所给出的无雪多风湖泊的建议值非常接近。这是由于通常对于湖冰来说,h_0 较小,而且从水到冰的紊动热传送,因流速较小而可以忽略。因为雪盖的屏蔽作用,当雪厚度增加时,A_0 的值会减小。由于紊动热传送的影响,对于河冰来说 A_0 值会更小。

2.3 雪盖影响

在雪盖出现时,方程(6)可以扩展为下列方程(Ashton,1980):

$$\rho_i L_i \frac{\mathrm{d}h}{\mathrm{d}t} = \left[(T_m - T_a)\Big/\left(\frac{h}{k_i} + \frac{h_s}{k_s} + \frac{1}{h_{sa}}\right)\right] - h_{wi}(T_w - T_m) \tag{9}$$

式中:h_s 为雪盖厚度;h_{sa}为在雪-气界面上的热量输送系数;k_s 为雪盖的热力传导度。对于常数值 k_i、k_s、h_{sa}和 h_s,如果忽略从水到冰的紊动热交换,公式(9)就可得到一个解析解。这个解由公式(10)给出:

$$h = -\left(\frac{k_i}{h_{sa}} + \frac{k_i h_s}{k_s}\right) + \left[\left(\frac{k_i}{h_{sa}} + \frac{k_i}{h_s} + h_0\right)^2 + \frac{2k_i}{\rho_i L_i} S\right]^{1/2} \tag{10}$$

用典型值 $k_s = 0.3$ W/(m·℃)和 $h_{sa} = 20$ W/(m^2·℃),对应于各种雪盖厚度的冰厚曲线与用合适的 A_0 值由公式(1)所计算的曲线一起绘于图2。这些曲线表明,雪盖的存在极大地减小了冰盖的增长,并且当雪盖厚度增加时,系数 A_0 的值减小。还有,在冰封期的早期,公式(1)会低估冰盖的厚度。

2.4 水温影响

当水温在冰点以上时,从流动的河水向冰盖的紊动热量输送不能忽略。为了包含水温的影响,必须利用公式(6)和公式(9)来计算冰盖的厚度。由于这些方程是非线性的,很难得到一个显式的解析解。然而,利用一个简单的向前差分程序,很容易获得数值解(Ashton,1980)。

在一个简化的理论模型中,气温和河流中水温的长期平均变化,可以用周期为1年的正弦曲线函数来逼近。利用圣劳伦斯河 Massena 站的资料,Shen 和 Ruggles (1980)提出,在 Massena 地区的气温长期平均变化可以表示为:

$$T_a = 15.49\sin\left(\frac{2\pi t^*}{365} + 0.4\right) + 6.04 \tag{11}$$

并且水温可以近似表示为:

$$T_w = 12.56\sin\frac{2\pi t^*}{365} + 8.89 \tag{12}$$

适用于 T_w 值大于冬季最低水温 T_L 的情况。在公式(11)和公式(12)中,T_a 和 T_w 都用摄氏度℃为单位,并且 t^* 是距离5月中的天数。图3形象地显示了这些变化。对于不同的 T_L 值,用公式(11)和公式(12)表示 T_a 和 T_w,就可以得出方程(9)的解,如图4所示。在这些解中,气-冰或气-雪界面上的热传导系数,假定为一个常数:20 W/(m^2·℃)。因为 $h_{wi} = 1\ 622 V_w^{0.8} D_w^{-0.2}$(W/(m^2·℃)),所以从水体到冰盖的热传送系数可以用流速 V_w 和水深 D_w 来确定(Ashton,1979、1980)。假定起始冰盖厚度 $h_0 = 15.24$ cm,形成于1月15日。图4显示了冰盖厚度作为累积冻结度-日的函数的变化。这些曲线显示,当从水体到冰盖的紊动热传送变得显著时,$h-S$ 之间的关系就不能用方程(1)或方程(8)来近似。因此,还需要进一步的改进以使度-日法能够用于有来自水体的紊动热通量的冰盖。对于常数 V_w 和 T_w 来说,从水流到冰盖的热通量是一个常数,并且与空气温度无关。这个热通量对冰盖生长的影响可以近似为时间的线性函数。为了演示这些,将图4中的冰盖厚度作为时间的函数放于图5中。从公式(9)和公式(10)计算的冰盖厚度之间的差值 Δh 绘于图6。从图6可以看出,来自水体的热通量的影响在冰的生长期间可以用时间的线性函数来近似。

3 模拟模型

3.1 冰厚模拟

当从水体向冰盖的紊动热通量可以忽略时,结冰的度-日公式(8),可以用来近似公式(7)或公式(10)中冰盖厚度的增长。由于气-冰(或雪)界面处的边界条件(5)忽略了冰盖顶面的融化,所以,公式(7)、(8)或公式(10)在没有经过进一步改进时都不能用于融化期。而且,由于太阳辐射的增加、雪盖厚度的减小以及在冬季后期冰盖下波纹的形成,都会加速融化的进程,可以预见在融化期间 α 值会减小。通过分析圣劳伦斯河上可以得到的冰盖资料,发现对于系数 α,用一个简单的函数关系式(13)可以使公式(8)能模拟整个冬季的冰厚变化。

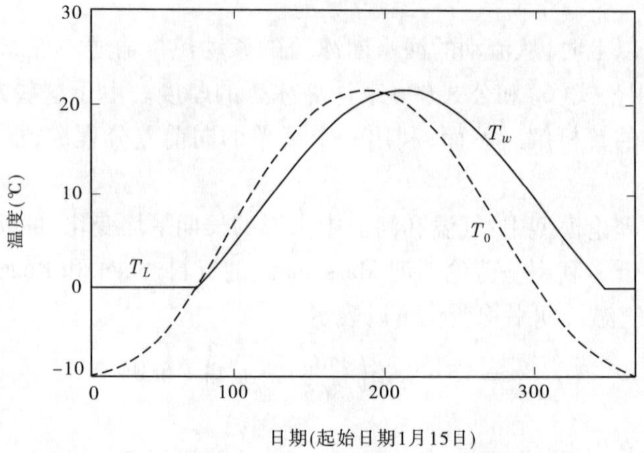

图3　纽约 Massena 站气温与水温的变化

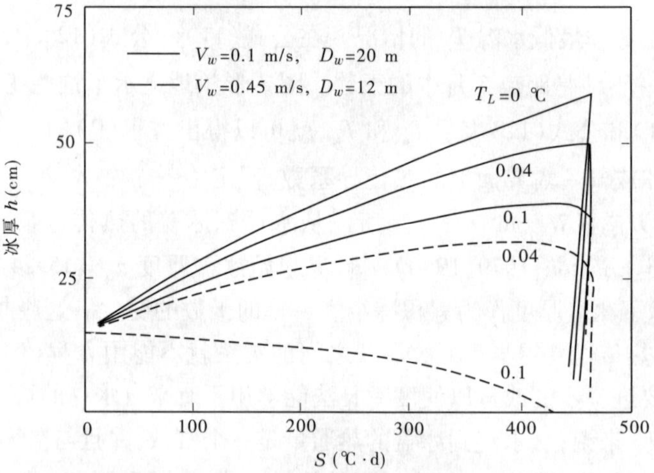

图4　水温对冰盖厚度的影响(h_s = 2.54 cm)

$$\alpha = \alpha_0 \qquad 当\ T_a^{(2)} \geqslant T_n$$
$$\alpha = \alpha_0 + (T_a^{(2)} - T_B)_m \qquad 当\ T_a^{(2)} < T_B \tag{13}$$

式中:α_0 为在低温时期常数 α 的值;$T_a^{(2)}$ 为冻结前2日气温的平均冻结度 - 日,℉ · d;T_B 为 $T_a^{(2)}$ 的基础值,它表示从生长状况到消退状况的变化;m 为代表 α 值在融化期间的消退的常数。由公式(13)所给出的 α 值的变化也在图7中绘出。对于圣劳伦斯河上游的冰盖 T_B = 1.0 ℉-d (−0.56 ℃ · d),m 在0.03和0.04 in^2/(℉ · d^2)(0.617 ~ 0.823 cm^2/(℃^{2} · d^2))之间变化。

方程(8)和方程(13)一起,可用于来自冰盖下水体热通量可以忽略情况下的冰盖。在水温 T_L 持续高于冰点的地方,如湖泊或热排放出水口的下游,公式(8)应该进一步修改为下列形式:

$$h = (h_0^2 + \alpha S)^{1/2} - \beta t^{\theta} \tag{14}$$

式中:t 为自冰盖形成以来的天数;β 和 θ 为随地点而变化的经验常数。公式(14)中的最

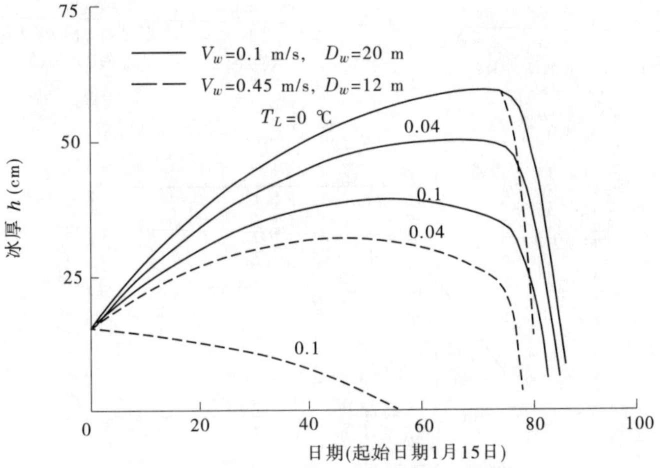

图5　冰盖厚度的变化(h_s = 2.54 cm)

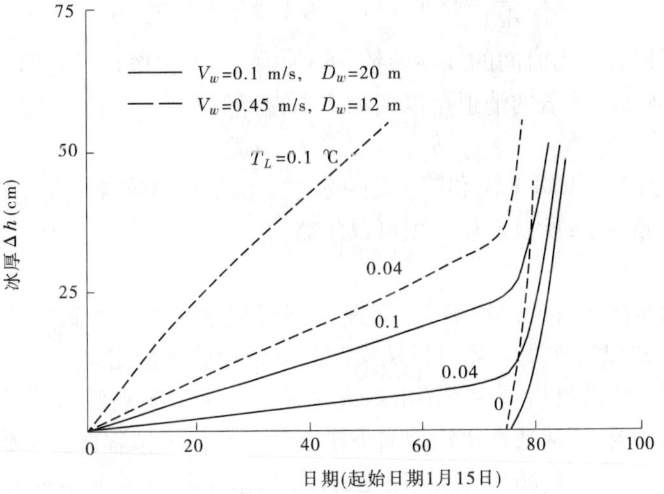

图6　从水体到冰盖的热通量的影响(h_s = 2.54 cm)

后一项用来考虑从河水到冰盖紊动热输送的过大影响。图6表明,在水温从 T_L 上升以前,这一项几乎是随时间线性变化的,常数 θ 应该近似等于1.0。

3.2　开河(解冻)模拟

在河流里的冰盖开河(解冻)通常是由于冰盖融化才发生的。融化减小冰盖的厚度和强度,并且由于河流水位的上升、流速增加以及与某些情况下的风力作用,都会带来机械性破坏(Shulyakovskii,1966)。实际的开河进程要受到许多水流和河道地形的影响(Polyakova,1977; Amineva,1978;Bulatov 和 Silant' Yeva,1977;Beltaos,1982),因此在分析中必须考虑到当地的条件。

在本文中,仅仅考虑了由于热力影响造成的开河。可以用一个简单的经验程序来模拟开河期间的冰情。回顾图5和图6中的冰厚曲线表明,由于来自水体紊动热传送的影响,当水温上升时,河流冰盖厚度迅速消退。消退率可以描述为:

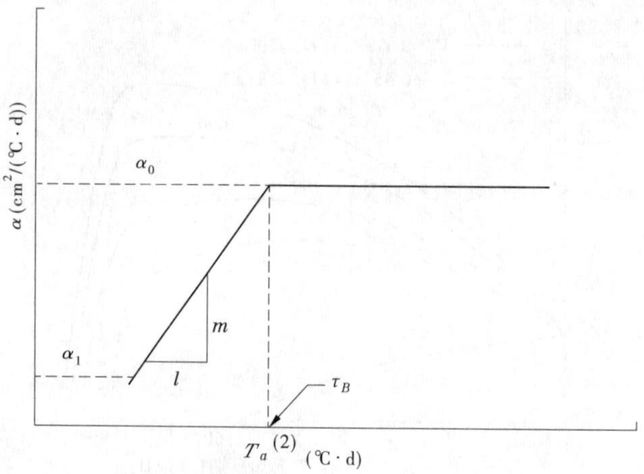

图7　系数 α 的变化

$$\rho_i L_i \frac{\mathrm{d}h}{\mathrm{d}t} = -h_{ia}(T_a - T_m) - h_{wi}(T_w - T_m) \tag{15}$$

由于水温影响可以表示为时间的线性函数，冰盖顶面的融化率是气温的线性函数，考虑上式的作用，在开河期间冰盖的消退可以用如下方程近似：

$$h_{j+1} = h_j - b - aT_a \tag{16}$$

式中：h_{j+1} 和 h_j 分别为第 $j+1$ 天和第 j 天的冰厚。由于来自冰盖底部的融蚀对于河流冰盖来说是一个主导因子，所以最后一项可以忽略。

3.3　模拟程序

根据圣劳伦斯河上游的冰厚数据，开发了下列程序来模拟冰盖厚度的变化和开河。在公式(14)和公式(16)中的系数可以从实测数据中经验地确定。

圣劳伦斯河上游的流量受到下游电站大坝调节。在上游温暖水流的作用下，由于冰盖融化和前缘的后退，开河通常逐渐地向下游发展。建议模拟程序的步骤如下：

(1)使用 Pariset 等(1966)开发的理论，计算起始冰盖厚度。Shen 和 Yapa 给出了详细的讨论(1983)。

(2)从起始冰体形成到冰盖厚度达到最大值 $h_{\max}$ 并且由 $h_{\max}$ 到 $(h_{\max} - \Delta h_R)$ 的期间，使用公式(14)计算冰盖厚度 h。α 值要大于或等于 0。

(3)当冰厚减少到 $h_{\max} - \Delta h_R$ 时，冰盖可以认为是处于弱化时期。除了冰盖不再增厚外，冰盖厚度的变化将用公式(14)来模拟。这个时期将会继续，直到 α 系数到达下限 α_1 为止。

(4)当系数 α 到达 α_1 时，可以认为冰盖处于开河时期。可以利用方程(17)来确定冰厚，直到开河为止。

$$h_{j+1} = h_j - b \tag{17}$$

可以发现，这个经验程序对于上圣劳伦斯河的冰盖厚度和开河日期，都得到了较好的模拟结果。

4 模型的验证

圣劳伦斯航道主管当局已经在圣劳伦斯河上从安大略湖到蒙特利尔之间设立了冰厚观测站。在安大略湖和 Cornwall 之间的测站数据，正如 Shen 和 Yapa（1982）所总结的那样，已经在本文研究中得到了应用。测站地点见表 2 和图 8。在模拟模型中所需要的参

表 2　圣劳伦斯河上游冰厚测站的位置

测站	近似流速（m/s）	近似水深（m）	位置
E1	0.20	8.2	Wiley – Dondero 运河；Eiscnhower 船闸上游 1 mi，英里桩 88
E2	0.35	8.8	Wiley – Dondero 运河；在理查德点下游 1 mi；英里桩 92
F1	0.40	18.0	63 浮标对面；奇里斯勒公园；英里桩 96
F2	0.70	13.0	奥格登岛的脚下；灯塔 92 对面；英里桩 108
H1	0.83	8.8	Toussaint 岛；灯塔 114 对面
H3	0.40	13.5	Boom – Prescott 上游 1 mi 处的 Iroquois 坝；英里桩 127；受梅特兰热排放的影响
H4	0.40	21.0	在梅特兰对面（石头灯塔）；英里桩 133
H5	0.28	19.0	Lower Grenadier 岛；英里桩 150
H7	0.12	24.0	沃尔夫岛 Bradford Pt.；灯塔对面；英里桩 179

注：1 mi ＝ 1.6 km。

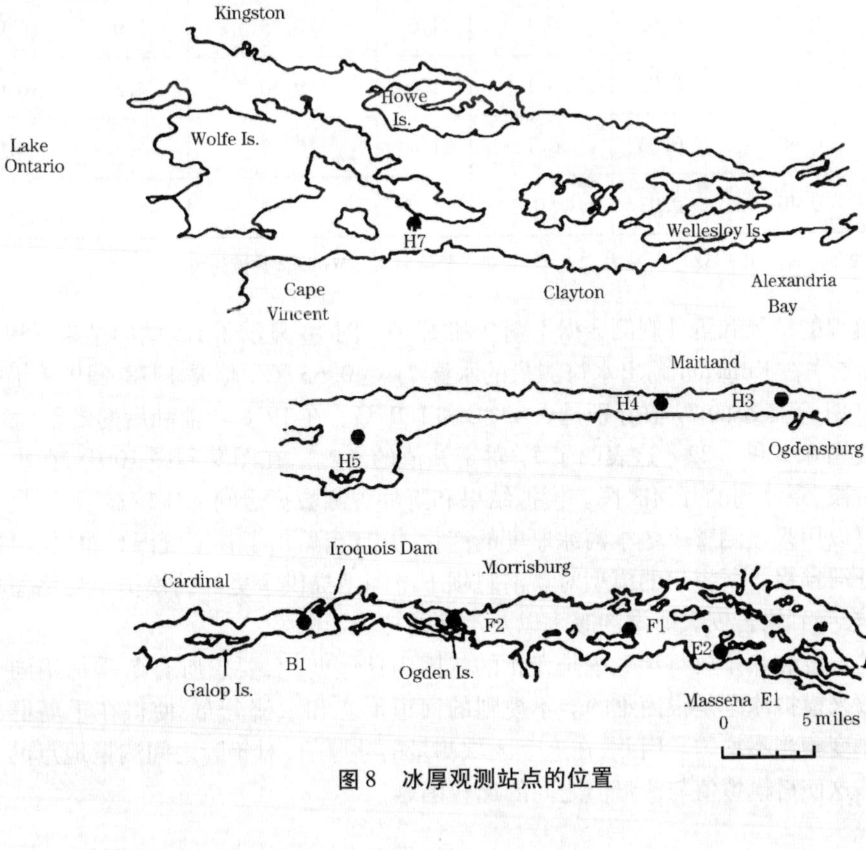

图 8　冰厚观测站点的位置

数，可以根据这些测站所观测的冰厚数据，以及 1971 ~ 1982 年间 Ogdensburg 的气温资料经验地确定。这些参数已经总结在表 3 中。在表 3 中的所有参数，都用英制单位来表示，原因是实测厚度和温度数据都是英制单位。表 3 显示，对于易洛魁坝下游的测站，表示从水到冰的热通量贡献的项并不需要，而对于靠近安大略湖的测站，或受到热排放影响的测站，从水到冰的热通量是重要的。上游测站的 α 值要比下游测站的值小，原因是河水温度从上游到下游在降低。

表 3　模拟模型中所使用的参数值

测站	α_0 (in^2/(℉·d))	m	β ($in \cdot d^{-\theta}$)	θ	α_1 (in^2/(℉.d))	Δh_R (in)	b (in/d)
E1	0.57	0.03	0	—	0.4	7.0	4.0
E2	0.52	0.03	0	—	0.4	7.0	4.0
F1	0.52	0.03	0	—	0.4	7.0	4.0
F2	0.54	0.03	0	—	0.4	4.0	4.0
Iroquois 坝							
H1	0.54	0.03	0.1	1.0	0.4	4.0	6.0
H3	0.40	0.03	0.1	1.0	0.25	5.0	6.0
H4*	0.40	0.03	0.1	1.0	0.30	4.5	6.0
H5	0.40	0.03	0.1	1.0	0.25	4.5	6.0
H7	0.40	0.03	0.1 (0.22)	1.0	0.30	5.0	4.0

注： 1 in = 2.54 cm；1 ℃ = 5/9 ℉（减去 32 以后）。带 * 号站为靠近 Maitland 热流的测站。

典型模拟的结果和野外观测数据见图 9 和图 10。图 10 显示了 H5 站的结果。1971 ~ 1978 年间，冬季在 Kingston 湖出水口测量的水温 T_L 是 0.65 ℃，但是 1978 ~ 1979 年冬季和 1980 ~ 1981 年冬季的 T_L 值分别是 0.83 ℃和 1.0 ℃。在 1978 年前和后的冬季，参数 β 的值分别使用 0.1 和 0.22。这表明了 T_L 对于 β 值的影响。在图 9 和图 10 中，在垂直虚线之间的时段，观测到的开河时段。模拟结果和野外观测数据之间的比较显示，所提出的度 - 日法可以用来预测整个冬季河冰厚度的变化，并且当给出了长期气温预报时，可以提供良好的开河预报。所提出的模型对易洛魁坝下游测站提供了更好的模拟。易洛魁坝上游的冰盖，会受到来自安大略湖的暖水以及沿河的热流影响。

湖水的温度和热排放每年冬季是变化的。因为这些变化，要想所有冬季都用同一套不变的参数来模拟冰厚是很困难的。不规则的河道形态和水流分布，使得在千岛群岛区域的冰盖厚度相当不均匀。因此，在这个区域测量的冰厚值，对年际之间测量地点的变化非常敏感。这使得模拟值与测量值之间的比较困难。

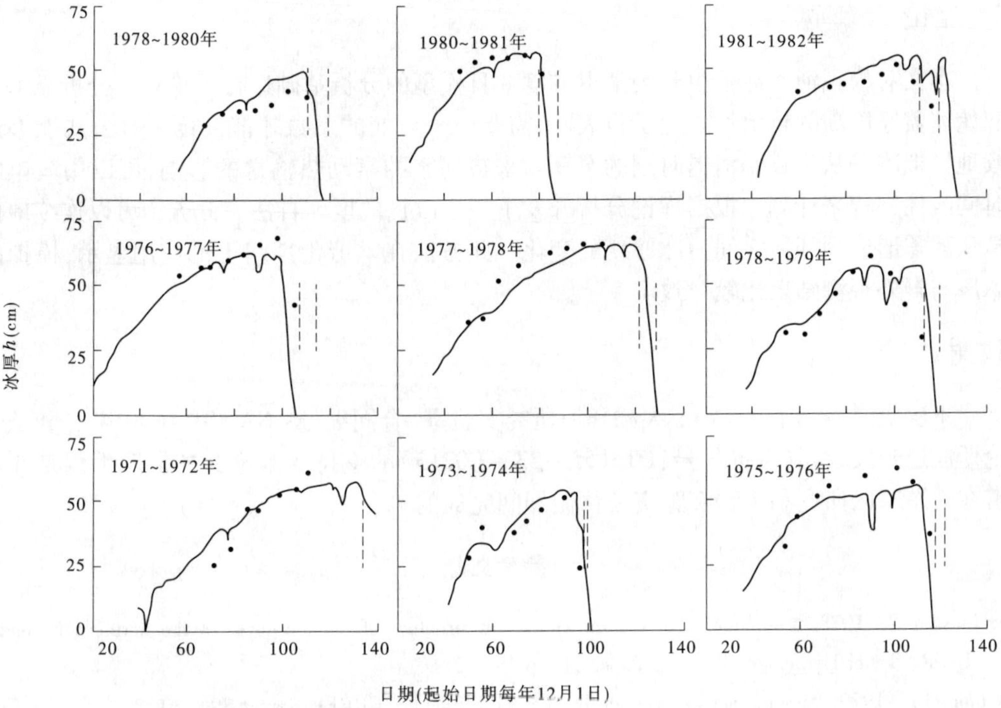

图9　在F1测站上实测数据(黑点)与模拟冰厚的比较

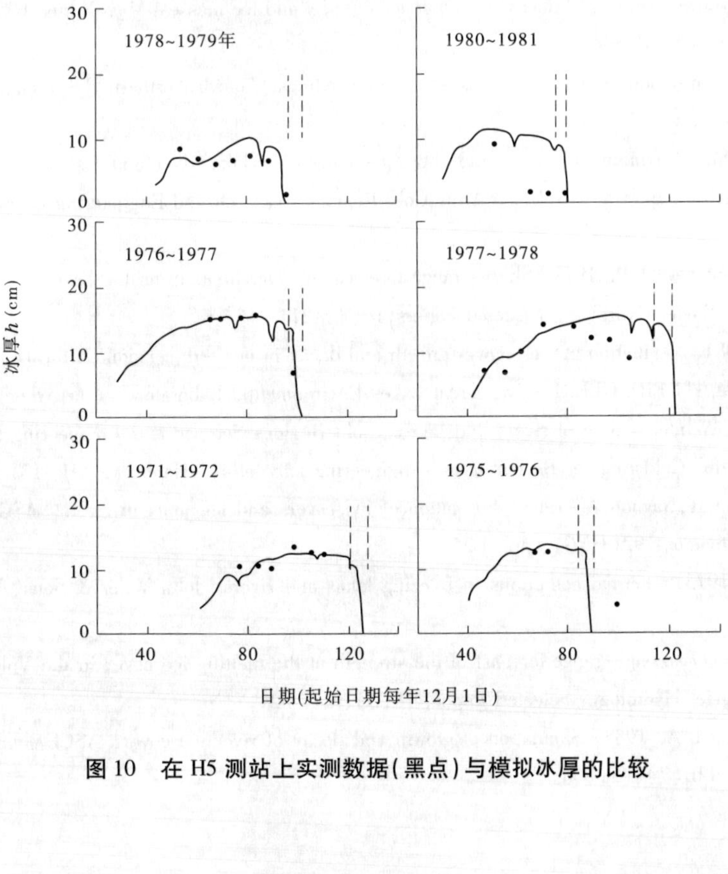

图10　在H5测站上实测数据(黑点)与模拟冰厚的比较

5 结论

本文对模拟河流冰盖生长与消退的度－日模型的分析基础进行了检验。分析显示了起始冰盖厚度项的重要性。分析也表明，需要一个可变的系数才能使度－日公式能够连续地模拟冰盖从生长到消退时期的厚度。来自河水的紊动热输送的影响，可以用简单的时间线性方程来计算。根据理论分析开发了一个改良的度－日法。此方法可以连续地模拟从冰盖形成到开河之间河冰厚度的变化。此方法在圣劳伦斯河上的应用显示，模拟的冰厚与野外观测结果比较一致。

致谢

本次研究得到了 NOAA，大湖环境研究实验室(合同编号：NA 80RAC00147)和圣劳伦斯航道开发公司(合同编号:DTSL55 － 83 － C0215)的支持。本论文的最后手稿是沈洪道在美军寒区研究和工程实验室公休假期间完成的。

参考文献

Amineva V Y. 1978. Computation of the thickness and structure of the ice cover in the northern European USSR. Soviet Hydrology: Selected Papers, 1, pp. 51-52.

Ashion G D. 1979. Suppression of river ice by thermal effluents. CRREL Report 79 – 30. U. S. Army Cold Regions Research and Engineering Laboratory, Hanover, NH, 17p. 1980.

Freshwater ice growth, motion and decay, in Dynamics of snow and ice masses[M]. Edited by S. Colbeck. Academic Press, pp. 261-304.

Beltaos S. 1982. Initiation of river ice break – up. Proceedings. Fourth Northern Research Basin Symposium Workshop, Norway.

Bilello M A. 1980. Maximum thickness and subsequent decay of lake, river and fast sea ice in Canada and Alaska. CRREL Report 80 – 6, U. S. Army Cold Regions Research and Engineering Laboratory, Hanover, NH, 160 p.

Bulatov S N, Silant'yeva T P. 1977. Short – range forecasts of river breakup on the basis of a general model of this process. Soviet Hydrology: Selected Papers, 16(3):211-216.

Greene G M. 1981. Simulation of ice – cover growth and decay in one – dimension on the Upper St. Lawrence River. NOAA TM ERL GLERL – 36, Great Lakes Environmental Laboratory, Ann Arbor, MI, 82 p.

Michel B. 1971. Winter regime of rivers and lakes. Cold Regions Science and Engineering Monograph III – Bla, U. S. Army Cold Regions Research and Engineering Laboratory, Hanover, NH. 131 p.

Pariset E, Hausser R, Gagnon A. 1966. Formation of ice covers and ice jams in rivers. ASCE Journal of the Hydraulics Division. 92(HY6), pp. I-25.

Pivovarov A A. 1973. Thermal conditions in freezing lakes and rivers. John Wiler & Sons, New York. NY. 136 p.

Polyakova K N. 1977. Long – range forecast of the strength of the melting ice cover in the Volgograd Reservoir in spring. Soviet Hydrology: Selected Paper, 16(5): 217-221.

Shen H T, Chiang L A. 1984. Simulation of growth and decay of river ice cover. ASCE Journal of Hydraulic Engineering. 110(7):958-971.

Shen H T, Ruggles R W. 1980. Ice production in the St. Lawrence River between Ogdensburg and Massena. Report No. DTSL55 – 80 – C – C0330 – A, U. S. Depamnent of Transportation, Washington. DC. 150 p.

Shen H T, Yapa P D. 1983. Simulation of the St. Lawrence River ice cover thickness and breakup. Report No. 83 – 1, Department of Civil and Environment Engineering, Clarkson College, Potsdam, NY, p. 57.

Shulyakovskih L G. 1966. Manual of forecasting ice – formation for rivers and inland lakes. Translated from Russian, Israel Program for Scientific Translations, Jerusalem, 134.

Stefan J. 1889. Uber die Theorien des Eisbildung insbesondere uber die Eisbildung in Polarmure. Wien Sitzunsber. Akad. Wiss. Ser. A, pt. 2, 42, pp. 965-983.

河流冰盖的增长与消退模拟*

沈洪道[1]　Li - Ann Chiang[2]

(1. 克拉克森大学土木环境工程系,美国,纽约,Potsdam;
2. 台湾水利署,中国,台湾)

摘要:自然河流里冰 - 热条件模拟的数值模型已经开发出来,其应用重点在于冰盖增长和消退方面。模型把河流作为空气 - 冰体 - 水体 - 河床的一个耦合系统,考虑了系统中所有界面的热量交换。冰盖中的热传导可以用一维的、准稳定状态来近似表示。水体中的温度分布可以通过纵向扩散方程计算。模型用于从易洛魁闸坝到 Moses - Saunders 电站大坝之间 28 英里的圣劳伦斯河段。数值计算结果表明,在冰盖厚度和开河日期两个方面都与野外观测数据吻合良好。

1　引言

确定河流冰盖的厚度是冰工程的一个重要课题。当计算冰体作用于水利工程上的力时,冰体厚度不仅决定着冰盖的承载能力。在确定一条河流的流量,或预估冰盖开河日期时,冰体厚度亦是决定性因素。这些信息对于制定河流航运计划和水电站的冰期调度运行至关重要。

冰盖厚度的变化取决于冰盖顶面和底面上的热量交换过程。将冰面和周围空气之间的热量交换作为主导因子来看待,一种度 - 日法在建立冰厚估计方法中经常使用。在度 - 日法中,冰体厚度 θ 与封冻期气温累积度数 S 有关,即

$$\theta = \alpha_s S^{1/2} \tag{1}$$

由于在推导方程(1)的过程中引入了许多的简化,所以在每个地点必须根据历史资料确定出常数 α_s 。

虽然经验度 - 日法为估计冰盖厚度提供了有用的技术,但显然有其局限性。鉴于此,为了模拟不同的冰 - 热条件,开发了确定性的数值模型。这些模型提供了对现象的深入认识和更好的表达。

冰盖的热力增长和消退是一种复杂的现象。其过程受到气象条件、雪盖厚度、冰下水温、冰盖下可能堆积粒状冰或冰碎片以及冰盖热力特性的影响。所有这些因素都会影响到通过冰盖的热量传送率。

用来模拟地表水体中冰盖厚度一些数值模型已经建立。Maykut 和 Untersteiner (1971) ,开发了一个一维的海冰热动力学模型,它考虑了由于太阳辐射的穿透所引起的内部加热、冰体咸度、雪盖等的影响。其中,冰面上的热量交换、海洋热通量、积雪、冰体咸度以及表面反照率等,都要当做模型输入项。Maykut (1978) 分析了新生海冰上的热量

* 本文发表在《水力工程/Hydraulic Engineering》,1984 年第 7 期,总第 110 期。

交换情况,利用气候资料确定了能量通量。Miller (1980) 为海冰增长开发了一个一维的模拟模型,越过冰面的能量交换可以根据气象条件用公式计算。Sydor (1978) 提出了一个 Duluth - Superior 港口冰体生长模型。这是一个一维模型,用实测的净辐射、水温以及天气资料作为模型的输入。Wake 和 Rumer (1979) 为伊利略湖开发了一个数值模型,能够用来模拟大而浅湖泊的冰 - 热情况。在这个模型中,湖水的热量平衡由一个二维的热力对流—扩散方程所确定。尽管忽略了冰盖上的积雪影响,但是冰 - 气之间和冰 - 水界面之间的能量交换都考虑了。

通过模拟地表水体中的冰 - 热条件,海冰和大湖冰盖的模拟模型取得了重大进展。然而,由于所涉及的热量交换过程的差异,需要有模拟河流冰盖厚度的模型。Ashton (1979) 开发了一个热水流对河冰抑制的模型。在 Ashton 的模型中,河流水体中热能的对流和扩散,可以用一个简单的拉格朗日方案进行数值模拟。纵向的和横向的抑制都考虑在内。在气 - 冰或气 - 水界面之间的热量交换,可以根据热传导系数用一个简单的方程来表示。这个系数假定为风速及冰面温度和周围空气温度之差的函数。Greene 最近开发了一维模拟模型来计算圣劳伦斯河上游的冰盖厚度。在 Greene 的报告中,提出了包含不同近似程度的两个模型。在他的解析模型中,假定冰盖中有一个线性温度梯度。在冰盖增长期忽略了冰盖上下方的紊流热交换,而在融冰期间,则考虑了冰体底面的紊动热传递。在他的数值能量平衡模型中,没考虑从河流水体到冰盖的紊动热输送。在分析通过冰盖的能量交换时,实测水温和短波辐射数据与气象数据一起使用。模型中也考虑了雪盖的影响,但发现这并不重要。

在本论文中,开发了有冰盖河流的热力 - 冰情数值模型。该模型把河流当做大气 - 冰体 - 水体 - 河床的一个耦合系统来处理,考虑了系统中所有界面之间的热量交换。冰盖中的热传导用一维、准稳定的近似来表示。水体中的温度分布用纵向扩散方程计算。模型已经用于模拟圣劳伦斯河易洛魁闸坝至 Moses - Saunders 电站大坝之间 28 英里(45 km)长的河段中冰盖的增长和消退(见图 1),发现计算的冰盖厚度值与野外观察值比较吻合。

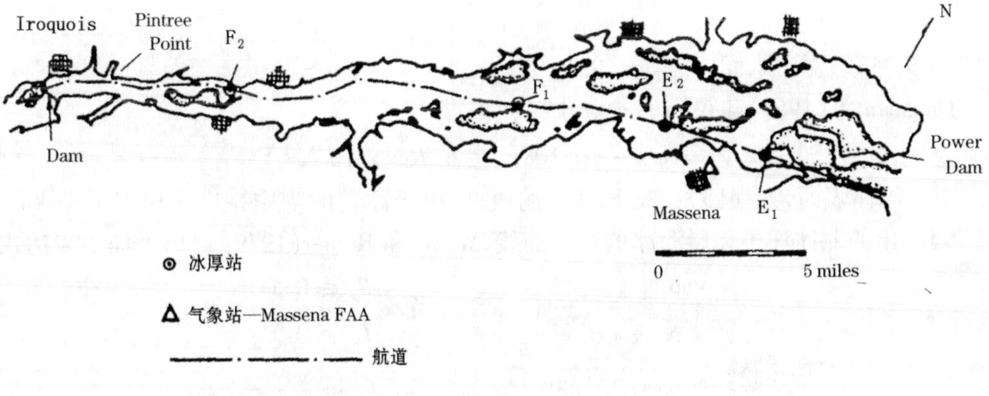

图 1　易洛魁闸坝和 Moses - Saunders 电站大坝之间的圣劳伦斯河

2　热量交换过程

河流的热力－冰情会受到大气、冰盖、河水以及河床各界面之间的热量交换的影响。模拟模型中所考虑的各种热交换过程简要总结如下。

2.1　气－冰或气－水界面间的能量交换

与大气的热量交换随气象条件的变化而变化。Paily 等（1974）对冬季水体表面的热量损失作了深入的研究后提出：表面热量交换过程有 5 个主要的组成部分：①太阳净辐射（短波辐射）φ_s；②长波辐射 φ_b；③蒸发凝结 φ_e；④感热交换 φ_c；⑤降水 φ_p。由于模型中没有考虑雪盖，且冰盖看做过流良好，所以降水部分 φ_p 没在现有的模型中考虑。

2.2　短波辐射

在气－冰或气－水界面上入射的短波辐射可以写为：

$$\varphi_{ri} = [a - b(\varphi - 50)](1 - 0.0065C^2) \tag{2}$$

式中：φ_{ri}为接收的短波辐射，cal/(cm^2·d)；φ 为纬度，(°)；C 为云盖的比例，(%)；a、b 是在晴朗的天空下代表太阳辐射变化的一个常数。a 和 b 的月平均值见表 1。

表 1　方程(2)中的 a、b 值

月份	a 值(cal/(cm^2·d))	b 值
12	100	8.2
1	142	11.0
2	228	11.2
3	394	12.7
4	554	8.4

由于到达水面的太阳辐射有一部分被反射回大气中，所以太阳净辐射 φ_s(cal/(cm^2·d))可以写成：

$$\varphi_s = (1 - \alpha)\varphi_{ri} \tag{3}$$

式中：α 为系数，对于水面近似等于 0.1。

Dingman 等(1967)建议用下式来计算 φ_s：

$$\varphi_s = \varphi_{ri} - (0.108\varphi_{ri} - 6.766 \times 10^{-5}\varphi_{ri}^2) \tag{4}$$

对于冰体表面，方程(3)中反照率 α 的值，取决于冰盖的物质特性。根据 Krutskih 等(1976)提出的北冰洋中无雪海冰的经验曲线，Wake 和 Rumer(1979)提出了如下表达式：

$$\left.\begin{aligned} \alpha &= \alpha_i \\ \alpha &= \alpha_a + (\alpha_i - \alpha_a)e^{-\psi T_a} \end{aligned}\right\}；当\quad \begin{aligned} T_a &\leqslant 0\ ℃ \\ T_a &\geqslant 0\ ℃ \end{aligned} \tag{5}$$

式中：α_i、α_a 和 ψ 是经验常数；T_a 为空气温度，℃。

Bolsenga (1969) 报告过北美五大湖冰盖的反照率值，并且观察到了反照率随地面温度而变化。对于不平的表面，反照率也随太阳高度而变化。表 2 给出了 Bolsenga 所报告的各种的冰体条件下的反照率值。

在现有的研究中，在方程(5)中采用 $\alpha_i = 0.41$、$\alpha_a = 0.25$ 和 $\psi = 0.75$ 来计算圣劳伦斯河上游冰盖的反照率 α。

表 2　北美五大湖冰体的反照率

冰体类型	反照率(%)	冰体类型	反照率(%)
干净湖冰(无雪)	10	碎凝块(无雪)	32
小块湖冰(无雪)	22	碎冰(无雪)	41
球状冰体(无雪)	24	砾堆冰(块间雪)	41
再冻结冰块(无雪)	31	雪冰(无雪)	46

穿入冰盖的短波辐射可以看做一种内部热源。单一波长短波辐射强度的垂直分布可以用 Bouguer - Lambert 指数定律来描述(Pivoravov,1973;Shishokin,1969):

$$\varphi_p = \varphi_s e^{\tau_i z} \tag{6}$$

式中:φ_p 为深度 z 处的短波辐射强度;τ_i 为在 0.004 cm^{-1}(0.01 in^{-1})至 0.07 cm^{-1}(0.178 in^{-1})之间变化消减系数。在这次研究中取 $\tau_i = 0.07\ cm^{-1}$(0.178 in^{-1})。由于消减系数强烈地依赖于波长，所以太阳对冰体的加热不能用不变的块体灭绝系数的简单指数定律来表示，尤其是在顶面附近。然而，由于现有的研究没有考虑太阳对冰体加热的垂直分布，所以取不变的块体灭绝系数的简单指数定律也可以使用。

根据方程(6)，透入冰盖下水体中的短波辐射总量是:

$$\varphi_{sp} = \beta_i \varphi_s e^{-\tau_i \theta} \tag{7}$$

其中:β_i 为通过冰 - 水界面透入的太阳辐射中被吸收的一小部分。由于冰和水的折射指数差别很小，所以 β_i 的值可以取 1.0。

2.3　长波辐射

长波或陆地辐射，是从水面或冰盖射出的长波辐射 φ_{bs} 与水体所吸收的大气净热辐射 φ_{bn} 之组合。根据史蒂芬 - 波尔兹曼辐射定律，修正了的冰体或水面长波辐射总量 φ_{bs} 可以表达为:

$$\varphi_{bs} = \xi \sigma T_{sk}^4 \tag{8}$$

式中:σ 是史蒂芬 - 波尔兹曼常数，为 $1.171 \times 10^{-7}\ cal/cm^2 \cdot d{}^\circ K^{-4}$($79.9 \times 10^{-7}\ cal - cm^{-2}{}^\circ R^{-4}$);$T_{sk}$ 为水或冰面的温度，开尔文度;ξ 为表面的辐射率，对于水和冰的表面均假定为 0.97。

在晴朗天空下的大气辐射 φ_{bc}，可以通过将大气作为灰色物体来进行估算:

$$\varphi_{bc} = \xi_a \sigma T_{ak}^4 \tag{9}$$

式中: T_{ak} 为空气温度，开尔文度;ξ_a 为大气辐射率。布朗特(Brunt)公式给出:

$$\xi_a = c + d\sqrt{e_a} \tag{10}$$

其中,e_a 是气温为 T_{ak} 时空气的水汽压力，以毫巴计;c 和 d 为经验常数，分别为 0.55 和 0.052。在有云的天空下，云底的水和冰体粒子放射出额外的辐射。使用 Bolz 公式，有云天空下的大气辐射 φ_{ba} 可以用公式表示为:

$$\varphi_{ba} = \sigma T_{ak}^4 (c + d\sqrt{e_a})(1 + k_c C^2) \quad (11)$$

其中,k_c 为经验常数,近似为0.001 7。当考虑冰面或水面的反射率为0.03时,大气净辐射为:

$$\varphi_{bn} = 0.97\varphi_{ba} \quad (12)$$

其中,φ_{bn}为大气净辐射,以cal/(cm^2·d)计。联立方程(8)和方程(12),则返回的有效辐射为:

$$\varphi_b = \varphi_{bs} - \varphi_{bn} = 1.135\,8 \times 10^{-7}[T_{sk}^4 - (1 + k_c C^2)(c + d\sqrt{e_a})T_{ak}^4] \quad (13)$$

其中,φ_b 为返回的有效辐射,以cal/(cm^2·d)计。

2.4 蒸发-凝结通量

由于蒸发-凝结而来自水体表面的热通量 φ_e,可以用Rimsha-Dochenko公式进行估计:

$$\varphi_e = (1.56K_n + 6.08V_a)(e_s - e_a) \quad (14)$$

式中:φ_e 为蒸发所引起的热量损失率,以cal/(cm^2·d)计;V_a 为高出水面2 m(6.56 ft)处的风速,m/s;e_s 为在温度 T_s 时的饱和水汽压;K_n 为考虑自由对流效果的系数,可以用下式确定:

$$K_n = 8.0 + 0.35(T_s - T_a) \quad (15)$$

其中,T_s 和 T_a 分别为水面温度和高出水面2 m处的气温,以℃计。由于河流中水面冰盖的存在有抑制蒸发的趋势,所以来自冰体表面的蒸发凝结热通量可以作为一个小数 C_e,可以用方程(14)或下式计算:

$$\varphi_e = C_e(1.56K_n + 6.08V_a)(e_s - e_a) \quad (16)$$

2.5 传导热量输送

作为空气感热的来自水面的能量传导,可以用Rimsha-Donchenko公式进行确定:

$$\varphi_c = (K_n + 3.9V_a)(T_s - T_a) \quad (17)$$

其中,φ_c 为热传导损失率,以cal/(cm^2·d)计。与蒸发-凝结通量类似,当河流表面被冰体所覆盖时,将系数 C_c 引入方程(17)中,即

$$\varphi_c = C_c(K_n + 3.9V_a)(T_s - T_a) \quad (18)$$

2.6 水体向冰盖的紊动热量输送

流动的水体向冰盖的紊动热量输送对冰盖厚度有重大的影响。从水体到冰盖的热通量可以表达为:

$$q_{wi} = h_{wi}(T_w - T_f) \quad (19)$$

式中:q_{wi}为水体向冰盖的热通量;h_{wi}为热量输送系数,以cal/(cm^2·d·℃)计;T_w 为水温,以℃计;T_f 为冰点,0 ℃(32 ℉)。将有冰盖的河流看做是封闭管道的紊动水流,则热输送系数可以用下式估算:

$$h_{wi} = C_{wi}\frac{U_w^{0.8}}{D^{0.2}} \quad (20)$$

式中:U_w 为流速,m/s;D 为水深,以m计;C_{wi} = 1 622 $Ws^{0.8}/(m^{2.6}\cdot ℃)$。

2.7 河床热通量

在有冰盖的河流里,河床的热交换 q_{gw}是河流热量收支的一个重要组成部分。O'Niel

和 Ashton（1981）开发了一个考虑河床一维热传导来分析河底热量输送的程序。采用该方法,Shen 和 Ruggles（1982）评估了圣劳伦斯河上游河床的热通量。他们的结果已经在现有的分析中使用。

3　问题的推导

河流冰盖可以被看做流动河水上漂浮着的一个长冰板。冰盖的热力增长和消融可以发生在冰盖的两个面上。这些过程受到两个界面,即冰－气和冰－水界面上热量交换的制约。在流速快的局部区域,河里会存在清沟。在过冷却期,这些清沟会产生粒状冰,然后在冰盖下表面堆积。粒状冰的堆积和冰盖上表面的雪盖都会影响到通过冰盖的热量交换。Calkins (1979)提出这些影响可以用冰盖上增加适当的层来进行考虑。但在现有的研究中,仅能考虑到冰盖。

3.1　冰盖的生长和消退

图 2 是通过冰盖的热量输送过程示意图。假定冰盖的生消由通过冰盖厚度的一维热传导所制约。在融化期间,假定冰体表面是过流良好的。结果可以假定冰盖的生长仅仅发生在冰－水界面上。由于考虑了冰面上存在的裂缝并假定在整个冰期内没有漫水发生,这些假设条件是成立的。气－冰界面上的热交换可以用气象资料来确定。冰－水界面上的热交换可以由当地水温来确定,通过在各个时段内的对流－扩散分析而获得。

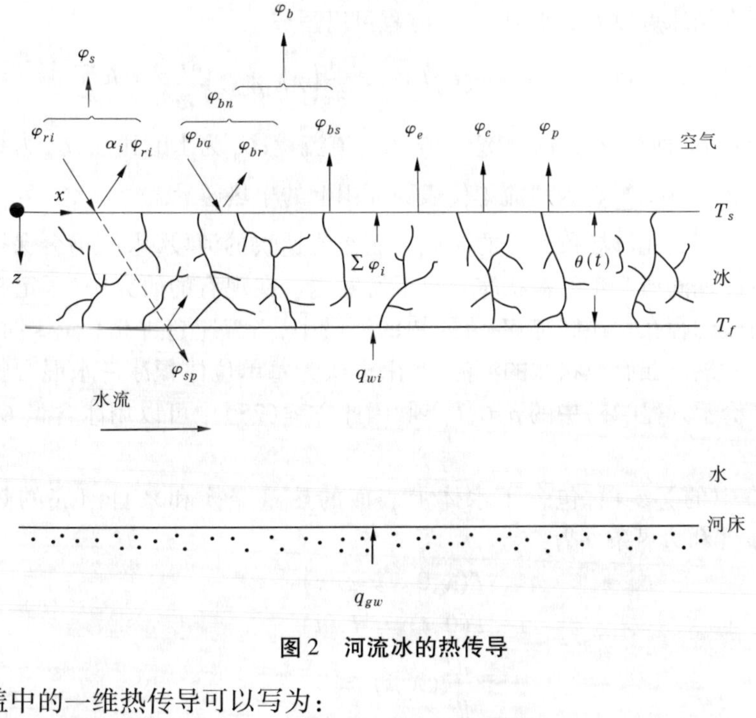

图 2　河流冰的热传导

在冰盖中的一维热传导可以写为:

$$\rho_i C_i \frac{\partial T}{\partial t} = \frac{\partial}{\partial z}\left(k_i \frac{\partial T}{\partial t}\right) + A(z,t) \tag{21}$$

式中:ρ_i 为冰体密度,0. 92 g/cm³（57. 4l bm/cu ft）;C_i 为冰的比热,1. 0 cal/(g · ℃)

(1.0 Btu/(lbm · ℉))；k_i 为冰的热力传导度，0.005 3 cal/(cm · s · ℃)(1.283Btu/(h · ft · ℉))；A 为由于吸收短波辐射而产生的、单位体积的内部加热率；T 为冰盖中的温度，℃；z、t 分别为空间和时间变量。在上边界，边界条件为：

$$k_i \frac{\partial T}{\partial z} = \sum \varphi_i - \rho_i L_i \frac{\mathrm{d}\theta}{\mathrm{d}t}；\ 在\ z = 0\ 处 \tag{22}$$

式中：$\sum\varphi_i$ 为气－冰界面上净热量损失率；L_i 为冰的融化潜热，80 cal/g (1.8 Btu/Ibm)；θ 为冰盖厚度，cm。同样，下边界的边界条件为：

$$k_i \frac{\partial T}{\partial z} = q_{wi} + \rho_i L_i \frac{\mathrm{d}\theta}{\mathrm{d}t}；\ 在\ z = \theta\ 处 \tag{23}$$

式中：q_{wi}为从水体到冰盖的净热通量。由方程(21)～方程(23)所定义的边界值问题是一个非线性问题，可以通过有限差分技术进行求解。然而，在现有的研究中，对沿河的每个测站，随时间的冰体生消可以用一维准稳定计算逐步逼近。假定冰盖的厚度上温度分布为线性分布(Greene 对薄冰盖的线性温度分布进行了检验)。对每个时间步长的准稳定线性温度分布，方程(21)可以近似为：

$$\frac{\partial T}{\partial z} = \frac{T_f - T_s}{\theta} \tag{24}$$

3.2 水中热能的纵向分布

考虑到完全混合的河道断面情况，一个河段的热量守恒可以用一维对流－扩散方程来表示。对于在结冰点以上的水温，这个方程可以写成：

$$\frac{\partial}{\partial t}(\rho_w C_p A T_w) + \frac{\partial}{\partial x}(Q\rho_w C_p T_w) = \frac{\partial}{\partial x}\left(AE_x \rho_w C_p \frac{\partial T_w}{\partial x}\right) + B\sum\varphi \tag{25}$$

式中：A 为河流断面面积；B 为河道宽度；Q 为河道流量；C_p 为水的比热；E_x 为纵向扩散系数；x 为沿着河的距离；$\sum\varphi$ 为河流单位表面面积上的净热通量。

水面的热量损失能够导致冰盖的形成。而在流速快的河段，水面仍会保持畅流。在畅流区域中过冷期间所产生的粒状冰会向下游输送。在现有的研究中，假定有一个初始冰盖和畅流河段的存在。还假定，在流速快的河段中，当流速超过 0.6 m/s 时，冰盖前缘就不会向上游发展。在有粒状冰的河流中，由于认为每单位体积冰－水混合物的热能为 $-\rho_i L_i C_i$，即等价于方程(25)中的 $\rho_w C_p T_w$ 项，因此方程(25)中可以用冰含量 C_i 代替水温 T_w 来表达。

方程(25)中的 $\sum\varphi$ 项，包含了水体上表面的热量交换和来自河底的热通量。方程(25)初始条件和边界条件为：

$$T(x,0) = g(x) \tag{26}$$

$$T(0,t) = T_L(t) \tag{27}$$

$$\frac{\partial T}{\partial x}(X,t) = 0 \tag{28}$$

式中：$g(x)$ 为研究河段中给定的初始水温分布；$T_L(t)$ 为河段的上游端已知的水温时间序列，通常从野外测量的水温记录中获得；X 为研究河段的总长度。当下游端是一个大坝时，那里的热通量的主要部分是对流项，方程(28)是一个良好的近似。

4 解法

为圣劳伦斯河开发的现有计算模型是一个气－冰－水－河床耦合的热动力学模型。计算模型的各部分分述如下。

4.1 冰盖上面的温度和融化率

由于热交换的成分 φ_b、φ_e 和 φ_c 都是冰面温度的函数，因此必须在每一个时间步中确定冰面温度。应用气－冰界面的边界条件，即方程(22)和方程(24)，则气－冰界面的热量平衡为：

$$\varphi_s(1-\beta e^{-\tau_i\theta})+\varphi_{ba}-\varphi_{br}-\varphi_{bs}-\varphi_e-\varphi_c+K_i\frac{T_f-T_s}{\theta}=0;T_s<0\ ℃ \quad (29a)$$

$$\varphi_s(1-\beta e^{-\tau_i\theta})+\varphi_{ba}-\varphi_{br}-\beta_{bs}-\varphi_e-\varphi_c+K_i\frac{T_f-T_s}{\theta}=-\rho_iL_i\frac{\Delta\theta_s}{\Delta t};T_s=0\ ℃ \quad (29b)$$

式中：$\Delta\theta_s$ 为在时段 Δt 中上表面冰厚的变化。在方程(29)中，假定在剧烈融化期内，冰体表面温度等于 0 ℃(32 ℉)。方程(29a)是一个非线性方程，可以用 Newton－Raphson 方法求解。在现有的研究中，应用了 Wake 和 Rumer (1979) 提出的一个简单的线性化程序，给出了令人满意的结果。用这个方法，方程(29a)的每一时间步长用方程(30)来近似，它能确切地解出 T_s：

$$T_s^{(k)}=\frac{\theta^{(k-1)}}{K_i}\left\{\left[1-\beta e^{-\tau_i\theta^{(k-1)}}\right]\varphi_s^{(k)}+\varphi_{ba}^{(k)}-\varphi_{br}^{(k)}-\varphi_{bs}\left[T_s^{(k-1)}\right]-\varphi_e\left[T_s^{(k-1)}\right]-\varphi_c\left[T_s^{(k-1)}\right]\right\} \quad (30)$$

其中：具有上标 (k) 或 ($k-1$) 的变量，分别表示时间为 $k\Delta t$ 和 $(k-1)\Delta t$ 时的变量值。如果从方程(30)中所计算的 $T_s^{(k)}$ 值大于 0 ℃，则用方程(29b)来确定气－冰界面上的冰融化率。

4.2 冰盖底面上的生长和消退

由方程(23)、方程(24)，冰－水界面上的热量平衡为：

$$K_i\frac{T_f-T_s}{\theta}-q_{wi}=\rho_iL_i\frac{\Delta\theta_w}{\Delta t} \quad (31)$$

其中：$\Delta\theta_w$ 为每个时间步长中冰盖底面上冰厚的变化。在第 k 个时间步时冰厚的变化可以计算为：

$$\Delta\theta_w^{(k)}=\frac{\Delta t}{\rho_iL_i}\left\{K_i\frac{T_f-T_s^{(k)}}{\theta^{(k-1)}}-h_{wi}\left[T_w^{(k)}-T_f\right]\right\} \quad (32)$$

4.3 水温的分布

随时间的水温或粒状冰的分布，可以通过方程(25)～方程(28)所定义的边界值问题的解中得到。热源项 $\sum\varphi$ 可以用式(33)或式(34)计算：

$$\sum\varphi=q_{gw}-q_{wi}+\varphi_{sp} \qquad \text{有冰盖} \quad (33)$$

$$\sum\varphi=q_{gw}+\varphi_s-\varphi_b-\varphi_e-\varphi_c \qquad \text{无冰盖} \quad (34)$$

解河流一维分散问题有多种数值技术。在现有的模型中采用由 Papaspyropoulos 等

(1982) 开发的应用 Hermite 立方函数的一个并联有限元方案。

5 圣劳伦斯(St. Lawrence)河冰盖厚度的模拟

前面节中所述的数值方案已经应用在从易洛魁控制坝到 Moses – Saunders 电站大坝之间 27.8 mile (44.7 km) 的圣劳伦斯河上。由于流速高,在研究河段的上部从易洛魁一直延伸至 Pinetree 附近的河段通常为畅流河段。在数值方案中,整个研究河段划分成 100 个子河段,因此总共有 101 个水温分布和冰盖厚度节点。随时间的水流分布,可以从 Iroquois 和电站大坝的实测流量资料中得到,或从水力输送分析的数值模型中获得。在现有的研究中,为了简化,假定为 225 000 cfs (6 372 cm/s) 的恒定流量。表面热交换是用 Massena 机场的天气记录资料计算得到。所有的天气数据都以 4 h 为间隔输入。对流 – 扩散方程的有限元解中使用的时间增量为 1 d。在 1977 ~ 1978 年冬季对冰盖的厚度进行了数值模拟,时间从 1978 年 1 月 17 日开始,一直到冰盖开河为止。在 IBM4341 计算机上,每次模拟的计算时间不到 90 s。

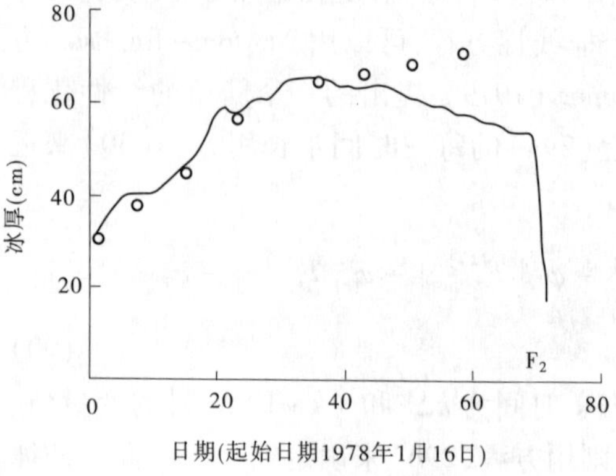

图 3 F2 站实测与计算冰厚的比较

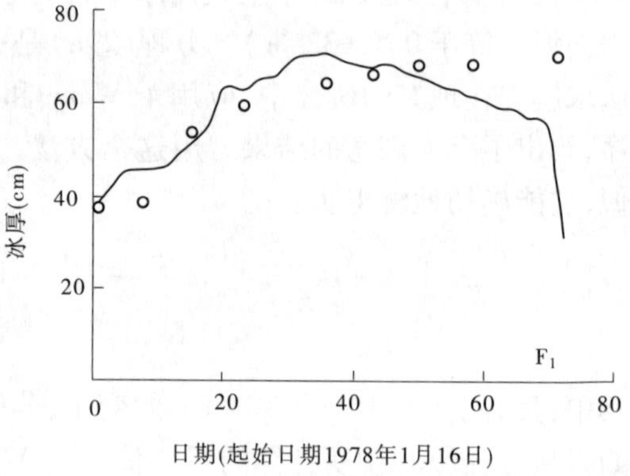

图 4 F1 站实测与计算冰厚的比较

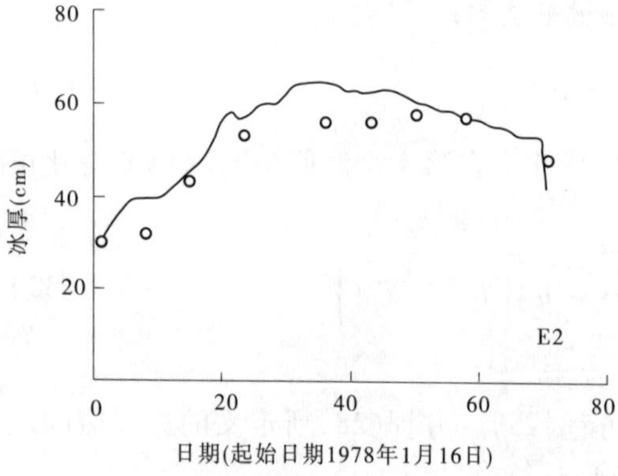

图 5 E2 站实测与计算冰厚的比较

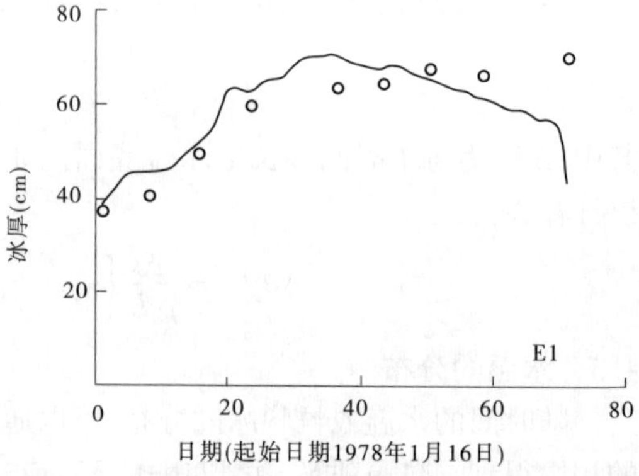

图 6 E1 站实测与计算冰厚的比较

由于在研究河段中,冰盖通常是由雪和冰堆积所组成的,所以根据 Bolsenga (1969) 对北美五大湖冰体的观测,冰盖反照率 α_i 的值取 0.41。由于对蒸发 – 冷凝过程中的减小幅度和由冰盖所引起的感热输送知之甚少，所以系数 C_e 和 C_c 的值均假定为0.5。需要进一步的研究以便更好地确定这些系数值。模拟冰厚与圣劳伦斯河航运局所提供的野外实测值进行了比较。野外测量地位于航道中的4个地点，通常是河道中的最深部分。模拟冰厚可以认为是在整个河宽上的平均厚度。尽管连续曲线所表示的模拟厚度没有通过所有的实测数据点，但两者之间的一致性应当认为是相当好的，因为测站所测量的冰厚经常是与平均冰厚略有偏离的。模拟开河日期与时间坐标上用黑色标记的实测开河日期比较吻合。在整个冰盖变性期内，实测冰盖厚度值一般要比模拟的厚度值高。注意到河流冰厚的不均匀性以及冰盖变性期冰盖内含水量的增加，这些大偏离也就不足为奇了。冰厚的变化率通常随冰体厚度的增加而减小，指出这一点非常重要。冰体厚度和水温数据之间的比较表明(见图7)，冰盖的开河是河水变暖而使冰厚急剧减少所引发的。

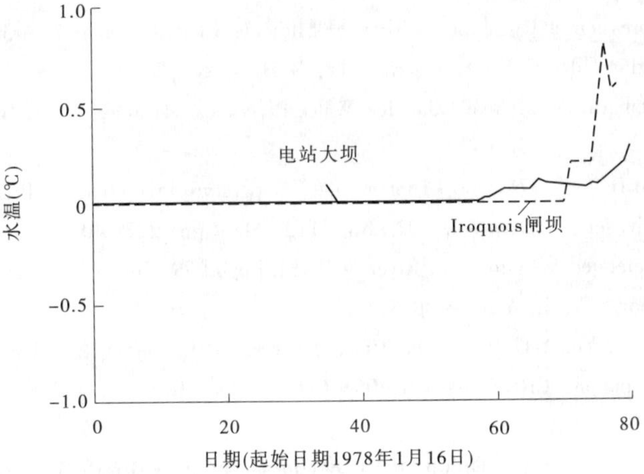

图7　研究河段上游端和下游端的水温

6　总结

本文开发了一个数值模型来模拟河流冰盖的热力生长和消退。在这个模型中，把河流当做是空气－冰体－水体－河床的一个耦合系统来处理。尽管没有考虑冰盖上表面的积雪和水内冰粒堆积，但是在空气、冰体、水体和河床等所有界面之间的热量交换都包括在了公式中。通过冰盖的热输送用垂直方向的一维准稳定热传导分析来逼近。河道水流中的热能分布用一维纵向对流－扩散方程进行计算。

模型已经应用于圣劳伦斯河从易洛魁到 Moses－Saunders 电站大坝之间的河段。模拟结果和野外观测数据之间的比较显示，数值模型能够模拟冰盖厚度的生长/消退以及冰盖开河日期，而且都具有较好的精度。模拟的结果也显示，在冬季结束时水温变暖是触发冰盖变性的一个很重要的因素。观测表明，相对于动力破坏而言，热力耗散是本研究河段中开河日期的主要制约因素。这也表明，为了准确地预报冰盖的开河日期，需要在沿河流的测站上进行精确的水温测量。

由于在冰面反照率 α_i、蒸发通量常数 C_e 以及感热通量常数 C_c 的选择上包含了很大的确定性，所以要更好地定量确定这些参数必须进行另外的研究。对雪盖的影响、冰粒的输移和堆积以及冰粒堆积的影响的进一步研究，可以改进现有数值模型的通用性。

致谢

这些研究部分地得到了 NOAA 纽约海洋研究基金（合同编号：344 – S129 – G）及大湖环境研究实验室（合同编号：NA80RAC0014）的支持。

参考文献

Amineva V Y. 1978. Computation of the Thickness and Cover on Rivers in the Northeastern European USSR [J], Soviet Hydrology: selected Papers, 17(1): 51-52.

Ashton G D. 1973. Heat Transfer to River Ice Covers. Proceedings 30th Eastern Snow Conference, Amherst, Mass., pp. 125-135.

Ashton G D. 1979. Suppression of River Ice by Thermal Effluents, CRREL Report 79 – 30, Cold Regions Research and Engineering Lab., U. S. Army, Hanover, N. H., Dec., 23 pp.

Bolsenga S J. 1969. Total Albedo of Great Lakes Ice, Water Resources research, Vol. 5, No. 5, Oct., pp. 1132-1133.

Brocard D N, Harlemann D R F. 1976. One – Dimensional Temperature Predictions in Unsteady Flows. Journal of the Hydraulics Division, ASCE, Vol. 102, No. HY3, Mar. pp. 227-240.

Calkins D J. 1979. Accelerated Ice Growth in Rivers. CRREL Report 79 – 14, Cold Regions Research and Engineering Lab., Hanover, N. H., May. 4 pp.

Dingman S L, Weeks W F, Yen Y C. 1967. The Effect of Thermal Pollution on River Ice Conditions – A General Method of Calculation. CRREL Report 206, Cold Regions Research and Engineering Lab., U. S. Army, Hanover, N. H.

Greene G M. Simulation of Ice – Cover Growth and Decay in sional on the Upper St. Lawrence River, NOAA Tech. Memo. 36, Great Lakes Environmental Laboratory, Ann Arbor, Mich. 82 pp.

Goodrich L E. 1975. A Numerical Model for Calculating Temperature Profiles in an Ice Cover. Proceedings, Research Seminar Thermal Regime of River Ice, Tech. Memo, No. 14, National Research Council Canada, Jan., Ottawa, Canada, pp. 44-59.

Haynes F D, Ashton G D. 1979. Turbulent Heat Transfer in Large Aspect Channels. CRREL Report 79 – 13, Cold Regions Researc and Engineermg Lab., U. S. Army, May, 5 pp.

Krutskih G A, Gudkovic Z M, Sokolov A L. 1976. Ice Forecasting Techniques for the Artic Seas. Amerind Publishing Co. Pvt. Ltd., New Delhi, India.

Maykut G A, Untersteiner N. 1971. Some Results from a Time – Dependent Thermodynamic Model of Sea Ice [J]. Journal of Geophysical Research, Vol. 76, No. 6, Feb. pp. 1550-1575.

Maykut G A. 1978. Energy Exchange over Young Sea Ice in the Central Arctic. Journal of Geophysical Research, Vol. 83, No. C7, July, pp. 3646-3658.

Michel B. 1971. Winter Regime of Rivers and Lakes. Cold Regions Science and Engineering Monograph II – 81a, Cold Regions Research and Engineering Lab., U. S. Army, Hanover, N. H., Apr. 131 pp.

Miller D. 1980. A Simple Model of Seasonal Sea Ice Growth. ASME Winter Annual Meeting, Paper No, 80 – WA/HT – 20, Chicago, Nov., 1980, 8 pp.

O' Neil K, Ashton G D. 1981. Bottom Heat Transfer to Water Bodies in Winter. Special Report 8I – I8, Cold Regions Research and Engineering Lab., U. S. Army, Hanover, N. H.

Polly P P, Macagno E O, Kennedy J F. 1974. Winter – Regime Surface Heat Loss from Heated Streams. IIHR Report No. 155, Iowa Institute of Hydraulic Research, Iowa City, Iowa, Mar. 137 pp.

Papaspyropoulos G, Papatheodorou T S, Shen H T. 1982. Collocation Finite – Element Simulation of Thermal – Ice Regimes in Rivers. Mathematical Modelling, Vol. 3, pp. 311-322.

Perovich D K, Grerfffell T C. 1982. A Theoretical Model of Radiative Transfer in Young Sea Ice. Journal of Glaciology, Vol. 28, No. 99, pp. 341-356.

Pivorarov A A. 1973. Thermal Conditions in Freezing Lakes and Rivers. John Wiley & Sons, Inc., New York, N. Y. 136 pp.

Schertzer W A. 1978. Energy Budget and Monthly Evaporation Estimates for Lake Superior, 1973. Journal of Great Lakes Research, Vol. 4, No. 3 – 4, Dec. pp. 320-330.

Shen H T, Ruggles R W. 1982. Winter Heat Budge and Frazil Ice Production in the Upper St. Lawrence River, Water Resources Bulletin, 18(2): 251-257.

Shen H T. Yapa P N D D. 1982. Winter Flow, Ice, and Weather Conditions of the Upper St. Lawrence River, 1971 – 81, Vol. II: Ice Cover Thickness. Technical Report 82 – 3, Department of Civ. and Environmental Engrg., Clarkson College of Technology, Potsdam, N. Y., July.

Shishokin S A. 1969. Investigation of the Bouguer – Lambart Formula for the Penetration of Solar Radiation into Ice. Soviet Hydrology – Selected Papers, Vol. 3, pp. 287-295.

Sydor M. 1978. Ice Growth in Duluth-Superior Harbor. Journal of Geophysical Research, Vol. 83, No. C8, Aug., pp. 4074-4078.

Wake A, Rumer R R, Jr. 1979. Modeling Ice Regime of Lake Erie. Journal of the Hydraulics Division, ASCE, Vol. 105, No. HY7, July. pp. 827-844.

Williams G P. 1963. Probability Charts for Predicting Ice Thickness. The Engineering Journal, June, pp. 31-35.

Yapa P N D D. 1983. Unsteady Flow Simulation of Rivers with an Ice Cover. thesis presented to Clarkson College, Potsdam, N, Y., in partial fulfillment of the requirements for the degree of Doctor of Philosophy.

冰封河流中的非恒定流模拟*

POOJITHA D. YAPA　沈洪道

（克拉克森大学土木环境工程系，美国，纽约，potsdam，13699－5710）

摘要：本文开发了冰封河流非恒定流模型，模型能够对封冻河流的水流和冰情进行连续模拟。水流条件通过有漂浮冰盖河流非恒定流一维运动方程的数值解来确定。模型也考虑了冰盖厚度及水力阻力的影响。在上圣劳伦斯河进行了应用，计算结果与实测数据较吻合。

1　引言

自然河流中水流条件的数值模拟，是水利工程的一个重要部分。数学模型可以用来确定与水资源工程设计或管理有关的水流特征。对于河道中非恒定流模拟方面有大量的文献。然而，所有的这些模型，都是为无冰河流中的模拟而开发的。也有一些模拟河道水流和冰情的回水模型存在（Calkins，1984；Michel，1981；Petryk 等，1978；Petryk 等，1981；Simonsen 等，1977）。所有这些模型，都是根据恒定流方程进行计算的。本文提出了在有漂浮冰盖河道中非恒定流的数值模型。该模型对由于冰盖所引起的水流过流断面面积的减小和由于冰盖引起的水力阻力增加都进行了考虑。开发了圣劳伦斯河安大略 Kingston 至 Massena 之间 160 km 河段（见图 1）的数值模型，并对模拟结果与测量数据进行了比较。

2　问题的推导

有漂浮冰盖河流中的一维连续和动量方程可以写成：

$$\frac{\partial Q}{\partial x}+\frac{\partial A}{\partial t}=0 \tag{1}$$

$$\rho\frac{\partial Q}{\partial t}+\rho\frac{\partial}{\partial x}\left(\frac{Q^2}{A}\right)+\rho gA\frac{\partial H}{\partial x}+(p_i\tau_i+p_b\tau_b)=0 \tag{2}$$

式中：$H=z_b+d_w+\bar{h}_i$；t 为时间；x 为沿河的距离；g 为重力；Q 为流量；A 为过流面积；z_b 为河床高程；d_w 为水流深度；p_b 和 p_i 分别为河床和冰盖的湿周；τ_b 和 τ_i 分别为在河底和冰－水界面上的剪切应力；$\bar{h}_i$ 为冰盖的等效厚度 $\bar{h}_i=\rho_i h_i/\rho$；$h_i$ 为冰盖厚度；ρ 为水的密度；ρ_i 为冰的密度。在方程（2）中的阻力项，可以用曼宁（Manning）系数来表示：

$$p_i\tau_i+p_b\tau_b=\frac{\rho g n_b^2 p_b^{4/3}}{A^{7/3}}Q|Q|(1+Fr)^{4/3} \tag{3}$$

式中：$Fr=(n_i/n_b)^{3/2}(p_i/p_b)$；$n_i$ 和 n_b 分别为冰盖和河床的阻力系数。

＊本文发表在《水力工程/Hydraulic Engineering》，1986 年第 11 期，总第 112 期。

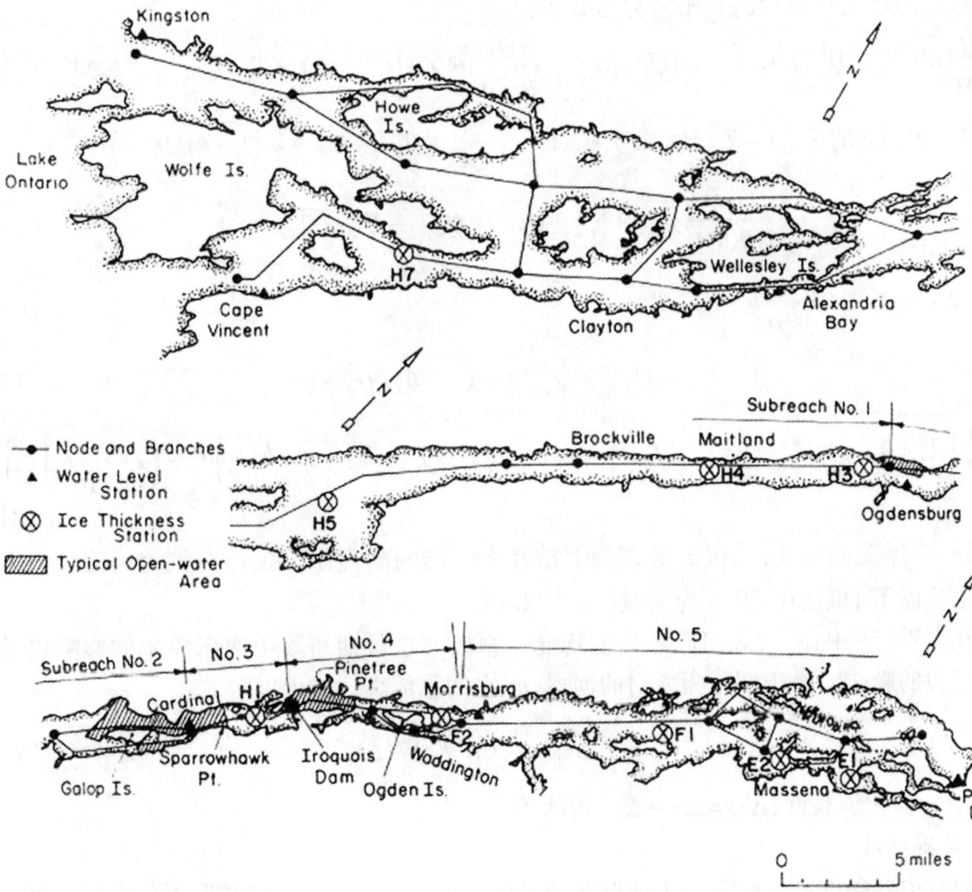

图 1　圣劳伦斯河上游河道示意图

求解方程(1)、(2)中的流量和水位,除了自由水面所要求的条件外,还有必要知道冰盖的等效厚度 $\bar{h}_i$ 和冰盖的阻力系数 n_i。冰盖厚度 h_i 和阻力系数 n_i 都是时间和空间的函数。模拟这两个参数的方法将在下文描述。需要指出的是,对于大型河流,由于冰盖底部粗糙所产生的水流阻力远比由于冰盖厚度而引起的过流面积的减小更为重要。在小河流里,由于冰盖所引起的过流面积的减小是水流阻力增加的主要贡献因素，所以阻力系数的变化对水流条件的影响较小。冰盖的长度在模型中被看做是一个已知变量。

3　有限差分法

Potok 和 Quinn(1979)提出的 4 点隐式有限差分方法,可以用来求解方程(1)和方程(2)。河段连续方程的有限差分形式可以写成:

$$\frac{1}{\Delta x}[\theta(Q_d^{n+1}-Q_u^{n+1})+(1-\theta)(Q_d^n-Q_u^n)]+\frac{1}{2\Delta t}[T_d(H_d^{n+1}-H_d^n)+T_u(H_u^{n+1}-H_u^n)]=0 \tag{4}$$

式中:Q 和 H 分别为流量和水位;d 和 u 分别表示河段上下端的下标;n 和 $n+1$ 表示时刻 t 和 $t+\Delta t$;T 为顶宽;$\theta=\Delta t_m/\Delta t$ 为权重因子;Δx 为河段长度;Δt_m 为部分时间步长;Δt 为时

间步长。河段动量方程的有限差分形式为：

$$\frac{2\overline{Q}}{\overline{A}\Delta x}[\theta(Q_d^{n+1}-Q_u^{n+1})+(1-\theta)(Q_d^n-Q_u^n)]-\frac{\overline{Q}^2}{\overline{A}^2\Delta x}\{\theta[T_d(H_d^{n+1}-z_d)-T_u(H_u^{n+1}-z_u)+\Delta A^r]+$$

$$(1-\theta)[T_d(H_d^n-z_d)-T_u(H_u^n-z_u)+\Delta A^r]\}+\frac{g\overline{A}}{\Delta x}[\theta(H_d^{n+1}-H_u^{n+1})+(1-\theta)(H_d^n-H_u^n)]+$$

$$\frac{gn_e^2\overline{Q}\mid\overline{Q}\mid\overline{p}^{4/3}}{2.208\overline{A}^{7/3}}+\frac{1}{2\Delta t}(Q_d^{n+1}+Q_u^{n+1}-Q_d^n-Q_u^n)=0 \tag{5}$$

其中，$\Delta A^r=A_d^r-A_u^r-\frac{\rho_i}{\rho}h_i(T_d-T_u)$ (6)

$$\overline{Q}=\frac{1}{2}[\theta(Q_d^{n+1}+Q_u^{n+1})+(1-\theta)(Q_d^n+Q_u^n)] \tag{7}$$

$$\overline{A}=\frac{1}{2}\left[A_d^r+A_u^r+\theta(H_u^{n+1}T_u+H_d^{n+1}T_d)+(1-\theta)(H_u^nT_u+H_d^nT_d)-\left(z_u+\frac{\rho_i}{\rho}h_i\right)T_u-\left(z_d+\frac{\rho_i}{\rho}h_i\right)T_d\right] \tag{8}$$

式中：h_i 为冰盖的厚度；z_u 和 z_d 分别为上游和下游端的高程；A_u^r 和 A_d^r 分别为河流在上下游端水位以下的断面面积；$\overline{p}$ 为河段的平均湿周。

在方程(5)中，n_e 代表河段总的平均曼宁系数。这包括河段中河床糙率的影响以及冰盖阻力的影响。对于部分为冰封的河段，n_e 它的总体表达式可以写成：

$$n_e^2=\frac{n_b^2}{\Delta x}[\Delta x_0+(1+Fr)^{4/3}\Delta x_c] \tag{9}$$

式中：Δx_0 为明流长度；$\Delta x_c=\Delta x-\Delta x_0$ 为冰盖长度。

3.1 边界条件

通常边界条件可以确定为 3 种类型，即流量、水位或有水工建筑情况下的水位－流量关系。在每个边界上，只需要流量、水位资料，或水位－流量关系之一为边界条件。在长河段中当下游没有控制条件时，就需要进行特殊的处理。在这种情况下，正如 Viesmann 等(1972)所提出的那样，对下游边界进行处理使其满足下游边界点的连续方程。可以由用河道特征建立的率定曲线来替代(Gunaratnam 和 Perkins，1970)。

本研究中，对圣劳伦斯河上游来说，上游的边界条件是 Kingston 站的水位。由于在上游边界处有 2 个河道，因此需要有一个附加的边界条件。这可以通过考虑 2 个分支河道在上游端具有相同的总能量的方法来获得。在下游边界发电站坝前的圣劳伦斯湖可以看做水库。简单的水库演算与电站大坝的流量一起，可以作为下游边界条件。

3.2 初始条件

由于通常很难取得沿河流量和水位的一套完整初始值，所以需要有一个计算程序来产生所需要的起始条件。本文中，应用了 Potok 和 Quinn(1979)所建议的方法。起始水面线和流量分布，可以通过在整个研究河段，首先将流量设为零，并且假定一个水位常数的方法来获得。然后，边界条件改变到与第一个时间步长的相应值。这样，水流模拟就可以运行，直到河流水面线成为稳定值为止，那么，这个结果的水面线就可以作为起始条件。

3.3 方程组的求解

由有限差分方法所获得的代数方程组是非线性的。模型中采用 Newton－Raphson 算法和投射近似方法。如果所有方程都以 $F(Q_j, H_j)=0$ 的形式表示，那么，在 Newton - Raphson 迭代过程中，系统方程都可以近似用线性方程的形式来表示：

$$F_i + \sum_{j=id}^{iu} \left(\frac{\Delta F_i}{\partial H_j} \right) \Delta H_j^{n+1} + \sum_{j=id}^{iu} \left(\frac{\partial F_i}{\partial Q_j} \right) \Delta A_j^{n+1} = 0 \tag{10}$$

其中，iu 和 id 分别为第 i 个河段的上下游端点。对于 H^{n+1} 和 Q^{n+1}，方程(10)类型的方程，将形成线性代数方程组。IMSL 程序 LEQT1B，可以用来求解这个线性方程组。

4　冰盖厚度的生长和消退

冰盖的热力生长和消退，可以通过度 - 日模型来模拟（Shen 等，1985）。模型中冰盖的厚度 h_i 可以由如下公式计算：

$$h_i = (h_0^2 + \alpha S)^{1/2} - \beta D \tag{11}$$

式中：D 为冰盖形成后的天数；S 为冰盖形成以来的累计冻结度 - 日；β 为考虑河流水体的紊动热力通量影响的经验常数。初始冰盖厚度 h_0 可以通过现有的冰坝理论进行计算（Pariset 等，1961；Pariset，1966；Michel 等，1981）。度 - 日系数 α，可以看做时间的函数：

$$\alpha = \begin{cases} \alpha_0; & \bar{T}_a \geqslant T_B \\ \alpha_0 + m(\bar{T}_a - T_B); & \bar{T}_a < T_B \end{cases} \tag{12}$$

式中：$\bar{T}_a$ 为前 2 日气温的平均冻结度 - 日；T_B 为冰盖从生长期到消退期所对应的 $\bar{T}_a$ 的基值。方程(12)表明，在冰盖生长期，度 - 日系数是一个常数 α_0。在消退期，系数呈线性减小。对于圣劳伦斯河上游来说，α_0 值沿河在 0.4 ~ 0.57 $in^2/(℉ \cdot d)$ 之间变化。坡度 $m = 0.03$，T_B 为 -1.0 ℉/d。圣劳伦斯河的沿河测站模拟冰厚与实测资料的比较见图 2，其中 2 个垂直的虚线表示观测到开河的时段。关于冰厚模拟模型的详细讨论见 Shen 等（1982）的论述。

5　冰盖的水流阻力系数

阻力系数随时间的变化是一种极其复杂的现象。在这次研究中，使用了由 Shen 和 Yapa（1985）开发的经验模型。在这一节中，将对模型在不同河段的应用情况作概括总结。在模型中，冰盖的阻力系数可以用 Manning 系数的形式来表示，这里的 Manning 系数既包括了冰盖表面糙率的影响，也包括了局部冰堆积（如河段中的冰塞）的影响。模型中给定河段的阻力系数包括 3 个组成分量，即

$$n_i = n_d + n_t + \tilde{n} \tag{13}$$

式中：n_d 是时间的函数，在封冻时期，它是单调增加的，而在稳定封冻时期，它是单调减小的；n_t 表示在冰盖融化期间水流阻力的增加量；$\tilde{n}$ 是一个波动分量，它受到冬季水内冰粒的输移和沉积的制约，当冰盖上游没有明流存在时，该分量不存在。

分量 n_d 采用了从方程(14)和方程(15)中计算所得的较小值：

$$n_d = \Delta n \left(\frac{t_d}{\lambda t_F} \right)^r + n_{ed} \tag{14}$$

$$n_d = \Delta n (e^{\psi t_d} - e^{\psi t_L}) + n_{ed} \tag{15}$$

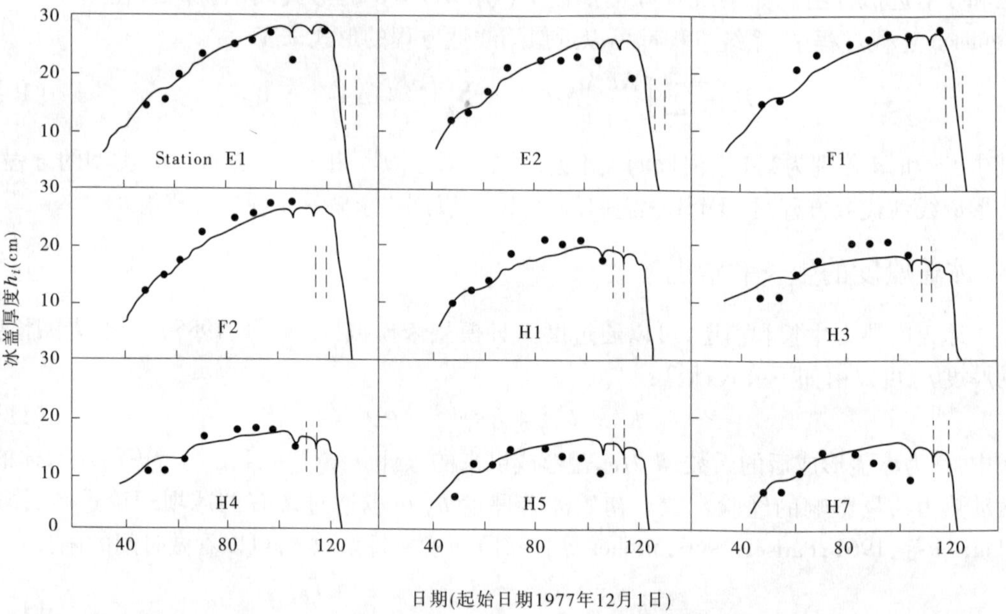

图2　1977～1978年冬季冰厚变化模拟和观测值比较

式中：$\psi=[1/(\delta t_L)]\log_e(\Delta n)$；$t_d$ 为从封冻开始以来的天数，d；t_F 为封冻的持续时间，d；t_L 为从开始封冻到开始解冻的持续时间，d；Δn 为最大阻力系数 n_{in} 与系数 n_{ed} 之间的差别，n_{in} 出现在封冻期末，n_{ed} 出现在开河初期；λ、γ、δ 为经验常数。

分量 n_i 代表在冰盖消退时期的增加量，n_t 假定为随时间变化的线性函数。对于圣劳伦斯河，观测到有 n_t 影响的第一天是在晚冬季节中当日平均气温超过－2.8 ℃的那一天，我们将这一天定义为 t_b，那么 n_t 的函数形式为：

$$n_t = 0 \qquad \text{当 } t_d \leqslant t_b \tag{16}$$

$$n_t = s_n(t_d - t_b) \qquad \text{当 } t_d > t_b \tag{17}$$

式中：x_n 代表 n_t 的增加率是一个常数；s_n 的值随地点和年份而变化。

波动分量 $\bar{n}$ 与冰粒输送和沉积有关，可以用下面的经验关系来描述：

$$\bar{n} = kA_0T_aU^{-\tau} \qquad \text{当 } t_d < t_F \tag{18}$$

$$\bar{n} = A_0(T_a + T_r)U^{-\tau} \qquad \text{当 } t_F \geqslant t_d \tag{19}$$

式中：T_a 为封冻前3天的日平均气温，℉·d；T_r 是一个参考气温，度－日；U 为前一天的日平均流速，ft/s，可以通过流量以及河道平均断面面积来计算（如圣劳伦斯河断面面积为 12×10^4 ft²）；A_0 为河段内或河段上游处的明流区水面面积，单位是 10^6 ft²；k 和 τ 为经验常数。

在圣劳伦斯河上游，冰凌和水力特征变化很大。根据冰凌和水流条件，河段可以划分成5段（如图1所示），5个河段的特征值统计见表1。如图1所示，明流水面存在于Galop岛以及Iroquois（易洛魁）坝的下游。采用阻力系数的模拟模型，模拟从1977～1982年5个冬季圣劳伦斯河流的水流条件。参数 λ、γ、δ 和 τ 与地点无关，λ、γ 和 δ 的值分别为2、0.5和2；τ 的值等于11或9，取决于 U 是小于或大于1.9 ft/s。对于给定河段，参数 k 对于不同的冬季都是常数。对河段 3、4、5 来说，k 值分别为 0.001、0.012 5 、0.002 5。

在非恒定流计算中，水流阻力模型中应当选取与地点有关的经验系数，就可以对整个季节中水位进行最好的模拟。在方程(19)中引进参数 T_r，以便考虑在一个河段中，由于冰粒输送所引起的水流阻力的增加，这些冰粒产生在上游的明流区域，被输送到该河段中。在圣劳伦斯河，这种现象只能在第 4 个河段出现。因此，对于其他的河段，T_r 可以设置为零。对于河段 4，T_r 的计算公式如下：

$$T_r = T_{rc} \quad \text{在 2 月 27 日或以前} \tag{20}$$

$$T_r = T_{rc}\mathrm{e}^{-t'/2} \quad \text{在 2 月 27 日以后} \tag{21}$$

式中：t'为从 2 月 27 日起的天数；T_{rc}为 25℉·d。

表 1　河段特征值统计表

河段	位置	整体冰盖情况	流速(ft/s) (Q = 240 000 cfs)
1	Kingston 到 Ogdensburg	具有很小明流区的光滑冰盖。由于湖泊的影响，温度略高于 0℃。$\tilde{n}=0$	0.28 ~ 1.94
2	Ogdensburg 到 Cardinal	冰盖是由 Galop 岛区的拦冰栅所引起的。在下游河段中有很大的明流区域。由于热力影响，在上游端有小的明流区。$\tilde{n}=0$。这个河段中的冰盖，通常是在上游大部分河段都已经封冻了之后才形成的	1.88 ~ 3.21
3	Cardinal 到 Iroquois 坝	有悬冰坝的粗糙冰盖。在河段的上游部分存在很大的明流区	2.73
4	Iroquois 坝到 Morrisburg	有悬挂冰坝的粗糙冰盖。在河段的上游部分存在明流区	1.44 ~ 2.51
5	Morrisburg 到 Power	圣劳伦斯湖中流速很低。冰盖由大而粗糙的浮冰形成，因此冰盖很粗糙。冰盖糙率对 Iroquois 坝附近的明流区域有所影响	1.00 ~ 1.33

在较早开发的水力阻力模型(Shen 等，1985)中可以发现，对于由浮冰块累积形成的粗糙冰盖，河段的初始阻力系数可以表达为：

$$n_{in} = a_1 X + a_2 \tag{22}$$

其具有上边界 $n_{in}^{\max}$ 和下边界 $n_{in}^{\min}$。在方程(22)中，a_1 和 a_2 是经验系数；$X = T_{ao}AO_0 \times 10^8$ ℉·d·ft^2；AO_0 为封冻期结束时河段的明流面积；T_{ao}为封冻期的平均气温，以冻结度－日计。对于第 4 和第 5 河段来说，方程(22)是有效的。这两个河段 n_{in}值随 X 的函数变化对比见图 3。对于第 3 个河段来说，封冻期上游水温经常比结冰点的温度稍微高一些，由于较高的水温，既减少了冰晶粒的产量和体积，又减小了浮冰的粗糙度，导致 n_{in}的值较小。为了考虑这些影响，如果在 Clayton 结冰时期的水温 T_{wo}高于 32.4 ℉时，方程(22)可修正为：

$$n_{in} = a_1 X + a_2 - CT_{ao}(T_{wo} - 32.4) \tag{23}$$

由于 Clayton 位于该河段上游较远的地方,因此 32.4 ℉可作为参考温度代替冻结点,观测资料表明,当 T_{wo} 接近 32.4 ℉时没有测量到对水温的影响。第 3 个河段的 a_1、a_2、C、n_{in}^{max}、n_{in}^{min} 值分别为 0.012 8、0.035 36、0.002 5、0.02 和 0.055。

河段 1 和河段 2 的冰盖由于流速较低而且浮冰块较小,相对光滑,n_{in} 的值较小,而且在每个冬季近于常数。河段 1 和河段 2 的 n_{in} 值分别近似为 0.01 和 0.026 5。

对于粗糙的冰盖来说,冬季末的水力阻力系数 n_{ed} 与 n_{in} 的关系,可用简单的线性函数表示:

$$n_{ed} = b_1 n_{in} + b_2 \tag{24}$$

河段 3、4、5 n_{ed} 与 n_{in} 的关系如图 4 所示。对于河段 1 和河段 2 中的光滑冰盖来说,n_{ed} 值较小,而且在不同冬季保持相对不变,河段 1 和河段 2 的 n_{ed} 值分别为 0.008 6 和 0.016 7。

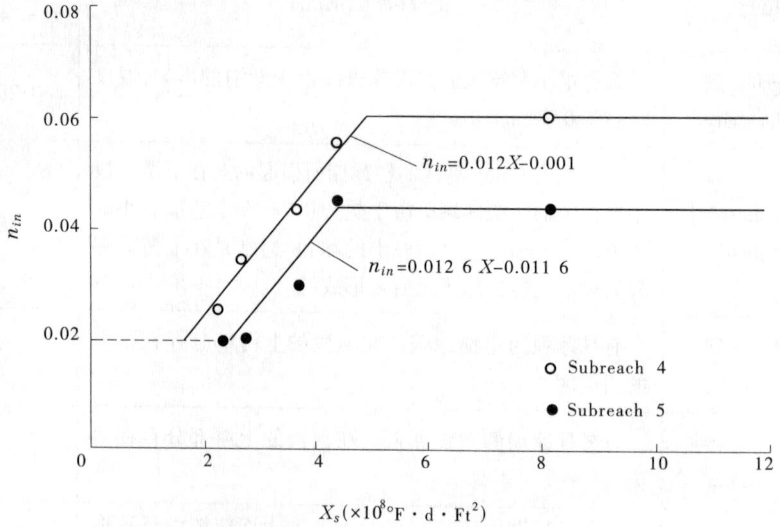

图 3　第 4、5 河段 n_{in} 值随 X 的函数变化

研究发现,冬季越冷,在冰盖融化时期冰体阻力的增加率 S_n 越小(Shen 等,1985)。尽管由于所获得的 S_n 值的个数有限,还没法得到一个总的公式,但是图 5 中的数据仍支持这种结论。

根据模拟结果,5 个河段 1977 ~ 1978 年冬季 n_i 的变化见图 6。由图可以看出,在流速较高的河段水力阻力系数较大,而在水温较高的河段较小。对于流速类似的河段,阻力系数在下游河段会更高,这是由于形成冰盖的浮冰块传播距离远,浮冰块的大小和粗糙度增加所致。图 6 也表明,由于在冬季 n_i 值的较大变化,所以整个冬季都用一个固定不变的 n_i 值会导致水位模拟误差较大,第 3、4、5 河段特别明显,因为它们都位于明流区的下游。

6　模拟结果分析

非恒定流模型在圣劳伦斯河 5 个冬季得到应用。图 7 是沿河 5 个水文测站 1977 ~

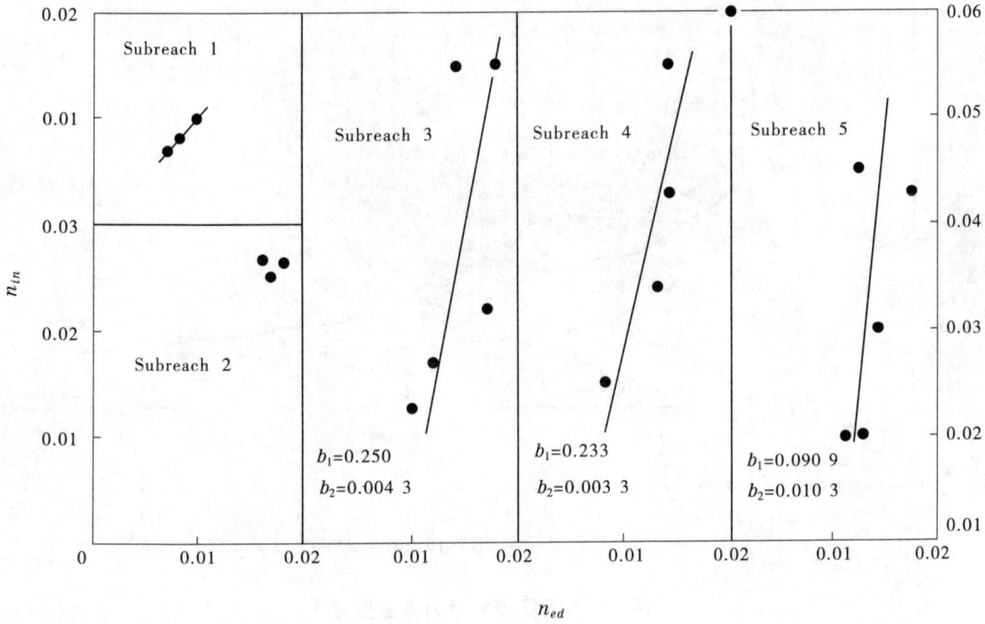

图4　河段 n_{ed} 与 n_{in} 之间的关系

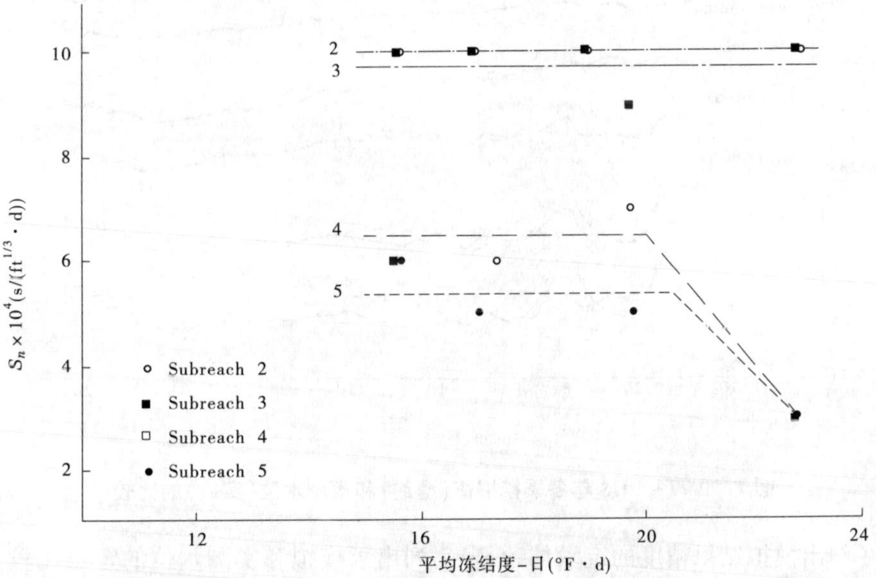

图5　S_n 与冬季平均冻结度－日之间的关系

1978 年冬季模拟和实测水位的比较。图 8 是 1977～1978 年冬季水电站流量、气温变化、明流区面积的大小。A_I 和 A_C 分别表示 Iroquois 坝下游和 Galop 岛区的明流面积。对 1978～1982 年 5 个冬季的研究中，模拟了总共 295 d 的水位，沿河 5 个水文站实测与模拟日平均水位的比较见图 9。

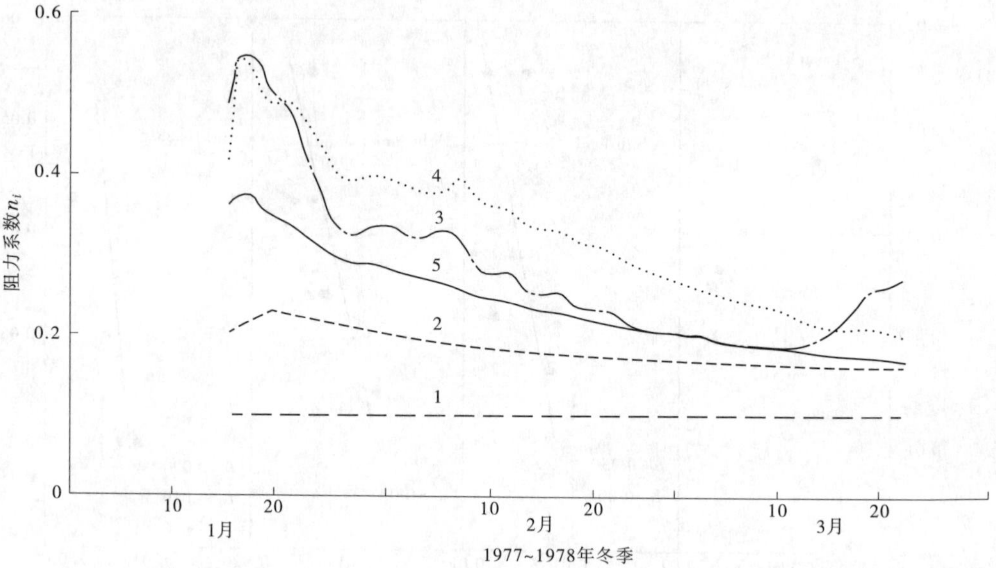

图6　各河段模拟阻力系数变化

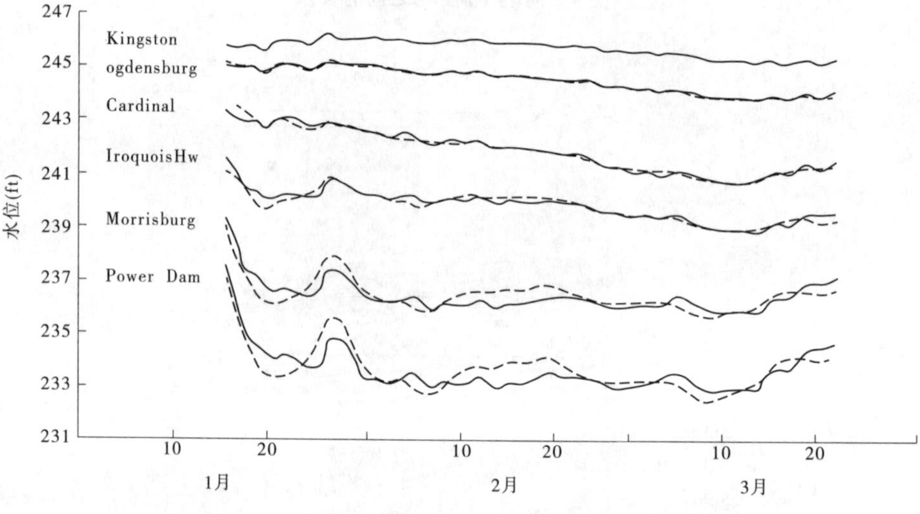

图7　1977~1978 年冬季模拟值(虚线)和实测水位(实线)的比较

为了给出模拟结果精度的定量估计,表 2 列出了模拟和实测水位的定量比较。这些统计量包括:①Kingston 和下游测站之间,观测和模拟水位落差的平均值 F_m 和 F_s;②模拟水位的最大误差 $E_{F,\max}$和平均误差 E_f;③标准差 S_e 和标准差百分率 S'_e。由表 2 结果可以看出,对于所有的测站来说,模拟水位的整体标准差为 6% 左右,而在 Ogdensburg 大约为 11%。但是,由于在这个河段的水头损失很小,所以标准差只有 0. 09 ft。图 8、图 9 和表 2 的结果表明,模拟结果与观察数据较为吻合。

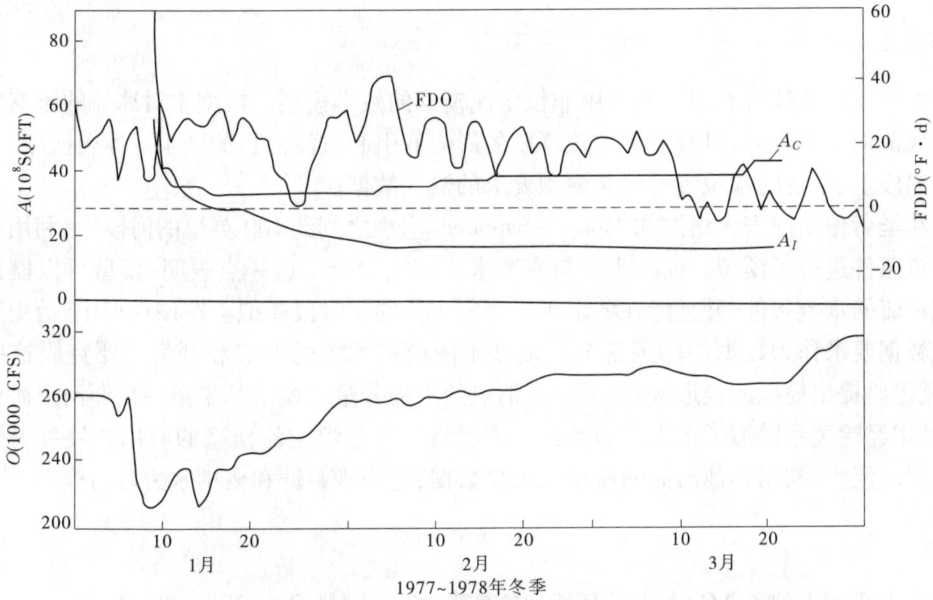

图 8　1977～1978 年冬季水电站流量、气温和明流区面积变化

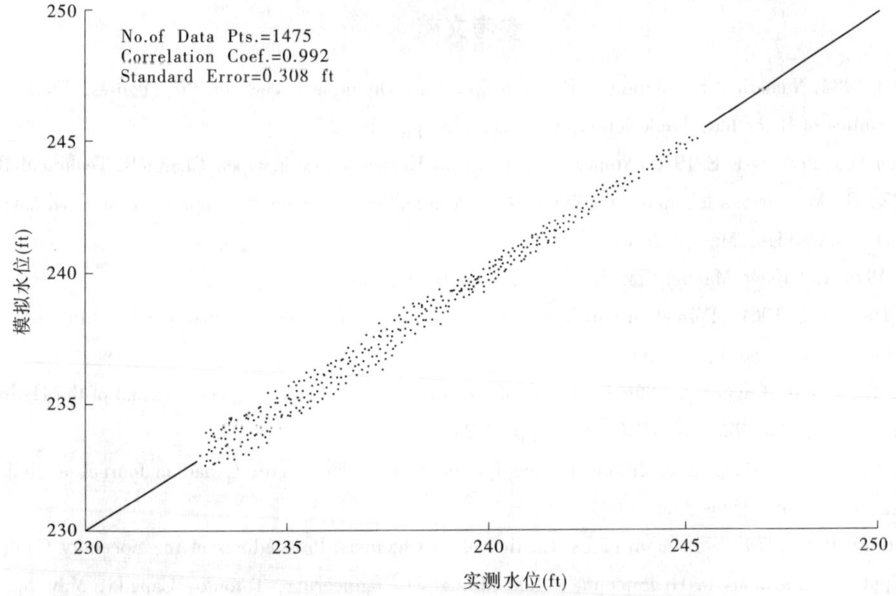

图 9　1977～1982 年冬季模拟与实测水位的比较

表 2　模拟和实测水位的比较

测站	平均水位降落(ft)		实测与模拟水位差(ft)		标准差	
	实测 F_m	模拟 F_s	最大 $E_{f,\max}$	平均 E_f	S_e(ft)	S'_e(%)
Ogdensburg	1.02	1.03	0.33	-0.01	0.09	10.79
Cardinal	3.25	3.24	0.46	0.00	0.16	5.29
Iroquois H. W	4.74	4.79	0.71	-0.05	0.27	5.90
Morrisburg	7.12	7.16	1.08	-0.04	0.39	5.65
Power Dam	8.97	8.99	1.21	-0.03	0.46	5.37

7 结论

本文提出了针对有冰盖河流中非恒定流模拟的数学模型。模型中对冰盖的影响包括冰盖底部的水力阻力，以及由于冰盖厚度的影响而引起过流面积的减少。冰盖区域、气温以及河段上、下游的水位流量等是模型要求的输入数据。

在圣劳伦斯河安大略湖和 Moses – Saunders 水坝之间约 100 英里的河段中，利用模型对水流条件进行了模拟。模拟水位与实测水位相当吻合。这一点表明，模型可以模拟有冰盖河流的水流条件，并且能在冬季用于河流水流的长时段模拟。在该模型中，历史冰盖区域数据要求作为数据的输入部分。模型不能模拟冰盖的形成和开河。要克服这些缺点，就需要提出模拟冰盖形成、演进以及消退的附加分量。模型基于圣劳伦斯河上游的数据，利用经验关系模拟了水力阻力系数。需要将现有非恒定流模型的应用扩展到另外的有冰盖河流中，利用其他河流的流量和水位数据，进一步验证和概括水力阻力模型。

致谢

本次研究得到了 NOAA 大湖环境研究实验室（合同号：NA80RAC00147）的支持。

参考文献

Calkins D J. 1984. Numerical Simulation of Freeze – up on the Ottauquechee River. Proceedings, Workshop on the Hydraulics of River Ice, Frederiction, Canada, June pp. 247-277.

Gunarahlam D J, Perkins F E. 1970. Numerical Solution of Unsteady fow in Open Channels. Technical Report No. 127, R. M. Parsons laboratory for Water Resources and hydrodynamics, Department of Civil Engineering, MIT, Cambridge, Mass., July,

IMSL Inc. 1979. Reference Manual. IMSL Library, Vol. II, Houston, Tex.

Pariset E, Hausser R. 1961. Formation and Evolution of Ice Covers on rivers. Engineering Institute of Canada, Transactions, Vol. 5, No. 1, Jan, pp. 41-49.

Pariset E, Hausser R, Gagnon A. 1966 Formation of ice cover and ice Jams in rivers. Journal of the Hydraulics Division, ASCE, Vol. 92. No. HY6, Nov., pp. 1-24.

Michel B, Drouin M. 1981. Courbes de remous sous les couverts de glace viere. Canadian Journal of Civil Engineering, Vol. 8, pp. 351 – 363.

Petryk S, Boisvert R. 1978. Simulation of Ice Conditions in Channels. Proccedings of the Specialty Conference on Computer Applications in Hydrotechnical ami Municipal Engineering, Toronto, Canada, May, pp. 239-259.

Petryk S, Panu U, Clement F. 1981. Recent Improvements in Numerical Modeling of River Ice. International Symposiunl on Ice, Vol. 1, Quebec, Canada, pp. 426-435.

Petryk S, Panu U, Kartha V C, et al. 1981. Numerical Modelling and Predictability of lee Regime in Rivers. IAHR International Symposium on Ice, Vol. 1, Quebec, Canada, pp. 426-449.

Potok A J, Quinn F H. 1979. A Hydraulic Transient Model of the Upper St. Lawrence River for Water Resources Studies. Water Resources Bulletin, Vol. 15, No. 6, Dec.

Shen H T, Ruggles R W. 1982. Analysis of Ice Cover Roughness. Applying Research to Hydraulic Practice, ASCE, Jackson, Miss., Aug., pp. 160-168.

Shen H T, Yapa P D. 1985. A Unified Degree – Day Method for River Ice Cover Thickness Simulation. Canadian Journal of Civil Engineering. Vol. 12, Mar. pp. 54-62.

Shen H T, Yapa P D. 1985. Flow Resistance of a River Ice Cover. Journal of Hydraulic Engineering, ASCE, Vol. 112, No. 2, Feb. pp. 142-156.

Simonsen C P S, Carson R W. 1977. Ice Processes During Construction of Limestone Generating Station。Proc′eedings, of the Third National Hydro – technical Conference, Quebec City, Canada, May.

Uzuner M S, Kennedy j F. 1976. Theoretical Model of River Ice Jams. Journal of the hydraulics Division, ASCE, Vol. 102, No. HY9 Sept. , pp 1365-1383.

Viesmann W, Jr, Harbaugh T E, et al. 1972. Introduction to hydrology, IEP – A Dun – Donnellev Publisher, New York, N. Y.

Yapa P D. 1983. Unsteady Flow Simulation of Rivers with an Ice Cover. thesis presented to Clarkson College of Technology, Potsdam, N. Y. , in Aug. , 1983 ,in partial fulfillment of the requirement for the degree of Doctor of Philosophy.

河冰过程的数学模拟*

A. M. Wasantha Lal　沈洪道

(克拉克森大学土木环境工程系,美国,纽约,Potsaam,13699 - 5710)

摘要:本文提出了数值模拟河冰过程的计算机模型 RICE。河流水力学方面,根据一维非恒定流方程确定水流条件;热力学方面,沿程水温分布和水中冰浓度分布分别由热量输移方程和冰输移方程确定。模型中,考虑了表面流冰、浮冰及岸冰形成对冰生成的影响。根据现有的平衡冰坝理论,模拟冰盖的形成,同时考虑了冰盖与水流的相互作用。根据临界流速判别准则,模拟冰盖下的来冰积聚现象。采用有限差分格式,数值模拟冰盖厚度热力增长和消融,适合于由雪、冰、水中冰层组成的复合冰盖。

1　介绍

河冰的生消包括形成、演变、输送、消蚀和消融等物理过程。这些过程不仅受气象条件和河道几何形态的影响,同时与河道水流情况有关(水动力条件)。目前,尽管还有许多河冰过程未能得到很好的认识,然而,应用现有的理论,可以研制描述反映这些过程的数学模型。这类模型可以根据一些有限的现场观测资料,对河冰的发展演变的连续过程给予描述。同时,这种类型的模型也能帮助工程师对冰控建筑物及水流整治可能带来的各种利弊结果进行评估分析研究。

近些年来,已有许多针对浮动冰盖河流(封冻河道)的河冰模型(Petryk 等,1981; Calkins,1984; Shen 和 Yapa,1984)。所有这些模拟河冰过程的模型中,所包含的解析公式中都作了不同程度的近似简化。本文提出了一个比较完整全面的河冰模型 RICE(Lal,1989;Lal 和 Shen,1990)。

2　河冰过程

初冬,由于水面热量损失,河道中水温降至冰点。进一步冷却导致冰的生成。在流速比较缓慢的低流速河段,水流紊动强度不足以将过冷却水和冰晶沿整个水深混合。在这些低流速河段,在断面平均水温下降至冰点前,将会出现静止不动的静状冰或运动的表层薄冰。在流速较急的河段,由于水流紊动混掺作用,冰晶将沿水深方向发生混掺,同时尺寸逐渐增大,数量增加,并集聚形成冰块。当水中冰粒尺寸发展时,它们将上浮至水面,形成一层水面冰。水面冰的浓度通常比悬移冰的浓度高得多。

水面冰浓度(密度)的持续增加导致冰盘形成,冰盘在沿河输移过程中,由于孔隙水

* Journal of Hydraulic Engineering, Vol. 117, No. 7, July, 1991, ASCE。

冻结(凝结),以及与周围及底部水内冰的不断集聚,使得冰盘的尺寸大小和强度不断增加。经过较长一段距离输移,冰盘变成更大尺寸浮冰块,也有可能在通过急流河段时,破碎。对于部分封冻的河道水面,水面的运动浮冰起着隔热作用,导致冰生成的减少。当遇到下游人工障碍物,或由于水面冰拥堵形成冰桥的河段时,水面冰将停止向下游输移。一旦碰到障碍物,上游来冰将在其上游端积聚,使得冰盖向上游方向发展。而水中悬浮状的水内冰将继续向下游输移,并在冰盖底部发生堆积。

尽管每个冬天,常在相同位置形成冰桥,但至今对冰桥现象还缺乏足够的认识。河道中形成冰桥,与河道的输冰能力和上游来冰量有关。在不形成冰桥的前提下,河道允许通过的最大冰流量取决于水流流速、渠岸顶宽或两侧岸冰间的宽度、水面坡度、气候条件及水面冰层中冰块的大小、浓度及其物理特性(Matousek,1989;Shen 等,1990)。

一旦初始冰盖形成,通过积聚上游来冰,使得冰盖向上游方向发展。冰盖前沿的推进速率取决于来自上游的冰流量及新生成的冰盖厚度,冰盖厚度取决于冰盖前沿的水流条件。当水流流速相对较小时,上游来冰将积聚,并以平封模式形成光滑单层冰盖。在冰冻期,如果水面冰主要由高度变形(可塑)的冰花和松散的冰盘组成时,由于这些表面来冰的可压缩性,并置模式有时不很明显。在流速较大的河段,水面来冰将在冰盖前沿翻滚、下潜,从而导致冰盖厚度增加。这种由于水力加厚所形成的冰盖,通常称为“窄冰塞”(Pariset 和 Hausser,1961)。这种冰盖发展方式,冰盖厚度存在极限值和相应的极限流速值。当水流流速超过极限流速时,冰粒将在冰盖前沿下潜,从而导致冰盖前沿停止向上游发展,直到冰盖前沿流速减小。流速减小有可能是河道中流量减小所引起的,或是冰盖底部来冰堆积增加导致冰盖前沿壅水所引起的。

冰盖必须具有足够的厚度,才能承受施加于其上的外部作用力。作用于冰盖上的外部作用力包括:风和水的拖曳力、冰盖重量,以及与这些作用力相平衡的岸壁剪切力。如果冰盖强度和岸壁剪切力不足以与沿流动方向的外部作用力相平衡,则冰盖将发生推挤,增厚、直至冰盖达到足以抵抗外部作用力的厚度。在水面冰积聚体内部空隙水冻结,形成的固状薄冰层能显著增加初始冰盖的强度。

潜入冰盖下的冰将沿冰盖底部往下游输移,并在下游某一河段堆积。当悬移的水内冰进入封冻河段时,将上浮至冰盖底部,并发生堆积。冰盖下的堆积体称为悬冰坝或冰塞。这一底部堆积现象通常发生在急流河段下游的冰盖下。如果后期水流流速增加,冰盖底部松散堆积体将输移到下游的河段。

上述这些讨论是针对冰冻期冰盖的形成过程。在开河期,由于上游冰盖解体,释放大量面冰,将发生类似的过程。这时,下游完整冰盖的前沿,常常充当诱发面冰集聚过程的障碍物。

新形成的冰盖通过热量损失,冰花层内部的空隙水将由水面往下冻结。冰盖上部若存在雪层,也同样影响冰盖厚度的热力增长。雪层作为一个隔离层,阻止冰盖厚度的热力增长。然而,当雪 - 冰的界面下潜至水位以下时,雪 - 冰的增长将导致冰盖厚度的快速增长。

3　数学模型的建立

本文数学模型主要包括：河道水力学，水温和冰浓度分布，冰盖形成（包括岸冰形成和主体冰盖的形成），冰盖下冰的输移和堆积，冰盖热力增长和消融，在水动力作用下的冰盖稳定性。模型中考虑了表面薄冰层形成，运动水面冰对冰生成量的影响。在模拟冰的输移和集聚过程中，提出了一个区分水面冰和悬移冰的“分层输移模式”。

3.1　河流水力学

如果忽略冰的相位变化对水体质量守恒的影响，则对于具有浮动冰盖的河流，其水位和流量的变化可由以下连续方程和动量方程描述：

$$\frac{\partial Q}{\partial x} + \frac{\partial A}{\partial t} = 0 \tag{1}$$

$$\rho \frac{\partial Q}{\partial t} + \rho\left(\frac{2Q}{A}\frac{\partial Q}{\partial x} - \frac{Q^2}{A^2}\frac{\partial A}{\partial x}\right) + \rho g A \frac{\partial H}{\partial x} + (p_i \tau_i + p_b \tau_b) = 0 \tag{2}$$

式中：x 为距离；t 为时间；g 为重力；Q 为流量；A 为过流面积；$H = z_b + d_w + h$，水位；z_b 为河底高程；d_w 为水深；h 为冰盖的淹没厚度；ρ、ρ_i 为水体和冰体的密度；p_b、p_i 分别为冰盖和河床所形成的湿周；τ_b 和 τ_i 分别为河底和冰－水界面的剪切应力。利用 4 点隐式有限差分方案可以求解方程(1)和方程(2)（Yapa 和 Shen，1986）。

冰盖几何形状（包括厚度及面积）的模拟，将在后面进行讨论。方程(2)中的流动阻力项，可用河道糙率系数 n_b 和冰盖糙率系数 n_i 表示（Yapa 和 Shen，1986）。从冰冻期到解冻期，冰盖粗糙系数随时间变化的关系式如下：

$$n_i = (n_{i,i} - n_{i,e})\mathrm{e}^{-d_n \cdot t} + n_{i,e} \tag{3}$$

式中：$n_{i,i}$ 和 $n_{i,e}$ 分别为 n_i 的初值和终值；α_n 为消退系数。Nezhikovskiy（1964）及 Yapa 和 Shen（1986）对方程(3)中参数的选择曾进行了讨论。

3.2　水温和冰密度的分布

在一维分析中，沿河水温的分布，可以通过下面输移方程来描述：

$$\frac{\partial}{\partial t}(\rho C_P A T_w) + \frac{\partial}{\partial x}(Q \rho C_p T_w) = \frac{\partial}{\partial x}\left(A E_x \rho C_p \frac{\partial T_w}{\partial x}\right) - B_0 \varphi_T \tag{4}$$

式中：B_0 为岸冰之间的河宽；C_p 为水的比热；E_x 为离散系数；φ_T 为河流单位面积上的热量净损失率。当水温降落到结冰点 T_f 以下时，水内冰花将会产生。断面平均冰体密度分布方程（Shen 和 Chiang，1984）变为：

$$\frac{\partial}{\partial t}(\rho_i L_i C_i) + \frac{\partial}{\partial x}(Q \rho_i L_i C_i) = \frac{\partial}{\partial x}\left(A E_x \rho_i L_i \frac{\partial C_i}{\partial x}\right) + B_0 \varphi_T + \sum S \tag{5}$$

式中：C_i 为水中冰的浓度；L_i 为结冰的潜热；$\sum S$ 为其他的源项，代表演进、冰盖下沉积以及由冰盖下堆积物的侵蚀所产生的冰体。由于方程(5)和方程(4)形式相同，所以，当 $T_w < 0$℃时方程(4)的解，可以令 $C_i = -(\rho C_p T_w)/(\rho_i L_i)$，来确定冰的浓度。忽略离散项，方程(4)和方程(1)就可以合并得出下列 Lagrangian 方程

$$\frac{DT_w}{Dt} = \frac{B_0 \varphi_T}{\rho C_p A} \tag{6}$$

采用 Eulerian - Lagrangian 方法(Lal 和 Shen,1990)就可以求解方程(6)。净热交换,包括在水面、河床的热量交换,以及由离散作用所产生的热量。在明流河段中,φ_T 可以通过表面热量损失率 φ_{wa} 来近似,既可以通过详细的热量计算来评估,也可以通过线性近似(Ashton,1986)来估算:

$$\varphi_{wa} = h_{wa}(T_w - T_a) \tag{7}$$

对于美国北部地区来说,热交换系数 h_{wa} 的值约为 20W $m^{-20} \cdot C^{-1}$。

由于表面运动浮冰将减少冰的生成量,方程(5)中没有对这一影响加以考虑。这一影响的计算公式,将在冰盖推进部分中进行讨论。在封冻情况下,冰 - 水界面上将发生紊动热交换,这时 φ_T 可近似为(Ashton,1986):

$$\varphi_{wi} = h_{wi}(T_w - T_f) \tag{8}$$

其中,$h_{wi} = 1,622u^{0.8}d_w^{0.2}$ $Wm^{-20}C^{-1}$。

3.3 薄冰的形成

薄冰的形成,取决于水面温度和水面上所形成的冰晶的稳定性,而这两者均取决于紊动强度。薄冰的形成对水中冰生成率影响很大。目前,尚没有关于这种现象的理论计算公式。本文采用由 Matousek(1984)提出的经验公式。根据对 Ohre 河的现场原型观测,Matousek(1984)曾提出一个经验关系式,与水面温度 $T_{w,s}$、垂向水深平均水温 $T_{w,d}$、当地水深平均流速 u、风速 V_a 及沿风向的水面宽度等有关。根据 $T_{w,s}$ 和 $T_{w,d}$ 值的相对大小,存在不同类型的冰生成模式。根据 Matousek 的经验公式,可采用以下判别标准确定冰的生成:

当 $T_{w,s} \geq 0$ ℃时,没有结冰现象发生。

当 $T_{w,d} > 0$ ℃时,如果 $T_{w,s}^c < T_{w,s} < 0$ ℃并且 $V_b > v_z'$ 时,薄流冰形成。

当 $T_{w,d} > 0$ ℃时,如果 $T_{w,s} < T_{w,s}^c$,那么,薄冰盖形成。

当 $T_{w,d} \leq 0$ ℃时,水内冰产生。

对于这些标准,$T_{w,s}^c$ 为临界水面温度;V_b 为冰花的上浮速度;v'_z 为紊动波动的垂直分量。

3.4 岸冰的形成

目前,对岸冰形成现象尚未有很好的认识。上面所介绍的经验公式可以用于确定静态岸冰的形成。Svensson 等(1989)提出了一个用于模拟静态岸冰生成的二维数学模型,经与 Lulea 河原型观测数据的比较,他们提出了岸冰形成的经验公式。在本文模型中,为了一致起见,采用 Matousek 的判别准则。

除了薄冰生成模式,由于水面冰的集聚和堆积,岸冰将沿宽度方向(侧向)发展,岸冰的这种侧向发展,取决于水面流冰与已有岸冰边缘接触的稳定性。岸冰宽度的增长率与表面流冰密度成正比。在本文模型中,采用 Michel 等(1982)提出的经验公式:

$$R = 14.1V_*^{-0.93}N^{1.08} \tag{9}$$

式中:$R = (\rho L_i \Delta W)/(\Delta\varphi)$;$V_* = u/V_c$;$V_c$ 为水面冰能够黏结到岸冰上的最大速度;ΔW 为在给定的时间间隔内岸冰的生长;$\Delta\varphi$ 为在给定时间间隔,单位面积的热量交换;N 为水面冰流量的面积密度。根据 Michel 等(1982)的研究结果:当 $N < 0.1$ 时,岸冰形成为静态模式,可以应用方程(9),并令 $N = 0.1$。在本研究中,因为采用 Matousek 公式模拟静

态冰的形成,因此并没有应用 N 的下限值。

Michel 等指出:方程(9)仅适合于 $0.167 < V_* < 1.0$。当 $V_* < 0.167$ 时,出现静态冰或浮冰增长模式;当 $V_* > 1.0$,不可能发生面冰与岸冰相黏结现象,因此这时可以忽略岸冰的增长率。V_c 值随流动条件和冰情而变,取决于面冰冰元与已有岸冰接触的稳定性,而冰元的稳定性又取决于施加于其上的拖曳力(外部作用力),包括:沿水面方向的重力分力及动水拖曳力,这些作用力由接触面上的摩擦阻力相平衡。对于 Saint Anne 河,临界流速 V_c = 1.2 m/s(Michel 等,1982);对于 Sanint Lawrence 河的上游河段,V_c = 0.4 m/s(Shen 等,1984)。在本文的一维模型中,没有对流速的横向分布进行模拟,而是根据现场观测所得的临界流速 0.4 m/s,对每一河段给定岸冰增长的极限宽度值。

3.5 冰盖的发展

当出现流冰现象时,由于冰桥和水面冰的积聚将形成冰盖,这种冰盖形成方式常称为动力冰盖形成。完整的动力冰盖形成理论还有待于进一步研究(Shen 等,1990)。在本研究中,采用现有关于面冰集聚的准恒定理论(Pariset 和 Hausser, 1961),以及输冰的自由漂移理论。根据针对特定河段量测所得的经验关系式,将冰桥作为程序的输入参数。

冰盖的推进速率取决于冰盖前沿的上游来冰流量和冰盖厚度:

$$V_p = \frac{(Q_s^i - Q_u)V_s}{[B_0 h_0(1 - e_c)]V_s - (Q_s^i - Q_u)} \tag{10}$$

式中:V_p 为冰盖推进速度;$Q_s^i = \alpha C_i Q$,为水面冰体积冰流量;Q_u 为在冰盖前沿下潜的水面冰体积冰流量;$e_c = e_p + (1 - e_p)e$,为冰盖整体孔隙率:e 为单个浮冰块的孔隙率;e_p 为冰集聚体内部,冰块间的空间间隙孔隙率;h_0 为初始冰盖厚度;V_s 为上游来冰速度,近似为水流速度;系数 α 为总的冰流量 $C_i Q$ 与面冰流量 Q_s^i 之比。至今还没有由水内冰演变发展成表面流冰的完整的表达式。在本研究中,采用一个近似简化的表达式,总结在附录 1。根据这一表达式,将悬浮状的水中冰输移和面冰输移分层考虑(分层输移),并考虑两层界面上的冰交换,可用于确定面冰 Q_s^i 及悬浮冰(水中冰)流量 Q_d^i。

冰盖推进有三种模式:在低流速区(河段),冰盖推进通过平封模式形成厚度等于单个冰块的单层冰。如果冰盖以这种方式推进,上游来冰在冰盖前沿必须满足稳定性条件。根据 Pariset 和 Hausser(1961)的研究结果,当冰盖前沿的水流弗汝德数 Fr 小于临界值 Fr_c,冰盖将以并置模式向上游推进。这一临界值 Fr_c 的表示式为:

$$Fr_c = f\left(\frac{t_i}{l_i}\right)\left(1 - \frac{t_i}{H}\right)\left[2g\left(1 - \frac{\rho_i}{\rho}\right)(1 - e)\frac{t_i}{H}\right]^{1/2} \tag{11}$$

式中:$Fr = V/\sqrt{gH}$ 为弗汝德数;V、H 分别为上游冰盖前沿附近的流速和水深;t_i 为流冰块的厚度;$f(\frac{t_i}{l_i})$ 为流冰块形状系数,其变化范围为 0.66~1.3;l_i 为流冰块长度。因为没有可靠的方法确定流冰块尺寸,本模型采用现场观测所得的 Fr_c。根据圣劳伦斯河上游河段的现场观测结果,Shen 等(1984)建议 Fr_c 值的变化范围为 0.05~0.06。

当水流弗汝德数超过 Fr_c 时,冰盖不可能以并置模式推进。这时,冰盖将以水力增厚或窄冰坝的模式推进。对于这种推进方式,冰盖的初始厚度 h_0 的计算公式为(Pariset 和 Hausser, 1961):

$$Fr = \left[2\frac{h_0}{H}(1 - e_c)\left(1 - \frac{\rho_i}{\rho}\right)\right]^{1/2}\left(1 - \frac{h_0}{H}\right) \tag{12}$$

从方程(12)可见,存在一个最大数 Fr_m,当水流弗汝德数超过 Fr_m 时,冰盖不可能向上游推进。Kivisild(1959)根据原型观测结果,建议 $Fr_m \approx 0.05 \sim 0.1$,其平均值为 $\overline{Fr}_m = 0.08$。近期现场量测研究结果表明,Fr_m 近似为 0.09(Shen 等,1984;Sun 和 Shen,1988)。

对于宽陡形河段,随着冰盖向上游推进,作用于冰盖上沿流动方向的作用力逐渐增加,其增值可能超过岸壁阻力的增加值。当冰盖强度不能抵抗沿流动方向外部作用力的增加时,冰盖将破碎、加厚直到形成新的平衡厚度(Pariset 和 Hausser,1961)。这种通过水力增厚的冰盖形成方式(机械加厚),通常称为宽河冰坝或立封模式。当面冰堆积体处于平衡状态时,作用力的平衡方程可写成以下形式:

$$2(\tau_c h_0 + \mu_1 f) = (\tau_i + \tau_g + \tau_a)B \tag{13}$$

式中:f 为作用于冰盖上的纵向力;τ_i 为冰盖下表面的剪切应力;τ_g 为冰盖体沿水面方向的重量分量;ρ_a 为大气密度;$\tau_a = C_a\rho_a|V_a|V_a\cos\theta_a$,为沿冰盖的风应力;$\theta_a$ 为风向与沿下游流动方向的夹角;C_a 为阻力系数,与表面糙率有关;μ_1 为岸壁摩擦系数;τ_c 为岸壁剪力中的黏滞力部分。假定冰粒处于完全主动状态(complete mobilization),冰盖的被动阻力和纵向作用力 f 的平衡关系如下:

$$f = \rho_i K_2\left(1 - \frac{\rho_I}{\rho}\right)\frac{gh_0^2}{2} \tag{14}$$

式中:$K_2 = \tan^2(\frac{\pi}{2} + \frac{\varphi}{2})(1 - e_c)$;$\tan\varphi$ 为冰块堆积体的内摩擦系数。根据方程(13)和方程(14)可以确定立封的冰盖平衡厚度冰盖推进过程中,水流条件随着发生相应变化。因此,求解过程中需要考虑流动条件和冰盖推进之间的相互作用。方程(12)和方程(13)为准恒定方程,不能与非恒定流方程组相耦合。对于冰盖推进河段,通过联立求解耦合的准恒定流方程和冰盖厚度方程,从而考虑流动条件和冰盖推进的相互作用(影响),这些过程在附录 2 中给出。

3.6 冰盖稳定性

冰盖形成之后,当冰盖内部强度不足以平衡外部作用力时,冰盖将随时可能发生塌崩。冰盖塌崩条件可通过对一定长度的冰盖体上纵向作用力的平衡关系来计算,类似于冰盖挤压情况。假定水流为恒定均匀流,冰盖厚度均匀相同,平衡条件可用方程(13)表示,当冰盖发生塌崩时,则必须满足以下条件:

$$2(\tau_c h_0 + \mu_1 f) < (\tau_i + \tau_g + \tau_a)B \tag{15}$$

Michel(1984)指出,仅需在冰盖上表面发生稍微冻结,从而形成一层固态壳,就可以防止冰盖塌崩。考虑冰盖是由冰块积聚形成,在其上表面有一层固态冰壳,底部有一层水内冰堆积体,则允许的冰盖体上的纵向力 f,可以用冰盖层强度的形式来表示:

$$f = f_i + f_n + f_f \tag{16}$$

其中,下标 i、n、f 分别表示固态壳、冰块层和水内冰层。

当一段冰盖塌崩时,如果水流条件允许,碎冰块将堆积形成具有更大厚度的新冰盖。

3.7 冰盖底部的堆积与侵蚀

冰盖前沿潜入的水面冰粒及水流中的悬移冰,将在冰盖底部发生堆积。当冰粒输送进入流速较小的缓流河段时,冰盖底部将发生堆积。多年来,人们一直采用临界流速或临界弗汝德数确定冰盖底部堆积体的厚度。原型观测结果表明,临界流速为 0.5 ~0.9 m/s (Ashton,1986)。Sun 和 Shen(1988)曾指出采用临界流速判别标准条件的缺陷。然而,由于至今缺乏其他更好的判别方法,因此本文仍采用临界流速的判别标准。

冰盖下冰堆积体厚度,同样取决于冰盖下输冰量的大小,因此有必要确定来自于悬浮冰的冰供给率。这一值的大小取决于冰粒的浮力和紊动混掺。在本文的一维模型中,假定床面发生交换,悬浮冰的质量守恒方程表示如下:

$$\frac{\partial}{\partial t}(C_v A) + \frac{\partial}{\partial_x}(C_v Q) = B\left(\varepsilon_y \frac{\partial c}{\partial y} - V_b c\right)_{y=d_w} \tag{17}$$

式中: C_v 为悬浮冰的平均密度; ε_y 为垂直混合系数; V_b 为上浮速度; c 为本地流冰密度; d_w 为冰盖下的水深。将方程右项用 $-\theta_1 V_b C_v$ 来近似,那么,方程(17)变为:

$$\frac{DC_v}{Dt} = -\frac{B}{A}\theta_1 V_b C_v \tag{18}$$

式中: θ_1 为经验系数。方程(18)可用于定量确定悬浮冰在冰盖底部堆积的数量大小。

3.8 冰盖的热力生长和消退

由于冰盖上表面和底部发生热交换,冬季,冰盖将发生热力增厚或消融。一维准恒定有限差分模型(Shen 和 Lal,1986),可用于数值模拟由雪冰、透明冰和水内冰层组成的复合冰盖厚度热力增长和消融。

对于雪层上无水,并且底部没有冰花层的冰盖,固态冰盖的热力增长率由下式确定:

$$\rho_i L_i \frac{\mathrm{d}h_i}{\mathrm{d}t} = h_{ia}(T_s - T_a) - h_{wi}(T_w - T_m) \tag{19}$$

式中: h_i 为透明冰厚度; h_{ia} 为冰盖上表面与空气之间热量交换的线性系数; T_s 为冰盖上表面的温度; T_m 为融化温度,0 ℃。温度 T_s 可以用下式计算:

$$T_s = \frac{\left(T_a + \frac{1}{h_{ia}}\right)\left(\frac{h_s}{k_s} + \frac{h_w}{k_w} + \frac{h_i}{k_i}\right) + \frac{T_m}{h_{ia}}}{\frac{h_s}{k_s} + \frac{h_w}{k_w} + \frac{h_i}{k_i} + \frac{1}{h_{ia}}} \tag{20}$$

式中: h 为冰盖厚度; k 为热传导系数;下标 s 、w 、i 代表雪冰和透明冰。当冰花堆积在冰盖下表面上时,方程(19)可由下列 2 个方程所代替:

$$e_f \rho_i L_i \frac{\mathrm{d}h_i}{\mathrm{d}t} = h_{ia}(T_s - T_a) \tag{21}$$

$$(1 - e_f)\frac{\mathrm{d}h_f}{\mathrm{d}t} = -h_{wi}(T_w - T_m) \tag{22}$$

式中: e_f 为冰花层的孔隙度。方程(21)描述了固状冰层向水中冰层发展的增长率。方程(22)给出了水中冰层消融的数学表达式。只有当 $T_s < T_m$ 时,方程(19)和方程(21)才成立。当根据方程(20) 所计算的 T_s 大于 T_m 时,冰盖上表面就会发生融化。表面温度 T_s 等

于 T_m，冰盖体中的温度仍然保持在恒温 0 ℃，并且不会发生热增长。当冰盖上面有雪层出现时，雪层的融化速率由下式给出：

$$(1 - e_s)\rho_i L_i \frac{\mathrm{d}h_s}{\mathrm{d}t} = h_{ia}(T_m - T_a) \tag{23}$$

式中：e_s 为雪层的空隙度。在没有雪层的情况下，固体雪层的上表面融化速率，可以由下式给出：

$$\rho_i L_i \frac{\mathrm{d}h_{is}}{\mathrm{d}t} = h_{ia}(T_m - T_a) \tag{24}$$

式中：$h_{is} = h_w + h_i$，是固态冰的全部厚度。

当雪层厚度较大时，雪层底部可能淹没在水面以下，形成雪泥（Knight，1986）。由于表面热量损失，雪冰将从水面向下生长。

4 模型应用

根据上述数学方程式和理论，本文提出了数学模型 RICE，并应用于圣劳伦斯河的上游河段。Lal 和 Shen（1990）对这一数值模拟结果曾进行了详细讨论，本文作简略介绍。

圣劳伦斯河的上游河段，从位于 Kingston 的 Ontario 湖的河口，到纽约 Massens 的 Moses - Saunders 电站大坝，河段全长 160 km。沿这一河段，水力条件和冰情有较大变化，Yapa 和 Shen（1986）曾对此进行了详细描述。通常，平均流速从 Brockville 上游部分河段的 0.1 m/s，到 Ogdensburg 与 Leishman Point 之间的急流河段（其平均流速达 1.0 m/s 左右）。更下游的河段，在 Lake Saint Lawrence 河段流速减小为 0.5 m/s。一般情况下，河流的弗汝德数沿程变化范围为 0.01 ~ 0.14。Ogdensburg 和 Cardinal 附近的拦冰栅及 Iroquois 控制坝，促使河流中冰盖形成。在紧邻拦冰栅和控制坝的下游河段，由于流速较大存在明流河段，这些明流水域为形成悬冰坝提供了大量冰花。

由于沿圣劳伦斯河上游河段，水流条件和冰情条件有较大不同，因此数值模拟中包括了上述模型中的所有过程。模拟过程中，在拦冰栅和控制坝位置，架设冰桥作为冰盖推进的初始断面。数值模拟中，将河道分成 32 段河段。本文给出了 1979 ~ 1980 年冬季的数值模拟结果。模拟时段为 120 d，从 1980 年 1 月 1 日开始，计算时步长取为 1 d。数值模拟水温、输冰及冰盖推进时，采用到了较小时间步长 δt，其时间步长 δt 根据 $\frac{u \cdot \delta t}{\Delta x} \leqslant 1$ 确定。模型中的参数值如表 1 所示。

表 1 模型参数值

变量	定义	数值
C_P	水体的比热	4.2 $\mathrm{kJkg^{-10}C^{-1}}$
e_c	初始冰盖的空隙度	0.5
e_f	水内冰堆积物的空隙度	0.4
Fr_c	对于平封的临界弗汝德数	0.06
Fr_m	冰盖演进的最大弗汝德数	0.09

续表 1

变量	定义	数值
$h_{i,o}$	浮冰的初始厚度	0.001 m
h_{wa}	水－气界面上的热量交换系数	19.7 $Wm^{-20}C^{-1}$
k_i	冰的热传导度	2.24 $Wm^{-10}C^{-1}$
k_s	雪的热传导度	0.3 $Wm^{-10}C^{-1}$
L_i	冰的潜热	334 Jg^{-1}
t_i	冰盘的厚度	0.1 m
$T_{w,s}$	粥状冰形成的临界水面温度	0.4 ℃
θV_b	改正后的水内冰上升速度	0.01 m/s
u_d	水内冰沉积的临界流速	0.6 m/s
u_e	水内冰沉积的临界侵蚀流速	0.7 m/s
α_n	冰盖粗糙系数的消退常数	0.1
φ	内摩擦角	45°
ρ	水密度	1 000 kg/m^3
ρ_i	冰密度	917 kg/m^3
τ_c	河岸应力的黏滞分量	0.98 kPa
μ_1	冰与冰的摩擦系数	1.28

冰盖糙率系数在时间和空间上发生很大变化。选择这些系数时所采用的标准，已由 Nezhikovskiy(1964)进行过介绍。Yapa 和 Shen(1986)提出了针对圣劳伦斯河上游河段的数值模拟所采用的糙率系数的经验模型，包括悬冰坝的阻水影响。在本文计算中，由于直接对悬冰坝的几何形状进行了模拟，因此并没有应用计算悬冰坝阻水影响的部分。表 2 给出了对 1980 年模拟时采用的河床与冰盖阻力系数值。图 1 给出了冰盖沿程分布（封冻情况）的观测值与计算值。采用不同阴影表示不同的冰盖形成模式，其中垂直实线表示由航拍图得到的冰盖长度。这一年的冬季，在 1 月 30 日之前，Iroquois 的上游河段有航拍图。图 1 表明计算结果与现场观测数据吻合得很好。在 Brockville 的上游河段，冰情非常复杂，在单一河段上，经常同时出现薄冰、平封冰盖及冰坝，大部分水面被薄的、不稳定的、静状冰覆盖。在圣劳伦斯湖河段，冰盖主要以平封模式形成。在中部河段，同时出现冰坝河段、明流河段和冰塞。图 2 给出了水位的观测与模拟值。从图中可看出，模型可以同时对明流和冰封期的水位进行模拟。冰封期水位的计算误差较大，这是由于模拟冰盖面积、厚度、阻力系数等误差的累积影响所造成的。图 3 给出了沿河道各测站的水温观测和模拟计算情况。观测和模拟的水温值存在误差，部分原因是由于水文站位于近河岸，因此水温的量测值不能很好地代表整个断面平均值。

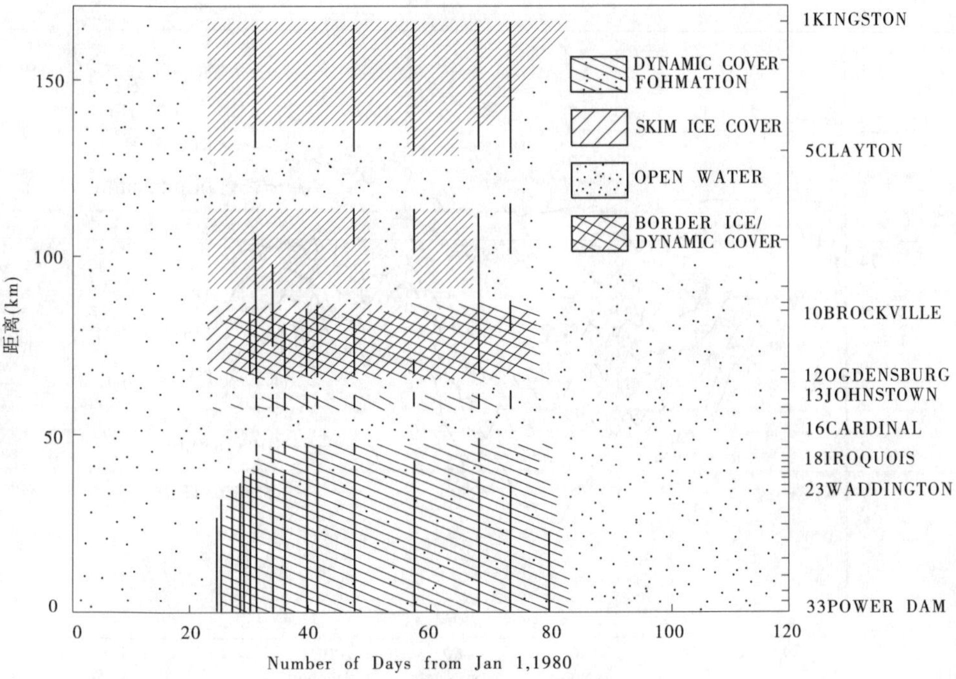

图1　沿河冰盖分布的变化

表2　模拟样本中的糙率系数

河段号 (1)	河床糙率 n_b (2)	初始冰盖糙率 $n_{i,i}$ (3)	最终冰盖糙率 $n_{i,e}$ (4)	消退系数 α_n (5)
1～11	0.033	0.008	0.008	0.1
12～15	0.023	0.010	0.008	0.1
16～17	0.028	0.030	0.013	0.4
18～20	0.039	0.020	0.008	0.4
20～22	0.019	0.020	0.013	0.4
23～24	0.021	0.020	0.013	0.4
25	0.021	0.015	0.013	0.4
26～32	0.033	0.015	0.013	0.4

5　结论

本文提出了用于河道浮冰盖发展演变的河冰过程的计算机模型。这一模型可用于模拟河道非恒定的水力条件、水温变化、冰花浓度、雪冰层形成、冰盖下堆积及冲蚀、冰盖厚度的热力增长和消融以及冰盖的动力破坏(mechanical failure of the cover)。模型中引入

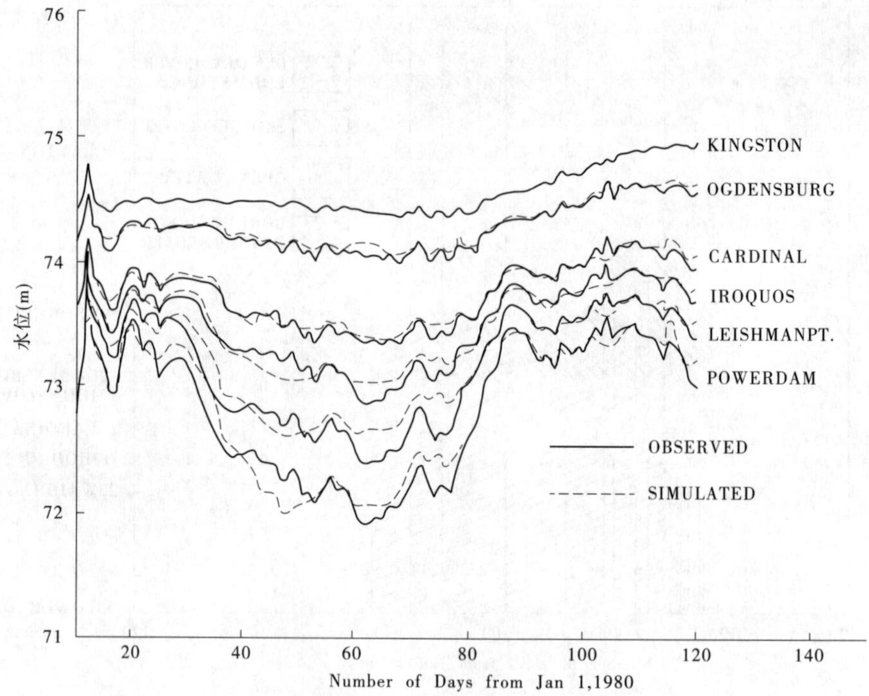

图2　实测与模拟水位对比

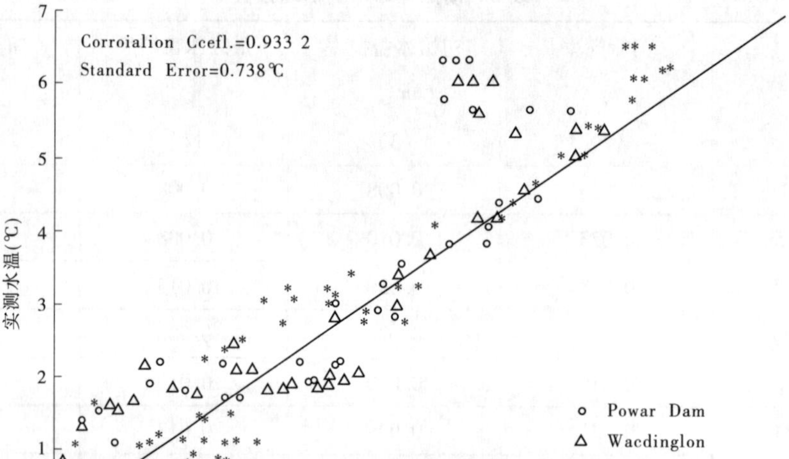

图3　1980 年 1 月 1 日到 4 月 30 日实测与模拟水温的比较

了二层输冰模式。在该模式中,总的冰流量由面冰流量和悬移冰流量两部分组成。模型中考虑了面冰对冰生成、浮冰及岸冰的影响。根据现有的准恒定平衡冰坝理论对冰盖的推进和稳定进行了数值模拟,同时考虑了冰盖与水流的相互作用。根据临界流速的判别准则,模拟冰盖下的堆积。采用有限差分方法数值模拟由雪层、固结冰层和水中冰层组成的复合冰盖的厚度的增长与消融,应用模型对圣劳伦斯河上游河段的冰情进行了数值模拟,得到了很好的结果。模型具有普遍的适用性,因此这一模型可以应用于其他河道的冰情计算(Shen 等, 1989)。由于现有对河冰过程的认识理解有限,如果对模型中的一些数学方程进行进一步完善,则模型将得到进一步改进。特别是冰盖下堆积、武开河、冰盖糙率等。同时,还可对数值模拟方法进行进一步改进,如对河冰过程中的一些重要过程采用二维模拟计算方法等。

致谢

本次研究得到了新罕布什尔州 Hanover 美国陆军寒区和工程实验室河冰管理(RIM)项目的支持,合同编号 DACA 89 - 84 - K - 0008。

附录 1　两层冰输送

假定河道中的冰流量由两部分组成,即表面层(水面冰)和悬浮层冰两部分。假定水面冰层厚度与水面冰块厚度相同,而且与水深相比,其厚度可以忽略不计。假定悬浮层冰近似充满整个水深。对应于这两层的输冰体积率,分别由下式给出:

$$Q_s^i = [h_i + (1 - e_f)h_f]C_a B_0 U \tag{25}$$

$$Q_d^i = C_v A U \tag{26}$$

式中:Q_s^i、Q_d^i 分别为在表面层和悬浮层中冰流量的体积比;h_i 为水面漂浮冰体中固态冰的厚度;h_f 为面冰底部的水内冰花层厚度;e_f 为冰花层的空隙度;C_a 为水面冰的面密度;C_v 为悬浮层水内冰的平均体积密度。水面冰的流动速度,假定与平均流速 U 相同。

对于表层冰来说,质量守恒方程可以写成如下形式:

$$\frac{\partial}{\partial T}\{[h_i + (1 - e_f)h_f]C_a B_0\} + \frac{\partial}{\partial x}\{[h_i + (1 - e_f)h_f]C_a B_0 U\} = \frac{B_0 C_a \varphi_{si}}{\rho_i L} + E \tag{27}$$

同样,对于悬浮层冰来说,质量守恒方程为:

$$\frac{\partial}{\partial t}(C_v A) + \frac{\partial}{\partial x}(C_v A U) = \frac{B_0(1 - C_a)\varphi_{sw}}{\rho_i L} - D - E \tag{28}$$

式中:φ_{si} 为浮冰表面上单位面积的净热量损失率;φ_{sw} 为明流水面单位面积的净热量损失率;D、E 分别为河床和面冰层与悬浮冰层界面上冰的净交换量。假定冰密度的变化梯度较小,因此悬浮层冰的体积密度和面冰密度的纵向扩散可以忽略不计。

假设水面冰和悬浮层冰之间的交换率 E/B ,可以用 $\theta V_b C_v$ 来表示。θ 的值将随水面上垂直混掺强度的增加而减少。当这种垂直混掺可以忽略时,θ 值接近 1.0 。忽略与河床的交换量 D ,那么,方程(27)、(28)可以成为:

$$A\frac{DC_v}{Dt} = \frac{B_0\varphi_{sw}(1 - C_a)}{\rho_i L} - \theta V_b C_v B_0 \tag{29}$$

$$C_a B_0 \frac{D}{Dt}[h_i + (1 - e_f)h_f] + [h_i + (1 - e_f)h_f]\frac{D}{Dt}(C_a B_0) = \frac{B_0 C_a \varphi_{si}}{\rho_i L} + \theta V_b C_v B_0 - h C_a B_0 \frac{\partial u}{\partial x} \tag{30}$$

式中:V_b 为冰花的上浮速度;θ 为悬浮冰和水面冰层界面上的交换系数。V_b 的值随冰花体积的大小而变化。对于直径为 1 mm 的冰花来说，上浮速度大约为 0.01 m/s。

假设水面冰上的热量损失与固态冰体厚度的生长相对应，则固态冰厚的变化率为：

$$\frac{Dh_i}{Dt} = \frac{\varphi_{si}}{e_f \rho_i L} \tag{31}$$

冰花厚度的变化率，取决于冰盘下侧面上冰花沉积的变化率，以及进入冰花沉积物中的固态冰向下的生长速率。

$$\frac{Dh_f}{Dt} = \frac{\theta V_b C_v}{(1 - e_f)} - \frac{Dh_i}{D_t} \tag{32}$$

利用方程(31)、(32)或其他等效形式，方程(30)可以进一步简化为：

$$[h_i + (1 - e_f)h_f] \frac{D}{Dt}(C_0 B_0) = (1 - C_a)\theta V_b C_v B_0 - [h_i + (1 - e_f)h_f] C_a B_0 \frac{\partial u}{\partial x} \tag{33}$$

变量 h_i、h_f、C_v、C_a 的解答，可以由方程(29)～方程(33)来获得。由于 V_b 总是与 θ 一起出现，并且没有解析方法来精确地确定它们的值，所以乘积 θV_b 可以看做一个参数。表层冰和在悬浮层中的冰花，都是不同大小颗粒的混合物，这些颗粒大小分布并没有考虑 h_f、h_i 和 θV_b 的值，可以看做这些混合物的加权平均值。

附录 2　初始冰盖厚度的计算

对于以并置模式向前推进的冰盖来说，初始冰盖厚度等于表面流冰的厚度 t_i。但是，为了与 Fr_c 进行比较，计算冰盖推进过程中，有必要计算冰盖前沿水流 Fr 值。假定向前推进的冰盖发生在 Δx_i 河段中，那么，该河段上游端的总水头可以写为：

$$\left(H + \frac{Q^2}{2gA^2}\right) = H_0 + \frac{Q^2}{2gA_0^2} + \bar{S}_f \Delta x_i \tag{34}$$

式中：H 为水位；$\bar{S}_f$ 为平均能量坡度；下标 0 代表水流条件已知的河段下断面。因此，可以利用方程(34)来求解 A、H 和 Fr。

在水力增厚模式中，初始冰盖厚度可以由方程(12)计算，其表达式为：

$$Q^2 - 2gA^2\left(1 - \frac{\rho_i}{\rho}\right)h_0 = 0 \tag{35}$$

利用 Newton－Raphson 算法，联解方程(34)和方程(35)就可以得到 A 和 h_0 值。

在机械增厚模式中，方程(13)可以写成：

$$\mu \frac{\rho_i}{\rho}\left(1 - \frac{\rho_i}{\rho}\right)h_0^2 + \frac{2\tau_c h_0}{\rho g} - 2^{1/3} \frac{Q^2 n_c^2 B_0^{4/3}}{A^{7/3}}\left[\left(\frac{n_i}{n_c}\right)^{3/2} + 2\frac{\rho_i}{\rho}\frac{h_0 B_0}{A}\right] - \frac{B_0 \tau_a}{\rho g} = 0 \tag{36}$$

式中：$\mu = \mu_1 K_2$；$n_c = [(n_i^{3/2} + n_b^{3/2})/2]^{2/3}$ 为复合曼宁系数。联解方程(34)和方程(36)就可以求得 A 和 h_0 值。

参考文献

Ashton G D. 1986. River and lake ice engineering. Water Resources Publication, Littleton, Colo.

Calkins D J. 1984. Numerical simulation of freeze－up on the Ottaquechee River. Proc. of the 3rd Workshop on the Hydraulics of River Ice, Univ. of New Bmrwick, Fredericton, New Brunswick, Canada, 247-277.

Kivisild H R. 1959. Hydrodynamical analysis of ice floods. Proc. , IAHR 18th Congress, Vol. III, International Association for Hydraulic Research.

Knight C A. 1986. Slush on lakes. Structure and dynamics of partially soldified systems, Martinus Nijhoff Publishers, Brussels, Belgium, 455-465.

Lal A M W. 1989. A mathematical model for river ice processes. thesis presented to Clarkson University, at Potsdam, N. Y. , in partial fulfillment of the requirements for the degree of doctor of philosophy.

Lal A M W, Shen H T. 1990. A mathematical model for river ice processes (RICE). CRREL Report 465, U. S. Army Cold Regions Res. and Engrg. Lab. , Hanover, N. H.

Matousek V. 1984. Types of ice run and conditions for their formation. Proc. , IAHR Symposium on Ice, Vol. 1, International Association for Hydraulic Research, 316-327.

Matousek V. 1988. Hypothesis of dynamic ice bridge formation. Proc. IAHR Ice Symposium, International Association for Hydraulic Research, 249-260.

Michel, B. 1984. Comparison of field data with theories on ice progression in large rivers. Can. J. Civ. Engrg. , Vol. I 1(5):789-814.

Michel B, Marcotte N, Fonseca F, et al. 1982. Formation of border ice in the Ste. Anne River. Proc. of the Workshop on Hydraulics of Ice – Covered Rivers. Univ. of Alberta, Edmonton, Alberta, Canada, 38-61.

Nezhikhovskiy R A. 1964. Coefficient of roughness of bottom surfaces of slush ice cover. Soviet hydrology, Selected papers, 2, 127-150.

Petryk S, Panu U, Kartha V C, et al. 1981. Numerical modelling and predictability of ice regime in rivers. Proc. , IAHR International Symposium on Ice, Vol. 1:426-436.

Pariset E, Hausser R. 1961. Formation and evolution of the ice covers on rivers. Engrg. Inst. of Canada, Trans. , 5(1):41-49.

Shen H T, Chaing L A. 1984. Simulation of growth and decay of river ice cover. J. Hydr. Div. , ASCE, 110 (7):958-971.

Shen H T, Lal A M W. 1986. Growth and decay of river ice covers. Proc. , Cold Regions Hydro. Symp. , American Water Resources Association, 583-591.

Shen H T, Yapa P D. 1984. Computer simulation of the ice cover formation in the upper St. Lawrence River. Proc. of the 3rd Workshop on the Hydraulics of River Ice, Univ. of New Brunswick, Fredericton, New Brunswick, Canada, 227-246.

Shen H T, Ruggles R W, Batson G B. 1984. Field investigation of St. Lawrence River hanging ice dams, winter of 1983 – 1984. Report No. DTSL55 – 84 – C0085A, U. S. Dept. of Transp. , Washington, D. C.

Shen H T, Shen H H, Tsai S M. 1990. Dynamic transport of river ice. J. Hydr. Res. , 28(6):659-671.

Shen H T, Bjedov G, Daly S F, et al. 1989. A numerical model for Ohio River ice conditions. Report 884, Dept. of Civ. and Envir. Engrg. , Clarkson Univ. , Potsdam, N. Y.

Sun Z C, Shen H T. 1988. A field investigation of frazil ice jam in Yellow River. Proc. of the 5th Workshop on Hydraulics of River Ice/Ice Jams, NRC of Canada, Winnipeg, Canada, 157-175.

Svensson U, Billfalk L, Hammar L. 1989. A mathematical model of border – ice formation in rivers. Cold Reg. Sci. Tech. , 16(2):179-189.

Yapa P D, Shen H T. 1986. Unsteady flow simulation for an ice – covered river. J. Hydr. Div. , ASCE, 112 (11):1036-1049.

河冰输移的离散单元模拟

Marijan Babic　沈洪道　Goranka Bjedov

（克拉克森大学土木环境工程系，美国，纽约，Potsdam，13699－5710）

摘要：对于研究河冰的输移现象，离散单元法为传统分析和经验方法提供了一种选择方法。采用离散单元方法，冰的每一单个颗粒的运动，都可以通过考虑冰体颗粒之间的相互作用，冰体和水体之间的水力学相互作用，以及各种外力的影响作用而进行数学模拟。周期性边界法和上游供给法两种不同的技术，可以分别模拟均匀流和非均匀流。文章给出了算例，包括：顺直河道中均匀流冰、顺直河道中水深和流速变化的非均匀流以及河流弯道水流。

1　介绍

河冰的输移和堆积，是冰工程的重要组成部分。在河流结冰期，冰盘通常会在河流表面形成，并随河道水流向下游搬运。当流冰拥塞而形成表面冰坝和冰桥时，水面冰向下游的输移就会停止。一旦冰桥形成，流冰将会在冰桥上游积累，形成粒状冰盖。目前，对于表面冰坝或冰桥现象，并没有很好的理解（Gerard ，1984）。当河道宽度与冰体直径的比率相对较小时，冰坝就可以单层拱的形式横跨在河上（Ashton 和 Calkins，1975）。已经提出的理论和数学模型，可以根据漂浮冰体质量的静态平衡分析来预测冰塞厚度和水深的河道分布（Pariset 等，1966；Uzuner 和 Kennedy，1976），但这些理论并不能描述移动冰块的动态输移，尤其是冰坝开始形成的时间和地点。根据自由漂流输移模型与静态冰坝公式和假定冰桥条件的人工合并，就可以形成河流冰盖以及冰坝的数学模型。为了定量描述冰坝开始现象，就必须理解河流表面冰体输移的动力学（Shen 等，1988），离散单元法提供了可以研究该复杂问题的新工具。

2　离散单元法

本次研究，提出了冰体输移和表面冰坝形成动态模拟的二维离散单元模型。在离散单元法中，每个单个颗粒的运动，可以综合考虑在每一时间步长作用于每个颗粒上的力来进行数学模拟。模型以软颗粒方法为基础（Cundall 和 Strack，1979；Walton 和 Braun，1985）。Babic （1988）给出了该模型的详细描述。

模拟步骤包括：所有接触颗粒间力的计算，流体和固体力的计算，求作用于颗粒上力的总和，以及颗粒为获得新的位置和速度而进行的运动方程的积分。冰粒可以理想化看做直径为 D、厚度为 τ 和密度为 ρ_i 的均匀圆盘。对于颗粒 P 的运动方程为：

$$m\frac{d^2\vec{x}_p}{dt^2}=\tau\sum^{C_p}\vec{F}_{pq}+\vec{G}_p+\vec{H}_p;I\frac{d\omega_p}{dt}=\tau\sum^{C_p}M_{pq} \qquad (1)$$

式中：m 为颗粒质量；I 为颗粒的惯性动量；$\vec{x}_p$ 为位置矢量；$\vec{v}_p = d\vec{x}_p/dt$ 为速度矢量；ω_p 为角速度；C_p 为接触颗粒 p 的个数；$\vec{F}_{pq}$ 为颗粒 p 和 q 之间单位厚度的接触力；M_{pq} 为颗粒 p 和 q 之间单位厚度的动量；$\vec{G}_p$ 为作用在颗粒 p 上的重力，$\vec{H}_p$ 为作用在颗粒 p 上的流体的拖曳力。

如果 $|\vec{x}_p - \vec{x}_q| < D$，那么，颗粒 p 和 q 就会接触。单位厚度的接触力可以表示为 $\vec{F}_{pq} = -[(F_n)_{pq}\vec{k}_{pq} + (F_s)_{pq}\vec{t}_{pq}]$，其中，$\vec{k}_{pq} = (\vec{x}_p - \vec{x}_q)/|\vec{x}_p - \vec{x}_q|$ 是从 p 的中心指向 q 中心的单位矢量，$\vec{t}_{pq}$ 垂直于 $\vec{k}_{pq}$。在正方向单位厚度的接触力，作为黏弹性力来模拟：

$$(F_n)^t_{pq} = (F_n)^{t-\Delta t}_{pq} + K_n \dot{n}_{pq}\Delta t + C_n \dot{n}_{pq} \quad (2)$$

式中：下标表示现在的时间，Δt 是时间步长；$\dot{n}_{pq} = (\vec{v}_p - \vec{v}_q) \cdot \vec{k}_{pq}$ 是在正方向的相对置换率；K_n 为有效正向弹性强度；$C_n = 2\zeta_n\sqrt{K_n m}$ 为正常的阻尼系数。在正切方向上每单位厚度的接触力，可以作为在摩擦限制下的弹性进行模拟（由 Mohr－Coulomb 定律给出），摩擦限制内的摩擦力为：

$$(F_s)^t_{pq} = \min[(F_s)^{t-\Delta t}_{pq} + K_s \dot{q}_{pq}\Delta t;\mu(F_n)^t_{pq}] \quad (3)$$

式中：$\dot{q}_{pq} = (\vec{v}_p - \vec{v}_q) \cdot \vec{t}_{pq} + (D/2)(\omega_p + \omega_q)$ 为在切线方向的相对置换率；K_s 为有效切线弹性强度；μ 为摩擦系数。作用在颗粒上的重力为：

$$\vec{G}_p = -mg\nabla h(\vec{x}_p) \quad (4)$$

式中：g 为重力加速度；$h(\vec{x})$ 为河流水位。作用在颗粒上的流体动力为：

$$\vec{H}_p = \rho_w(C_1 D\tau + C_2 D^2\pi/4)(\vec{v}_w(\vec{x}_p) - \vec{v}_p)|\vec{v}_w(\vec{x}_p) - \vec{v}_p| \quad (5)$$

式中：ρ_w 为水体密度；C_1 为颗粒边界的拖曳力系数；C_2 为作用在颗粒底部上的拖曳力系数；$\vec{v}_w(\vec{x})$ 为水面流速。

3 边界条件

周期性边界法和上游供给法两种不同的技术，可以分别模拟均匀流和非均匀流。

3.1 周期性边界法模拟均匀流

周期性水流边界条件，可以用来模拟短河道中（控制区域）的均匀流冰。颗粒开始随机放置在控制区域河岸之间的河道中，颗粒分配的初始速度包含的平均分量等于水面流速，随机分量从 Maxwellian 分布选出。周期性边界法是指，无论何时一个颗粒在下游端离开控制区域时，它的周期“图像”在上游重入控制区域。因此，在控制区域的含量严格地保持常数。在模拟过程期间，系统通过时间平均拖曳力平衡，在水流方向上的河岸剪切和重力，以及颗粒 Q 的不变通量而达到稳定状态。图 1 表明在含量 $C = 0.4$ 的控制面积中颗粒的瞬时图像。

3.2 上游供给法模拟非均匀流

非均匀流冰体输移的边界条件，包括研究河段上游的流冰密度和下游边界自由出口。取研究河段上游相对短的河段作为一个供给系统，上游的边界条件就可以确定。无论何时当一个冰粒离开供给河段而进入河道时，增加一个新冰粒进入供给河段，来维持供给系统中的流冰密度为常数。来自河道的颗粒不允许返回到供给河段，穿过河道下游端的冰粒简单地从模拟中消除。上游供给河段的起始条件为，冰含量 C_o 是随机的，并且河道是

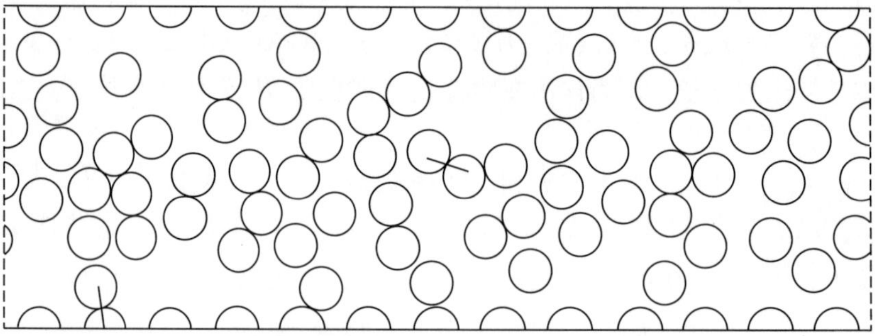

图 1　利用周期性边界法模拟均匀流冰($C = 0.4$)——周期边界之间控制区域图像

空的。河道可以分成许多短的河段,其中,流冰密度、平均流速、边界力和相邻河段的冰流量都可以计算(其数值为合适时间间隔上的平均值)。

利用该技术,均匀流冰就可以作为一个特例来模拟。在这种情况下,水面流速场沿河道是均匀的。该模拟结果可以与周期边界法的结果进行比较。图 2 给出了在含量 $C = 0.4$ 时河道中的瞬时图,图 3 是纵含量剖面随时间的变化。流冰密度最后沿河道变得均匀(稳定状态)。图 4 表明了穿过河道上下游的颗粒累计个数图,这些线的坡度等于河道中的颗粒通量。与周期边界方法的模拟结果非常一致。

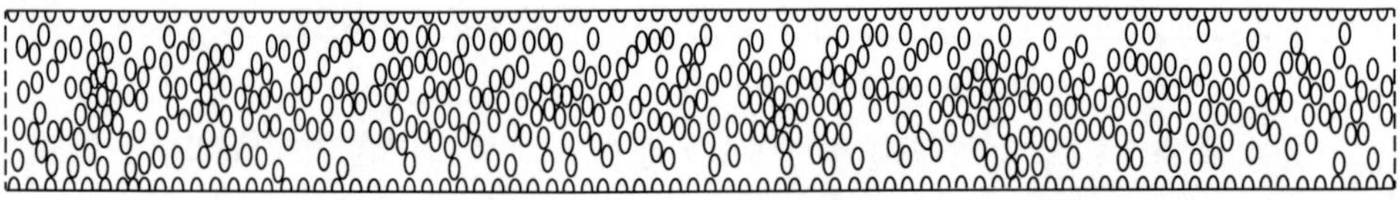

图 2　利用上游供给法($C = 0.4$)模拟均匀流冰——河道瞬时图

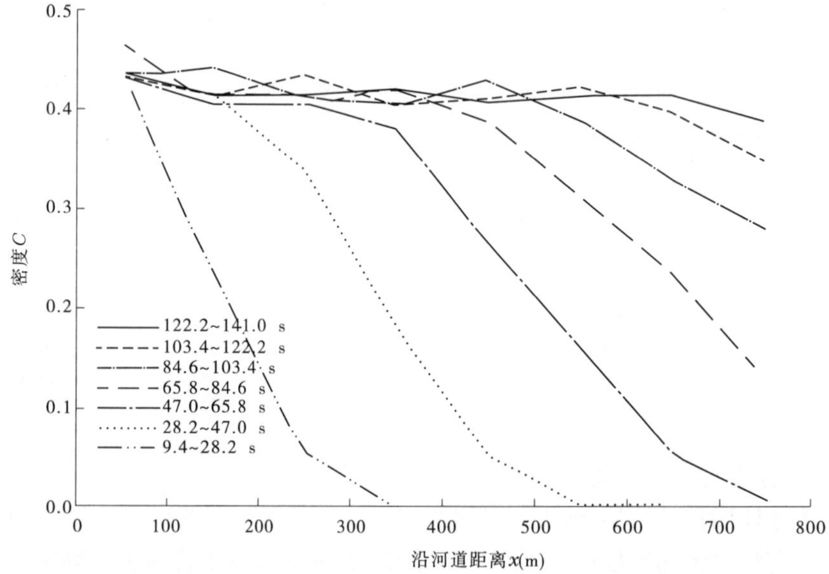

图 3　用上游供给法进行均匀流冰模拟——连续间隔平均含量的纵向变化

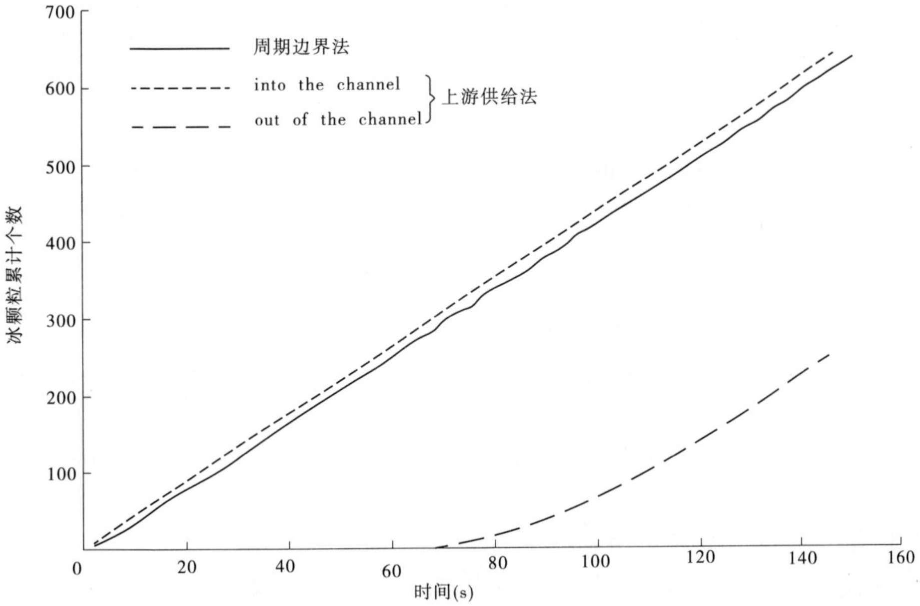

图4　均匀流周期边界法与上游供给法模拟结果比较。直线坡度为河道的颗粒通量（周期边界法给出 $Q=4.13$ 颗粒/s，上游供给法给出 $Q=4.26$ 颗粒/s）

4　回水问题

图5所示为在顺直、宽浅、矩形河道中的稳定非均匀流。在河长为 L 的研究河段中，由于坡度从较陡朝较缓逐渐变化，导致流速快速减小。

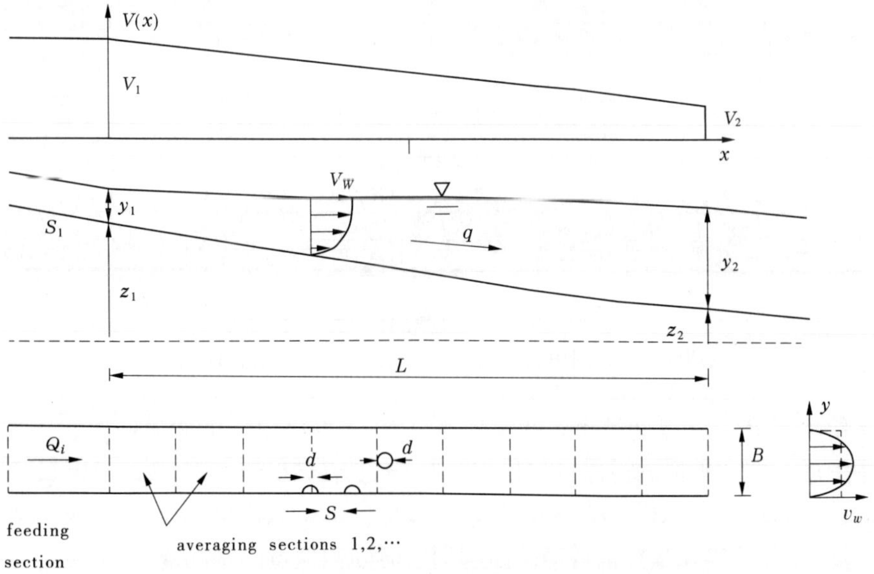

图5　研究河段纵向流速剖面图(上)和纵向断面俯视示意图

目前，冰体对水力条件的影响并没有模拟。流速可以假定为 $V(x)=V_1(1-Ax/L)$，其中，$A = 1 - V_2/V_1$，V_1 和 V_2 分别为河段上、下游的流速。假定河道的流速剖面为抛物线剖面，那么，水面流速场 $v_w(x,y)$ 为：

$$v_w(x,y) = \alpha(1.5)V_1(1 - Ax/L)[1 - (2y/B)^2] \tag{6}$$

式中：α 是水面平均流速与断面平均流速 V 的比值。水面坡度 dh/dx，可以用明流水力条件制约方程 $dh/dx = (V/g)dV/dx - fV^3/(gq)$ 而求得，其中，f 是达西(Darcy) 摩擦因子，$q = Vy$ 为特定流量，相应重力场为：

$$G(x) = mg\left[S_1(1 - Ax/L)^3 - \frac{AV_1^2}{gL}(1 - Ax/L)\right] \tag{7}$$

式中：$S_1 = fV_1^3/(8gq)$。主要问题是确定 V_1、A、L 和 S_1。

如前所述，冰体输移的边界条件，是在研究河段的上游有稳定的流冰密度，在下游边界有自由出口。这里给出的 2 个例子中，$B/D = 8$ 和 $B/D = 5$。另外的参数如下：$C_o = 0.4$，$V_1 = 1.0$ m/s，$A = 0.8$，$L = 800$ m，$S_1 = 0.025$，$D = 10$ m，$\tau = 0.2$ m，$\rho_i = 910$ kg/m^3，$\rho_w = 1\ 000$ kg/m^3，$K_n = K_s = 5 \times 10^6$ N/m^2，$\zeta_n = 0.033\ 5$，$\mu = 0.5$，$C_1 = 1.1$，$C_2 = 0.04$，$\alpha = 1.2$，$\Delta t = 0.013\ 3$ s。

图 6 给出了 $B/D = 8$ 的排列图。在模拟的第一阶段，冰粒以水面流速的速度漂流，冰粒的输移受对流和扩散的制约。由于水流速度随距离在减小，所以流冰密度随距离在增加。河道的冰体输移能力小于到来的冰流量时，移动的粒状冰盖向上游发展，形成暂时拱门横跨在河道，并在荷载作用下会倒塌。最后形成移动的表面冰坝(如图 6 所示)。

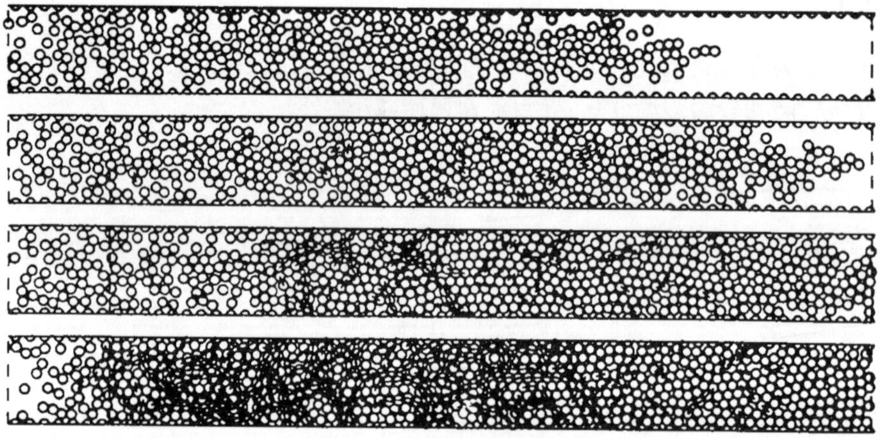

图 6　非均匀流冰模拟(回水问题)

($B/D = 8$，图中从上到下 $t = 532, 798, 1\ 064, 1\ 330$ s)

图 7 给出了 $B/D = 5$ 的结果。在这种情况中，一个稳定的拱形冰桥在 $t \approx 1\ 200$ s 时在河道中形成。这个拱形冰桥通过将作用于其上的力转移到河道边界，可以承受作用的力。静态的粒状冰盖在冰桥下游形成，其发展速度由上游冰流量所决定，结果形成静态表面冰坝。这样，分离单元法有估计静态冰坝形成时间和地点的预测能力。

图 8 表明了 $B/D = 5$ 时纵向冰含量剖面的发展情况。最初，冰体输移受对流和扩散的支配。在河道的中间部分，由于纵向流速的减少，冰含量随时间和距离而增加。在最后

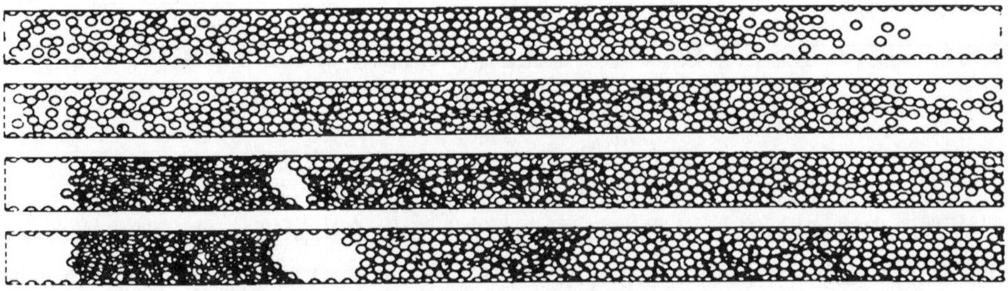

图 7　非均匀流冰和冰坝模拟(回水问题)

($B/D=5$,图中从上到下 $t=665,931,1\ 197,1\ 330$ s)

一个纵剖面(实线)中可以看到,当冰含量突然降低时就会出现冰坝。

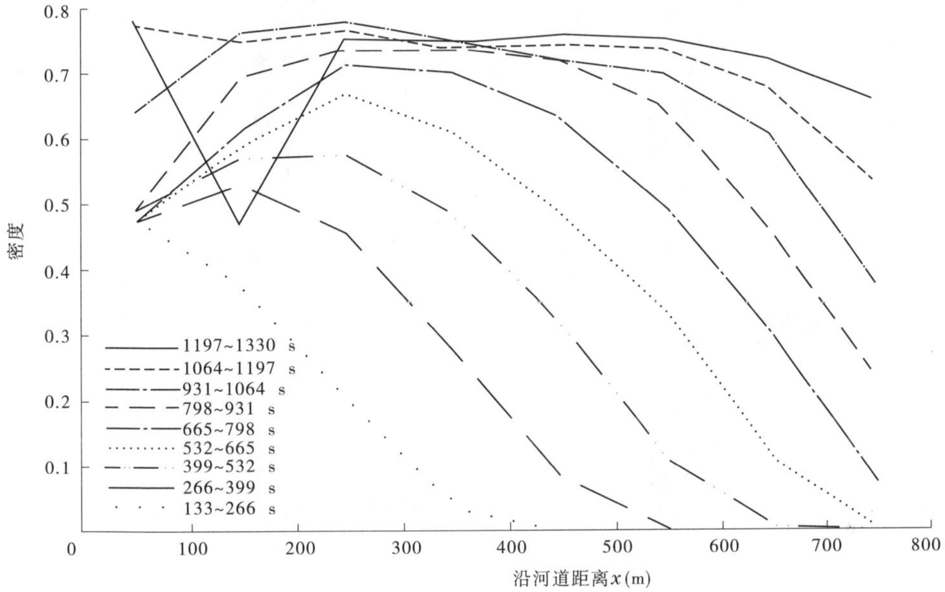

图 8　非均匀流冰模拟(回水问题, $B/D=5$)——连续时间间隔平均含量的纵向变化

(在 $t=1\ 197\sim1\ 330$ s 含量突然下降,相应表面冰坝在 $x=150$ m 处出现)

5　河流弯道中的冰体输移

我们考虑稳定非均匀流通过弯曲河道,河道与 Yen(1971)所描述的实验室水槽的几何形态相同。河道组成包括:一个顺直入口部分长 2.14 m, 2 个 90°弯头,中心线半径长 8.53 m 以相反的方向连接,切线段长 4.27 m,顺直出口部分长 2.14 m。河道的宽度是 2.34 m,河床是自然变形的。在河道中放置一个直径为 0.32 m 的半圆盘使河道边界变得粗糙。2 个边界盘之间的间距是 0.16 m。

忽略冰和回水的影响可以确定流速的分布,纵向流速的横向分布可以通过流管法获得。纵向流速度的垂直分布可以假定为对数型。由于非均匀的垂直流速剖面,在弯道中为二相流,因此可以采用 Rozovskii (1957)发展的二相流剖面:

$$\frac{v}{U}=\frac{1}{k^2}\frac{d}{r}\left[F_1(\eta)-\frac{g^{1/2}}{kC}F_2(\eta)\right] \tag{8}$$

式中：v 为横向流速；U 为平均纵向流速；k 是 von Karman 常数；d 是水深；r 是弯曲半径；g 是重力加速度；C 是达西系数；F_1、F_2 是无因次水流深度 $\eta = z/d$ 的函数，可以由下列公式求得：

$$F_1(\eta) = \int \frac{2\ln\eta}{\eta - 1}\mathrm{d}\eta \qquad F_2(\eta) = \int \frac{\ln^2\eta}{\eta - 1}\mathrm{d}\eta \tag{9}$$

河流弯道中冰体输移，可以通过前面描述的上游供给法模拟。河湾中冰体水流的例子如图 9 所示。在这个例子中，上游的冰含量 $C_o = 0.4$，入口水面流速 $U_1 = 0.36$ m/s，颗粒直径 $D = 0.32$ m，颗粒厚度 $\tau = 0.032$ m，$\rho_i = 910$ kg/m^3，$\rho_w = 1\ 000$ kg/m^3，$K_n = K_s =$

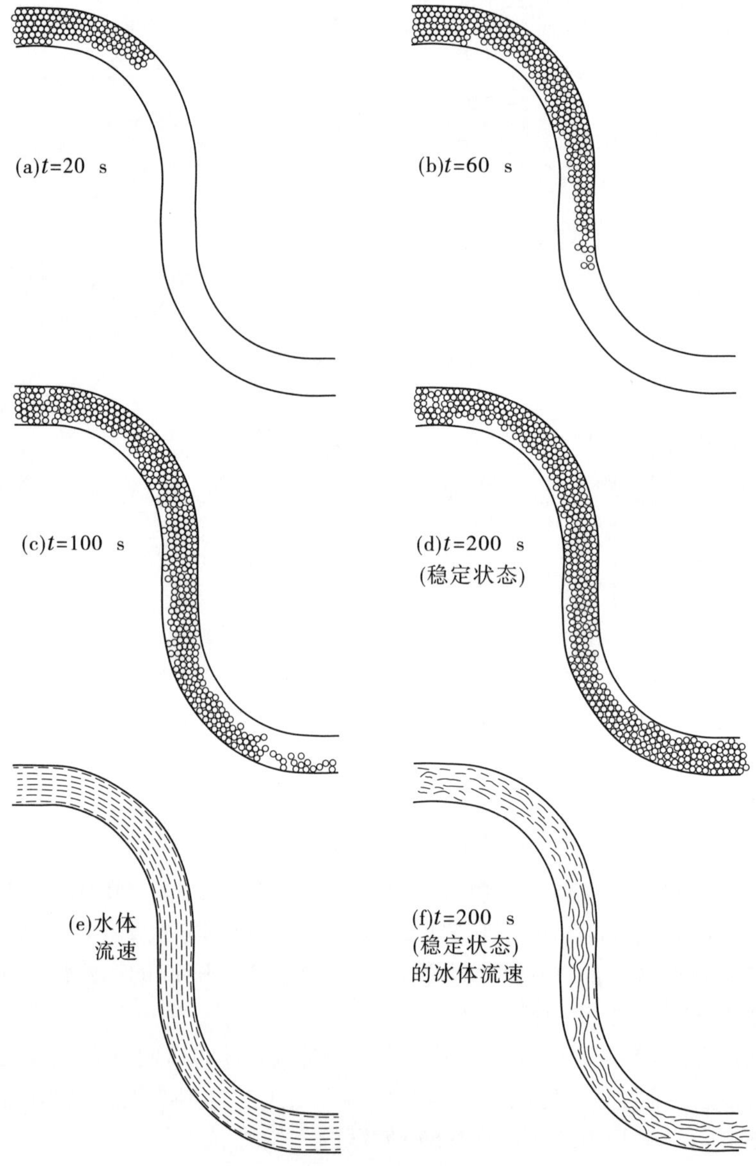

图 9 河湾中冰体的输移（$C = 0.4$）

2.5×10^6 N/m^2, $\zeta_n=0.0335$, $\mu=1.2$, $C_1=1.1$, $C_2=0.04$。时间步长 $\Delta t=0.002$ s。对于100 000个步长,即 $t=200$s 进行了模拟。稳定状态的冰流出现在河道中。稳定流的发展如图9(a)~(d)所示 。水体流速见图9(e),冰体流速见图9(f)。可以看出,冰体在横向流速分量的影响下,会向两个弯道的外侧河岸漂流。在这个例子中没有发生冰坝,未来的改进,将要考虑冰体和回水对水流的影响。

6 结论

本文提出了离散单元模型,可以用于探求表面冰的输移和冰坝的形成。给出在顺直矩形河道中均匀流和非均匀流,以及弯道水流的应用结果。可以发现,在一条相对狭窄、流速纵向减小的河道中,在河道上形成稳定拱形门时,冰坝形成。离散单元方法可以评估河道中拱形门的概率,以更好地理解冰坝现象的微观机制。另外,离散单元法可以在重要宏观(平均的)数量随空间和时间变化方面提供详细的信息,这些信息可以指导和验证连续模型。

致谢

本次研究得到了美国陆军寒区研究和工程实验室(合同编号:DACA89-87-K-0001)的支持。利用了康乃尔大学国家超级计算机中心进行了计算,这部分地得到了国家科学基金、纽约州、IBM 公司以及和中心合作研究院成员的支持。

参考文献

Calkins D, Ashton G D. 1975. Canadian J. Civil Engng. ,2:392-399.

Cundall P A, Strack O L. 1979. Geotechnique, 29:47-65.

Gerard R L. 1984. Proc. Ice Covered Rivers Workshop, Fredericton.

Pariset, Hausser R, Gagnon A. 1966. J. Hydraulics Div. , ASCE, 92,1-24.

Rozovskii I L. 1957. Flow of Water in Bends of Open Channels. Translated from Russian by the Israel Program for Scientific Translation.

Shen H T, Shen H H, Tsai S M. 1988. Proc. IAHR Symposium, Sapporo, Japan, Vol 3, pp147-156 .

Uzuner M S, Kennedy J F. 1976. J. Hydraulics Div. , ASCE, 102:1365-1383.

Walton O R, Braun R L. 1985. J. Rheology, 30:949-980.

Yen C L, Yen B C. 1971. J. Hydraulic Div. , ASCE, 97:303-321.

河冰过程的数值模拟

沈洪道[1]　汪德胜[2]　A. M. Wasantha Lal[3]

(1. 克拉克森大学土木环境工程系,美国,纽约,Potsdam,13699 - 5710;
2. Envir. Engr. , Carr Res. Lab. , Natick, MA 01760;
3. Sr. Civ. Engr. ,S. Florida Water Mgmt. District,West Palm Beach,FL 33461)

摘要:论文提出了一维河冰模拟模型 RICEN 的计算公式。该模型由两个主要部分组成:①针对有冰河流的非稳定流模型;②热力与冰情条件模拟模型。模型模拟了沿河的水温变化,包括过冷条件,屑冰含量分布,锚冰的生长、消退和消亡,水面冰的输送,冰盖的演进,冰盖下冰的输送、沉积、侵蚀,冰盖的热力增长和消退,以及冰盖的稳定性。

1　引言

近 20 年,已经开发了多个河冰模型(Petryk 等,1981; Calkins,1984; Shen 和 Yapa,1984; Shen 等,1991)。Lal 和 Shen (1989 , 1991)开发的 RICE 模型,考虑了河冰流量是由水面冰和悬浮冰的流量组成,从而引入了一种双层冰输送的概念。RICE 模型中考虑的冰过程包括:水温、冰流量的分布、冰盖演进、冰盖下的沉积与侵蚀以及溜状冰和岸冰的形成。Shen 等(1990a)将河道 RICE 模型扩大到了洪泛区(滩地)。

本文提出了改进的 RICEN 河冰模型,该模型适用于河网。已经应用此模型分析了尼亚加拉河上游 (Wang 等,1995)和黄河下游(Wang 等,1994) 的冰情条件。该模型以 RICE(Lal 和 Shen,1991)为基础,在河冰过程模拟上进行了充分的改进。改进包括:①模拟过冷现象和锚冰形成的能力;②用输送能力公式而不是用临界流速标准 (Shen 和 Wang,1995)模拟了冰盖下冰花的输送和累积过程;③包含了风的影响、人工破冰以及由于移动冰所产生的水流阻力。

2　河流水力学

对于有浮冰覆盖的河流来说,一维水流连续方程为:

$$\frac{\partial Q}{\partial x} + \frac{\partial A}{\partial t} = 0 \tag{1}$$

式中:Q 为流量,m^3/s;A 为净水流断面面积,m^2; x 和 t 分别为距离和时间。

动力方程为:

$$\rho \frac{\partial Q}{\partial t} + \rho\left(\frac{2Q}{A}\frac{\partial Q}{\partial x} - \frac{Q^2}{A^2}\frac{\partial A}{\partial x}\right) + \rho g A \frac{\partial H}{\partial x} + p_b \tau_b + p_i \tau_i + B_O \tau_a = 0 \tag{2}$$

式中:ρ 为水体密度;H 为水位,m; p_b 和 τ_b 分别为河床湿周和剪切压力; p_i 和 τ_i 分别为冰盖湿周和剪切压力；B_0 为不包括岸冰的河道顶宽；τ_a 为没有被冰覆盖的水体表面的风拖曳力。方程(2)中的水流阻力项由河床和水面冰下侧的曼宁(Manning)系数(Lal 和 Shen,1989)进行计算。风的应力用下式计算：

$$\tau_a = \tau_{ai} C_a + \tau_{aw}(1 - C_a) \tag{3}$$

式中：C_a 为水面冰的密度；τ_{ai} 为风的应力分量(沿河作用于水面冰上)；τ_{aw} 为风的应力分量(沿河作用于水面上)。方程(3)中假设冰体处于平衡状态，这样，在移动的冰和水体之间的剪切压力与作用于冰顶面上的风拖曳力是相同的。作用于水体上的风拖曳力可用下式计算：

$$\tau_{aw} = C_w \rho_a |(U_s - V_w)|(U_s - V_w) \tag{4}$$

式中：C_w 为风的拖曳系数；U_s 为水面流速，m/s；V_w 为水面以上 10 m 处的风速，m/s；ρ_a 为空气密度。Hicks(1972)发现，当风速达到 5 m/s 时 $C_w = 1.0 \times 10^3$，而当风速为 15 m/s 时，它的值线性地上升到 1.5×10^{-3}。除了拖曳力系数近似为 1.55×10^{-3} 外(Rumer 等，1974)，风对冰表面的拖曳力可由相同的公式计算。对于完全或部分被冰覆盖的河段，方程(2)中水力阻力项的计算由 Lal 和 Shen(1989)进行了讨论。当水面流冰密度高时，移动的冰将会对水流产生一个附加的阻力，Wang 等(1995)对模型中的附加阻力的存在进行了讨论。4 点隐式差分法(Potok 和 Quinn,1979 ；Lal 和 Shen,1991)可以用来求解方程(1)和方程(2)。

3　冰情的热力模拟

水温的分布以及河流中屑冰、锚冰和水面冰的出现都是密切相关的，它们在河冰的演进中起着重要作用。当水温过冷时，在整个水流深处会出现屑冰。在明流河段，由于表面热量的连续损失，悬浮的屑冰颗粒在体积和数量上都会增长。一些屑冰粒将会升到水面形成水面冰。紊流混合能将屑冰粒带到河底，一些屑冰粒可以黏附到河床上形成锚冰。同时，由于屑冰形成而产生的潜热释放可将水温升到 0 ℃。由于水面冰的屏蔽和锚冰热力生长形成的潜热释放作用，水温的恢复得到进一步加强。在一个有冰盖的河段中，部分冰可以沿着冰盖下侧以冰盖推移质形式移动。除了冰盖推移质和悬移质之间的连续质量交换外，在冰盖推移的冰数量也会变化，这是由于在冰盖下侧会形成沉积、侵蚀或冰塞等。RICE 模型(Lal 和 Shen,1991)并不能模拟过冷现象，因此也不能模拟锚冰过程。本次研究中，开发了包含过冷和锚冰过程的模拟热力冰情的模型，合并入 RICEN 中。

3.1　冰输送模型

在 RICE 模型中引入了两层冰输送的概念。然而，在模型 RICE 中，两层模型只可用于明流河段。在这个河段中首先计算全部的冰流量，然后，根据两层分析中所确定的分布系数，把全部冰流量分成水面冰和悬浮冰流量。这种方法可能导致水面冰和悬浮冰流量的不连续，尤其在明流河段和冰盖河段之间的过渡河段上。在 RICEN 模型中，表面和悬浮的冰流量计算是经过修正的，因此沿着整个河流从上游到下游通过明流和冰盖河段的计算是连续的，使得模拟一致并且高效。两层模型中包含了过冷、屑冰和锚冰的演变，两层中移动冰的速度，可以用平均流速来近似表示，这意味着自由漂流的假设已经用在冰输送的模拟中。

在表面和悬浮层中的冰流量可以用下面公式计算：

$$Q_d^i = AUC_v \tag{5}$$

$$Q_s^i = B_o U_s C_a [h_i + (1 - e_f) h_f] \tag{6}$$

式中：Q_d^i、Q_s^i 分别为悬浮和表层中冰输送的容量率；e_f 为水面冰中屑冰部分的空隙率；U 为断面平均流速；U_s 为水面冰的漂流速度，可以近似地用 U 表示。在表层中的冰特征，可以用面积密度 C_a、水面冰中固体冰部分的厚度 h_i，以及水面冰下侧屑冰的厚度 h_f 等项来描述。悬浮冰的数量，用断面平均冰密度的容量率 C_v 来描述。如图 1 所示，除去产生、融化以及在两层之间的质量交换外，悬浮冰密度的变化率 C_v，还受到屑冰增长成锚冰的速度的影响。在有冰盖的河段中，水面冰流量是在冰盖下侧冰塞以冰盖推移质的形式输送的，水面冰流量会由于冰盖下的沉积或侵蚀而发生变化。在下面的章节中，水温的分布、表面和悬浮冰流量以及锚冰的演变等都要进行讨论。

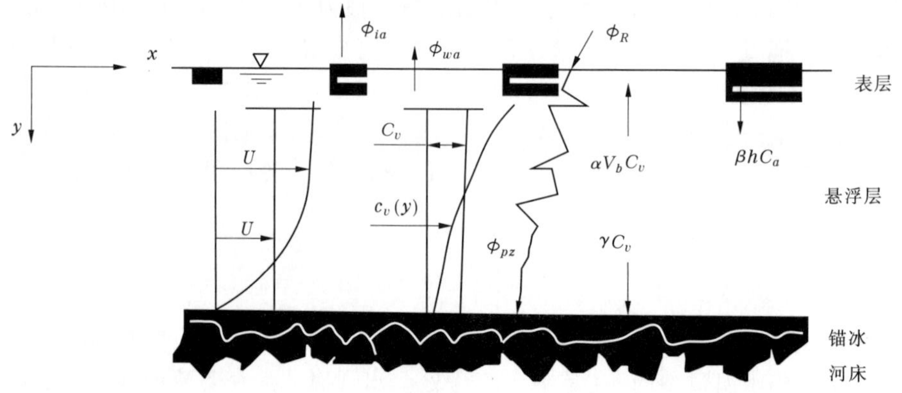

a.定义图

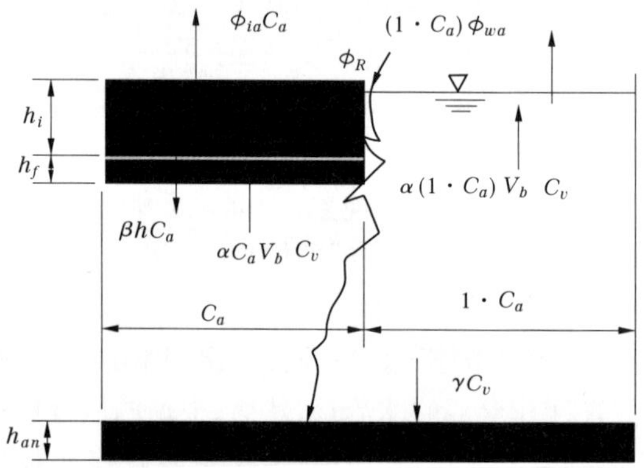

b.单位面积水体上的质量和热交换

图 1　河道中冰的两层传输

3.2　表面热量交换

热力交换的主要部分出现在河流表面。河流表面总的热量损失，可以写成：

$$\phi^* = -\phi_R + \phi_B + \phi_E + \phi_H + \phi_S \tag{7}$$

式中：ϕ^* 为全部表面热通量（或是空气和水体之间的热通量 ϕ_{wa}，或是空气和冰之间的热通量 ϕ_{ia}）；ϕ_R 为太阳净辐射；ϕ_B 为有效反射；ϕ_E 为蒸发热量输送；ϕ_H 为感热输送；ϕ_S 为降水引起的热量输送。热交换分量的详细表述已经由 Shen 和 Wang（1993）进行了总结。

计算表面热交换分量所需的详细气象资料，可能不会连续稳定得到，因此在数学模拟中经常使用简化的线性化公式。最普通的线性化的表达式，将通过水面的热量输送看做是两个分量的总和：与水体和空气温度之间差别成比例的一个分量，以及与温度无关的短波辐射分量（Dingman 和 Assur，1969）。在 RICEN 模型中，不论是详细热量平衡方法还是线性化公式都可以使用。

水体和冰盖或锚冰之间的热量输送取决于水体的温度和水流条件，可用下式表示：

$$\phi_{wi} = h_{wi}(T_w - T_m) \tag{8}$$

式中：ϕ_{wi} 为水体和冰之间的热通量，W/m^2；h_{wi} 为热量输送系数，W°/（℃ · m^2）；T_w 为断面平均水温；T_m 为水体的结冰点，0 ℃。

热量输送系数可由河道中紊动热力输送的经验公式确定，对于充分发展的紊动水流来说，管道水流的 Dittus – Boelter 公式（Holman，1989）为：

$$N_u = 0.023R^{0.8}Pr^n \tag{9}$$

式中：$N_u = h_{wi}D_H/K_w$ = Nusselt 数；K_w 为水的热传导性（0.566W/（m^{10} · C））；D_H 为水力直径；$R = \rho UD_H/\mu$ 为雷诺数；$Pr = C_{P\mu}/K_w$ = Prandtl 数（13.25）；μ 为水动力黏性；C_P 为水体比热（4.225 × 10^{3}J/（℃ · kg））；n = 0.3 或 0.4，取决于 T_w 是在 0 ℃以上还是在 0 ℃以下，实验室试验（Ashton，1979）显示，对于冰盖河道水流来说公式（9）是有效的，系数的值是不确定的，但似乎比 0.023 高。

2.3 水温和悬浮冰的含量

由于屑冰的产生和锚冰的形成、生长只在过冷条件下出现，所以在水温过程的模拟中需要包括过冷过程。

考虑到水流的连续性，并且假设纵向混合项可以忽略不计，那么在悬浮层中冰水混合物的热能守恒就可以写成 Lagrangian 的形式：

$$\frac{De_T}{Dt} = \frac{1}{A}(\phi_{ss} - \phi_{sk}) + \rho_i L_i E \tag{10}$$

式中：$e_T = C_P\rho(1 - C_v)T_w - \rho_i C_v L_i$；$\rho$ 和 ρ_i 分别为水和冰的密度；L_i 为融化潜热；ϕ_{ss} 为通过顶和底部边界的热量获得率；ϕ_{sk} 为通过顶和底部边界的热量损失率；E 为净的屑冰损失的容积率，由与表层的质量交换和沉积到河道底部的锚冰上所引起。

悬浮冰含量的变化，是由于屑冰的热力生长和水面冰与锚冰之间的质量交换引起的，即

$$\frac{DC_v}{Dt} = \frac{DC_v^g}{Dt} - E \tag{11}$$

式中：DC_v^g/Dt 为由于热力增长引起的悬浮冰含量的增长率。

方程（11）中右边的项可以表示为：

$$\frac{DC_v^g}{Dt} = \frac{1}{\rho_i L_i} q a_o N_f = -\frac{1}{\rho_i L_i} \frac{N_u^f K_w}{d_e} a_o T_w N_f \tag{12}$$

$$E = \frac{1}{d_w}(\alpha V_b C_v - \beta h C_a + \gamma C_v) \tag{13}$$

式中：d_w 为平均水流深度；α 为到达表面层的屑冰粒的沉降概率；β 为每单位面积上水面冰的再次混合率的定量系数，s^{-1}；γ 为河床生长率的定量系数，m/s；$V_b = \{[v_b C_v - \varepsilon_y(\partial C_v/\partial_y)]/C_v\}^{-1}$ 为在紊动河流中屑冰的平均上升速度，m/s；ε_y 为垂直混合系数，m^2/s；q 为屑冰表面单位面积上水体与屑冰之间的热量输送，W/m^2；a_o 为正对 a 轴的屑冰的平均面积；d_e 为屑冰的厚度；N_f 为单位体积晶体个数（C_v/V_o）；V_o 为屑冰粒的平均体积；N_u^f 定义为 $h_q d_e/K_w$ 的 Nusselt 数字；$h_q = q/(T_i - T_w)$ 为屑冰颗粒和水体之间的热输送系数（$W/m^2 \cdot ℃$）；T_i 为屑冰粒的表面温度，假定为 0 ℃。

方程(10)和方程(11)给出：

$$\frac{D(C_P \rho(1 - C_v) T_w)}{Dt} = \frac{1}{A}(\phi_{ss} - \phi_{sk}) + \rho_i L_i \frac{DC_v^g}{Dt} \tag{14}$$

其中，

$$\phi_{ss} - \phi_{sk} = P_b \phi_b - B(1 - f_B)(1 - C_a)\phi_{wa} - [(1 - f_B)BC_a + C_b P_b + f_B B] h_{wi}(T_w - T_m) \tag{15}$$

式中：P_b 为河床湿周，近似等于 B；ϕ_b 为单位面积的河床热通量；B 为水面的宽度；ϕ_{wa} 为水面的净热量损失率；f_B 为岸冰宽度与河流宽度的比率；C_b 为由锚冰覆盖的河床宽度部分；$T_m = 0$ ℃。

3.4 水面冰的含量

水面冰的质量守恒方程可以写成：

$$\frac{DC_a}{Dt} = \frac{(1 - C_a)}{h}\left[\alpha V_b C_v - \beta h C_a + \frac{R_{an}}{B_o}\right] - \frac{C_a}{B_o}\frac{DB_o}{Dt} - C_a \frac{\partial U}{\partial x} \tag{16}$$

式中：$h = h_i + h_f(1 - e_f)$，为水面冰的等效厚度；$B_o = (1 - f_B)B$；R_{an} 为锚冰释放的贡献。

固体冰在厚度上的热力增长率可由下式确定：

$$\frac{Dh_i}{Dt} = \frac{\phi_{ia}}{e_f \rho_i L_i} \tag{17}$$

在模拟算法中时间步长的末端，当固态冰的生长没有超过屑冰累积的底部时，方程(17)才是有效的。当水温超过 0 ℃时，来自河水的热通量，将导致冰从底部融化，ϕ_{ia} 项应该由来自面冰顶部和底部的净热损失率 $\phi_{si} = \phi_{ia} - h_{wi}(T_w - T_m)$ 代替，其中，ϕ_{ia} 为气－冰界面的热损失，h_{wi} 为水流和水面冰之间的热力交换系数。

如方程(18)所描述，屑冰厚度的变化率取决于水面冰下侧屑冰的堆积率，以及进入屑冰沉积中的固体冰的生长率。

$$\frac{Dh_f}{Dt} = \frac{(\alpha V_b C_v - \beta h C_a)}{(1 - e_f)} - \frac{Dh_i}{Dt} - \frac{h_{wi}(T_w - T_m)}{(1 - e_f)\rho_i L_i} \tag{18}$$

与方程(17) 类似，在模拟算法中时间步长的末端，当固体冰的生长没有超过屑冰累积的底部时，方程（18）才是有效的。

变量 h_i、h_f、C_v、C_a、T_w 的解，可以通过方程（11）、（14）以及方程（16）~方程（18）用 Eulerian－Lagrangian 方法（Shen 等，1993）获得。

4 锚冰的模拟

利用 Shen 和 Wang 等（1993）提出的锚冰演变的解析公式。假设锚冰的形成是屑冰晶体吸附于河床物质上时开始的。锚冰的厚度是通过与过冷水体的热量交换以及悬浮屑冰冰晶的生长而增加的。

河床附近的水流形式比较复杂。假定屑冰的生长开始于 $0.2\,d_s$ 的理论床面上，这个高度低于具有标称直径 d_s 的河床物质颗粒的顶层（Einstein 和 EI－Samni，1949）。

在锚冰堆积物的顶部表面上，冰厚的生长与消退率可以用下式计算：

$$\frac{\mathrm{d}h_{an}}{\mathrm{d}t} = \frac{1}{1 - e_a}\left(\gamma C_v + \frac{\phi_{wi}}{\rho_i L_i}\right) \tag{19}$$

式中：$\mathrm{d}h_{an}/\mathrm{d}t$ 为锚冰厚度的生长率；e_a 为锚冰的空隙度；$\phi_{wi} = h_{wi}(T_i - T_w)$ 为从冰到水的热通量；h_{wi} 为锚冰和水体之间的热量交换系数。由于屑冰生长而引起的锚冰生长要受到若干热力和机械参数的限制。在下列条件下，屑冰的生长率设置为零，即 $\gamma = 0$：①当水体不再是过冷的，即，$T_w \geqslant 0$ ℃；②当河床剪切流速低于临界值 u_{cr1}^*，或高于临界值 u_{cr2}^*。临界剪切流速标准是由于如下的情况引入的，即当剪切流速太小时，垂直混合将不够强，于是不能把屑冰搬运到河流底部。另一方面，当剪切速度太大时，屑冰粒就不能吸附到河道底部。所有这些参数都需要试验确定。在 RICEN 模型中，u_{cr1}^* 和 u_{cr2}^* 的值分别假定是 0 和 ∞。

由于锚冰不能完全充满河床颗粒之间的空隙，所以在锚冰下方的空隙中就会形成底部水流通道。河床热通量 φ_b 可以加热底层的水体，并且从下面融化锚冰。然而，简单热力平衡分析表明，除非河床完全被几千米长的锚冰覆盖，这种情况在野外很少发生，那么底层流中的水温就不会与河水温度 T_w 有重大差异（Shen 和 Wang，1993）。在 RICEN 模型中，假设底层水温与河流水温相同。

锚冰沉积物下面的生长或消退速率可以用下面公式计算：

$$\rho_i L_i \frac{\mathrm{d}}{\mathrm{d}t}[h_{sb} e_{bs}(1 - e_a)] = q_{iws} e_{bs} \tag{20}$$

式中：$q_{iws} = h_{iws}(T_w - T_m) + \varphi_{pz}$ 为从水体和太阳辐射到锚冰的净热通量；h_{sb} 为锚冰下面的底层水流深度，m；e_{bs} 为单位河床面积上锚冰下面所占面积；e_a 为锚冰的空隙度；φ_{pz} 为锚冰吸收的短波辐射；h_{iws} 为锚冰和底层流之间的热交换系数，W/(m^{20}·℃)。当河道水流深度增加时，太阳辐射的影响就会减少。热交换系数 h_{iw} 和 h_{iws} 可以根据 Dittus－Boelter 公式（Holman，1989）进行计算。

当锚冰下侧的热力侵蚀很严重时，就假定锚冰出现消退。在模型中，假定当 $h_{sb} > \delta_c$ 时，锚冰将消退。参数 δ_c 是一个临界底层流深度，在这个深度，锚冰将会消退。它是从河床颗粒顶层的中心线到锚冰下侧所测到的垂直距离。δ_c 的量假定为 $0.4d_s$。

当锚冰的上浮力超过了因河床颗粒的淹没重量所产生的阻力和颗粒之间的阻力时，

锚冰也会与河床分开。可由下式模拟：

$$W_b + F_b < (1 - e_a)\forall_a(\rho - \rho_i) \tag{21}$$

式中：W_b 为单位面积上河床物质的淹没重量，kg/m^2；F_b 为单位面积上的颗粒间阻力，与 W_b 相比假定是可以忽略的；$\forall_a$ 为单位区域锚冰的体积，m。

锚冰脱离后，它或上升到表面增加水面流冰的体积，或夹杂在水流中。在该模型中，假定释放的锚冰将上升到水面，增加水面流冰的体积。

5 冰盖的形成及其稳定性

河流通常会出现两种类型的冰盖形式，即静态或热力冰盖形式和动态冰盖形式。静态冰盖形成于流速缓慢的区域，在这种情况下，冰晶体会在过冷水面层中形成，并且停留在水面上形成静止的或移动的薄冰盖。动态冰盖的形成源于水面流冰中的碎片堆积。动态冰盖的形成，是由于流冰的拥堵，或在现有的水面障碍物上（如拦冰栅或冰桥）水面流冰停止而开始。

现在的模型中，初始薄冰、静态冰盖以及岸冰形成的表示与 RICE 模型中的一样（Lal 和 Shen，1991）。初始薄冰、静态冰盖形成的模拟，都是以 Matousek（1984）的经验公式为基础的，岸冰的形成以 Michel 等（1982）建议的方法为基础。这些细节要求已经由 Lal 和 Shen（1991）介绍过，这里不再重复。动态冰盖的形成和演进在下面讨论。

当流冰出现时，由于水面冰的堵塞，或由于人为（或自然）障碍物的因素，冰盖就可能开始形成。在河流横断面上，当水面冰流量超过水面冰的输送能力时，就会出现水面冰的堵塞。河流断面的冰输送能力取决于多个因子，如流速、河岸或岸冰边界之间的河道顶宽、浮冰块的体积，以及河道比降等（Shen 等，1990b）。用特定地点的经验关系来预估冰桥的位置（如 Matousek，1988）。在现有的模型中，冰桥开始形成的地点和时间，或考虑为输入参数，或由简单的冰桥形成标准来确定。在本次研究中所用的冰桥形成条件是，假定河道断面上冰流量与水流量之间的比值超过一个校准值时，冰桥就会出现。

冰盖的最初厚度，是在 Pariset 等（1966）的准静态冰坝理论的基础上确定的。该模型考虑了冰盖形成的三个模式，包括冰颗粒并置、水力增厚以及机械增厚。在机械增厚模式中，包括了风对冰表面拖曳力的影响（Lal 和 Shen，1991）。由于水流特征会随着冰盖的发展而变化，所以使用了一种考虑水流和冰盖形成之间相互作用的求解方法（Shen 等，1993）。这种方法与 Lal 和 Shen（1991）的方法相似，但是综合考虑了与水位有关的河道断面顶宽的变化。该方法解决了冰盖进一步形成的同一河段中的回水和冰坝联合方程。

冰盖发展的速率，可以由水面冰流量的质量守恒来确定。冰盖前沿的发展速率 V_{cp} 为：

$$V_{cp} = \frac{(Q_s^i - Q_u)}{B_o t_i(1 - e_j) - [(Q_s^i - Q_u)/U_s]} \tag{22}$$

式中：e_j 为新堆积的冰盖总空隙度；Q_u 为前沿处水面冰挟带物的容量比；t_i 为初始冰盖厚度；U_s 为到达冰盖前沿的水面冰粒的平均速率。

因为在模型中，所有时段水面冰流量的计算都是沿整个河流进行的，因此冰盖增长的计算是一直向前进行的。水面冰流量决定着冰盖发展的过程。如果前沿处水流的水力特征不允许从上游来的冰翻转,那么到达前沿的水面冰就会导致冰盖向上游发展。如果水流的水力特征会导致前沿处水面冰的携带,那么水面冰穿过冰盖前沿以后会继续不断地沿冰盖下部行进。对沿河水面冰层和悬浮冰层之间的交换进行了模拟。

通过连续地改变水力和冰情条件,冰盖会因内部压力的增加而产生坍塌(Lal 和 Shen,1991)。在模拟中,每个时间步长的冰盖稳定性都要进行核查。对于一个新近形成的冰盖来说,由于空隙水冻结而形成的固体冰外壳,可以大大增强冰盖的稳定性。当冰盖坍塌时,坍塌的冰块将加入到水面冰流量中,而且,模拟冰盖发展的方法将用来重新形成一个新的冰盖。

人工破冰对水力和冰输送过程有重大影响。在模型中,由破冰所产生的明流面积可以作为一个输入条件。破冰对水力和热力冰过程的影响也可以用该模型进行模拟。

6 冰盖下的冰输送与冰塞演变

冰塞是屑冰在冰盖下的堆积。冰塞经常会在流速较大的明流河段下游冰盖下形成。在现有的模型中,冰输送能力的概念(Shen 和 Wang,1995)用来确定冰盖下屑冰的堆积。

根据野外和实验室试验,Shen 和 Wang (1995)提出了下列冰盖下冰输送能力的公式:

$$\Phi = 5.487(\Theta - \Theta_c)^{1.5} \tag{23}$$

式中:$\Phi = q_i/d_n\omega_i = q_i/(d_nF\sqrt{gd_n\Delta})$ 为无因次冰输送能力;$\Theta = \tau_i/(F^2\Delta\rho_\omega gd_n) = u_{*,i}^2/(F^2gd_n\Delta)$ 为无因次水流强度;$\Delta = (\rho - \rho_i)/\rho$;$\omega_i$ 为冰颗粒的上浮速度,m/s;q_i 为单位宽度上冰颗粒输送的体积率;τ_i 和 $u_{*,i}$ 分别为冰塞下侧的剪切应力和剪切速度;$\Theta_c = 0.041$ 为无因次临界剪切应力;F 为沉降速度系数,对于球状颗粒近似等于 1.0;d_n 为冰颗粒的标称直径。

进入冰盖河段的单位宽度的水面冰流量 $q_{i,o}$,在前沿处可以由下式确定:

$$q_{i,o} = C_o[h_i + (1 - e_f)h_f]U \tag{24}$$

沿冰盖下的冰流量的连续方程为:

$$(1 - e_u)\frac{\partial t_f}{\partial t} + \frac{\partial q_i}{\partial x} - q_f^i = 0 \tag{25}$$

式中:t_f 为屑冰塞的厚度;q_i 为沿冰盖下的单位宽度的冰流量;e_u 为屑冰塞的空隙度,假设为0.4;$q_f^i = \alpha V_bC_v - \beta hC_a$ 为与悬浮层的净交换率。

当冰盖下携带冰量超过河流自身携带能力的情况下,冰就会沉积在冰盖的下侧。在侵蚀的情况下,从沉积物中离开的冰,将加入到水面冰流量中。沉积和侵蚀都受到冰供应量的制约。

由于屑冰的堆积和侵蚀而引起的时间步长 Δt、河段长度 Δx 中的平均冰厚变化,可以用方程(25)计算,如:

$$\Delta t_f = \left(\frac{q_i^u - q_i^d}{\Delta x} + q_f^i\right)\frac{\Delta t}{(1 - e_u)} \tag{26}$$

式中:上标 u 和 d 表示上游断面和下游断面。

7　冰盖的热力增长和消退

冰盖厚度增长和消退的速度,受顶面和底面的热交换以及冰盖内部热传导的制约。顶面和底面的热量交换,可以用方程(7) ~ 方程(9)来估算。穿过冰盖厚度的产热量,取决于冰盖中冰、雪层的热力传导率。

Shen 和 Lal(1986)开发了有限差分模型来模拟河流冰盖的生长和消退。其包括冰盖的毛细上升和分层形成的影响。模型还考虑了雪层的绝缘作用以及屑冰的存在。由 Shen 和 Lal (1986) 开发的热力生长和消退的原始模型,可以模拟冰盖中黑冰、白冰、雪以及屑冰层等的厚度变化。该模型还在现在的研究中使用,但冰盖顶面的热量交换用详细的能量平衡方法或线性公式计算。当使用详细能量平衡方法时,Shen 和 Chiang (1984) 的有限差分法就可以使用。

8　总结

本次研究,开发了包括冰塞和锚冰的河冰过程的一维模型 RICEN ,该模型可以应用于河网。模型考虑的冰情过程包括:水温变化(包括过冷过程),屑冰的产生,锚冰的生长、消退和释放,悬浮冰和水面冰的输送,初始薄冰和岸冰的形成,冰盖的发展和稳定性,冰盖下冰输送的沉积和侵蚀,以及冰盖的热力生长和消退。另外,还考虑了风对水流和冰拥塞过程的影响,由于流动冰所产生的水流阻力影响以及人工破冰的影响等。

致谢

本研究部分得到了纽约电力管理局(合同号: 029494 - 91)以及世界银行项目(CPR/91/621)的支持。

参考文献

Ashton G D. 1979. Turbulent heat transfer in large aspect channels. CRREL Rep. 79 - 13, U. S. Army Cold Regions Res. and Engrg. Lab. (CRREL), Hanover, N. H.

Calkins D J. 1984. Numerical simulation of freeze - up on the Ottaquechee River. Proc. , Workshop on the Hydraulics of River Ice, Fredericton, New Brunswick Canada,247-277.

Dingman S L Assur A. 1969. The effects of thermal pollution on river ice conditions. Part 11. Tech. Rep. , U. S. Army Cold Regions Res. and Engrg Lab. (CRREL), Hanover, N. H.

Einstein H A, and EI - Samni A. 1949. Hyrodynamic forces on a rough wall. Rev. Modern Phys. , 21(3).

Hicks B B. 1972. Some evaluation of drag and bulk transfer coefficients over water. Boundary Layer Meteorol. , Vol. 3:211-213.

Holman J P. 1989. Heat transfer. McGraw - Hill Book Co. , Inc. , New York, N. Y.

Lal A M W,Shen H T. 1989. A mathematical model for river ice processes - RICE. CRREL Rep. 93 - 4, U. S. Army Cold Regions Res. and Engrg. Lab. (CRREL), Hanover, N. H.

Lal A M W, Shen H T. 1991. Mathematical model for river ice processes[J]. J. Hydr. Engrg. , ASCE, 117 (7):851-867.

Matousek V. 1984. Types of ice runs and conditions for their formation. IahR Syrup. on Ice, Int. Assoc. of

Hydr. Res. (IAHR), Hamburg, Germany. 316-327.

Matousek V. 1988. Hypothesis of dynamic ice bridge formation. IAhR Syrup. on Ice, Int. Assoc. of Hydr. Res. (IAHR), Sapporo, Japan, 249-260.

Michel B, Marcotte N, Fonseca F, et al. 1982. Formation of border ice in the St. Anne River. Proc., Workshop on Hydr. of Ice – Covered Rivers, Nat Res. Council of Canada (NRCC), Edmonton, Alberta, Canada, 38-61.

Pariset E, Hausser R, Gagnon A. 1966. Formation of ice covers and jams in rivers[J]. J. Hydr. Div., ASCE, 92(1):1-24.

Petryk S, Panu U, Kartha V C, et al. 1981. Numerical modeling and predictability of ice regime in rivers. IAHR Int. Syrup. on Ice, Vol. 1, Int. Assoc. of Hydr. Res. (IAHR), Quebec City, Quebec, Canada, 426-436.

Potok A J, Ouinn F H. 1979. A hydraulic transient model of the upper St. Lawrence River for water resources studies. Water Resour. Bull., 15(61):1538-1555.

Rumer R R Jr, Crissman R D, Wake A. 1979. Ice transport in Great Lakes. Contribution No. 79-1.

Shen H T, Chaing L A. 1984. Simulation of growth and decay of river ice cover[J]. J. of Hydr. Div., ASCE, 110(7):958-971.

Shen H T, Lai A M W. 1986. Growth and decay of river ice covers. Proc., Cold Regions Hydrol. Symp., AWRA, Bethesda, Md., 583-591.

Shen H T, Wang D S. 1993. Frazil and anchor ice evolution in rivers, Rep. No. 93 – 10, Dept. of Civ. and Envir. Engrg., Clarkson Univ., Potsdam, N. Y.

Shen tt T, Wang D S. 1995. Under cover transport and accumulation of frazil granules[J]. J. Hydr. Engrg., ASCE, 120(21):184-194.

Shen H T, Yapa P D. 1984. Computer simulation of ice cover formation in the Upper St. Lawrence River. Proc., 3rd Workshop on Hydr. of River Ice, Nat. Res. Council of Canada (NRCC), Fredericton, New Brunswick, Canada, 227-245.

Shen H T, Gunaralna P P, Lal A M W. 1990a. Mathematical model for ice processes in river networks. IAHR, Ice Symp., Assoc. of Hydr. Res. (IAHR′), Espoo, Finland, 726-734.

Shen H T, Shen H H, Tsai. 1990b. Dynamic transport of river ice[J]. J. Hydr. Res., 28(6):659-671.

Shen H T, Bjedov G i Daly s., Lal A M W. 1991. Numerical model for forecasting ice conditions on the Ohio River. CRREL Rep. 91 – 96, U. S. Army Cold Regions Res. and Engrg. Lab. (CRREL), Hanover, N. H.

Shen H T, Wang D S, Lal A M W. 1993. A river ice mode—RICEN; model formulation and program guides. Rep. No. 93 – 7, Dept. of Civ and Envir. Engrg., Clarkson Univ., Potsdam, N. Y.

Wang D S, Shen H T, Crissman R D. 1995. Simulation and analysis of upper Niagara River ice – jam conditions [J]. J. Cold Regions Engrg., ASCE, 9(3):119-134.

Wang D S, Shen H T, Zhu Q, et al. 1994. Simulation and analysis of lower Yellow River flow and ice conditions. Rep. No 94-12, dept. of Civ. and Envir. Engrg., Clarkson Univ., Potsdam, N. Y.

河冰动力学的平滑质点法(SPH)模拟

沈洪道　宿俊山　刘连武

(克拉克森大学土木环境工程系,美国,纽约,Potsdam,13699 - 5710)

摘要:本文介绍了河流冰凌动力输移与冰坝的二维数学模拟模型。该模型中的水力学参数是通过欧拉有限元方法计算的,而冰动力学参数则是通过平滑质点法(离散质点法)计算的。该模型假定表面冰层的移动是连续的。冰内部的阻力根据黏塑基本定律来确定,其中的压力项通过率定静态冰坝条件下的库仑式基本关系得出。冰沿渠道边界流动所产生的局部滑动边界条件通过假设而获得。该模型通过一个解析方法来验证,并且用来验证通过密西西比河与密苏里河交汇处的潜在冰坝威胁的可行性。

关键词:SPH 法　冰动力学　河冰　冰塞　冰坝　拉格朗日法

1　介绍

表层冰的流动和冰坝是非常重要的河冰运动现象。流冰和冰坝会影响内河航运,破坏水利工程,并引起河岸的侵蚀。由于减少过水断面的面积,冰坝还会引起严重的洪水,增加水流的阻力。基于静态的冰坝理论得到了充分揭示(Beltaos,1995),Flato(1993)、Gerard(1986)和 Beltaos(1993)为计算静态冰坝的属性而开发了一维数学模型。由于冰运动的动力条件没有得到考虑,所以静态冰坝理论无法用来确定冰坝发生与否、发生的时间和在哪里会发生冰坝。此外,在静态冰坝理论中并未考虑冰和水在流过冰坝时对冰坝发展和厚度的影响。沈洪道和其他人一起建立了河冰动态传输和冰坝形成的分析框架。Lal 和沈洪道开发的一维数学模型利用 MacCormack 方法来模拟河冰的输移。他们调查了相关联的冰动力学方程和流体动力学方程的属性,发现在冰层压力波中,冰坝的前沿担当了激震前沿。他们还发现,浅水波的速度并不受冰状态的影响,冰层中压力波的速度与浅层水波的特性无联系。由于相互独立的原因,水和冰的流动方程不需要同时求解。一维模型的应用具有局限性,因为有河岸摩擦,不规则的河道几何形态和不均匀水流等因素的存在,河冰的输移和冰坝的推移是二维的现象。

河冰输移的基本概念与海冰和湖冰相似,但河冰的输移与其相比更是个动态现象。与海冰和湖冰相比,河冰有较小的时空分布和较大的传输项,在流速和汇集方面也有较大的变数。大多数关于海冰和湖冰动力的现有数学模型都是基于欧拉有限差法的,而该法具有较大的数值扩散和离差(Hibler,1979;Wake,1983)。Pritchard 等引入一个网格方案,该方案用拉格朗日网格单元来跟踪冰缘运动,同时减少冰缘的数值扩散。不过,这个方法并不能提高对有冰区域模拟的精度。而且,当大量的冰边界的位移导致网格快速损坏后这种方法也就失效了。Flato(1993)在海冰的问题中应用了质点网格法(PIC)(Harlow,

1964)。虽然PIC方法较拉格朗日适应网格法更具通用性,但由于在每个时间间隔粒子或网格之间的前后插补,该方法也会有较大的数据发散现象。

Lucy(1977)、Gingold和Monaghan(1977,1982)引进了光滑质点流体动力学(SPH)的纯拉格朗日法来避免粒子网格的插补。这种方法最早应用于天体物理流体动力学(Goodman,1991;Hernquist,1989;Monaghan,1985、1989;Rasio,1991)和天体体动力学(Evrard,1988)。大多数早期应用软件的开发主要是为了解决均匀介质在只有重力作用下的无限区域内的问题(Benz,1990)。目前,这一方法已经应用到更广泛的流动问题中(Monaghan,1992)。沈洪道等(1993)应用SPH方法来模拟河冰的二维动力传输问题。这是SPH方法首次在冰动力学领域应用,其中涉及了很多不同属性物质之间的应力张量。

在目前的研究中,沈洪道等的模型通过在流体动力学方程里考虑冰层中的水流进行了优化。一种非线性渗流理论用来模拟在冰层中的水流。通过这些修改和完善,冰塞下的水流可以正确地进行模拟而且水的质量是守恒的。冰传输的拉格朗日模型也得到了完善。

2 控制方程

河流中水面冰的运动主要受到水流、风力、重力、冰块间的作用,以及它们和河岸及水利工程的相互作用。

2.1 冰动力学方程

考虑河冰为连续介质,其动量方程可以写成拉格朗日方程:

$$M\frac{D\vec{V}}{Dt} = \vec{R} + \vec{F}_a + \vec{F}_w + \vec{G} \tag{1}$$

式中:$\vec{V}$为冰的流速,$\vec{V} = u\vec{i} + v\vec{j}$;$\frac{D}{Dt} = \frac{\partial}{\partial t} + u\frac{\partial}{\partial x} + v\frac{\partial}{\partial y}$;$\frac{D\vec{V}}{Dt}$为冰的加速度;$M$为单位面积的冰的质量,也就是二维的冰质量密度,$M = \rho_i N t_i$;$x$、$y$和$t$为空间和时间变量;$\rho_i$、$N$、$t_i$为密度、面密度和冰的厚度;$\vec{R}$为冰的内部阻尼;$\vec{R} = \vec{i}\left[\frac{\partial}{\partial x}(\sigma_{xx}Nt_i) + \frac{\partial}{\partial y}(\sigma_{xy}Nt_i)\right] + \vec{j}\left[\frac{\partial}{\partial x}(\sigma_{yx}Nt_i) + \frac{\partial}{\partial y}(\sigma_{yy}Nt_i)\right]$,$\sigma_{xx}$、$\sigma_{yy}$为法向应力项;$\sigma_{xy}$为剪应力项,$\sigma_{xy} = \sigma_{yx}$;$\vec{F}_a$为在冰和空气交界处的风的阻力,$\vec{F}_a = N\rho_a c_a|\vec{W}|\vec{W}$,$\vec{W}$为在水面上10m处风速,$\vec{W} = \vec{i}W_x + \vec{j}W_y$;$\rho_a$为空气密度;$c_a$为风的阻力系数;$\vec{F}_w$为冰水交界面的水的阻力,$\vec{F}_w = N\rho c_w|\vec{V}_w - \vec{V}|(\vec{V}_w - \vec{V})$;$\vec{V}_w$为平均水深流速;$\rho$为水密度;$c_w$为水阻力系数,该系数受冰的糙率,冰和水的流速影响(Shen等,1992,1993);$\vec{G}$为由于水面陂降产生的重力坝,$\vec{G} = -Mg\nabla\eta$;η为水面高程。

冰的质量守恒方程:

$$\frac{DM}{Dt} + M\nabla\cdot\vec{V} = 0 \tag{2}$$

单位面积冰的质量M,由冰的密度N和冰层的厚度t_i决定。因此需要另外一个平衡方程。在单元内冰的面积守恒公式可以通过冰面积的流入和流出控制面积的量及由于机械分配的原因产生的冰的面积变化得到:

$$\frac{DN}{Dt} + N\nabla \cdot \vec{V} + R_a = 0 \tag{3}$$

其中,R_a 是由于机械分配而产生的冰的面积的变化率。式(1)和式(2)可以合并得出一个冰层厚度的守恒公式:

$$\frac{\partial t_i}{\partial t} = -\vec{V} \cdot \nabla t_i + \frac{t_i}{N} R_a \tag{4}$$

冰内部的作用力需要通过本构定律来描述。我们应用了已广泛应用的黏塑性定律(Hibler,1979;Wake 等,1983):

$$\sigma_{ij} = 2\upsilon\dot{\varepsilon}_{ij} + (\zeta - \upsilon)\dot{\varepsilon}_k\delta_{ij} - P\delta_{ij}/2 \tag{5}$$

其中,ζ、υ 为非线性壅塞和剪切黏度,由以下公式定义:

$$\zeta = \frac{P}{2\Delta} \qquad \upsilon = \frac{\zeta}{e^2} \tag{6}$$

式中:$\Delta^2 = D_{\mathrm{I}}^2 + (D_{\mathrm{II}}/e)^2$,$D_{\mathrm{I}}$、$D_{\mathrm{II}}$ 分别代表第一和第二不变张力率,$D_{\mathrm{I}} = \dot{\varepsilon}_{xx} + \dot{\varepsilon}_{yy}$,$D_{\mathrm{II}} = [(\dot{\varepsilon}_{xx} - \dot{\varepsilon}_{yy})^2 + 4\dot{\varepsilon}_{xy}^2]^{1/2}$;$e$ 为主要椭圆收率曲线的轴向比率,$e = 2$;$\dot{\varepsilon}_{xx} = \frac{\partial u}{\partial x}$,$\dot{\varepsilon}_{yy} = \frac{\partial v}{\partial y}$;$\dot{\varepsilon}_{xy} = \frac{1}{2}\left(\frac{\partial v}{\partial x} + \frac{\partial u}{\partial y}\right)$。沈洪道等(1990)通过扩展静态冰坝的构成基本关系,建议用以下表达式来表示压力项:

$$P = \tan^2\left(\frac{\pi}{4} + \frac{\phi}{2}\right)\left(1 - \frac{\rho_i}{\rho}\right)\frac{\rho_i g t_i}{2}\left(\frac{N}{N_{\max}}\right)^j \tag{7}$$

式中:ϕ 为冰的内摩擦角,$\phi = 46°$;$N_{\max}$ 为冰的最大聚集程度,$N_{\max} = 0.6$;j 为经验常数,$j = 15$。

2.2 水动力学方程

图 1 显示了一个表层存在大块运动的浮冰的河道水流的草图。河流中水的流量分成两个部分:一个是上层流量,或冰层;一个是下层流量,或水层。

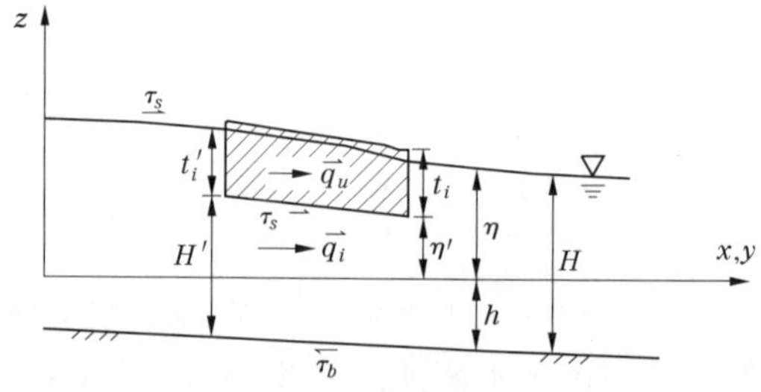

图 1 概念图

冰层中的水与冰一起运动,但它会受到由于水面斜率产生的水流的影响。冰层中单位宽度的流量可以用以下公式表述:

$$\vec{q}_u = \vec{V}\Delta H(1 - N) + \vec{q}_s = \vec{q}_i + \vec{q}_s \tag{8}$$

式中:$\vec{q}_i$ 为由于冰移动带动的流量;$\vec{q}_s = \vec{V}_s\Delta H$;$\vec{V}_s$ 为由于水力梯度 $\vec{J} = \left(\frac{\partial \eta}{\partial x}\vec{i} + \frac{\partial \eta}{\partial y}\vec{j}\right)$,引起的冰层中的可见渗流速度,$\vec{V}_s = u_s\vec{i} + v_s\vec{j}$;$N$ 为冰的聚集度;ΔH 为冰层的水中淹没厚度,

$\Delta H = H - H'$。根据 Ergun 公式(Bear,1973),速度 $\vec{V}_s$ 与水面梯度有联系。

$$V_s = \lambda \sqrt{J} \tag{9}$$

其中,渗透系数涉及空隙度、形状以及浮冰的尺寸。实测开河冰坝数据显示该系数平均为 1.6 m/s(Beltaos,1993、1995)。

根据水和冰的质量守恒定律,我们得出以下连续方程:

$$\frac{\partial}{\partial t}[\rho H' + \rho(1 - N)t'_i + \rho_i t_i N] = \nabla \cdot (\rho \vec{q}_l + \rho \vec{q}_u + \rho_i \vec{q}_{ice}) \tag{10}$$

式中:t'_i 为淹没冰厚度,$t'_i = \rho_i t_i / \rho$;ρ 为水的密度;H'为冰层下的水深,$H' = \eta' + h$;h 为参考面下的水深;$\vec{q}_l$ 为底层的单位宽度流量;$\vec{q}_{ice}$ 为单位宽度冰的流量。对于流动的表面冰层,$H' = H - t'_i$,即 $\Delta H = t'_i$。把式(10)和冰的质量守恒方程合并,水流的连续方程变为:

$$\frac{\partial H}{\partial t} + \nabla \cdot (\vec{q}_l + \vec{q}_i + \vec{q}_s) = \frac{\partial}{\partial t}(N t'_i) \tag{11}$$

当冰接触到河床时,不论它是否运动或静止,$\Delta H = t'$ 的状态不再有效,$\vec{q}_l$ 为零。这种情况如图 2 所示,其水的质量守恒方程变为:

$$\frac{\partial}{\partial t}[(1 - N)\Delta H] + \nabla \cdot (\vec{q}_i + \vec{q}_s) = 0 \tag{12}$$

或

$$\frac{\partial H}{\partial t} + \nabla \cdot (\vec{q}_i + \vec{q}_s) = \frac{\partial}{\partial t}(NH) \tag{13}$$

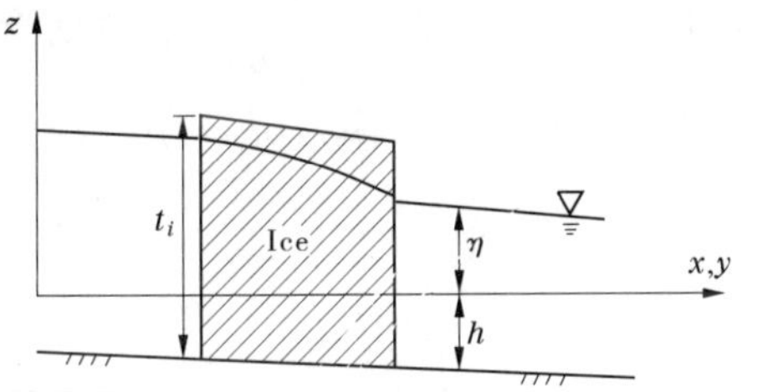

图 2　冰触底定义图

忽略水冰层交界处的动量交换,动量方程可以写为:

$$\frac{\partial q_{lx}}{\partial t} + \frac{\partial}{\partial x}\left(\frac{q_{lx}^2}{H'}\right) + \frac{\partial}{\partial y}\left(\frac{q_{lx} q_{ly}}{H'}\right) = -gH'\frac{\partial \eta}{\partial x} + \frac{1}{\rho}(\tau_{bx} - \tau_{sx}) + \frac{1}{\rho}\frac{\partial T_{xx}}{\partial x} + \frac{1}{\rho}\frac{\partial T_{xy}}{\partial y} \tag{14}$$

和

$$\frac{\partial q_{ly}}{\partial t} + \frac{\partial}{\partial y}\left(\frac{q_{ly}^2}{H'}\right) + \frac{\partial}{\partial x}\left(\frac{q_{lx} q_{ly}}{H'}\right) = -gH'\frac{\partial \eta}{\partial y} + \frac{1}{\rho}(\tau_{by} - \tau_{sy}) + \frac{1}{\rho}\frac{\partial T_{yy}}{\partial y} + \frac{1}{\rho}\frac{\partial T_{yx}}{\partial x} \tag{15}$$

式中:$\vec{\tau}_s$、$\vec{\tau}_b$ 分别是冰水交界处和河床的剪切应力;$T_{jk} = \varepsilon_{jk}^w\left(\frac{\partial q_{lj}}{\partial x_k} + \frac{q_{lk}}{\partial x_j}\right)$,$j$ 和 k 表示坐标方向;ε_{jk}^w 为无显著特征的漩涡黏滞系数。

3　模型的建立

利用具有质量集总技术和蛙跳时间步长的有限元模型来求解水力学要素。这里主要介绍了利用 SPH 法的冰动态仿真模拟。冰的作用力和水力的因素通过层面间的相互作用而结合。

3.1　SPH 模拟

冰动力学方程通过 SPH 法来取得解(Monaghan,1985、1989)。流冰通过大量具有质量、动量和能量的质点来模拟。所谓质点就是一个质量的单元,是许多冰块的集合体。公式中的无平流传输项通过添加跟踪质点及其附近质点的属性来获得。我们把 m_j 和 M_j 定义为质点 j 在 $\vec{r}_j$ 处的质量和质量密度,n_j 作为数量密度,也就是单位面积的质点数量。假设 $M_j = n_j m_j$, 对于函数 $f(\vec{r})$ 的回归估计表述如下(Monaghan,1989):

$$\tilde{f}(\vec{r},l) = \sum_{j=1}^{N} \frac{f_j}{n_j} W(\vec{r} - \vec{r}_j, l) = \sum_{j=1}^{N} f_j \frac{m_j}{M_j} W(\vec{r} - \vec{r}_j, l) \tag{16}$$

l 是滤波长度,该长度决定了插补内核 W 的影响范围。在这次研究中,我们利用了高斯函数:

$$G(\vec{r},\vec{r}_j,l) = \frac{1}{\pi l^2} e^{-\frac{(\vec{r}-\vec{r}_j)^2}{l^2}} \tag{17}$$

在 $\vec{r}_k$ 处的粒子 k 的质量密度可以通过公式(16)得:

$$M_k = \sum_j m_j W(\vec{r}_k - \vec{r}_j, l) = \sum_j m_j W_{kj} \tag{18}$$

W_{kj} 表示粒子 k 和 j 的内插,$W_{kj} = [W(\vec{r}_{kj}, l_k) + W(\vec{r}_{kj}, l_j)]/2$ (Hernquist 等,1989)。冰的质量将自动存成以上的形式。冰的浓度可以通过计算的冰的质量密度来确定。冰的表层含量首次由单层冰的厚度来计算得,也就是 $N_k = \frac{M_k}{\rho_i t_{i_o}}$。冰的含量极限不能超过最大值 $N_{\max}$,当达到最大值时,就会发生机械增厚。因为 $M_k = \rho_i N_k t_{i_o} = \rho_i N_{\max} (t_i)_k$,冰的厚度可以改进为 $(t_i)_k = \frac{M_k}{\rho_i N_{\max}}$。

根据质点 k 的动量平衡可以得出它的加速度:

$$\vec{a}_k = \left(\frac{D\vec{V}}{Dt}\right)_k = \frac{1}{M_k}[\vec{R}_k + (\vec{F}_a)_k + (\vec{F}_w)_k + \vec{G}_k] \tag{19}$$

内外的作用力可以通过以下公式计算(Shen 等,1992):

内部冰阻力 $(\vec{R})_k = \vec{i}(R_x)_k + \vec{j}(R_y)_k$

$$\frac{1}{(M_i)_k}(R_x)_k = \sum_j m_j \left\{ \left[\frac{(\sigma_{xx} N t_i)_k}{(M_i)_k^2} + \frac{(\sigma_{xx} N t_i)_j}{(M_i)_j^2} \right] \frac{\partial W_{kj}}{\partial x} + \left[\frac{(\sigma_{xy} N t_i)_k}{(M_i)_k^2} + \frac{(\sigma_{xy} N t_i)_j}{(M_i)_j^2} \right] \frac{\partial W_{kj}}{\partial y} \right\} \tag{20}$$

$$\frac{1}{(M_i)_k}(R_y)_k = \sum_j m_j \left\{ \left[\frac{(\sigma_{yy} N t_i)_k}{(M_i)_k^2} + \frac{(\sigma_{yy} N t_i)_j}{(M_i)_j^2} \right] \frac{\partial W_{kj}}{\partial y} + \left[\frac{(\sigma_{yx} N t_i)_k}{(M_i)_k^2} + \frac{(\sigma_{yx} N t_i)_j}{(M_i)_j^2} \right] \frac{\partial W_{kj}}{\partial x} \right\} \tag{21}$$

其中的 $(\sigma_{xx})_k$、$(\sigma_{yy})_k$ 和 $(\sigma_{xy})_k = (\sigma_{yx})_k$ 是质点 k 所在位置的内部压力。根据黏性基本定律,其可以利用速度梯度、黏度系数和冰压力来表示:

$$(\sigma_{xx})_k = 2v_k\left(\frac{\partial u}{\partial y}\right)_k - (\zeta_k - v_k)\left[\left(\frac{\partial u}{\partial x}\right)_k + \left(\frac{\partial v}{\partial y}\right)_k\right] - \frac{P_k}{2} \tag{22}$$

$$(\sigma_{yy})_k = 2v_k(\frac{\partial v}{\partial y})_k - (\zeta_k - v_k)\left[\left(\frac{\partial u}{\partial x}\right)_k + \left(\frac{\partial v}{\partial y}\right)_k\right] - \frac{P_k}{2} \tag{23}$$

$$(\sigma_{xy})_k = v_k\left[\left(\frac{\partial v}{\partial x}\right)_k + \left(\frac{\partial u}{\partial y}\right)_k\right] \tag{24}$$

速度梯度可以表示为：

$$\left(\frac{\partial u}{\partial x}\right)_k = \frac{1}{(M_i)_k}\sum_j m_j(u_j - u_k)\frac{\partial W_{kj}}{\partial x} \tag{25}$$

$$\left(\frac{\partial u}{\partial y}\right)_k = \frac{1}{(M_i)_k}\sum_j m_j(u_j - u_k)\frac{\partial W_{kj}}{\partial y} \tag{26}$$

$$\left(\frac{\partial v}{\partial x}\right)_k = \frac{1}{(M_i)_k}\sum_j m_j(v_j - v_k)\frac{\partial W_{kj}}{\partial x} \tag{27}$$

$$\left(\frac{\partial v}{\partial y}\right)_k = \frac{1}{(M_i)_k}\sum_j m_j(v_j - v_k)\frac{\partial W_{kj}}{\partial y} \tag{28}$$

风阻力$(\vec{F}_a)_k = \vec{i}(\tau_{ax}N)_k + \vec{j}(\tau_{ay}N)_k$

$$(\tau_{ax})_k = \rho_a c_a |\vec{W}|_k (W_x)_k \tag{29}$$

$$(\tau_{ay})_k = \rho_a c_a |\vec{W}|_k (W_y)_k \tag{30}$$

其中，$(\vec{W})_k$ 是在质点 k 所在处的风速。

风阻力$(\vec{F}_w)_k = \vec{i}(\tau_{wx}N)_k + \vec{j}(\tau_{wy}N)_k$

$$(\tau_{wx})_k = \rho c_w |\vec{V}_w - \vec{V}_i|_k (V_{wx} - u)_k \tag{31}$$

$$(\tau_{wy})_k = \rho c_w |\vec{V}_w - \vec{V}_i|_k (V_{wy} - v)_k \tag{32}$$

其中，$(\vec{V}_w)_k$ 为水流在 $\vec{r}_k$ 处的流速，u_k、v_k 为冰在 x、y 方向的流速分项。

重力$(\vec{G})_k = \vec{i}(G_x)_k + \vec{j}(G_y)_k$

$$(G_x)_k = -(M_i)_k g(\frac{\partial \eta}{\partial x})_k \tag{33}$$

$$(G_y)_k = -(M_i)_k g(\frac{\partial \eta}{\partial y})_k \tag{34}$$

由于水的阻力方程是一个冰流量的平方，所以很难对公式(19)进行明确的积分。四阶龙格 - 库塔法用来计算在 t^{n+1} 时刻冰的流速。

跳步格式进行时间分级。在时间步长的半数时对冰块的速度进行计算，即 $t^{n-1/2}$，$t^{n+1/2}\cdots$ 。冰块的通过以下公式算得：

$$\vec{r}_k^{\,n+1} = \vec{r}_k^{\,n} + \Delta t \vec{V}_{ik}^* \tag{35}$$

其中，$\vec{V}_{ik}^* = \frac{1}{2}(\vec{V}_{ik}^{n-1/2} + \vec{V}_{ik}^{n+1/2})$ 。当全部冰块都移到新位置后，冰的属性类别如质量密度、浓度和厚度可以通过差分进行更新。对于跳步格式，稳定状态和时间段受到 Courant 条件的约束。冰块 k 的时间步长可以由以下公式确定：

$$\delta t_k = \beta \min(\sqrt{\frac{h_k}{|a_k|}}, \frac{h_k}{|v_k| + c_k}) \tag{36}$$

式中：a_k 和 c_k 是由冰的属性决定的加速度和声速；β 是 Courant 数，值为 1.0。

由于少量的数值扩散,SPH 法经常需要一个人工的黏性处理(Helman 等,1991;Monaghan,1989;Morris 等,1997),特别是对于非黏性物质。人工的黏性模仿一种体积黏性,在 SPH 方法中用来降低由于压力项引起的振动波。目前的经验证明,由于冰的黏滞性和水的阻力可以产生必需的阻尼作用,所以人工的黏性处理在河流冰动力并不需要。根据 Swegle 等进行的 SPH 稳定性运算发现不稳定性还是经常发生。在目前的研究中并不是主要问题。这是因为可以忽略的冰的张应力和水阻力对冰的运动的影响。

3.2 河床阻力

当冰接触到渠道底部的时候,渠底的摩擦力会影响冰的流动。渠底的摩擦大小可以通过淹没在水中的冰的重量来计算:

$$|\vec{F}_G| = N[\rho_i t_i - \rho(\eta + h)]g\tan\phi_b \tag{37}$$

式中, $\tan\phi_b$ 是河床对冰的阻力系数。河床的摩擦阻力总是与冰的运动方向或运动趋势相反。为计算冰块的速度,每个冰块都建立了自己的坐标系。对于一个在 t^n 时具有速度 $\vec{V}^n \neq 0$ 的冰块, $\vec{V}^n$ 方向我们确定为 x 坐标,由 x 和 y 坐标组成的运动方程是:

$$\frac{Du}{Dt} = F_{t,x}^n - |F_{G,x}| \tag{38}$$

和

$$\frac{Dv}{Dt} = \begin{cases} F_{t,y}^n - |F_{G,y}| & \text{当} \quad F_{t,y}^n > F_{G,y} \\ 0 & \text{当} \quad F_{t,y}^n \leqslant F_{G,y} \end{cases} \tag{39}$$

其中, F_t^n 是作用在冰块上的全部的力,包括河床底部的摩擦阻力。当 $\vec{V}^n = 0$ 时,按照全球坐标系统选择本地坐标,运动方程中的 x 和 y 部分与方程(39)相同。

3.3 边界条件

上边界条件包括冰的凝聚程度、厚度和速度。由于在边界处的流速经常很难测到,所以可以用自由漂浮物来估计。沿着坚固的边界,那些阻碍冰运动的河岸和堤坝等都应该考虑。边界的摩擦阻力主要在冰向边界移动时才发生。边界摩擦的计算遵循动态库仑准则(Hanes 等,1991):

$$F_f = F_c + F_N\tan\phi_B \tag{40}$$

式中: F_f 为冰与边界之间的摩擦力; F_c 为黏合力,假设为 0; $\tan\phi_B$ 为动力学摩擦系数; F_N 为作用于冰边界上的垂直分量,该项数值可以通过计算冰内部垂直于边界的力来获得, $R_N = \sigma_N N t_i l_B$ 。冰块和边界的接触长度 l_B 可以通过对冰块面积 $\Delta A = m/(\rho_i N t_i)$ 开平方根获得。与河床的阻力相同,河岸的摩擦力 F_f 始终与沿岸运动的冰块的运动切线方向或运动的趋势相对。为确定冰块的交互作用 R_N,必须对边界进行处理,其中有很多方法,包括定边界质点法、排斥力法和镜像法,都应用到了 SPH 中以实现固体边界,包括把固定尺度的静态质点布置在沿固定边界。这些质点被作为一个整体来对待,其速度在每个时间段后被置零。由于质点的尺寸和动量随着时间变化,当它们在穿越边界的时候可能会由于不平衡的冰力的作用而被推动。这种方法仅适用于没有新作用力作用的静边界(Maccormack 等,1981)。由于作用力系数假设为恒定,排斥力模型与定边界质点法在跨边界时存在相同的问题。Libersky、Petschek(1991)和 Shen、Chen(1992)曾经使用过镜像法。该方法是在对距离边界垂直距离 $2l$ 内的真实质点在边界的对面设置一个镜像质点。每个镜像质点都与真实的质点保持一致,有着同样的质量、浓度、压力和切向速度。其径向速度与真实质点恰好相反,即 $v_n^* = -v_n$ 和 $v_t^* = v_t$；其中 v_t 为切向速度，v_n 为垂直速度，上标 * 代表镜像质点。镜像质点的垂直内部压力与真实质点的相同,即 $\sigma_{xx_j}^* = \sigma_{xx_j}$，$\sigma_{yy_j}^* = \sigma_{yy_j}$，但是剪切力与之相反，即 $\sigma_{xy_j}^* = -\sigma_{xy_j}$。

3.4 平滑长度和相关计算区域

由于质点的分散密度随时间和空间变化,所以为最大程度获得效率和精度,有必要对平滑长度进行调整。每个质点需要有其自身的平滑长度。Gingold 和 Monaghan(1982)指出,对于二维的问题,平滑长度与质点的数量密度成反比。在冰的动态模拟中,平滑长度可以通过 $l^{n+1} = l_0\left(\frac{M_0}{M^n}\right)^{\frac{1}{2}}$ 来估计,其中,l_0 是初始平滑长度,M_0 是初始质量密度。在模型中选择 l_0 为初始冰块面积的线尺寸。对于平滑长度,Benz (1990)得出一个演进方程 $\frac{\mathrm{d}l}{\mathrm{d}t} = \frac{1}{2}l\nabla \cdot \vec{V}$。因此,平滑长度可以用以下公式来表示:

$$l^{n+1} = l_*^{n+1} + \frac{\Delta t}{2}l_*^{n+1}(\nabla \cdot \vec{V})^n \tag{41}$$

和

$$l_*^{n+1} = l_0\left(\frac{M_0}{M^n}\right)^{\frac{1}{2}} \tag{42}$$

理论上,计算区域越大精度越高,但是,随着该区域的变化,模拟时间将显著地增加,特别是在许多冰块集中在一起的区域。另外,一个小的区域可能产生稳定性的问题(Swegle 等,1995)。考虑到准确性、稳定性和运算时间的问题,需要选取一个比较合适的区域大小。对于选择的区域,可以考虑冰的分布是均匀的冰质点,有着同样的质量 m、尺寸 ΔA 和密度 M。根据它的定义,质点质量是:

$$m = \Delta AM = \Delta x\Delta y\rho_i Nt_i \tag{43}$$

其中,$\Delta x\Delta y = \Delta A$。如果把平滑长度估计为:

$$l = l_x = l_y = \Delta x = \Delta y \tag{44}$$

于是,一个以 $\vec{r}_k$ 为中心的正方形 $(4l \times 4l)$ 区域包含 5×5 的冰区。在 $\vec{r}_k$ 处的质量密度可以根据高斯函数,通过公式(18)确定:

$$\begin{aligned} M_k &= \sum_j m_j W_{kj} = \sum_j \frac{\Delta A_j}{l^2\pi}\mathrm{e}^{\frac{-(r_k-r_j)^2}{l^2}} \\ &= \frac{\Delta x\Delta y}{l^2\pi}\left(1 + \frac{4}{\mathrm{e}} + \frac{4}{\mathrm{e}^4} + \frac{4}{\mathrm{e}^2} + \frac{4}{\mathrm{e}^8} + \frac{8}{\mathrm{e}^5}\right)M_j \\ &= 0.999\,928M \end{aligned} \tag{45}$$

这表明,在平滑长度是 $\sqrt{\Delta A}$ 时,面积为 $4l \times 4l$ 的区域是满足的。

3.5 临近质点的研究

研究质点的运算法则在 SPH 方法中占有很重要的位置。用网格单元作为记事本的链接表方法是进行质点模拟最常用的方法(Hockyney 等,1981)。虽然这种方法是一种非常有效的方法，但还是需要辅助的网格系统。由于该方法是基于网格的，所以在相关质点并不在中心附近时，抽样的不均匀和插补的误差就会出现。这个方法的另一个缺点是，它是一个一个网格的研究，这样就导致不必要的研究，特别是在质点分布不均匀的研究区域。Rhoades (1990)提出过一个类似列表法的改良过的 SPH 运算法则。虽然该方法保留了网格，但研究的进行是以质点为单位的，而不是按网格为单位，因此节省了计算时间。该法的结果较传统的列表法稍快。这个方法的另一个优点是在当前的时间，每个单元内的质点数量是已知的。这样就可以提供一个密度和平滑长度的估计。但是，由于在模拟过程中网格的尺寸不能变化，所以依然存在不均匀的问题。另外，二维的模拟必须要有一个三维的排列。Hernquist 和 Katz (1989)建议运用不需要网格的分等级的树状计算方法。虽然研究范围的选择是灵活的，但这个方法是时间紧凑的。在此次研究中用列举的办法来研究附近的质点。正如 Helman 等(1991)所回顾的，有很多方法都是可行的。考虑到河冰的问题多数有一个长而狭窄的摸拟空间，目前的模型采用了 HeapSort 的方法，用质点的 x 坐标作为允许研究区域变化的堆键。

4　模型验证

对平均宽度的静态冰坝厚度剖面的解析可以使我们获得一个理想化的冰坝。对于顺直矩形渠道中的均匀流，风速、岸的摩擦和水面的坡度都假设为零，只考虑有动量方程中的 x 项。公式(1)简化为：

$$R_x + F_{wx} = 0 \tag{46}$$

式中：$R_x = \dfrac{\partial}{\partial x}(PN_{\max}t_i)$；$F_{wx}$为冰水交界的拖曳力，$F_{wx} = \rho C_w V_{wx}^2$；$V_{wx}$为流速；$C_w$ 为阻力系数。根据方程(46) 对于静态冰坝厚度剖面的一个简单的解析解法如下：

$$t_i = \left(t_{io}^2 + \frac{2\rho c_w V_{wx}^2}{\tan^2\left(\dfrac{\pi}{4} + \dfrac{\phi}{2}\right)\left(1 - \dfrac{\rho_i}{\rho}\right)\rho_i g} x_j \right)^{\frac{1}{2}} \tag{47}$$

式中：t_{io}为单层冰的厚度；x_j 为距离冰坝前沿的距离，其中 $t_i = t_{io}$。

当考虑岸边的摩擦阻力时，对于平均宽度的静态冰坝厚度剖面可以获得一个解析解，从而拓展 Pariset 和 Hausser (1961)的解：

$$t_i = t_{eq}(1 - e^{-\frac{2\mu_1}{B}x_j})^{\frac{1}{2}} \tag{48}$$

冰的平衡厚度 t_{eq}是(Pariset 等，1961)：

$$t_{eq} = \left(\frac{BNC_w V_{wx}^2}{g\mu_2 \dfrac{\rho_i}{\rho}(1 - \dfrac{\rho_i}{\rho})} \right)^{\frac{1}{2}} \tag{49}$$

其中，$\mu_2 = N\tan\phi(1 + \sin\phi)$，$\mu_1 = \tan\phi(1 - \sin\phi)$ (Beltaos，1995)，对于 $\phi = 46°$，$\mu_2 = 1.068$，$\mu_1 = 0.29$。Pariset 和 Hausser (1961)的上述解假设冰层是连续的。所以，最小的冰坝厚度并不受单层厚度方程(47)中 t_{io}限制。

数值模拟结果的比较和解析解在图3 和图4 中显示。渠道长5 000 m、宽500 m，恒定的流速 0.6 m/s，水面的斜率为 0。冰栅的位置距河道下游边界 500 m，并假设为 100% 有效,即没有冰可以通过这个冰栅。最初,有900多500 m×500 m的冰块,厚度为0.2 m,密度为0.6,覆盖在上游边界和冰栅之间。这些浮冰在水的拖引下流向冰栅。解析和数值的解给出了比较类似的结果。

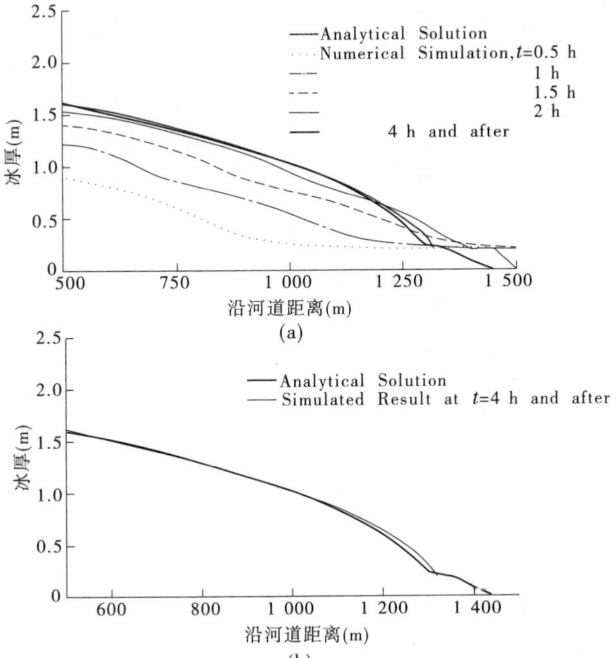

图3　不考虑河岸阻力影响的解析与模拟解结果比较

根据黏塑性基本定律,当冰接近稳定状态时,黏性接近无穷大。为避免这样的现象发生,一般的做法是为数学模型中的ζ和υ设置一个较大的限制值。这种估计使遵守基本定律的联系变成了一种线性黏滞规律,当变形速度接近零时,它的剪力也接近零。这样的变化将不能模拟冰的阻塞。在这次研究中,对于小变形情况主要是运用经过改进的基本定律以避免上述问题。在这次模拟中,当以下条件得到满足时,对于每个冰块的临界值σ_{ij}和P将可以确定。①冰的速度小于一个临界速度(0.001 m/s);②冰的速度小于前个时间段的值;③$\delta = |\dot{\varepsilon}_1 - \dot{\varepsilon}_2|$小于一个小的临界值$\delta_c = 1\times10^{-4}\mathrm{s}^{-1}$。当这些临界条件都满足时,下述的估计将用来计算冰的压力。

$$\sigma_{ij} = \sigma_{ijc}\frac{P}{P_c} \tag{50}$$

其中,σ_{ijc}和P_c是σ_{ij}和P相对于上述临界情况的估计值。另外,当冰的速度始终小于0.5 mm/s时,冰块就停止。用这个方法,冰阻塞形成可以通过黏塑基本定律来模拟。

5　模型应用

设置在河流上游存在发生冰坝危险河道的阻冰设施,如漂浮拦冰栅可以通过阻止或减少冰流向危险地段而减少发生冰坝的危险。漂浮的拦冰栅按照设计,当冰的负载超限时可以下沉,因此冰可以从冰栅上流过。为保证冰栅的作用,附加水力学影响必须要满足条件。在冰栅位置的表面水流速度必须要小于一个临界值,使得在冰流经该位置时不会

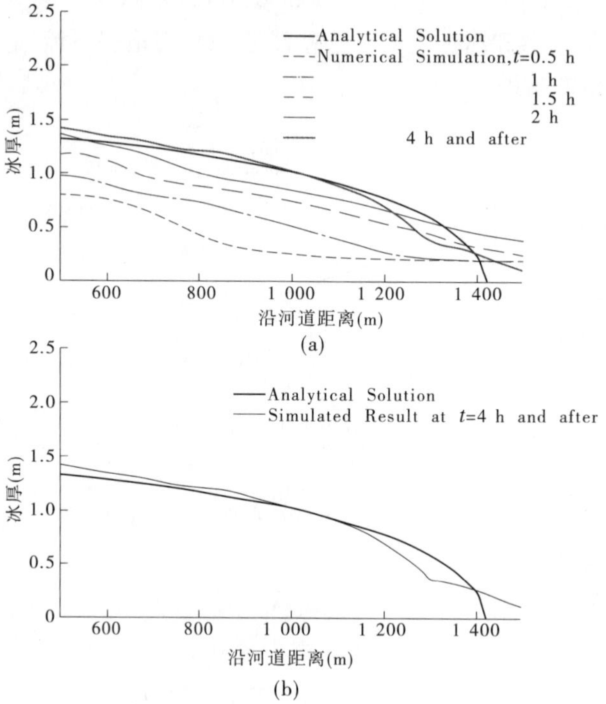

图4　考虑河岸阻力影响的解析法模拟结果比较

翻转到冰栅下或前缘的冰聚集在冰栅后。在冰坝下面的流速也应该小于临界冲刷速度。由于河冰演变具有高度不确定性，所以利用实验室模型或野外试验来确定冰栅的可行性和设计投资大，也比较困难。数学模型可以为达到以上目的提供一个可行的选择，正如下面对密西西比河与密苏里河交汇处上游密苏里河上设置冰栅进行可行性分析一样。

密西西比河中游，从与位于圣路易斯附近的密苏里河交汇处到伊利诺州的卡罗与俄亥俄河回流处全长198英里，是最重要的航道。在冬季，从密苏里河上游下来的冰和在密西西比非控制区产生的冰将产生汇合影响密西西比河中游的航运。Tuthill 和 Mamone (1998)建议在密苏里河下游设置冰栅来减少密西西比河中游发生冰塞的可能性。他们调查了密苏里河冬季的情况，并建议在 RM16 处设置冰栅。利用目前的数学模型对如此设置进行了数学研究(Liu 等，1999)。1997 年在密西西比河中游引起的冰塞，在该河段我们对此次流冰引起的冰栅负载进行了模拟。该模型的控制范围从 RM13 到 RM 20，冰栅就位于 RM16。渠道的几何形态见图5和图6。

河床糙率的第一次率定是根据 1994 年在明渠实测的水位和流量参数进行的，并跟 Tuthill 和 Mamone (1998)对回水的模拟结果进行比较。冰模型的参数率定是根据 1997 年冰塞事件的数据进行的。率定过的模型参数见表1。初始条件是一个无冰的稳定流，流量为 566 m^3/s。下游的边界条件划分在 RM 13，水面高程为 123.6 m (405.6 ft)。上游的边界条件是稳定持续的水流流量为 566 m^3/s 和冰的流量 11.3m^3/s。模拟试验的目的是检验在正常情况下冰塞的发展和冰栅负载情况，假设冰栅是100%有效的。冰在冰栅后聚集的极限状态在这次不进行模拟。假设没有挟带的冰和侵蚀发生，也没有冰会通过

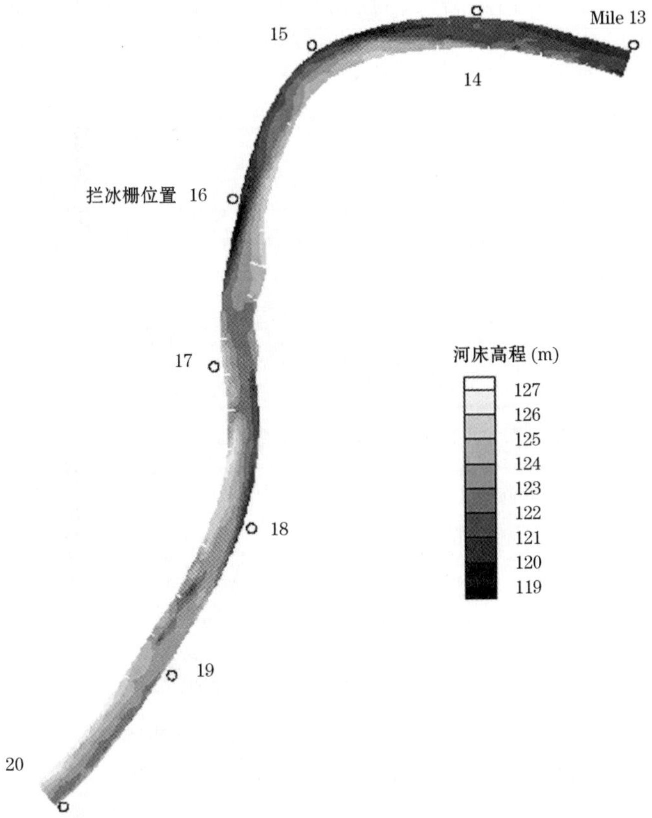

图 5　RM13 到 RM20 处的河床高程

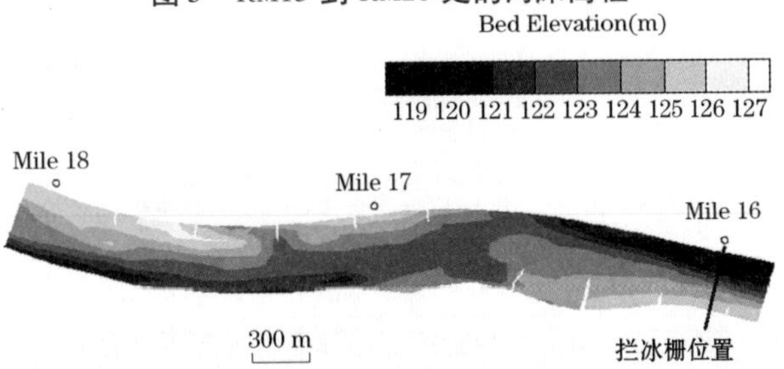

图 6　拦冰栅附近的河床底部高程

冰栅。模拟结果显示在冰栅附近冰非常厚，如图 7 ~ 图 9 所示冰层底部横向跨越了渠道的大部分。如图 10 所示，冰的堆积使上游的水面显著抬高。冰负荷在冰栅上的分布见图 11。随着冰塞向上游蔓延，冰栅的负荷也变得均匀。这主要是由于冰坝触底，同时也是由于冰塞向上游发展过程中河岸的阻力逐渐加大。在单位宽度内的最大负荷为 40 ~ 50 kN/m，这一负荷远远超过河流上传统的冰栅承载能力。在进行此次研究之前，根据传统的一维静态冰坝模型分析，冰栅后冰的滞留不会超限(Tuthill 等，1998)。在密西西比河中游出现冰坝问题的年份中，密苏里河的平均流量一般为 850 m^3/s。在此次研究中，通过数学模拟发现，即使在小流量情况下如 566 m^3/s，冰在冰栅背面的滞留也是非常难的。另外的模拟试验也显示,冰栅下流速非常大的水流将引起冰蚀和阻碍上游冰的覆盖进程。在这个河段冰在冰栅后的滞留无法实现,除非进行特殊的设计,开发一个可以增加冰栅后滞洪能力的冰栅。

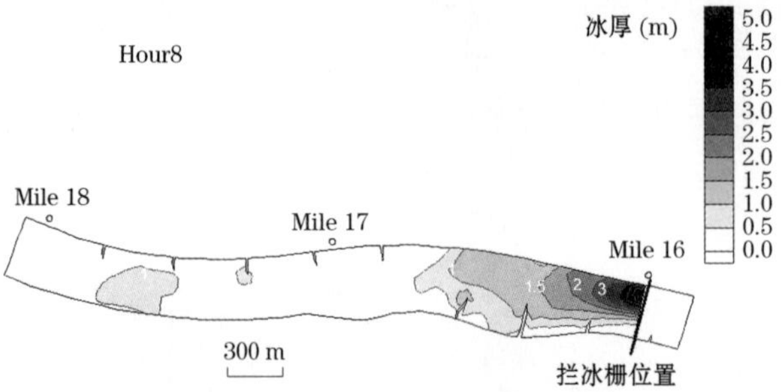

图7 $t=8$ h 时刻拦冰栅后模拟的冰层厚度分布

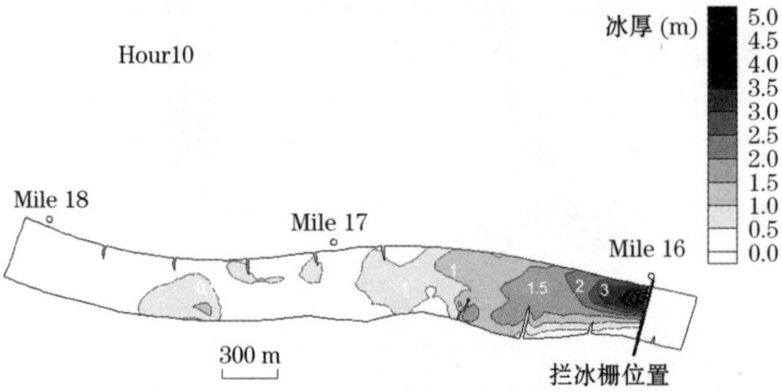

图8 $t=10$ h 时刻拦冰栅后模拟的冰层厚度分布

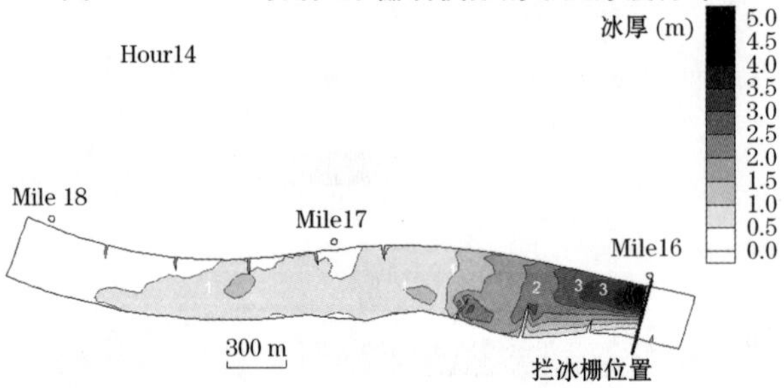

图9 $t=14$ h 时刻拦冰栅后模拟的冰层厚度分布

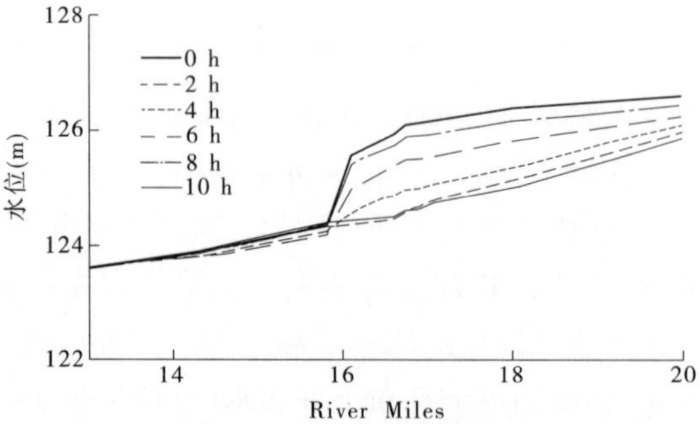

图10 模拟的水面剖面

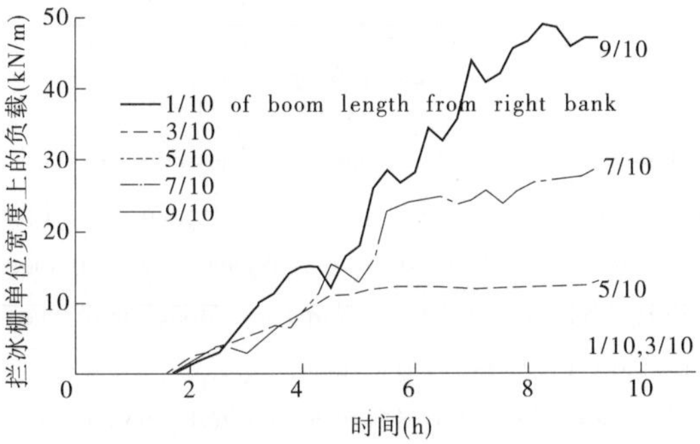

图 11　模拟的沿渠道的拦冰栅负载变化

表 1　冰动力模拟中采用的参数

参数	描述	数值
N_{max}	最大冰浓度	0.6
ϕ	冰的内摩擦角	46°
$\tan\phi$	边缘摩擦系数	1.04
j	经验常数	15
c_w	水对冰的拖曳力	0.02

6　综述和结论

这里展示的是一个关于河流上浮冰的动态传输和冰塞的二维数学模型。模型中的水力学项使用了欧拉有限元法,但模型中的冰动力学要素则使用了拉格朗日平滑质点水力学法。模型认为浮冰的流动是连续的。冰的内部阻力通过黏塑性基本定理来计算,其中压力项根据改进的静态冰塞库仑基本联系定律得出。冰沿河道或其他固体边界流动的部分滑动的动力边界条件可以通过影像的方法来解决。在浮动冰栅前或冰聚集的前缘的挟带的冰,冰塞底部的侵蚀和冰栅负载对于维持冰状态的限制在模型中都给予了考虑。

该数学模型是用分析的方法通过对理想状态下的有(无)河岸摩擦和冰塞分析来验证的。该模型用来研究利用冰栅在密苏里河下游进行拦冰,以减少进入密西西比河的冰流量的可行性。传统的一维冰塞模型可以预测稳定冰块聚集发生的可能性,但不能给出动态发展过程以及冰蚀和冰的挟带情况。目前的二维冰动力学模型,已经证明对于解答一些传统一维模型无法解答的重要的设计问题是非常有效的。该模型能够确定冰栅后滞留冰的可能性,而且可以确定负荷在冰栅后的分布,以及最重要的,可以给出冰栅后聚集的冰是否会对上游产生影响。另外,它除了可以应用到冰栅的设计外,数学模型还可以在自然河流上,在复杂地理和流态情况下进行冰凌传输和冰坝演进的模拟(Liu 等,1999)。

致谢

该项工作的部分内容得到了美国陆军寒区研究室的支持(合同号 No. DACA89 - 94 -

K0017)。

参考文献

Bear J. 1972. Dynamics of Fluids in Porous Media. American Elsevier, New York.

Beltaos S. 1993. Numerical Computation of River Ice Jams. Canadian J. of Civil Engineering,20(1): 88.

Beltaos S, ed. 1995. River Ice Jams, Water Resources Publications, LLC, Highland Ranch, Co.

Benz W. 1990. Smooth Particle Hydrodynamics, in The Numerical Modeling of Nonlinear Stellar Pulsations, ed. Bucher J. R., Kluwer Academic Publishers, Netherlands, 269.

Connor J J,Brebbia C A. 1978. Finite Element Techniques for Fluid Flow, Butterworth Inc.

Evrard A E. 1988. Beyond N – body: 3D cosmological gas dynamics, Mon. Not. R. Astr. Soc. 235:911

Flato G. 1993. A Particle – in – Cell sea – ice model, Atmosphere – Ocean, 31(3):339.

Flato G,Gerard R. 1986. Calculation of Ice Jam Thickness Profile. Journal of Hydraulic Research, 28(6):737.

Gingold R A, Monaghan J J. 1977. Smoothed Particle Hydrodynamics: Theory and application to non – spherical stars, Mon. Not. R. Astr. Soc., 181:375.

Gingold R A,Monaghan J J. 1982. Kernel estimates as a basis for general particle method in hydrodynamics, J. Comput. Phys., 46:429.

Goodman J,Hernquist L. 1991. Hydrodynamics of collision between binary stars, The Astrophys. Jour., 37: 637.

Harlow F H. 1964. The particle – in – cell computing method for fluid dynamics,Meth. Comput. Phys., 3:319.

Hanes D M, Inman D L. 1985. Experimental evaluation of a dynamic yield criterion for granular fluid flows, J. Geo. Res., 90 (B5):3670.

Helman P, Veroff R,Carrano F R. 1991. Intermediate problem solving and data structure, The Benjamin/Cummings Pub. Co., Inc.

Hernquist L,Katz N. 1989. TREESPH: a unification of SPH with the hierarchical Tree Method, The Astr. J. Supp. Series, 70:419

Hibler W D. 1979. Ⅲ., A dynamic thermodynamic sea ice model,J. Phys. Oceanography, 9(4):815.

Hockyney R W,Eastwood. J W. 1981. Computer Simulation using Particles, McGraw Hill, New York.

Lal A M W, Shen H T. 1992. Numerical simulation of river ice dynamics, 3rd Int. Conf. on Ice Tech., Cambridge, MA.

Libersky L D,Petschek A G. 1991. Smooth particle hydrodynamics with strength of materials, in H. E. Trease, M. J. Frittes, W. P. Crowley (eds.),Advances in the Free – Lagrange Method – Lecture Notes in Physics, 395, Springer – Verlag, Berlin, 248.

Liu L W, Shen H T. 1999. Numerical simulation of river ice control with booms,CRREL Report No. 672, U. S. Army Cold Regions Research and Engineering Lab., Hanover, NH.

Liu L W, Shen H T, Tuthill A M. 1999. A numerical model for river ice jam evolution, in Ice in Surface Waters, ed. Shen, H. T., Balkema Pub., Rotterdam, 739.

Lucy L B. 1977. A numerical approach to the testing of the fission hypothesis, The Astr. J., 82(12):1013,

MacCormack R W. 1981. A numerical method for solving the equations of compressible viscous flow, AIAA Paper 81 –0110, St. Louis, Missouri.

McCormick C S,Miller T F. 1994. Simulation of shock – wave reflection in a one – dimensional shock tube using smoothed particle hyrodynamics,Numerical Heat Transfer, Part B, 26:473.

Monaghan J J. 1982. Why particle methods work, SIAM J. Sci. Stat. Comput. , 3(4):22.

Monaghan J J. 1985. Particle methods for hydrodynamics, Comput. Phys. Rep. , 3:71.

Monaghan J J. 1989. On the problem of penetration in particle method, J. Comput. Phys. , 82:1.

Monaghan J J. 1992. Smoothed particle hydrodynamics, Annu. Rev. Astron. Astrophys. , 30:543.

Monaghan J J. 1994. Simulating free surface flows with SPH, Jour. Comput. Phys. 110:399.

Monaghan J J, 1995. Kocharyan A. , SPH simulation of multi – phase flow, Comput. Phys. Commu. , 87:225.

Morris J P, Monaghan J J. 1997. A switch to reduce SPH viscosity, J. Comput. Phys. , 136(1):41.

Pariset R, Hausser H. 1961. Formation and evolution of ice covers on rivers, ASME. EIC Hydr. Conf. 61 – EIC – 6, Trans. , Engr. Inst. of Canada, 5(1):41.

Pritchard R S, Muller A C, Hanzlick D J, et al. 1990. Forecasting Bering Sea ice edge behavior, J. Geophys. Res. , 95 (C1):775.

Rasio F A, Shapiro S L. 1991. Collisions of giant stars with compact objects: hydrodynamic calculations, The Astr. J. , 377:559.

Rhoades Jr C E. 1992. A fast algorithm for calculating particle interactions in Smooth Particle Hydrodynamic simulations, Comput. Phys. Commun. 70:478.

Shen H T, Chen Y C. 1992. Lagrangian discrete parcel simulation of two – dimensional river ice dynamics, Report 92 – 9, Department of Civil and Environ. Engrg. , Clarkson University, Potsdam, N. Y.

Shen H T, Chen Y C, Wake A, et al. 1993. Lagrangian discrete parcel simulation of two – dimensional river ice dynamics, Int. J. Offshore and Polar Engrg, 3(4):328.

Shen H T, Shen H H, Tsai S M. 1990. Dynamic transport of river ice, J. Hydr. Res. ,28(6):659.

Swegle J W, Hicks D L , Attaway S W. 1995. Smoothed Particle Hydrodynamics stability analysis, J. Comput. Phys. , 116:123.

Tuthill A M, Mamone A C. 1998. Structural Ice Control Alternatives for Middle Mississippi River. ASCE Journal of Cold Regions Engineering, 12(4):202.

Wake A, Rumer R R. 1983. Great Lakes ice dynamics simulation, J. Waterway, Port, Coast. and Ocean Engrg, 109(1):86.

河冰动力学的数值模拟

A. M. Wasantha Lal　沈洪道

（克拉克森大学土木环境工程系，美国，纽约，Potsdam，13699 - 5710）

摘要：提出了模拟河冰动力输送和冰坝过程的数学模型。对耦合水力学和冰动力学方程的特征进行了分析。分析显示，冰输送方程是双曲线型，浅水波速与水面冰体中压缩波的速度无关。水力方程只能通过水面冰层和水流之间的界面上的剪切压力来合并。水力学方程用四点隐式差分进行求解。MacCormack 方法用来求解冰体输送方程。对模拟实例得出的冰坝剖面，与现有的冰坝理论结果进行了比较。

1　介绍

河流中会形成冰坝，由于其对水流的阻碍作用，不仅会对沿岸造成危害，而且还会扩大淹没。为了确定水面漂浮冰坝或前沿冰盖形成发展的特征，Pariset 和 Hausser（1961）早在 20 世纪 60 年代就建立了分析公式。这个公式随后被很多的分析和实验室研究（Uzuner，1976）所精练。这些理论通常作为公认的冰坝理论。冰坝理论和水面冰体的自由漂流输送一起用来模拟漂浮冰坝的厚度或冰盖的前沿发展（Lal 等，1991）。然而，由于这些冰坝理论是为漂浮粒状冰的静态堆积而开发的，所以它不能正确地描述水面冰体输送的动力学特性和水面冰坝的开始以及水面冰坝演进的动力学特性。Shen 等（1990）提出了河冰动力输送的理论模型，它可以描述水面冰坝的开始和冰坝（或冰盖）的演进。

河冰动力学的基本概念与海冰（Hibler，1979）和湖冰（Wake 等，1983）类似。河冰问题通常比湖冰或海冰问题有更大的对流项，而且流冰密度和冰厚的剧烈梯度变化存在于冰坝的前缘处。河冰问题的这些现象要求有一个更精确的数学方法来模拟，线性和非线性的黏滞模型用来描述水面冰体的组成关系。Shen 等（1990）将颗粒流理论与静态冰坝理论中所用的公式相结合，提出了河冰的本构关系。

在这次研究中，提出了模拟河冰动力学性质的数学模型。为了确定控制方程的特征，首先进行了数学分析。分析显示，冰动力学方程在本质上是严格双曲线型的。水平紊动在水面冰层中看做压缩波。冰盖的前缘经常出现震动。鉴于此，可以利用 MacCormack 方法（MacCormack，1969、1981）求解冰体输送方程。

2　控制方程

在河道中水面冰体的运动，要受到河道水流和冰体组成关系的制约。将移动的水面冰层看做一种连续物质，就可以获得河道中冰输送的控制方程（Shen 等，1990）。

2.1　冰输送方程

冰的质量守恒方程为：

$$\frac{\partial}{\partial t}(\rho_i t_i NB) + \frac{\partial}{\partial x}(\rho_i t_i NBu) - E_m B = 0 \tag{1}$$

式中：ρ_i 为冰的质量密度；x 为空间坐标；N 为冰的面积密度；t_i 为冰厚；u 为冰流速；B 为水面冰层宽度；E_m 为由于热力过程（包括降雪以及浮冰在水中的交换）所引起的表层冰质量的变化率。

动量方程为：

$$\frac{\partial}{\partial t}(t_i NBu) + \frac{\partial}{\partial x}\left(t_i NBu^2 - \frac{\sigma_x t_i NB}{\rho_i}\right) + \frac{2\tau_B t_i N}{\rho_i} - \frac{\tau_{ax} NB}{\rho_i} - \frac{\tau_w NB}{\rho_i} + t_i NBg\frac{\partial H}{\partial x} = 0 \tag{2}$$

式中：τ_w 为沿河水的应力；τ_{ax} 为沿河风的应力；τ_B 为河岸剪切力；H 为水位；σ_x 为沿水流方向上冰的平均应力（注意为正）；$\rho_i t_i Ng\frac{\partial H}{\partial x}$ 为水流方向上的重力分量。冰应力和河岸剪切力都定义在单位冰面积上。在方程（2）中，水体拖曳力项 τ_w 可以用 Poon 和 Madson（1989）所建议的方法进行计算。风的拖曳力 τ_{ax} 可以用 Hanssen-Bauer 和 Gjessing（1988）提出的类似方法进行计算。

冰的面积方程为：

$$\frac{\partial}{\partial t}(NB) + \frac{\partial}{\partial x}(uNB) - B(E_a - R_a) = 0 \tag{3}$$

式中：E_a 为由于动力过程和悬浮冰花交换所引起的冰面积密度的时间变率；R_a 为由于机械再分配引起的冰面积密度的时间变率。E_m 与 E_a 的关系可用下面方程表示：

$$E_m = \rho_i t_i E_a + E_t \tag{4}$$

式中：E_t 为由于冰厚变化 $\rho_i N\frac{\partial t_i}{\partial t}$ 所引起的单位面积上的质量变化率。如果提供 σ_x 和 τ_B 的组成关系，并建立水流条件，就可以利用方程（1）、（2）、（3）来求解 u、N、t_i。静态冰坝的解（Poon 等，1961）可以作为方程（2）的一个特例而获得。

2.2 水动力学方程

假设相变对水体质量的影响可以忽略，那么，有水面冰的水流控制方程，就可以用改进的圣维南（Saint Venant）方程（Shen 等，1990）进行描述。

质量守恒方程为：

$$\frac{\partial Q}{\partial x} + \frac{\partial A}{\partial t} = 0 \tag{5}$$

式中：Q 为流量；A 为净水流断面面积。

动量方程为：

$$\rho\frac{\partial Q}{\partial t} + \rho\left(\frac{2Q}{A}\frac{\partial Q}{\partial x} - \frac{Q^2}{A^2}\frac{\partial A}{\partial x}\right) + \rho gA\frac{\partial H}{\partial x} + (p_b\tau_b + p_i\tau_i + B\tau'_{ax}(1-N) + B\tau_w N) = 0 \tag{6}$$

式中：H 为水位，$H = z_b + d_w + t_{sub}$；t_{sub} 为淹没的冰厚；g 为重力加速度；z_b 为河底高程；d_w 为水深；p_b、p_i 分别为由河床和岸冰形成的湿周；τ_b、τ_w 分别为在河底和冰－水界面上的剪切应力；τ'_{ax} 为沿河道风对水面的拖曳力。

作用于水面的风剪切应力为：

$$\tau'_{ax} = \rho_a C_a(\vec{W} - \vec{V})_x|\vec{W} - \vec{V}| \tag{7}$$

式中：τ'_{ax}为沿水流方向的风应力分量。河床阻力 τ_b 的大小与当前流速以及由于风和冰体作用于水体上的(Lal 等,1991)剪切应力的大小有关。

联解方程(1)、(2)、(3)、(5)和(6)，可以求解 H、v、N、t_i、u。冰动力学的控制方程，可以用守恒矢量的形式来表示：

$$\frac{\partial U}{\partial t} + \frac{\partial F}{\partial x} + S = 0 \tag{8}$$

其中，

$$U = \begin{pmatrix} U_1 \\ U_2 \\ U_3 \end{pmatrix} = \begin{pmatrix} NB \\ NBt_i \\ NBt_i u \end{pmatrix} \tag{9}$$

$$F = \begin{pmatrix} F_1 \\ F_2 \\ F_3 \end{pmatrix} = \begin{pmatrix} NBu \\ NBt_i u \\ NBt_i u^2 - \dfrac{\sigma_x NBt_i}{\rho_i} \end{pmatrix} \tag{10}$$

$$S = \begin{pmatrix} S_1 \\ S_2 \\ S_3 \end{pmatrix} = \begin{pmatrix} -B(E_a - R_a) \\ \dfrac{2\tau_B Nt_i}{\rho_i} - \dfrac{\tau_{ax} NB}{\rho_i} - \dfrac{\tau_w NB}{\rho_i} + NBt_i g\dfrac{\partial H}{\partial x} \end{pmatrix} \tag{11}$$

在数学解中，守恒变量 $U_1 = NB$，$U_2 = NBt_i$，$U_3 = NBt_i u$，而不是原始变量 N、t_i 和 u，可以看做在求解方案中的独立变量。一旦守恒变量的解在时间步长结束时完成，原始变量 N、t_i 和 u 就可以获得。冰的面积密度 N 要受到最大面积密度 N_m 的限制。当 $N > N_m$ 时，机械增厚就会发生；当 N 保持在 N_m 时，冰厚 t_i 就变为 $t_i \dfrac{N}{N_m}$。

3 数学分析

控制方程的数学分析，目的是确定部分微分方程的系统类型、特征以及可以求解的最合适的数值方法。一维河流水力学的圣维南(Saint Venant)方程，可以划分为双曲线型，它可以用不同的时间推进法进行求解。第一类方法，如四点隐式差分方法；第二类方法，如 Crank - Nicholson 方法，常用于较少的双曲线型摩擦问题。圣维南(Saint Venant)方程的数学分析在许多文章中都可以得到(Henderson,1966)。水面冰的引入，并不会改变水力方程的类型。

耦合冰动力学和流体动力学的分析，采用 Courant 和 Friedrichs 方法(Roache,1982)，给出方程组的特征向量为(Lal 等,1991)：

$$\zeta = u \tag{12}$$

$$\zeta = v \pm \sqrt{gH} \tag{13}$$

$$\zeta = u - \frac{1}{2\rho_i}\frac{\partial \sigma_x}{\partial u} \pm \sqrt{\frac{1}{4\rho_i^2\left(\dfrac{\partial \sigma_x}{\partial u}\right)^2 - \dfrac{1}{\rho_i}\left(\sigma_x + N\dfrac{\partial \sigma_x}{\partial N} + t_i\dfrac{\partial \sigma_x}{\partial t_i}\right)}} \tag{14}$$

上述所有的方程都符合一般的形式：

$$\zeta = u_c \pm c \tag{15}$$

方程(14)表明了在水面冰层中有压缩波的出现。方程中，$u_c = u - \frac{1}{2\rho_i}\frac{\partial \sigma_x}{\partial u}$是修正的冰流速，波速 $c = \sqrt{\frac{1}{4\rho_i^2}\left(\frac{\partial \sigma_x}{\partial u}\right)^2 - \frac{1}{\rho_i}\left(\sigma_x + N\frac{\partial \sigma_x}{\partial N} + t_i\frac{\partial \sigma_x}{\partial t_i}\right)}$。由于一维平均河道断面宽度的影响，修正的冰流速要受到离差 σ_x 的影响。方程(12)所给出的特征值，与浮冰漂移速度一致。方程(13)所给出的特征值，是由于浅水波以波速 $\sqrt{gH}$ 传播引起的。

特征多项式的根决定冰输送控制方程的类型。有正号的较大的根，是系统的最大特征值，可以用来确定计算的时间步长。当下面条件满足时，根是实根：

$$\frac{1}{4\rho_i^2}\left(\frac{\partial \sigma_x}{\partial u}\right)^2 - \frac{1}{\rho_i}\left(\sigma_x + N\frac{\partial \sigma_x}{\partial N} + t_i\frac{\partial \sigma_x}{\partial t_i}\right) > 0 \tag{16}$$

当正向应力 σ_x 是压应力，与此对应的 N 和 t_i 有关的部分离差为负时，方程(16)中的不等号就是真的，这在冰体中缺乏张应力时会出现。由于上面所给出的特征方程的所有根都是实的，所以冰体输送方程是双曲线型。

4 求解方法

控制方程的特征值表明，浅水波速不受冰体的影响，并且冰体中压缩波的速度也不依赖于浅水波的特征值。由于这种独立性，水力方程和冰动力方程可以作为联合方程，采用具有不同时间步长的两个不同方案进行求解。在本次研究中，水力方程采用四点隐式方法(Potok 等,1979)求解，冰动力方程用 MacCormack 方法求解。因为野外条件显示出水流为亚临界流，因此采用四点隐式差分来求解水力学方程。

非线性压缩波的出现会导致冰层中形成震动。马赫数 M 可以定义为：

$$M = \frac{u_c}{c} \tag{17}$$

在冰盖发展的前缘上游的流冰是超声波的，即 $M>1$，这是因为流速 u 大，波速 c 小。在前缘上游波速低，是由于流冰密度小。前缘的下游存在次声波条件，即 $M<1$，这是因为冰速慢而波速快，冰盖的前缘是震动的前沿。

MacCormack 方法用于求解冰体输送方程。该方法有一定的精度 $O(\Delta x^2, \Delta t^2)$。这种方法是显式守恒的，是两步预测－修正型。其预测和修正步骤，可以交替地向前和向后差分(MacCormack,1981)。

预测方程为：

$$U_i^{\overline{n+1}} = U_i^n - \frac{\Delta t}{\Delta x}\left[F_{i+1}^n - F_i^n\right] - \Delta t S_i^n \tag{18}$$

修正方程为：

$$U_i^{n+1} = \frac{1}{2}\left[U_i^n + U_i^{\overline{n+1}} - \Delta t\left(\frac{F_i^{\overline{n+1}} - F_{i-1}^{\overline{n+1}}}{\Delta x}\right)\right] - \frac{\Delta t}{2}S_i^{\overline{n+1}} \tag{19}$$

根据线性分析，对于上述方程在没有来源项情况下的稳定性条件，可以由 CFL 条件给出：

$$\Delta t \leqslant \frac{\Delta x}{(|u_c| + c)} \tag{20}$$

式中：u_c 为修正的冰速；c 为局部波速。

为了在震动前沿附近减少振幅，人工黏性与 MacCormack 方案一起应用。该数学方法采用下面形式的人工扩散项：

$$\frac{\partial U}{\partial t} = \Delta x^3 \frac{\partial}{\partial x}\left[K_u \left|\frac{\partial u}{\partial x}\right| \frac{\partial U}{\partial x} + K_n \left|\frac{\partial N}{\partial x}\right| \frac{\partial U}{\partial x}\right] \tag{21}$$

选择系数 K_u 和 K_N 来平滑掉在震动附近的 u 和 N 的振幅。三个方程的系数在 K_u 情况下分别是 K_{u1}、K_{u2}、K_{u3}，在 K_n 情况下分别为 K_{n1}、K_{n2}、K_{n3}。K_u 的值分别为 4.0、4.0 和 5.0，K_n 的值分别为 3.0、3.0 和 4.0。

非黏性冰体动力学方程的稳定性分析，可以用 Von Neumann 方法。压缩应力条件稳定性标准为：

$$\Delta t \leqslant \frac{\Delta x}{|u_c| + c} \tag{22}$$

其中，

$$c = \sqrt{\frac{1}{4\rho_i^2}\left(\frac{\partial P}{\partial x}\right)^2 - \frac{1}{\rho_i}\left(P + N\frac{\partial P}{\partial N} + t_i \frac{\partial P}{\partial N}\right)} \tag{23}$$

由于水体拖曳力所带来的影响，来源项比其他各项对时间步长有更严格的限制。把更加严格的限制条款强加于时间步长而不是其他各项。如果 Δt 受到下列限制，控制方程中的来源项就是稳定的：

$$\Delta t \leqslant \frac{\rho_i t_i}{\rho C_w |V - u|} \tag{24}$$

5 模拟实例

根据所讨论的方法，提出了模拟河道中冰体输送和冰坝演变的数学模型（Lal 等，1991）。当应用于上游边界流量恒定，下游边界有漂浮冰栅的顺直均匀的河道时，模拟的冰盖厚度与用静态冰坝理论计算的厚度吻合很好。本节给出了尼亚加拉河上游草岛池（Grass Island Pool）排冰河道中冰坝演变的模拟结果。图 1 给出了河道断面面积和顶宽沿河道的变化。河道分解成 15 个小河段。在水力学计算中，在节点 1 处的上游末端，假定有已知的流量，在节点 16 的下游末端，假定为均匀水流，相应的均匀河道比降为 0.000 01，而且具有和节点 16 相同的断面面积。在水力学计算中，上游边界的流量保持在 1 000 m^3/s。河床和冰盖的曼宁系数分别假定为 0.02 和 0.025。应用的时间步长为 360 s。稳定状态的水流条件作为起始条件。

在冰动力学模拟中，线性变化的冰体含量作为起始条件。假定起始冰厚为 0.05 m，冰体移动速度等于水流速度。在上游端，冰厚和含量分别假定是 0.1 m 和 0.05 m。在上

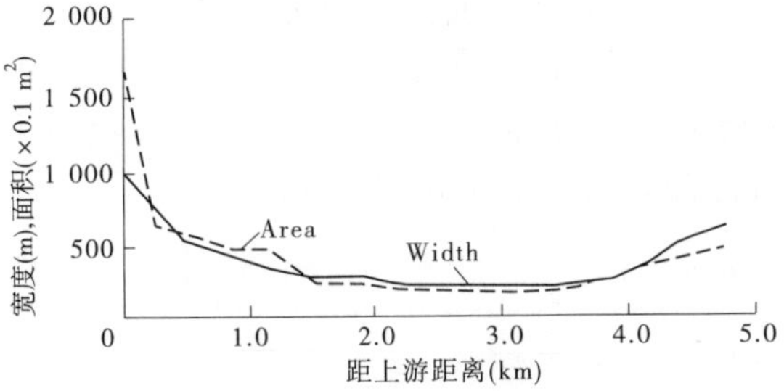

图1　河宽和断面面积的沿程变化

游边界的冰速假定与水流速度相等。在下游端，冰速在 600 s 的起始时期从自由漂流减小到零。可以允许冰体含量和厚度随下游端溶解停止而增长。在冰模型计算中所用的时间步长在 8～300 s 变化。河岸黏滞度假定是 100 N/m^2。

在最初 12 个小时，冰盖前缘厚度的发展相对较小，12 小时以后，冰厚就会随时间而增长。图 2～图 5 是沿河道流冰密度、冰厚、冰速、流速等随时间的变化。在任何给定的时

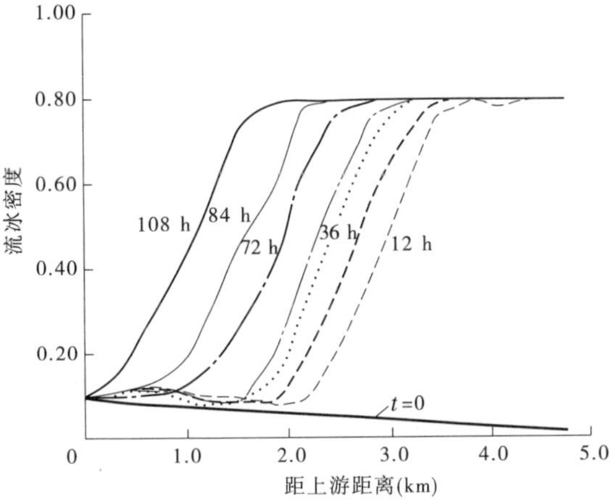

图2　流冰密度的沿程变化

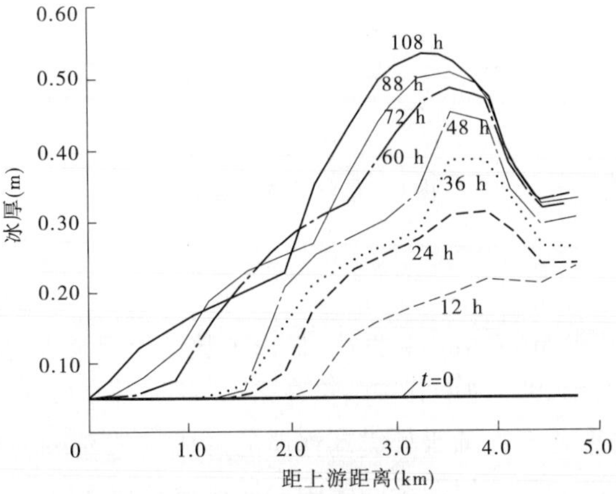

图3　冰厚的沿程变化

间沿河道冰厚的增加,是沿程流速和水面比降增加的结果。图6给出了模拟的河道最终冰坝厚度剖面。图6中还显示了在每个断面上由静态冰坝理论(Poon等,1961)所计算的冰厚。除了惯性影响较大的一些断面外,这些值与模型所模拟的剖面吻合很好。这表明,用静态冰坝理论计算冰坝剖面的现有方法中有不足之处。

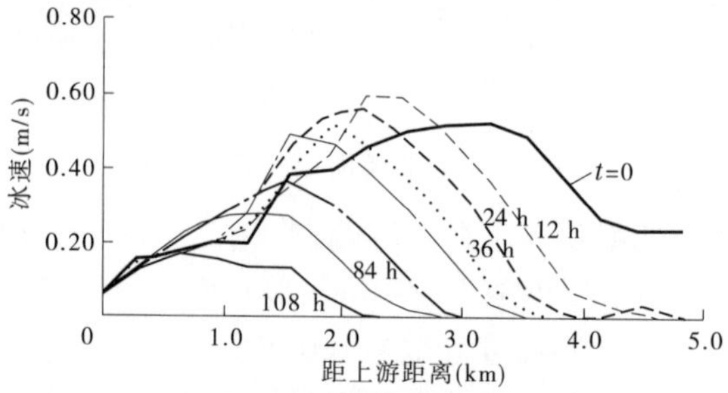

图4 冰速的沿程变化

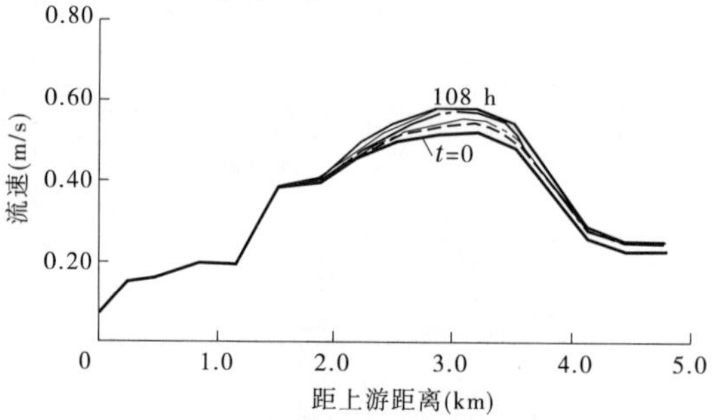

图5 流速的沿程变化

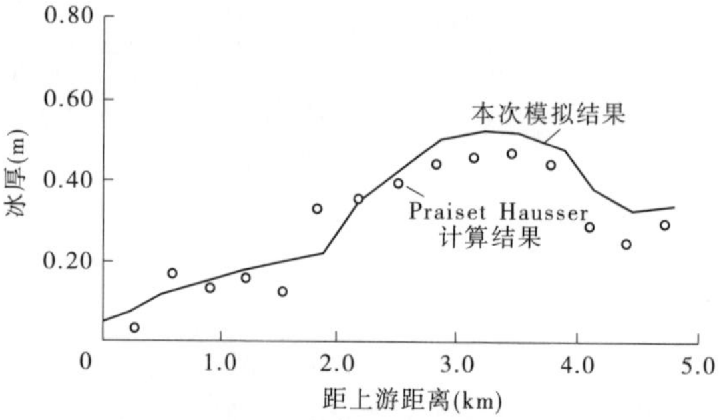

图6 最终冰厚的比较

6 结论

在本次研究中,基于MacCormack方法,提出了数学模型来求解河流中河冰动力输送的非线性守恒部分差分方程。理论分析结果显示,这些方程是双曲线型,这会导致在表层中非线性压缩波的出现,以及在前缘处震动锋面的形成。与Saint - Venant方程一起的冰动力学方程的分析显示,由于这里两个问题中的波速没有相互依赖,因此冰动力方程和相关的流体动力方程的特征值是相互独立的。

模拟结果显示,冰动力输送的数学模型,可以提供很好的冰坝剖面预测值。现在的模拟模型是一个一维模型。在自然的河流里,特别是在河道宽度快速变化的地方,一维分析可能是无效的。为了提供更好的模拟,就需要进行二维模拟。另外,在冰盖下面侵蚀的影响,会在流速大时发生,也还没有包括在模型中。现在模型中使用的组成关系,是以现有的粒状流理论和 Mohr – Coulomb 公式为基础的。很多与冰特性有关的系数需要确定,也需要用野外数据进行进一步的确认和率定。

致谢

本次研究得到了纽约动力管理局(合同编号:029494)的支持。感谢兰迪 · D · 克里斯曼的帮助和合作。

参考文献

Beltaos S. 1983. River Ice Jams; Theory, Case Studies, and Applications. Journal of Hydraulic Engrg., ASCE, 109(10): 1338-1359.

Hanssen-Bauer I, Gjessing Y T. 1988. Observations and Model Calculations of Aerodynamic Drag on Sea Ice in the Fram strait. Tellu 40A, 151-161.

Henderson F M. 1966. Open Channel Flow, Macmillan Publishing Comparty, New York.

Hibler W D. Ⅲ. 1979. A Dynamic Thermodynamic Sea Ice Model. Journal of Physical Oceanography, 9(4).

Lal A M, Wasantha, Shen H T. 1991. A Numerical Method for Simulating Dynamic River Ice Transport. Report No. 91-12, Department of Civil and Environmental Engineering, Clarkson University, Potsdam NY 13676, Aug.

MacCormack R W. 1969. The Effect of Viscosity in Hypervelocity Impact Cratering. AIAA Paper 69-354.

MacCormack R W. 1981. A Numerical Method for Solving the Equations of Compressible Viscous Flow. AIAA Paper 81 – 0110, St. Louis, Missouri.

Poon Y K, Hausser H. 1961. Formation Evolution Ice Covers on Rivers. ASME – EIC Hydraulic Conference Paper No. 61 – EIC – 6, Transactions, Engineering Institute of Canada, 15(1):41-49.

Poon Y K, Madson O S. 1989. Estimation of Hydrodynamic Drag on Floes. Eighth International Conference on Offshore Mechanics and Arctic Engineering, the Hague, 31-37.

Potok A J, Quinn F H. 1979. A Hydraulic Transient Model of the Upper St. Lawrence River for Water Resources Studies. Water resources Bulletin, 15(6).

Roache P J. 1982. Computational Fluid Dynamics, Hermosa Publishers, NM.

Shen H T, Shen H H, Tsai S M. 1990. Dynamic Transport of River Ice. Journal of Hydraulic Research, 28(6): 659-671.

Uzuner M S, Kennedy J F. 1976. Theoretical Model for River Ice Jams. Journal of the Hydraulics Division, ACSE, 102(9):1365-1383.

Wake A, Rumer R. 1983. Great Lakes Ice Dynamics Simulation. ASCE Journal of the Waterway, Port, Coastal and Ocean Engineering, 109(1):86-102.

Wasantha Lal AM, Shen H T. 1981. A Mathematical Model for River Ice Processes. ASCE Joural of Hydraulic Engineering, 117(7):851-867.

河流冰坝演变的数值模拟

刘连武[1]　沈洪道[1]　Andrew M. Tuthill[2]

（1. 克拉克森大学土木环境工程系，美国，纽约，Potsdam，13699 - 5710；
2. US Army CRREL. Hanover，N. H.，USA）

摘要：这次研究中开发了模拟河冰输送和冰坝的二维模型。模型考虑了河冰动力学与水动力学的耦合，也考虑了冰堆内渗流、堆积冰坝底部的冲刷、冰栅和其他水工结构的影响。模型用理想的冰坝解析解进行了检验，并且用1977年1月密苏里河下游发生的一次冰坝过程进行率定。然后，用模型来模拟在密西西比－密苏里河汇合处的冰凌和冰坝。结果表明，二维的冰动力学模型可以精确地模拟该区域的冰动力输送和冰坝过程。模型可作为一个有效的工具用于研究缓解冰坝问题的可能措施。

1　介绍

基于流冰堆积的静态平衡而形成冰坝的理论得到了较好的发展。Beltaos 和 Wong（1986）以及 Flato 和 Gerard（1986）将静态冰坝理论扩展到包括冰坝的下游端，开发了静态冰坝的一维模型。静态冰坝理论已经成功地用来确定沿河的冰坝厚度。由于没有考虑冰和水动力学，所以静态冰坝理论不能确定何时、何地及是否将会形成冰坝。而且冰和水流对于冰坝厚度以及冰坝变化的动量影响，在静态冰坝理论中也没有考虑。Shen（1990）提出了一个河冰动力输移和冰坝形成、变化的解析框架。由于存在河岸摩擦和不均匀水流，河冰输移和冰坝变化是二维现象，所以一维模型的适用性是有限的。Shen（1993）开发了一个二维的冰凌动力输移模型，并成功地应用于研究上尼亚加拉河的动力冰输移和冰坝形成（Shen，1997；Su，1997），也用来研究艾利湖到尼亚加拉河冰栅上的湖冰输移（Shen，1997a）。

在这次研究中，Shen 的模型（1997）进行了改进，考虑了冰凌中的渗流，所以触地的堆积冰能够得到更精确的模拟。用此模型研究了密西西比河和密苏里河交汇处的冰坝形成。模型方程和数值方法将在下面各节叙述。

2　模型方程

如图1所示，用上层河面冰－水和下层水流来考虑河水的流动，对于有漂浮冰层的情况，总的水、冰质量守恒方程可以写为：

$$\frac{\partial}{\partial t}[\rho H' + \rho t'_i(1 - N) + \rho_i t_i N] + \nabla \cdot (\rho \vec{q}_l + \rho \vec{q}_u + \rho_i \vec{q}_{ice}) = 0 \qquad (1)$$

式中：H'是冰下水深，$H' = h + \eta'$；h 为基下水深；η'为冰面下侧的高程；t_i 为冰厚；t'_i为淹没冰厚，$t_i' = \frac{\rho_i}{\rho} t_i$；$\rho$、$\rho_i$ 分别为水和冰的密度；N 为冰密集度；$\vec{q}_l$ 为在冰层下方的单位宽度水流量；$\vec{q}_u$ 为冰层内的单位宽度水流量；$\vec{q}_{ice}$ 为单位宽度流冰量，$\vec{q}_{ice} = \vec{V}_i N t_i$。由于冰块的质量守恒方程为 $\frac{\partial(\rho_i t_i N)}{\partial t} = -\nabla \cdot (\rho_i \vec{q}_{ice})$，方程(1)简化为：

$$\frac{\partial H}{\partial t} + \nabla \cdot (\vec{q}_l + \vec{q}_u) = \frac{\partial}{\partial t}(N t_i') \tag{2}$$

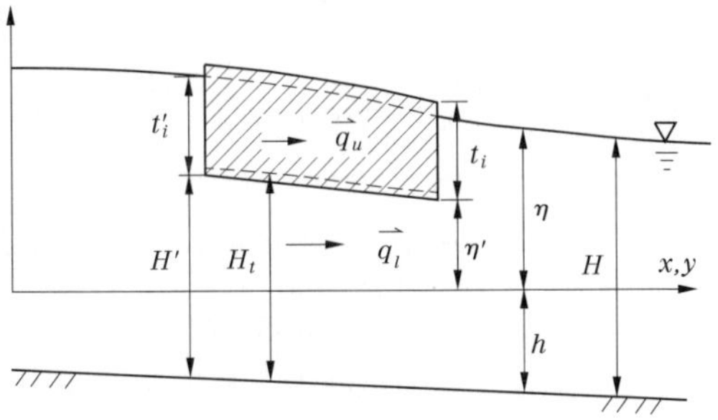

图1　定义示意图

因此，对于总水流量的连续方程为：

$$\frac{\partial H}{\partial t} + \frac{\partial(q_{tx})}{\partial x} + \frac{\partial(q_{ty})}{\partial y} = \frac{\partial}{\partial t}(N t_i') \tag{3}$$

当表面冰触地时，无论它移动或静止，条件 $\eta - \eta' = \frac{\rho_i}{\rho} t_i$ 都不再有效，并且下层流量 q_l 是零。在这种情况下，水体质量守恒方程变成：

$$\frac{\partial H(1-N)}{\partial t} + \frac{\partial(q_{tx})}{\partial x} + \frac{\partial(q_{ty})}{\partial y} = 0 \tag{4}$$

式中：H 为总水深，$H = h + \eta$；η 为水面高程；q_{tx}、q_{ty} 是单位宽度水流量的分量，$q_{tx} = q_{lx} + q_{ux}$，$q_{ty} = q_{ly} + q_{uy}$；q_{lx}、q_{ly} 是冰层下单宽水流量的分量；q_{ux}、q_{uy} 是上层河面冰中的水流量，$q_{ux} = q_{ix} + q_{sx}$，$q_{uy} = q_{iy} + q_{sy}$；q_{ix}、q_{iy} 为冰带动的水流量，$q_{ix} = V_{ix}(\eta - \eta')(1-N)$，$q_{iy} = V_{iy}(\eta - \eta')(1-N)$；$V_{ix}$、$V_{iy}$ 为冰速；q_{sx}、q_{sy} 为移动冰层或静态冰堆积时的单宽渗流水流量分量。

水的动量方程是：

$$\frac{\partial q_{tx}}{\partial t} + \frac{\partial}{\partial x}\left(\frac{q_{tx}^2}{H_t}\right) + \frac{\partial}{\partial y}\left(\frac{q_{tx} q_{ty}}{H_t}\right) = \frac{1}{\rho}(\tau_{s_x} - \tau_{b_x}) + \frac{1}{\rho}\left(\frac{\partial T_{xx}}{\partial x} + \frac{\partial T_{yx}}{\partial y}\right) - g H_t \frac{\partial \eta}{\partial x} \tag{5}$$

$$\frac{\partial q_{ty}}{\partial t} + \frac{\partial}{\partial x}\left(\frac{q_{tx} q_{ty}}{H_t}\right) + \frac{\partial}{\partial y}\left(\frac{q_{ty}^2}{H_t}\right) = \frac{1}{\rho}(\tau_{s_y} - \tau_{b_y}) + \frac{1}{\rho}\left(\frac{\partial T_{xy}}{\partial x} + \frac{\partial T_{yy}}{\partial y}\right) - g H_t \frac{\partial \eta}{\partial y} \tag{6}$$

式中：$T_{ij} = \varepsilon_{ij}\left(\frac{\partial q_{ti}}{\partial x_j} + \frac{\partial q_{tj}}{\partial x_i}\right)$；$i, j = x, y$；$\varepsilon_{ij}$ 是旋涡黏性系数；τ_s 和 τ_b 分别是在上、下层冰－水界面和河床的剪切应力。河床剪切应力 τ_b 和表面剪切应力 τ_s 的公式由 Shen(1997)讨论过了。H_t 是相当冰－水界面下的水深，相当冰－水界面是由下列包含渗流影响的实际冰－水界面进行调整的。

根据曼宁方程

$$q_l = H'V_{wl} = H'\frac{1}{n}\left(\frac{H'}{2}\right)^{\frac{2}{3}}S^{\frac{1}{2}} \tag{7}$$

$$q_t = H_tV_t = H_t\frac{1}{n}\left(\frac{H_t}{2}\right)^{\frac{2}{3}}S^{\frac{1}{2}} \tag{8}$$

比较方程(7)和方程(8),可以得到下面的表达式:

$$\frac{H_t}{H'} = \left(\frac{q_t}{q_l}\right)^{\frac{3}{5}} \tag{9}$$

下层水流速 $V_{wl} = \frac{q_t - q_s - q_i}{H'}$。渗流可以由 $q_s = \lambda\frac{H_s}{1-N}S^{\frac{1}{2}}$ 估计。λ 是渗流系数,由公式 $\lambda = \sqrt{k\frac{p^3}{1-p}gd_s}$ 确定(Bear,1972),式中,$d_s = 6/M_s$,M_s 是单位体积内冰块的平均表面面积。Beltaos 和 Wong(1986)发现,对于随机放置的方塑料的块,$k = 0.70$。Beltaos(1993)应用于 Credit 河冰坝时给出了一个平均的 λ 值为 1.6 m/s。对于 Restigouche 和 Rushoon 河来说,Beltaos(1993a)使用了 2.5 m/s 和 1.0 m/s。在本次研究中,于封冻情况下使用 $\lambda = 1.0$ m/s,H_s 是冰层中的净水深,$H_s = (\eta - \eta')(1-N)$。

当冰体触地时,动量方程变为:

$$\frac{\partial q_{tx}}{\partial t} + \frac{\partial}{\partial x}\left(\frac{q_{tx}^2}{H_s}\right) + \frac{\partial}{\partial y}\left(\frac{q_{tx}q_{ty}}{H_s}\right) = \frac{1}{\rho}(\tau_{ix}) + \frac{1}{\rho}\left(\frac{\partial T_{xx}}{\partial x} + \frac{\partial T_{yx}}{\partial y}\right) - gH_s\frac{\partial \eta}{\partial x} \tag{10}$$

$$\frac{\partial q_{ty}}{\partial t} + \frac{\partial}{\partial x}\left(\frac{q_{tx}q_{ty}}{H_s}\right) + \frac{\partial}{\partial y}\left(\frac{q_{ty}^2}{H_s}\right) = \frac{1}{\rho}(\tau_{iy}) + \frac{1}{\rho}\left(\frac{\partial T_{xy}}{\partial x} + \frac{\partial T_{yy}}{\partial y}\right) - gH_s\frac{\partial \eta}{\partial y} \tag{11}$$

冰对于渗流的拖曳力 $\tau_{i_x} = -\rho gH_s\frac{q_sq_{sx}}{K_s^2}$,以及 $\tau_{i_y} = -\rho gH_s\frac{q_sq_{sy}}{K_s^2}$,其中,$K_s = \lambda H_s/(1-N)$。

冰坝不触地时,水流模型可以求解 $\vec{q}_t$ 的分量,利用方程(3)、方程(5)和方程(6),可以求解水位 H。方程(4)、方程(10)和方程(11)可用于有触地冰坝的区域。

水面冰的动量方程可以写成拉格朗日形式(Shen,1990):

$$M_i\frac{D\vec{V}_i}{Dt} = \vec{R} + \vec{F}_a + \vec{F}_w + \vec{G} \tag{12}$$

式中:$\frac{D\vec{V}_i}{Dt}$为冰体加速度;M_i 为单位面积的冰体质量,$M_i = \rho_iNt_i$;$\vec{V}_i$ 是冰速;$\vec{R}$ 为冰的内摩擦力;$\vec{F}_a$ 为风的拖曳力;$\vec{F}_w$ 为水的拖曳力,包括 τ_s 和 τ_i 的影响;$\vec{G}$ 是重力;ρ_i、N、t 分别为密度、含冰量密集度以及冰厚度。动量方程中的力项可以表示为二维形式(Shen,1997)。

冰质量守恒方程是:

$$\frac{\partial M_i}{\partial t} + \frac{\partial M_iu}{\partial x} + \frac{\partial M_iv}{\partial y} = 0 \tag{13}$$

由于单位面积的冰体质量 M_i 是由含冰量以及冰层厚度所决定的,所以需要更多的守恒方程。在一个单元区域内的冰面积守恒方程,可以通过考虑流入和流出控制区域的冰

面积通量,以及机械再分配过程而获得:

$$\frac{DN}{Dt} + N \nabla \cdot \vec{V} + R_a = 0 \tag{14}$$

其中,R_a 是由于机械再分配而引起的冰面积变化率。

可以利用一个拉格朗日离散质点法(DPM)(Shen,1993)来模仿冰体输移动力学。DPM 法的基本概念是,冰体可以看做一种连续物质,并且可以用足够大量的独立质点来表示。每个质点都有定义好了的特性,如质量、密集度、厚度和速度,并且其形状具有可变性。质点的位置或有限单元节点的冰体特性,可以从最近的冰质点的特性进行内插。这种方法的理论背景是由露西(1977)以及 Gingold 和 Monaghan(1977)开发的光滑质点流体动力学(SPH)。当一个质点沿着一条固体边界移动时,会受到摩擦力。这个模型使用了 Mohr - Coulomb 屈服标准来计算边界的摩擦力。为了计算冰的内摩擦力,就需要一个本构方程。在 Shen(1993)的原始模型中,采用了黏塑性律(Hibler,1979)。在本文中,用 Mohr - 库仑屈服准则(Gutfraind 和 Savage,1997)代替了 Hibler 的黏塑性定律中的椭圆屈服曲线:

$$\sigma_1 - \sigma_2 = (\sigma_1 + \sigma_2)\sin\phi \tag{15}$$

其中,σ_1 和 σ_2 是主应力,ϕ 是内摩擦角度。内部应力可以用剪切黏度 η 的形式表示如下:

$$\sigma_{ij} = 2\eta\dot{\varepsilon}_{ij} - \eta\dot{\varepsilon}_{kk}\delta_{ij} - P\delta_{ij} \tag{16}$$

$$P = -(\sigma_1 + \sigma_2)/2 = \frac{1}{2}\left[1 + \tan^2\left(\frac{\pi}{4} \pm \frac{\phi}{2}\right)\right]\left(1 - \frac{\rho_i}{\rho}\right)\frac{\rho_i g t_i}{2}\left(\frac{N}{N_{\max}}\right)^j \tag{17}$$

其中,$\dot{\varepsilon}_{ij}$ 为应变率张量。“ + ”和“ - ”号表示冰体的辐合和辐散状态。使用 Mohr - 库仑屈服准则来描述冰体的塑性特征,并且假设压力主轴和应变率方向一致,则剪切黏度可以表示为:

$$\eta = \min\left\{\frac{P\sin\phi}{\dot{\varepsilon}_1 - \dot{\varepsilon}_2}, \eta_{\max}\right\} \tag{18}$$

其中,$\dot{\varepsilon}_1$ 和 $\dot{\varepsilon}_2$ 是主应变率,黏性最大值 $\eta_{\max}$ 决定了压力状态是在内部还是在屈服表面。当 $\eta = \eta_{\max}$ 时,冰体将像黏滞液体一样流动。而当 η 值较小时,它将以一种塑性的方式流动。

3　模型的验证

在顺直矩形均匀河道中,可以利用理想化冰坝的解析解来验证数值模型。数值模拟结果与长度为 5 000 m、宽度为 500 m 的河道中以常速 0.6 m/s 且没有水面比降情况下的冰栅后冰体堆积的解析解进行了比较。冰栅位于 500 m 处,并且假定其完全有效,即没有任何的冰可以通过冰栅。

在宽度上平均的冰坝厚度剖面的解析解,可以用改进 Pariset 和 Hausser(1961)的解推出。

$$t_i = t_{eq}(1 - e^{-\frac{2u_1}{B}x})^{\frac{1}{2}} \tag{19}$$

这里的均衡冰厚度 t_{eq} 为:

$$t_{eq} = \left[\frac{BNC_w V_{wx}^2}{g\mu \frac{\rho_i}{\rho}\left(1 - \frac{\rho_i}{\rho}\right)}\right]^{\frac{1}{2}} \tag{20}$$

在这里，根据 Beltaos（1995），$\mu = N\tan\phi(1+\sin\phi)$。对于 $\phi = 46°$，给定 $\mu = 1.068$，$\mu_1 = 0.29$。解析解与模拟结果的比较如图 2 所示。

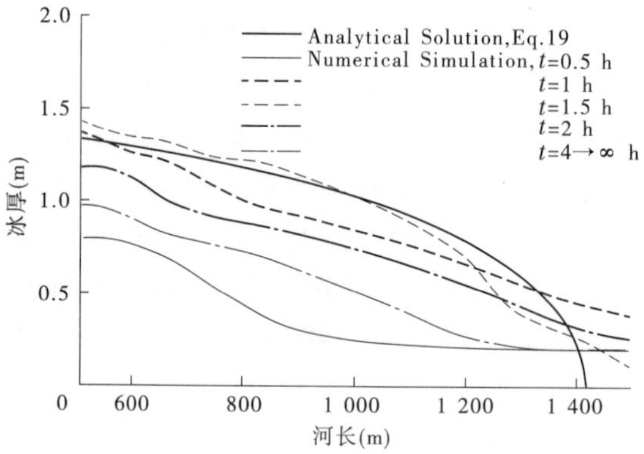

图 2　模拟结果与包含边界摩擦力的 Pariset 和 Hausser 冰坝剖面的比较

理论上，黏塑性本构方程不能正确模拟静态状况。对于很小的应变率，黏性变会得很大。在数值计算中常常使用 η 的极限值。这种近似将本构关系改变为一条线性黏滞本构，并且当应变率接近零时，剪切应力也会接近为零。在本文中，为避免这些问题，在小应变率条件下，修改了本构关系。在模拟中，对于每个冰质点来说，当下列条件都满足时，δ 和 P 的临界值才能确定：①冰质点速度小于一个小的临界值（0.001 m/s）；②冰质点速度小于前一时间步时的值；③$\delta = |\dot{\varepsilon}_1 - \dot{\varepsilon}_2|$ 比一个很小值 $\delta_c = 1 \times 10^{-4}\,s^{-1}$ 还小。当临界条件达到时，对于特定冰质点的冰体应力近似为：$\sigma_{ij} = \sigma_{ijc}\frac{P}{P_c}$。另外，当冰质点速度小于 0.5 mm/s，冰质点会暂时停止。如果冰质点速度在下一个时间步中仍然小于 0.5 mm/s，则冰质点将永久停止。使用这个方法，静态冰坝条件就可以用黏塑性本构关系来近似。

4　在密西西比－密苏里河汇合处的应用

密西西比河的中游，从它与密苏里河的汇合处到它流入俄亥俄河的交汇处，是一条十分重要的航运线路。在冬季的几个月中，浮冰的堆积能阻断密西西比河中游的船只航行。冰源来自密苏里河和密西西比河中游本身。Tuthill 和 Mamone（1997）分析了历史数据，确定了可能设置控冰结构的河段位置。发现在所有可考虑的控冰结构选择中，位于密苏里河靠近河口的一个拦冰结构是最有利的。而后的密苏里河下游利用冰栅进行冰体控制的数值模型研究显示，对于典型的水流条件，由于流速大，冰栅可能无效（Liu 和 Shen，1998）。然后，注意力转移到了密西西比－密苏里河交汇区，这里容易出现冰坝。在最近几年中，通过交汇区的航运在 1977 年、1979 年、1989 年、1990 年和 1994 年都被关闭过。交汇区的冰主要来自密苏里河，因为交汇区上游的密西西比河已经被船闸和水坝所控制。

为了说明数值模型的适用性,模拟了 1989 年发生在交汇区的 3 个典型的冰情事件。第一个是在 1989 年 2 月 9 日发生的流凌事件。第二个是在 1989 年 12 月 16 日发生的流冰停滞事件,第 3 个是 1989 年 12 月 20 日的冰坝和冰盖的形成与发展。

4.1 1989 年 2 月的流凌

在这个例子中,来自密苏里河的冰占据了河道宽度的一半。在模拟中,上游边界 RM5 附近的流冰输入估计为 0.5 ft 厚的单层冰密集度为 40%,因此给定一个总的流冰量约为 11.3 m^3/s。单层冰的曼宁系数为 0.02,这与在尼亚加拉河模拟中使用的值一样(Shen,1997)。由于当时两条河的空中航拍相片中未观察到有太多的岸冰(见图 3),所以

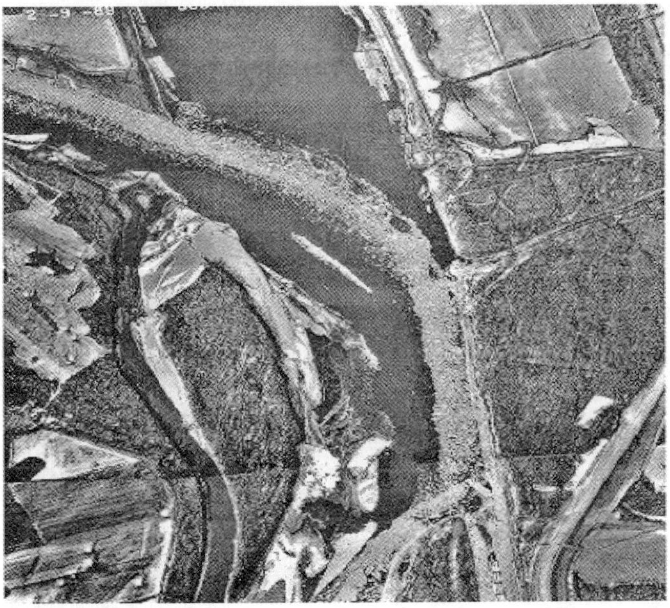

图3 1989 年 2 月 9 日航拍照片

在模拟中没有考虑。没有实测的流量数据,但据目测当时流量小。在模拟中,假定来自密苏里河和密西西比河的流量均是 566 m^3/s。在模型下游边界 RM192 处的水位估计是 118.6 m。河床的曼宁系数 n,密西西比河率定为0.045,密苏里河为 0.03。模拟的流冰如图 4 所示,与图 3 中所显的航拍相片比较吻合。Ettema (1997) 描述了在密西西比 - 密苏里河交汇区水力模型测试的结果为:"模型测试表明,从密苏里河流入的冰,若只有水流不会充满整个汇流区,因此不会产生冰坝。然而,野外观测表明,来自密苏里河的流冰确实扩散到了整个密西西比河汇流区的河面。"在本研究中,数值模拟用于检验可能影响流冰类型的因子。结果表明,来自密苏里河

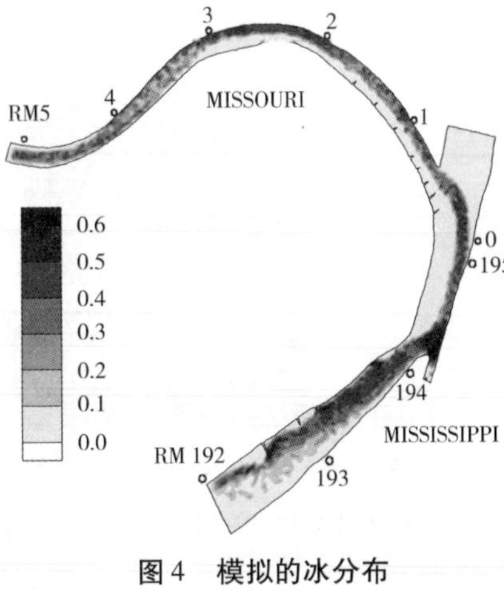

图4 模拟的冰分布

和密西西比河的流量是影响流冰分布的重要因素。当来自密西西比河的流量足够大时，密苏里河的冰将不会到达密西西比河的东面。另外的一个重要因素是水对冰的拖曳系数。较大的拖曳系数将让流冰与水流相当一致，并阻止流冰到达密西西比河的东岸。图3显示在汇流区紧靠下游的密西西比河中有一个狭长的冰岛，这是由一个沙洲而形成的。这可以影响到水流和流冰在这个区域的分布。在本研究中，河道的断面是以1989年的详细调查数据为基础的。

4.2 1989年12月16日的冰停滞

1989年12月16日的航空照片（见图5）显示，在密西西比河RM195处的流冰停滞。当时，RM195处的岸冰占据了河道宽度的2/3，因而导致了流冰停止。模拟中包括了在航空相片显示岸冰。来自密西西比河的水流量是608 m^3/s，来自密苏里河的流量为662 m^3/s。来自密苏里河的冰输入为12.7 m^3/s。模拟的汇合区中冰速度和厚度分布如图6所示。在模拟结果和航拍照片中都可以观察到冰桥的存在。

图5 1989年12月16日的航空照片

4.3 1989年12月20日冰坝的形成和发展

根据1989年12月20日的航空相片（见图7），在模拟中设置了岸冰。来自密苏里河的冰流量估计为12.7 m^3/s。来自密西西比河的水流量是552 m^3/s，来自密苏里河的水流量为

673 m³/s。相应于图 7 中的航空相片的模拟冰厚度分布如图 8 所示。此图表明,在汇流区下游的收缩处精确地再现了下游冰坝的位置。很有可能,较低的冰流量也可以形成冰坝。岸冰是促成冰坝的主要原因。也可以看出,在密西西比河和航运河道之间岛的上游角为初始冰坝起了支撑作用,这也能在航空相片中看出。然而,空中相片不能告知冰坝厚度的分布,而数值模拟能够详细地描述冰坝的形成过程和冰的厚度。根据这个事件,对岸冰的影响进行了测试模拟。去掉了岸冰以使其只能存在于浅水区域中,所有的其他条件都保持不变。模拟结果显示汇流区域没有冰坝形成(见图 9)。

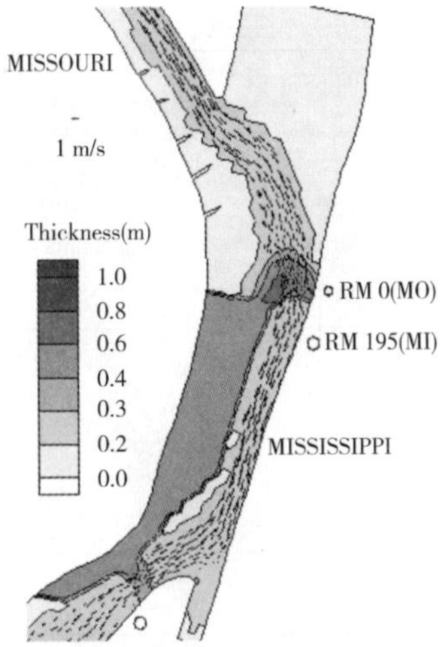

图 6　1989 年 12 月 16 日模拟的冰厚分布和冰速

5　结论

模型成功地再现了密西西比 - 密苏里河汇合处的冰坝过程。在航空照片中所看到的微妙现象,几乎都可以在数值模拟中产生,包括冰的输移、冰坝开始地点以及冰坝形成过程。数值模型可以用来研究冰情控制的选择,例如用拖船周期性地打破岸冰来阻止冰坝的形成,或控制水流量使流冰通过汇合区域,或用冰栅进行结冰控制。模型进一步的扩展,最好包括热力过程,例如水温、粒状冰形成、岸冰的发展等。

对于密西西比 - 密苏里河的汇流区,岸冰的生长在冰坝形成中是一个重要因素。随着岸冰逐步地从弯道内侧向外侧扩展,在余下的河道宽度上可能形成冰桥与冰坝。

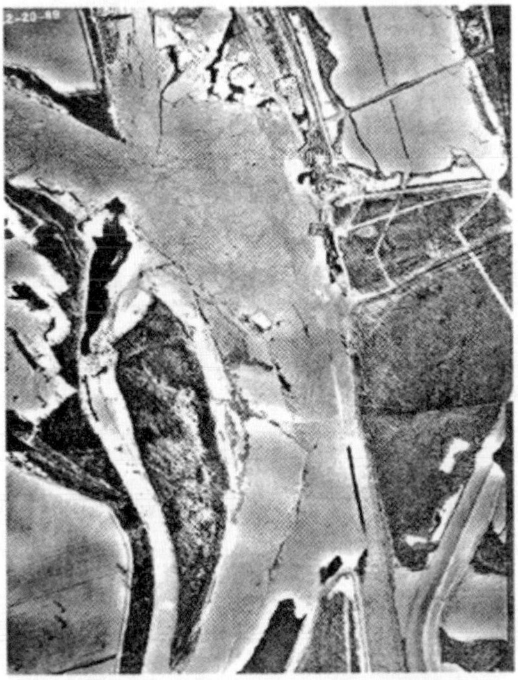

图 7　1989 年 12 月 20 日的航空照片

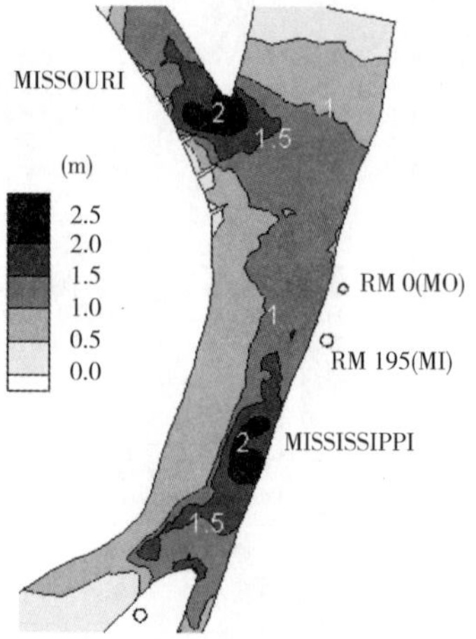

图8　1989 年 12 月 20 日模拟的冰厚度分布

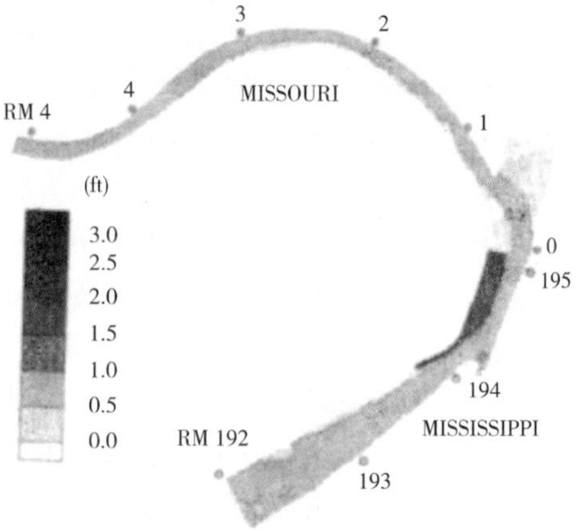

图9　去掉岸冰后模拟冰厚度的分布

参考文献

Beltaos S. 1995. River Ice Jams Water Resources Publication, LLC.

Beltaos S. 1993. Numerical Computation of River Ice Jams, Canadian J. of Civil Engineering, 20(1): 88-99.

Beltaos S. 1993a. Flow Through Breakup Jams, Proceedings, 11th Canadian Hydrotechnical Conference, Fredericton, 643-652.

Beltaos S, Wong J. 1986. Downstream Transition of River Ice Jams, Journal of Hydraulics Engineering, ASCE, 112(2): 91-110.

Ettema R, Muste M, Kruger A, et al. 1997. Factors Influencing Ice Conveyance at River Confluences, Special Report 97-34, US Army Cold Regions Research and Engineering Laboratory, Hanover, NH.

Flato G, Gerard R. 1986. Calculation of Ice Jam Thickness Profile. Journal of Hydraulic Research, 28(6): 737-752.

Gingold R A, Monaghan J J. 1977. Smoothed Particle Hydrodynamics: Theory and Application to Non-Spherical Stars, Mon. Not. R. Astr. Soc., 181: 375-389.

Gutfraind R, Savage S B. 1997. Marginal Ice Zone Rheology: Comparison of Results from Continuum-plastic Models and Discrete – particle Simulations. Journal of Geophysical Research, 102(6): 12647-12661.

Hibler W D. 1979. A Dynamic Thermodynamic Sea Ice Model. Journal of Physical Oceanography, 9(4): 815-846.

Liu L W, Shen H T. 1998. Numerical Simulation of River Ice Control With Booms, CEE Report No. 98-6, Clarkson University, Potsdam, NY.

Lucy L B. 1977. A Numerical Approach to the Testing of the Fission Hypothesis. The Astronomical Journal, 82(12): 1013-1024.

Monaghan J J. 1985. Particle Methods for Hydrodynamics, Computer Physics Reports, 3: 71-124.

Pariset E, Hausser R. 1961. Formation and Evolution of Ice Covers on Rivers. Engineering Institute of Canada, Transactions, V. 5(1): 41-49.

Pariset E, Hausser R, Gagnon A. 1966. Formation of Ice Cover and Ice Jams in Rivers. Journal of Hydraulics Divission, ASCE, 92(HY6): 1-24.

Shen H T., Shen H H, Tsai S M. 1990. Dynamic Transport of River Ice. Journal of Hydraulic Research, 28

(9): 659-671.

Shen H T, Chen Y C, Wake A, et al. 1993. Lagrangian Discrete Parcel Simulation of River Ice Dynamics. International Journal of Offshore and Polar Engineering, 3(4): 328-332.

Shen H T, Lu S A, Liu L W. 1997. Numerical Model Studies of Ice Transport and Jamming in the Upper Niagara River, CEE Report No. 97 – 10, Clarkson University, Potsdam, NY.

Shen H T, Lu S A, Crissman R D. 1997a. Numerical Simulation of Ice Transport Over the Lake Erie – Niagara River Ice Boom. Cold Regions Science and Technology, 26: 17-33.

Su J, Shen H T, Crissman R D. 1997. Numerical Study on Ice Transport in Vicinity of Niagara River Hydropower Intakes. Journal of Cold Regions Engineering, ASCE 11(4):255-270.

Tuthill A M, Mamone A C. 1997. Structural Ice Control Alternatives for the Middle Mississippi River. Report of Ice Engineering Research Division, US Army Cold Regions Research and Engineering Laboratory, Hanover, NH.

第四部分 河冰模拟和预报模型的应用

圣劳伦斯(St. Lawrence)河封冻预报*

Edward P. Folty[1] 沈洪道[2]

(1. 美国陆军寒区研究和工程实验室,美国,新罕布什尔州,Hanover;
2. 克拉克森大学土木环境工程系,美国,纽约,Potsdam,13699-5710)

摘要:本文提出了一种河流封冻日期的长期预报制作方法。方法要求有上游测站的起始水温、长期气温预报值、预估平均流速以及水温的相应参数。水温参数可以从水面热交换系数和平均水深估算得到,或根据实测气温和水温数据的经验方法确定。该预报方法应用在安大略 Kingston 和纽约 Massena 之间的圣劳伦斯河段,效果较好。

1 引言

河流中冰盖的形成或封冻,是一种重要的现象,它会影响整个冬季工程的运用。提供精确的河流初始冰的形成日期的长期预报,对于航运季节的安排、水电站的运行、水流整治规划以及冰控制设施和设备的安装等都是非常重要的。当水温从夏天的最大值下降到结冰点时,河冰就会形成。水温的下降过程,主要受到空气和水面热交换的制约。

假设热量的交换与水面和空气之间的温度差直接成比例,Rodhe(1952)提出了波罗的海(Baltic Sea)日平均气温和冰形成之间的一种迭代关系。使用 Rodhe 的公式,Bilello(1964)提出了河流和湖泊冰体形成的预报方法。Greene(1983)最近开发了一个计算机程序,通过将气温预报引入 Bilello 方法,来预报圣玛丽河的封冻过程。Rodhe-Bilello 方法将水温的降低看做是单个地点特定常数的函数。这种方法没有考虑河水对流的影响,因此不适用于河冰预报。Poulin 等(1971)在圣劳伦斯河上,开发了一种水温和封冻日期的概率预报方法。这种方法中没有加入气温度预报,而是从过去记录中以概率的形式确定气温的情势,并且针对不同可能的气温情势进行封冻预报。对上游水温采用正常递减的方法。Adams(1976)和 Assel(1976)根据 Poulin 等(1971)相类似的分析公式,在圣劳伦斯河上游开发了封冻预报模型。Assel 在这个模型中纳入了气温预报,但是假定正常气温分布在每个半月期间为常数。

本文对年度气温变化的正常模式进行了检验,并对气温和水温变化之间的关系也进

* 本文发表在《Jounal of Waterway, Port, Coastal and Ocean Engineering/水道、洪口及海岸工程》,1986 年 7 月第 4 期,总第 112 期。

行了分析。在此基础上建立了预报水温下降和封冻的一个改进的解析方法,同时开发了计算机模型来预报 Massena 附近圣劳伦斯河上游的埃森霍沃(Eisenhower)船闸区的封河。结果显示,可以进行河流中封冻的长期预报,并具有一定的精度。

2 基本公式

对于充分掺混的河流,热力守恒方程可以用一维对流扩散方程来表示:

$$\frac{\partial}{\partial t}(\rho C_p A T_w) + \frac{\partial}{\partial x}(Q\rho C_p T_w) = \frac{\partial}{\partial x}(AE_x\rho C_p \frac{\partial T_w}{\partial x}) - B\phi \tag{1}$$

式中:t 为时间;ρ 为水的密度;C_p 为水的比热;A 为河流断面面积;T_w 为水温;x 为沿河距离;Q 为河道流量;E_x 为纵向扩散系数;B 为河道宽;ϕ 为河流单位表面上的净热交换量(包括在自由水面和河床上的热量交换)。

如果我们假定河道流量的变化并不显著,那么,方程(1)可以简化为如下形式:

$$\frac{\partial T_w}{\partial t} + u\frac{\partial T_w}{\partial x} = \frac{\partial}{\partial x}(E_x \frac{\partial T_w}{\partial x}) - \frac{\phi}{\rho C_p D} \tag{2}$$

式中:u 为平均流速;D 为水深。忽略纵向混合项,方程(2)可以用拉格朗日(Lagrangian)形式来表达:

$$\frac{\mathrm{d}T_w}{\mathrm{d}t} = -\frac{\phi}{\rho C_p D} \tag{3}$$

对于一个可以忽略流速的湖泊来说,对流项 $u\frac{\partial T_w}{\partial x}$ 也可以忽略。

水面热交换是周围气象条件的一种复杂函数(Paily 等,1974;Shen,1985)。与自由水面的热量交换相比,河床的热量交换通常可以忽略(Shen 与 Ruggles,1982)。在本文中,我们假定有下列简单的关系:

$$\phi = h_{wa}(T_w - T_a) \tag{4}$$

式中:h_{wa} 为能量交换系数;T_a 为气温。方程(3)和方程(4)建立了水温和气温之间的函数关系。

对于长期封冻预报来说,方程(4)需要有气温预估值。由于长期气温预报由 NOAA 气候分析中心通过月、季天气展望提供,并给出气温的距平值。因此,需要有正常气温的解析表达公式。气温有一年的周期变化,也有更短期的变化。气温的周期特征已经被很好地认识(Kothandaraman,1971;Song 等,1983),因此正常气温随时间的变化可以用傅立叶(Fourier)级数的解析公式来表示:

$$T_a = \overline{T} + \sum_{n=1}^{N}\left(C_n \cos\frac{2n\pi t}{T} + S_n \sin\frac{2n\pi t}{T}\right) \tag{5}$$

式中:T 为周期(一年);$\overline{T}$ 为平均气温;C_n、S_n 为傅立叶(Fourier)系数;N 为系列总个数。在该研究中,时间变量 t 从每年 10 月 1 日开始。当 $N=1$ 和 10 时,1977 年 10 月 1 日至 1978 年 9 月 30 日纽约 Massena 气温和水温的傅立叶(Fourier) 级数系列近似值如图 1 所示。傅立叶(Fourier)级数的系数可以根据温度记录资料,利用诸如 SAS 软件包中的 GLM 程序通过线性回归而得到(SAS 研究公司,1982)。

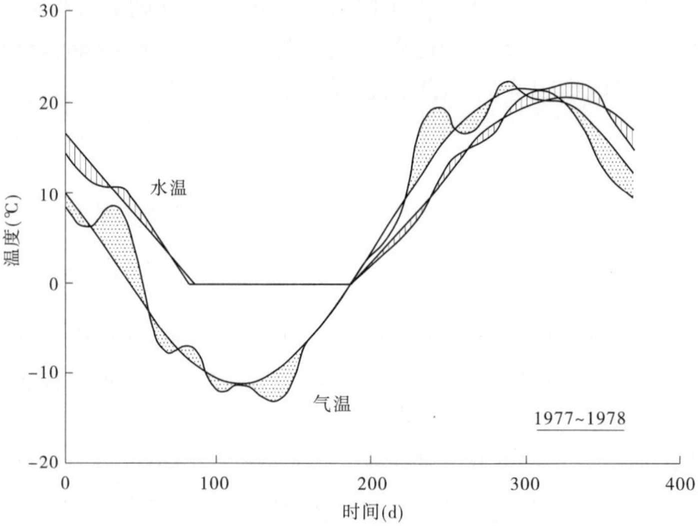

图1　1977 年 10 月 1 日至 1978 年 9 月 30 日纽约 Massena 气温和水温过程

要确定正常气温的傅立叶(Fourier)代表系列中所包括的项数的适当个数,就要进行下列简单的统计分析。根据纽约 Massena 从 1948 年到 1981 年之间共 33 年期间的气温记录,可以得到 $N=12$ 的一个傅立叶(Fourier)系列。表 1 列出了估计的傅立叶(Fourier)系数及其标准差。序列号大于 1 的调和级数系数估计值的标准差,具有和系数本身估计值的序数相同。这表明,周期小于 1 年的级数,可以看成随机成分,并且不应该包括在正常气温分析的代表系列中。为了进一步证实这个观点,用气温记录与不同序列的傅立叶(Fourier)级数进行了拟合。每个傅立叶(Fourier)系列的确定性系数 R^2 的计算值见表 2 。R^2 是气温变化幅度大小的参数,其值等于回归平方和与离均差平方和的比率。表 2 结果表明,第一谐波占气温变差的 83% ,系列的附加谐波并不能显著地改进气温代表系列的精度。因此,正常气温可以很好地用周期为 1 年的谐波公式来表示。气温的年际变化,只能在国家天气服务中心提供的预报中加以考虑。

表 1　1948 ~ 1981 年纽约 Massena 气温的傅立叶系数

参数	估计值	估计值的标准差
T	6. 638 28	0. 041 26
C_1	5. 869 78	0. 058 33
S_1	− 13. 094 16	0. 058 38
C_2	0. 165 98	0. 058 33
S_2	0. 582 91	0. 058 38
C_3	−0. 132 76	0. 058 33
S_3	0. 058 08	0. 058 37
C_4	−0. 299 45	0. 058 35

续表 1

参数	估计值	估计值的标准差
S_4	0.299 58	0.058 36
C_5	-0.201 62	0.058 32
S_5	-0.228 05	0.058 38
C_6	-0.005 03	0.058 33
S_6	-0.096 26	0.058 38
C_7	0.016 13	0.058 34
S_7	-0.062 91	0.058 37
C_8	-0.173 51	0.058 36
S_8	0.099 71	0.058 34
C_9	0.050 38	0.058 34
S_9	0.090 57	0.058 37
C_{10}	-0.079 03	0.058 35
S_{10}	0.225 31	0.058 36
C_{11}	-0.001 53	0.058 36
S_{11}	0.078 95	0.058 35
C_{12}	0.135 10	0.058 36
S_{12}	0.013 69	0.058 34

表 2　1948 ~ 1981 年纽约 Massena 气温傅立叶级数代表系列的精度

谐波个数 N	相关系数 R^2	谐波个数 N	相关系数 R^2
1	0.831 4	7	0.834 1
2	0.832 9	8	0.834 3
3	0.833 0	9	0.834 3
4	0.833 7	10	0.834 5
5	0.834 1	11	0.834 6
6	0.834 1	12	0.834 6

3　解析处理

仅用方程(5)中的第一个调和级数，正常的气温变化可以近似表达为：

$$T_N = \bar{T} + a\sin\left(\frac{2\pi t}{T} + \theta\right) \tag{6}$$

式中：T_N 为正常气温的周期函数；$a = (C_1^2 + S_1^2)^{1/2}$ 为年气温循环的振幅；$\theta = \tan^{-1}(C_1/S_1)$ 为相位角。对于如图 2 中所示的河段来说，已经知道上游端的水温，下游端水温的分析表达式可以通过方程(3)、方程(4)和方程(6)得到：

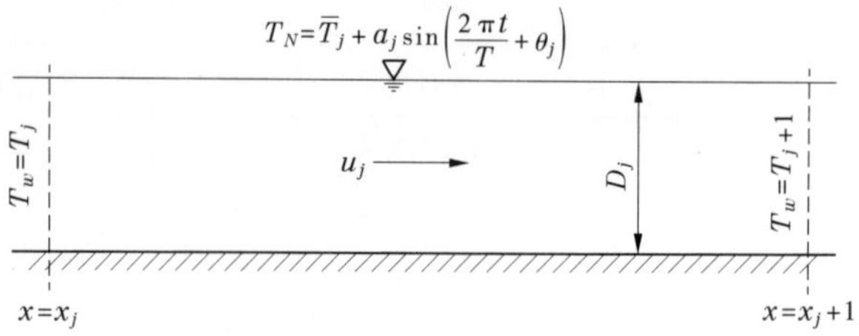

图 2　河段定义示意图

$$\frac{T_{j+1}-\overline{T_j}-a_j\cos\alpha_j\sin\left(\frac{2\pi t}{T}+\theta_j-\alpha_j\right)}{T_{j,0}-\overline{T_j}-a_j\cos\alpha_j\left(\frac{2\pi t_0}{T}+\theta_j-\alpha_j\right)}=e^{-k_j+T_j} \tag{7}$$

式中：j 为河段位置的下标；x_j 和 x_{j+1} 为河段上、下断面的空间坐标；$t=(x_{j+1}-x_j)/u_j$ 为水体传播时间；u_j 为平均流速；T_{j+1} 为 $(x_{j+1},\ t)$ 处的水温；T_{j+1} 为 $(x_j, t-t_{T_j})$ 处的水温；$k_j=h_{wa}/(\rho C_p D_j)$ 为反映与气温变化相应的水温敏感度参数；D_j 为平均水流深度；$\alpha_j=\tan^{-1}(2\pi/k_j T)$。如果河流上断面水温已经知道，那么在下游任何一个测站的水温都能容易地通过连续地使用方程(7)而获得。对于有多重支流的一个河系，节点处的热力守恒方程为：

$$T_D=\sum_{l=1}^{L}\frac{T_{u,l}Q_{u,l}}{Q_D} \tag{8}$$

式中：T_D 为流出节点处的水温；L 为支流总个数；$T_{u,l}$ 和 $Q_{u,l}$ 分别为支流入流的水温和流量；Q_D 为节点的出流，$Q_D=\sum_{l=1}^{L}Q_{u,l}$。

当最上游的测站在一个湖泊的出口时，对于混合充分的湖泊来说，可以忽略对流速度，有下列公式：

$$\frac{T_L-\overline{T}-a_L\cos\alpha_L\sin\left(\frac{2\pi t_L}{T}+\theta_L-\alpha_L\right)}{T_0-\overline{T}-a_L\cos\alpha_L\left(\frac{2\pi t_0}{T}+\theta_L-\alpha_L\right)}=e^{-k_L(t_L-t_0)} \tag{9}$$

式中：T_L 为 t_L 时刻的湖泊水温；t_0 为初始时间；T_0 为 t_0 时刻的湖泊水温；$k_L=h_{wa}/(\rho C_p D_L)$；$D_L$ 为湖泊平均深度；α_L 和 θ_L 分别为气温的振幅和相位角，$\alpha_L=\tan^{-1}(2\pi/k_L T)$。如果 $t_0 \ll T_L$，那么方程(9)变为：

$$T_L=\overline{T}+a_L\cos\alpha_L\sin\left(\frac{2\pi t_L}{T}+\theta_L-\alpha_L\right) \tag{10}$$

方程(10)表明，在一个充分混合的湖泊中，水温的振幅等于气温的振幅乘以 $\cos\alpha_L$。水温的变化滞后于气温变化一个相位角 α_L，平均水温等于平均气温。当河流的源头不是湖泊时，将整个流域作为一个大的湖泊看待，可以利用方程(9)来表示源头处水温的变化。那么，系数 k_L 将反映流域的相应特性。Song 等(1983)提出，系数 k_L 随流域面积的增加而减小。

当气温表示为如方程(6)中的简单调和函数 T_N 时,方程 (7)和方程(9)描述了水温的变化。对于时段不到 1 年的气温变化,要与天气预报结合,通过将 T_N 和系列短期变差结合(如图 3 所示),就可以表示气温。T_N 的短期变差可以写为:

$$\delta T_a^i = \begin{cases} \delta_i & t_j \leqslant t \leqslant t_{i+1} \\ 0 \end{cases} \tag{11}$$

对于充分混合的湖泊,δT_a^i对水温的影响为:

$$\delta T_L = \begin{cases} 0 & t_L \leqslant t_i \\ \delta_i [1 - e^{-k_L(t_L - t_i)}] & t_i \leqslant t_L \leqslant t_{i+1} \\ \delta_i [e^{-k_L(t_L - t_{i+1})} - e^{-k_L(t_L - t_i)}] & t_L > t_{i+1} \end{cases} \tag{12}$$

对于如图 2 中所定义的河段,δT_a^i的影响为:

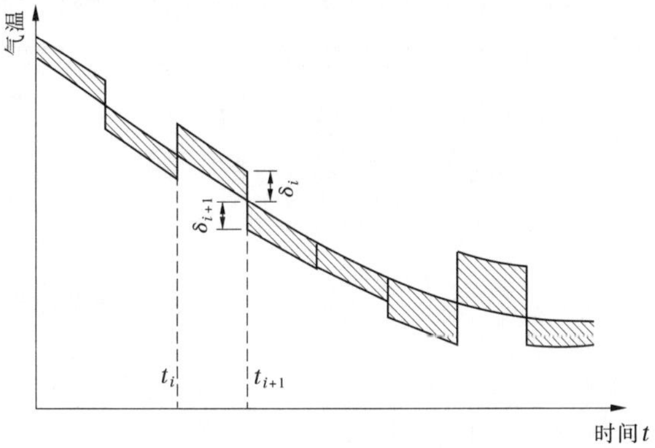

图 3　短期气温预报系列的解析表达

(1)当 $t - t_{T_j} < t_i$ 时:

$$\delta T_{j+1} = \begin{cases} 0 & t \leqslant t_i \\ \delta_i [1 - e^{-k_j(t - t_i)}] & t_i < t \leqslant t_{i+1} \\ \delta_i [e^{-k_j(t - t_{i+1})} - e^{-k_j(t - t_j)}] & t > t_{i+1} \end{cases} \tag{13}$$

(2)当 $t_j \leqslant t - t_{T_j} < t_{i+1}$时:

$$\delta T_{j+1} = \begin{cases} 0 & t \leqslant t - t_{T_j} \\ \delta_i [1 - e^{-k_j t_{T_j}}] & t - t_{T_j} < t \leqslant t_{i+1} \\ \delta_i [e^{-k_j(t - t_{i+1})} - e^{-k_j t_{T_j}}] & t > t_{i+1} \end{cases} \tag{14}$$

(3)当 $t - t_{T_j} > t_{i+1}$时:

$$\delta T_{j+1} = 0 \tag{15}$$

包括短期变化在内的河流水温的完全解,可以通过 δT_{j+1} 到 T_{j+1} 和 δT_L 到 T_L 的线性迭加来求得。

4　在圣劳伦斯河上游的应用

圣劳伦斯河的上游是安大略湖泊的出口,从安大略的 Kingston 到纽约 Massena 附近的 Moses - Saunders 水电站,河道长约有 160 km(见图 4)。圣劳伦斯河主要用于航运和水力发电。当河流结冰时航运必须停止。冰盖的形成也减少河流的输送能力,并且减少水力发电量。因此,在河流管理等各种活动中,封冻日期的预测是十分重要的。

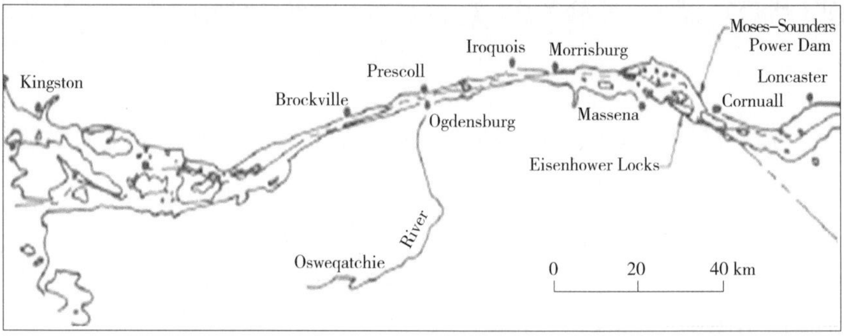

图4 圣劳伦斯河(安大略湖至 Moses - Saunders 水电站)平面图

如果我们将河段概化为图5所示,并假设在整个河段的气温与正常气温相同,那么,Massena 站的水温就可以用方程(7)求得:

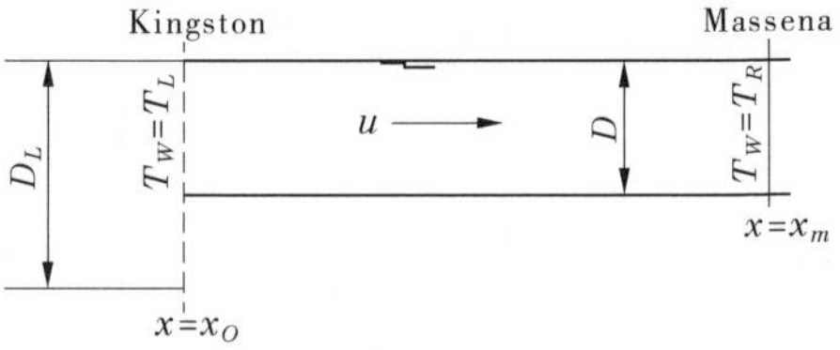

图5 圣劳伦斯河上游河段示意图

$$T_{R,N}=\bar{T}+a\cos\alpha_R\sin\left(\frac{2\pi t}{T}+\theta-\alpha_R\right)+\exp(-k_R t_R)\left[T_{L,N}-\bar{T}-a\cos\alpha_R\left(\frac{2\pi t}{T}+\theta-\alpha_R\right)\right] \quad (16)$$

式中:$T_{R,N}$为 t 时刻的水温;t_T 为 Kingston 到 Massena 的传播时间,$t_T=(x_m-x_0)/u$;u 为平均流速;$k_R=h_{wa}/(\rho C_p D)$;D 为 Kingston 到 Massena 之间的平均水深;$\alpha_R=\tan^{-1}(2\pi/k_R T)$。湖水温度 $T_{L,N}$可以表示为:

$$T_{L,N}=T+a\cos\alpha_L\sin\left(\frac{2\pi t}{T}+\theta-\alpha_L\right)+\exp[-k_L(t_L-t_0)]\cdot\left[T_0-\bar{T}-a\cos\alpha_L\sin\left(\frac{2\pi t_0}{T}+\theta-\alpha_L\right)\right] \quad (17)$$

式中:$T_{L,N}$为 t_L 时刻 Kingston 的水温;$t_L=t-t_T$;T_0 为 Kingston 的初始水温;t_0 为起始时间;$k_L=h_{wa}/(\rho C_p D_L)$;$\alpha_L=\tan^{-1}(2\pi/k_L T)$;$D_L$ 为 Kingston 的有效水深。

当气温接近 T_N 时,方程(16)和方程(17)是 Kingston 和 Massena 水温的解析表达式。考虑由 T_N 所得到的气温预报偏差的影响,Kingston 站每一时间间隔的水温都可以用下列公式计算:

$$e^{-k_L(t_L-t_i)}=\frac{T_L-(\bar{T}+\delta_i)-a\cos\alpha_L\sin\left(\frac{2\pi t_L}{T}+\theta-\alpha_L\right)}{T_L^i-(\bar{T}+\delta_i)-a\cos\alpha_L\sin\left(\frac{2\pi t_i}{T}+\theta-\alpha_L\right)},(t_i\leqslant t_L\leqslant t_{i+1}) \quad (18)$$

式中:T_L 为 t_L 时刻 Kingston 的水温;T_L^i 为 t_i 时刻 Kingston 的水温;δ_i 为第 i 时段的气温偏差。在 Massena 的水温可以用下式计算:

$$e^{-k_R t_T}=\frac{T_R-(\bar{T}+\delta_i)-a\cos\alpha_R\sin\left(\frac{2\pi t}{T}+\theta-\alpha_R\right)}{T_L-(\bar{T}+\delta_i)-a\cos\alpha_R\sin\left(\frac{2\pi t_L}{T}+\theta-\alpha_R\right)},(t_i\leqslant t\leqslant t_{i+1}) \quad (19)$$

式中:T_R 为 t 时刻 Massena 的水温。当 t_L 在第($i-1$)时段,且 t 在第 i 个时段时,方程(19)不是十分有效,因为它没有考虑从一个时段到另一个时段气温偏差的变化。然而,由于方程(19)易于应用,而且气温预报的精度并不能保证能够从方程(13)~方程(15)中得到精确的计算结果。

参数 k_L 和 k_R 既可以由河道平均水深和表面热量交换系数进行估算,也可以利用实测气温和水温资料,通过线性回归分析方法进行确定。后一种方法更为精确,并且已经在这次研究中使用。由于圣劳伦斯河的水深在时段内相对保持不变,所以 k_L 和 k_R 值也可以认为是常数。

对于水深变化较大的河流,这些系数应该被看做水深 D 的函数。根据1965~1981年资料系列,k_L 和 k_R 可以用 SAS 软件包中的 NLIN 程序(SAS 研究所,1982)来确定(采用半月的间隔)。表3给出了圣劳伦斯河上游的模型参数。以前的研究结果(Adams,1976;工程师的联合公告,1926;Witherspoon 与 Poulin,1970)表明,该研究河段的热交换系数 h_{wa} 大约为 21.7 W/(m^2·℃)。表3中 k_L 和 k_R 相应 Kingston 的有效水深为23.56 m,Kingston 至 Massena 之间的平均水深为13.04 m。

表3 圣劳伦斯河上游模型参数

模型参数	估计值	标准差
平均气温 T(℃)	6.639	0.042
傅立叶系数 C_1(℃)	5.869	0.059
傅立叶系数 S_1(℃)	-13.093	0.059
相应参数 k_L(d^{-1})	0.019 1	0.001 05
相应参数 k_R(d^{-1})	0.034 5	0.001 82

沈洪道等1984年针对 Massena 的封河预报而开发的计算机程序,可以在个人计算机上运行。Massena 站的封冻日期定义为,当 Moses-Saunders 水电站水面下3 m 处的水温下降到0.3 ℃时的日期(Assel,1976)。这时冰盖可能在埃森霍沃船闸区形成。封河预报需要输入的数据包括在 Kingston 的起始水温,由 Massena 的正常气温所推求的长期气温预报的离差,以及 Moses-Saunders 水电站的预报流量。气温的离差值可以利用国家天气服务机构的天气展望资料,与表4中所提供的气温标准偏差一起进行确定。表4结果表明,在12月和1月期间 T_a 有较大的波动。

沈洪道等(1984)给出了开始于1983年12月1日的封河预报的实例。1983年11月30日 Kingston 实测水温为7 ℃;气温预报为1983年12月1~15日为低于正常值1.5 ℃,1983年12月16~31日低于正常值5 ℃;预报的水流传播时间是9 d。模型预报的封河日期是1983年12月24日,结果证明预报日期与实际封河日期完全一致。

为了验证预报模型的精度,采用1965~1981年共16年的实测水温和气温数据,计算了封河的日期。模拟和实测的封河日期结果见表5。由表5可以看出,封河日期模拟的误差平均为4.5 d。冬季实测和模拟的水温下降过程见图6。

表4 Massena 站半月气温第一谐波的标准差

时段	标准差(℃)	时段	标准差(℃)
10 月1 ~ 15 日	4.500	4 月1 ~ 15 日	4.097
16 ~ 31 日	4.496	16 ~ 30 日	4.121
11 月1 ~ 15 日	4.527	5 月1 ~ 15 日	4.471
16 ~ 30 日	5.108	16 ~ 31 日	4.361
12 月1 ~ 15 日	5.718	6 月1 ~ 15 日	3.900
16 ~ 31 日	5.694	16 ~ 30 日	3.440
1 月1 ~ 15 日	5.416	7 月1 ~ 15 日	39.15
16 ~ 31 日	5.519	16 ~ 31 日	3.085
2 月1 ~ 15 日	5.087	8 月1 ~ 15 日	3.307
16 ~ 28 日	5.398	16 ~ 31 日	3.691
3 月1 ~ 15 日	4.973	9 月1 ~ 15 日	4.021
16 ~ 31 日	4.854	16 ~ 30 日	4.246

表5 1965 ~ 1980 年圣劳伦斯河 Massena 站实测和模拟封河日期

年份	实测封河日期	预报封河日期和误差(d)					
		10 月 1 日	10 月 16 日	11 月 1 日	11 月 16 日	12 月 1 日	12 月 16 日
1965 ~ 1966	1 月 8 日	1 月 1 日 -7	1 月 1 日 -7	1 月 1 日 -7	1 月 1 日 -7	1 月 1 日 -7	1 月 3 日 -5
1966 ~ 1967	12 月 30 日	12 月 29 日 -1	12 月 29 日 -1	12 月 30 日 0	12 月 29 日 -1	12 月 30 日 -1	1 月 11 日 +12
1967 ~ 1968	1 月 3 日	12 月 29 日 -5	12 月 28 日 -6	12 月 28 日 -6	12 月 27 日 -7	12 月 29 日 -5	1 月 1 日 -2
1968 ~ 1969	12 月 25 日	12 月 28 日 +3	12 月 26 日 +1	12 月 26 日 +1	12 月 25 日 0	12 月 26 日 +1	12 月 26 日 +1
1969 ~ 1970	12 月 28 日	12 月 25 日 -3	12 月 24 日 -4	12 月 23 日 -5	12 月 23 日 -5	12 月 23 日 -5	12 月 27 日 -1
1970 ~ 1971	12 月 23 日	12 月 30 日 +7	12 月 30 日 +7	12 月 29 日 +6	12 月 29 日 +6	12 月 25 日 +2	12 月 27 日 +4
1971 ~ 1972	1 月 8 日	12 月 31 日 -8	12 月 30 日 -9	12 月 31 日 -8	12 月 30 日 -9	12 月 31 日 -8	1 月 8 日 0
1972 ~ 1973	12 月 21 日	12 月 24 日 +3	12 月 23 日 +2	12 月 23 日 +2	12 月 22 日 +1	12 月 24 日 +3	12 月 25 日 +4
1973 ~ 1974	12 月 30 日	1 月 1 日 +2	1 月 1 日 +2	1 月 1 日 +2	12 月 30 0	1 月 1 日 +2	1 月 1 日 +2
1974 ~ 1975	1 月 22 日	1 月 18 日 -4	1 月 14 -8	1 月 14 日 -8	1 月 10 日 -12	1 月 21 日 -1	1 月 23 日 +1

续表 5

年份	实测封河日期	预报封河日期和误差(d)					
		10 月 1 日	10 月 16 日	11 月 1 日	11 月 16 日	12 月 1 日	12 月 16 日
1975 ~ 1976	12 月 27 日	12 月 27 日 0	12 月 27 日 0	12 月 27 日 0	12 月 28 日 +1	12 月 27 日 0	12 月 28 日 +1
1976 ~ 1977	12 月 14 日	12 月 22 日 +8	12 月 21 日 +7	12 月 17 日 +3	12 月 18 日 +4	12 月 15 日 +1	12 月 16 日 +2
1977 ~ 1978	12 月 30 日	1 月 1 日 +2	12 月 29 日 −1	12 月 30 日 0	12 月 28 日 −2		
1978 ~ 1979	12 月 30 日	12 月 28 日 −2	12 月 27 日 −3	12 月 27 日 −3	12 月 27 日 −3	12 月 27 日 −3	12 月 31 日 +1
1979 ~ 1980	1 月 12 日	1 月 12 日 0	1 月 11 日 −1	1 月 11 日 −1	1 月 12 日 0	1 月 13 日 +1	1 月 10 日 −2
1980 ~ 1981	12 月 21 日	12 月 16 日 −5	12 月 16 日 −5	12 月 16 日 −5	12 月 16 日 −5	12 月 16 日 −5	12 月 16 日 −5
平均误差		−0.625	−1.625	−1.813	−2.438	−1.667	+0.867
标准偏差		4.56	4.94	4.52	5.25	3.85	4.03

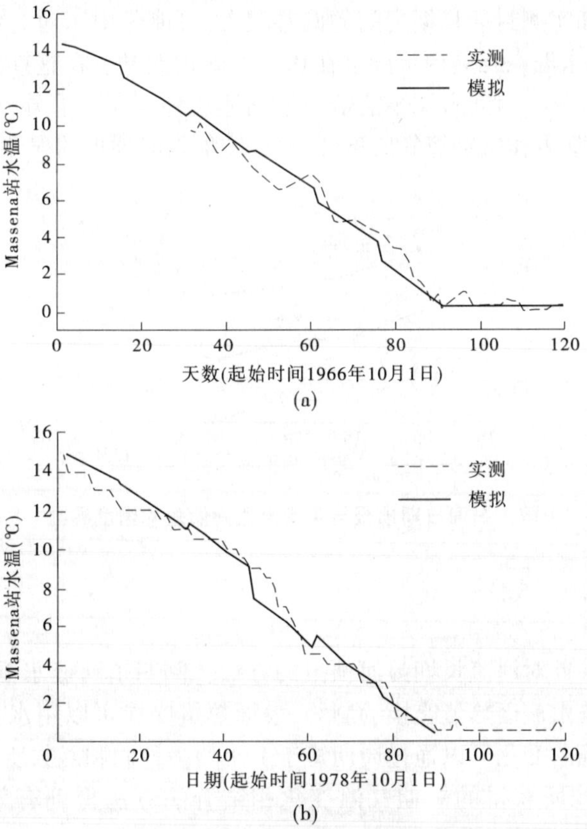

图 6　纽约 Massena 站模拟和实测水温对比

模拟封河日期的误差主要是由于输入气温资料与传播时间的近似所引起的。在模拟过程中，Kingston 和 Massena 正常气温和传播时间的距平值近似采用半个月的平均值。采用近似值，使模型不能精确地反映水、气温中短期波动的变化。在封河之前气温的短期变化可以显著地影响封河日期。

不同模拟开始日期的预报信度界限见表 6 和图 7。

表 6 封河预报的信度界限

信度界限	10 月 1 日	10 月 16 日	11 月 1 日	11 月 16 日	12 月 1 日	12 月 16 日
95% 上限	1.86	0.94	0.47	0.12	0.34	3.07
80% 上限	0.94	-0.01	-0.38	-0.83	-0.41	2.22
50% 上限	0.18	-0.79	-1.07	-1.61	-1.02	1.53
平均误差	-0.63	-1.63	-1.81	-2.44	-1.67	0.87
50% 下限	-1.43	-2.46	-2.55	-3.27	2.31	0.07
80% 下限	-2.19	-3.24	-3.25	-4.05	-2.92	-0.62
95% 下限	-3.11	-4.19	-4.09	-5.00	-3.67	-1.47

个别年份模拟和实测封河日期之间的偏差较大，可能是由于对封河条件的简化所引起的。Massena 站的水温在几周内可能会在 0.3 ℃附近波动。在这期间预报区域结冰和融化可能交替出现。单一封河日期不能恰当地描述这种现象。另外，表面热交换系数采用常数，没有考虑如降雪和风暴等气象条件，也会增加封河预报的误差。

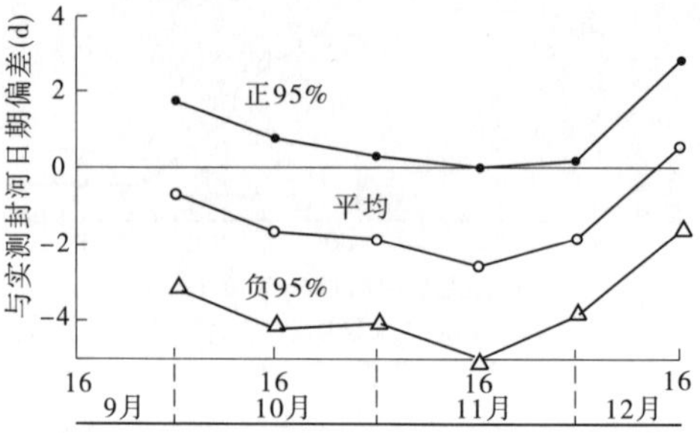

图 7 封河日期预报与实测值之间偏差的信度界限

5 主要结论

本文提出了一种针对河流长期封河预报的方法。阐明了河流水温的下降，受到河流水体质量流动以及自由表面热量交换的制约，表面热量交换可以用水温和周围气温之间的差别来表示。气温的变化可以通过周期短于 1 年的一种调和函数所描述的正常气温与从国家天气服务机构所获得的短期气温变化相结合的方法得到有效描述。该方法在 Kingston 和 Massena 之间的圣劳伦斯河上进行了应用，结果表明，该方法能够提供良好的封河预报。

致谢

该研究得到了交通部、圣劳伦斯航道发展公司及美国商业部、NOAA 的 Sea Grant 办公室等部门的资助(合同编号:NA81AAD00027)。

参考文献

Adams C E Jr. 1976. Estimating water Temperatures and Time of Ice formation on the St. Lawrence River. Limnology and Oceanography, 21(1): 128-137.

Assel R A. 1976. St. Lawrence River Freeze-up Forecast Procedure. ERL GLERL - 6, NOAA Technical Memorandum, Great Lakes Environmental research Lab., Ann Arbor, Mich.

Bilello M A. 1964. Method for Predicting river and Lake Ice Formation. Journal of Applied Meteorology, 3 (1): 33-44.

Greene G M. 1983. Forecasting Ice-Cover Freeze-up, Growth and Break-up on the St. Mary's River. ERL GLERL47, NOAA Technical Memorandum, Great Lakes Environmental Research Lab., Ann Arbor, Mich.

Kothandaraman V. 1971. Analysis of Water Temperature Variations in Large Rivers. Journal of tile Sanitary Engineering Division, ASCE, 97 (SA1): 19-31.

Paily P P, Macagno E O, Kennedy 1 F. 1974. Winter-Regime Surface Heat Loss from Heated Streams. IIHR Report No. 155, Iowa Inst. of Hydr. Research, Iowa City, Iowa.

Poulin R Y, Robinson J R, Witherspoon D F. 1971. Probability Forecasts of Water Surface Temperatures of the St. Lawrence River between Kingston, Ontario and Sorel, Quebec. Technical Report No. 46, Inland Water Branch, Department of Energy, Mines and Resources.

Rodhe B. 1952. On the Relation between Air Temperature and ice formation in the Baltic. Georgrafiska Annaler, 34: 175-202.

SAS User's Guide: Statistics. 1982. SAS Inst. Inc., Cary, N. C.

Shen H T. 1985. Hydraulics of River Ice. Report 85 - 1, Department and Environmental Engineering, Clarkson University, Potsdam, N. Y.

Shen H T, Foltyn E P, Day S F. 1984. Forecast of Water Temperature Decline and Freeze - up in Rivers. CRREL Report 84-19, U. S. Army Cold Regions Research and Engrg. Lab., Hanover, N. H.

Shen H T, Ruggles R W. 1982. Winter Heat Budget and Frazil-Ice Production in the Upper St. Lawrence River. Water Resources Bulletin, 18(2): 251-257.

Song C S, Pabst A F, Bowers C E. 1983. Stochastic Analysis of Air and Water Temperatures. Journal Of the Environmental Engineering Division, ASCE, 99(EE6): 785-800.

Song C S, Chien C Y. 1977. Stochastic Properties of Daily Temperatures in Rivers. Journal of the Environmental Engineering Division, ASCE, 103(EE2): 217-231.

St. Lawrence Waterway Project Report. 1926. Joint Board of Engrs., U. S. Government Printing Office.

Witherspoon D F, Poulin R Y. 1970. A Study of the Heat Loss of the St. Lawrence River between Kingston and Cornwall. Proceedings, 13th Conference, Great Lakes Research, 990-996.

上尼亚加拉河冰坝过程的模拟和分析

汪德胜[1]　沈洪道[2]　Randy D. Crissman[3]

(1. Carr Res. Lab., Natick, MA 10760, USA;
2. 克拉克森大学土木环境工程系,美国,纽约, Potsdam, 13699－5710;
3. New York Power Authority, Niagara Project, Niagara NY 14302－0277, USA.)

摘要:利用一维河冰模型 RICEN,对上尼亚加拉河托拉旺达河道中的冰坝过程进行了参数研究和模型率定,并提出了应用结果。模型用冰坝资料以及观测值进行了率定。为了检验各种天气和水流条件对冰坝形成的影响,以及冰坝伴随物对水流特征的影响,进行了参数研究。

1 引言

发生在上尼亚加拉河的冰坝,会对纽约电管理局(NYPA)和安大略水电局(OH)(Crissman,1990;Crissman 等,1995)所辖电厂的水电产量,造成相当大的损失。为了模拟河冰过程,利用 RICEN(Shen 等,1995)的数学模型分析尼亚加拉河上游托拉旺达(Tonawanda)河道中冰坝的发展和稳定性。RICEN 将河流看做一个一维河网。在模型中被考虑的冰情过程包括水温变化、粒状冰的产生、锚冰的形成以及冰盖或冰坝的发展和演进。对各种水流和天气条件对尼亚加拉河上游冰坝发展的影响,本文给出了模型率定和参数研究。

2 上尼亚加拉河

上尼亚加拉河指从伊利湖到尼亚加拉大瀑布以上约 35 km 的河段(Crissman 等,1995)。从伊利湖出口开始,河流首先穿过一个约 8 km 长的陡而流速快的河段,然后绕格兰得岛河流分成两个支流。托拉旺达河道长约 18 km,赤巴哇(Chippawa)河道长约 24 km。两条河道中的流速在 0.6～0.9 m/s 变化,两条河道在进入草岛池(Grass Island Pool,简称 GIP)之前,在格兰得岛的北端合并。GIP 长 5 km ,平均水深 1.8～2.5 m。用于发电的水是由 NYPA 和 OH 从 GIP 引出的。在 GIP 的下游端是一个控制建筑物。这个水工控制建筑物调节 GIP 的水位和流到尼亚加拉大瀑布的流量,大瀑布位于这个控制建筑物下游约 1 300 m 处。

出现在尼亚加拉河上游的流冰,来自伊利湖或是由河流本身所产生。河中大多数严重的冰情问题是由来自伊利湖的大量流冰引起的。由于强烈的西南风,从伊利湖出来的流冰量通常是由于风力的拖曳使冰在河流入口处堆积而造成的。为了减少湖泊来冰的频率,每年冬天在伊利湖的出口处都要安装拦冰栅。但当冰盖很薄或很弱时,大量的冰体就会被迫越过冰栅。在河里形成的冰,主要是粒状冰、冰盘和冰块。薄冰、锚冰、雪泥以及岸冰也会存在。河冰产生的最大速率是一次典型的湖泊来冰中冰体流量的 10%～20%。

在吹西南风或西风时,大部分进入河流的湖冰流进托拉旺达河道。在托拉旺达河道中的冰体大量堆积之后或在顺风漂流以后,湖冰才会流入赤巴哇河道。

在冰情严重时,静止冰盖或触地冰会在草岛池的浅水区发展,包括在池中部浅滩区中形成冰岛,以及在 Adams Slip 和控制闸坝的上游堆积。在一次典型的湖冰流冰期间,在 GIP 处的水流量峰值与冰体流量峰值之间有约 12 h 的时间间隔。当水流量小时,流冰量峰值通常会到达 GIP。这可能促使冰坝的形成。从托拉旺达河道和小西河道进入 GIP 的流冰,会在冰岛和 NYPA 引水口之间的空隙处形成冰桥,这能导致在冰岛和鹿角堤(Buckhorn Dikes)之间形成冰桥。当这种情况发生时,冰盖就能在鹿角堤上游的托拉旺达河道中形成。托拉旺达河道中冰盖发展的上游边界,取决于伊利湖的流冰供应及在流冰过程中出现的水力条件和气象条件。托拉旺达河道中严重的流冰以及冰坝的形成和发展会减少河道流量、抬高水位。在这种情况下,会有大量的水流被引入到赤巴哇河道中。托拉旺达河道中冰坝对水流的影响,可以通过 NYPA 和 OH 所使用的破冰措施进行显著的改正(Crissman 和 Hollmer,1991)。

3　模型率定

在严重的湖泊流冰期间,尼亚加拉河上游的水流和冰情是动态的。利用有限的野外观测数据,对具有如此动态条件的 RICEN 进行率定,是一项具有挑战性的任务。另外,NYPA 和 OH 所采取的破冰活动,有效地减少了冰坝出现后泛滥的可能,而这可能使模型率定更为复杂。

在这个模拟模型中,上尼亚加拉河可以看做两个环状的河网。带有节点和河段数的河流概图如图 1 所示。因为流量是利用水位—流量关系曲线间接获得的,所以水位被用做上游的边界条件。在冰期,特别是在流冰事件过程中,从水位—流量关系曲线所得到的流量是不精确的。在物资码头(Material Dock)处的水位,以及在 NYPA 入口处的分水流量,用做下游的边界条件。沿河的水位,以及经过控制建筑物的流量,用来率定模型。尽管 GIP 包括在模型中,但是,RICEN 在 GIP 处的结果,仍应当小心解释,这是由于水流的二维本质所致。

为了确定沿河的河床阻力系数,使用了 1985 年 11 月 28 日到 12 月 24 日的资料,在明流条件下进行了模型率定。这个时期,有一场严重的风暴,河中出现了高度的非稳定流。河流总流量的变化从大约 7 000 m^3/s 到 12 000 m^3/s。概化河段中曼宁系数 n_b 的率定值如表 1 中所示。

用发生在 1985 年 1 月 18 ~23 日和 1992 年 1 月 23 ~28 日的两个冰坝过程对模型进行了率定。与 1985 年和 1992 年冰坝有关的报告以及由 NYPA 所整编的冰坝野外观测数据(美国陆军工程师团;1985;NYPA,1992),都在率定中应用了。在这两段时间中,在 NYPA 入口处的引水以及在伊利堡(Fort Erie)和物资码头(Material Dock)处的水位(如图 2 和图 3 所示),用做率定模型的边界条件。

因为对出现在河流中的热力、冰情以及水力过程缺乏完整的理论,所以在河冰过程模型中需要率定大量参数。这些参数包括:①水力参数,如河床和冰面对水流的阻力系数;②与热力冰情有关的参数,例如热交换系数、与水内冰和锚冰演化有关的参数,以及与冰盖的热力生长和消退有关的参数;③与冰坝演变有关的参数,如冰坝的内摩擦角、河岸应力、冰坝演进的临界弗汝德数、冰盖下的冰花输送能力,以及与悬浮冰花水内冰输送有关的参数。

表1　用于上尼亚加拉河 RICEN 模型中率定的水力阻力系数

河段数	n_b	$n'_{b,m}$	n_{init}
1	0.035 35	0.036 00	0.025
2	0.040 35	0.040 50	0.025
3	0.033 35	0.036 25	0.025
4	0.030 35	0.030 40	0.025
5	0.035 35	0.035 40	0.025
6	0.020 01	0.022 00	0.025
7	0.020 01	0.022 80	0.025
8	0.020 01	0.024 80	0.025
9	0.023 83	0.035 30	0.025
10	0.023 83	0.035 30	0.025
11	0.023 83	0.036 00	0.030
12	0.023 83	0.036 00	0.040
13	0.022 10	0.036 00	0.053
14	0.023 10	0.035 30	0.040
15	0.022 10	0.035 30	*
16	0.024 36	0.028 00	*
17	0.024 36	0.028 00	*
18	0.024 36	0.028 00	*
19	0.025 34	0.026 00	*
20	0.025 34	0.026 00	*
21	0.025 34	0.027 00	*
22	0.025 34	0.027 00	*
23	0.025 34	0.027 00	*
24	0.025 34	0.028 00	*
25	0.025 34	0.028 00	0.030
26	0.026 34	0.028 00	0.030
27	0.021 10	0.028 00	0.030

注:* 表示该河段没有冰盖。

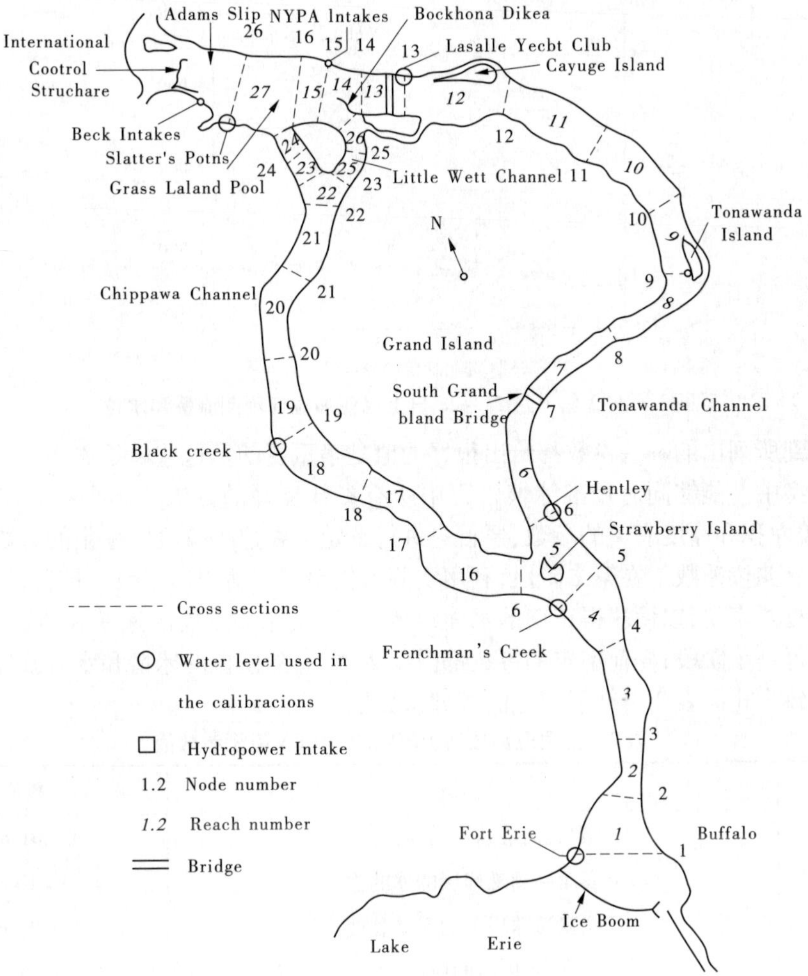

图 1　上尼亚加拉河的河段划分及水位站位置

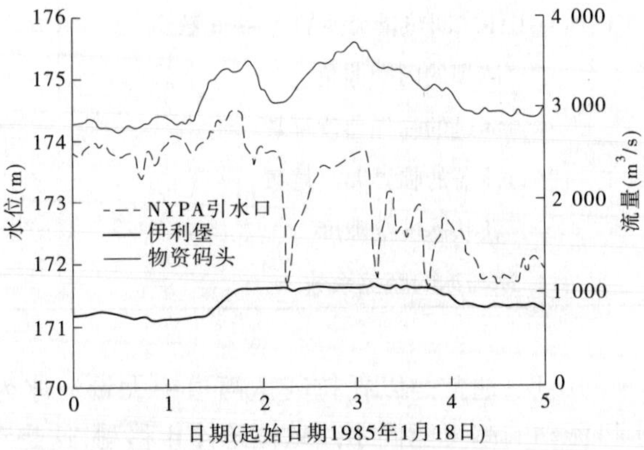

图 2　1985 年 1 月 18 ~23 日上尼亚加拉河观测流量和水位

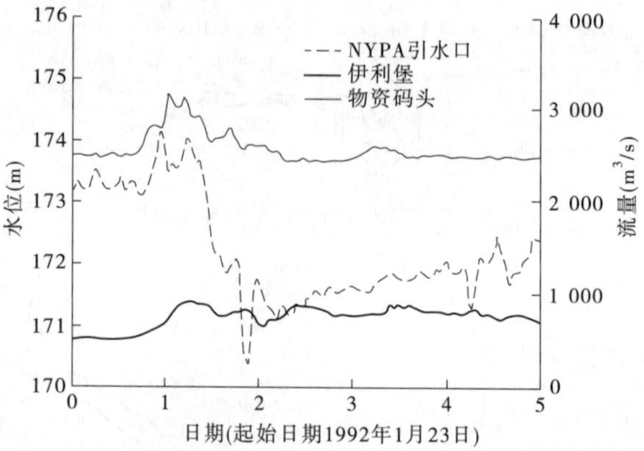

图3　1992 年 1 月 23～28 日上尼亚加拉河观测流量和水位

注意到所列出的一些参数都给出很好的值是很重要的。这些值不需要大的改变就可以用在模型中。能够同时校准冰情过程中所有参数良好的方法并不存在。在这个研究中,与冰盖面积和厚度有关的参数,要首先进行率定。在这个阶段所率定的参数是冰盖孔隙度和临界弗汝德数。在第二阶段,利用实测水位率定冰盖粗糙系数。最后,悬浮冰花的上升速度也要率定,以便获得正确的水面浮冰量,以及冰盖发展的速率和冰花堆积厚度。在率定的每一个阶段,先前率定的参数都需要调整,直到模拟的冰情和水力条件与野外观测值相一致为止。表 2 总结了率定的模型参数值。

表 2　上尼亚加拉河上率定的 RICEN 模型参数值

参数	定义	数值
aV_b	上升到表面层的水内冰上浮速率	0.001 m/s
β	从表面层到悬移层的冰的输率	1.0×10^{-5} s^{-1}
τ_c	在宽河冰坝中的河岸黏性	0.8 kPa
d_e	水内冰的厚度	3×10^{-4} m
d_f	水内冰的直径	2×10^{-3} m
γ	水内冰沉积系数	1.0×10^{-6}
N_u^f	水内冰与水体之间热量交换的 Nusselt 数	4
ϕ_i	冰坝的内摩擦角	46°
Fr_m	冰盖演进的临界弗汝德数	0.09
Fr_e	平封冰盖的临界弗汝德数	0.04
e_f	粒状冰堆空隙度	0.4
μ_i	冰与冰的摩擦系数	1.28

上尼亚加拉河冰坝的出现,通常是以托拉旺达河道中大量流冰为先导的。在这次事件中,经过 NYPA 引水口流动的冰可能偶尔间歇性地停止移动,这是对作用于冰盖的水力和气象条件的反映。因此,如果水力过程能够正确模拟的话,由冰盖所引起的水流阻力也需要包括在模型中。理论上讲,由移动的表面冰体所引起的阻力作用,只能通过动力的冰

输送模型来计算(Shen 等,1990)。由于 RICEN 是一个非动力冰流动模型,所以利用一个近似的方法来包含这种影响。在这个方法中,水面流冰的水力阻力要与河床阻力系数合并。在流冰期间,河床的曼宁系数 n_b 可以修改为 n_b',来表示河床和流冰的综合阻力。当流冰密集度低时,冰体所施加给水流的阻力是可以忽略的,并且 n_b'将等于 n_b。当流冰密集度高时,冰速度就小,对水流的阻力就会接近静止冰盖所施的阻力。修正曼宁系数的最大值 n_b',可以通过 $n_{b,m}' = (1 + C_{a,\max})^{2/3}/n_r$(Shen 和 Wang,1993)进行估算。$C_{a,\max}$ 值大约是 0.7,合成阻力系数 n_r 可以定义为 $n_r = [1/2(n_b^{3/2} + n_s^{3/2})]^{2/3}$。系数 n_s 是平封的稳定冰盖的水流阻力系数。在模拟中,合并阻力系数 n_b'假定随时间线性变化,从流冰开始时的 n_b 到流冰结束时的 $n_{b,m}'$。对于有稳定冰盖的河段,冰盖粗糙系数是利用 Nezikhovskiy (1964)公式进行计算的:

$$n_i = n_{\text{end}} + (n_{\text{init}} - n_{\text{end}})e^{-kt} \tag{1}$$

式中:n_i 为冰盖的曼宁系数;n_{init}为 n_i 的初始值;n_{end}为 n_i 的最终值;k 是消退常数。

率定的阻力系数 n_b 和 $n_{b,m}'$以及冰盖阻力系数如表 1 所示。冰盖的粗糙系数随时间而减小,以 $k = 0.005\ \text{d}^{-1}$ 的速度减小到最小值 0.015。表 1 中的系数被用于 1985 年和 1992 年尼亚加拉河上游发生的冰情事件。

图 4 和图 5 显示了在 1985 年和 1992 年的冰坝事件中托拉旺达河道模拟的水面剖面和实测最高水位。这些图表明,RICEN 对最高水位模拟得很好。由于宏大岛附近水流分布的变化与冰坝的发展密切相关,所以检验冰坝事件期间水流分布的变化是有意义的。由于在冰坝事件期间宏大岛附近河道没有流量测验资料,所以模拟的水流分布与 Crissman 等(1993)的非恒定流模型的模拟结果进行了对比。非稳定流模型使用了卡尔曼滤波法,根据实测水位不断地修正或“过滤”流量、水面高程和曼宁系数的值。该模型不模拟冰的过程。模型中冰对水流的影响被合并到河床阻力系数中。赤巴哇河道和小西河道

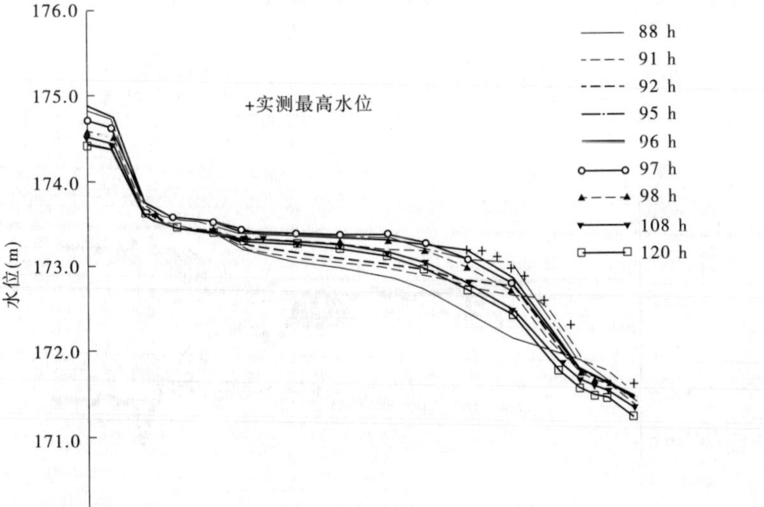

图 4　1985 年 1 月 18 ~ 22 日上尼亚加拉河托拉旺达河段中模拟与实测水面剖面

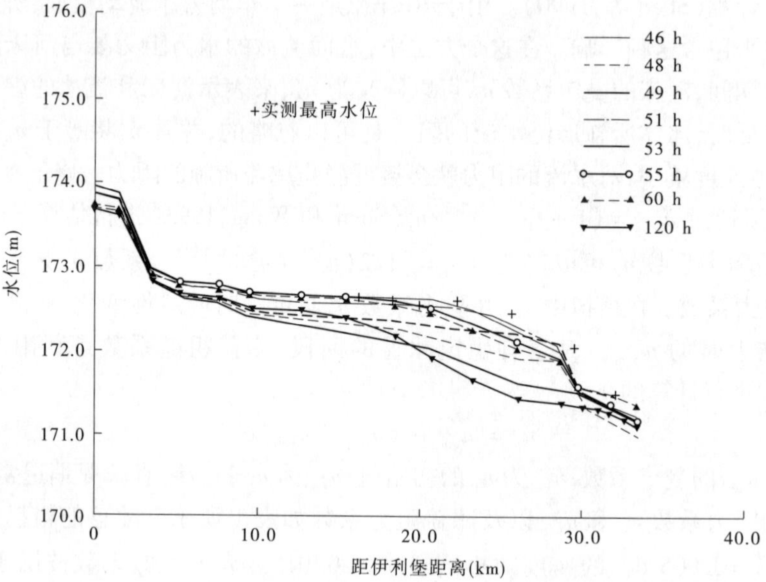

图 5　1992 年 1 月 23 ~ 27 日上尼亚加拉河托拉旺达河段中模拟与实测水面剖面

水流之间的比率假定为常数。图 6 和图 7 显示了 RICEN 的结果与 Crissman 等(1993)的非稳定流模型结果的比较。除了在冰坝起始时期外,这两个模型的结果吻合很好。模拟结果显示,冰坝事件期间,托拉旺达河道中的水流量可以从占河道总流量的近 45% 减少到占 25%。在冰坝形成以后开始的破冰活动的影响包括在图 3 和图 5 中。根据 NYPA 的观测记录(NYPA,1992),托拉旺达河道中由破冰所清除的、随时间变化的河道长度和宽度资料被输入到了 RICEN 中。

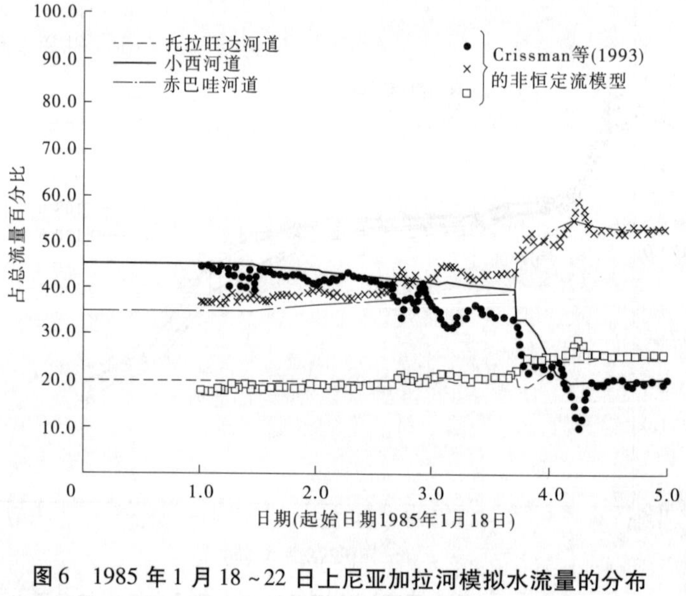

图 6　1985 年 1 月 18 ~ 22 日上尼亚加拉河模拟水流量的分布

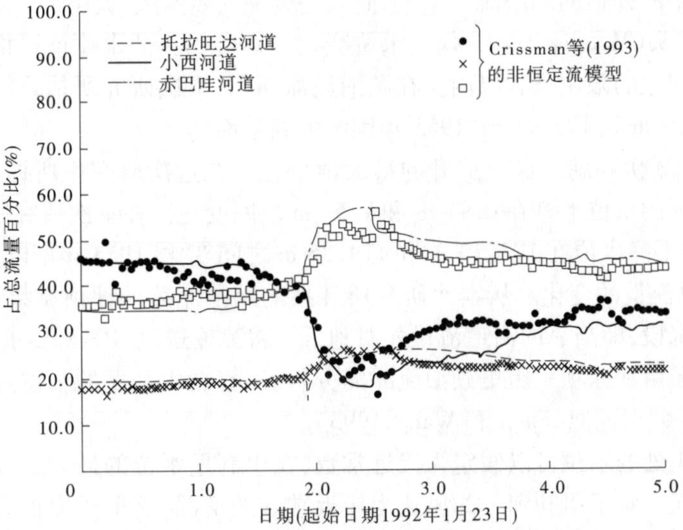

图7　1992年1月23～27日上尼亚加拉河模拟水流量的分布

进入尼亚加拉河上游的湖冰的厚度可能会影响到表面冰流量、可能发生的冰坝的厚度和冰坝发展的速率。对于1992年1月的冰坝，RICEN所模拟的冰坝厚度剖面见图8。图8中的阴影面积显示了冰坝厚度的观测值范围（NYPA，1992）。1992年1月冰坝的模拟厚度剖面与有限的观测值吻合很好。

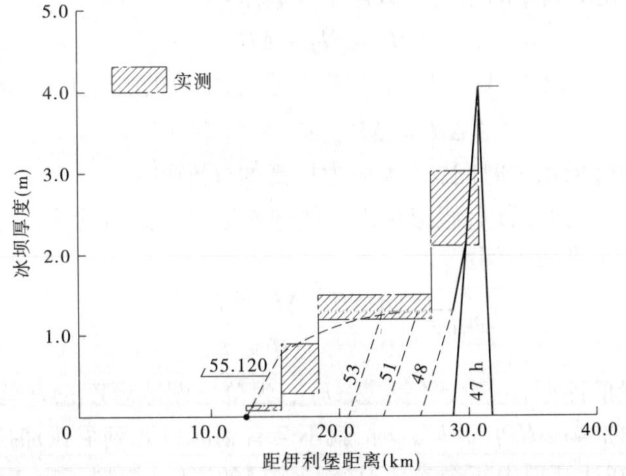

图8　1992年1月23～27日上尼亚加拉河模拟和实测冰厚的比较

4　参数研究

为了检验各种各样的水力和气象学条件对托拉旺达河道中冰坝演进的影响，利用尼亚加拉河上游校准的RICEN模型进行了参数研究。评估了在河流中导致冰坝或严重滞冰的一些历史湖泊流冰的特征值。在参数研究中所评估的一些水力和气象学特征值如下：

(1)伊利湖上风速的变化。伊利湖上的风速影响到河源头处所受风力影响大小。对于在这次研究中所评估的湖泊流冰来说，此风是典型的西南风，大小为 32 ~ 64 km/h。

(2)物资码头(Material Dock)处的水位变化。物资码头的水位被严格限制在美国和加拿大政府所建立的限制条款以内。在湖泊流冰期间，本次研究所估算的物资码头的水位变化为 170.69 m 到 171.91 m(1955 年国际大湖基面)。

(3)在伊利堡伊利湖的水位上升的最大值变化。在这次研究中所评估的流冰期间，超过平静湖水面的水位上升在 0.91 m 和 1.52 m 之间变化。在本次研究所评估湖泊流冰之前，在伊利堡平静水位在 173.13 m 和 174.35 m 之间变化(1955 年国际大湖基面)。

(4)河流总流量的变化。从本次研究所评估的湖泊流冰的评估结果可以看出，在流量过程线的退水段，即当总的河道流量相对地低于将冰输送过 GIP 所要求的流量时，通常就会出现冰体滞留和冰坝。历史湖泊流冰的分析表明，在伊利堡的水位过程线可以由高斯(Gaussian)函数来近似(Shen 和 Wang, 1993)。

在物资码头处的水位可以假定为接近常数，在伊利堡水位的最大上升值主要由湖的风力推高所引起。对于伊利湖上的风速为接近常数的情况，这个风力推高值可以用下列公式来近似(Estuary, 1966)：

$$\Delta H_{\max} = h_l\left[\sqrt{\frac{2k_l V_l^2 L}{g h_l^2} + 1} - 1\right] \tag{2}$$

式中：$\Delta H_{\max}$ 为风力推高值，m；V_l 为沿湖泊主轴的风速，m/s；$k_l = 3.3 \times 10^{-6}$；h_l 为伊利湖的平均深度(18 m)；L 为湖泊的主轴长度(350 m)。

利用方程(2)，在伊利堡的水位可以用下式表示：

$$H_l = H_o + \Delta H \tag{3}$$

式中：H_o 为平静水位。用水位线与高斯方程进行适线，水位的瞬时上升 ΔH 可以表示为：

$$\Delta H = \Delta H_{\max} e^{-[(t-t_o)/\sqrt{2}\sigma_t]^2} \tag{4}$$

式中：t 为时间；t_o 为峰值水位时间；σ_t 为风力推高的标准差。

由于无法得到测量值，所以，假定在伊利堡进入尼亚加拉河的冰体厚度与风力推高密切相关，而且与风力推高成比例：

$$h_{io} = \begin{cases} \alpha_i \Delta H & \Delta H \geqslant h_{i,\min} \\ 0 & \Delta H < h_{i,\min} \end{cases} \tag{5}$$

式中：h_{io} 为在伊利堡的冰厚；α_i 为比例常数；$h_{i,\min}$ 为单层湖冰厚度；ΔH 为风力推高。可以进一步假定，当风力推高 ΔH 小于 $h_{i,\min}$ 时，就不会有湖冰排入到尼亚加拉河。

为了检验托拉旺达河道中每个参数对冰坝发展的影响，模拟了表 3 中给出的 11 种情况的水流和天气特征。在所有的实例中，冰坝的起始点都被置于 NYPA 引水口附近的溢冰道。冰桥形成河道断面的最大许可输冰率 $(Q_i/Q)_{cr}$ 有关，这里 Q_s^i 为水面冰流量；Q 为水流流量。由于 $Q_s^i/Q = V_i h B_o/(U d_w B)$ 可以用 h/d_w 来近似，所以冰坝开始或搭桥的时间可以假定为，当 NYPA 引水口附近的溢冰道中的冰下水深 h/d_w 与水面冰层厚度的比率，超过了临界值时就会发生。所选取的临界值为 2.65，它是从 1985 年和 1992 年冰坝事件的率定模拟中得出的较小值。在参数研究中，引水口附近的溢冰道宽度是 500 m，托拉旺达河道冰坝向上游发展不允许超过 Huntley 水位观测站的上游。

表 3　上尼亚加拉河冰坝研究中所用的参数值

实例 (1)	参数						备注 (8)
	V_w(km/h) (2)	H_{mat}(m) (3)	Q_{NYPA}(m^3/s) (4)	H_o(m) (5)	σ_t(h) (6)	α_i (7)	
0	48	171.5	1 416	173.7	5	1.5	参考实例
Ⅰa	32	—	—	—	—	—	风速影响
Ⅰb	64	—	—	—	—	—	
Ⅱa	48	170.4	—	—	—	—	GIP 水位的影响(在 Material Dock 处)
Ⅱb	—	171.0	—	—	—	—	
Ⅱc	—	171.6	—	—	—	—	
Ⅱd	—	172.3	—	—	—	—	
Ⅲa	—	171.5	566	—	—	—	NYPA 引水的影响
Ⅲb	—	—	2 266	—	—	—	
Ⅳa	—	—	1 416	173.2	—	—	伊利堡平静水位的影响
Ⅳb	—	—	—	174.4	—	—	
Ⅴa	—	—	—	173.7	10	—	风期长短的影响
Ⅴb	—	—	—	—	2.5	—	
Ⅵa	—	—	—	—	5	1.0	冰厚的影响
Ⅵb	—	—	—	—	—	2.0	

模拟时假定伊利湖和河上的风速在每种情况都是常数。假定进入河道的冰密集度、湖冰厚度和伊利堡的水温分别为 20%、0.45 m 和 0.1 ℃。空气温度、露点和云量分别取 -10 ℃、-13 ℃和 10%。风向假定为西南风。

模拟的结果总结于表 4 中。对于所有的模拟来说,冰坝发展的临界弗汝德数取0.09。这个值与其他大河的观察值相吻合(Ho,1986;Sun 和 Shen,1988)。在模拟中使用的时间步长是 15 min。

表 4　上尼亚加拉河冰坝参数研究结果

实例 (1)	最大风力推高 ΔH_{max}(m) (2)	LaSalle* 处最大冰坝厚度(m) (3)	LaSalle * 处水位的最大上升值(m) (4)	最终冰前沿位置距伊利堡(km) (5)	冰坝前发展速率 (km/h) (6)	流量峰值 Q_{Total} (m^3/s) (7)	最终流量分布(%)		
							Q_T (8)	Q_C (9)	Q_{LW} (10)
0	1.14	2.68	0.52	9.75	1.49	7 662.50	21.48	54.66	23.86
Ⅰa	0.51	0	0	9.75	0	6 183.85	40.85	42.34	16.81
Ⅰb	1.98	2.52	0.55	9.75	0.89	9 906.83	18.33	56.82	24.85
Ⅱa	1.14	0	0	9.75	0	7 904.70	40.19	42.07	17.74
Ⅱb	1.14	0	0	9.75	0	7 789.76	40.31	41.75	17.94
Ⅱc	1.14	2.87	0.49	9.75	2.1	7 609.02	19.61	55.69	24.70
Ⅱd	1.14	2.24	0.29	9.75	2.47	7 312.89	19.35	56.70	23.95
Ⅲa	1.14	2.84	0.53	9.75	1.84	7 645.47	20.23	55.72	22.23
Ⅲb	1.14	2.52	0.50	9.75	1.0	7 676.31	22.97	53.72	23.31
Ⅳa	1.12	2.61	0.45	9.75	3.31	6 304.82	16.53	57.76	25.71
Ⅳb	1.15	0	0	9.75	0	9 168.40	40.40	42.26	17.34
Ⅴa	1.14	2.77	0.58	23.36	0.27	7 628.74	27.17	51.61	21.22
Ⅴb	1.14	2.59	0.48	9.75	1.14	7 807.54	21.54	54.63	23.83
Ⅵa	1.14	2.75	0.52	9.75	1.05	7 662.57	25.50	52.27	22.22
Ⅵb	1.14	2.68	0.47	9.75	1.57	7 662.59	19.85	55.63	24.53

注:* LaSalle Yacht Club.

参数研究说明了尼亚加拉河上游冰坝形成可能受风力、GIP 中的水位、NYPA 引水大小、伊利湖水位和冰厚的影响。例如，当风速度低于 48 km/h 时，冰坝就不可能在河里发生，因为从伊利湖被输送进尼亚加拉河的冰很少。而对于风速大于 48 km/h，大量的冰被送进河道，为冰坝的出现创造了条件。如果冰坝确实发生，那么，冰坝的厚度将随着排入河道的冰量的增加而增加。进入河道的风速的增加造成更多的冰，也会增加河里的流量。如果在湖泊流冰期间河道流量仍然大，那么，托拉旺达河道的冰坝即使发生的话，也会推迟。因此，在 LaSalle Yacht Club 附近河段的冰坝厚度可能更薄。

降低草岛池的水位，可能有助于流冰通过 GIP，或阻止冰坝向上游发展。但这个结论并没有考虑冰体触地对冰坝过程的影响，而这在冰坝初始阶段可能是一个重要因素。冰体触地并不能由本模型模拟。如果 NYPA 引水大，冰坝可能发生得早，但是，引水大也可能推迟托拉旺达河道中冰坝的发展。

较低的伊利湖静水位可能造成较小的冰坝；而较高的静水位可能减少冰坝发生的可能性。持续时间较长的风驱使更多和更厚的冰从伊利湖流到河中，可能产生较厚的冰坝。同样，较大的 α_i 值，该值在这里提出的简单模型中将冰厚与风力推高联系起来，允许较厚的冰进入河道并且会导致较厚的冰坝。

这些结论基于模拟中所使用的假设条件。由于另外一些影响尼亚加拉河上游冰坝出现的重要因素不能精确地用 RICEN 进行模拟，最值得注意的是在 GIP 中的二维水力和冰输送过程特性不能模拟，所以这些结论不能直接应用于原型。为了对冰坝过程进行进一步评估，要利用二维动态冰水力学模型来验证这些结论(Shen 等，1994)。

为了估计在托拉旺达河道其他位置出现冰坝的可能性和这些冰坝的影响，又进行了附加的模拟，概括于表 5 中。表 5 中的实例 Ⅰa 与表 3 中的实例Ⅵb 是一样的，只是冰坝开始的地点不在 NYPA 引水口附近。由于冰坝发展的临界弗汝德数随冰块特性而变化，并且会影响到托拉旺达河道中冰坝可能开始的地点，所以进行了三种不同临界弗汝德数的模拟。前面分析中使用过的经验冰坝起始标准被应用于整个托拉旺达河道中，以便找到冰坝可能初现的地点。

表 5　上尼亚加拉河托拉旺达河段冰坝形成分析结果

实例 (1)	V_w (km/h) (2)	Fr_c (3)	最大风力推高 ΔH_{max}(m) (4)	LaSalle 的最大冰厚 (m) (5)	LaSalle 的最大水位上升(m) (6)	最终冰坝前沿位置距伊利堡 (km) (7)	冰坝发展速率 (km/h) (8)	流量峰值 Q_{Total} (m^3/s) (9)	最终流量分布(%) Q_T (10)	Q_C (11)	Q_{LW} (12)	冰桥位置断面 (13)
Ⅰa	48	0.09	1.14	2.68	0.49	9.75	0.89	7 651.77	19.52	55.83	24.65	15
Ⅰb	48	0.12	1.14	2.75	1.01	9.75	2.47	7 651.77	13.85	58.99	27.16	15
Ⅰc	48	0.15	1.14	2.75	1.00	9.75	2.50	7 651.77	13.96	61.23	24.81	15
Ⅱa	64	0.09	1.98	3.18	0.57	9.75	2.16	9 893.64	8.31	62.08	29.18	15,11,10
Ⅱb	64	0.12	1.98	2.0	0.57	9.75	1.51	9 893.64	5.45	63.85	30.70	15,11,10
Ⅱc	64	0.15	1.98	2.5	0.53	9.75	1.92	9 893.64	6.76	66.47	26.77	15,11,10

注：LaSalle Yacht Club.

模拟结果(见表5)显示,冰块厚度和弗汝德数都是确定冰坝开始位置的重要因子。在托拉旺达河道中,有两个浅河段。其中之一是在草莓(Strawberry)岛和南大岛桥 (South Grand Island Bridge)之间,另一个在卡尤加(Cayuga)岛和托拉旺达岛之间。根据假定的冰桥生成标准,冰坝很可能从这些河段开始。然而,由于在草莓岛和南大岛桥之间有一个复合的河道断面,断面有深的主槽和宽浅的滩地,因此冰坝不太可能发生在此河段。

5 总结

本文描述了利用河冰模型 RICEN,分析了上尼亚加拉河的冰情和水情的过程。模型首先用两个历史冰坝事件的观测数据进行了率定。然后,进行了参数研究,以便检验各种水流和天气条件对托拉旺达河道中冰坝演变的影响。参数研究为减轻尼亚加拉河上游的冰坝提出了一些可供选择的办法。

分析显示,降低 GIP 的水位可能帮助流冰排出 GIP,并且能推迟甚至防止托拉旺达河道的冰坝形成。然而,这一措施可能导致 GIP 冰体触地,也可能导致托拉旺达河道中更厚的冰坝和更高的水位。GIP 处的较高水位会增加冰坝的可能性,但可能会减少托拉旺达河道的水位增加。将这两种措施结合起来,即降低 GIP 处水位来延迟冰坝的形成,然后在一合适的时间抬高水位,使得冰坝以更小的水位抬升、以更小的厚度演进,这样可能帮助减轻一些冰坝的后果。然而, 为了验证这个结论,需要使用二维冰动力学模型进行更详细和精确的模拟。

考虑到冰坝可能在其他位置而不是在鹿角堤和 NYPA 引水口之间的区域开始初生,进行了附加的模拟来确定托拉旺达河道其他地点形成冰坝的可能性。参数研究显示,冰坝的开始取决于流冰特性、水流状况和河流几何特征。冰坝可能在其他地点开始而不是在鹿角堤的下游。分析显示,当风速高时,复杂的冰坝可能出现在托拉旺达河道下游部分,并且在拉塞尔游艇俱乐部处的最大冰坝厚度和水位抬升,随着临界弗汝德数的增加而减少。研究表明,当风速为 64 km/h,临界弗汝德数在 0.09 ~ 0.15 时,冰坝可以在拉塞尔游艇俱乐部和托拉旺达岛之间河段中的一个以上位置出现。

参量研究显示,当风速低于 32 km/h 时,冰坝将不可能发生。换句话说,在托拉旺达河道中,有一个开始冰坝所要求的临界流冰量,它所对应的风速是 32 km/h。当流冰量低于这个临界值时,冰坝将不会发生。在宏大岛上游,改进伊利湖出口处的拦冰栅,或增加一个导冰装置,以便控制进入托拉旺达河道的流冰量,这样可能会减少冰坝的可能性。需要使用一个更精确的二维动态水力学模型进行附加研究,来验证这些结论。

致谢

本项研究得到了纽约电力管理局(NYPA)的支持(合同号:029494 -91)。

参考文献

Crissman R D. 1990. An on-line early warning system for ice jams and stoppage on the upper Niagara River. J. Hydr. Res., 28(6):719-728.

Crissman R D, Hollmer A. 1991. A shallow-draft icebreaker for the upper Niagara River. Proc., 6th Int.

Spec. Conf. on Cold Regions Engrg. , ASCE, New York, N. Y. , 396-405.

Crissman R D, Ettema R, Andres D, et al. 1995. Ice jamming in the upper Niagara River: processes and plan of study. J. Cold Regions Engrg. , ASCE, 9(2):89-104.

Crissman R D, Chiu C L, Yu W, et al. 1993. Uncertainties in flow modeling and forecasting for Niagara River. J. Hydr. Engrg. , ASCE, 119(11): 1231-1250.

Estuary and coastline hydrodynamics. 1966. A. T, lppen, ed, McGraw-Hill Book Co. , Inc. , New York. N. Y.

Ho C F. 1986. Two-dimensional application of ice cover progression theories in a large river. MSc thesis, Dept of Civ. and Envir. Engrg. , Clarkson Univ. , Potsdam. N. Y.

Nezhikhovskiy R A. 1964. Coefficients of roughness of bottom surface of slush ice cover. Soviet Hydro. : Selected Papers, 2: 127-150.

New York Power Authority (NYPA). 1992. Report on January 24, 1992 upper Niagara River ice jam. Rep. Submitted to Federal Energy Regulatory Commission, Niagara Power Proj. , Niagara Falls, N. Y.

Shen H T, Wang D S. 1993. Simulation and analysis of upper Niagara River ice conditions. Rep. No. 93-10, Dept. of Civ. and Envir. Engrg. , Clarkson Univ. , Potsdam, N. Y.

Shen H T, Shen H H, Tsai S M. 1990. Dynamic transport of river ice. J. Hydr. Res. , 28(6): 659-671.

Shen H T, Su J, Lu s, et al. 1994. A two-dimensional model for dynamic ice transport and jamming in the upper Niagara River. Proc. , 12th Int. Symp. on Ice. Int. Assoc. for Hydr. Res. , (IAHR), Trondheim, Norway, 724-733.

Shen H T, Wang D S, Lal A M W. 1995. Numerical simulation of river ice processes. J. Cold Regions Engrg. , ASCE, 9(3), accepted for publication.

Sun Z C, Shen H T. 1988. A field investigation of frazil jam in Yellow River. Proc. , 5th Workshop on Hydr. of River Ice/Ice Jams, Nat. Res. Council of Canada (NRCC), Winnipeg, Canada, 157-175.

U. S. Army Corps of Engrs. , Buffalo District. 1985. Rep. on Upper Niagara River ice jam, January-February 1985. Buffalo, N. Y.

黄河下游冰情的模拟分析

汪德胜[1]　沈洪道[2]　朱庆平[3]　霍世青[3]　李振喜[3]　王志联[2]

(1. Cart Research Lab., Inc., Natick, MA 01760, USA;
2. 克拉克森大学土木环境工程系,美国,纽约, Potsdam, 13699－5710;
3. 黄河水利委员会水文局,中国,郑州)

摘要:开发了能够模拟宽浅河道中冰凌过程的河冰模型,用实测资料进行了模型率定。对黄河下游水情、冰情和小浪底水库运用对黄河下游冰情的影响进行了模拟分析,并据此提出了水库运用建议。

1　介绍

黄河下游(见图1)冬季经常受到冰凌的威胁。由冰坝造成的决堤对沿河地区构成严重的威胁(Chen,1986)。小浪底水利枢纽工程位于三门峡水库下游130 km处,其主要目的是减轻洪水和冰凌灾害以及控制泥沙,设计防凌库容20亿 m^3。

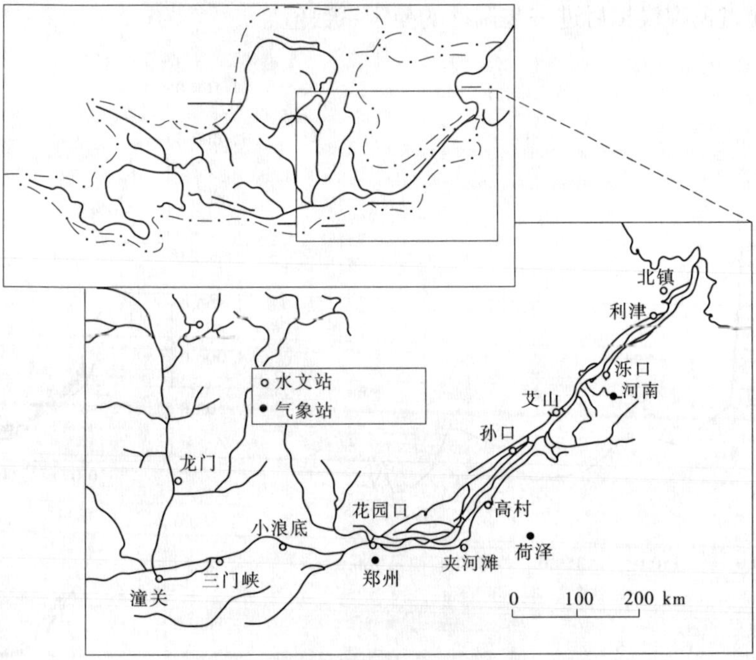

图1　黄河下游示意图

这次研究中,开发了数学模型RICEY来模拟黄河下游的水情和冰情,并用来分析小浪底水库冬季运用对黄河下游凌情的影响(Wang等,1994)。模型RICEY是从RICEN发展而来(Shen 等,1995)的,主要的修正是用改进的牛顿-辛普森(Newton-Raphson)方法改进了非恒定流模型,该方案适用于河道几何形态严重变化的浅河道。

模型包括黄河下游从小浪底水库到十八公里,河段长 820.78 km。水深变化为 0.4~4 m,流速为 0.2 m/s 到 1.5 m/s,最大弗汝德数会超过 0.4。凌期通常持续约两个月。冰盖形成通常是从河口地区的冰桥形成而开始的,在冰盖向上游发展的同时,上游其他地方也可能形成冰桥。由于水流自西南向东北方向流动,所以开河首先出现在河段的上游部分。提前开河可能引起冰坝形成和水位快速上涨。

2 模型率定

选取 1969~1985 年中 8 个冬季的资料用于模型的率定。在每年冬季到来前的 10 月份要进行 102 个大断面的测量。冬季不进行断面测量。20 个断面有水位观测资料,其中 8 个位于有流量测验的水文站上。用三门峡站的实测水温外推来作为上游水温的边界条件。

在畅流水域,河段的曼宁系数由秋季实测的河道大断面以及实测水位和流量资料来率定。河道阻力用曼宁系数 n_b 来表示,可以认为包括了河床糙率和冬季河道几何特性变化的双重影响(Yang 等,1994)。由于河道形状年年变化,所以每年必须进行曼宁系数 n_b 的率定。图 2 显示了在三个冬季中,流量为 500 m^3/s 时率定的曼宁系数 n_b 值。有几个断面的曼宁系数 n_b 有局部性的增加。1979 年冬季三个主要断面率定的曼宁系数 n_b 也显示于图 2。图中的散点是直接从实测水位和流量资料用曼宁方程计算出的曼宁系数初始估值。实线为通过模型模拟后进一步调整的曼宁系数值。

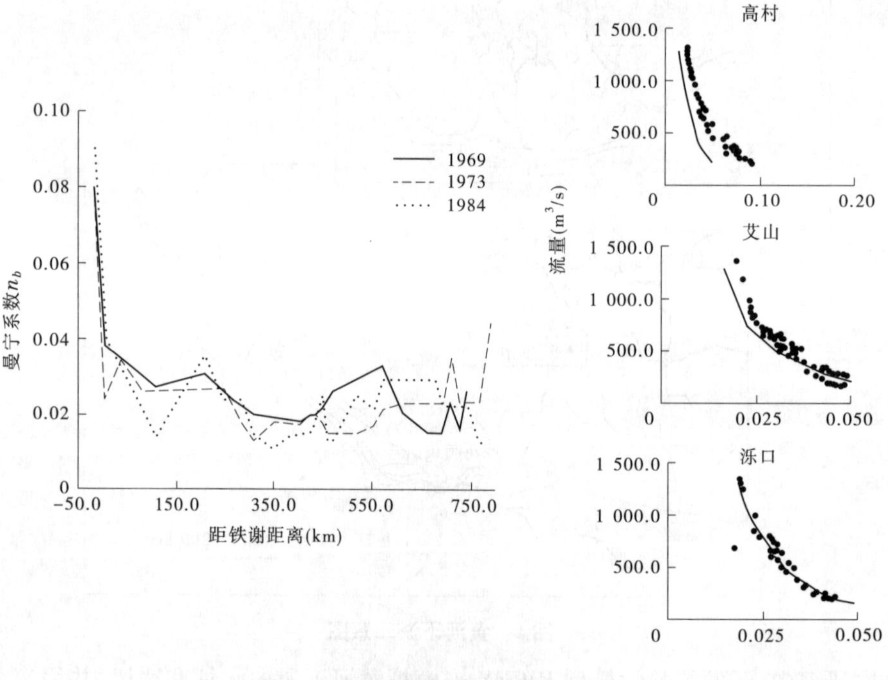

图 2 沿河主要断面上的曼宁系数 n_b

因为缺乏复杂河冰过程的完整理论描述,所以大量参数需要率定。没有一种好的方法能利用可得到的有限的野外观测数据而同时校准所有的这些参数。在本次研究中,使用了由 Wang 和 Shen(1995)开发的率定方法。

有些模型参数已有好的给定值,不需要大的调整就可应用于模型中,这些参数见表1。率定的模型参数值见表2。在率定中,冰盖初生位置和时间根据野外观测资料确定。1979~1980年冬季三个水文站的流量、水位和水温的模拟值与实测值比较见图3。

表1　模型中所用的物理常数

定义	数值
表面冰进入悬浮层的系数(s^{-1})	1.15×10^{-5}
冰坝方程中所用的河岸黏度(kg/m^2)	80.0
冰盘厚度(m)	3×10^{-4}
冰盘直径(m)	2×10^{-3}
河床上冰沉积系数	1.0×10^{-8}
水气热传输系数 h_{wa}(W/(m^2·℃))	19.71
冰盖中固态冰壳的压缩强度(MPa)	0.8
冰水之间热量交换的纳塞尔特数(Nusselt No.)	4
冰体的内摩擦角	46°

表2　率定的模型参数

定义	数值
在并置模式中冰盖发展的临界弗汝德数	0.06
流冰花的初始厚度(m)	0.01
冰堆积的孔隙度	0.4
冰盖粗糙度的指数衰减常数(d^{-1})	0.007
冰盖的初始曼宁系数	0.03~0.058
冬季结束时冰盖曼宁系数	0.02~0.035
临界温度,低于此温度流冰可在水平方向上以无限速度形成(℃)	-0.4
冰块的初始厚度(m)	0.1
临界流速,高于此流冰和岸冰就不可能发展(m/s)	1.3
进入表面层的粒状冰速率 αv_b(m/s)	0.000 7
气-水界面的风拖曳力系数	$(1.0\sim1.5)\times10^{-3}$
气-冰界面的拖曳力系数	1.55×10^{-3}
新形成冰盖的最大密度	0.65
最大水面流冰密度	0.90

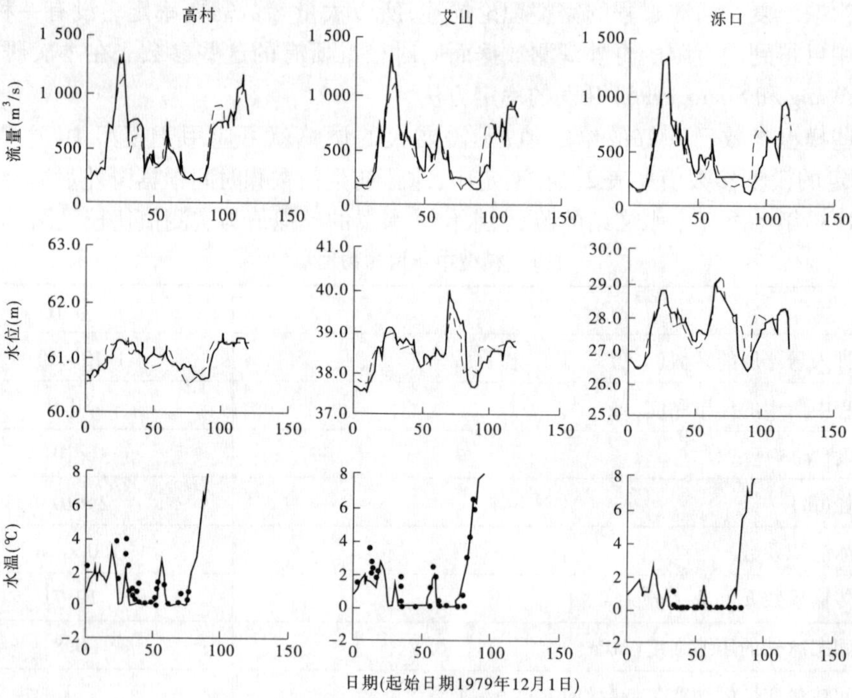

图3　流量、水位和水温的实测与模拟比较

3　实例分析

由于河流几何形状年年变化,所以选择一个典型冬季(1979～1980年)的水力参数进行实例分析,这些参数包括河道形态、曼宁系数以及侧向流。

冬季郑州、济南、北镇的日平均气温资料是可用的。资料的长度为33～44年。图4显示了郑州41年平均年气温的分布。由此图就可以获得所选重现期的年平均气温 T_O。

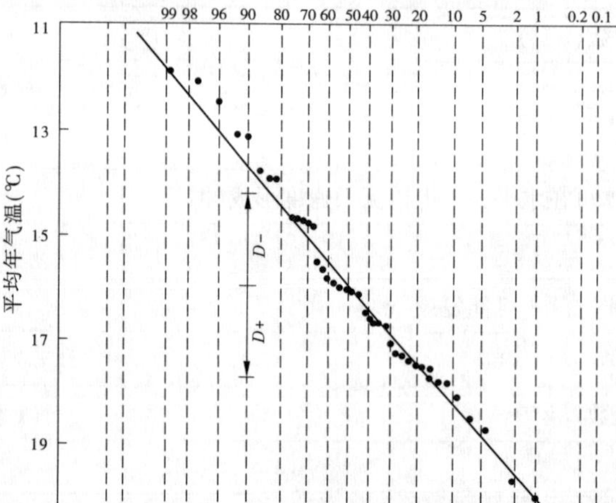

图4　郑州平均年气温概率分布

气温的周期性已得到广泛认识。一年中气温随时间的变化,可以用一个傅立叶级数来表示(Song 等,1983; Foltyu 和 Shen,1986)。利用长期气温数据使用一种优化方案从最初的 100 个谐波中寻找出 20 个统计上最重要的谐波。用选定的平均年气温加上这些谐波生成的时间系列,用来模拟日气温。

在上游边界处,即小浪底,水流边界条件是水库的泄流量。在十八公里处的下游边界条件受到河床改变以及冰情的影响,确定时有一定困难。该处的冰盖是从其下游河口地区开始发展而形成的。在模拟率定中发现,当下游边界处的表面冰密度达到 45% 时,水位就会较畅流时的水位上升。这显示在河口发生了冰桥。在实例分析中,这种由冰影响而导致的水位上升可以用下式来计算:

$$\Delta H_{ca} = \frac{C_a}{C_{a,\max}} \Delta H_{\max} \quad 当 C_a \leqslant 0.45 \tag{1}$$

式中:ΔH_{ca} 为水位上升;C_a 为水面冰密度;$C_{a,\max}$ 为最大水面冰密度,0.9;$\Delta H_{\max}$ 在十八公里处的水位增加,1979 ~ 1980 的冬季为 1.5 m。假定,当 $C_a = C_{a,\max}$ 时,水位就等于冰盖水位。

小浪底水库比三门峡水库库容大。这意味着,小浪底水库的出库水温要高于三门峡水库。在这次研究中,小浪底水温保守地用三门峡的实测水温来近似。

根据临界无因次冰输送能力 $\left(\frac{Q_i}{Q_w}\right)_{cr}$,选定河道断面的冰桥形成标准。在此 Q_i 为流冰量;Q_w 为水流量。然而,冰桥形成时的无因次冰流量值,取决于各种不同因子,包括河道形态、气温和冰块厚度。野外观察值(YRCC,1984)显示,有 7 个主要冰桥形成位置。根据模拟率定,确定了在这些位置的 $\left(\frac{Q_i}{Q_w}\right)_{cr}$ 值,见表 3。

表 3　冰桥形成位置和标准

断面	夹河滩	高村	艾山	泺口	刘春家	利津	十八公里
位置(km)	210.62	277.37	466.93	577.23	681.63	736.53	794.78
$(Q_i/Q_w)_{cr}$(%)	4.5	2.0	1.2	1.0	1.0	2.0	1.5

黄河下游影响冰情的主要参数是气温、流量和小浪底水库的水温。用各种不同参数组合进行模拟,来检验它们对冰情的影响。

冬季可以分成五大类:百年一遇的寒冷(C100)、冷(C)、正常(N)、暖(W)、百年一遇的暖(W100)。正常冬季定义为气温 T_O 值等于长系列的平均值 $\overline{T}_O$。冷冬气温为 $T_O = \overline{T}_O - \sigma_{T_O}$,暖冬为 $T_O = \overline{T}_O + \sigma_{T_O}$。一个标准差的变化 σ_{T_O} 对应为 6.3 年的重现期。实例 C100 和 W100 表示 100 年一遇的极冷年或极暖年,W100 没有包括在参量研究中,因为这样的暖冬将不会形成冰。

对小浪底的三种泄流方案进行了模拟。这三种方案是:①大流量方案:在整个冬季保持流量 1 000 m^3/s 不变;②中流量方案:在整个冬季保持 500 m^3/s 流量不变;③调节方案:在冬季开始时流量为 1 000 m^3/s 的大流量,然后,在十八公里的水温降到 0 ℃5 天后,流量减小到 500 m^3/s,而后,在冰盖开始形成后进一步减小到 350 m^3/s,并且维持这个流量直到开河。

表 4 中给出了 13 个模拟结果。在所有的模拟实例中,除了实例Ⅳ以外,上游边界的水温都假定与三门峡的实测水温一样。在实例Ⅳ中,上游水温增加了 1 ℃,以检验水库水温的影响。表 4 还给出了利津站凌期的最高水位($H_{max,LJ}$)、最大流量($Q_{max,LJ}$)、最大冰厚($h_{max,LJ}$)值,也给出了实测的冰盖上首位置距下游的距离(L_e)。图 5 和图 6 给出了利津站水位达到凌期最大值时实例Ⅲa 沿河的水面剖面和其他实例的水面剖面与实例Ⅲa 的离差。

表 4　实例分析结果

实例编号	泄流方案	天气情况	$H_{max,LJ}$(m)	$h_{max,LJ}$(m)	$Q_{max,LJ}$(m^3/s)	L_e(km)
Ⅰa	大流量	N	13.75	0.0	1 100.0	30
Ⅰb		C	15.5	1.75	1 500.0	180
Ⅰc		W	12.4	0.0	730.0	15
Ⅰd		C100	16.75	2.2	1 500.0	240
Ⅱa	中流量	N	12.3	0.0	550.0	125
Ⅱb		W	12.5	0.0	600.0	240
Ⅱc		C	12.0	0.0	500.0	15
Ⅱd		C100	14.55	1.3	610.0	340
Ⅲa	调节流量	N	12.0	0.0	360.0	125
Ⅲb		W	12.25	0.0	340.0	240
Ⅲc		C	11.7	0.0	350.0	15
Ⅲd		C100	11.9	0.0	280.0	415
Ⅳ		C	12.25	0.0	340.0	240

模拟结果表明,对于正常和暖冬来说,小浪底 1 000 m^3/s 的大流量可以阻止冰盖的形成,而在冷冬下游河段中仍可形成冰盖。在这些冷冬年份(实例Ⅰb 和Ⅰd),封冻最高水位、冰塞厚度和开河流量都会出现。当小浪底流量减小时,封河水位、冰盖厚度和开河流量也会减小(实例Ⅱb 和Ⅱd),而冰盖的前缘将会进一步向上游发展。小浪底水库的出流水温升高 1 ℃就会引起产冰量的减少,下游河段封冻长度也会减少。模拟结果显示,为了控制黄河下游的冰情,一个好的泄流方案是:河水在结冰点以上时保持大约 1 000 m^3/s 的大流量;在下游水温降到 0 ℃以后,流量应当逐渐地减小到 500 m^3/s;然后封冻开始后流量进一步减小到 350 m^3/s,并且保持这个流量一直到开河。在整个冬季都保持大流量,在暖冬或正常的冬季可以完全阻止冰盖的形成。然而,

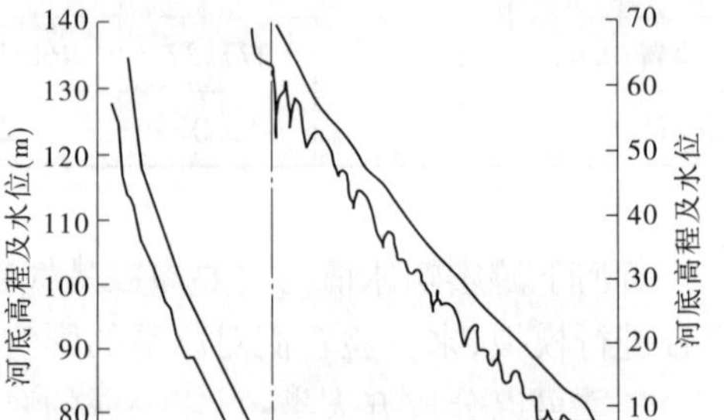

图5　1 月 28 日实例Ⅲa 沿河水面与河底剖面

一旦碰到天气转冷就有产生高水位封河的风险,所以不推荐这种方案。

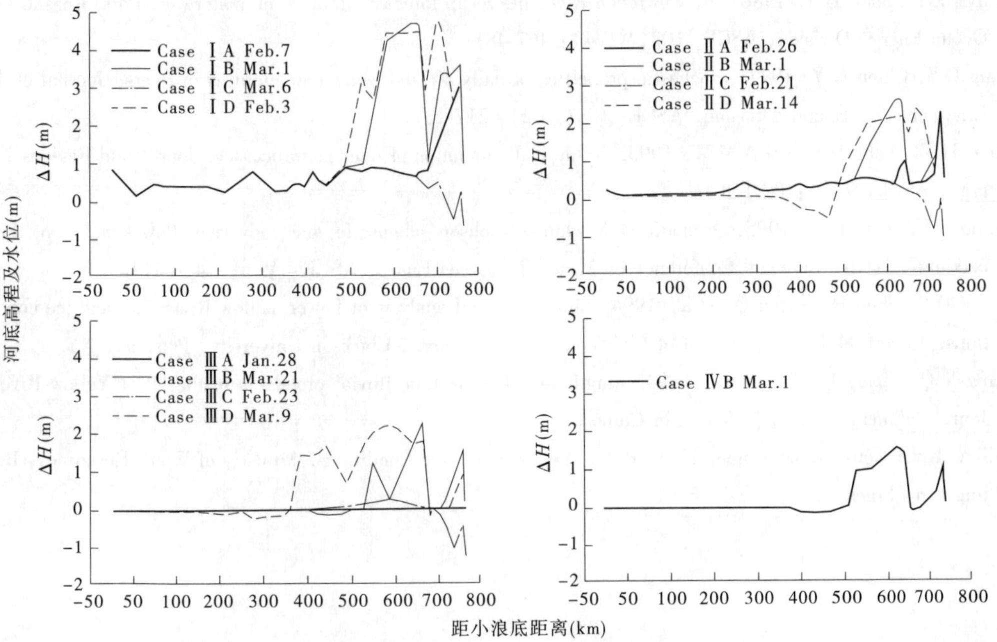

图6 水面剖面与实例Ⅲa的离差

由于河道形态随时间而变化,因此在将来的模型应用中河床几何形态应当用最新资料。从长远来说,应该开发一个包含泥沙对河道影响的河床变化模型,并且与现在的河冰模型结合应用。

4 总结

对于小浪底水库以下820.78 km的黄河下游河段,开发了一个计算机模型。模型开发和完善中的一个主要困难,是缺乏冬季变动河床几何形态的信息。大断面测量仅仅在每年冬季前进行一次,而在冬季期间没有测量资料。因为河道几何形态的不确定性,所以,水情和冰情的模拟也不可能很精确,需要开发冬季泥沙输送和河床变化模型来与河冰模型进行耦合。尽管有这个问题,但是,模拟结果与野外观测值吻合良好。应用模型的实例分析显示了天气和小浪底水库运用对冰情的影响。根据模拟结果,提出了小浪底水库在黄河下游防凌运用中的调度建议。

致谢

本项研究得到了世界银行项目CPR/91/621的支持。作者要感谢D. Gunaratauam博士和曹寿林先生宝贵的意见。

参考文献

Ashton G D. 1986. River and Lake Ice Engineering. Water Resources Publications. Littleton, Co., 256.

Chen Z. 1986. Ice problems on the Yellow River. proceedings of IAHR Symposium on Ice, Vol. Ⅲ. Iowa

City, Ia. , 25-47.

Foltyn E F, Shen H T. 1986. St. Lawrence River freeze-up forecast. Journal of Waterway, Port, Coastal and Ocean Engrg. Division, ASCE, 102(WW4): 467-481.

Song C S, Chien C Y. 1977. Stochastic properties of daily air and water temperatures in rivers. Journal of the Environmental Engrg. Division, ASCE. 103(EE2): 217-231.

Shen H T, Wang D S, Lal A M W. 1995. Numerical simulation of river ice processes. Jour. Cold Regions Engrg. , ASCE, 9(3):107-118.

Wang D S, Shen H T. 1995. A modified Newton – Raphson scheme for unsteady river flow simulation. Proceedings, 1st International Conference on Water Resources Engr. , ASCE, V. I , 410-414.

Wang D S, Shen H T, Zhu Q, et al. 1994. Simulation and analysis of Lower Yellow River flow and ice conditions. Report 94-10, Department of Civil and Envirn. Engrg. , Clarkson University, Potsdam, NY.

Yang X Q, Zhaug B, Shem H T. 1994. Simulation of wintertime fluvial processes in the lower Yellow River. Jour. Sediment Res. , 2: 36-43 (in Chinese).

Yellow River Conservancy Commission. 1984. Yellow River Ice Conditions. Ministry of Water Resources, Beijing (in Chinese).

尼亚加拉河水电站入口附近冰输移的数值分析研究

宿俊山[1]　沈洪道[1]　Randy D. Crissman[2]

(1. 克拉克森大学土木环境工程系,美国,纽约, Potsdam,13699－5710;
2. 纽约电管局尼亚加拉电站,美国)

摘要:尼亚加拉河上的纽约电力管理局和安大略水利局的水力发电站在冬季运用时,要受到电站取水口附近可能出现的冰拥塞的影响。在本研究中,应用二维数学模型来研究尼亚加拉河上游水电站入口附近的冰输移和阻塞过程。也利用这些模型分析了几种可能的结构和运行措施的效果,这些措施可以用来减少冰拥塞的出现并且提高冬季电站的出力。

1　介绍

纽约电管局(NYPA)尼亚加拉电站工程以及安大略水利局(OH)的阿代备克(Sir Adamu Beck)(SAB)电站,都从位于尼亚加拉河上游的尼亚加拉瀑布上游的草岛池(Grass Island Pool)(GIP)引水(Crissman 等,1995)。加拿大和美国电站的联合发电能力约 4 500 MW。这些发电站的冬季运用,不时地受到伊利(Erie)湖湖冰流入河道的冰输移的影响。在尼亚加拉河上游的低洼区域,冰坝和随之而来的洪水时有发生。冰也给发电造成损失,因为要分出一部分水来将冰输送过尼亚加拉瀑布并减少拥塞和冰坝的可能性,所以要减少引水。

数值模型已广泛应用于研究与水资源工程的设计或管理相关的河道水流特征。几乎所有这些模型都局限于无冰条件。也有几个一维的河冰模型(例如 Shen 等,1995)。这些模型忽略了流冰输送动力,不能用来研究阻塞和冰坝过程。本文提出了一个草岛池动态冰输移和冰坝研究的数值模型(见图 1)。草岛池平均水深 3 ~ 5 m,最深点在 NYPA 引水口附近,深度为 10 ~ 14 m。在 GIP 的中心存在一个浅水区域,即深度不到 1.5 m 的区域,那里的浮冰触地并且形成一个“冰岛”。在 GIP 两侧都开挖了排冰通道以减少冰体触地的可能,使冰体保持移动能通过引水口。排冰通道起始于 NYPA 引水口处,向下游延伸到相距 3 000 m 的国际控制结构(ICS)处。该通道在大多数河段上都是复式断面,通常宽 300 m,在靠近河堤 150 m 宽的那部分通道有 3 m 深,距离河岸 150 ~ 300 m 宽的部分通常为 1.8 m 深,有部分河道更深一些。加拿大的西排冰通道从威尔兰德(Welland)河一直延伸到国际控制建筑物(ICS)处,沿 GIP 的加拿大河岸长约 1 500 m。通道是矩形断面,一般宽 120 m、深 2.5 m。

有三条支流流进 GIP,分别为托拉旺达(Tonawanda)河、赤巴哇(Chippawa)河以及小西(Little West)河。典型情况下这三条支流的入流量分别占河流总流量的 42%、

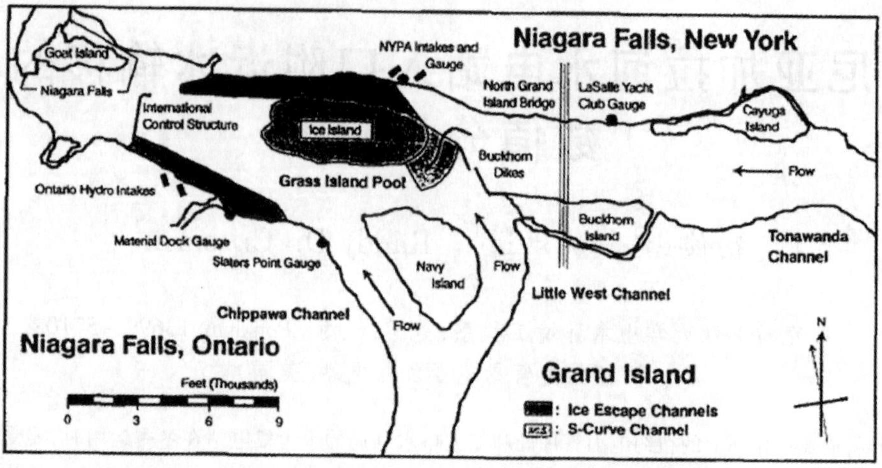

图 1　草岛池的物理特征(1 000 ft = 0.3 km)

38% 和 20%。在 GIP 下游端的水流,部分地受到国际控制建筑物(ICS)的 18 个闸门的控制。由于沿着水池边界的水电站引水口、大堤以及控制建筑物和河床地形的影响,水流是二维流。在湖泊流冰期间,冰通常在 NYPA 引水口附近和排冰河道的下游发生堆积。在严重的流冰期间,在冰岛和 NYPA 引水口之间的排冰通道中,冰的移动会显著变慢甚至停止。

用野外和物理模型数据对数值模型进行了率定。利用研究 GIP 的冰输移过程时率定的模型来进行模拟。模拟程序包括基础诊断模拟和筛选模拟部分。为了更好地理解在 GIP 处冰和水流的输移过程,需要进行基础模拟。为了评估所提出的若干结构和物理校正减少阻塞和冰坝出现以及有关发电损失方面的有效性,需要进行筛选模拟。

2　数值模型

Shen 等(1993)为河流动态表面冰输移开发了一个数值模型。这个模型在本研究中被改进并应用于 GIP。

2.1　水流动力学方程

对受表面冰影响的河道水流,二维深度集成方程为:

$$\frac{\partial(\rho H')}{\partial t} + \frac{\partial(\rho q_x)}{\partial x} + \frac{\partial(\rho q_y)}{\partial y} = 0 \tag{1}$$

$$\frac{\partial q_x}{\partial t} + \frac{\partial}{\partial x}\left(\frac{q_x^2}{H'}\right) + \frac{\partial}{\partial y}\left(\frac{q_x q_y}{H'}\right) = \frac{\partial \Gamma}{\partial x} + \frac{1}{\rho}\left(\frac{\partial T_{xx}}{\partial x} + \frac{\partial T_{yx}}{\partial y}\right) + \frac{1}{\rho}(\tau_{l_2} - \tau_{b_2}) + g\eta'_s\frac{\partial h}{\partial x} - \frac{H'}{\rho}\frac{\partial p_i}{\partial x} \tag{2}$$

和

$$\frac{\partial q_y}{\partial t} + \frac{\partial}{\partial x}\left(\frac{q_x q_y}{H'}\right) + \frac{\partial}{\partial y}\left(\frac{q_y^2}{H'}\right) = \frac{\partial \Gamma}{\partial y} + \frac{1}{\rho}\left(\frac{\partial T_{yy}}{\partial y} + \frac{\partial T_{xy}}{\partial x}\right) + \frac{1}{\rho}(\tau_{l_2} - \tau_{b_2}) + g\eta'_s\frac{\partial h}{\partial y} - \frac{H'}{\rho}\frac{\partial p_i}{\partial y} \tag{3}$$

式中:t、x 和 y 为时间和空间坐标;$T_{ij} = \varepsilon_{ij}[(\partial q_i/\partial x_j) + (\partial q_j/\partial x_i)]$;$\varepsilon_{ij}$ 为总的旋涡黏性系数;下标 i 和 j 代表变量的 x 和 y 分量;$\Gamma = g\eta'_s h + (1/2)g\eta'^2_s$;$H'$ 为冰下水深,$H' = h + \eta'_s$;η'_s 为从参考基面测得的冰-水界面的高程;h 为参考基面以下的水深;q_x、q_y 为单

位宽度水流量的分量；τ_s 为冰－水界面或水面无冰时的气－水界面上的剪切应力。表面冰下的压力可以认为与水下淹没冰厚(t_i')相等的水深处的静水压力一样，即 $p_i = \rho g t_i'$和 $t_i' = (\rho_i/\rho)t_i$，这里 t_i 为冰厚。底部剪切应力用平均水深的流速 V_w 表示为 $\tau_b = c_f \rho V_w |V_w|$。摩擦系数 c_f 可以用河床曼宁系数 n_b 表示为 $c_f = (n_b^2/\alpha_k H'^{1/3})g$，其中，$\alpha_k$ 是受河床摩擦影响的总水深的部分(Shen 等,1990)。在气－水界面上，风引起的剪切应力为 $\tau_s^{(a-w)} = \gamma^2 \rho_a |W| W$，其中，$\gamma^2$ 为风对水体的剪切应力系数(Wu,1973)；W 为水面上方 10 m 处的风速；ρ_a 是空气密度。在冰－水界面上，剪切应力是 $\tau_s^{(i-w)} = \rho c_w |V - V_w|(V - V_w)$，这里，$V$ 是冰速，c_w 是水对冰体的拖曳力系数，它随冰密度和流冰的几何形态而变化。水拖曳力系数与冰的曼宁系数有关，即 $c_w = \{n_i^2 q/[(1-\alpha_k)H']^{1/3}\}$。假定糙率 n_i 随表面冰厚的变化而变化，即 $n_i = n_{i0}(t_i/t_0)$，这里，t_0 为单层冰厚度；n_{i0} 是单层表面冰所对应的 n_i。对于有部分冰盖的水面，假定总剪切应力是 $\tau_s^{(a-w)}$ 和 $\tau_s^{(i-w)}$ 的线性组合，即 $\tau_s = (1-N)\tau_s^{(a-w)} + N\tau_s^{(i-w)}$。

2.2 冰运动方程

将河流中的表面冰层看做一种连续物质，则表面冰体的运动方程为：

$$M_i \frac{\mathrm{d}V}{\mathrm{d}t} = R + F_a + F_w + F_s + G \tag{4}$$

$$\frac{\mathrm{d}}{\mathrm{d}t}(\rho_i N t_i) + \rho_i N t_i \nabla \cdot V = 0 \tag{5}$$

$$\frac{\mathrm{d}N}{\mathrm{d}t} + N \nabla \cdot V = -R_a \tag{6}$$

式中：$\mathrm{d}V/\mathrm{d}t$ 是冰块的加速度；M_i 为每单位面积冰的质量，$M_i = \rho_i N t_i$；t 是时间变量；R 为冰体的内摩擦阻力，$R = [\partial/\partial x(\sigma_{xx} N t_i) + \partial/\partial y(\sigma_{xy} N t_i)]i + [\partial/\partial y(\sigma_{yy} N t_i) + \partial/\partial x(\sigma_{yx} N t_i)]j$；$\sigma_{ij}$为冰的内应力；$F_a$ 是在气－冰界面的风应力，$F_a = \rho C_a W |W| N$；F_w 为冰－水界面的剪切应力，$F_w = -N\tau_s^{(i-w)}$；G 是由于水表面倾斜所产生的重力，为$(-M_i g \nabla \eta_s)$；η_s 为水面高程；R_a 为由于机械的再分布所引起的冰体面积的变化率；ρ_i、N 和 t_i 分别为冰体的密度、面积浓度和厚度。

当表面冰块与河床接触时，就应当考虑河床摩擦力 F_t。阻碍冰体运动的河床摩擦力，可以通过与河床接触的冰块的淹没重量进行计算，即 $F_s = N[\rho_i t_i - \rho(\eta_s + h)]g\tan\Phi_b$，在这里，$\tan\Phi_b$ 为河床对冰体的摩擦系数。

为了求解冰动力学方程，需要有冰体内部应力的基本定律。在本次研究中，使用了一种黏－塑模型(Chieh 等,1983;Hibler,1986)。这种黏－塑本构方程可以表达为：

$$\sigma_{ij} = 2\nu\varepsilon_{ij} + (\zeta - \nu)\varepsilon_{ij}\delta_{ij} - P\delta_{ij}/2 \tag{7}$$

式中：ζ 和 ν 是非线性聚集和应力黏滞度，定义为 $\zeta = P/2\Delta$ 和 $\nu = \zeta/e^2$；e 是椭圆型曲线的离心率，假定为 2；$\Delta^2 = D_{\mathrm{I}}^2 + (D_{\mathrm{II}}/e)^2$，在这里，$D_{\mathrm{I}}$ 和 D_{II}是主要的应力率。压力项可以表示为 $P = \tan^2(\pi/4 \pm \phi/2)(1-\rho_i/\rho)(\rho_i g t_i/2)(N/N_{\max})^j$(Shen 等,1990)，在此，$\phi$ 是冰的内摩擦角度；j 是一个经验常数。符号"＋"和"－"分别表示流冰的辐合和辐散。

2.3 模型的建立

在数值模型中的水流动力方程，可以利用具有集总技术和蛙跳时间步长的一种有限元法求解(Connor 和 Brebbia,1978;Wake 和 Xiao,1989)。冰运动方程,可以利用一种具有光滑质点流体动力学(露西,1977;Monaghan,1982)的拉格朗日(Lagrangian)离散质点法(DPM)求解。冰动力学和流体力学方程,通过冰－水界面上的相互作用来耦合。Shen 和 Su(1996)给出了实现 GIP 模型的详细描述。冰场用质量恒定的质点来表示。每个冰质点的质量等价于在 75 m×75 m 区域内,密度为 0.6 m、厚度为 0.3 m 的单层冰体。模拟结果对冰质点大小不敏感。为了提供流冰分布的良好描述,一般来说,冰质点大小选择为小于河道宽度的1/10。在本次研究中所使用的冰质点大小,近似为托拉旺达河道上游边界宽度的 1/15。由冻结－融化过程造成的冰体质量交换被忽略,因为它们在尼亚加拉河的应用中并不重要。

在流体力学模拟中,初始条件可以通过静水条件下的模型运用来建立。这种模拟可以从水平水面开始,逐渐改变边界条件来重复模拟初始时间的情况,直到达到稳定状态为止。同样,冰体模拟的初始条件也可以通过从无冰情况下开始的模拟来建立。

对于水动力学模拟,无论是单位流量 q 还是水面高程 η,都需要规定在一种开放边界条件下。在这次研究中,使用的边界条件是在上游边界和电厂引水口处的流量,以及在 GIP 的下游端的水位。在上游边界处 q 的分布是用流管法确定的。沿着固体边界可以使用法向零通量条件。对于冰动力学模拟,在冰的入流边界处的边界条件是冰厚、冰速以及冰密集度。边界冰速假定与按深度平均的水流速度一样。在开放的下游边界处,冰体允许自由地离开。因为 DPM 是一个拉格朗日(Lagrangian)方法,所以在这样的边界处不需要任何的特殊处理。在固体边界处应用法向零冰通量。冰质点可以正切地沿着固体边界移动。阻止冰质点运动的边界摩擦可以根据动态的库仑(Coulomb)产量标准进行计算,即 $F_l = F_c + F_N \tan\phi_b$(Hanes 和 Inman,1985),在此,$F_l$ 为冰体和边界之间的摩擦力;F_c 是黏滞力,假定为零;F_N 是冰体作用于边界的力的法向分量;$\tan\phi_b$ 为冰体的动态摩擦系数。

2.4 模型率定

流体力学模型首先用无冰条件下的野外数据进行率定。用总流量分别为 4 955 m^3/s、5 663 m^3/s、6 448 m^3/s 的 3 套野外数据来率定河床糙率(Shen 和 Su,1996)。在这次率定中使用的野外数据如下:①所选择断面的流速分布;②沿托拉旺达河道和 NYPA 排冰河道的水面纵剖面;③在物资码头(Materirl Dock)、NYPA 引水口、拉塞尔(LaSalle)游艇俱乐部、斯耐特点(Slater' s point)以及 SAB 引水口处的水位;④在 GIP 的水流流线。因为率定了这些情况下的物理模型,所以物理模型试验的测量值(Alden 研究实验室,1996)也与模拟结果进行了比较。图 2 显示了流速分布比较和模拟流速场的断面位置。图 3 显示了在模型主域中率定的曼宁系数。这个图形显示,GIP 的曼宁系数,在现在的有限元模型中约为 0.02,但在开挖的排冰河道中除外,那里的糙率系数更小。图 3 中的阴影区表示一个被称为 GIP1 的分析阻塞和冰坝可能性的控制区,这将在这节以后讨论。

在河床糙率系数率定以后再进行冰体模型参数的率定。在湖泊流冰严重的时段,大量冰体从伊利湖释放出来,流入 GIP。冰体通常从托拉旺达(Tonawanda)河道和小西河道进入 GIP。正如前面所述,在 GIP 中心的浅水区域会形成一个冰岛。在流冰严重的情况下,这个冰岛能显著地减小在 NYPA 引水口附近 GIP 冰体的输送能力,并且能使美国排冰河道中的冰体减慢或停止(Crissman 等,1995)。用 1992 年 1 月 24 ~25 日的湖泊流冰对数值模型进行了率定。之所以选择了这次过程,是因为它代表了那些会影响发电并可能导致洪水的严重冰坝过程。而且,在物理模型中对这个事件进行了严格的、非稳定模拟(Alden 研究实验室,1996),这也为数值模型的率定提供了附加的数据。

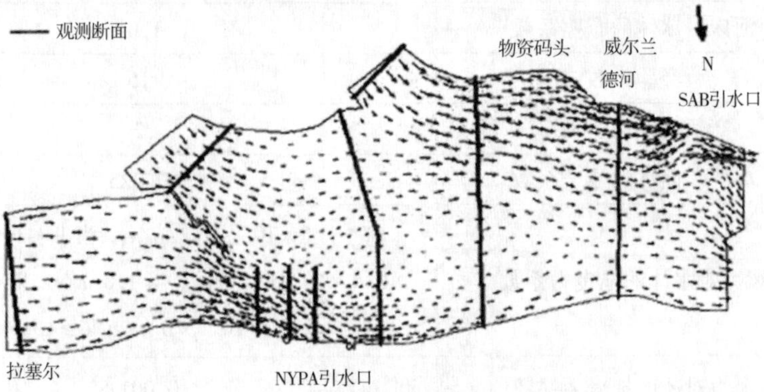

图 2　在 GIP 模拟水流分布和观测断面的位置

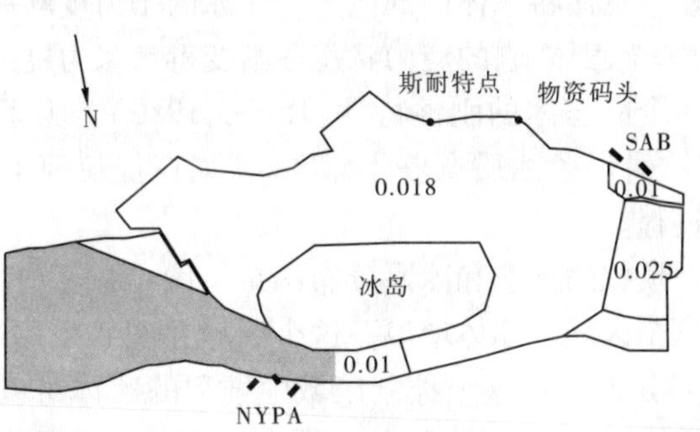

图 3　曼宁河床阻力系数的分布以及分析冰阻塞可能性的区域

在模拟中,对冰岛以及在亚当斯力普(Adam's Slip)和鹿角堤(Buckhom Dikes)的触地冰体堆积都进行了规定。这些区域在图 3 中用轻度阴影表示。在物理模型中,为了更好地重演河岸对冰体和冰体对冰体的摩擦力,虚拟质点分别放置在沿 NYPA 引水口墙和冰岛的美国一侧。在数值模型中,虚拟质点的影响可以由沿着这些边界的河岸对冰体和冰体对冰体的摩擦系数设为零来进行模拟。

冰体动态方程中包括很多模型参数,见表 1。需要率定的主要冰体模型参数是冰体糙率系数。其余参数不需要进行大量的率定。冰体内摩擦角度值与用于物理模型研究的模型冰一致,其数值通常用在一维冰坝演进模型中(例如 Wang 等,1995)。风对水体和冰体的拖曳力系数,与以前在伊利湖冰体输移率定中的结果一样(Wu,1973;Chieh 等,1983)。

表 1　在冰动力学模拟中使用的参数

参数	描述	数值
N_{max}	最大冰浓密度	0.6
ϕ	冰体内摩擦角度	46°
$\tan\phi_B$	河岸对冰体的摩擦系数	1.04
$\tan\phi_b$	河床对冰体的摩擦系数	1.04
j	经验常数	15
e	产额曲线的主轴率	2
n_{io}	单层表面冰的曼宁系数	0.025
Γ^2	风力对水体的拖曳力系数	$1.5\times10^{-6}W^{-0.2}\rho/\rho_a$，当 $W\leqslant1.0$ m/s $0.6\times10^{-6}W^{0.5}\rho/\rho_a$，当 1.0 m/s $<W<$ 15.0 m/s $3.12\times10^{-6}\rho/\rho_a$，当 $W\geqslant15.0$ m/s
C_a	风力对冰的拖曳力系数	0.001 5

非线性的黏－塑基本定律将冰体内部应力与流冰的张力度联系在一起。在冰体停止期间，冰体的特性更像一个固体，它的应力状态逐渐变得与张力度无关。黏－塑定律用很慢的流动状态来逼近一个静态冰的刚性特性（Hibler，1986）。为了克服在黏滞定律中的这种固有缺陷，提出了一种经验冰质点停止标准（在尼亚加拉河上游率定的），可以用来更好地模拟冰体停止过程。

图 4 显示了在 GIP 模拟的冰速和冰厚分布结果。图中显示有一个明显不同的区域，在 GIP 冰拥塞过程中这个区域的冰体增厚。这个区域在图 3 中用暗阴影表示，可以定义为控制区域 GIP1。在特定时期内这个控制区域中堆积的冰体可以作为 NYPA 引水口附近可能出现冰塞的指示物（Ettema 等，1994）。图 5 比较了在美国排冰河道中率定的物理和数值模型的流冰量、S 弯曲河道以及控制区域中的冰体体积。

3　基础模拟

表 2 中总结了基础模拟的水流和冰体条件。在 NYPA 引水范围内，大多数的基础模拟是在总流量为 5 663 m^3/s 的河道水流的无风条件下进行的。为了评估风的影响，在增加了河岸对冰体的阻力并加大河道流量到 8 494 m^3/s 的条件下进行了附加模拟。为了使原型中估计会发生的条件与在物理模型模拟中重复的条件更好地匹配，规定了进入模型中冰体的时变流。在大多数模拟情况下峰值流冰量为 255 m^3/s 或 637 m^3/s。这两个流冰量分别对应于 2 年或 33 年重现期的湖泊流冰量（Abdelnour 等，1996）。在模拟中，流冰量的 2/3 从托拉旺达（Tonawanda）河道进入 GIP；另外的 1/3 从小西河道进入。OH 引水总量是 1 841 m^3/s。通过调节下游水位和 ICS 闸门来维持物资码头（Material Docks）的水位在 171.3 m 的常数，这个水位是由美国和加拿大政府规定的调度极限的平均值。

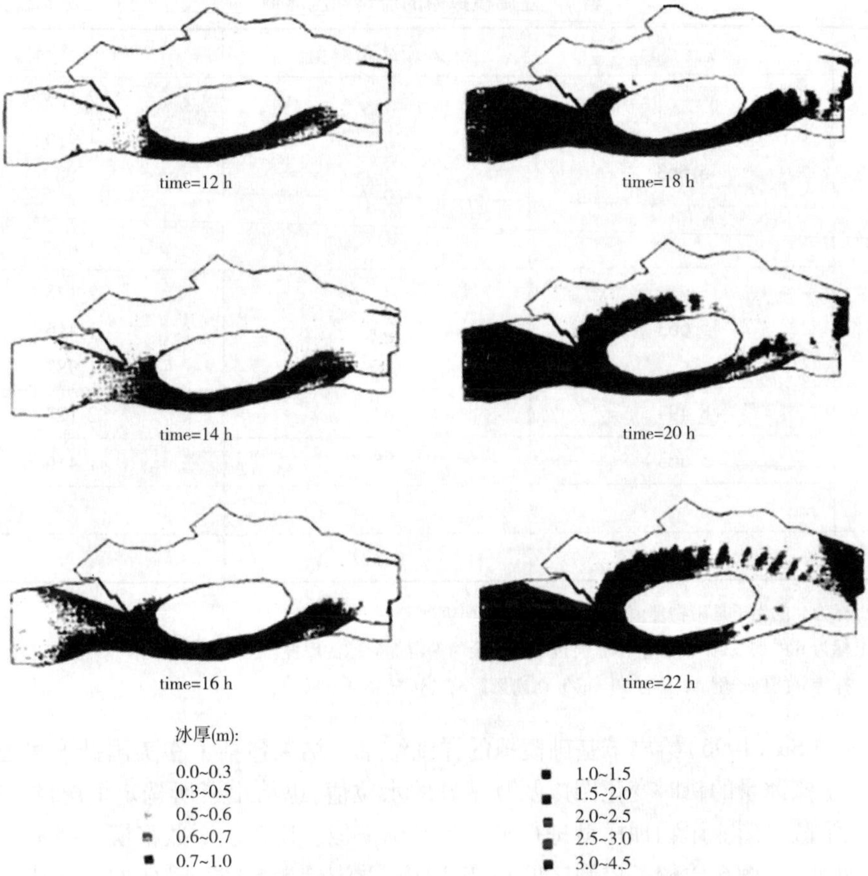

图 4　在 GIP 模拟冰体厚度的分布(1992 年 1 月 24 ~ 25 日)

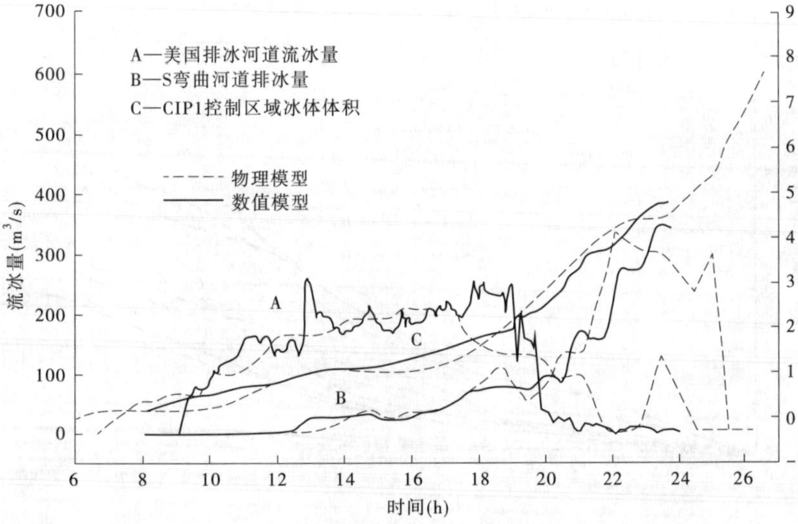

图 5　流冰量比较

表 2　基础模拟中的流量和流冰量　　（单位：m^3/s）

例子	总流量	入流冰量峰值	NYPA 引水量
A1[a]	5 663	637	2 123
A2[a]			1 416
A3			708
A4[a]			0
A5			1 699
B1[a]	5 663	255	2 123
B2[a]			1 416
B5			1 982
C1[a]	8 494	637	2 123
D1	5 663	850	1 416
E1[ab]			
E2[c]			

注：带上标为 a 的例子是用物理模型模拟的（Alden 研究实验室，1996）。

带上标为 b 的例子例 A2 是沿排冰河道考虑了全面的河堤对冰的摩擦。

带上标为 c 的例子例 A2 是有 50 km/h 西南风影响的情况。

Shen 和 Su（1996）给出了基础模拟的详细结果。结果包括了在美国排冰河道中和 S 弯曲河道中流冰量的瞬时变化图以及测站处的水位值，也给出了所选定情况的 GIP 冰厚分布的二维散点图。用物理模型进行了几个基础模拟。比较表明数字模型结果与物理模型结果相吻合。图 6 比较了控制区域 GIP1 以内、总流量为 5 663 m^3/s 的 4 种基础情形的冰体储存量的数值模拟与物理模型结果。每一种情况下的多条虚线，代表同样情况下不同物理模型运行的结果。图形也显示出，在 GIP 的冰体堆积，随着 NYPA 引水和 GIP 流入

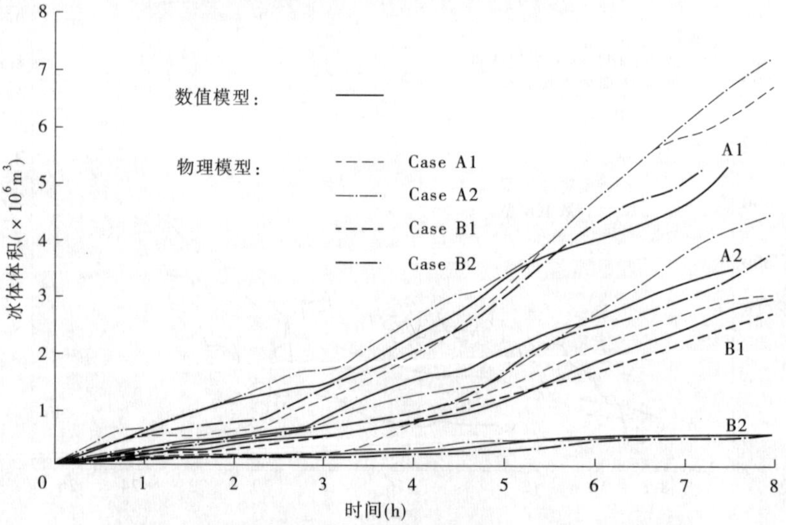

图 6　在控制区域 GIP1 中 4 种基础情形下冰体体积的比较

冰量的增加而增加。图 7 显示了 NYPA 引水对堆积在控制区域中冰量的影响,此时流量为 5 663 m^3/s,冰体流入峰值为 637 m^3/s。图中实心点表示在美国排冰河道中有冰体停止的情况。此图也显示了沿着 NYPA 排冰河道风或河岸对冰体摩擦的模拟结果(分别为例子 E1 和 E2)。风和河岸对冰体的摩擦,对控制区域中积累的冰体体积和在排冰河道中出现冰体停止所需要的时间都没有显著的影响。

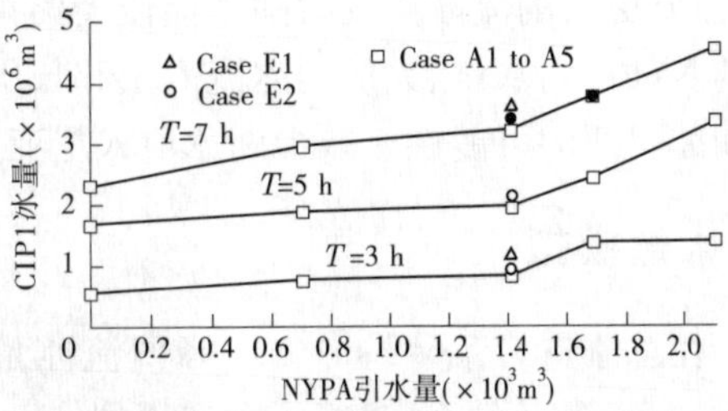

图 7　冰体流量峰值为 637 m^3/s 时 NYPA 引水对控制区域 GIP1 中冰量的影响

基础模拟的目的之一,是评估流冰量和 NYPA 引水流量对 GIP 冰体累积量的影响。在无风条件下,对于托拉旺达(Tonawanda)河道不同冰体流入量峰值,图 8 显示了 NYPA 引水量、GIP1 控制区内冰体体积和美国排冰河道中的冰坝状况之间的模拟关系。对每一个数据点都标示了距冰体流入开始的时间(h)。除了 C1 以外的所有模拟值都是在总流量为 5 663 m^3/s 情况下的,C1 时的总流量为 8 494 m^3/s。图 8 显示,对于给定的 NYPA 引水流量,当控制区域内的冰体体积达到一个临界值时,在美国的排冰河道中就会出现冰体停止现象。这个临界值,以及预测冰体停止出现的时间,随着 NYPA 引水的增加而减小,而实质上与峰值冰体流入率无关。然而,当托拉旺达(Tonawanda)河道的冰体流入减少

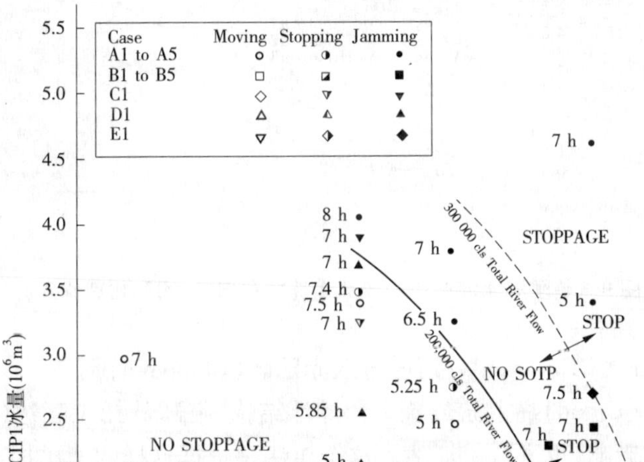

图 8　GIP1 的冰量、NYPA 引水、河道总流量与在美国排冰河道中冰阻塞出现之间的关系

时,需要更长的流冰持续时间才能使美国排冰河道中的冰体阻塞。图 7 和图 8 都显示,更大的 NYPA 引水量、大的湖冰流入量和长历时的流冰,会增加控制区域 GIP1 内的冰量,并增加冰阻塞的可能性。减少湖冰泄入尼亚加拉河是冰期减少发电损失的有效措施。

4 筛选模拟

在总流量为 5 663 m^3/s ,峰值流冰量为 637 m^3/s ,NYPA 引水量为 2 123 m^3/s 或 1 416 m^3/s的条件下,进行了筛选模拟。Shen 和 Su(1996)已经给出了筛选模拟的详细结果。在这节中对不同方法的模拟结果进行了总结和讨论。

4.1 GIP 中结构和物理修正

对 GIP 中 3 种可选择的结构和物理修正进行了模拟:

修正 1:去掉两侧鹿角(Buckhorn)大堤

修正 2:拓宽并且加深美国的排冰河道

修正 3:开挖形成冰岛的 GIP 区域,并拓宽和加深美国的排冰河道

图 9 比较了在这些修正值情况下和基础情况下控制区域 GIP1 内的储冰量。可以看出,三种方法均改进了 GIP 的冰体输移特征。去掉鹿角(Buckhorn)大堤效果最小;拓宽和加深美国排冰河道并且移去冰岛是最有效的。

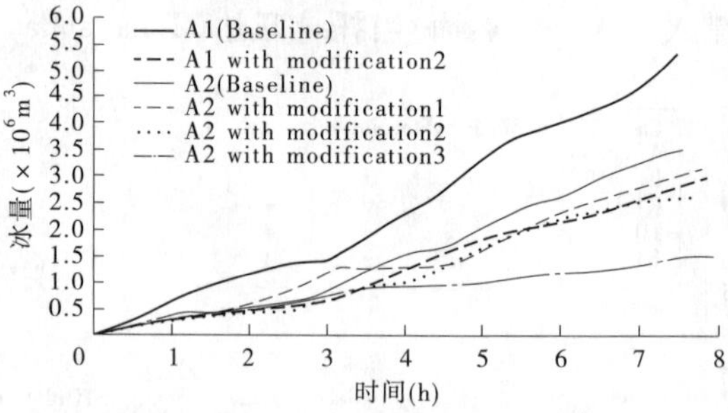

图 9 美国排冰河道中的流冰量比较(GIP 结构和物理修正)

4.2 将冰从托拉旺达(Tonawanda)河道排入赤巴哇(Chippawa)河道

对于在格兰得(Grand)岛上游放置一个漂浮结构,将冰从托拉旺达(Tonawanda)河道排入赤巴哇河道的影响,也进行了评估。这个想法是根据这样的考虑提出的,即加拿大的排冰河道比美国的排冰河道有更大的输送能力,而且,与美国的排冰河道相比,加拿大排冰河道的冰塞要比在 GIP 或赤巴哇河道冰塞的可能性小得多。为了评估此结构对 GIP 的冰输送能力和对引水口(OH)的运行所造成的影响,对 3 种可选择的方案进行了模拟。这 3 种方案如下:

修正 4: 将托拉旺达的基础流冰量 100% 转移入赤巴哇河道中

修正 5: 将托拉旺达的基础流冰量 50% 转移入赤巴哇河道中

修正 6:同修正 4,但去掉了通过在小西河道中海军岛上游增加一个防冰结构,而迫使可能从小西河道进入模型的冰体从赤巴哇河道进入的部分

在所有这些模拟中,使用了基础情况 A2 的条件,即河流总流量是 5 663 m^3/s;总流冰

量峰值是 637 m^3/s；NYPA 引水量是 1 416 m^3/s；总的 OH 引水量是 1 841 m^3/s 。在物资码头的水位是 171.3 m。

迫使更多的冰体流过赤巴哇河道是 GIP 加拿大一侧的冰体输送所主要关心的。因此，检验了加拿大排冰河道的冰体输送能力和出现在此河道中的冰停滞倾向，这与托拉旺达河道转移的冰体数量有关。图 10 比较了加拿大排冰河道中下列三种可选择条件下的冰体流出过程线：①河道总流量为 5 663 m^3/s；②NYPA 引水量为 1 416 m^3/s；③总流冰量峰值为 637 m^3/s。结果表明，现在的加拿大排冰河道的输冰能力，在模拟条件下近似为 250 m^3/s。当托拉旺达河道基础入流冰体 100% 地流入赤巴哇河道时，加拿大排冰河道就会发生冰体停滞。

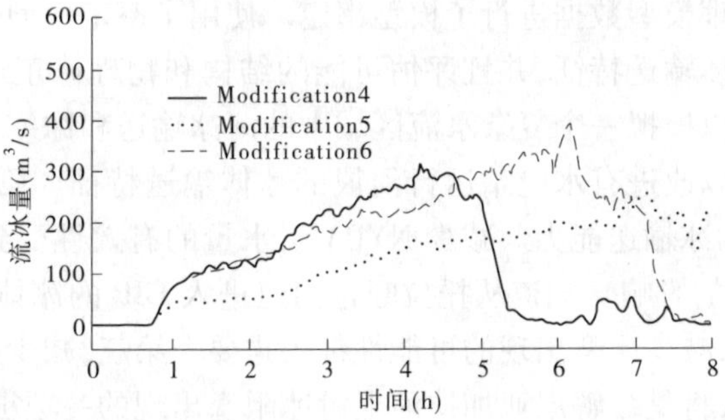

图 10　有无防冰结构加拿大排冰河道中流冰量的比较

因为在加拿大排冰河道中的冰阻塞和冰体流量，与赤巴哇河道的冰体流入关系极大，所以为了检验其影响，对不同的赤巴哇河道冰体流入量进行了三种附加的模拟。图 11 显示了通过加拿大排冰河道的流冰量与赤巴哇河道冰体流入量的关系，当时条件是：河道总流量为 5 663 m^3/s，进入 GIP 的总流冰量峰值为 637 m^3/s，OH 的总引水量为 1 841 m^3/s。当赤巴哇河道入流冰量小于 425 m^3/s 时，加拿大排冰河道接受从赤巴哇河道流入 GIP 冰量的约 67%。在赤巴哇河道冰体流入量和加拿大排冰河道流冰量之间的这种简单关系主要是缘于下面的事实所引起的，即赤巴哇河道 80% 以上的水流量是直接通过 OH 引水口的。OH 引水口和加拿大排冰河道的合成流量，要大于赤巴哇河道的入流量，但是，当 NYPA 引水量大时例外。水流挟带着赤巴哇河道流入冰量的大部分沿着加拿大河岸通过排冰河道输送。在托拉旺达河道流入冰量和通过美国排冰河道的流冰量之间不存在类似

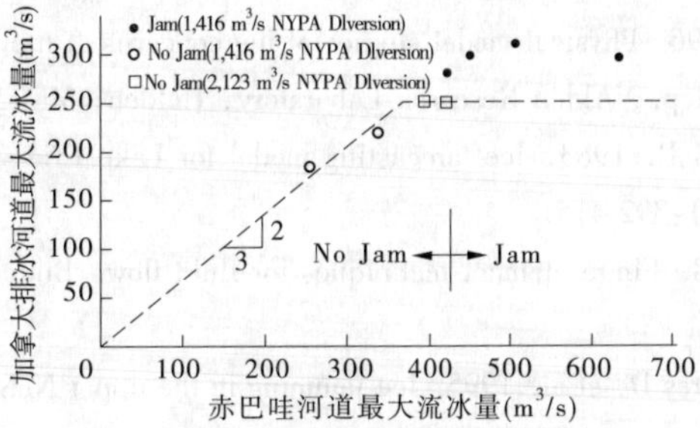

图 11　赤巴哇河道流入冰量和通过加拿大排冰河道的最大流冰量之间的关系

的关系，原因是水流类型更为复杂。图 11 也表明，当赤巴哇河道入流冰量峰值为 425 m^3/s 或更大时，加拿大排冰河道就会出现冰停滞。在正常水流条件下，加拿大排冰河道的冰输送能力大约为 250 m^3/s。NYPA 引水量的大小，总的来说，对于通过加拿大排冰河道的冰体输送没有多少影响。然而，NYPA 引水流量大时，能稍微减少在加拿大排冰河道中冰阻塞的可能性。在图 11 中增加了一种用 NYPA 引水量高达 2 123m^3/s 的模拟情况，来证明这种影响的大小。

5 总结和结论

一个河流表面冰的动态输送和拥塞的二维数值模型已应用于尼亚加拉河上游的 GIP 区域。利用原型和物理模型数据进行了模型率定。使用了率定模型来检验 GIP 现有的物理和结构构造下的冰体输送特征，并且评估可能的结构和物理修正。研究表明了下列几点：第一，数学模型可以模拟一个复杂水流区域中的河冰输送和冰塞过程。另外，它也可以用来研究抉择方案以改进有水电站运行河段的冰体输送特征。第二，减少 NYPA 引水流量，可以增加 GIP 的冰输送能力。减少 NYPA 引水量的有效性受到湖泊流冰的持续时间和流量峰值（总量）的影响。知道从托拉旺达河道进入 GIP 的冰体体积，对于有效地调整 NYPA 的引水流量，减少冰塞出现的可能性都很重要。第三，减少从伊利（Erie）湖释放进尼亚加拉河的冰量，将是缓解尼亚加拉河上游冰阻塞出现的一项很有效的措施。第四，通过 NYPA 引水口处下游及其附近大量的河床挖掘，GIP 的冰输送能力会有相当大的增加。第五，通过改变 GIP 流入冰量的分布，利用位于格兰得岛上游的防冰结构，使进入托拉旺达和赤巴哇河道的流冰量相等，这个措施可使 GIP 的冰输送能力显著增加。最后，去掉鹿角（Buckhorn）大堤将不会显著地增加 GIP 的冰输送能力。

在本次研究中，模拟局限于引水流量不变的情况。为了运行程序的开发改进，需要对流冰期间改变引水流量的影响方面进行进一步的研究。

致谢

本次研究得到了纽约电管局的支持（合同号：029494－91）。

参考文献

Abdelnour R, Comfort G, Gong Y. 1996. Assessment of ice boom technology for application to the upper Niagara River. New York Power Authority Phase II, Rep., Fleet Technology Ltd., Kanata, Ontario, Canada.

Alden Research Laboratory. 1996. Physical model studies of ice concerns at the Niagara Power Project Intake. New York Power Authority Rep., Alden Research Laboratory, Holden, Mass.

Chieh S H, Wake A, Rumer R R. 1983. Ice forecasting model for Lake Erie. J. Wtwy. Port, Coastal, and Oc. Engrg., ASCE, 109(4):392-415.

Connor J J, Brebbia C A. 1978. Finite element techniques for fluid flow. Butterworth Publishers, Stoneham, Mass.

Crissman R D, Ettema R, Andres D, et al. 1995. Ice jamming in the upper Niagara River: processes and plan of study. J. Cold Regions Engrg., ASCE, 9(2): 89-104.

Ettema R, Andres D, Carson R, et al. 1994. Criteria for increased ice discharge capacity of the upper Niagara

River. 12th Int. Ice Syrup., IAHR, Trondheim, 684-693.

Hanes D M, Inman D L. 1985. Experimental evaluation of a dynamic yield criterion for granular fluid flows. J. Geoph. Res., 90(B5): 3670-3674.

Hibler W B Ⅲ. 1986. Ice dynamics. The geophysics of sea ice, N. Untersteiner. ed., Plenum Publishing Corp., New York, N. Y., 577-640.

Lucy L B. 1977. A numerical approach to the testing of the fission hypothesis. Astronomical J., 82(2):1013-1024.

Monaghan J J. 1982. Why particle methods work. SIAM J. Sci. Stat. Comput. 3(4): 422-433.

Shen H T, Chen Y C, Wake A, et al. 1993. Lagrangian discrete parcel simulation of river ice dynamics. Int. J. Offshore and Polar Engrg., 3(4): 328-332.

Shen H T, Shen H H, Tsai S M. 1990. Dynamic transport of river ice. J. Hydr. Res., 28(6): 659-671.

Shen H T, Su J. 1996. Numerical model studies of ice transport and ice jamming in the Grand Island Pool. Rep. No. 96-1, CEE Dept., Clarkson Univ., Potsdam, N. Y.

Shen H T, Wang D S, Lal A M W. 1995. Numerical Simulation of River Ice Processes. J. Cold Regions Engrg., ASCE, 9(3): 107-118.

Wake A, Xiao Q. 1989. Upper Niagara River ice dynamics simulation, Phase I: hydrodynamic simulation of the Grass Island Pool. New York Power Authority and Ontario Hydro. Rep.

Wang D S, Shen H T, Crissman R D. 1995. Simulation and analysis of upper Niagara River ice jarn conditions. J. Cold Regions Engrg., ASCE, 9(3): 119-134.

Wu J. 1973. Prediction of near-surface drift currents from wind velocity. J. Hydr. Div., ASCE, 99(9): 1291-1301.

伊利湖(Erie) - 尼亚加拉(Niagara)河拦冰栅冰输移的数值模拟

沈洪道[1]　卢顺安[1]　Randy D. Crissman[2]

(1. 克拉克森大学土木环境工程系,美国,纽约,Potsdam,13699 - 5710;
2. Niagara Power Project. New York Power Authority, Niagara Falls. NY 14302. USA)

摘要:伊利湖(Erie) - 尼亚加拉(Niagara)河拦冰栅横跨尼亚加拉河上游伊利湖的出口。拦冰栅每年冬天进行安装,以促进伊利湖稳定冰盖的形成,并减少进入尼亚加拉河的流冰量。持续的大流冰量进入河道,可能使尼亚加拉大瀑布上游约 3 km 处的纽约电力管理局(NYPA)水电站入口附近发生冰阻塞。本文给出了对现有拦冰栅性能及其改进的有效性进行的数值模型评估,这些改进可能会进一步减少过栅的流冰量。

1　介绍

拦冰栅是一个在河流和湖泊中使用最广泛的对水面浮冰进行控制的结构(Perham, 1983; Tuthill, 1995),通常用来阻挡水面浮冰块以促进冰盖的形成。在冰盖形成以后,拦冰栅能增加冰盖的稳定性。当冰盖在外力的作用下开河时,拦冰栅可以用来控制流冰量以减少下游河段冰阻塞的可能性。当拦冰栅用做水面冰块的滞留结构时,拦冰栅上的负载主要由作用于堆积在拦冰栅上的浮冰的风和水的拖曳力所引起。当负载过量时,漂浮于水面的拦冰栅被设计为淹没,从而允许冰体越过拦冰栅以减少负载。物理模型研究已经用来帮助分析和选择各种拦冰栅设计方案,如 Burgi(1971)和 Calkins 等(1982)的研究。由于建模技术的限制,物理模型可能不可行或者不经济。数值模型可用来评估拦冰栅的设计,特别是有少量的野外观测和实验室研究获得的数据时更是如此。最近 Loset(1994)开发了一个离散单元模型,来模拟在均匀水流的破碎冰场中拦冰栅上的冰体荷载。模型仅局限于单层冰场,它亦没有模拟排冰,而排冰是一个重要的过程,尤其当浮冰运动受到拦冰栅限制时更是这样。另外,冰体对其下面水流的影响也没有考虑。

在这篇文章中,沈洪道等(1993)提出了由拉格朗日(Lagrangian)动态冰输送模型导出的一个数学模型,用来模拟伊利湖 - 尼亚加拉拦冰栅上的冰荷载、浮冰越顶阻力和浮冰释放。这个模型适用于漂浮拦冰栅,其他类型的浮冰控制结构也同样适用。

2　伊利湖 - 尼亚加拉河拦冰栅(LENRIB)

伊利湖呈西南—东北方向,这与盛行风向一致。随着逐渐靠近 LENRIB 并且以漏斗进水形式进入尼亚加拉河上游,湖泊的断面面积逐渐减小。伊利湖结冰通常开始于 1 月初。冰厚与水温到达0 ℃后的累计冻结度－日（Abdelnour 等，1994）有关。典型的冬季冰盖厚度为0.30～0.40 m。在早冬季节，冰体容易破裂、成垄以及移动，当湖面上风速超过50 km/h 持续数小时时，这些代表性的特征就会发生。风能使冰在湖面上产生堆积，在几小时内使尼亚加拉河入口处的水位抬高1.5 m 以上。如图1 所示，LENRIB 横跨伊利湖出口和尼亚加拉河的上游端。拦冰栅长2 700 m，有22 个跨度。每个跨度由13 根漂浮木料组成。每根木料长9 m，底面为0.41 m 宽、0.56 m 长。拦冰栅跨度用直径6.4 cm 的钢缆锚定在河床上（Bryce 和 Berry，1967）。尽管在河流入口上游，冰有形成拱形阻塞的自然趋势，但是，席卷湖面的风暴所产生的风力能够打散冰盖，特别在冰盖形成的初期阶段（Abdelnour 等，1994）。每年冬天要将拦冰栅安装在伊利湖上，以促进伊利湖上形成一个稳定冰盖，并减少可能进入尼亚加拉河的流冰体积。进入河流的持续大流冰量，可能在位于尼亚加拉瀑布上游3 km 的 NYPA 水电站入口附近堆积为冰坝。

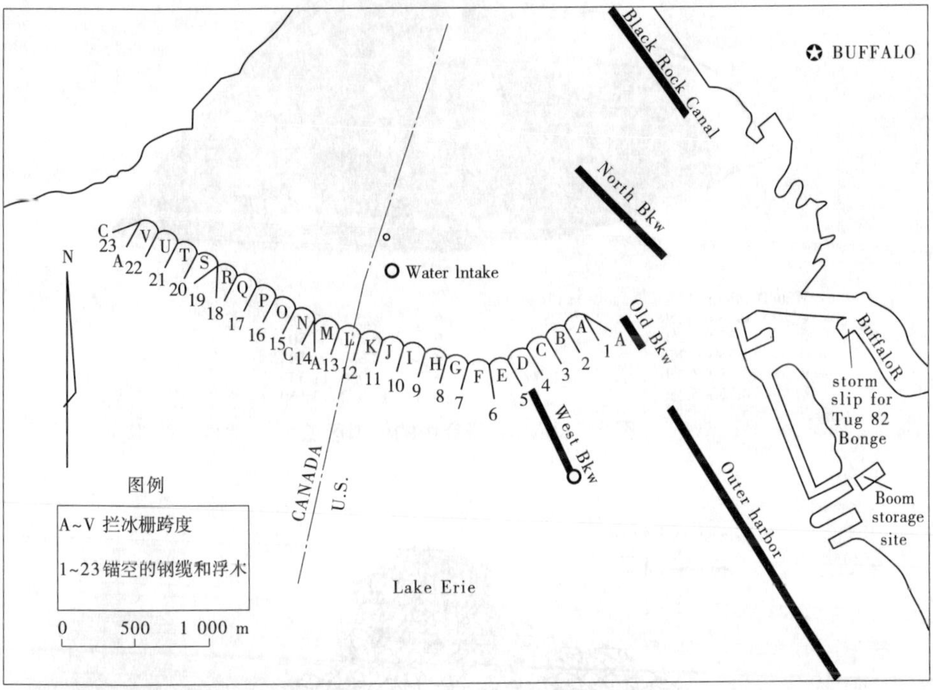

图1　伊利（Erie）湖－尼亚加拉（Niagara）河拦冰栅的位置和排列

当破碎的冰盖经过风力和水流的作用到达拦冰栅时，由于拦冰栅的推挤，冰场通常会辐合并增厚。当拦冰栅上的冰体负荷超过一定的临界值时，拦冰栅就会沉没，并允许冰体从它上面越过。该临界值与拦冰栅的浮力有关，当冰体越过拦冰栅时，冰体负载就受拦冰栅和冰体之间的摩擦影响。拦冰栅的最初设计是根据20 世纪60 年代早期应用于圣劳伦斯河上的经验设计的，并没有精确的分析或物理模型测试来评估 LENRIB 的性能。本次研究使用数学模型来评估 LENRIB 的性能，并评估可能进一步减少流入尼亚加拉河上游的冰量和频率的设计方案（Crissman 等，1995）。

3 模型的建立

沈洪道等(1993)开发了一个动态表面冰输送与水流动力学相结合的数值模型。采用该模型并进行扩充,用来模拟拦冰栅上的荷载、与荷载有关的浸没和重浮水面以及越过拦冰栅的流冰量。此模型使用了基于集总技术和蛙跳时间积分的一个有限元方法来求解流体力学方程,并且用拉格朗日(Lagrangian)离散单元法来模拟流冰动力学。模型方程总结在附录 A 中。LENRIB 研究的模拟区域如图 2 所示。面积离散成具有 524 个节点和 929 个三角单元的一个有限元网,如图 3 所示。冰场可以用拉格朗日离散单元来表示。每个单元有质量等价于 150 m×150 m 表面密度为 0.6 的单层冰。

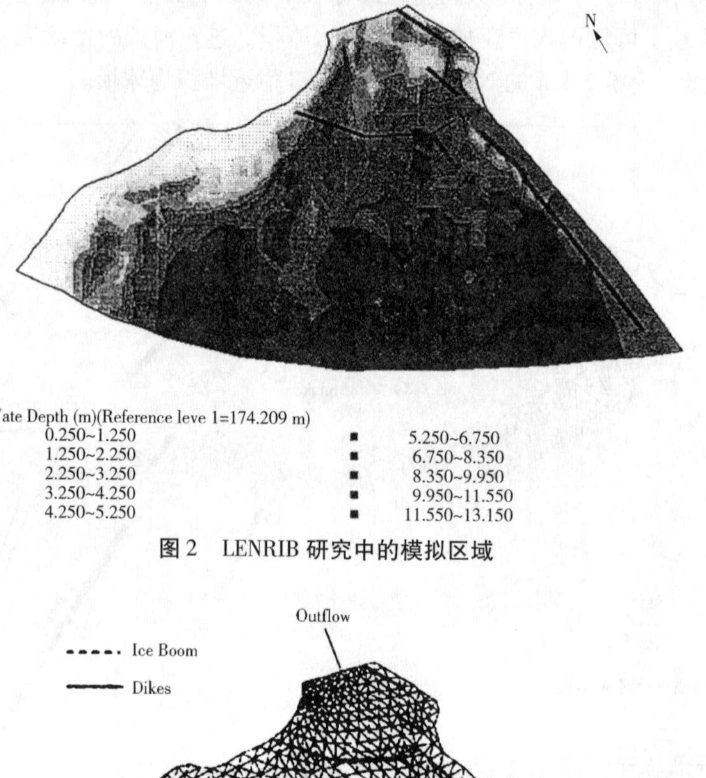

图 2 LENRIB 研究中的模拟区域

图 3 模拟区域的有限元离散化

在固体边界处,如河岸或大堤处,正对边界的冰体通量为零。冰在河岸摩擦的影响下沿着固体边界正切地移动:

$$F_f = F_c + F_N \tan\phi_B \tag{1}$$

式中：F_f 为冰体和固体边界之间的摩擦力；F_c 为冰体黏滞力（假定是零）；F_N 是冰体对边界的正压力；ϕ_B 为冰体和固体边界之间的摩擦角。边界摩擦力方向与冰包正切速度相反。假定，只有当冰体正压力作用于边界时，边界摩擦力才存在。

拦冰栅被当做一条内部边界来处理。在拦冰栅附近的冰体运动，依赖于所在拦冰栅跨度处的冰体荷载状况。当拦冰栅跨缆张力超过临界值时，拦冰栅跨度可以沉没从而允许冰体越过拦冰栅。由于很难模拟拦冰栅跨缆和冰体荷载之间的动态相互作用，所以假定每个拦冰栅跨度上的荷载是均匀的。拦冰栅跨缆的形状假定为一条圆弧，如图4所示。根据这个假设，在一个跨度中的平均缆线张力用下式计算：

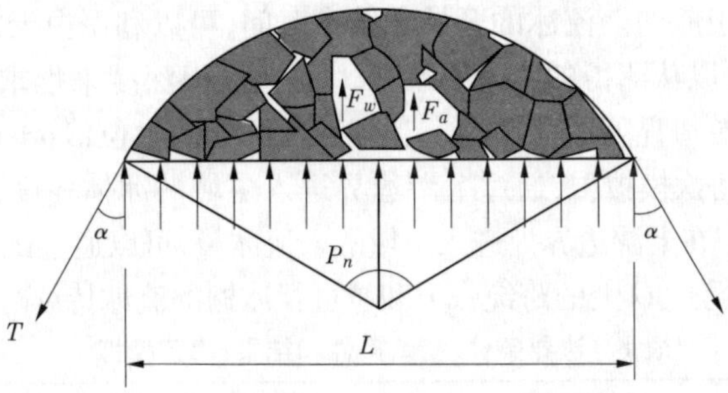

图4　作用在拦冰栅跨度上的力

$$T = \frac{1}{2\cos\alpha}\int_0^L P_n \mathrm{d}l \tag{2}$$

式中：拦冰栅跨度上单位宽度的正向荷载为 $P_n = Nt_i\sigma_n$；N 为表面冰密度；t_i 是冰厚；σ_n 为冰体作用于拦冰栅的正压力。对于现在的 LENRIB，$\alpha = 25°$，$T = 67P_n$ kN/ m。另外，作用于跨度弧和弦之间的冰体上的风力和水流拖曳力（F_a 和 F_w），与这些冰块的重量一样在模拟中被忽略。

当冰体越过拦冰栅时，由于拦冰栅和冰体之间的摩擦有一个剩余的缆线张力存在。这个剩余张力由下式计算：

$$T_R = \frac{1}{2\cos\alpha}\int_0^L \mu F_B \mathrm{d}l \tag{3}$$

式中：μ 为冰体和拦冰栅之间的摩擦系数；F_B 为拦冰栅跨度上每单位宽度的净浮力。对于已有的 LENRIB 来说，使用了 F_B 的值为 0.44 N/ m（Abdelnour 等，1995）。

当拦冰栅上的荷载减少，压在拦冰栅上的冰体重力变得小于拦冰栅的净浮力时，拦冰栅可以重返水面，来进一步阻止冰体的释放。在野外，拦冰栅的净浮力可以大于拦冰栅本身的浮力，原因是冰体可能会冻结到拦冰栅上。

模型参数包括：气－冰和气－水界面上的风拖曳力系数，水－冰界面的拖曳力系数，河床阻力系数，以及冰体的内摩擦角，都需要率定。利用 1963 年 12 月 29 ~ 30 日的资料对河床粗糙度和气－水界面的风拖曳力系数进行了率定，这是畅流时期，在模拟域中的冰体含量很低。率定河床粗糙度和气－水界面的风拖曳力系数，使水面流速与水位变化的模拟值和观测值相一致。观测的表面流速可以从移动冰块的连续航拍图像来推求。率定的河床曼宁系数 n 在 0.014 到 0.018 之间。

在 1994 年 1 月 4 ~ 11 日期间监测到的 3 个湖泊流冰事件(Abdelnour 等,1995,1996)可以用来率定模型。除了风力和流量资料外,冰体移动的录像记录,在跨度 Q 两端的跨度缆线张力(位于高流速区域)和连接跨度 P 和 Q 的连接板深度等,也都可以得到。连接板浸没资料,可以提供何时拦冰栅会沉没以及越过拦冰栅的冰体厚度信息。在这些冰体事件期间,风是西风或西南风,风速为 12.9 ~ 46.7 km/h。湖冰厚为 8 ~ 20 cm。

这三起湖泊流冰事件的特征值及其观测和模拟的拦冰栅条件如表 1 所示。连接板的排水量以及在跨度 Q 中的模拟平均缆线张力,与 1994 年 1 月 10 日流冰事件中跨度 Q 两端的实测张力之间的比较如图 5 所示。两端张力值之间的差别,是由于沿着拦冰栅跨度上荷载分布不均匀所引起的。流冰的开始和结束时间,可以利用白天的录像记录来确定。另外,时间估计值也可以从测得的跨度缆线张力和连接板深度来推求。每小时的测风资料也用于模拟中。上游边界处的水冰流量和下游边界处的水位(Fort Erie 水位计)是模拟特定的边界条件。在每次模拟中,通过上游边界进入主域的冰体厚度,可以通过累积结冰度 - 日指数进行估计。在上游边界处进入主域的入流冰量,可以通过试错法来确定,以使模拟的拦冰栅上的冰厚、跨度 Q 上的跨缆张力和越过拦冰栅的流冰持续时间与实测相一致。

表 1　边界条件、初始条件和结果:率定模拟

冰体越顶事件	FDD 度日	估计湖冰厚度(cm)	总入流冰量(10^6 m^3)	流冰历时		初始越顶冰厚(m)		冰越顶线荷载(kN)	临界缆线张力(kN)		残留缆线张力(kN)	摩擦系数 μ
				实测	模拟	实测	模拟		实测	模拟		
1994-01-05	23	10	3.042	03:15 ~ 10:19	4:00 ~ 10:30	~0.6	0.62	0.91	40 ~ 63	60	40	1.44
1994-01-08	57	14	1.701	15:15 ~ 16:00	15:00 ~ 16:00	~1.2	1.20	1.78	115 ~ 186	140	50	1.71
1994-01-11	82	20	6.210	04:15 ~ 15:00	4:30 ~ 15:30	~1.0	1.10	3.63	85 ~ 338	225	25	0.82
1975-02-25 ~26	70	17	18.768	—	8:00, 2/25/75	—	—	2.72	—	180	50	1.71

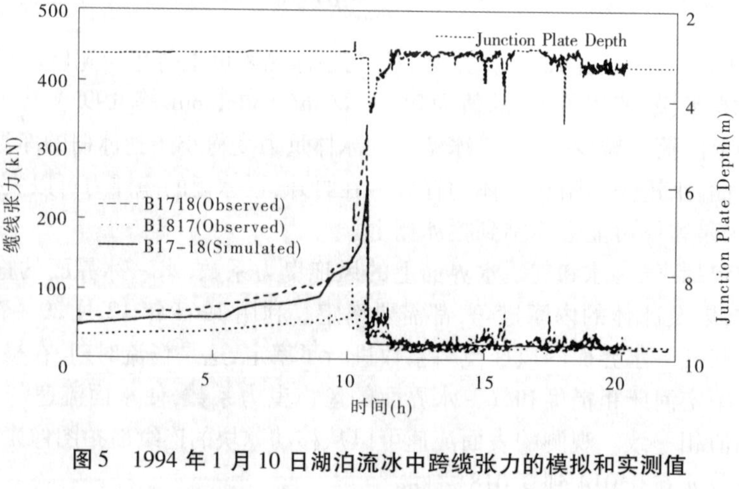

图 5　1994 年 1 月 10 日湖泊流冰中跨缆张力的模拟和实测值

表1所给出的模拟结果显示，临界缆线张力随累积结冰度-日指数而增加，这可能与黏附于拦冰栅上冰块质量的增加有关。在冰体起始越顶以后发生的缆线张力（剩余张力），可以从观测资料确定。摩擦系数可以根据缆线张力记录，假定 F_B 为0.44 N/m进行计算。计算的摩擦系数的变化反映了拦冰栅浮力的变化（由于冰体黏结到拦冰栅上）和拦冰栅与越顶冰块之间摩擦力两者的影响。率定的模型参数见表2。

表2　率定的冰模型参数

参数	数值
气-水界面的拖曳力系数 γ^2	$1.5\times10^{-6}w^{-0.2}\frac{\rho}{\rho_a}$；当 $w\leqslant1.0$ m/s $0.6\times10^{-6}w^{0.5}\frac{\rho}{\rho_a}$；当 1.0 m/s $\leqslant w\leqslant15.0$ m/s $3.12\times10^{-6}\frac{\rho}{\rho_a}$；当 $w\geqslant15.0$ m/s
气-冰界面的拖曳力系数 C_a	0.001 5
单层冰体的曼宁系数 n_i	0.025
最大冰体含量 $N_{\max}$	0.6
冰体的内摩擦角 ϕ_s	54°
冰和固体边界之间的摩擦角 ϕ_B	46°
经验常数 j	15

除率定1994年1月的流冰事件以外，也模拟了1975年2月25日发生的湖泊流冰事件。这次湖泊流冰导致了尼亚加拉河上游冰塞的形成。这个模拟的目的是验证率定的模型参数，建立模拟域上游边界处冰体流入的过程线。这种冰体流入过程线可以用于测试拦冰栅或滞冰结构的特性。

除气温、风力以及水流情况以外，这次模拟还有唯一可用的野外观测数据是估计的越过拦冰栅的冰面积流量（Thomson，1976）。上游边界处的水流量和在福特伊利（Fort Erie）处的水位都用做水动力学模拟的边界条件。根据累积结冰度-日指数，通过上游边界进入主域的冰厚估计为0.17 m。用试错法确定上游边界处入流的冰量，使模拟的越过拦冰栅的流冰量与观测到的冰面积流量过程线一致。冰模型参数与表2所列相同。主要输入和模拟结果见表1。图6比较了估计的和率定的越过拦冰栅的流冰量，并显示了模拟的跨度缆线张力。估计的流冰量是根据估计的冰面积流量（Thomson，1976）和模拟冰厚得出的。临界缆线张力是通过使越顶时间和模拟流冰量过程都与野外观测资料一致而确定的。率定的临界缆线张力和用1994年1月的模拟值导出的累积结冰度-日指数与临界缆线张力之间的关系是一致的。

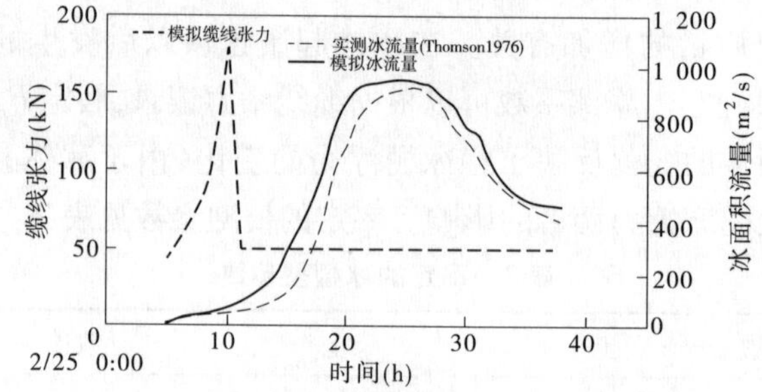

图6　1975年2月湖泊流冰时模拟和实测的越过拦冰栅流冰量与跨度 Q 处的模拟缆线张力

4　拦冰栅选择性的评估

对于1994年1月和1975年2月的流冰事件，为了确定阻止冰体越顶排出所需要的冰体的越顶阻力，需要进行模拟。模拟结果总结于表3。如表3所示，发生在1975年2月25日的湖泊流冰需要高达800 kN的临界缆线张力才能完全阻止湖冰流出。这个结果表明，要防止严重的湖泊流冰需要在拦冰栅设计中有较大的改变。因此，假定在拦冰栅越顶阻力方面作些适度的改进，可能会实质性地减少冰体排入河道。接下来，为了检验具有各种不同越顶阻力的拦冰栅的有效性，需要进行进一步的敏感性分析。

表3　对于完全有效拦冰栅的模拟条件

日期	正对拦冰栅的最大风速(km/h)	跨度 Q 处的最大缆线张力(kN)	拦冰栅上的最大线性荷载(kN/m)	最大冰厚(m)
1994-01-05	24	75	1.128	1.11
1994-01-08	28	228	2.429	1.59
1994-01-11	35	290	4.361	1.51
1975-02-25	51	800	12.030	2.20

4.1　“最糟”冰情事件的敏感度分析

对于很大范围的临界缆线张力进行了一系列的模拟，以便评估对于“最糟”的湖泊流冰事件中改进拦冰栅的冰体越顶阻力的有效性。“最糟”实例是两个分别发生于1975年2月和1992年1月的严重冰塞事件的组合。1975年2月的事件中有更大的风力，而1992年1月的事件中有更大的冰通量。模拟中使用了1975年2月25～26日的风力和水流条件及1992年1月23～24日流冰的冰厚和流冰面积。水力边界条件是上游边界处的流量和下游边界伊利堡处的水位。通过上游边界进入主域的冰厚是20 cm，入流总冰量是 $25.934\times10^6\ m^3$。

根据对圣劳伦斯河拉圣皮尔(Lac. St. Pierre)的最新野外研究(Abdelnour 等，1995，1996)，可以考虑用圆形钢浮筒代替在LENRIB中的木材。根据野外和实验室研究(Abdelnour等，1995，1996)，木材和钢浮筒拦冰栅的特征总结在表4中。图7显示了对应于现有的木拦冰栅和钢浮筒拦冰栅的“最糟”实例流冰事件中的模拟流冰量过程线，其不同的临界缆线张力见表4。所有的例子在区域上游边界处进入的冰流量都一样，限制了总流入的冰量。

表4　原木和钢制漂浮拦冰栅特征（Abdelnour 等，1996）

漂浮直径（cm(in)）	临界线性荷载（kN/m）	临界缆线张力（kN）	重返水面的冰厚（m）	拦冰栅摩擦力（μ=1.50）(kN/m)
56×40(22×16)	3.02	200	0.15	0.645
61(24.0)	4.14	274	0.30	1.425
68(26.8)	6.04	400	0.42	2.160
76(30.0)	9.06	600	0.55	3.225
86(33.9)	12.08	800	0.58	3.889
92(36.0)	15.11	1 000	0.67	4.907
99(39.0)	18.13	1 200	0.80	6.000

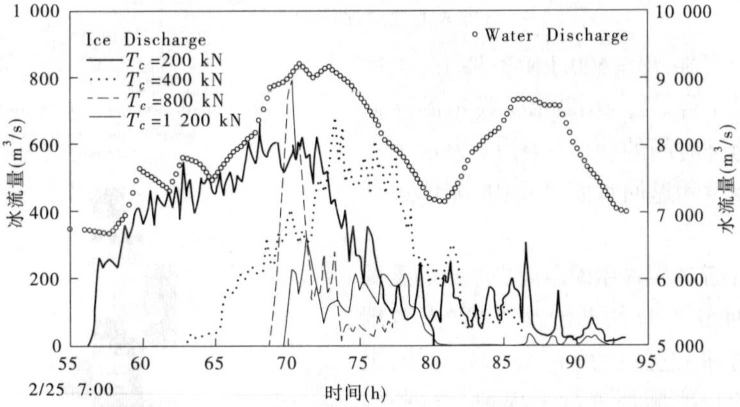

图7　对于“最糟”冰情事件模拟的越顶流冰量过程线和水流过程线

模拟结果表明，增加临界缆线张力，可以推迟冰体的越顶，但这并不一定会导致峰值流冰量及排入河道的冰量减少。当临界缆线张力大约为800 kN时，就会出现最高峰值流冰量。峰值流冰量主要取决于3个因素：①沉没跨度的个数；②冰体越过拦冰栅时的风速和风向；③冰体越顶期间拦冰栅处的冰厚。当临界缆线张力小时，有较多的拦冰栅跨度沉没以应对中等风速荷载。在这种情况下，峰值流冰量相对较小，因为在拦冰栅附近没有显著的冰体堆积，而中等风速时冰速也较低。但是，因为所有的跨度都沉没了，峰值流冰量会持续很长一段时间，在拦冰栅跨度首次沉没之后，有一个较长的时期风力会推着冰体越过拦冰栅。另一方面，当临界缆线张力很大时，仅有几个跨度沉没。当更大量的冰体堆积在拦冰栅时，在高风速情况下会出现沉没。由于冰只可以越过几个跨度，所以，造成的峰值流冰量小。当临界缆线张力中等时，在大风条件下几乎所有的跨度都会沉没。拦冰栅附近大量冰体的堆积、大量跨度的沉没与适当的冰速结合，会产生很高的峰值流冰量。

拦冰栅回到水面以及拦冰栅对越顶冰体的摩擦阻力,对越顶流冰量有重要影响。图8将模拟的越顶流冰量以及24 h排入河道的总冰量,与忽略拦冰栅返回水面和拦冰栅摩擦阻力的相应模拟结果进行了比较。这些结果表明,对于较高临界缆线张力的情况,拦冰栅返回水面和拦冰栅的摩擦,都是减少拦冰栅越顶总流冰量的重要因子。但对于较低和中等临界缆线张力来说,它们的影响是不太重要的。

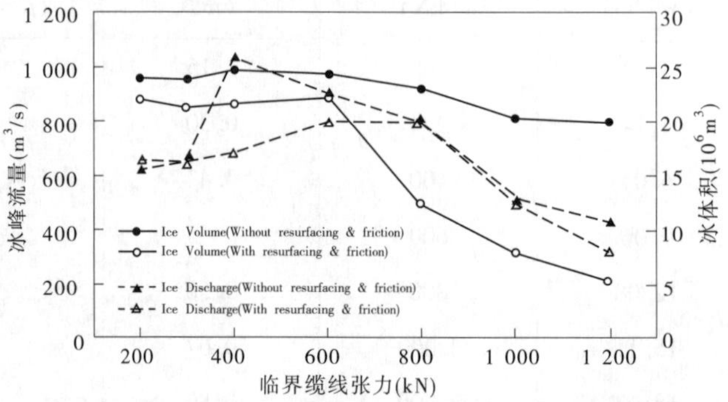

图8 "最糟"冰情事件中临界缆线张力、峰值流冰量与排入河道总冰量的关系

图9显示了在 $T_c = 600$ kN 条件下,拦冰栅跨度的沉没条件。图10显示了模拟的冰荷载分布和风速随时间的变化。图11表示了在拦冰栅跨度浸没和返回水面过程中,冰体运动形式的变化。

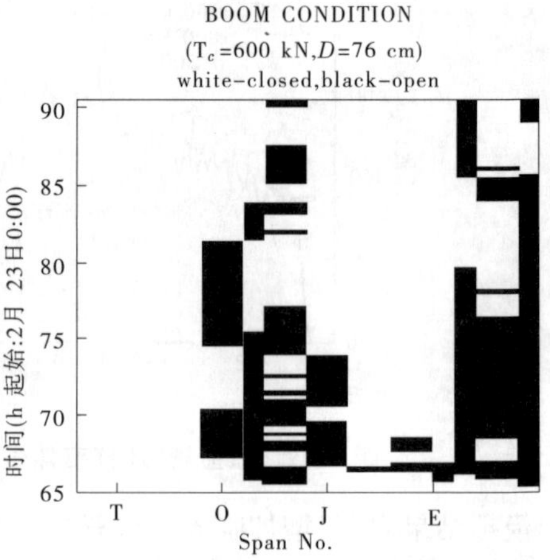

图9 "最糟"实例中,$T_c = 600$ kN 时拦冰栅跨度开口的变化

4.2 中等湖泊流冰事件中钢浮筒拦冰栅的表现

对于1994年1月的湖泊流冰事件,对现有的木拦冰栅和由直径为61 cm(24 in)的钢浮筒所组成的拦冰栅都进行了模拟。这些模拟评估了典型湖泊流冰事件中增加拦冰栅越顶阻力的有效性。由表5中的模拟结果可以看出,只要在冰体越栅阻力方面作适当改进,就可以极大地减少越过拦冰栅的峰值流冰量和排冰量。

表5 1994年1月流冰事件中钢浮筒的模拟总结

日期	浮筒直径(cm)	峰值流冰量(m^3/s)	排入河道的总冰量($\times 10^6$ m^3)
1994-01-05	56×41(木)	195	2.14
	61(浮筒)	57.5	0.477
1994-01-08	56×41(木)	305	1.20
	61(浮筒)	42.0	0.545
1994-01-11	56×41(木)	200	5.50
	61(浮筒)	80.0	1.62

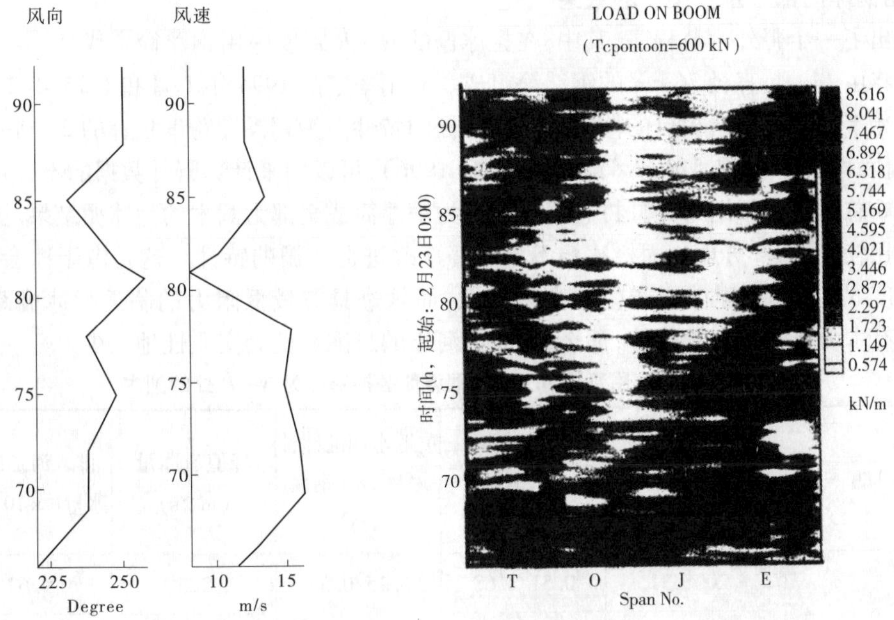

图 10　“最糟”实例中，$T_c = 600$ kN 时风速和模拟拦冰栅荷载分布

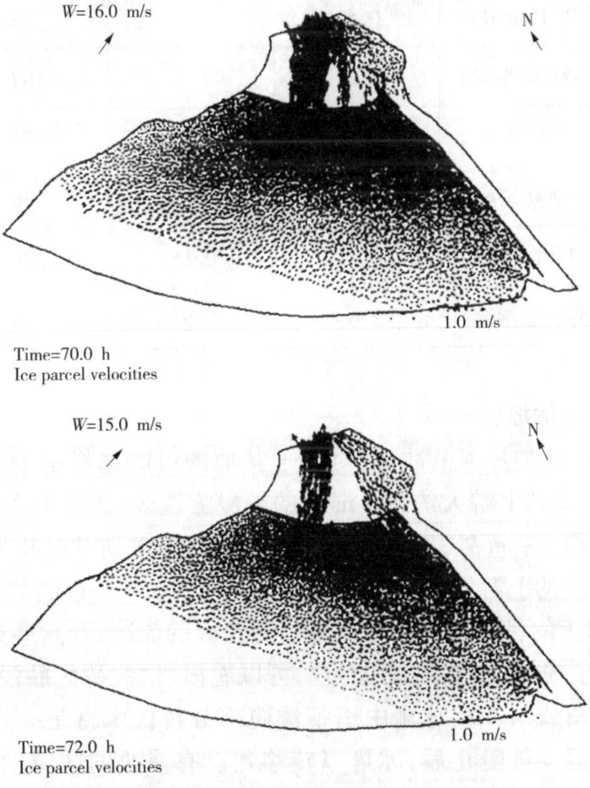

图 11　“最糟”实例中，$T_c = 600$ kN 时，冰的速度分布

4.3　用钢浮筒部分替代圆木的效果

提出了一个野外示范程序，其中，在拦冰栅的 $N \sim R$ 跨度中用钢浮筒来代替浮木。每个跨度将由 11 根、直径 76 cm 的钢浮筒组成。利用率定的 1994 年 1 月和 1975 年 2 月的湖泊流冰事件来模拟所提出的修改后的拦冰栅的特性。为钢浮筒跨度估计的 2 个临界缆线张力值，即 331 kN 和 576 kN（Abdelnour 等，1996），可以用来计算野外数据的不确定度。

表 6 总结了模拟结果并且将它们与全部为钢浮筒或全部为圆木的拦冰栅结果进行了比较。比较表明，部分地加固拦冰栅不会显著地改进拦冰栅的特性。这是由于冰会绕流过在跨度 $N \sim R$ 的钢浮筒所产生的高阻力区，而越过具有较低阻力的临近拦冰栅跨度。如果所有木材都用钢浮筒代替，那么，释放进河道的总冰量就会实质性地减少。

表 6　结果总结：用直径 76 cm 的钢浮筒替换跨度为 $N \sim R$ 处的圆木

日期	临界缆线张力，木/钢筒（kN）	拦冰栅摩擦木/钢筒（kN/m）	重返水面的冰体厚度，木/钢筒（m）	峰值流冰量（m^3/s）	排入河道的总冰量（$\times 10^6$ m^3）
1994-01-05 ~ 11	200/331	0.51/2.68	0.15/0.55	225	9.62
	200/576	0.51/2.68	0.15/0.55	225	9.91
	200（全木）	0.51	0.15	172	10.77
	600（全钢筒）	3.25	0.55	197	0.99
1975-02	200/331	0.51/2.68	0.15/0.55	405	16.39
	200/576	0.51/2.68	0.15/0.55	336	16.41
	180（全木）	0.51	0.15	376	17.68
	576（全钢筒）	2.68	0.55	510	11.57

4.4　可选择的其他冰体控制

为了减少排入尼亚加拉河的冰体，对若干其他的可能选择也进行了评估。它们包括：①将木拦冰栅移动到上游大约 500 m 处的较慢流速区；②将第 2 个木拦冰栅放到跨度 V 到 P 的上游大约 500 m 处；③利用土石堤代替跨度 N 到 O 以及 S 到 T 的跨度；④在木拦冰栅跨度 Q 到 T 的上游增加土石栅栏；⑤用阻止冰体经过的篱笆和桥墩结构代替跨度 Q 到 T。这些修正的目的是减少拦冰栅高流速区的流冰量。这些选项均用 1975 年 2 月的流冰事件进行了模拟。模拟结果见表 7，可以看出，这些替代品没有一种是有效的。这种情形中的失败模式与在拦冰栅中用钢浮筒部分替代木材是一样的。也就是说，在修改过的部分冰体运动被阻止后，冰可以转移到没有修改的区域，在那里冰可以翻越顶部。图 12 显示了这种情况下模拟的冰速和冰厚分布，即将碎石土墩放在跨度 Q 到 T 的上游的情况。

表 7　可选择的其他冰体控制的模拟总结

日期	描述	峰值流冰量(m^3/s)	排入河道的总冰量($\times 10^6$ m^3)
1	将 LENRIB 移到上游	480	17.92
2	在上游增加一个短的拦冰栅	345	16.75
3	用石堤替换所选的跨度	306	16.28
4	在上游增加一个土石栅栏	339	16.81
5	防冰结构与原木拦冰栅的结合	333	16.83

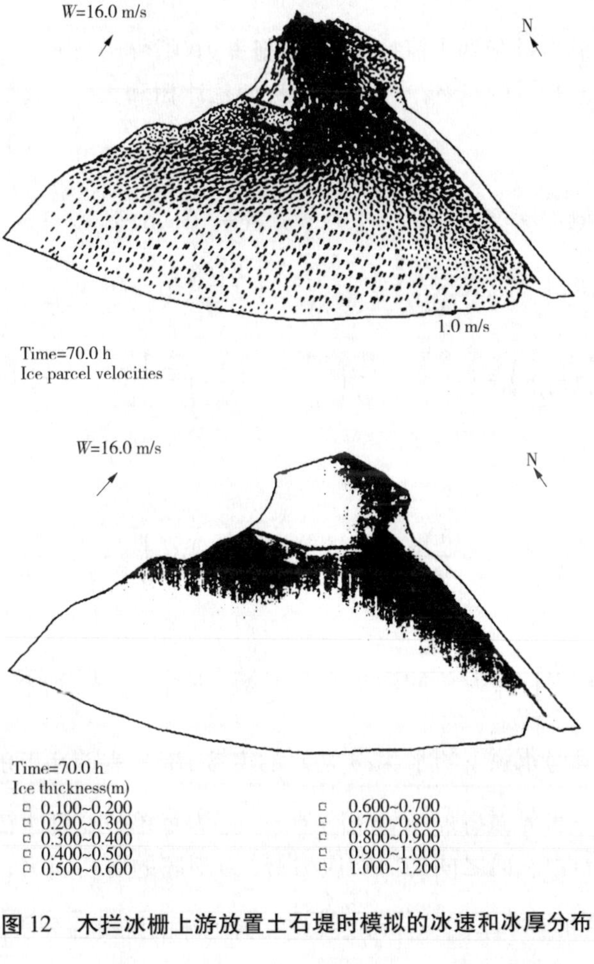

图 12　木拦冰栅上游放置土石堤时模拟的冰速和冰厚分布

5　结论

在本次研究中，扩展并应用了冰动力输送的二维数学模型，来评估拦冰栅以及冰体控制结构的特性。应用此模型来评估伊利(Erie)湖 - 尼亚加拉河拦冰栅在减少碎湖冰排入尼亚加拉河的流冰量的影响，也评估了可能选择的修正方法的影响。模拟结果表明，要改进拦冰栅设计来完全阻止冰体排进河道是不切实际的。然而，在拦冰栅越顶阻力方面作适度的改进，能够极大地减少排入河道的冰量。在高流速区的跨度上部分地加固拦冰栅，不会显著地减少越栅的流冰量。要有效地减少进入河道的流冰量，必须均匀地加固所有的拦冰栅跨度。

致谢

本次研究得到了纽约电力管理局的支持（合同号 029494－91）。作者非常感谢舰队技术有限公司的 R·阿布代尔纳（R. Abdelnour）先生在拦冰栅荷载标准方面提供的信息。

附录 A　制约方程

水体中表面冰的运动受到水流拖曳力、风拖曳力、惯性力、由于水表面倾斜所引起的重力、内部冰体压力以及河岸边界和水力结构（如拦冰栅和大堤）阻力的影响。这里对制约方程进行了总结。

1　水力学方程

包含表面冰影响的深度平均二维水力学方程是（Shen 等，1993）：

$$\frac{\partial(\rho H')}{\partial t}+\frac{\partial(\rho q_x)}{\partial x}+\frac{\partial(\rho q_y)}{\partial y}=0 \tag{1}$$

$$\frac{\partial q_x}{\partial t}+\frac{\partial}{\partial x}\left(\frac{q_x^2}{H'}\right)+\frac{\partial}{\partial y}\left(\frac{q_x q_y}{H'}\right)=-\frac{\partial \overline{N}_p}{\partial x}+\frac{1}{\rho}\left(\frac{\partial N_{xx}}{\partial x}+\frac{\partial N_{yx}}{\partial y}\right)+\frac{1}{\rho}(\tau_{s_x}-\tau_{b_x})+g\eta'\frac{\partial h}{\partial x}-\frac{H'}{\rho}\frac{\partial p_i}{\partial x} \tag{2}$$

和

$$\frac{\partial q_y}{\partial t}+\frac{\partial}{\partial x}\left(\frac{q_x q_y}{H'}\right)+\frac{\partial}{\partial y}\left(\frac{q_y^2}{H'}\right)=-\frac{\partial \overline{N}_p}{\partial y}+\frac{1}{\rho}\left(\frac{\partial N_{yy}}{\partial y}+\frac{\partial N_{xy}}{\partial x}\right)+\frac{1}{\rho}(\tau_{s_y}-\tau_{b_y})+g\eta'\frac{\partial h}{\partial y}-\frac{H'}{\rho}\frac{\partial p_i}{\partial y} \tag{3}$$

式中：$N_{ij}=\varepsilon_{ij}\left(\frac{\partial q_i}{\partial x_j}+\frac{\partial q_j}{\partial x_i}\right)$；$\varepsilon_{ij}$ 为总的涡旋黏性系数；下标 i、j 表示变量的 x、y 分量；$\overline{N}_p\equiv g\eta'h+\frac{1}{2}g\eta'^2$；$h$ 为参考水位下的水深；ρ 是水的密度；H' 为表面冰下的总水深；η' 为从参考水位起测量的冰－水界面高程；$H'=\eta'+h$；q_x、q_y 为每单位宽度水流量的分量；τ_s 为在冰－水界面或冰与自由水面之间的剪切应力；τ_b 为湖底的剪切应力；p_i 为表面冰下面的压力，$p_i=\rho g t'_i$；t'_i 是相当冰厚，$t'_i=\frac{\rho_i}{\rho}t_i N$，其定义为由冰的沉没部分所占据的平均冰厚，其中 t_i 是冰厚，N 是表面冰密度；$\vec{\tau}_b$ 是河床剪切应力，$\vec{\tau}_b=-c_f\rho\frac{\vec{q}(q_x^2+q_y^2)^{\frac{1}{2}}}{H'^2}$，其中摩擦系数 c_f 可以用河床和冰体的曼宁系数来表示：

$$c_f=\frac{n_b^2}{\alpha_h H'^{\frac{1}{3}}}g$$

$$\alpha_h = \frac{1}{1 + \left[\frac{n_i^2}{n_b^2} \frac{N(V_w - V_i)^2}{V_w^2}\right]^{\frac{3}{4}}}$$

式中：n_i、n_b 为冰体和河床的曼宁系数；$\vec{V}_w$、$\vec{V}_i$ 分别为深度平均的水流速和冰流速。

在自由水面上，风的应力可以表示为 $\vec{\tau}_s^{(a-w)} = \rho_a \gamma^2 W \vec{W}$，其中，$\gamma^2$ 为风的拖曳力系数（Wu，1973）；W 为水面上 10 m 处的风速；ρ_a 为空气密度。对于有冰盖的水面，表面剪切应力可以写为：

$$\vec{\tau}_s^{(i-w)} = \rho c_w |\vec{V}_i - \vec{V}_w| (\vec{V}_i - \vec{V}_w)$$

式中：$\vec{V}_w$是水的流速，$\vec{V}_w = \frac{\vec{q}}{H'}$；$\vec{V}_i$ 为冰的流速，$\vec{V}_i = u\vec{i} + v\vec{j}$；$c_w$ 为水对冰场的拖曳力系数。

假定系数 c_w 随着表面冰层的厚度 t_i 而变化，即

$$c_w = c_{w0}\left(\frac{t_i}{t_0}\right)^2$$

式中：t_0 是单层冰厚；c_{w0}是水对单层表面冰体的拖曳力系数（Shen 和 Su，1996）。这个系数可能与冰盖下侧的曼宁系数有关：

$$c_w = \frac{n_i^2 g}{[(1 - \alpha_h)H']^{\frac{1}{3}}}$$

对于有部分冰盖的水面，表面剪切应力假定是 $\vec{\tau}_s^{(a-w)}$ 和 $\vec{\tau}_s^{(i-w)}$ 的线性组合，即

$$\vec{\tau}_s = (1 - N)\vec{\tau}_s^{(a-w)} + N\vec{\tau}_s^{(i-w)}$$

2 冰输送方程

表面冰的运动方程可以通过假设表面冰是一种二维可压缩的连续物质而获得。忽略热力影响，那么，动量方程可以写为：

$$M_i \frac{d\vec{V}_i}{dt} = \vec{R} + \vec{F}_a + \vec{F}_w + \vec{G} \tag{4}$$

式中：$\frac{d\vec{V}_i}{dt}$为冰的加速度；M_i 为每单位面积冰的质量，$M_i = \rho_i N t_i$。在动量方程中力的项是：

$\vec{R}$ 为冰的内摩擦力：

$$\vec{R} = \left[\frac{\partial}{\partial x}(\sigma_{xx} N t_i) + \frac{\partial}{\partial y}(\sigma_{xy} N t_i)\right]\vec{i} + \left[\frac{\partial}{\partial y}(\sigma_{yy} N t_i) + \frac{\partial}{\partial x}(\sigma_{yx} N t_i)\right]\vec{j}$$

其中，σ_{xx}、σ_{yy}是正压力分量，$\sigma_{xy} = \sigma_{yx}$是剪切应力分量。

$\vec{F}_a$ 为气－冰界面风的拖曳力：

$\vec{F}_a = N\tau_a = N\rho_a c_a |\vec{W}| \vec{W}$

其中，$\vec{W}$ 是水面以上 10 m 处的风速，ρ_a 为空气密度，c_a 为风的拖曳力系数。

$\vec{F}_w$ 为冰－水界面处水的拖曳力：

$\vec{F}_w = -N\vec{\tau}_s^{(i-w)}$

$\vec{G}$ 是由于水面坡度所产生的重力：

$\vec{G} = -M_i g \nabla \eta'$

对于冰的内摩擦力,模型使用了黏－塑定律(Hibler,1979)。冰体内部应力表示为:

$$\sigma_{ij} = 2\eta\dot{\varepsilon}_{ij} + (\zeta - \eta)\dot{\varepsilon}_{kk}\delta_{ij} - P\delta_{ij}/2 \tag{5}$$

其中,ζ 和 η 是非线性块和剪切黏度,定义为:

$$\zeta = \frac{P}{2\Delta} \text{ 和 } \eta = \frac{\zeta}{e^2} \tag{6}$$

e 为椭圆曲线的离心率,$\Delta^2 = D_{\mathrm{I}}^2 + \left(\frac{D_{\mathrm{II}}}{e}\right)^2$,而 D_{I}、D_{II} 是应变率,即

$$D_{\mathrm{I}} = \dot{\varepsilon}_{xx} + \dot{\varepsilon}_{yy}$$

$$D_{\mathrm{II}} = [(\dot{\varepsilon}_{xx} - \dot{\varepsilon}_{yy})^2 + 4\dot{\varepsilon}_{xy}^2]^{\frac{1}{2}}$$

应变率可以用冰速分量 u 和 v 来表示为:

$$\dot{\varepsilon}_{xx} = \frac{\partial u}{\partial x}$$

$$\dot{\varepsilon}_{yy} = \frac{\partial v}{\partial y}$$

$$\dot{\varepsilon}_{xy} = \frac{1}{2}\left(\frac{\partial v}{\partial x} + \frac{\partial u}{\partial y}\right)$$

正如 Hibler(1979)所建议的那样,e 的值可以取 2.0。

冰体的内部压力表示为(Shen 等,1990):

$$P = \tan^2\left(\frac{\pi}{4} \pm \frac{\phi}{2}\right)\left(1 - \frac{\rho_i}{\rho}\right)\frac{\rho_i g t_i}{2}\left(\frac{N}{N_{\max}}\right)^j \tag{7}$$

式中:ϕ 是冰体的内摩擦角;$N_{\max}$是最大冰密度,假定为 0.6;j 是一个经验常数。当冰盖为排状时,$N = N_{\max} = 1 - E$,在此,E 是排状冰盖的孔隙度。角度 ϕ 是静摩擦角 ϕ_s 和冰速的函数(Shen 等,1990)。"＋"和"－"号分别表示冰体水流的辐合和辐散状态。

除了动量方程外,还有冰块质量和冰面积守恒方程,它们是:

$$\frac{\mathrm{d}}{\mathrm{d}t}(\rho_i N t_i) + \rho_i N t_i \nabla \cdot \vec{V} = 0 \tag{8}$$

$$\frac{\mathrm{d}N}{\mathrm{d}t} + N\nabla \cdot \vec{V} = -R_a \tag{9}$$

式中:R_a 是由于机械再分配引起的冰体面积变化率。

在数值模型中,每单位面积冰块质量的分布 $M_i = \rho_i N t_i$,可以根据方程(4)由平流输送冰包而首先确定。方程(8)所表示的质量守恒,可以通过这种方法自动地得到满足。接下来,冰密度可以用公式 $N = \frac{M_i}{\rho_i t_0}$ 来计算。这一步也考虑了水面上冰排可能的扩展和变薄。如果 N 的计算值比 $N_{\max}$ 大,则密度 N 就取其最大值 $N_{\max}$,冰厚用公式 $t_i = \frac{M_i}{\rho_i N_{\max}}$ 计算。这最后一步模拟了方程(9)所描述的机械增厚过程。

参考文献

Abdelnour R, Crissman R D, Comfort G. 1994. Assessment of ice boom technology for application to the Upper

Niagara River. Proc. 12th Int. Ice Symp. , IAHR. Trondheim. 734-743.
Abdelnour R, Comfort G, Gong Y. 1995. Assessment of ice boom technology for application to the Upper Niagara River. Phase I Report submitted to the New York Power Authority, Fleet Technology Ltd. , Kanata. Ontario.
Abdelnour R, Comfort G, Gong Y. 1996. Assessment of ice boom technology for application to the Upper Niagara River. Phase II Report submitted to the New York Power Authority, Fleet Technology Ltd. . Kanata, Ontario.
Bryce J B, Berry G T. 1967. Lake Erie-Niagara River ice boom. Trans. Eng. Inst. of Canada, Civ. 1, 28-35.
Burgi P H. 1971. Ice control structure on the North Platte River: a hydraulic model study. Paper REC-ERC-71-465, Bureau of Reclamation, U. S. Department of Interior, Denver, CO.
Calkins D J, Deck D S, Sodhi D S. 1982. Hydraulic model study of Port Huron Ice Control Structure. CRREL Report 82-34, U. S. Army Cold Regions Research and Engineering Lab. , Hanover, N. H.
Crissman R, Abdelnour R, Shen H T. 1995. Design alternatives for the Lake Erie-Niagara River ice boom. Proc. , 8th River Ice Workshop, Kamloops, BC.
Hibler W D. 1979. A dynamic thermodynamic sea ice model. J. Phys. Oceanogr. 9(4):815-846.
Loset S. 1994. Discrete element modelling of a broken ice field, Part II. Simulation of ice loads on a boom. Cold Regions Sci. Technol. 22:349-360.
Perham R E. 1983. Ice sheet retention structures. CRREL Report 83-30, U. S. Army Cold Regions Research and Engineering Lab. , Hanover, NH.
Shen H T, Shen H H, Tsai S M. 1990. Dynamic transport of river ice. J. Hydraul. Res. 28(9):659-671.
Shen H T, Chen Y C, Wake A, et al 1993. Lagrangian discrete parcel simulation of river ice dynamics. Int. J. Offshore Polar Eng. 3(4):328-332.
Shen H T, Su J. 1996. Numerical model studies of ice transpont and jamming in the Grass Island Pool. CEE Report 96-1. Department of Civil and Environmental Engineering. Clarkson University, Potsdam, NY.
Thomson C W. 1976. Ice inventory in the Upper Niagara River during the 1975-1976 winter season. Report submitted to Environ Canada, Brock University, St. Catharines. ON.
Tuthill A M. 1995. Structural ice control – review of existing methods. Special Report 95-18, U. S. Army Cold Regions Research and Engineering Lab. , Hanover, NH.
Wu J. 1973. Prediction of near-surface drift currents from wind velocity. J. Hydraul. Div. , ASCE 99 (HY9): 1291-1302.

尼亚加拉河上游冰坝的动力数值模拟

卢顺安[1]　沈洪道[1]　Randy D. Crissman[2]

(1. 克拉克森大学土木环境工程系，美国，纽约，
Potsdam，13699 – 5710；
2. Niagara Power Project. New York Power Authority，Niagara Falls. NY 14302. USA)

摘要：提出了一个河流冰阻塞和水面冰动力输送的二维数值模型，并应用于尼亚加拉河上游。模型将河冰动力学作为水面冰层与冰下水流所组成的一个二层系统来处理。利用了拉格朗日(Lagrangian)离散质点法来模拟冰动力学，用有限元法来模拟水动力学。这两种方法通过冰层和水流之间界面上的相互作用而结合起来。模型应用记录资料以及冰阻塞和流冰的观测数据进行了验证，并利用该模型评估了减轻对尼亚加拉河上游水电站运行带来不利影响的冰坝的可能措施。

1　介绍

纽约电力管理局(NYPA)的尼亚加拉电站和安大略(OH)的塞亚当贝克(Sir Adam Beck，SAB)电站，都从草岛池(Grass Island Pool，GIP)引水(Crissman，1990)。美国和加拿大电站的联合发电能力大约为4 600 MW。伊利湖由西南风吹过湖面引起的高水位和流量会造成湖泊中的冰越过伊利湖—尼亚加拉河拦冰栅，大量地流入尼亚加拉河上游(见图1)。图2是一张尼亚加拉河上游湖泊流冰的航拍照片。水电站的冬季运行，有时会受到从伊利湖输送到河流的流冰的妨碍。有时会出现冰阻塞并淹没沿尼亚加拉河上游的低洼地区。冰也可造成发电损失，因为要减少引水量，以便提供额外的水流来输送流冰越过尼亚加拉瀑布，从而减少GIP冰阻塞的可能性。本次研究只是综合研究的一部分，综合研究的目的是在冰期减少冰对水电站运行的影响(Crissman等，1995)。

河流中冰阻塞的形成极为有害，它们能造成房屋淹没、水力设施损坏以及干扰水力发电。河道流冰及由其引起的冰阻塞是非常动态和高度二维的。古典的冰坝理论(Pariset和Hausser，1961；Uzuner和Kennedy，1976；Beltaos，1983)将冰坝看做具有不变空隙度的粒状介质的一维静态堆积物。这种静态公式可以估计冰坝厚度剖面，但是，不能用来确定流冰是否形成冰阻塞，以及相应的冰坝位置及形成时间。在改进静态理论方法的尝试初期，Shen等(1990)开发了河道中河冰输送和冰阻塞及冰坝过程动力学的一维理论。然而，在自然河流中，由于不规则的河道几何形态以及河岸对冰块运动的阻力，冰阻塞是一个二维过程。因此，Shen等(1993)提出了一个河冰动力输送的二维模型，较好地解决了一维模型的缺陷。二维模型用来研究了尼亚加拉河上游水电站入口附近的冰体输送和冰阻塞过程(Su等，1997)。数值模型的结果与该过程的实验室模型结果相当吻合(奥尔登研究实验室，1996)。

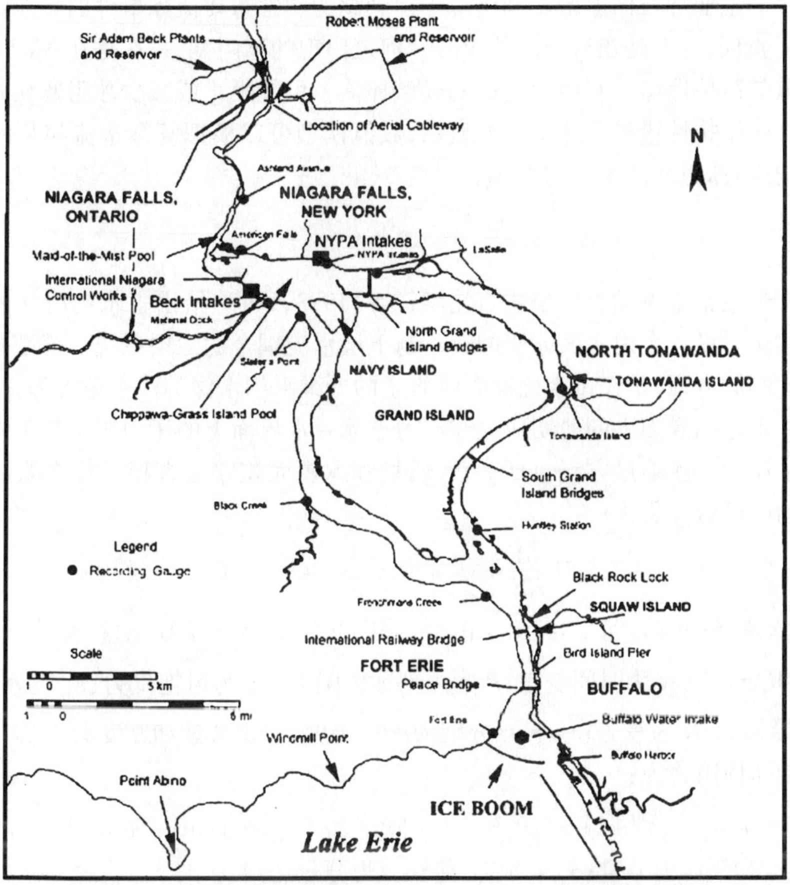

图1　标有水电站、引水口和水位站位置的尼亚加拉河地图

图2　尼亚加拉河上游湖泊流冰的航拍照片

在这篇论文中，Shen 等(1993)进一步精练了水动力学和冰动力学的数值算法，并且

应用于整个的尼亚加拉河上游。利用源于伊利湖的两次重要流冰事件的野外观测数据对模型进行了验证,一次是在河流的托拉旺达河道出现的冰阻塞,一次是在 NYPA 引水口处导致了严重的冰体停滞。利用校准后的模型评估了可能阻止或减少冰阻塞和冰体停滞影响的结构与非结构性措施。这次研究显示,数值模型可以模拟复杂水流和几何形态条件下的河冰输送、冰阻塞及冰坝的形成。

2 模型

在本文中概括了冰动力学公式。沈洪道等(1993,1997)给出了水动力学公式。模型将河冰的输送看做一个由水面冰层的运动与下层水流耦合的二层系统。模型中河道水流的水动力学制约方程,是经过水面冰影响修正的二维平均水深的浅水波方程,水面冰的影响包含冰－水之间界面上的剪切应力和压力。冰－水界面上的压力假定等于淹没冰体厚度处的静水压力。冰输送方程包括动量、质量和冰表面积守恒方程。拉格朗日形式的水面冰层运动的动量方程为:

$$M_i \frac{\mathrm{d}\vec{V}}{\mathrm{d}t} = \vec{R} + \vec{F}_a + \vec{F}_w + \vec{F}_g + \vec{G} \tag{1}$$

式中:$\vec{V}$ 为冰速;$\mathrm{d}/\mathrm{d}t = \partial/\partial t + \partial u/\partial x + \partial v/\partial y$;$\mathrm{d}\vec{V}/\mathrm{d}t$ 为冰体质量加速度;M_i 为单位面积的冰体质量,$M_i = \rho_i N t_i$;t 为时间变量;$\vec{R}$ 为内部冰体阻力;$\vec{F}_a$ 为风拖曳力;$\vec{F}_w$ 为水流拖曳力;$\vec{F}_g$ 为河床摩擦力;$\vec{G}$ 为重力;ρ_i、N、t_i 分别为冰体密度、面积含量和厚度。

内部的冰体阻力为:

$$\vec{R} = [\partial(\sigma_{xx}Nt_i)/\partial x + \partial(\sigma_{xy}Nt_i)/\partial y]\vec{i} + [\partial(\sigma_{yy}Nt_i)/\partial y + \partial(\sigma_{yx}Nt_i)/\partial x]\vec{j}$$

式中:σ_{xx}、σ_{yy}为正压力分量;$\sigma_{xy} = \sigma_{yx}$为剪切应力分量。

对于冰体内部阻力,模型使用了黏－塑性定律(Hibler,1986;Chieh 等,1983)。冰体内应力可以表示为:

$$\sigma_{ij} = 2\eta\dot{\varepsilon}_{ij} + (\zeta - \eta)\dot{\varepsilon}_{kk}\delta_{ij} - P\delta_{ij}/2 \tag{2}$$

式中:ζ 和 η 是非线性块和剪切应力,定义为:

$$\zeta = \frac{P}{2\Delta} \text{和} \eta = \frac{\zeta}{e^2} \tag{3}$$

式中:e 为椭圆曲线的离心率;$\Delta^2 = D_{\mathrm{I}}^2 + (D_{\mathrm{II}}/e)^2$,$D_{\mathrm{I}}$、$D_{\mathrm{II}}$是张力率的不变量,即

$$D_{\mathrm{I}} = \dot{\varepsilon}_{xx} + \dot{\varepsilon}_{yy} \tag{4a}$$

$$D_{\mathrm{II}} = [(\dot{\varepsilon}_{xx} - \dot{\varepsilon}_{yy})^2 + 4\dot{\varepsilon}_{xy}^2]^{1/2} \tag{4b}$$

在冰体速度分量 u 和 v 中,张力率可以表示为 $\dot{\varepsilon}_{xx} = \partial u/\partial x$,$\dot{\varepsilon}_{yy} = \partial v/\partial y$,$\dot{\varepsilon}_{xy} = 1/2(\partial v/\partial x + \partial u/\partial y)$。$e$ 采用 2.0 的值是由 Hibler(1986)所建议的。

内部冰体压力是由静态冰坝理论公式计算的,假定冰体是一种漂浮颗粒物质(沈洪道等,1990)

$$P = \tan^2\left(\frac{\pi}{4} \pm \frac{\phi}{2}\right)\left(1 - \frac{\rho_i}{\rho}\right)\frac{\rho_i g t_i}{2}\left(\frac{N}{N_{\max}}\right)^j \tag{5}$$

式中:ϕ 为冰体的内摩擦角;$N_{\max}$为最大值冰体含量,假定是 0.6;j 为经验常数。当冰盖是

排状时，$N = N_{max} = 1 - E$，此处 E 是堆积冰盖的孔隙度。“+”和“-”分别表示冰体流动的辐合和辐散状态。在冰体停滞期间，冰块特性更像是固体，它应力状态变成与张力率无关。黏-塑性定律用慢流状态来近似这种冰堆的坚硬状态（Hibler，1986）。尼亚加拉河上游率定的经验冰质点停滞标准，可以用来克服黏-塑性定律的这个缺点。

在空气-冰界面的风拖曳力 $\vec{F}_a = N\vec{\tau}_a = N\rho_a c_a|\vec{W}|\vec{W}$，此处，$\vec{W}$ 是在水面上 10 m 处的风速；ρ_a 为空气密度；c_a 为风的拖曳系数。在冰-水界面上的水拖曳力 $\vec{F}_w = -N\vec{\tau}_s^{(i-w)}$。表面剪切应力可以写为：

$$\vec{\tau}_s^{(i-w)} = \rho c_w|\vec{V} - \vec{V}_w|(\vec{V} - \vec{V}_w) \tag{6}$$

式中：$\vec{V}_w$ 为水流速度；$\vec{V}$ 为冰体速度；ρ 为水体密度；c_w 为水体对冰体的拖曳力系数，它与水面冰体的曼宁系数 n_i 有关：

$$c_w = \frac{n_i^2 g}{[(1-\alpha_h)H']^{1/3}} \tag{7}$$

式中：H' 为水面冰体下面的水深；$\alpha_h = 1/\{1 + [n_i^2/n_b^2 N(V_w - V)^2/V_w^2]^{3/4}\}$。河床的曼宁系数是 n_b。系数 n_i 假定为随着水面冰层的厚度 t_i 而变化，即

$$n_i = n_{io}\left(\frac{t_i}{t_o}\right) \tag{8}$$

式中：t_o 为单层冰体厚度；n_{io} 为单层水面冰体的曼宁系数。由于水表面倾斜而引起的重力为 $\vec{G} = M_i g\nabla\eta'$，在此，$\eta'$ 为从参考水位测量的冰-水界面的高程。当冰体触地时，冰体的运动就会受到河床摩擦的影响。河床摩擦力可以从冰体的沉没重量进行计算，即 $F_g = N(\rho_i t_i - \rho H)g\tan\phi_b$，这里，$H$ 为总的水深，$\tan\phi_b$ 为河床对冰体的摩擦系数。

除了动量方程外，冰质量守恒和面积守恒方程为：

$$\frac{\mathrm{d}}{\mathrm{d}t}(\rho_i N t_i) + \rho_i N t_i \nabla\cdot\vec{V} = 0 \tag{9}$$

$$\frac{\mathrm{d}N}{\mathrm{d}t} + N\nabla\cdot\vec{V} = -R_a \tag{10}$$

式中：R_a 为由于机械力再分布引起的冰体面积变化率。

在数值解中，每单位面积冰体质量的分布 $M_i = \rho_i N t$，可以根据方程（1）用平流包首先确定。这个方法可以使方程（9）所表示的质量守恒自动满足。然后就可以用 $N = M_i/(\rho_i t_o)$ 计算冰的含量。这一步也考虑了水面上冰堆体可能的扩展和变薄。如果计算的 N 值比 N_{max} 大，则含量 N 就可以设为它的最大值 N_{max}。冰体厚度可以用 $t_i = M_i/(\rho_i N_{max})$ 计算。这最后一步模拟方程（10）描述的机械力造成的增厚过程。

在数值模型中，水动力学方程可以使用集总技术和蛙跳时间积分，由有限元法求解。用拉格朗日分离质点法来模拟河冰动力学。由于水的波速和冰层中的应力波速是互相独立的，并且通常具有不同的量级（Lal 和 Shen，1992），所以在水动力学和冰动力学计算中，为了计算的效率和精确性，采用不同的时间步长。在本文中，水动力学计算的时间步长是 5 s。冰动力学计算的最大时间步长是 5 s，并随着冰体厚度的增加而减少。用于冰动力模拟的水动力学信息每 15 min 更新一次。这个时间间隔可以根据水动力学信息和计算效率的变化而确定。如果水动力学信息在短时间内发生显著变化，则应当选取更短的时

间间隔。河中的水面冰可以用大量具有动力特性的冰质点来表示,这些动力特性可以是质量、含量、厚度、速度的空间和时间变化。数学上,连续介质可以用“冰质点”来表示。冰质点将随着冰场的辐合和扩散,通过改变自己的含量和厚度而不断地变形。在没有热力生成或消退的情况下,每个冰质点的质量将保持不变。根据制约方程所描述的动力学,冰层的运动通过冰质点的平流输送进行模拟。在方程(1)中的非平流项,利用平滑颗粒水动力学,通过示踪颗粒和自身的相邻颗粒特性的内插,来进行计算(Lucy,1977;Monaghan,1985)。允许冰质点正切地沿着一条固体边界移动。阻止冰体运动的边界摩擦力 F_b,可以利用动态的库仑屈服标准 $F_b = F_n \tan\phi_b$ 进行计算,这里,F_n 是冰体对河岸的正压力,$\tan\phi_b$ 是河岸的摩擦系数。

冰动力和水动力分量通过冰层和水层之间界面上的相互作用来耦合。

3 模型的应用和验证

尼亚加拉河上游河段地处尼亚加拉大瀑布的上游,从伊利湖出口流向草岛池(GIP)。区域模型包括了从伊利堡到距尼亚加拉大瀑布上游 1.5 km 处的国际控制结构(ICS)的整个尼亚加拉河上游。Crissman 等(1995)描述了在尼亚加拉河上游的冰输送和冰阻塞过程。图 3 显示了在 GIP 的典型冰体运动路径。图 4 给出了从模拟水面高程推求的水深分布,时间是 1992 年 1 月 23 日 0:00 时,当时伊利堡的水位为 173.78 m,流量为 5 487 m^3/s。

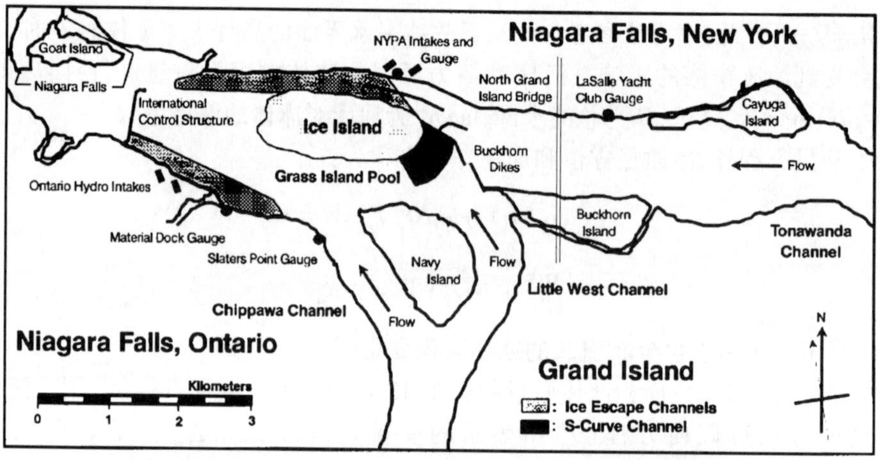

图 3　GIP 中的排冰河道和 S 形曲线河道显示冰体运动的可能路径

对这里所描述的模型进行了开发,以便模拟尼亚加拉河上游的冰阻塞过程。它的应用目的是利用合理方法来优化减轻冰坝的措施。图 5 显示了模拟区域。整个尼亚加拉河上游用一个具有 2 102 个节点和 3 601 个三角形的有限元网来表示。冰场可以用质量恒定的冰质点来表示。每个冰质点所具有的质量相当于具有厚度为 0.3 m 和含量为 0.6 的 100 m×100 m 单层冰体。伊利堡的水位、水电站入口处的引水流量和模型的下游边界 ICS 处的水流流量是所述的水动力学边界条件。伊利堡处的冰流量是冰动力学模拟的边界条件。

冰动力模拟模型中率定的参数见表 1。模拟结果对冰摩擦角 ϕ 和 ϕ_b,以及水对冰的

拖曳力系数 c_w 或 n_i 最敏感。摩擦角 ϕ 和 ϕ_b 的率定值为46°,这与通常在河流冰坝研究中使用的值是一致的。风对水和冰的拖曳力系数,也与以前在伊利湖冰输送模型中所使用的值是一致的(Chieh 等,1993)。除了有关冰的参数外,河流的曼宁河床阻力系数也必须首先确定,因为水流条件的正确模拟是冰输送模拟正确的基础。这里用了1975年2月23~27日和1992年1月23~26日的两个湖泊流冰事件前的无冰期间所观测的流量和水位率定过的模型来进行率定。河流的不同区域率定的河床曼宁系数在0.015和0.028之间变化。

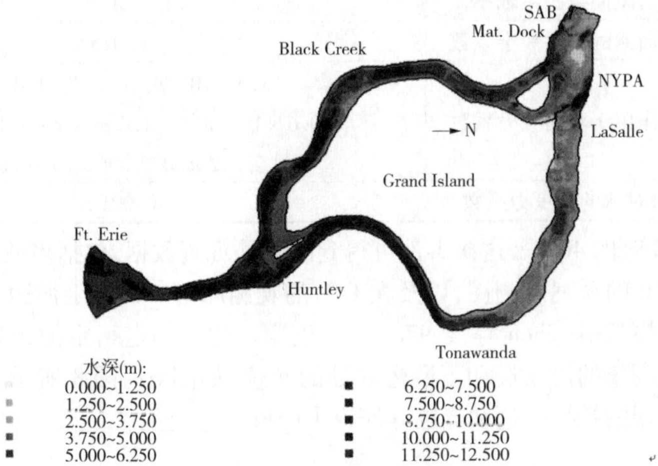

图4　尼亚加拉河上游的河道测深

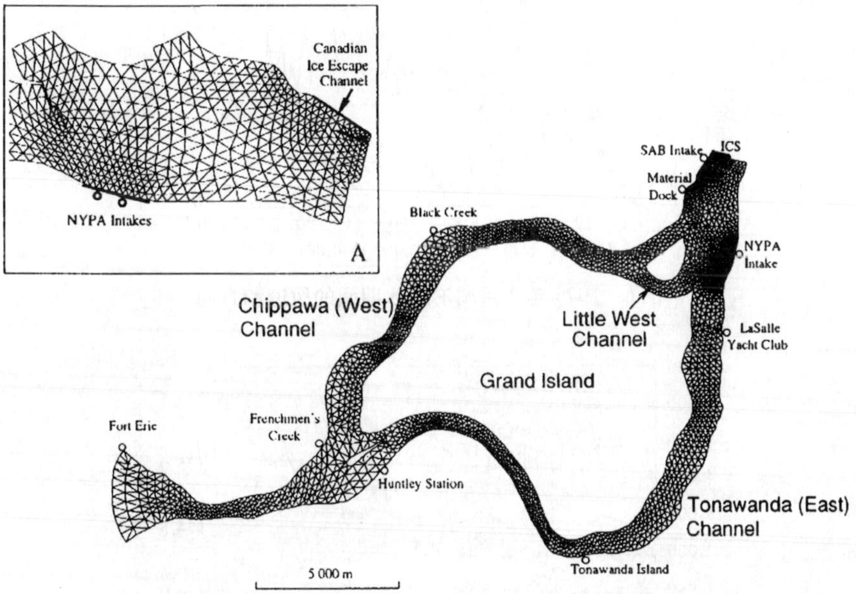

图5　尼亚加拉河上游的模拟区域以及GIP的有限单元网

冰输送模型用1975年2月24~27日的湖泊流冰进行了率定,这次流冰最终在GIP的NYPA引水口附近造成了大量的冰体停滞。这次流冰的率定期是从2月25日08:00

表 1　在冰体动力模拟中使用的参数值

参数	描述	取值
N_{max}	最大冰浓密度	60%
ϕ	冰体的内部摩擦角	46°
$\tan\phi_B$	河岸对冰体的摩擦系数	1.04
$\tan\phi_b$	河床对冰体的摩擦系数	1.04
j	经验常数	15
e	屈服曲线的主轴率	2
n_{io}	水面冰的单层曼宁系数	0.025
$\rho_a\gamma^2/\rho$	风作用于水的应力系数	$1.5\times10^{-6}W^{-0.2}$　$W\leqslant1.0$ m/s $0.6\times10^{-6}W^{0.5}$　1.0 m/s $< W <15.0$ m/s 3.12×10^{-6}　$W\geqslant15.0$ m/s
c_a	风对冰的拖曳力系数	0.001 5

时到 26 日 24:00 时的 40 h。这次事件可得到的野外观测数据,包括多处的流量和水位观测值、间隔 1～3 h 的系列观测图,以及在 GIP 的观测冰情。模型上游边界的流冰量由拦冰栅的观测值和模拟值(Shen 等,1997a)进行确定。这次率定指定的边界条件包括记录的风速、水位、伊利堡的流冰量和下游边界处的水位,如图 6～图 8 所示。图 8 也显示了在格兰德岛上游端的托拉旺达和赤巴哇河道中的模拟冰流量。

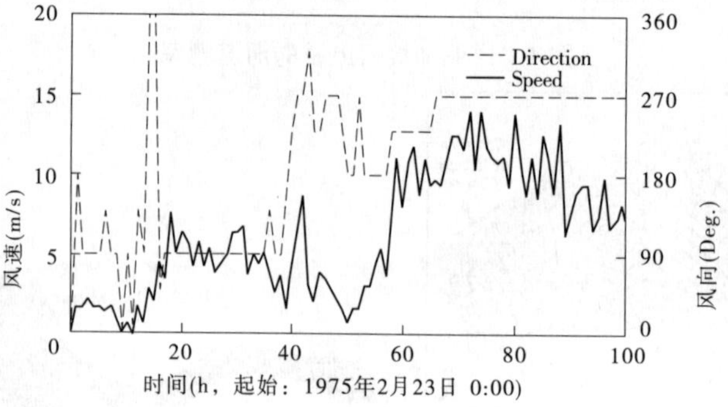

图 6　1975 年 2 月湖泊流冰期间的风速和方向

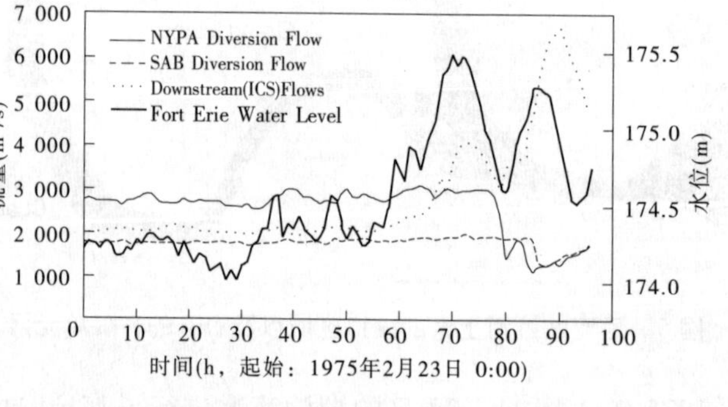

图 7　1975 年 2 月湖泊流冰期间下游边界的水流量和伊利堡的水位

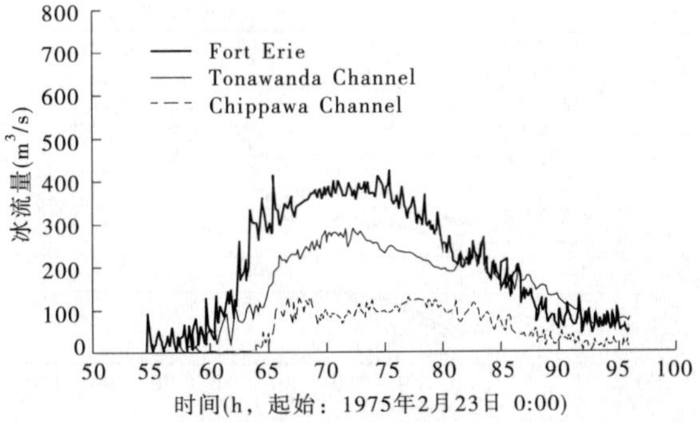

图 8　1975 年 2 月湖泊流冰期间,伊利堡输入的冰流量和靠近格兰德岛上游顶端的赤巴哇和托拉旺达河道中计算的冰流量

模拟结果与观察数据的比较见图 9 ~ 图 11。图 9 比较了在伊利堡处综合冰水流量的估计值和模拟原型值。估计的总流量由一个率定的一维非稳定流模拟来确定,这近似为水体和冰体流量(Crissman 等,1993)。图 10 比较了沿河的观测水位和模拟水位。图 11 和图 12比较了观测和模拟的冰体运动模式以及在 GIP 触地和停滞冰体的面积。模型精确地模拟了在 NYPA 引水口附近的冰体停滞时间。

在率定以后,使用了 1992 年 1 月的观测数据进一步验证模型。这次流冰在托拉旺达河道中造成了冰阻塞,导致了发电损失。此外,还对事件期间 GIP 处冰体输送过程进行了大尺度物理和数值模型模拟(Alden 研究实验室,1996;Su 等,1997)。这些模拟结果提供了验证模型的附加信息。

1992 年 1 月流冰的模拟,从 1 月 23 日的 00:00 时到 1 月 25 日的 07:00 时,历时 55 h。流冰期间受冰影响的水流期是在 1 月 23 日的 22:00 时(22 h)到 1 月 25 日的 07:00 时(55 h)。模拟的边界条件包括风速、伊利堡的水位和流冰量,以及下游边界处的水流量,见图 13 ~ 图 15。图 15 显示了伊利堡的边界流冰量和格兰德岛上游端的托拉旺达和赤巴哇河道的模拟流冰量。比较图 14 和图 15 可以看出,风对流冰量的影响和对流冰在两条河道中的分布影响一样。起初,大部分的冰是通过托拉旺达河道输送到下游的。然而,托拉旺达河道中冰体堆积的增加和水流量的持续减少,造成 32 h 后该河段总流量中流冰部分的逐渐减小。图 16 比较了伊利堡的模拟和原型估计的流量。图 17 比较了沿河的观测和模拟水位。

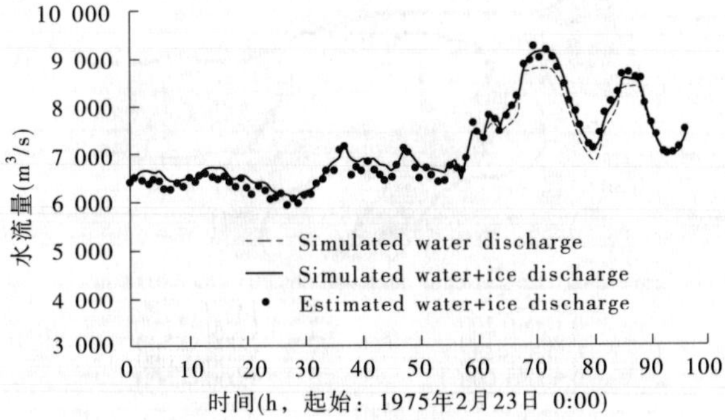

图 9　1975 年 2 月湖泊流冰事件中伊利堡模拟和估计的原形水流量比较

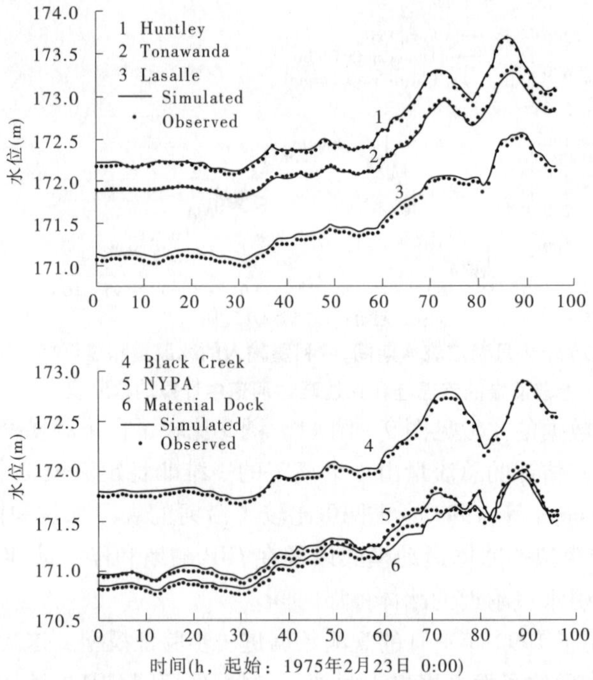

图10　在1975年2月湖泊流冰事件中模拟水位和观测水位的比较

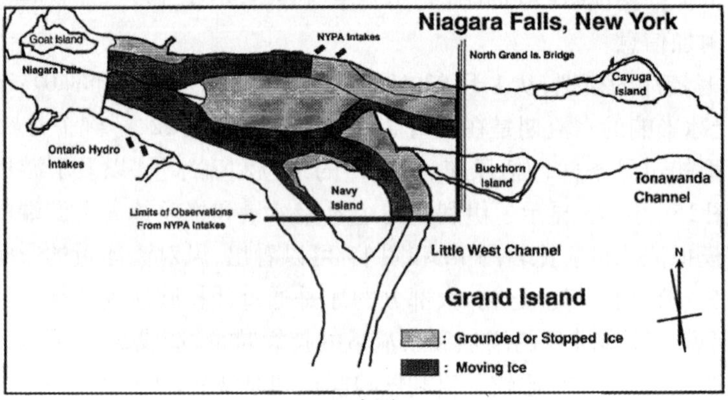

(a)实测

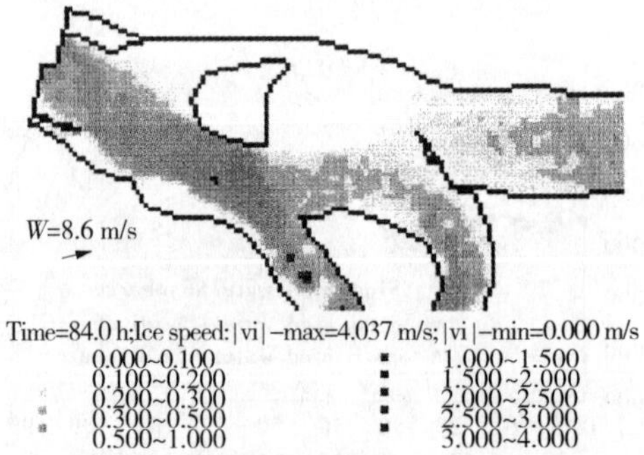

(b) 模拟

图11　1975年2月26日12:00时，实测和模拟冰运动与GIP中的堆积类型比较

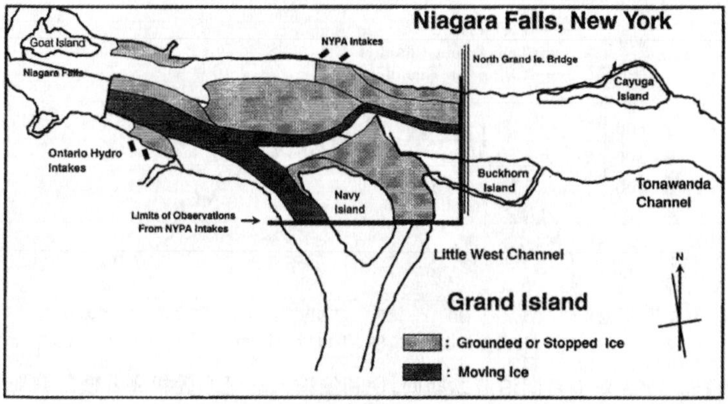

(a)实测

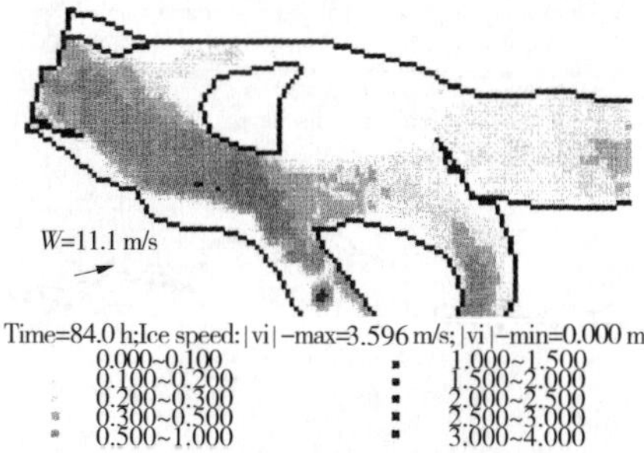

(b)模拟

图 12　1975 年 2 月 26 日 14:00 时,实测和模拟冰运动与 GIP 中的堆积类型比较

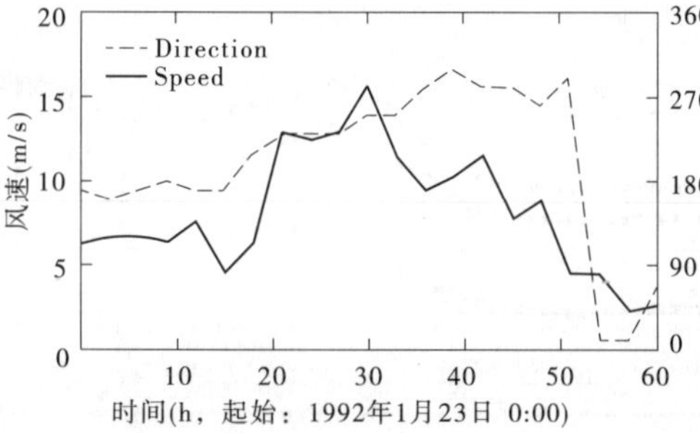

图 13　1992 年 1 月湖泊流冰中的风向和风速

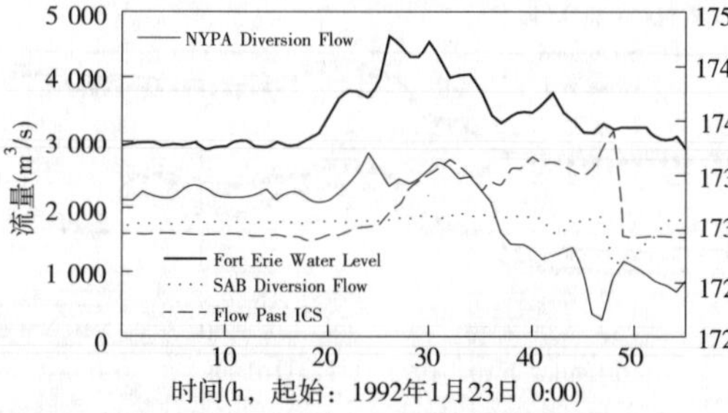

图 14　1992 年 1 月湖泊流冰中伊利堡的水位和下游边界处的水流量

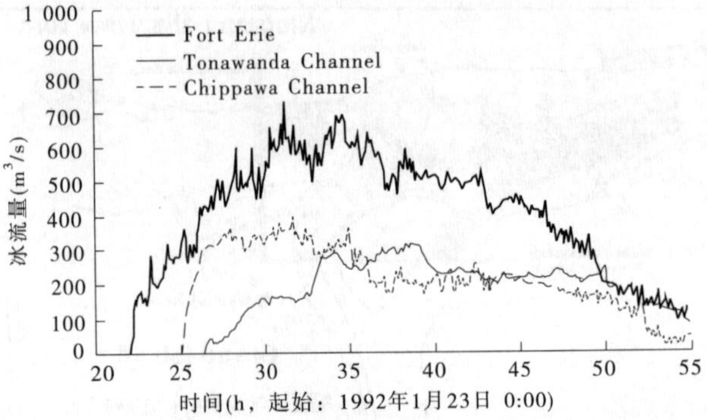

图 15　1992 年 1 月湖泊流冰期间，伊利堡输入的流冰量和靠近格兰德岛上游端的赤巴哇和托拉旺达河道中计算的流冰量

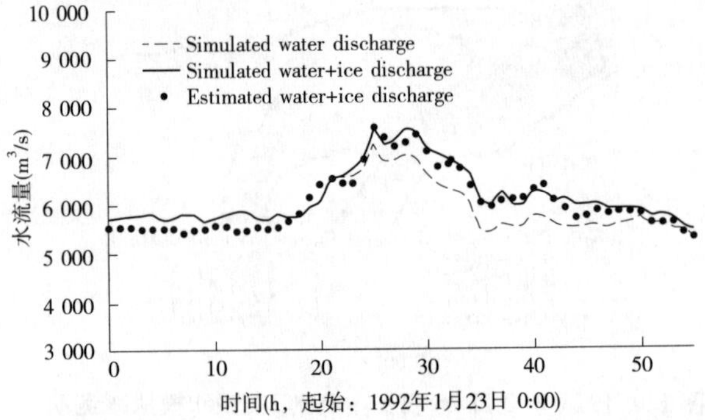

图 16　1992 年 1 月湖泊流冰期间伊利堡模拟和估计的原型水流量比较

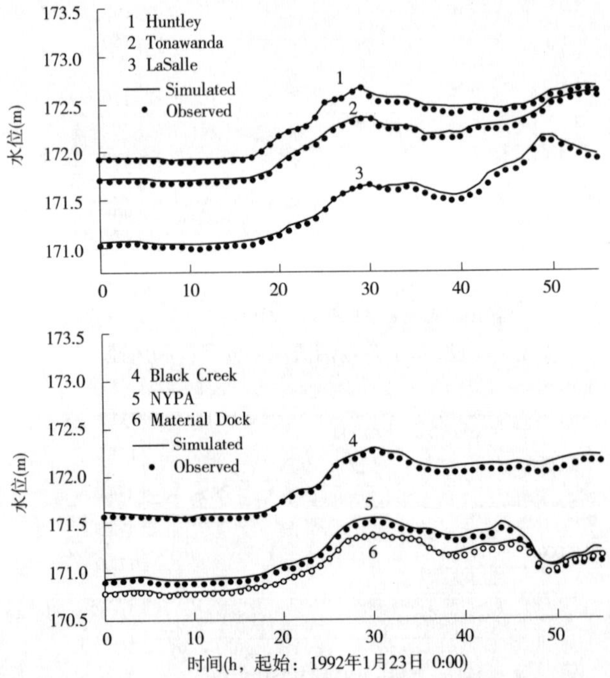

图 17　1992 年 1 月的湖泊流冰中模拟和实测水位的比较

较早的物理和数值模型研究对1992年1月湖泊流冰中在GIP的冰体输送和冰阻塞过程进行了模拟(Alden研究实验室,1996;Su等,1997)。由于缺乏野外观测数据,在这些早期的研究中,来自托拉旺达河道进入GIP的冰体流入量是由估计GIP冰流入量的峰值和率定GIP重要冰体输送事件随时间的变化来确定的。由于没有考虑GIP上游河道中的冰体输送动力,所以在这些早期研究中估计的GIP冰流入量随时间的变化是不精确的。图18和图19比较了在美国排冰河道中(见图2)冰的厚度和速度。这些图形显示,所有的三个模型都可以合理地模拟冰的输送和停滞过程。

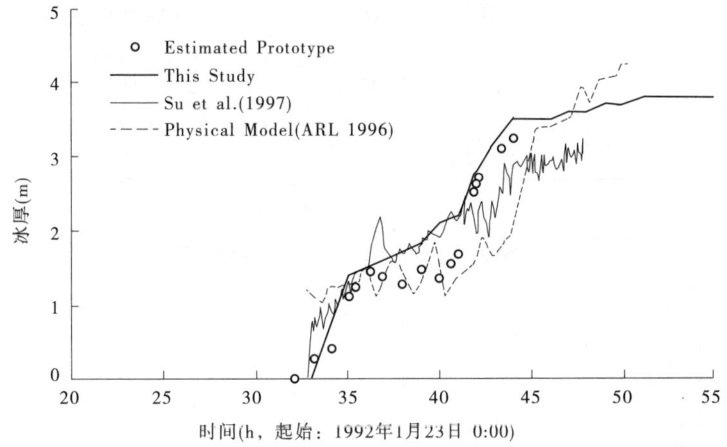

图18　1992年1月的湖泊流冰中NYPA引水口附近模拟冰厚与估计值的比较

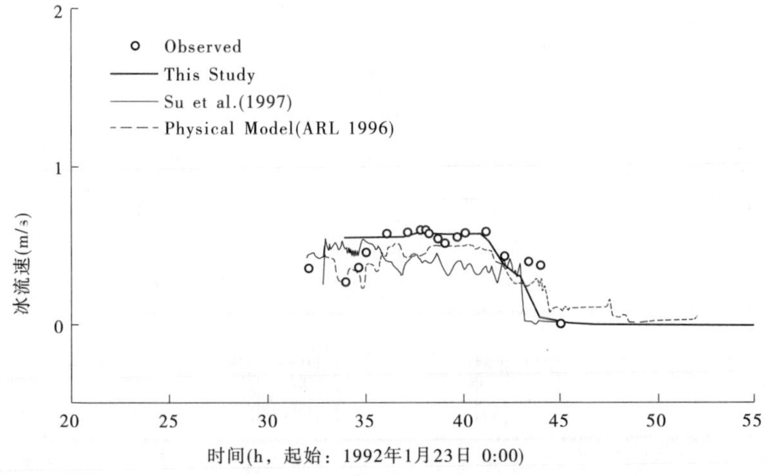

图19　1992年1月的湖泊流冰中NYPA引水口附近模拟冰流速与估计值的比较

表2总结了1992年1月流冰中的重要冰输送特征的模拟和观测值。在湖冰进入了GIP以后,在NYPA引水口附近发生了短暂的冰体停滞。图20显示了表2中所列出的在GIP以内相应主要冰情事件的一套冰速度分布图。模拟结果显示,率定的模型可以正确地模拟在尼亚加拉河上游的流冰动力学。

表2　1992 年 1 月湖泊流冰中模拟和观测冰输送特征值的同步比较

事件	观测	模拟
冰从托拉旺达和小西河道到达 NYPA 引水口	~1000　1 月 24 日 10:00(34 h)	945　1 月 24 日 09:45(33.75 h)
在 GIP 开始形成冰岛	1100　1 月 24 日 11:00 时以后(35 h 以后)	1200　1 月 24 日 12:00(36 h)
冰从小西河道进入 GIP	1500　1 月 24 日 15:00(39 h)	1500　1 月 24 日 15:00(39 h)
冰体停滞发生在 NYPA 引水口附近	2025~2041　1 月 24 日 20:25~20:41(~44.5 h)	~2030　1 月 24 日 20:30(44.5 h)
小西河道中的水面冰盖(观测时间)	60%~80%　1 月 24 日 20:30~21:09)(44.5~45.15 h)	~80%　1 月 24 日 20:00~21:00)(44~45 h)
冰停滞发生在北格兰德岛桥下	0015　1 月 25 日 00:15 以后(48.25 h 以后)	0030　1 月 25 日 00:30(48.5 h)

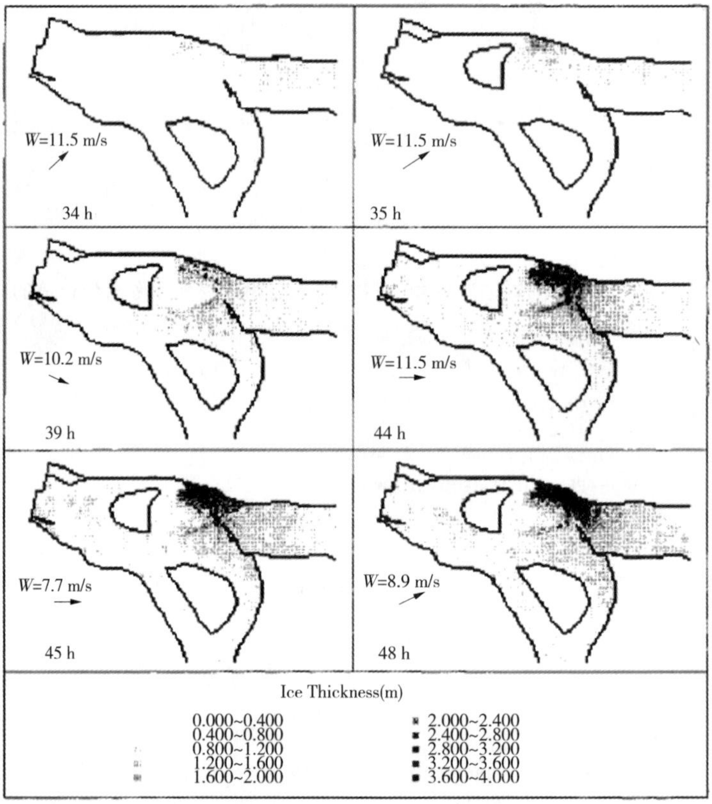

图20　1992 年 1 月湖泊流冰事件中尼亚加拉河上游模拟冰厚的分布

4　减轻冰拥塞措施模拟

用检验过的模型来研究风对冰体动力学的影响和几种可能的减轻冰阻塞措施的影响。1975 年 2 月和 1992 年 1 月湖泊流冰中用来率定和验证模型的初始条件与边界条件，作为基本情况用来与减轻冰阻塞措施的模拟结果进行比较。共进行了 4 组模拟。这些模拟的目的是:①加深了解风对冰体输送和冰阻塞过程的影响;②评估在重要的冰停滞事件前后,选择不同 NYPA 引水方案的影响;③评估在格兰德岛以上的尼亚加拉河上游安装剪切冰栅或漂浮防冰结构的影响;④评价执行 SAB 电站枢纽扩展建议所带来的影响。Shen 等(1997)提出了这些模拟的详细成果。评估 NYPA 不同引水方案影响的模拟结果也作为一个例子给出了。

改变水电站引水流量的影响。在流冰期间改变 NYPA 引水流量是目前采用的一种减轻冰体停滞和冰阻塞的实用方法。为了确定在 1975 年 2 月湖泊流冰期间是否有可采用的从 NYPA 引水口分水方案而避免主要的冰停滞,进行了多次模拟。评估的两种情况如图 21 所示。情况 1 中,在实际冰体停滞事件发生前 12 h 开始减少 NYPA 的引水流量,12 h 后减少到 0。情况 2 中,在实际冰体停滞事件发生前 12 h 开始减少 NYPA 的引水流量,3 h 后减少到了 1 133 m^3/s。

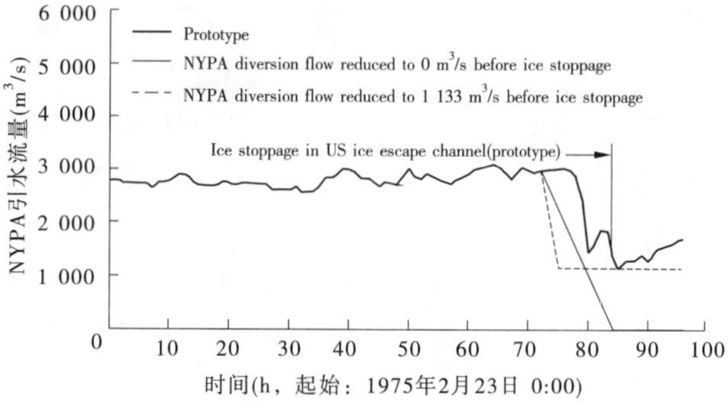

图 21 评估 NYPA 引水方案影响的例子

结果见图 22 和图 23。图 24 比较了 1975 年 2 月 26 日 12:00 时冰速的分布。图 22 说明了对美国排河道中冰流量的影响。两种情形都避免了冰停滞。然而从增加美国排冰河道的冰输送能力来说,NYPA 引水流量从 1 133 m^3/s 减少到 0,并没有什么附加的效益。图 23 清楚地表明,将 NYPA 引水流量减少到 0,将会在尼亚加拉河上游引起比引水流量为 1 133 m^3/s 所经历的更高水位。这些结果表明,在高流冰量的流冰过程中,NYPA 冰管理策略的目标应当是在预计峰值流冰量进入 GIP 之前的几个小时减少 NYPA 引水流量。

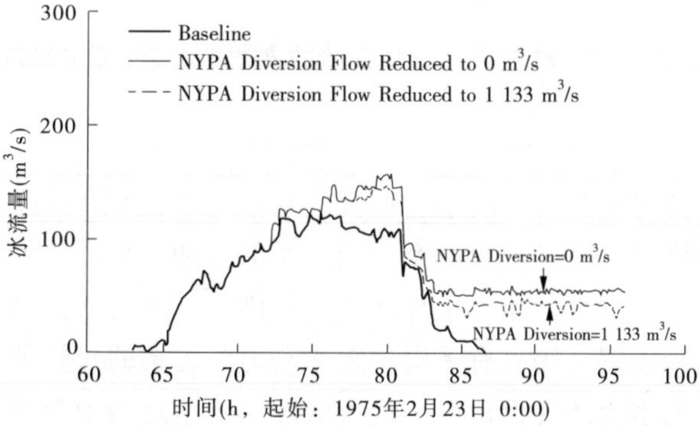

图 22 替换 NYPA 引水方案对美国排冰河道冰排放能力的影响

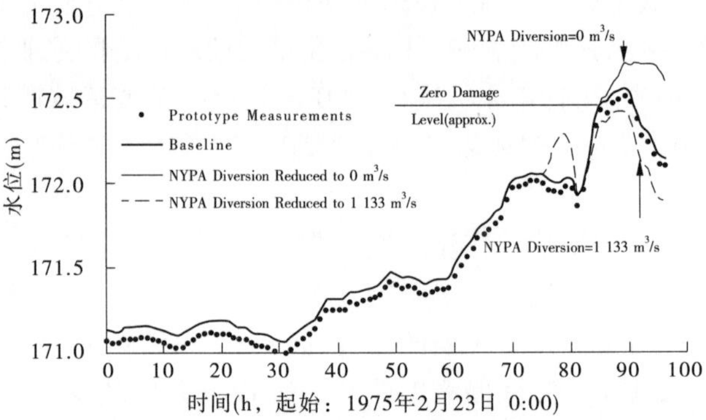

图23　替换 NYPA 引水方案对拉塞尔游艇俱乐部测站水位的影响

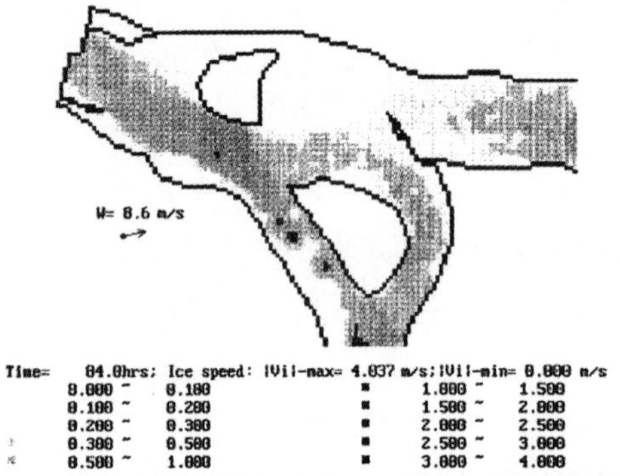

(a)基本情况

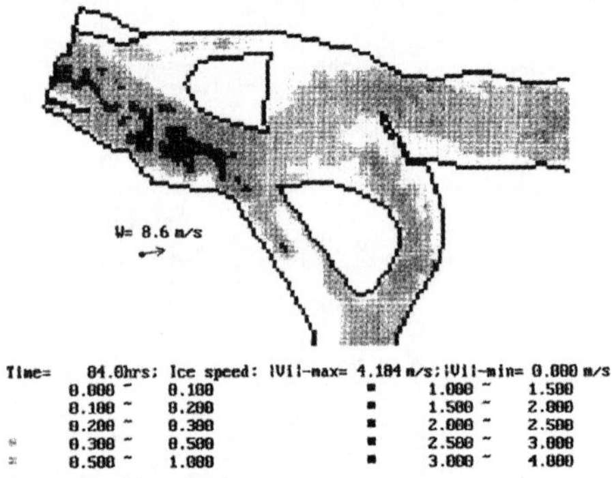

(b)NYPA引水减少到0

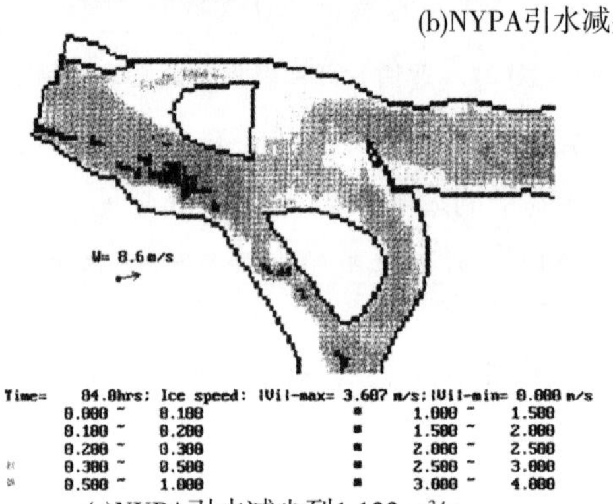

(c)NYPA引水减少到1 133 m³/s

图24　1975 年 2 月 26 日 12:00 时,尼亚加拉河上游模拟冰速分布

5　总结和结论

为了研究尼亚加拉河上游的冰阻塞过程及其与水电站运用的关系,开发了一个河冰动力输送的二维数值模型。模型包含一个水动力学部分和一个冰动力学部分。这两个部分通过影响冰、水运动的过程,在冰－水界面处进行耦合。水力学模型方程用有限元方法求解。冰动力学方程的求解采用具有平滑颗粒水动力学方案的拉格朗日分离质点法。对于畅流和受到冰影响的水流条件都进行了模型验证。模型适当地重现了河道流量、水位、河流中的冰运动类型、冰厚和冰速的空间与时间变化、冰阻塞和冰体停滞的时间过程与地点。率定的模型可以用来评估风力对河冰输送能力的影响，以及旨在减少冰体停滞和形成冰坝的若干可选择的、与水电站有关的结构或运行措施的效果。这项工作的结果表明，数值模型有能力模拟复杂水流条件河流中的冰输送和冰坝动力学。另外，模型还可以用来为冰期河流的利用研发实用的或结构的控制策略。

致谢

这次研究得到了纽约电力管理局（合同号 029494 - 91）的支持。克拉克森大学的研究助理刘连武亦参与了这次研究。

参考文献

Alden Research Laboratory. 1996. Physical model studies of ice concerns at the Niagara Power Project Intake. Rep. Submitted to New York Power Authority. Alden Research Laboratory, Holden, Mass.

Belatos S. 1993. Numerical computation of river ice jams. Can. J. Civ. Engrg. ,15:685-697.

Chieh S H, Wake A, Rumer R R. 1983. Ice forecasting model for Lake Erie. J. Wtrwy. , Port, Coast. , and Oc. Engrg. , ASCE, 109(4):392-415.

Crissman R D, Ettema R, Andres D et al. 1995. Ice jamming in upper Niagara River: Processes and plan of study. J. Cold Regions Engrg. , ASCE, 9(2):89-104.

Hibler W B. III. 1986. Ice dynamics. The geophysics of sea ice, N. Untersteiner, ed. , Plenum Press, New York, 577-640.

Lucy L B. 1977. A numerical approach to the testing of the fission hypothesis. The Astronomical J. ,82(12): 1013-1024.

Monaghan J J. 1985. Particle methods for hydrodynamics. Comp. Phys. Rep. ,3:71-124.

Pariset R, Hausser H. 1961. Formation and evolution of ice covers on rivers. Trans. , Engrg. Inst. of Canada, 5 (1):41-49.

Shen H T, Shen H H, Tsai S M. 1990. Dynamics transport of river ice. J. Hydr. Res. ,28(6):659-671.

Shen H T, Chen Y C, Wake A et al. 1993. Lagrangian discrete parcel simulation of river ice dynamics. Int. J. Offshore and Polar Engrg. ,3(4):328-332.

Shen H T, Lu S, Liu L. 1997. Numerical model studies of ice transport and jamming in the upper Niagara River. Rep. No. 97-1, CEE Dept. , Clarkson University, Postsdam, N. Y.

Shen H T, Lu S, Crissman R D. 1997a. Numerical simulation of ice transport over the Lake Erie-Niagara River ice boom. Cold Regions Sci. amd Technol. ,26:17-33.

Su J, Shen H T, Crissman R D. 1997. Numerical study on ice transport in the vicinity of Niagara River Hydropower intakes. J. Cold Regions Engrg. , ASCE, 11(4):255-269.

Uzuner M S, Kennedy J F. 1976. Theoretical model of river ice jam. J. of Hydr. Div. , ASCE, 102(9):1365-1383.

Wu J. 1973. Prediction of near-surface drift currents from wind velocity. J. Hydr. Div, ASCE, 99.

黄河下游冬季冲淤变化过程模拟

张伯仲[1]　杨晓庆[2]　沈洪道[1]

(1. 克拉克森大学土木环境工程系,美国,纽约 Potsdam,13699 - 5710;
2. 中国水利科学研究院,中国 北京)

摘要:为了模拟黄河下游冬季的泥沙输送和河床变化,开发了一个数学模型。根据野外观测数据,对畅流条件下通常使用的经验泥沙输送公式进行了修正以适用于有冰盖的水流。在模拟模型中,水流的时空变化、泥沙输送率和河床剖面,都以连续的时间步长和断面进行了计算。河宽的变化也根据最小水流能量概念进行了计算。断面冲淤的分布由有效剪切力标准确定。模拟结果与野外观测比较吻合。

1 引言

高纬度地区的河流经常在冬季发生封河。冰盖的存在对于水力和冲淤过程都有显著的影响。畅流条件下河流冲淤过程方面的论述已有许多文献,而有冰盖条件下的研究就相当有限。Sayre 和宋(1979)对漂浮冰盖下泥沙输送方面进行了有限斜槽研究。Krishnappan(1983)分析了悬移质泥沙垂直含量剖面。Lau 和 Krishnappan(1985)开发了一个有冰盖河道中计算泥沙输送的方法。他们建议,在有冰盖河道中的推移质输送,可以通过将冰盖水流的下层看做自由表面流而进行计算。Al - Abed(1989)在实验室研究中获得了类似的结论。所有的这些研究表明,冰盖下的泥沙输送会有实质性的减少。Mercer 和 Cooper(1977)以及 Wuebben(1988)研究了冰坝条件下局部性河床的冲刷。

本次研究开发了一个模拟黄河下游冬季冲淤过程的数值模型。在这个模型中,计算了水流的时空变化、泥沙输送率、河道宽度以及河床剖面。在全断面宽度上的冲淤分布由有效引力标准来确定。模拟结果与野外观察值相当一致。

2 黄河下游

黄河总长 5 464 km,流域面积 750 000 km^2。黄河平均年总径流量 574 亿 m^3。黄河下游挟带的泥沙总量为每年 16 亿 t,多年平均年泥沙含量为 37.6 kg/m^3。黄河下游的平均泥沙淤积率为每年 4 亿 t,河床以平均每年 10 cm 的速度抬高。由于在冲泻质大小范围内的泥沙含量特别高,所以黄河中泥沙输送率主要由悬移质泥沙输送构成。黄河下游的泥沙输送能力不能用通常的河床质泥沙输送公式(Vanoni,1977)来确定。黄河下游的大多数河段在冬季是封河的(Chen,1986)。本次研究中,位于山东省从艾山到利津的长 267 km 的河段用于模拟,河段平均比降 0.000 1,河道宽度从 500 m 到 2 000 m 之间变化。

3 模型的建立

在计算机模型中，河道几何形态可以用沿河一系列的离散断面来代表。在每个时间步长的水流条件，包括在所有断面上的流量、水位、流速以及能量坡度，都要首先确定。根据这些，然后计算输沙率以及河道宽度和河床剖面的变化。冰盖状况可以根据野外观测数据而作为模型的输入。

3.1 河道水力学

在水力学模拟中，可以利用准稳定流分析。水流条件用能量方程进行计算：

$$Z_j + \alpha_j \frac{U_j^2}{2g} = Z_{j+1} + \alpha_{j+1} \frac{U_{j+1}^2}{2g} + J\Delta x \tag{1}$$

式中：Z 为水位，$Z = Z_b + h + t_s$，Z_b 为河床高程，h 为水流深度，t_s 为淹没冰盖厚度；α 为能量系数；Δx 是两个连续断面间的距离；J 为能量坡度，$J = (J_j J_{j+1})^{1/2}$。下标 j 和 $j+1$ 表示断面，从上游到下游计数。方程(1)可以使用标准步长法，从下游到上游进行求解。可以利用曼宁公式来计算能量坡度。对于封冻断面，综合糙率系数 n_c 可以通过 Belokon - Sabaneev公式(Larsen，1969)进行计算：

$$n_c = \left[\frac{1}{2}(n_i^{3/2} + n_b^{3/2})\right]^{2/3} \tag{2}$$

式中：n_b 为河床糙率系数；n_i 为冰盖糙率系数。

由于河床质非常细，所以河床糙率很低。图 1 显示了在研究河段的不同断面上，根据现有的野外观察资料(Y. R. C. C.，1979)得出的流量 Q 和河床糙率 n_b 之间的关系。

冰盖的糙率系数随时间衰减很快。可以利用 Nezhikhovsky(1964)方程来模拟这个变化。

$$n_i = n_{i,e} + (n_{i,i} - n_{i,e})e^{-kt} \tag{3}$$

$n_{i,i}$和 $n_{i,e}$的值分别在 0.045 ~ 0.055 和 0.02 ~ 0.03 变化。衰减常数 k 可以设置为 0.01 d^{-1}。

3.2 泥沙输移

因为黄河下游特殊的泥沙输送特性，采用了 Chang(1963)提出的泥沙输送经验公式：

$$S = k\left(\frac{U^3}{gh\omega}\right)^m \tag{4}$$

式中：S 为断面平均含沙量，kg/m；U 为水流流速；ω 为沉降速度；g 为重力加速度；k 和 m 为随 $U^3/(gh\omega)$而变化的经验系数。

方程(4)在中国有广泛的应用，它原来是根据 Velikanov 的重力理论(1954)为悬移质而提出的。这个理论的有效性，Chang(1963)发现是值得怀疑的。然而，基于 Bagnold 的概念(1966)，Chien 和 Wan(1986)提出悬移质泥沙受到向上的支持应力所做的功率的制约，这可表明，输沙率直接与 $U^3/(gh\omega)$有关。

根据 Bagnold 的水流功率概念，在单位河床面积上供应给流体柱的能率为(Bagnold，1966)：

$$E_s = QgJ\rho/B = \gamma_m hUJ \tag{5}$$

式中：J 为能量坡度，$J=\dfrac{U^2}{C^2R}$；C 为达西系数，U 为平均流速，R 为水力半径；ρ 为流体密度。保持泥沙悬浮的功率为：

$$W_s = \left(\frac{\gamma_s - \gamma}{\gamma_s}\right) q_s \frac{\omega}{u_s} \tag{6}$$

对于明渠畅流：

$$W_s^o = E_s(1 - \epsilon_b^o)\epsilon_s^o \tag{7}$$

式中：ϵ_b 是推移质输沙效率，或者用于推移质输送 E_s 的部分；ϵ_s 是悬移质输沙效率，或提供给悬移质剩余功率的部分。Bagnold(1966)指出，ϵ_b 和 ϵ_s 的值分别在 0.15 和 0.016 量级。

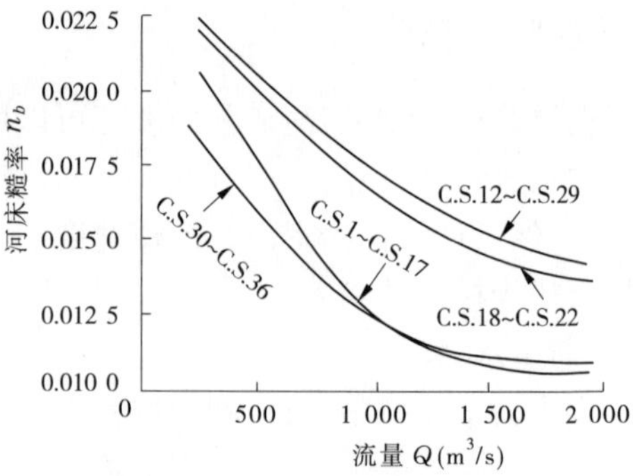

图 1　河床糙率 n_b 与流量 Q 之间的关系

由方程(5)、方程(6)和方程(7)得出：

$$q_s^o = \frac{\gamma_s}{\left(\dfrac{\gamma_s - \gamma}{\gamma}\right)C_o^2}\frac{U^4}{\omega}\epsilon_s^o(1 - \epsilon_b^o) \tag{8}$$

$$S^o = \frac{q_s}{q} = \frac{\gamma_s g}{\dfrac{\gamma_s - \gamma}{\gamma}}\frac{\epsilon_s^o(1 - \epsilon_b^o)}{C_o^2}\frac{U^3}{gh\omega} \tag{9}$$

方程(9)可以写成：

$$S^o = \gamma_s f_o\left(\frac{U^3}{gh\omega}\right) \tag{10}$$

式中：f_o 是自由水面条件下 S 和 $\dfrac{U^3}{gh\omega}$ 之间的函数关系，上标或下标“o”标注表示明渠畅流。

根据方程(4)：

$$S^o = k_o\left(\frac{U^3}{gh\omega}\right)^{m_o} \tag{11}$$

对于有冰盖水流来说，能量供应 E_s 的部分，可以假定为除了 ϵ_b 外粒冰输送所做的功。因此：

$$W_s^c = E_s(1 - \epsilon_b^c - \epsilon_i)\epsilon_s^c \tag{12}$$

式中：ϵ_i 是用于粒冰输送的能量供应部分。因此，在冰盖条件下的泥沙含量为：

$$S^c = \frac{2\gamma_s g}{\left(\dfrac{\gamma_s - \gamma}{\gamma}\right)}\frac{\epsilon_s^c(1 - \epsilon_b^c - \epsilon_i)}{C_c^2}\frac{U^3}{gh\omega} = \gamma_s f_c\left(\frac{U^3}{gh\omega}\right) \tag{13}$$

方程(13)也可写为与方程(11)一样的形式：

$$S^c = k_c\left(\frac{U^3}{gh\omega}\right)^{m_c} \tag{14}$$

根据实测的输沙率资料计算的黄河下游三个冬季的 k 和 m 值，包括畅流和有冰盖条件的，如图 2 所示。资料显示，在有冰盖和畅流条件下，k 和 m 的值基本上是一样的。

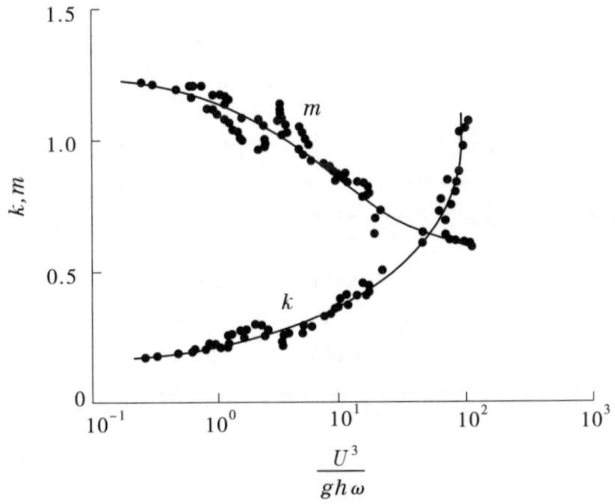

图 2　系数 m 和 k

根据上面的结论，当畅流和冰盖条件下的流量相同时，含沙量比率为：

$$\frac{S^c}{S^o} = \left(\frac{U_c^3 h_o}{U_o^3 h_c}\right)^m \tag{15}$$

由于$\frac{U_o}{U_c} = \frac{h_c}{h_o} = 1.32\left(\frac{n_c}{n_o}\right)^{0.6}$，所以方程(15)变为：

$$\frac{S^c}{S^o} = \left[0.574\left(\frac{n_o}{n_c}\right)^{1.2}\right]^m \tag{16}$$

方程(16)显示，含沙量比率小于 1。因为冰盖条件下垂直紊动混合更小，所以这种含沙量的减小是可以预见的。含沙量会随着 m 值的增加而减小，或随着 Q 的减小而减小。由于在研究河段中，$\frac{n_c}{n_o}$在 1.3 和 1.6 之间变化，所以悬移质输沙率由于冰盖的存在会减少 30% ~60%。

方程(4)是针对颗粒大小均匀的泥沙的。在自然河流里，含沙量 S 和沉降速度 ω 都可以用泥沙的颗粒级配进行计算：

$$S = \frac{1}{\sum_{i=1}^{n} \frac{p_i}{S_i}} \tag{17}$$

和

$$\omega = \left(\sum_{i=1}^{n} p_i \omega_i^m\right)^{1/m} \tag{18}$$

式中：p 为在第 i 个颗粒分级中的总输沙率部分；S 为在第 i 个颗粒分级中的泥沙含量。三个测站的观测泥沙级配见表 1。其他断面的颗粒级配可以用这些资料进行内插得到。

根据方程(17)和方程(18)，以及计算的水力条件，就可以进行输沙率计算。那么，冲淤面积 ΔA_c 也可以由泥沙连续方程确定：

表 1　泥沙颗粒级配

测站	P_i(%)							
	粒径 $d \leqslant$(mm)							
	0.007	0.010	0.025	0.050	0.075	0.10	0.15	0.25
艾山	18.3	22.6	35.9	51.6	67.6	88.2	98.1	100
泺口	10.7	13.2	21.3	32.6	53.7	81.8	97.5	100
利津	21.8	27.3	40.2	61.7	79.8	95.9	99.8	100

$$\frac{\partial A_c}{\partial t} + \frac{1}{\gamma_s'}\left(\frac{\partial Q_s}{\partial x} - q_s\right) = 0 \tag{19}$$

式中：Q_s 为输沙率；γ_s' 为河床上泥沙沉积物的比重，$\gamma_s' = (1-\lambda)\gamma_s$，黄河下游可以取 1.3 gm/cm^3；$\lambda$ 为河床空隙度；A_c 为在一个任意参考框架内河床断面的面积；q_s 为每单位长度的横向泥沙输入的入流率。输沙率可以由泥沙输送能力 SQ_s 和上游断面上的输沙率来确定(Zhang 等，1983)。如果上游输沙率已知，那么，断面面积变化 ΔA_c 就可以用方程(19)在每一个时间步长、在每个大断面上求得。然后，可以利用这个变化来确定河道宽度和河床高程的变化。

3.3　河宽和河床剖面

在一条相对顺直的冲积河道中，河床几何形态的变化，包括河道宽度、河床下切和河床堆积的变化。

河宽变化的模拟是基于 Chang(1982，1984)建议的最小水流功率概念进行的。根据最小水流功率概念，水流是以总水流功率最小的方式来调整自己的。这意味着水流将沿着河道朝均匀功率消耗条件 γQJ 的状况调整自己。河段总水流功率是：

$$P = \int_L \gamma QJ\mathrm{d}x \tag{20}$$

式中：P 是河段总水流功率；L 为河段长度；γ 为水沙混合物的比重。

由于沿河道 Q 的变化相对于 J 的变化通常比较小，所以可以通过调整宽度以减小沿河 J 的变化，从而使 P 最小化。作为减少边界阻力的结果，宽度的减少通常会关系到能量梯度的减少，而伴随着能量梯度的增加，宽度也会增加。根据这些考虑，Chang(1982，1988)、Yang 和 Chang(1988)提出了一个确定宽度变化的简化方法。这个方法在本次研究中被采用。

在河道宽度调整以后，河道断面面积会随着河床面积变化的剩余量 $\Delta A_c'$ 的变化而进一步改变。在淤积情况下，堆积会从最低点开始，并且在水平层中塑造河床。在冲刷情况中，侵蚀的深度根据剪切应力的分布而分布：

$$\Delta Z_k = \frac{T_k - T_{cT}}{\sum_B (T_k - T_{cT}) \Delta Y_k} \Delta A'_c \tag{21}$$

式中：ΔZ_k 为局部侵蚀深度；$T_k = \gamma h_k S$；T_{cT} 为临界剪切应力；B 是河道宽度；Y 为横向的距离。

4 模拟结果

模型用来模拟 1976 年 12 月 1 日到 1977 年 2 月 28 日整个冬季研究河段的冲淤过程。研究河段概化为 35 段，下游边界为利津的断面 1，上游边界为艾山的断面 36。该河段有三个水文站，分别位于断面 1、断面 23 和断面 36 处。日流量、水位、冰情、输沙率及其级配均在这三站有观测。另有五个水位站分别位于断面 3、6、18、25 和 30 处，在断面 7 和 8 之间以及断面 11 和 12 之间也各有一处。这些站也有冰情记录。研究河段的冰情总结见图 3。

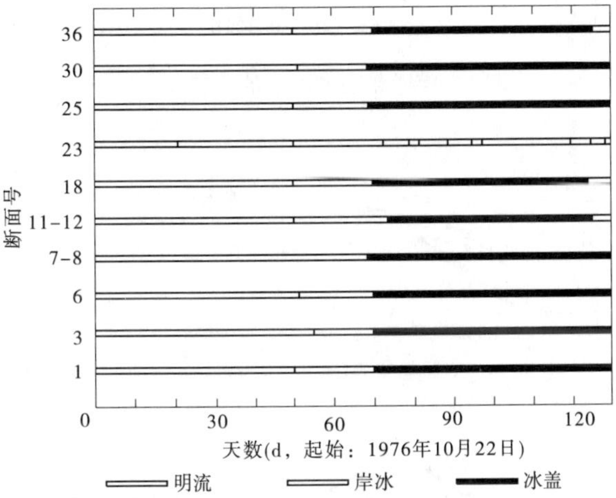

图 3 研究河段中的冰情

水力计算从下游边界向上游进行，而泥沙演算过程从上游向下游进行。图 4 显示了沿河各断面上的实测与模拟水位的比较。图 5 显示了模拟的水位—流量关系。这个图表明，有冰盖时的水位更高。因为冰盖粗糙度和河床高程的变化，所以封冻期水位的增加值会随着时间而减少。图 6 显示了在断面 23 和 1 上，模拟和实测输沙率的比较。这两个图都显示，模拟和观察数据拟合良好。图 7 显示了断面 10、25 和 34 上，河床剖面的模拟变化。这些图表明，在冬季河床的变化在 0.5 m 左右。这是一个显著的量值，在黄河下游的长期河道形态变化过程中是不能忽略的。

5 结论

在本文中，提出了一个模拟模型来模拟冬季黄河下游的泥沙输送和冲淤过程。模拟结果与野外观测比较吻合。这也说明，尽管在冬季流量和输沙率都比较低，但是，河床变化是很大的。任何在寒冷地区河床变化的长期模拟，都必须包括冬季的封冻期。

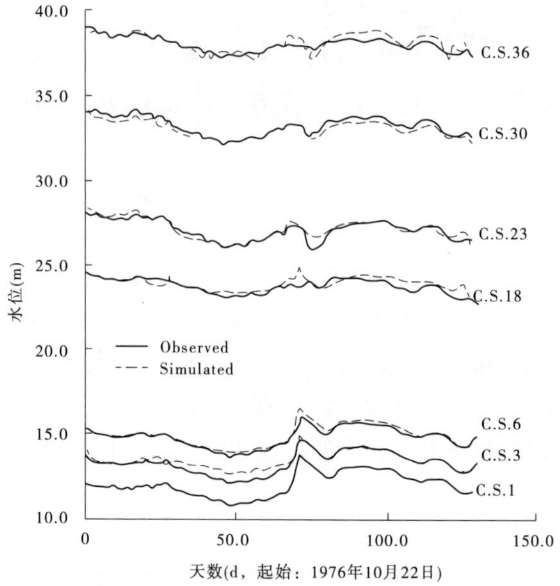

图 4　模拟和观测水位的比较

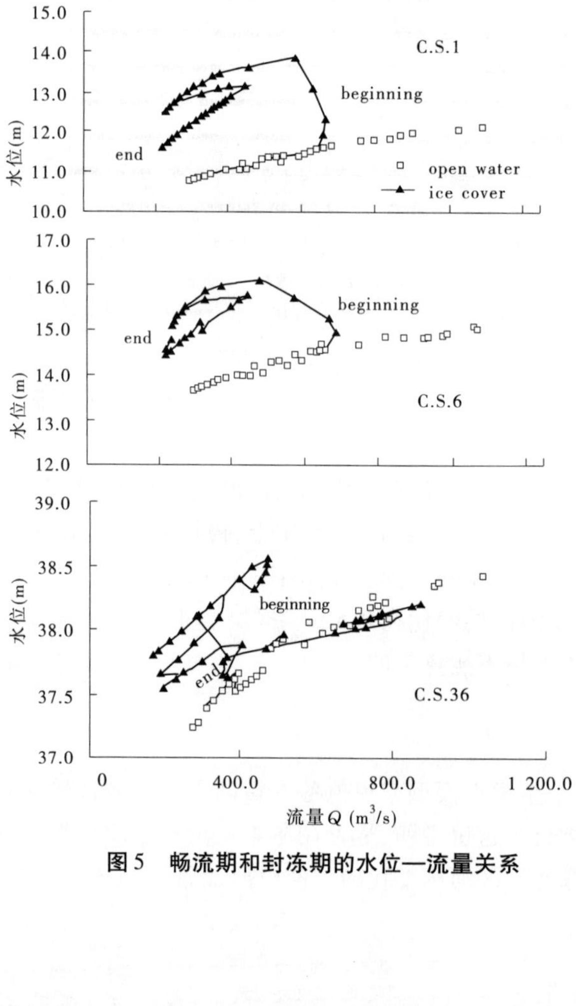

图 5　畅流期和封冻期的水位—流量关系

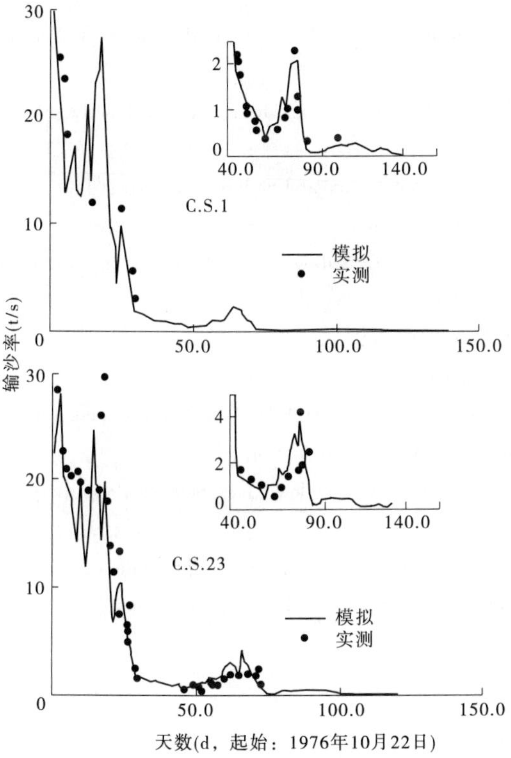

图 6　模拟和实测输沙率的比较

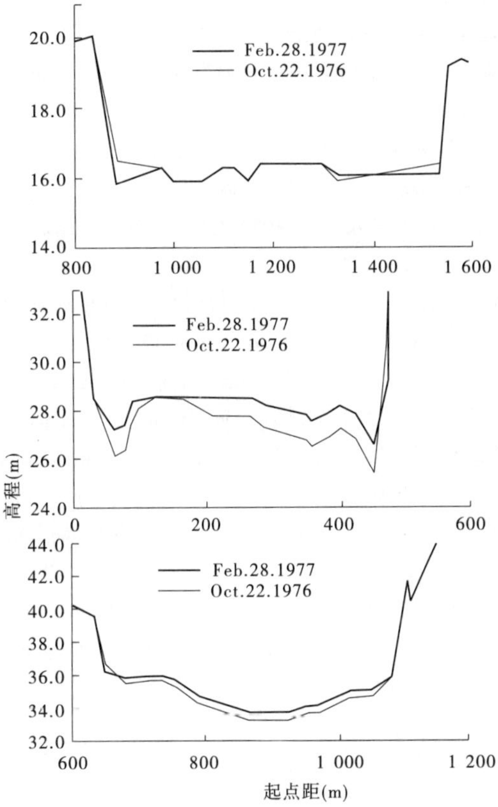

图 7　模拟断面 10、25、34 的河床剖面变化

参考文献

Al -Abed A M N. 1989. Sediment Transport under Ice Covered Channels, Ph. D. thesis, University of Kashmir.

Bagnold R A. 1966. An Approach to the Sediment Transport Problem from General Physics, U. S. G. S. Professional Paper 422-1, Washington, D. C. ,35.

Chang H H. 1982. Mathematical Model for Erodible Channels. Journal of the Hydraulic Division, ASCE, Vol. 108, No. HY5, 678-689.

Chang H H. 1984. Modeling of River Channel Changes. Journal of Hydraulic Engineering, 110(2):157-172.

Chang H H. 1988. Fluvial Processes in River Engineering, John Wiley and Sons, Inc. , N. Y. ,432.

Chang S C. 1963. A Review on the Gravitation Theory of Sediment Suspension. Journal of Hydraulic Engineering, Chinese Hydraulic Engineering Society, No. 3, 11-23.

Chen Z T. 1986. Ice Problems on the Yellow River, IAHR Symposium on Ice, Vol. Ⅲ. Iowa city, 25-47.

Chien N, Wan Z H. 1986. Mechanics of Sediment Transport. Science Press, Beijing. (in Chinese).

Krishnappan B G. 1983. Suspended Sediment Profile for Ice-Covered Flows. Journal of Hydraulic Engineering, 109:385-399.

Lau Y L, Krishnappan B G. 1985. Sediment Transport under Ice Cover. Journal of Hydraulic Engineering, 111: 934-950.

Larsen P A. 1969. Head Losses Caused by an Ice Cover on Open Channels. Journal of Boston Society of Civil Engineers, 56:45-67.

Mercer A G, Cooper R H. 1977. Bed Scour Related to the Growth of a Major Ice Jam. Third National Hydrotechnical Conference, Quebec, 291-308.

Nezhikhovskiy R W. 1964. Analysis of Roughness of Bottom Surface of Slush Ice Cover, Soviet Hydrology: Selected Papers, 2:127-150.

Sayre W W, Song G B. 1979. Effect of Ice Covers on Alluvial Channel Flow and Sediment Transport Processes, IIHR Report No. 218, Iowa Institute of Hydraulic Research, Iowa City.

Wuebben J L. 1988. A Preliminary Study of Scour under an Ice Jam, Proceedings of 5th Workshop on Hydraulics of River Ice/Ice Jams, Winnipeg, 177-192.

Vanoni V A. 1977. Sedimentation Engineering, A. S. C. E, New York, NY, 477.

Velikanov M A. 1954. Dynamics of Fluvial Streams, Gostekhizdat, Moscow.

Yang X Q, Chang H H. 1988. Mathematical Modeling of Compound Channel with High Sediment Concentration, Proceedings, National Conference on Hydraulic Engineering, ASCE, Colorado, Spring.

Yellow River Conservancy Commission. 1979. Ice Jam Floods in the Lower Yellow River, Science Press, Beijing. (in Chinese).

Zhang Q, Zhang Z, Yue J, et al. 1983. A Mathematical Model for the Prediction of the Sedimentation Process in Rivers, Proceedings of the 2nd International Symposium on River Sedimentation, Nanjing, China.

Shokotsu 河冰坝的形成

沈洪道　刘连武

（克拉克森大学土木环境工程系，美国，纽约，Potsdam，13699－5710）

摘要：1995 年 3 月 Shokotsu 河发生了一起春季冰坝事件，是 1955 年以来该河发生的唯一的一起冰坝事件。文章叙述了冰坝的形成过程，通过分析水文气象资料、河道水力和几何特征，探讨了 Shokotsu 河冰坝产生原因。分析表明，这起开河事件是由气温回升过程中出现的一场降雨造成流域径流的突然增加所引起的，单纯由气温回升产生的融雪径流不足以使流量增加到导致冰盖瞬间破碎的地步。随着上游流冰的推移，在河道比降、流速及水面宽急剧减小的河段堆积形成冰坝。通过数值模拟冰坝动力过程表明，模型可以再现冰坝形成和演变过程，从而弥补现场观测资料的不足。

关键词：开河　河道径流　冰坝　冰动力学　洪水　河冰

1　简介

位于日本北海道和本州北部的河流，通常每年冬季要结冰封河长达几个月。这些河流大都发源于山区，流经沿海平原，最终注入海洋。Shokotsu 河由于高山河段河道比降较陡，而沿海过渡河段河道比降迅速降低（Hirayama 等，2002），一旦在冰盖完全融化前提前开河，就极有可能发生严重的冰输移和冰坝事件。本文分析了 1995 年 3 月发生在 Shokotsu 河上游的一次罕见的冰坝事件，可以作为分析日本北部河流及其他地理和气候条件相似地区河流开河冰坝形成的一个参考。

2　河流冰坝

冰坝即河冰在河道中的局地堆积，从而造成大范围的河道堵塞，水流壅阻。冰坝可以带来各种问题，如淹没农田和村庄，破坏海岸线和水工建筑物，影响航运和水力发电等。根据形成机制，冰坝分为两种基本类型：①水面冰坝，主要由表面碎冰大量堆积形成，可以发生在结冰期也可以发生在开河期；②水内冰塞，主要由来自冰盖上游流速较大的畅流河段所产生的冰花在冰盖下的大量堆积形成（Shen 和 Wang，1995）。水面冰坝通常伴随有水位的迅速抬升，这主要是由于坝体厚度和粗糙的下表面引起的回水作用造成的。无论是由于冰坝长度增加，水面比降增大，造成坝体净受力的增大，还是热力效应造成坝体强度的减小，都会导致水面冰坝溃决。冰坝溃决会产生大量流冰，致使下游流量突然增加，类似于溃坝洪水。对于水内冰塞，水位将随着冰盖下水内冰屑堆积厚度的增加而逐渐增加。局地水内冰坝通常称为悬冰坝。由于增加了河道总冰量，冰盖下水内冰堆积也增加了开河期形成冰坝的可能。在天然或人为的阻碍下表面冰输移受阻，大量堆积形成表面冰坝。这些阻碍包括静态的冰盖前缘、由于岸冰增长造成的水面宽度变窄、河道走向及断面变化或河道中流速的减小等。封河期冰坝主要由顺水漂浮的破碎的冰盘和大冰块堆积形成,开河期冰坝主要由冰盖破裂产生的碎冰堆积而成。

2.1 冰盖解冻开河

开河大体上分为两种类型,即文开河和武开河。文开河也称为热力开河,从本质上来讲是冰盖的热力消融过程,冰盖就地融化,无明显的移动(Deslauriers,1968;Michel,1971)。文开河多出现在春季开河期流量保持相对平稳的情况下,不会产生冰坝。武开河又称为机械开河,即在河道流量和水位变化等水力作用下致使冰盖断裂破碎。机械开河是动力过程,通常会出现严重的流冰现象。导致机械开河的动力因素包括:①风和水流的拖曳力;②冰盖重力沿水流方向的分力;③上游流冰对冰盖前缘的作用力;④水波作用于冰盖底部的压力变化。针对机械开河,众多学者进行了大量的研究(如 Beltaos,1990,1997;Billfalk,1981;Ferrick 和 Mulherin,1989;Prowse 和 Demuth,1989)。然而,由于涉及复杂的冰水动力学过程,至今还没有形成完整的解析表达式。

Prowse 和 Demuth(1989)将冰盖破裂分为超前沿模式和前沿模式两种。超前沿模式是指在开河初期冰盖即破裂成大的冰块,前沿模式指开河后期河流中出现巨大水波传播和冰块输移,从而造成冰盖破裂。武开河的前提是水位上升并超过封冻期水位(Beltaos,1984)。水位和流量同时上升,对冰盖产生向上的压力作用,迫使冰盖出现沿河的纵向裂缝,并脱离河岸,发生漂移。Beltaos(1990)证实流量只要发生很小的变化冰盖就会产生纵向裂缝,说明春季径流开始不久,即开河初期纵向裂缝就形成了。在弯曲的河道中,纵向裂缝形成后,通常间隔较大的横向裂缝也随之形成。Beltaos(1984)指出,在弯曲的河流中,由作用于冰盖的水平水压力产生的弯矩,造成的横向裂缝之间的距离,可以达到冰厚的约 1 000 倍。上述过程即认为是超前沿模式。前沿模式是由春季径流、冰坝溃决、水量调度等引起的流量的迅速增大引发的。水波的传播作用将从下部对冰盖产生压力扰动,从而形成间隔密集的横向裂缝,使冰盖破裂,导致流冰,水位抬高。Parkinson(1982)描述了在 Liard Makenzie 河观测到的这一过程。Xia 和 Shen(2002)提出了关于水波作用下形成间隔密集的横向裂缝的非线性理论。伴随流冰的出现,碎冰可能在下游河道发生堵塞,也可能滞留在下游冰盖的前缘。在后一种情况下,碎冰可能在冰盖前缘堆积形成冰坝,也可能冲破冰盖,挟带更多的冰块向下游输移,从而增加在下游河道形成冰坝的危险(见图 1)。在相对坡陡顺直的河流中,超前沿模式向前沿模式的转换很难区分。冰盖的破碎和流冰的出现与冰盖脱离河岸失去支撑几乎是同时发生的。Ferrick 和 Mulherin(1989)描述了在 Connecticut 河上发生的类似情形。

2.2 冰坝形成理论

通过众多学者的努力,早在 20 世纪 60 年代早期经典的表面冰坝理论就产生了,这些学者包括 Pariset 和 Hausser(1961)、Berdennikov(1964)、Uzuner 和 Kennedy(1976)及 Beltaos(1983,1995)。早期的研究认为冰坝的形成是具有恒定空隙率的冰块介质的一维静态累积过程。这样的静态公式可以用来估算冰坝体厚度,但不能预测冰坝是否会形成以及形成的时间和位置等。此后,Shen 等(1990)提出了河冰输移及冰坝形成动态表达式,并拓展成二维 DynaRICE 模型,可以用来模拟天然河流中表面冰输移和冰坝的形成过程(Shen 等,1993,2000;Lu 等,1999)。模型经过了实测资料的检验,以及静态冰坝解析

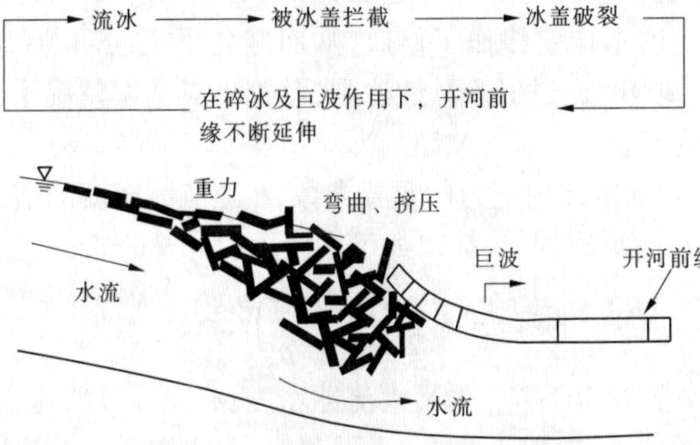

图 1　冰盖解冻开河和冰坝形成过程

解和多个一维静态冰坝模型的检验（Shen 等，2000；Carson 等，2001）。河冰输移原理类似于湖冰和海冰输移原理，虽然其时间和空间尺度远小于湖冰和海冰，但其对流项及流速和密度的变化却更大。下面通过一个简单的水面冰输移公式来解释冰坝的形成机制。

河流中表面冰输移运动方程为：

$$M_i \frac{d\vec{V}_i}{dt} = \vec{R} + \vec{F}_a + \vec{F}_w + \vec{G} + \vec{F}_{bdry} \tag{1}$$

$$\frac{d}{dt}(\rho_i N t_i) + \rho_i N t_i \nabla \cdot \vec{V} = S_{Mi} \tag{2}$$

$$\frac{dN}{dt} + N\nabla \cdot \vec{V} = -R_a + S_N \tag{3}$$

式中：d/dt 为全导数；M_i 为单位面积河冰质量，$M_i = \rho_i N t_i$；ρ_i、N 和 t_i 分别为冰密度、流冰密度和冰厚；$\vec{V}_i$ 为冰速度矢量；$\vec{R}$ 为冰体内摩擦力；$\vec{G}$ 为河流表面梯度产生的重力沿水流方向的分力；$\vec{F}_a$ 和 $\vec{F}_w$ 分别为风和水的拖曳力；$\vec{F}_{bdry}$ 为冰沿河岸及河床流动所受的边界摩擦力；S_{Mi} 和 S_N 分别为由于悬浮冰对水流深度的贡献和表面冰的冰结与融化面产生的单位面积冰体的质量变化及表面冰密度变化；R_a 为由于水力再分布而造成的流冰密度随时间的变化率。

冰体内摩擦力的表达式如下：

$$\vec{R} = \left[\frac{\partial}{\partial x}(\sigma_{xx} N t_i) + \frac{\partial}{\partial y}(\sigma_{xy} N t_i)\right]\vec{i} + \left[\frac{\partial}{\partial y}(\sigma_{yy} N t_i) + \frac{\partial}{\partial x}(\sigma_{yx} N t_i)\right]\vec{j} \tag{4}$$

其中，σ_{xx}、σ_{yy} 和 σ_{xy} 分别为冰块的正应力和剪应力。这些应力与冰的流速有关，可以通过黏塑性本构定律确定（Hibler，1977），方程如下：

$$\sigma_{ij} = 2\eta \dot{\varepsilon}_{ij} + (\zeta - \eta)\dot{\varepsilon}_{kk}\delta_{ij} - P\delta_{ij}/2 \tag{5}$$

式中：ζ、v 分别为非线性程度和剪切黏度，计算式为 $\zeta = P/2\Delta$，$v = \zeta/e^2$，其中，$\Delta^2 = D_{\mathrm{I}}^2 + (D_{\mathrm{II}}/e)^2$，$D_{\mathrm{I}}$、$D_{\mathrm{II}}$ 分别代表第一、第二恒定应变率，$D_{\mathrm{I}} = \dot{\varepsilon}_{xx} + \dot{\varepsilon}_{yy}$，$D_{\mathrm{II}} = [(\dot{\varepsilon}_{xx} - \dot{\varepsilon}_{xx})^2 + 4\dot{\varepsilon}_{xy}^2]^{1/2}$；$\dot{\varepsilon}_{xx} = \partial u/\partial x$，$\dot{\varepsilon}_{yy} = \partial \nu/\partial y$，$\dot{\varepsilon}_{xy} = (\partial \nu/\partial x + \partial u/\partial y)/2$。椭圆曲线的主轴比率为 $e = 2$。静止状态下冰体间的黏度接近无限大。在数值模型中，为了避免出现奇异解通常设定 η 为一个大的有限值（Hibler，1977）。这种近似假设变本构关系为线性黏性定律会出现一

种情况，即当剪切率接近 0 时剪切应力也近似为 0。在 DynaRICE 模型中，通过线性外推法对微小应变率情况下的本构定律作了修改，从而避免了上述问题（Shen 等，2000）。在最近的研究中，Liu 等（2001）通过引入黏性法则，对较小应变率情况下本构定律表达式进行了进一步的修改和完善。

冰体内部压力 P，是确定冰内应力的重要参数，P 随流冰密度的增加而增大。Shen 等（1990）总结了静态冰坝的形成规律，提出如下冰内压力计算公式：

$$P = \tan^2\left(\frac{\pi}{4} \pm \frac{\phi}{2}\right)\left(1 - \frac{\rho_i}{\rho}\right)\frac{\rho_i g t_i}{2}\left(\frac{N}{N_{\max}}\right)^j \tag{6}$$

式中：ϕ 为内摩擦角，一般取 46°；$N_{\max}$ 为最大流冰密度；g 为重力加速度；t_i 为冰厚；ρ 为水的密度；j 是一个经验常数，一般取 1.5；"+"号和"-"号分别表示流冰的辐合和辐散运动。阻碍冰体运动的边界摩擦力可以通过库仑定律计算，即 $F_{bdry} = F_N \tan\phi_b$，其中 F_N 为冰体作用于边界的法向力，ϕ_b 为冰体与边界之间的摩擦角。

通过运动方程（1），可以看出当作用于冰体的合力与冰体运动方向相反时，冰体将减速运动，即当水的推动力、风的拖曳力及重力沿水流方向的分力减小的情况下，或内部摩擦力和边界摩擦力增加的情况下，冰体将减速运动。一般风的拖曳力的影响可以忽略不计，但对较大的河流或当风向与水流方向一致的情况下例外。水的推动力和重力沿水流方向的分力分别与流速和河道比降紧密相关。从方程（4）和方程（5）可以看出，冰的内摩擦力和边界摩擦力将随流冰密度及冰厚的增加而增加。方程（2）和方程（3）表示，在不考虑冰量本身变化的情况下，冰厚和流冰密度的变化取决于流冰的散度，$\nabla \cdot \vec{V}_i$。当冰做辐合运动时，流冰密度和冰厚将增加。流冰密度和冰厚的增加会致使冰体内摩擦力迅速增大，从而使冰体运动放缓，继而又导致进一步的辐合和冰体运动放缓。总而言之，造成冰体停滞和冰拥塞的主要因素是冰的辐合运动。冰的辐合运动通常发生在流速、河道比降及水面宽突然减小的河段。

2.3 开河冰坝形成的影响因素

如前所述，开河冰坝形成的主要因素包括：一是要有较大的流冰量，或者由武开河产生或者由冰坝溃决产生；二是要有束窄河段，或是可以阻止冰块输移的完整的冰盖。这些因素受到流域水文气象条件、河道地形和水动力条件的综合影响。总之，对于天然无控河流，冰坝形成的主要影响因素可以归结如下。

2.3.1 地理位置和河流流向

寒冷地区的河流通常冰盖很厚，春季很容易发生严重的冰坝灾害。尤其在开河期间，冰盖依然厚实坚硬，为河道流冰提供了大量的冰源。河流流向也是影响冰坝形成的一个重要因素。对于由南向北流的河流，上游开河时间通常早于下游，这样下游冰盖就阻碍了上游流冰的输移，很容易导致冰坝的形成。

2.3.2 河道形态

如前所述，河流冰坝的形成机制主要是冰的辐合运动。从理论上来讲，由于流冰密度和冰厚的增加，造成冰体内摩擦力的增加，从而导致了冰体运动速度减慢，形成堵塞。在平面水力学中，可以表述为河段流冰堆积量的增加，即从上游输移过来的冰量超过向下游输移走的冰量。在冰体运动不受完整冰盖阻止的情况下，推动力的减小和阻力的增加都会导致冰体的辐合运动。推动力和阻力的变化都要受到河道形态的影响。河道比降的减小或断面面积的增大,会造成流速减小,从而造成推动力减小。另外,水面宽的减小、弯曲河段、河内浅滩及河心洲的存在等,都会增加输冰阻力。

2.3.3 流域水文气象条件

影响冰坝形成的主要气象因素包括气温、积雪深度及降水。冰盖积雪严重会影响冰盖接受太阳辐射,维持冰盖厚度和强度,延迟冰盖的热力融化。早春暖流过程引起的气温迅速升高,造成融雪径流,使流量迅速增大,尤其是同时出现降水的情况下。在冰盖还很坚实的情况下,如果出现流量上涨,就会导致武开河的出现,继而出现冰坝洪水。这个过程可以通过某个有严重积雪并伴有短时降雨汇流的流域更好地描述。

3 Shototsu 河冰坝的形成

Shototsu 河位于北海道北部,干流长 84 km。Shototsu 河上游为山区,下游流经 Mombetsu 附近狭长的沿海平原,最终注入鄂霍次克海。干流河段由浇筑水泥护岸用以保护河岸不受冲刷,沿河建有防洪堤防止洪水从主流溢出淹没周边地带。流域总面积为 1 240 km^2,其中山地 1 141 km^2,平原 83 km^2。上游河道比降一般约为 1/300,下游设计排水能力为 1 300 m^3/s。每年冬季,河流都被冰盖及厚厚的积雪覆盖,流量基本上在 10 m^3/s 左右,甚至更低。1995 年 3 月 18 日,Shokotsu 河在 kp16.6(即距河口 16.6 km 处)和 kp20 之间形成了 3.4 km 长的冰坝,出险位置在市区附近(见图 2)。这是自 1955 年以来发生在 Shokotsu 河的唯一一起冰坝事件(Hirai 等,2000)。由于流冰的剪切力作用,致使 kp18.2 和 kp18.8 之间弯曲河段内侧护岸严重受损(见图 3)。

每年冬季,定期对沿河几个重点河道断面的水情和凌情进行现场观测。观测资料见表 1,通过资料可以看出 Utsutsu 大桥附近未封冻,Shokotsu 河上游河段河道冰厚 30 ~ 40 cm,比降约 0.001 6。

3.1 开河和冰坝的形成

图 4 显示了 1995 年 3 月 Mombetsu 的日气温和日降雨量。图 5 为 1989 ~ 1998 年 10 年间 3 月份气温较高的几年 3 月 10 ~ 31 日气温变化过程。图 6 为 1995 年 3 月 16 ~ 21 日 Shokotsu 河上游水位和 Mombetsu 站降雨量的对比图。图 7 为 1995 年 3 月 Takinoue 和 Utsutsu桥日流量对比图。由图 6 可以看出,随着 1995 年 3 月 14 日气温回升到 0 ℃以上,3 月 16 日水位开始逐渐上涨。3 月 17 日 22 ~ 23 时冰盖破裂。观测数据表明,5.5 mm 的降雨及融雪速度的加快导致了当天的开河。18 时 10 分降雨强度最大,为 2 mm/h。由于河道比降较大,地表径流很快汇入河槽,河道流量增加,造成水鼓冰开(Baba 等,2000)。开河不久,在 23 ~ 24 时形成了冰坝。冰坝的形成致使水位以 0.45 m/h 的速率上涨,6 h 内水位就达到了最高水位 39.54 m。3 月 17 日的降水是引起开河的主要因素。图 5 ~ 图 7说明单纯的气温升高产生的融雪径流不足以使流量增加到导致武开河的地步。同时,历史记录显示在过去的 50 年中该河发生的另外一起开河冰坝,即 1955 年 3 月的冰坝事件,也是由降水引起的(Hirai 等,2000)。

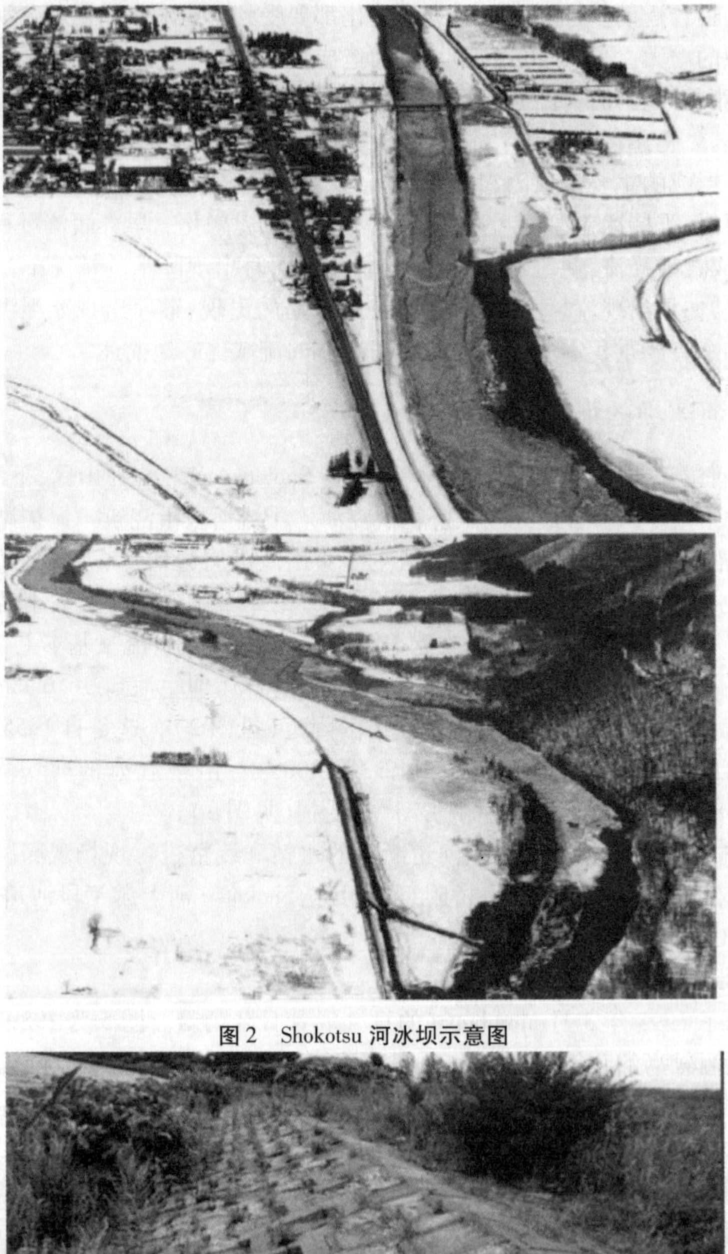

图 2　Shokotsu 河冰坝示意图

图 3　弯曲河段水泥护岸破坏情况示意图

表 1　Shototsu 河凌情、水情实测表(1995 年 2 月和 3 月)

观测点	观测日期	流量(m^3/s)	冰盖覆盖率	表面坡度	雪深(m)	冰厚(m)	流冰厚(m)
Takinoue (kp39.0)*	1995-02-07	2.2	100	0.002 74	0.25	0.32	0
	1995-02-24	1.49	100	0.004 08	0.53	0.32	0
	1995-03-04	1.26	100	0.002 80	0.38	0.24	0
	1995-03-16	2.84	100	0.003 18	0	0.28	0
Shokotsu 上游 (kp19.4)	1995-02-07	5.57	100	0.002 83	0.14	0.31	0
	1995-02-24	5.9	100	0.002 80	0.43	0.36	0
	1995-03-04	4.91	100	0.002 34	0.38	0.4	0
	1995-03-16	7.04	100	0.001 57	0	0.38	0
Utsutsu 桥 (kp7.2)	1995-02-06	5.97	10	0.000 56	0	0.03	0
	1995-02-24	6.6	0	0.000 54	0	0	0
	1995-03-04	6.29	0	0.000 56	0	0	0
	1995-03-16	7.1	0	0.000 52	0	0	0
Shokotsu 桥 (kp2.0)	1995-02-06	6.17	100	0.000 455	0.10	0.21	0
	1995-02-24	5.78	70	0.000 155	0.06	0.2	0.03
	1995-03-03	6.54	50	0.000 20	0.06	0.06	0
	1995-03-16	7.72	10	0.000 125	0	0.05	0
Tateushi (kp24.5)	1995-02-07	0.63	100	0.001 69	0	0.39	0
	1995-02-24	0.49	100	0.001 78	0.65	0.33	0
	1995-03-03	0.54	100	0.001 93	0.69	0.29	0
	1995-03-16	0.53	100	0.001 56	0.46	0.32	0

注：* kp 为河口以上距离，单位 km。

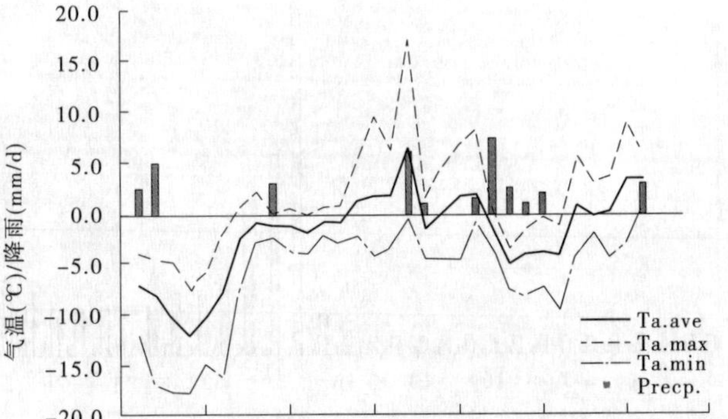

图 4　1995 年 3 月 Mombetsu 日气温和日降雨

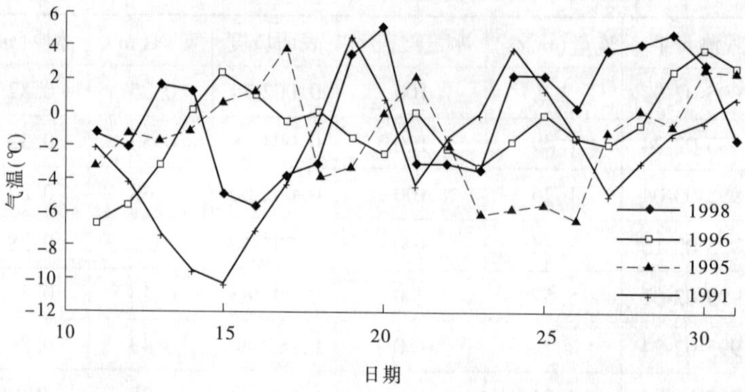

图5　暖冬年份 Takinoue 站 3 月 10 ~ 31 日气温变化过程

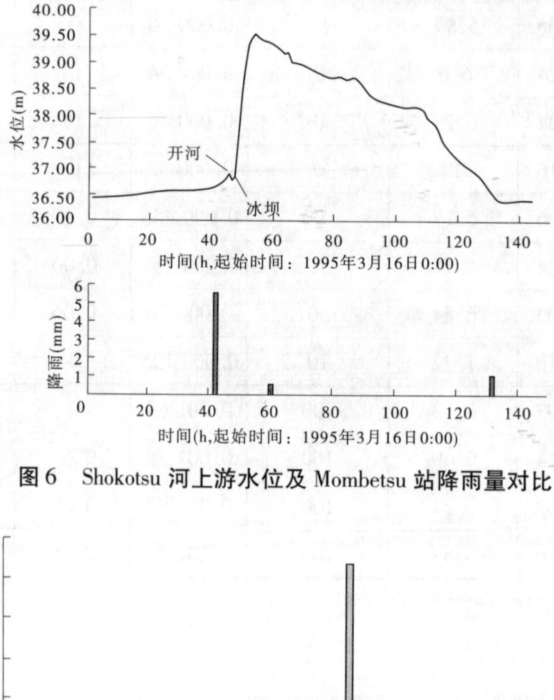

图6　Shokotsu 河上游水位及 Mombetsu 站降雨量对比

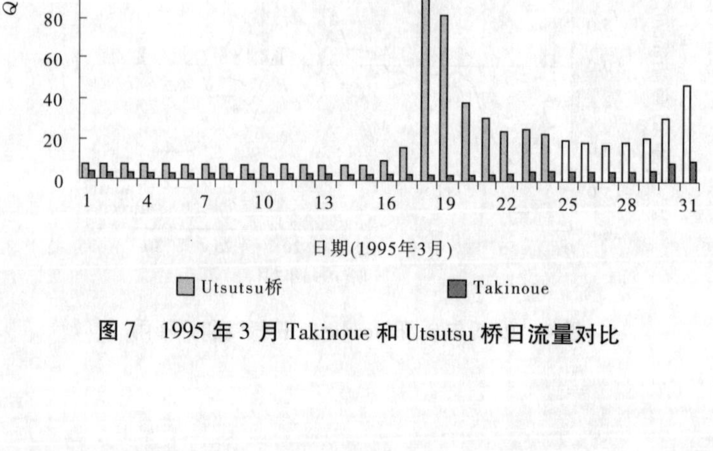

图7　1995 年 3 月 Takinoue 和 Utsutsu 桥日流量对比

3.2 冰坝位置

图2显示冰坝发生在kp16.6和kp17.0之间的河段。由于在流冰阻滞形成冰坝前，流冰对水流产生的阻力很小，因而在冰坝形成前水力条件可以近似为明渠水流。这样就可以有效预测冰坝可能发生的位置。虽然流冰期间水流不稳定，通过应用已有水力软件，如HEC－RAS(Brunner,2001)，分析河道特征，可以初步预测冰坝可能发生的位置。利用HEC－RAS模型模拟明渠稳定流，检验该河段河道水力特征，主槽曼宁系数取0.035，支流和滩区取0.050。图8给出了kp16.0和kp20.0之间河段河槽平面图，以及四种不同流量级下模拟水面线、水面宽和流速变化情况。图9为该河段河道水流条件模拟透视图。由图8可以清楚地看出，流冰期间相对同一流量级下的水流，当水流接近kp17位置时，水面坡降、流速和水面宽急剧减小，从而导致冰坝的形成。估计冰坝形成时的流量约为30 m^3/s，kp17断面流速小于0.7 m/s，即允许冰坝继续向上游发展而不出现冰块的挤压和翻转等情况下的临界流速(美国陆军工程兵团，1985；Ashton，1986)。另外，位于kp16.6位

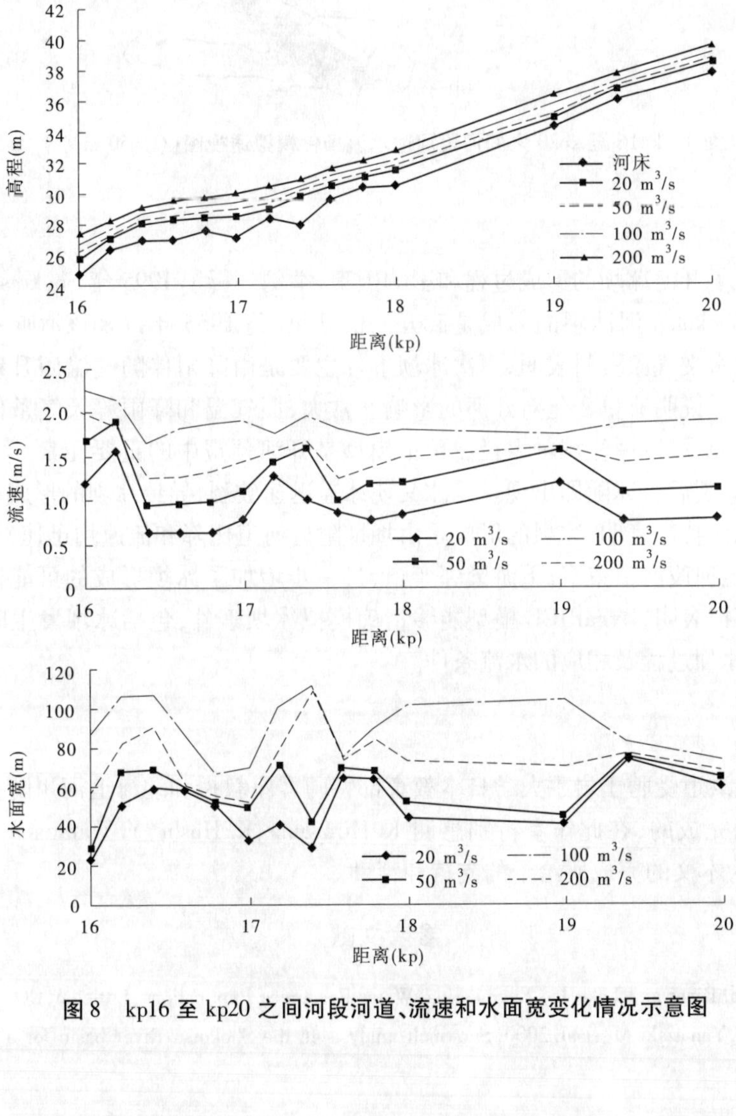

图8 kp16至kp20之间河段河道、流速和水面宽变化情况示意图

置的弯道，致使形成横向表层流，推动冰块滑向对岸，使水面宽变窄，进一步促进了冰坝的形成。同时 kp16.6 和 kp18 两处的弯道为冰坝河段提供了大量的流冰，使冰坝体增厚，但没有使冰坝体变长。

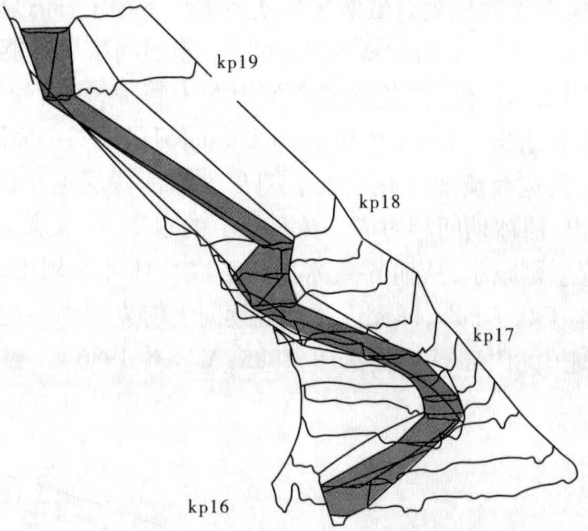

图 9　kp16 至 kp20 之间河段河道水流条件模拟透视图（$Q = 50\ m^3/s$）

4　结论

本文论述了开河冰坝的形成过程和影响因素，举例分析了 1995 年 Shokotsu 河冰坝事件。1995 年 Shokotsu 河冰坝的形成是武开河的结果，是 1955 年以来该河唯一的一次冰坝事件。分析水文气象资料表明，本次冰坝事件主要是由降雨伴随气温回升致使径流突然增加造成的。说明流量变化对开河的影响非常大，而气温和降雨等天气条件对径流的影响显著。因而，可以说流域融雪径流预报模型是开河预报中的重要元素。由于河道坡降较陡，冰盖破裂后流冰随即出现。流冰又使冰盖迅速破裂，导致冰坝的形成。通过分析河道水力和几何特征表明，冰坝的形成是由坝址附近河道比降和流速均迅速减小造成的。同时，冰坝发生河段河道束窄，下游紧邻弯道，进一步增加了冰坝形成的可能性。通过冰坝动力数值模拟表明，DynaRICE 模型能够精确模拟冰坝事件，包括冰坝发生时间和形成位置等，再现冰坝过程及相应的水流条件。

致谢

本文是沈洪道受聘于岩手大学日本教育部特聘客座教授和北海道河川防灾研究中心客座教授期间完成的，在此作者特别感谢 K. Hirayama、K. Hoshi、Y. Watanabe、H. Baba 和 M. Yamazaki 为本文的完成所给予的支持和帮助。

参考文献

Ashton G D. 1986. River and Lake Ice Engineering. Water Resources Publications, Littleton, CO.

Baba H, Hoshi K, Yamazaki M, et al. 2000. Snowmelt analysis in the Shokotsu River basin for a breakup jam.

Proceedings, 15th IAHR Ice Symposium, Gdansk, 271-277.

Beltaos S. 1983. River ice jam: theory, case studies, and applications. Journal of Hydraulic Engineering, ASCE 109(10): 1338-1359.

Beltaos S. 1984. A conceptual model for river ice breakup. Canadian Journal of Civil Engineering, 11(3): 516-529.

Beltaos S. 1990. Fracture and breakup of river ice cover. Canadian Journal of Civil Engineering, 17(2): 173-183.

Beltaos S. 1995. River ice jams. Water Resources Publications, Littleton CO.

Beltaos S. 1997. Onset of river ice breakup. Cold Regions Science and Technology, 25(3): 183-196.

Berdennikov V P. 1964. Dynamic conditions of formation of ice jam in rivers. Soviet Hydrology, Selected Papers. American Geophysical Union, Washington, 101-108.

Billfalk L. 1981. Formation of shore cracks in ice covers due to changes in water levels. Proceedings, IAHR International Symposium on Ice, Quebec City, 650-660.

Brunner G W. 2001. HEC_RAS, River Analysis System Hydraulic Reference Manual. Rep. CPD-69. Hydraulic Engineering Center, U. S. Army Corps of Engineers, Davis, CA. 262 pp., http://www. hec. usace. army. mi/software.

Carson R W, Andres D, Beltaos S, et al. 2001. Test of ice jam models. Proceedings, 11th Workshop on River Ice, Ottawa, May, 38-56

Deslauriers C E. 1968. Ice Break-Up in Rivers, Ice Pressure Against Structures, TM No. 92. National Research Council Associate Committee on Geotechnical Research, Ottawa, 217-230.

Ferrick M G, Mulherin N. 1989. Framework for control of dynamic ice breakup by river regulations. CRREL Report 89-12, Hanover, NH, 14.

Hibler III W D. 1977. A viscous sea ice law as a stochastic average of plasticity. Journal of Geophysical Research, 82: 3932-3938.

Hirai Y, Yamazaki M, Hirayama K, et al. 2000. The March 1995 ice jamming in the Shokotsu and Ashibetsu rivers. 15th IAHR International Symposium on Ice, Gdansk, 331-338.

Hirayama K, Yamazaki M, Shen H T. 2002. Aspects of river ice hydrology in Japan. Hydrological Processes, 16(4): 891-904

Liu L, Shen H T, Tuthill A M. 1999. A numerical model for river ice jam evolution, V. 2. Proceedings, 14th IAHR International Symposium on Ice. Balkema Publishers, Rotterdam, 739-746.

Liu L W, Tuthhill A M, Shen H T. 2001. Dynamic simulation of ice condition in the vicinity of locks and dams. Proceedings, 11th Workshop on River Ice, Ottawa, 191-208.

Lu S, Shen H T, Crissman R D. 1999. Numerical study of ice jam dynamics in upper Niagara River. Journal of Cold Regions Engineering, ASCE, 13(2), 78-102.

Michel B. 1971. Winter regime of rivers and lakes. Cold Regions Science and Engineering Monograph, III-B1a. Cold Regions Research and Engineering Laboratory, Hanover, NH. 131.

Pariset E, Hausser R. 1961. Formation and evolution of ice covers on rivers. Transactions, Engineering Institute of Canada, 5(1): 41-49.

Parkinson F E. 1982. Water temperature observations during break-up on the LiardMakenzie River system. Proceedings, Workshop on Hydraulics of Ice-Covered Rivers, Edmonton, Alberta, 261-290.

Prowse T D, Demuth M N. 1989. Failure modes observed during river ice breakup. Proceedings, Eastern Snow Conference, Quebec City, 237-241.

Shen H T, Wang D. 1995. Under cover transport and accumulation of frazil granules. Journal of Hydraulic Engineering, ASCE, 121(2): 184-195.

Shen H T, Shen H H, Tsai S M. 1990. Dynamic transport of river ice. Journal of Hydraulic Research, 28(9): 659-671.

Shen H T, Chen Y C, Wake A, et al. 1993. Lagrangian discrete parcel simulation of river ice dynamics. International Journal of Offshore and Polar Engineering, 3(4): 328-332.

Shen H T, Su J, Liu L. 2000. SPH simulation of river ice dynamics. Journal of Computational Physics, 165(2): 752-770.

Tan W Y. 1993. Shallow Water Hydrodynamics. Elsevier, Amsterdam.

U. S. Army Corps of Engineers. 1985. Ice Engineering Manual, EM 1110-2-1612. Department of the Army, Corps of Engineers, Office of the Chief of Engineers, Washington, D. C.

Uzuner M S, Kennedy J F. 1976. Theoretical model of river ice jam. Journal of Hydraulics Division, ASCE, 102(9): 1365-1383.

Wake A, Rumer R R. 1983. Great Lakes ice dynamics simulation. Journal of the Waterway, Port, Coastal, and Ocean Engineering, 109(1): 86-102.

Xia X, Shen H T. 2002. Nonlinear interaction of ice cover with shallow water wave in channels. Journal of Fluid Mechanics, 467: 259-267.

航闸冰输移模型

Andrew Tuthill[1]　刘连武[2]　沈洪道[2]

（1. 美国陆军工程兵研究发展中心寒区研究与工程实验室，
72 Lyme Rd. ,Hanover,NH03755；
2. 克拉克森大学土木环境工程系，美国，纽约，Potsdam,13699－5710）

摘要：应用物理模型和数值模型模拟船闸冰输移过程，为船闸充泄水系统及输水廊道取水口等船闸主要设计指标的设计提供依据。对人字门孔口等非常规的输冰技术进行了评估。将物理模型模拟结果与 DynaRICE 冰水力学数值模型模拟结果及实测资料进行了比较。研究主要包括以下三个方面：①船闸充水过程中冰在输水廊道取水口的堆积；②冰向船闸室的推移；③船闸泄冰过程。研究结果表明，船闸上游引航道冰堆积厚度是影响冰向船闸室推移的主要因素。物理模型和数值模型模拟结果合理，DynaRICE 模型为新建船闸设计的冰输移评估分析提供了一个有用的工具。

关键词：船闸　流冰　数值模型　输水廊道

1　概述

在美国北部地区，很多内陆河流的航运受到冰凌影响。受冰凌影响较为严重的河流包括密西西比河上游、伊利诺伊河、俄亥俄河上游、莫农加希拉河以及五大湖及其联络水道（见图 1）。由于通航河道冰盖不断受到来往船只的破坏，产生大量的冰屑，冰屑大小从几英寸到几英尺不等，进而形成流冰。受水流、风及行船影响，美国陆军工程兵团所属船闸上游河道自然而然成了流冰大量堆积的场所。向下游行驶的船只将流冰推入船闸室和人字门门槽，影响人字门的启闭，或使闸室墙壁结冰。通常，船闸室没有足够的空间同时容纳流冰和船只，因而必须采取措施在船只过闸前先将流冰排出。

为了清除流冰，首先使船闸室处于高水位运行，将上游人字门和泄水阀门同时打开，将流冰推入船闸室。通常，单靠表面水流作用不能将流冰冲出闸室，必须利用船只将流冰向前推进约闸室 1/3 位置，然后返回，等待流冰从闸室泄出。一旦船闸室处于低水位运行时，打开下游人字门和充水阀门，将流冰泄出，冲入下游引航道。由于船闸充水口上游存在死水区，使得船闸室上游 1/3 区域范围内的流冰很难清除。有些船闸带有可沉没的出流闸门，流冰可以直接从闸室排出，但大部分船闸只安装有人字门，必须利用闸门的启闭逐步将流冰排出。输冰过程使船闸正常的通船时间增加了数小时，严重影响了水运系统往来交通的正常秩序。

由工程兵团出资的航运工程革新（INP）计划，提出了成本节约型船闸设计和建设新方法（Tuthill,2003）。上游引航道的布局、防护墙设置、输水廊道取水口和出水口位置及充泄水系统（F/E）等设计都将影响工程的输冰能力。有效实用的船闸输冰模型对于新建船闸规划设计至关重要。本文主要针对 INP 船闸设计理念，对船闸输冰过程进行研究。

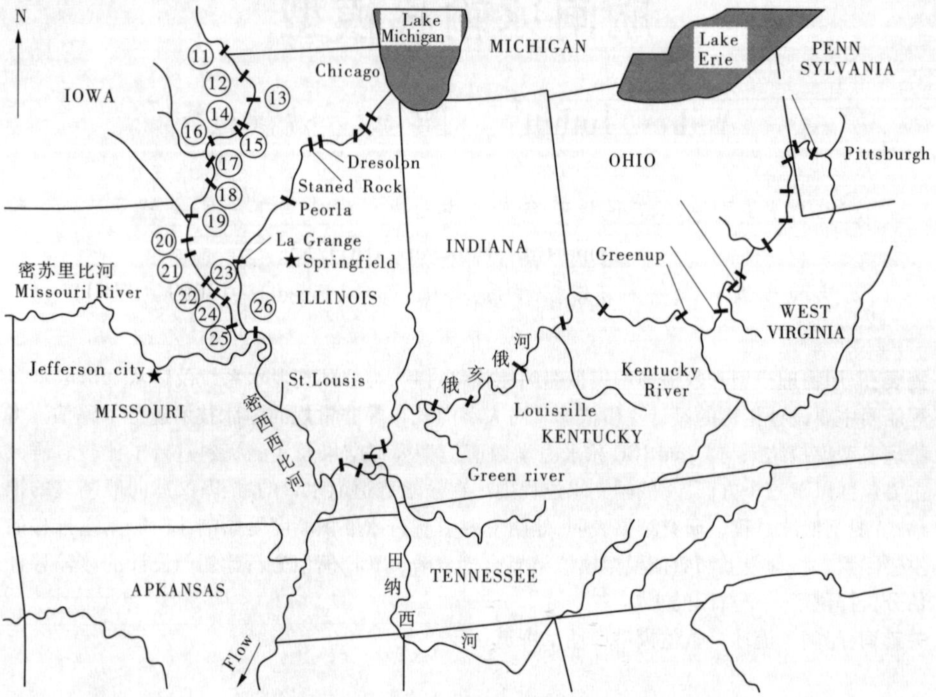

图 1　美国受冰凌影响的河流分布图

结合物理模型和 DynaRICE 冰水力学模型，对船闸输冰过程进行模拟。从而对 INP 新设计船闸输冰能力进行评估，对现有的船闸输冰模型进行改进和完善。

2　项目研究背景

由美国工程兵团所管辖的 230 座航运工程中大约有 1/3 的工程受到冰凌的影响（Zufelt 和 Calkins，1985；Tuthill，2002）。这些工程大部分都达到甚至超过了其工程设计使用年限，很多闸坝的修复重建工作都将参照 INP 设计和建设方法。INP 一种设计方案是采用船闸室内纵向输水廊道（ICLC）充泄水系统（Stockstill，1998；Hite，2000），即充泄水输水廊道布设在闸室底板下面，充水取水口直接设在人字门门槛下面，而按传统设计方法，取水口一般设在上游引航道导航墙内。传统的闸坝设计方法请参考 USACE（1995）。

INP 的另一种设计方案是将现有的 183 m 长的船闸扩建为 366 m，从而提高水运能力，缩短滞留时间。最简单的船闸扩建方法是直接在现有船闸尾部向下游增加 183 m，并采用现有的 F/E 系统（Hite，2001）。同时还考虑了一些耗资较大的扩建方案，即增加输水廊道和侧向充泄水系统，从而提高充泄水能力。

寒区研究和工程实验室（CRREL）利用天然冰进行了多次物理模型实验研究，检验闸坝输冰过程。Gooch 等（1990）、Tuthill 和 Gooch（1997，1998）应用物理模型对伊利诺伊河 Starved Rock 闸坝输冰过程进行了模拟，对淹没式弧形闸门输冰过程进行了研究，实验同样采用天然冰。Zufelt 等（1993）和 Tuthill（2000）应用物理模型分别对密西西比河 20 号闸坝和苏水闸输冰过程进行了模拟，对淹没式闸门和大流量点源气泡输冰模式进行了检验。

Tuthill 等(1999)对俄亥俄河上游 Pittsburgh 地区闸坝重建工程前期设计方案的冰输移指标进行了评估，Liu 等(2001)以 Montgomery 闸坝为例，使用 DynaRICE 冰水力学数值模型对所有设计方案进行了评估。主要对流冰在上游引航道的堆积及闸门输冰过程进行了模拟。同时对上游引航道堆冰的清除方法进行了研究，如大流量气泡、淹没式闸门、在上游防护墙设置鸿沟等方法。通过与实际观测资料比较表明，数值模型模拟结果较好。

3 方法

本次研究结合物理模型和冰水力学数值模型，模拟流冰在船闸室及上游引航道输水廊道取水口区域的输移过程。在有实际观测资料的情况下，对物理模型模拟结果与实际观测资料进行了比较。进而利用物理模型模拟结果对数值模型进行率定校正，并利用数值模型对 INP 优选的几种船闸设计方案输冰能力进行评估。

物理模型实验采用 CRREL 实验室比例为 1∶36 的苏水河船闸模型进行，实验采用塑料冰，根据实际观测资料拟合粒径分布比例。主要模拟三个过程：①船闸充水过程中冰在上游引航道输水廊道取水口附近的堆积；②冰从上游航道向闸室的推移；③船闸向下游的泄冰过程。

利用 DynaRICE 河冰输移演变模型，模拟了上游引航道和闸室的冰输移与冰塞演变过程(Liu 等，1999、2001；Liu 和 Shen，2000；Shen 等，2000)。之所以选择 DynaRICE 模型，是因为它是目前唯一实用的二维冰水动力耦合模型，并曾在俄亥俄河船闸重建项目中成功应用于船闸冰输移模拟(Liu 等，2001)。

DynaRICE 模型冰动力学模拟方法采用平滑质点流体动力学拉格朗日离散元模型(Shen 等，1993)。该方法假设冰体为大量冰质点个体组成的连续介质。质点形态不规则，每个个体质点都有明确的属性，如质量、厚度和流速等。冰的内摩擦力及边界摩擦力根据 MohrCoulomb 屈服准则计算。模拟冰体辐合运动而形成冰塞过程。冰体辐合运动使流冰密度增加，冰体内摩擦力及边界摩擦力相应增加，冰花流速降低，从而导致进一步的辐合运动，冰花流速进一步降低最终停止。水流的模拟采用集总技术的有限元法和蛙跳积分格式。同时考虑了冰体内及其他水利建筑物引起的渗流作用。模型重要参数详见表 1。

表 1 船闸冰输移数值模型重要参数表

参数	意义	取值
N_{max}	最大流冰浓度	0.6
ϕ	冰花内摩擦角	46°
$\tan\phi$	边缘摩擦系数	1.04
n_i	冰下缘曼宁系数 n	0.02～0.06

通常情况下，可以应用 DynaRICE 模型计算二维水深平均流速分布，近似代表水体表面流速，尤其适用于宽浅河道。船闸取水口附近深宽比率较大而且水流不稳定，实验证明

二维水深平均水动力学模型不能用于估算表面流速。初步比较发现，应用 DynaRICE 模型计算所得的上游引航道水深平均流速比通过物理模型观测的表面流速大。部分原因是由于输水隧道取水口位于船闸底板附近，深层水流流速大于表面流速。因而应用经验方法对模型计算得出的水深平均流速进行适当调整，使其近似等于实测表面流速。在船闸输冰实验中，流冰经过引航道进入船闸室以后，DynaRICE 模型计算所得水深平均流速与实测表面流速近似相等，因而不需要对其进行调整。

4 物理模型实验

物理模型实验利用 CRREL 实验室 1∶36 的苏水河船闸模型进行，实验采用塑料冰(见图 2)。(图形左侧是 Poe 闸，右侧是 MacArthur 闸。除了特别标注的外，图中长度、时间和流速等所有单位都已通过弗汝德模拟法则转换成原型尺寸。)模拟区域包括 366 m 长、33.5 m 宽的 Poe 闸，Poe 闸采用底部分离式侧向 F/E 系统，F/E 系统铺设范围超过 366 m 船闸室的 65%。船闸上下游水位差 6.4 m，上游引航道和船闸室(低水位)深 10 m。苏水河 Poe 闸现有取水口位于上游引航道导航墙内，人字门槽上游，为船闸室墙壁中的纵向充泄水隧道供水。根据 INP 的设计，物理模型中增加了穿透人字门门槛的取水口，以便对改建船闸的输冰能力进行检验。图 3 给出了两种取水口平面图。

图2　CRREL 实验室苏水河船闸物理模型

4.1　塑料冰

根据 St. Claire 河实际观测冰情资料(Daly 和 Arcone，1989)及 Poe 闸 1999 年 3 月流冰的图像分析资料，拟合塑料冰粒径分布经验曲线，如图 4 所示。在纽约电力局(NYPA，1998)发起的尼亚加拉河上游物理模型研究项目中，应用聚氨酯塑料冰粒成功模拟了冰阻塞过程。NYPA 采用的塑料冰粒对于小于等于 50% 的较细冰粒粒径分布情况模拟较好，大冰粒用 6.4 mm 厚的聚乙烯颗粒模拟。这两种塑料的比重均为 0.92，与淡水冰的比

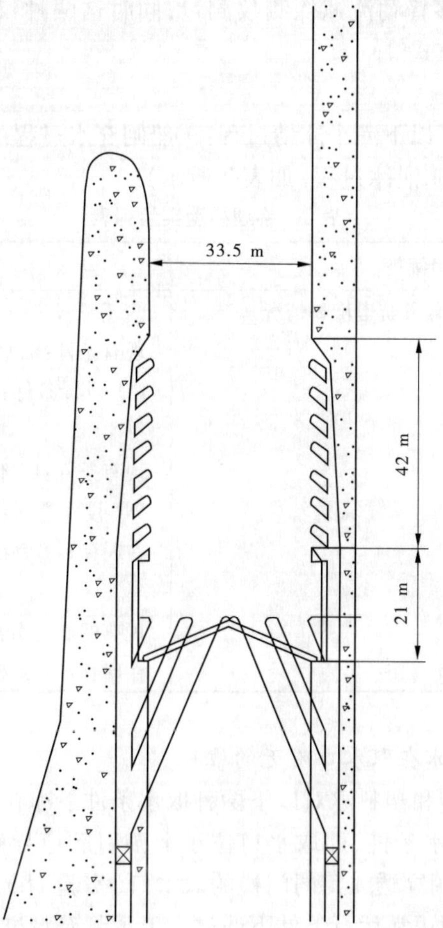

图3　CRREL 实验室 Poe 闸改建模型(在原有的上游引航道导航墙内取水口的基础上增加了穿透人字门门槛的取水口)

重 0.916 近似相等。

4.2　表面流速的测量

在物理模型实验中,对明渠流条件下表面流速和垂向流速进行了测量,得到流速分布剖面。在相对静止的水力条件下,船闸附近水面坡降较小,在不考虑风速的情况下,近水面流速是影响冰花运动的最重要参数。表面流速采用两种方法测定,即浮标目测法和通过视频记录塑料冰屑及五彩纸屑漂浮轨迹法。事实证明,后一种方法可以给出船闸充水和输冰过程中水平流速分布演变情况,尤其适用于非稳流模拟。垂向流速利用 Marsh McBirney 微型电磁流速探

图4　冰粒径分布曲线

测仪和 Sontek 二维声学多普勒流速探测仪测量，同时这两种仪器也可测量水面流速，作为表面流速的补充测量方式。

4.3 物理模型实验结果

应用物理模型模拟了以下三个冰情过程：①船闸充水过程中冰在取水口附近的堆积；②冰向闸室的推移；③船闸泄冰过程（如表 2 所示）。

表 2 物理模型实验列表

实验用例	说明
1. 船闸充水过程中冰在上游引航道堆积情况	
1a	现有条件：取水口位于导航墙内
1b	INP 设计条件：取水口穿透人字门门槛
2. 冰向船闸室推移过程	
2a	现有条件：底部分离式侧向充泄水系统
2b	INP 设计方案：183 ~ 366 m 船闸扩建系统
2c	在现有 F/E 系统中增加下游人字门孔口设计
3. 船闸室泄冰过程	
3a	现有的底部分离式侧向充泄水系统
3b	在现有 F/E 系统中增加上游人字门孔口设计

4.3.1 船闸充水过程中冰在取水口附近的堆积

利用 Poe 闸物理模型和塑料冰对以下两种取水条件下冰在上游引航道的输移情况进行了模拟：一种是现有取水条件，即取水口位于上游引航道导航墙内（实验 1a）；一种是 INP 设计取水条件，即采用穿透人字门门槛的取水口（实验 1b）。两组实验采用相同的充水曲线，即 1999 年 Poe 闸正常运行条件下通过人工观测充水过程得到的充水曲线。充水曲线变化极不平稳，前 3.5 min 内流量就由 0 猛增到 184 m^3/s（如图 5 所示）。在充水流量逐渐增加的过程中，上游引航道水流沿水深方向或多或少呈现出不一致性。当充水流量达到峰值时，取水口前的表面流速急剧下降，同时深水流速迅速增加。随着充水流量的降低，表面流速为 0，水面以下的水则全部进入充水系统。

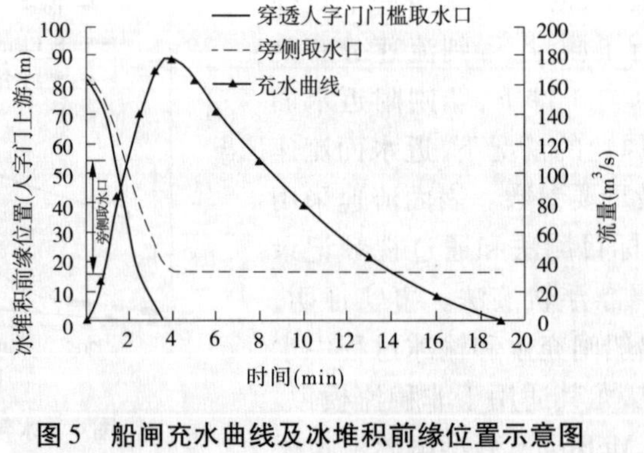

图 5 船闸充水曲线及冰堆积前缘位置示意图

利用大型风扇将塑料冰吹向上游引航道，单层平铺，流冰密度约 70%，平均冰厚约

0.46 m,以此作为实验初始条件。实验开始前,先在人字门上游 96 m 处布设拦冰栅,阻止流冰进入取水区。在充水阀门开启前移开拦冰栅,流冰进入取水区。拦冰栅确保了每次物理实验初始条件的一致性,同时也确保了物理模型实验和数值模型实验初始条件的一致性。利用俯视摄像机记录船闸充水过程中冰花输移过程。

图 5 给出了船闸充水曲线及两种取水条件下冰堆积前缘随时间变化情况。对于旁侧取水口,冰堆积前缘位于取水口尾部附近;对于人字门门槛取水口,冰花堆积前缘可达到人字门位置。

4.3.2　冰向船闸室的推移

对两种充泄水系统冰向船闸室的推移过程进行了实验:一种是 Poe 闸模型采用的底部分离式侧向充泄水系统(实验 2a);一种是 183 ~ 366 m 船闸扩建系统(实验 2b),即只采用船闸室上半部分的侧向充泄水系统。实验过程中,船闸处于高水位运行状态,上游人字门开启,下游人字门关闭。另外,还进行了附加实验(实验 2c),主要用来检验 Poe 闸模型中下游人字门孔口对于增加表面流速,促进冰向船闸室下半部分推移的作用。

完全打开泄水阀门,创造稳定表面流场,表面流速由上游引航道的 0.50 m/s 逐渐减小,在船闸室 2/3 位置处降到 0。泄水阀门总泄水流量为 170 m^3/s,稍小于充水流量峰值。

实验开始前,在人字门上游 96 m 处布设拦冰栅,塑料冰堆积厚度维持在 0.46 m,作为初始条件,同时打开上游人字门。打开泄水阀门,一旦形成稳定流场,移开拦冰栅,使塑料冰顺水流入船闸室(实验 2a)。在实验 2b 中,仅使用上半部分侧向充泄水系统,以便模拟 183 ~ 366 m 船闸扩建情况。上游充泄水系统的泄水流量为 85 m^3/s,为实验 2a 泄水流量 170 m^3/s 的一半。上游引航道表面流速为 0.30 m/s,当水流向下流到船闸室 1/3 位置时,表面流速即降到 0。在实验 2c 中,泄水流量除了充泄水系统的 170 m^3/s 外,通过下游人字门板上 4 个直径为 1.1 m 的孔口增加泄水流量 19 m^3/s。打开下游人字门板上的孔口,船闸室下游 1/3 部分的表面流速约可达到 6 cm/s。

图 6 给出了三种情况下冰前缘位置随时间变化情况。由图可以看出,现有充泄水系统运行良好,可以将冰推移到距离下游人字门 60 m 范围内。与现有条件相比,打开下游人字门孔口的做法对于提高冰推移前缘的效果不明显。在仅采用上游充泄水系统的情况下,冰花只能被推移到船闸室一半的位置。

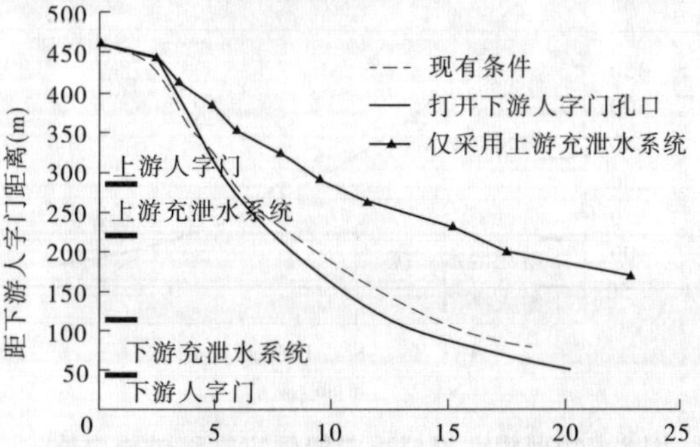

图 6　冰向船闸室推移实验中冰前缘位置随时间变化情况示意图

4.3.3 船闸泄冰过程

在船闸泄冰实验过程中，船闸低水位运行，下游人字门开启，上游人字门关闭。初始条件下，整个船闸室充满冰花，冰花堆积平均厚度为0.73 m。完全打开充水阀门，总充水流量为140 m^3/s。表面流速由上至下逐渐增加，距上游人字门60 m范围内表面流速接近为0，到船闸室下游1/3部分流速增加到0.60 m/s。冰花在水流的作用下从船闸室进入下游引航道（实验3a）。在实验3b中，打开上游人字门板上4个直径为1.1 m的孔口，使充水流量在原来的140 m^3/s的基础上增加17 m^3/s。这一理念来自水道实验站（Oswalt，1976）物理模型研究，并在St. Lawrence海道Eisenhower闸及苏水河Poe闸和MacArthur闸得到成功的应用。在Poe闸模拟过程中，上游人字门板的孔口水流使船闸室上游1/3部分的水域表面流速达到0.30 m/s或以上。图7给出了两种实验条件下泄冰前缘随时间变化情况。由图可以看出，上游人字门孔口的设置可以明显提高船闸室泄冰能力。

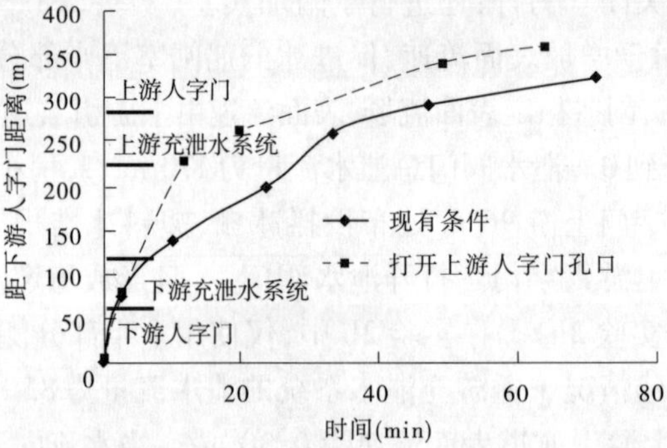

图7　船闸泄冰过程中冰前缘随时间变化情况示意图

4.4 物理模型模拟结果与实际观测结果比较

将物理模型模拟结果与网络摄像机记录的2002年3月31日苏水河Poe闸输冰过程进行了比较。网络摄像机平均2 min采集一张图像，记录了冰花进入Poe闸并泄出闸室的全过程。实际观测冰厚大约为0.5 m，与物理模型中采用的塑料冰厚相近。比较发现，在冰向船闸室推移过程中，物理模型模拟的冰前缘位置与实际观测结果一致（见图8）。

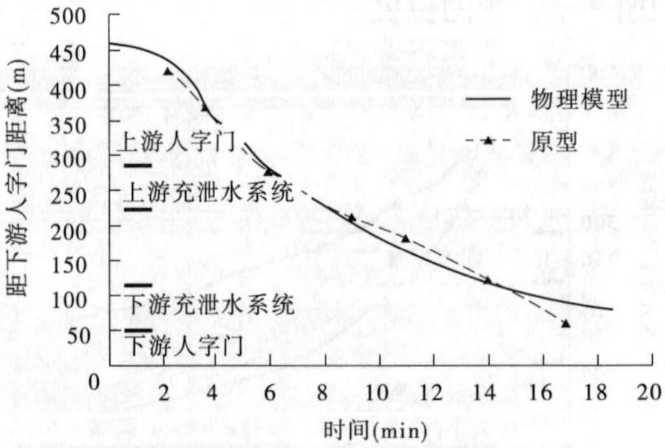

图8　物理模型模拟冰向船闸室推移过程中冰前缘位置随时间变化情况与实际观测情况对比图

对于船闸泄冰过程很难按照冰盖前缘位置对两者进行比较。因而,通过剩余表面冰密度随时间变化情况对两者进行比较,如图9所示。在物理模型实验中(3a),在船闸室下游尾部位置,冰花聚积宽度逐渐变窄,成狭长带状泄出,宽度大约为船闸室宽度的一半,同时上游侧向充泄水部位以下均有冰花残留。在原型观测的船闸泄冰过程中,冰带宽度始终保持不变,随着向下游流动速度的加快,冰带长度逐渐减小。与物理模型实验一样,上游侧向充泄水口尾部以下均有冰花残留。模拟的冰输移状态与实际观测结果的差异,是由初始条件和阀门设置的不同造成的。在物理模型实验中,船闸室初始流冰密度为80%,而原型观测的船闸室初始流冰密度仅为60%。另外,模拟过程中船闸室泄冰过程比实际泄冰过程要快,主要是由于模拟过程中充水阀门处于完全开启状态,而实际观测过程中充水阀门处于半开启状态。

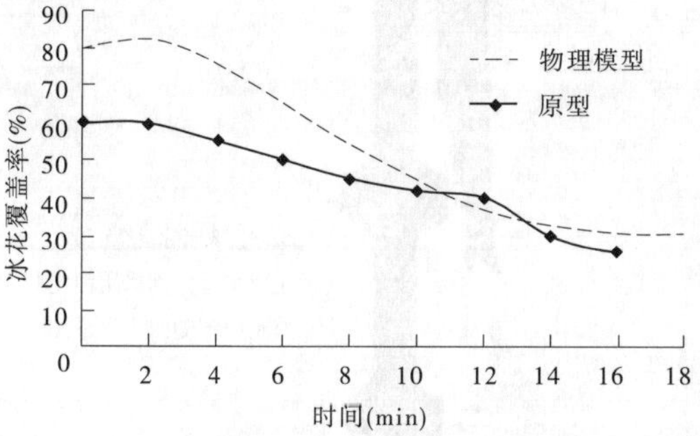

图9 船闸泄冰过程物理模型模拟结果与实际观测资料对比示意图

5 数值模型实验

对所有船闸冰输移物理模型实验(见表2),除了下游人字门门板孔口实验(2c)外,均应用DynaRICE数值模型重新进行了模拟。对于冰向船闸室推移过程实验(2a),则采用不同初始冰厚进行了多次实验,以便分析上游引航道堆积冰厚对冰向船闸室推移过程的影响。对于所有实验,初始条件都可以通过DynaRICE前期准备程序设定,利用风控件,使冰进入指定模拟区域。

5.1 模拟区域及边界条件

使用三个模拟区域分别为:一区上游引航道冰堆积过程(实验1a和1b);二区冰向船闸室推移过程(实验2a和2b);三区船闸泄冰过程(实验3a和3b)。模型要素及边界条件如图10所示。对于上游引航道冰堆积过程模拟(实验1a和1b)和冰向船闸室推移过程模拟(实验2a和2b),通过在一区上边界注入180 m^3/s的稳定流量确保水位保持恒定(见图10)。参数采用通用的模型参数(Shen等,2000)。

对于实验1a和1b,上游人字门作为区域的下边界。利用上游导航墙42 m长的侧向出流作为边界条件,模拟旁侧取水口,边界出流位置在人字门上游21~63 m区域。利用上游人字门门板33.5 m宽的侧向出流为边界来模拟穿透人字门门槛的取水口。两种情况均采用Poe闸实际观测的充水曲线。作为初始条件,把拦冰栅放置在人字门上游98 m处,拦住0.60 m厚的堆冰。

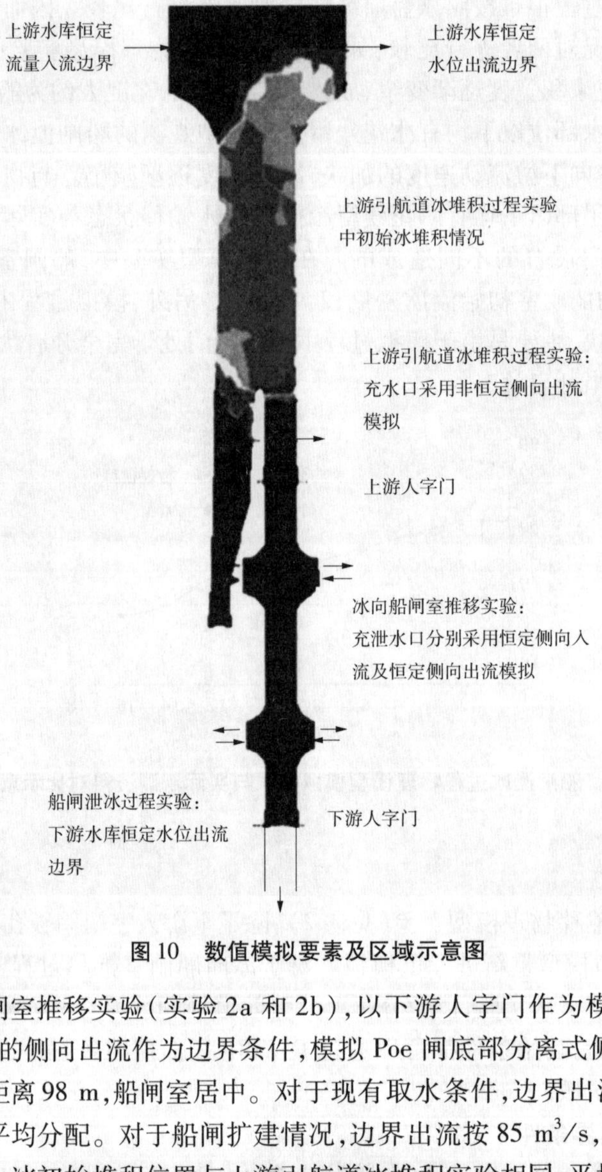

图 10　数值模拟要素及区域示意图

对于冰向船闸室推移实验（实验 2a 和 2b），以下游人字门作为模拟区域的下边界。利用 4 个 70 m 长的侧向出流作为边界条件，模拟 Poe 闸底部分离式侧向充泄水系统，上下游充泄水系统距离 98 m，船闸室居中。对于现有取水条件，边界出流按 170 m^3/s，由 4 个侧向出流边界平均分配。对于船闸扩建情况，边界出流按 85 m^3/s，由上游两个侧向出流边界平均分配。冰初始堆积位置与上游引航道冰堆积实验相同，平均冰厚为 0.50 m。

对于船闸泄冰实验（实验 3a 和 3b），以上游人字门作为模拟区域上边界，低水位出流位置作为下边界。对于现有取水条件，边界入流按 142 m^3/s，由 4 个侧向入流边界平均分配。利用在闸室上游末端增加 17 m^3/s 的入流，来模拟上游人字门板上 4 个孔口的入流。初始条件下，除了船闸室下游大约闸室长度 20% 的区域范围外，其他区域均被冰花覆盖，平均冰厚 0.60 m。

5.2　模拟结果

5.2.1　船闸充水过程中冰在上游引航道的堆积

图 11 和图 12 给出了在现有的和穿透人字门槛的两种取水口条件下，模拟和实测的冰运动情况。通过比较可以看出，模拟的冰堆积前缘随时间变化情况与实际观测结果比

较一致。对于旁侧取水口,计算的流冰位置在 4 min 以后达到下游最远输移位置,当取水流量降到 0 以后,冰花又向上游回流了 25 m。物理模型实验过程中没有发现这一现象,可能是由于冰花与导航墙之间摩擦力过大造成的。

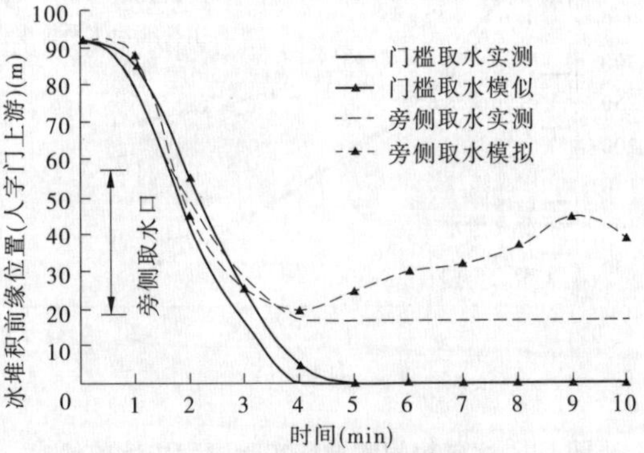

图 11　船闸充水过程中冰堆积前缘随时间变化情况对比图

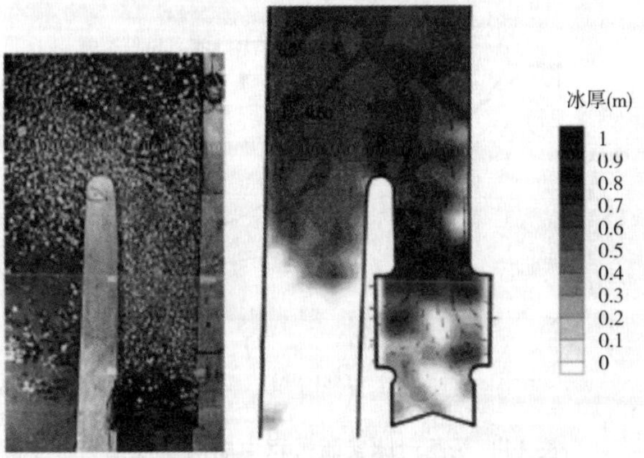

图 12　冰在上游引航道旁侧取水口附近堆积情况示意图:左图为物理模型模拟结果,右图为 DynaRICE 数值模型模拟结果

5.2.2　冰向船闸室的推移

图 13 给出了冰向船闸室推移过程中的模拟和实测结果比较情况。第二次实验(实验 2b)仅利用了上游侧向充泄水系统,以便模拟分析在不增加充泄水能力的情况下,将船闸长度由现有的 183 m 扩大到 366 m 的效果。数值模拟中,上游引航道的初始平均冰厚为 0.50 m,较物理模拟中的 0.46 m 略厚。

5.2.3　船闸泄冰过程

对于现有条件,物理模型模拟船闸泄冰过程中(实验 3a),在船闸室下游尾部位置,冰花聚积宽度逐渐变窄,成狭长带状泄出,宽度大约为船闸室宽度的一半,同时上游侧向充泄水部位以下均有冰花残留。数值模型模拟船闸泄冰情况与物理模型模拟结果一致,但冰清除的速度更快一些。图 14 给出了现有条件和利用上游人字门孔口两种情况下模拟和实测船闸室残余冰花密度随时间变化情况。无论物理模型还是数值模型,在增加上游人字门孔口的条件下,船闸室的冰均可以彻底清除。

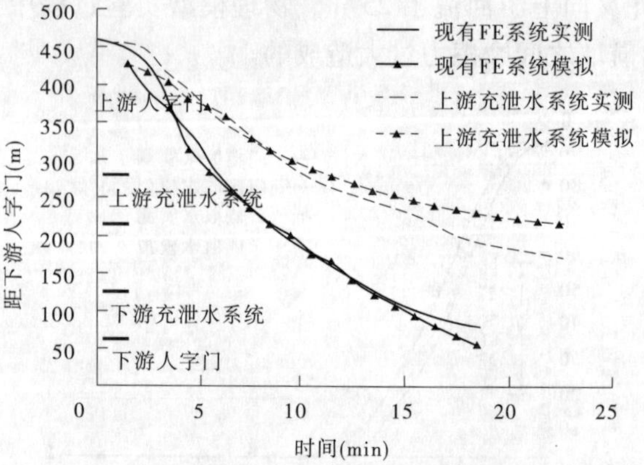

图13　冰向船闸室推移实验过程中冰前缘位置随时间变化情况示意图

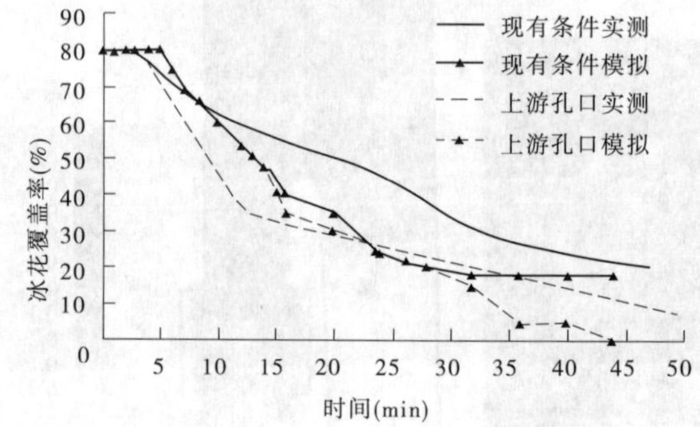

图14　船闸泄冰实验过程中船闸室残余冰花密度随时间变化情况示意图

5.3　初始冰情对冰向船闸室推移的影响

通过实际观测及物理模型实验表明,上游引航道初始流冰密度和冰厚是影响冰向船闸室输移的最重要参数。受水流、风及行船影响,上游引航道的冰盖变化很大,可能是松散的薄薄的一层堆冰,也可能是很多层。利用 DynaRICE 模型,检验在上游引航道的冰初始堆积条件对冰向船闸室推移的影响。本实验是实验 2a 的扩展实验,在实验 2a 中,初始条件采用单一冰层,冰厚为 0.5 m(见图 13)。船闸室处于高水位运行,上游人字门和泄水阀门同时开启,形成稳定流场,流速沿程逐渐减小,上游引航道流速约为 0.5 m/s,流到船闸室的 2/3 处时,流速逐渐降到 0。

表 3 列出了 5 种不同初始条件下的模拟结果。由表可以看出,除了初始冰厚,单层冰厚也是重要因子。实验采用三种单层冰厚,即 0.4 m、0.8 m 和 1.2 m,对于 0.4 m 单层冰厚的情况,另增加了由风增厚到最大堆冰厚为0.8 m和 1.2 m 的两种初始条件。

表3　不同初始条件下冰向船闸室的输移情况对比

实验编号	单层冰厚(m)	上游引航道初始最大冰厚(m)	船闸室最终最大冰厚(m)
2a1	0.4	0.4	0.4
2a2	0.4	0.8	0.4
2a3	0.4	1.2	0.4
2a4	0.8	0.8	0.7
2a5	1.2	1.2	1.2

图15给出了实验初始和结束时船闸轴线处冰堆积纵剖面。图15(a)为明渠流，通过物理模型实验我们知道表面流速对冰产生向下的剪切力。值得提出的一点是，由于船闸室宽度较上游引航道狭窄，因而实验结束时冰堆积纵剖面的面积约是初始情况下的2倍。

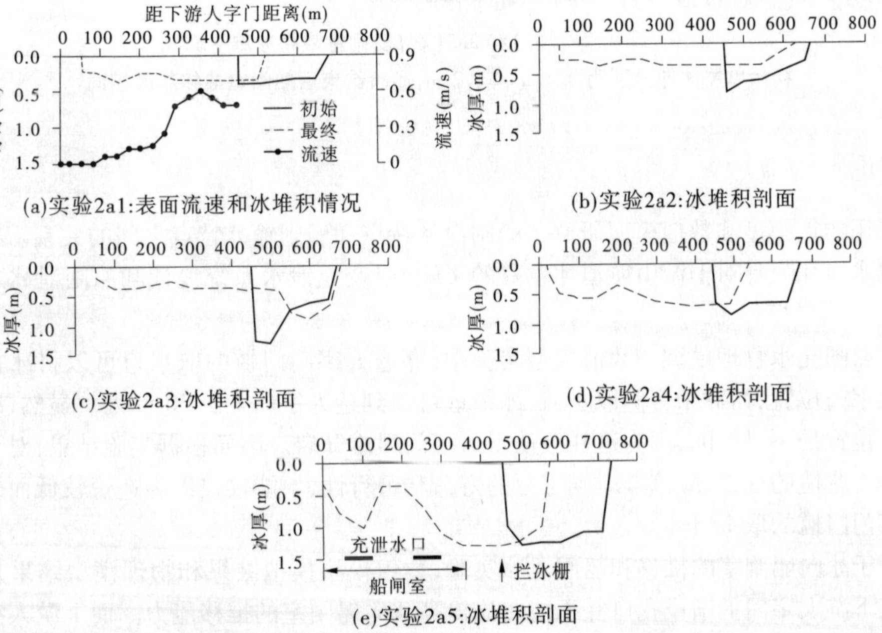

图15　上游引航道初始冰厚对冰向船闸室推移的影响

一个有趣的结果是，对于所有情况，船闸室最终冰厚近似等于上游引航道初始单层冰厚(见图15)。例如实验2a3，初始单层冰厚为0.4 m，利用风控件使冰层叠加，形成1.2 m厚的初始冰场。实验开始后，流冰在上游引航道入口处形成一道拱坎，阻止超过0.4 m厚的冰花进入船闸室。在实验2a4和2a5中，初始单层冰厚分别为0.8 m和1.2 m，实验结束后船闸室最终冰厚同样分别为0.8 m和1.2 m。船闸室的最终冰堆积使上游充泄水口以下的冰厚逐渐减小,可能是由于流速和拖曳力减小的原因造成的。图 16 为实验 2a1 和 2a5 中模拟的船闸室最终冰厚平面图。

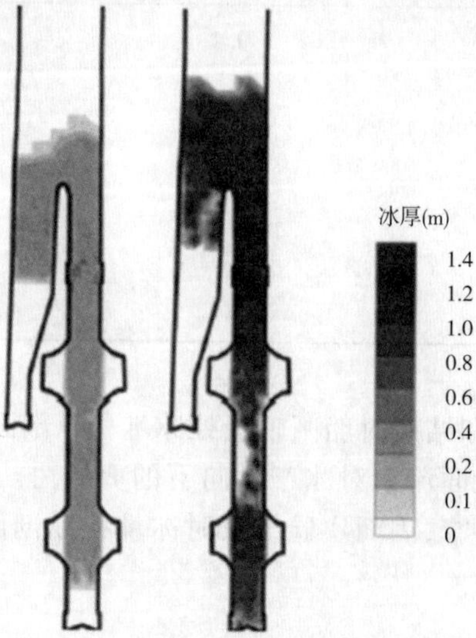

图 16　实验 2a1(左)和 2a5(右)船闸室最终冰厚平面图
初始单层冰厚分别为 0.4 m 和 1.2 m,实验结束后船闸室最终冰厚相同

6　结论

应用物理模型和数值模型研究了船闸设计特点和船闸输冰特点之间的关系。重点研究了取水口孔设计对上游引航道冰输移的影响,以及充泄水系统设计和船闸泄冰之间的关系。

在船闸充水物理模型和数值模型实验中,穿透人字门门槛的取水口可以将冰推移到上游人字门位置,而对于旁侧取水口,冰最远可以到达人字门上游 30 m 处。显然,冰到达人字门位置是不可取的,因为这样会使得人字门很难开启。因而根据实验结果,对于容易发生严重冰情的地方,应该考虑到工程的寿命和可行性,不能仅仅因为造价较低而采用穿透人字门门槛的取水口。

对于冰向船闸室的推移和船闸泄冰实验,数值模型模拟结果和物理模型结果几乎一致。在下游人字门上增设孔口并不能明显提高冰向船闸室的推移能力。而上游人字门孔口的设置对于改善船闸泄冰能力效果显著。对苏水河相同大小泄冰孔口的现场观测结果已证实了该发现。

无论物理模型还是数值模型,对上游引航道初始冰堆积条件都是非常敏感的。在冰向船闸室推移实验中,船闸室最终冰厚近似等于上游引航道初始单层冰厚。也就是说,进入船闸室的最终冰厚不等于水流或风力作用下形成的最大冰厚。

在未经过严格参数率定的基础上,数值模型的并行模拟结果与物理模型模拟结果几乎完全一致。表明数值模拟方法可以用于新船闸输冰能力评估,尤其适用于近表面流速和水深平均流速相近的情况。

参考文献

Daly S F, Arcone S A. 1989. Airborne radar survey of a brash ice jam in the St. Clair River. CRREL Rep. 89-2, U. S. Amy Cold Regions Research and Engineering Laboratory, Hanover, N. H.

Gooch G R, J Hanamoto B, Zufelt J. 1990. Modeling ice passage through submergible and non submergible gates. Special Rep. 90-39, U. S. Army Cold Regions Research and Engineering Laboratory, Hanover, N. H.

Hite J E. 2000. New McAlpine lock filling and emptying system, Ohio River, Kentucky. Technical Rep. 00-24, U. S. Army Coastal and Hydraulics Laboratory, Vicksburg, Miss.

Hite J E. 2001. Innovative lock design. Rep. Presented at the Corps of Engineers Workshop: Current trends in the engineering and design of navigation locks, U. S. Army Engineer Research and Development Center, Vicksburg, Miss.

Liu L W, Shen H T. 2000. Numerical simulation of river ice control with booms. ERDC/CRREL Rep. TR-00-10, U. S. Army Cold Regions Research and Engineering Laboratory, Hanover, N. H.

Liu L W, Shen H T, Tuthill A M. 1999. A numerical model for river ice jam evolution. Ice in surface waters, H. T. Shen, ed. , Vol. 2. Balkema, Rotterdam, The Netherlands, 739-746.

Liu L, Tuthill A M, Shen H T. 2001. Dynamic simulation of ice conditions in the vicinity of locks and dams. Proc. , 11th Workshop on River Ice. Univ. of Ottawa, Ottawa, 145-153.

New York Power Authority(NYPA). 1998. Hydropower on the Upper Niagara River: Studies of measures to mitigate the impacts of ice on power generation and shoreline property. Niagara Power Project, FERC No. 2216-NY, Niagara Falls, N. Y. , March 31.

Oswalt N R. 1976. Ice flushing from St. Lawrence Seaway locks. Technical Rep. H-76-9, U. S. Army Engineer Waterways Experiment Station, Vicksburg, Miss.

Shen H T, Chen Y C, Wake A, et al. 1993. Lagrangian discrete particle simulation of river ice dynamics. Int. J. Offshore Polar Eng, 3(4):659-332.

Shen H T, Su J, Liu L. 2000. SPH simulation of river ice dynamics. J. Comput. Phys. , 165(2):752-771.

Stockstill R L. 1998. Case study, New McAlpine lock filling and emptying system, Ohio River, Kentucky. Technical Rep. INP-CHL-I, U. S. Army Coastal and Hydraulics Laboratory, Vicksburg. Miss.

Tuthill A M. 2000. A physical model of ice passage at the Soo Locks. Can, J. Civ. Eng. , 27:1207-1216.

Tuthill A M. 2002. Ice-affected components of locks and dams. ERDC/CRREL TR-02-4, U. S. Army Cold Regions Research and Engineering Laboratory, Hanover, N. H.

Tuthill A M. 2003. Ice and debris passage for innovative lock designs. ERDC/ERREL TR-03-2. U. S. Army Cold Regions Research and Engineering Laboratory. Hanover. N. H.

Tuthill A M, Daly S F, Haehnel R B. 1999. Review of pre-engineering designs, Ohio River mainstem study for enhanced ice management. Contract Rep. to the U. S. Army Engineer District Pittsburgh, U. S. Amy Cold Regions Research and Engineering Laboratory, Hanover, N. H.

Tuthill A M, Gooch G. 1997. Modeling ice passage at Starved Rock Lock and Dam on Illinois Waterway. J. Cold Reg. Eng. , 11(3):232-243.

Tuthill A M, Gooch G. 1998. A physical model study of ice retention booms. Proc. , IAHR 14th Int. Symp. on Ice, Int. Association for Hydraulic Research, Delft, The Netherlands, 61-66.

U. S. Army Corps of Engineers(USACE). 1995. Planning and design of navigation locks. U. S. Army Engineer manual 1110-2-2602, Washington, D. C.

http: // www. usace. army. mil/inet/usace-docs/ eng-manuals/ em1110-2-1604/toc. htm >.

Zufelt J E. , Calkins D. 1985. Survey of ice problem areas in navigable waterways. Special Rep. 85-2, U. S. Army Cold Regions Research and Engineering Laboratory, Hanover, N. H.

Zufelt J E, Gooch G. 1993. Modeling ice passage through an auxiliary lock chamber with a submergible lift gate. Special Rep. 93-15, U. S. Army Cold Regions Research and Engineering Laboratory, Hanover, N, H.

附录:河冰常用术语解释

Accumulation of Melt Water 冰上有水:

冰上存有大面积水洼的现象。春季消融的冰雪水大面积地积于冰面。它与冰上流水的区别在于它是静止的。

Agglomerate 块集(冰):

不同类型的冰冻结在一起形成的漂浮冰。

Anchor Ice 锚冰、底冰:

附着于河底的水下冰。

Anchor Ice Dam 锚冰坝:

由于锚冰堆积而形成的冰坝。

Break – up Initiation 解冻始期:

由于融化、水的流动或水位上升引起的冰断裂或移动的时间。

Beginning of Freeze – up 封冻始期:

首次在水面上观察到的形成稳定冬季冰盖的日期。

Black Ice 冰淞、透明冰:

河流、湖泊中形成的透明冰。

Border Ice 岸冰:

沿河岸冻结的冰带。

Initial Border Ice 初生岸冰:

在初冬寒冷的夜里,在岸边就地形成的薄冰带,白天气温升高后,往往就地融化或脱岸漂走。

Fixed Border Ice 固定岸冰:

当气温稳定下降后,初生岸冰逐渐发展成为牢固的冰带,其宽度和厚度随累积负气温而增加。在水流较急的河段,固定岸冰可保持于整个冬季,并能达到很大的厚度。

Agglomerated Border Ice 冲积岸冰:

在风和水流的作用下,流动冰花或冰块被冲到岸边或岸冰边冻结而成的冰带,其表面常常是不平整的。

Brash Ice 碎冰:

不超过 2 m 宽的碎片组成的浮冰堆积物,冰的其他形式的残片。

Break – up 解冻:

冰盖的解体,解冻,或俗称开河,即在较长的河段内已没有固定的冰盖,且敞露水面,上下游贯通,其面积超过河段总面积 20% 的现象。

开河分为三种形式:

文开河、武开河和半文半武开河。

Thermal Break – up（Tranquil or Over – mature Break – up）文开河：

主要是热力因素作用的结果，其特点是水位、流量没有急剧的变化，水势较平缓，冰盖大多就地融化，流冰较少，通常需要较长的时间过程。

Mechanical Break – up（Violent or Premature Break – up）武开河：

主要是水力因素作用的结果。其特点是水势变化急剧，冰质坚硬，流冰多而集中，具有很大的破坏力，易于形成冰坝造成危害，开河过程在较短的时间内完成。武开河常见于自南向北流的河流上。

Semi – violent Break – up（Mature Break – up）半文半武开河：

开河特点介于以上两种形式之间，是最为常见的开河形式。

Break – up Date 解冻日期：

水体首次被观测到完全无冰的日期。

Break – up Period 解冻历时：

冰盖解冻经历的时间。

Candle Ice 烛状冰（冰烛）：

融冰期冰盖形成的柱状颗粒状冰。亦称马牙冰。

Columnar Ice 柱状冰（冰柱）：

由柱状结晶组成的冰，普通的透明冰通常是柱状结晶颗粒组成。

Consolidated Ice Cover 坚冰盖：

由大块浮冰、碎冰和其他形式漂浮的冰冻结在一起形成的冰盖。

Dislodging of Ice Cover 冰滑动：

整片的或分裂成大面积的封冻冰盖，顺流移动一段距离后又停滞不动的现象。春季河流解冻期，局部河段冰盖先脱岸解体发生大面积滑动，但因动力条件不足，或受未充分解体冰盖阻挡以及受局部河道形态影响，冰盖滑动后又停滞。有的冰盖可滑动多次。冰滑动是开河的先兆。

Duration of Ice Cover 封冻期：

冰盖从封冻到解冻的持续时间。

Floating Ice 浮冰：

浮在水上的任何形式的冰。

Floating Ice Cover 冰盖浮起：

封冻冰盖脱离两岸，呈整片状浮于水面的现象。在开河以前，由于岸边融冰或水位上涨，使整片的封冻冰盖不再受两岸冰结的束缚，浮于水面。

Floe 或浮冰块：

颗粒冰堆积在一起的冰块。

Flooded Ice 覆水冰或冰上流水：

冰面上发生流水的现象。冰由融化的水或河水覆盖，严重时冰上可载有水和湿雪。冰上流水主要发生在解冻期。当春季气温回升时，冰面上或流域坡面上的积雪融化，汇集在冰面上流动。冰上冒水也会形成冰上流水。

Fracture 破裂：

冰盖或浮冰块由于变形而发生的破碎或断裂。

Frazil 水内冰或屑冰：

悬浮在水中的针状,盘状冰或冰花,在河道和湖泊中形成于过冷却的湍流水中。

Frazil Slush 冰花：

漂浮或堆积在冰盖下面呈松散颗粒状的屑冰团。

Freeze – up 封冻：

河段内当出现横跨两岸的固定冰盖,且敞露水面面积小于河段总面积 20% 的现象。河段封冻的形态与河道地形、水力及热力因素、风向风速等有关,可分为平封和立封两种类型。

Juxtaposed Freeze – up 或 Thermal Freeze – up 平封：

封冻冰盖表面比较平整,封冻前一般先产生冰桥,流动冰花或冰块沿冰桥平铺上溯,导致河段封冻;或者两岸岸冰较宽,当天气骤冷时,敞露水面迅速冻结。平封多发生在水流平缓的河段上。

Packed Freeze – up 立封：

封冻冰盖表面参差不齐,极不平整。在封冻过程中,若流速较大,冰花及碎冰易在封冻冰缘前发生堆积,相互挤压、重叠倾斜冻结在一起,使冰盖表面形成大量的冰堆,起伏不平。立封多发生在水流较急且多浅滩的河段。有时大风也能使宽阔的平原河流形成立封。

Freeze – up Date 封冻日期：

首次观察到的水体完全封冻的日期。

Freeze – up Period 封冻历时：

初始冰盖形成所经历的时期。

Granular Ice 球粒状冰：

由粒状冰组成的冰体。

Grounded Ice Cover 连底冻：

从水平到河底全断面冻结成冰的现象。连底冻常发生在宽浅的小河上。一般是由于地面、地下水补给量很少或停止以及结冰水量损失等所致。

Ice Boom 防冰栅：

用于拦冰的浮动的建筑物。

Ice Bridge 冰桥：

上下游均为敞露水面,中间为横跨断面的固定冰盖。冰桥系由河流两岸岸冰向河心延伸并相互连接而成,或由流动冰花、冰块堆积于岸冰之间冻结而成,冰桥常是该河段封冻的起点。

Ice Clearing 冰消：

冰完全融化之前的解冻过程。

Ice Cover 冰盖:

水体表面上由各种形式的冰组成的大范围冰面。

Ice Cover with Intercalated Water Layers 层冰层水:

冰层中夹有水层的现象。封冻冰盖表面的积水,冰上流水,遇降温后结冰,有时与原冰盖冻结在一起,有时冰面上的水较深,只能在水的表面结一层冰,形成层冰层水。

Ice Jam 冰坝:

开河时,大量流冰在浅滩、弯道、卡口及未解体的冰盖前缘等受阻河段堆积起来,横跨整个或大部分断面,显著壅高上游水位的现象。

Ice Edge 封冻冰缘:

较长河段敞露水面与封冻冰盖的边界。局部河段封冻后即出现封冻冰缘。当流大量冰花时,封冻冰缘将向上游迅速发展。

Ice Floe 浮冰:

大于 1 m 的自由漂浮冰块。

Frazil Jam 冰塞:

在封冻冰盖下面,因大量冰花堆积,堵塞了部分水道断面、造成上游水位壅高。

Ice Jamming 堵冰、卡冰:

形成冰阻塞或拥塞的冰体堆积过程。

Ice Mound 冰丘:

在封冻冰盖表面鼓起的锥形或椭圆形冰包。封冻期,在冰盖较薄冰质尚不坚硬的部位,由于水流不畅通而产生水压力的作用,使冰盖膨胀鼓起或破裂,形成冰包。

Ice Pack(Hammock)冰堆:

高出平整封冻冰盖表面的局部冰体。在封冻过程中,流动冰块(或冰花团)在局部位置相互挤压,横竖交错冻结在一起,形成平整冰面上突出的冰堆。

Ice Reef 冰礁:

固着在河底并露出水面的冰体。冰礁易发生在水流较浅的沙洲、浅滩等处,常由底冰或搁浅的冰花团冻结而成。

Ice Ridge 冰脊:

在封冻冰盖表面隆起的垄状冰带。冰脊多发生在清沟封冻所形成的冰盖上。清沟封冻后的冰盖较四周的冰盖薄,当气温急剧变化时,因受四周的冰体膨胀挤压的作用,冰盖破裂并隆起,呈一沿原清沟走向的垄状冰堆。

Ice Run 流凌:

冰块或兼有少量冰花的流动的现象。冰流或轻或重,可以由屑冰、锚冰、冰花或片冰组成。开河后,冰盖破裂随水流动。文开河时,流冰和缓;武开河时,流冰迅猛、冰质坚硬,易形成流冰堆积或冰坝而造成危害。

Ice Sheet 冰层:

光滑连续的冰盖。

Ice Sheet Depression 冰层塌陷：

封冻冰盖出现向河心方向的凹陷或折落的现象。河流稳定封冻后，由于水位显著下降及河段地形的特点，冰盖发生凹陷折落。

Initial Ice（Skim Ice）初生冰：

在水面最早形成的薄冰。秋末冬初，气温低于 0 ℃后，于水流平稳处出现的薄冰，一般多呈针状和松散的片状。

Ice Needle（Ice Spicules）冰针：

在特定的晶核形成条件下形成的冰晶细针。在河岸边出现的透明易碎的薄冰，一般呈零散的小片状或针状。

Lead 清沟：

封冻期间，河流中未冻结的狭长水沟。清沟多出现在流速较大的河段，如急流、浅滩等处。在泉水、工业废水及污水汇入的地点也常形成清沟。

Pancake Ice 薄饼状冰：

有凸起边缘的圆形的冰块，它的形状和边缘是由于重复碰撞形成的。亦称莲叶冰。

Rotten Ice 融冰、烂冰：

处于融化阶段后期的冰。

Rough Ice 崎岖冰、粗糙冰：

通常指表面粗糙的冰盖。

Skim Ice 粥样冰：

水面上的初始薄冰，夜间形成，在日出后气温升高就地融化或脱岸漂失。是河流中最早出现的冰情现象。

Slush Ball 流冰球、冰花球：

由于沿湖岸的风和波浪作用或河流中湍流的延长，使雪、屑冰和冰粒等紧密结合并增长而形成现象。

Slush Ice Run 流冰花：

冰花随水流流动的现象。冰花是浮于水面的冰凇、棉冰、水内冰和碎薄冰的总称，其主要成分是水内冰。流冰花多发生在初冬，流冰花的疏密度随气温的降低而增大。

Snow Cover 冰上覆雪：

封冻冰盖表面覆盖积雪的现象。冰上覆雪是由降至或吹至冰盖上面的雪形成的。

Snow Ice 雪冰：

冰盖上的湿雪冻结而形成的冰，由于气泡的存在而呈现白色。

Snow Slush 雪泥、湿雪：

冰面上渗进水的雪，或是大雪过后漂浮在水中的黏在一起的大雪块。

Suspended Ice Cover 悬冰：

悬于水面以上的封冻冰盖。悬冰皆发生在小河上。水位较高时在河面上形成坚固的封冻冰盖，以后水位下降，冰盖架空于水面以上，其重量由两岸支撑。

Thaw at Midstream 河心融冰：

河流稳定封冻后，冰盖下的冰花逐渐减少，水位下降，冰盖的河心部分下凹，在春季随着气温的回升和太阳辐射的增强，冰盖上的融冰水向河心集聚，使冰融化变色进而出现大小不等的敞露水面，这是开河的先兆。

Thermal Crack 温缩冰缝：

由于温度变化引起冰的收缩而导致的裂缝。

Crack 冰缝：

封冻冰盖上的缝隙。气温急剧变化和水位的迅速变化以及冰滑动等均可产生冰缝。

Unconsolidated Ice Cover 未固结的冰盖：

松散的浮冰块。

Underwater Ice 水内冰：

在水面以下任何部位结成的冰。水流的紊动作用和水体过冷却是水内冰形成的主要条件。它产生于封冻前的敞露河段和封冻后的清沟内。固着在河底的水内冰又叫底冰或锚冰。水内冰是一种海绵状、多孔隙的冰晶组合体，它由大小不同的珠状、薄片状、海绵状、羽毛状、卷叶状、粒状等一种或多种形状的冰结晶体集聚而成。

Upwelling 冰上冒水：

从封冻冰盖的缝隙，孔洞等处向上冒水的现象。冰上冒水多发生在较小的河流上。以下原因均可导致冰盖下水流处于承压状态，从而可能形成冰上冒水：第一，气温骤降，封冻冰盖迅速加厚，甚至部分断面发生边底冻，阻水严重；第二，河段产生冰塞；第三，在解冻期，局部河段冰盖融化缓慢，不易随水位升高而上浮，使冰盖的阻水作用增加。冰上冒水发生在水流受阻河段的上游。

附图 1 ~ 附图 28 为河冰情况的实例照片。其中，附图 3、7、13、15、16、18 来自《中国江河冰图》。

附图 1　日本 Hokkaido 河的锚冰

附图 2　黄河包头河段初生岸冰

附图 3　第二松花江白山河段固定岸冰

附图 4　黄河包头河段冲积岸冰

附图 5　武开河破坏的沿岸水利工程

附图 6　黄河包头河段的柱状冰

附图 7　德国 Elbe 河的流冰

附图 8　黄河包头河段平封

附图 9　黄河包头河段立封

附图 10　黄河天桥河段冰桥

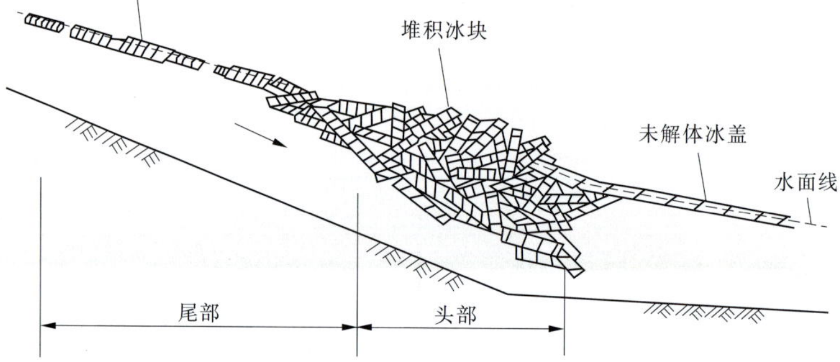

附图 11　冰坝示意图

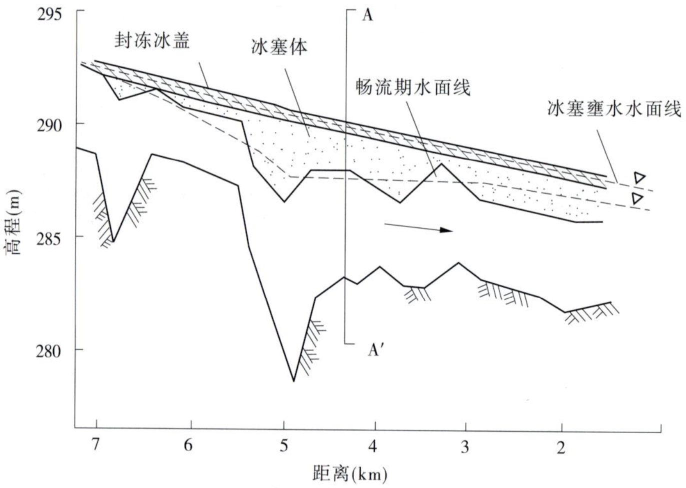

冰塞纵剖面

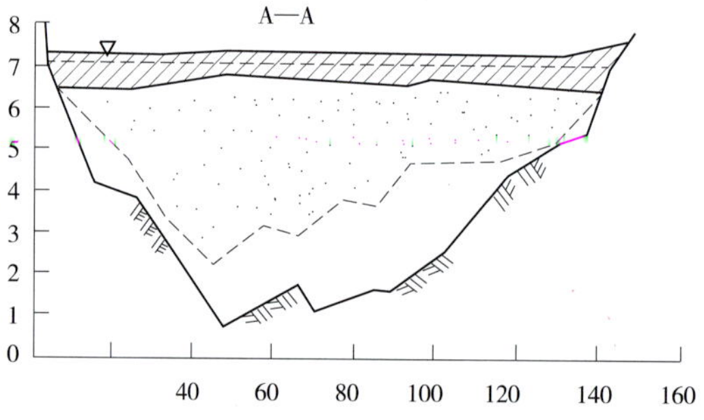

横断面

附图 12　冰塞示意图

附图 13　黄河包头河段冰丘

附图 14　黄河包头河段冰堆

附图 15　黄河包头河段冰礁

附图 16　黄河包头河段冰脊

附图 17　黄河包头河段流冰

附图 18　牡丹江山区浅水型河流的初生冰针

附图 19　黄河包头河段清沟局部

附图 20　流冰花

附图 21　河心融冰

附图 22　冰缝

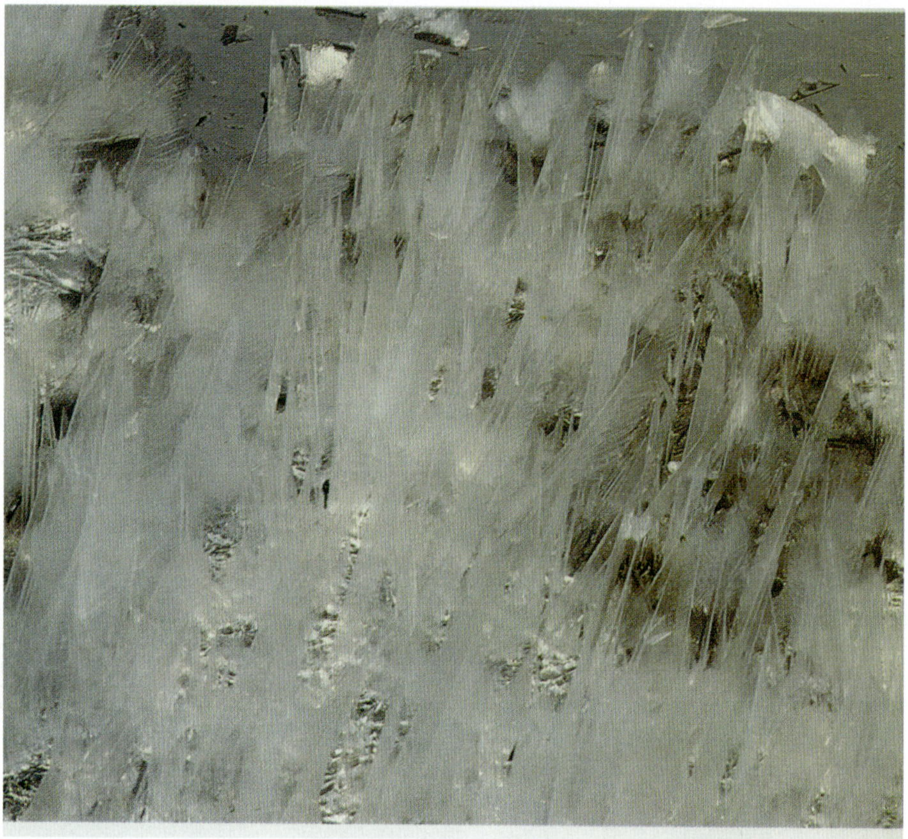

附图 23　羽毛状水内冰

附图 24　卷叶状水内冰

附图 25　加拿大 Peace 河薄饼状冰(也称莲叶冰)

附图 26　圣劳伦斯河上游的初生薄冰

附图 27　平封冰盖

附图 28　黄河河曲河段立封冰盖